Leitfäden und Monographien der Informatik

Thomas Rauber

Algorithmen in der Computergraphik

Leitfäden und Monographien der Informatik

Herausgegeben von

Prof. Dr. Hans-Jürgen Appelrath, Oldenburg
Prof. Dr. Volker Claus, Stuttgart
Prof. Dr. Günter Hotz, Saarbrücken
Prof. Dr. Klaus Waldschmidt, Frankfurt

Die Leitfäden und Monographien behandeln Themen aus der Theoretischen, Praktischen und Technischen Informatik entsprechend dem aktuellen Stand der Wissenschaft. Besonderer Wert wird auf eine systematische und fundierte Darstellung des jeweiligen Gebietes gelegt. Die Bücher dieser Reihe sind einerseits als Grundlage und Ergänzung zu Vorlesungen der Informatik und andererseits als Standardwerke für die selbständige Einarbeitung in umfassende Themenbereiche der Informatik konzipiert. Sie sprechen vorwiegend Studierende und Lehrende in Informatik-Studiengängen an Hochschulen an, dienen aber auch in Wirtschaft, Industrie und Verwaltung tätigen Informatikern zur Fortbildung im Zuge der fortschreitenden Wissenschaft.

Algorithmen in der Computergraphik

Von Dr. rer. nat. Thomas Rauber
Universität des Saarlandes, Saarbrücken

B. G. Teubner Stuttgart 1993

Dr. rer. nat. Thomas Rauber

Geboren 1961 in St. Wendel. Studium der Informatik 1981 bis 1986 an der Universität des Saarlandes. Seit 1988 Mitarbeiter im Sonderforschungsbereich 124 *VLSI-Entwurfsmethoden und Parallelität* der Deutschen Forschungsgemeinschaft. Promotion 1990 an der Universität des Saarlandes. 1991 bis 1992 Forschungsaufenthalt am International Computer Science Institute in Berkeley, USA.

Die Deutsche Bibliothek – CIP-Einheitsaufnahme

Rauber, Thomas:
Algorithmen in der Computergraphik / von Thomas Rauber.
Stuttgart : Teubner, 1993
(Leitfäden und Monographien der Informatik)

ISBN-13: 978-3-519-02127-8 e-ISBN-13: 978-3-322-89537-0
DOI: 10.1007/978-3-322-89537-0

Gesamtherstellung: Zechnersche Buchdruckerei GmbH, Speyer
Einband: Tabea und Martin Koch, Ostfildern/Stuttgart

Vorwort

Die Computergraphik beschäftigt sich mit der Erzeugung und Manipulation von Bildern durch einen Computer. Die erzeugten Darstellungen sind meistens Abbilder von nicht in der Realität existierenden Objekten, die mit mathematischen Verfahren definiert sind. Ein wesentliches Ziel dabei ist es, den dargestellten Objekten ein möglichst realistisches Aussehen zu verleihen, so daß sie von real existierenden Objekten nicht zu unterscheiden sind. Dadurch wird ein Durchmischen und Überblenden von real existierenden und synthetisch definierten Objekten ermöglicht, die Grenzen zwischen Realität und Illusion verschwimmen. Dies wird insbesondere von der Film- und Werbeindustrie ausgenutzt, um beim Zuschauer je nach Situation Interesse, Neugier, Verwunderung oder Verblüffung hervorzurufen.

Neben diesem vielleicht als Spielerei und unwissenschaftlich zu bezeichnenden Einsatzgebiet haben die Verfahren der Computergraphik mittlerweile Einzug in viele Bereiche des täglichen Lebens genommen. Dabei sind Anwendungen in der Medizin zu nennen, wo z.B. bei der Computertomographie mit Hilfe der Computergraphik ein dreidimensionales Modell eines nicht sichtbaren Bereiches des menschlichen Körpers gewonnen wird. Weitere Anwendungsgebiete sind der weite Bereich der CAD (*computer aided design*), der im Maschinenbau und der Fahrzeugindustrie eine große Rolle spielt, und der Bereich der Architektur, wo mit Hilfe des Computers ein Modell des zu erstellenden Gebäudes erzeugt werden kann. Mit Raumplanungswerkzeugen kann ein genaues Modell der Innenräume des Gebäudes entworfen werden, an dem besser als mit jedem anderen Modell aus Pappe oder Holz die Licht- und Klimaverhältnisse *vor* Fertigstellung des Gebäudes genau analysiert und gegebenenfalls verändert werden können. Für geplante Konzert- oder Vortragsräume können die akustischen Verhältnisse bestimmt und die räumlichen Gegebenheiten können so lange angepaßt werden, bis eine optimale Akustik garantiert ist. Weitere Anwendungsgebiete sind die Flugsimulation, Visualisierungs- und Simulationsverfahren für physikalische Vorgänge und Videospiele.

Das vorliegende Buch beschreibt die grundlegenden Verfahren und Algorithmen der Computergraphik, wobei der Schwerpunkt auf der Erzeugung von Bildern mit möglichst realistischem Aussehen liegt. Spezielle Hardware-Komponenten für den Einsatz in der Computergraphik und die Architektur von Graphikprozessoren werden nicht behandelt. Ziel des Buches ist es, dem Leser ein Verständnis der grundlegenden Verfahren zu vermitteln und ihn in die Lage zu versetzen, diese zu implementieren. Letzterem Ziel dienen viele Programmskizzen, die die im Text beschriebenen Algorithmen unter einem implementierungstechnischen Aspekt zusammenfassen. Die Programmskizzen erheben nicht den Anspruch, eine zeitoptimale Implementierung wiederzugeben. Vielmehr wird aus didaktischen Gründen die Darstellung im Text aufgegriffen, damit ein direkter Zusammenhang erkennbar ist. Kleinere Optimierungen wie die Zusammenfassung konstanter Ausdrücke und das Herausziehen invarianter Ausdrücke aus Schleifen können in vielen Fällen das Zeitverhalten der wiedergegebenen Programme verbessern. Viele dieser Optimierungen werden aber ohnehin bei Anwendung eines optimierenden Compilers durchgeführt.

Das vorliegende Buch ist aus einer Vorlesung entstanden, die ich im Wintersemester 90/91 an der Universität Saarbrücken gehalten hat. Obwohl viele Teile aktulisiert und erweitert wurden, spiegelt die Anordnung des Stoffes die damalige Gliederung im wesentlichen wieder. An der Erstellung des die Vorlesung begleitenden Skriptes waren viele Studenten beteiligt, denen hiermit für ihre Mühe gedankt sei. Herrn Professor Paul und Herrn Professor Hotz danke ich für die Anregung und Unterstützung des Planes zur Erstellung dieses Buches. Für viele fruchtbare Diskussionen danke ich neben vielen anderen insbesondere Arno Formella. Für das unerläßliche Korrekturlesen danke ich unter anderem Marc Bamberger, Jürgen Feiler, Arno Formella, Christian Gill, Andreas Kronz, Wolfgang Paul, Dietmar Schmidt und Thomas Walle. Dem Teubner-Verlag, insbesondere Herrn Professor Appelrath als betreuenden Herausgeber und Herrn Spuhler, danke ich für die angenehme Zusammenarbeit.

Saarbrücken, im Mai 1993

Thomas Rauber

für meine Eltern

Inhaltsverzeichnis

Kapitel 1

Einleitung

Die Computergraphik hat in den letzten Jahren einen stürmischen Aufschwung erlebt und ist heute in vielen Bereichen von Industrie und Technik unentbehrlich geworden. Getragen wird diese Entwicklung u.a. durch die großen Fortschritte beim Bau von Rechnern, die immer leistungsfähigere Rechner zu immer günstigeren Preisen verfügbar machen. Dadurch werden die teilweise sehr rechenzeitaufwendigen Verfahren der Computergraphik auch für den Einsatz in einfachen Workstations und PCs interessant.

Als Ausgabemedien für die erzeugten Darstellungen unterscheidet man zwischen Vektorgraphiksystemen und Rastergraphiksystemen. Viele der in diesem Buch behandelten Algorithmen sind ausschließlich für Rastergraphiksysteme anwendbar. Wir werden in diesem einleitenden Abschnitt kurz auf die Unterscheidung eingehen und die Beschränkung unserer Aufmerksamkeit auf Rastergraphiksysteme begründen.

1.1 Vektorgraphiksysteme

Vektorgraphiksysteme und *Rastergraphiksysteme* sind Systeme zur graphischen Ausgabe von Daten, die als Peripheriegeräte an die CPU (*central processing unit*) angeschlossen sind. *Vektor* steht als Synonym für Linie und drückt die Tatsache aus, daß Vektorgraphiksysteme nur Linien (und Punkte als degenerierte Linien) darstellen können. Ein typisches Vektorgraphiksystem besteht aus einem *Displayprozessor*, der von der CPU gesteuert wird, einem *Display-Pufferspeicher* und einem Bildschirm, vgl. Abbildung 1.1, siehe auch [FvDFH90]. Der Display-Pufferspeicher dient zur Ablage des Displayprogramms, das Befehle zur Darstellung von Punkten, Linien und Buchstaben

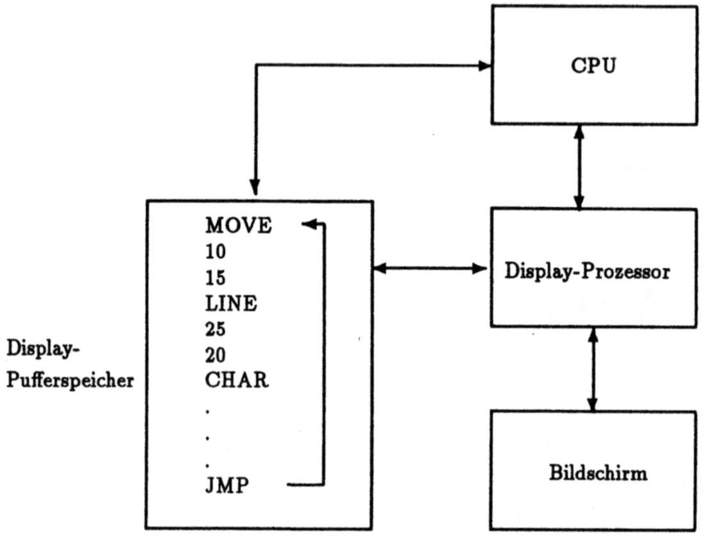

Abbildung 1.1: **Aufbau eines Vektorgraphiksystems.**

enthält und das von der CPU verändert werden kann. Der letzte Befehl des Displayprogramms ist immer ein unbedingter Sprung zum ersten Befehl, damit das Displayprogramm zyklisch durchlaufen wird. Der Displayprozessor interpretiert die Befehle des Displayprogramms und sorgt für die Darstellung auf dem Bildschirm. Dabei wandelt er die im Displayprogramm digital dargestellten Koordinatenwerte in analoge Spannungswerte um, mit denen die Ablenkungseinheiten des Bildschirms gesteuert werden. Die Befehle zur Darstellung von Buchstaben werden bei der Interpretation in Befehle zur Darstellung von Linien und Punkten zerlegt. Eine Linie wird auf dem Bildschirm dargestellt, indem der Elektronenstrahl des Bildschirms auf den Anfangspunkt der Linie gerichtet wird. Dort wird er angestellt und auf einer geraden Linie bis zum Endpunkt der Linie gelenkt, wo er wieder abgestellt wird. Da die Steuerung zwischen den beiden Endpunkten der Linie durch analoge Spannungswerte erfolgt, wird eine exakte Linie auf den Bildschirm dargestellt.

Die üblicherweise verwendeten Bildschirme sind mit Phosphor beschichtete Kathodenstrahlröhren. Wenn der Elektronenstrahl der Bildröhre auf die Phosphorschicht trifft, leuchtet die entsprechende Stelle des Bildschirms je nach Art des verwendeten Phosphors einige zehn bis einige hundert Mikrosekunden auf[1].

[1]Für die üblicherweise verwendeten Phosphorarten liegt der Wert etwa zwischen 10 und

Um ein für das menschliche Auge wahrnehmbares Flackern des Bildschirms zu vermeiden, muß die Phosphorschicht mindestens 50 Mal pro Sekunde aufgefrischt werden, d.h. der Displayprozessor muß das Displayprogramm mindestens 50 Mal pro Sekunde durchlaufen und interpretieren. Die Zeit für das Interpretieren des Displayprogramms ist abhängig von dessen Länge. Für komplexe Bilddarstellungen mit großem Displayprogramm kann es daher vorkommen, daß der Displayprozessor zur Interpretation des Displayprogramms mehr als die zur Verfügung stehenden 1/50 sec braucht. In diesem Fall ist ein Flackern des Bildschirms wahrzunehmen.

Der Vorteil eines Vektorgraphiksystems liegt darin, daß durch die analoge Ansteuerung des Bildschirms prinzipiell jeder Punkt des Bildschirms erreicht werden kann. Dies führt zu einer hohen Auflösung und einer exakten Wiedergabe der darzustellenden Linien. Außerdem erfordert eine geringfügige Änderung der Bildschirmdarstellung auch nur eine geringfügige Änderung des Displayprogramms. Der Nachteil eines Vektorgraphiksystems besteht darin, daß nur Linien und einzelne Punkte auf dem Bildschirm dargestellt werden können. Ausgefüllte Flächen können zwar prinzipiell dadurch dargestellt werden, daß sie durch viele, dicht nebeneinander verlaufende Linien ausgefüllt werden. Da aber alle diese Linien einzeln im Displayprogramm angegeben werden müssen, wird dieses sehr schnell sehr groß mit dem oben erwähnten Effekt, daß der Bildschirm flackert. Daher ist eigentlich nur die Wiedergabe von Drahtgittermodellen möglich. Außerdem sind Vektorgraphiksysteme recht teuer.

1.2 Rastergraphiksysteme

Ein Rastergraphiksystem hat prinzipiell einen ähnlichen Aufbau wie ein Vektorgraphiksystem, vgl. Abbildung 1.2. Die verschiedenen Komponenten werden aber zum Teil anders genutzt. Der grundlegende Unterschied zu einem Vektorgraphiksystem besteht darin, daß der Bildschirm in ein festes Raster von Bildpunkten aufgeteilt ist, die als *Pixel* (für *picture element*) bezeichnet werden. Der Display–Pufferspeicher ist ebenfalls als Raster organisiert, in dem für jedes Bildschirmpixel der darzustellende Intensitätswert abgespeichert ist. Die Anzahl der Zeilen und Spalten des Rasters bestimmt die *Auflösung* des Rastergraphiksystems. Ein System der Auflösung 1280 × 1024 verwendet ein Raster mit 1024 Zeilen und 1280 Spalten. Die Anzahl der auf dem Bildschirm darstellbaren Intensitätswerte hängt davon ab, wieviele Bits für das Abspeichern des

60 Mikrosekunden. Die Verwendung von länger leuchtendem Phosphor hat den Vorteil, daß der Bildschirm nicht so oft aufgefrischt werden muß, und den Nachteil, daß der Bildschirm nachleuchtet. Dies ist vor allem für die Darstellung von bewegten Bildern störend.

Intensitätswertes eines Pixels im Pufferspeicher zur Verfügung stehen. Für einfache Systeme steht manchmal nur ein Bit pro Pixel zur Verfügung, es können also nur zwei verschiedene Intensitätswerte auf dem Bildschirm dargestellt werden. Für aufwendigere Systeme stehen oft 24 Bit zur Verfügung. Damit können 2^{24}, also etwa 16 Millionen unterschiedliche Intensitätswerte dargestellt werden. Für Farbsysteme werden die 24 Bits in drei Komponenten aufgeteilt. Jede Komponente dient zur Steuerung eines der in Farbbildschirmen für die drei Grundfarben rot, grün und blau verwendeten drei unabhängigen Elektronenstrahlen. Die Umwandlung der darzustellenden Objekte in Pixelwerte und deren Ablage im Pufferspeicher besorgt der Displayprozessor. Dieser ist in einfachen Systemen wie z.B. PC's meist als Softwarekomponente einer Graphik-Bibliothek realisiert, in aufwendigeren Grafik-Workstations existiert der Displayprozessor dagegen oft als Hardwarekomponente. Der *Video-Controller* stellt den Inhalt des Pufferspeichers auf dem Bildschirm dar. Dazu durchläuft er den Pufferspeicher von oben nach unten zeilenweise und steuert für jedes Pixel des Bildschirms den Elektronenstrahl entsprechend der darzustellenden Intensität. Abbildung 1.3 zeigt den schematisierten Aufbau eines Video-Controllers. Um ein Flackern des Bildschirms zu vermeiden, muß der Video-Controller den Inhalt des Pufferspeichers etwa 50 Mal pro Sekunde auf dem Bildschirm darstellen. Ein in einem Rastergraphiksystem verwendeter Video-Controller ist natürlich so ausgelegt, daß er dies bei der gegebenen Bildschirmauflösung kann. Der für Vektorgraphiksysteme geschilderte Fall, daß bei komplexen Bildschirmdarstellungen ein Flackern auftritt, kann also nicht eintreten. Auf der anderen Seite beeinflußt diese Forderung aber die erreichbare Auflösung des Bildschirms: Ein gegebener Video-Controller ist nur in der Lage, bis zu einer gewissen Bildschirmauflösung flackerfreie Darstellungen zu liefern. Die mit heutiger Technologie hergestellten Video-Controller liefern typischerweise Auflösungen zwischen 640×480 und 1600×1200. Höhere Auflösungen erfordern eine kurze Zugriffszeit auf den Pufferspeicher und einen geeigneten Bildschirm.

Der Hauptvorteil von Rastergraphiksystemen liegt darin, daß sie im Vergleich zu Vektorgraphiksystemen relativ billig herzustellen sind[2], und daß sie zur Darstellung von ausgefüllten Flächen in der Lage sind. Die Nachteile von Rastergraphiksystemen liegen in einer niedrigeren Auflösung als Vektorgraphiksysteme und in der Tatsache, daß *Aliasing-Effekte* auftreten können, die aufgrund der Diskretisierung des Bildschirms entstehen. Ein typischer Aliasing-Effekt ist z.B. der Treppenstufeneffekt bei der Darstellung von geneigten Linien, vgl. Abbildung 2.1. Diese Effekte können mit den in Abschnitt 2.7 beschriebenen Anti-Aliasing-Techniken zumindest teilweise behoben werden. Ein weiterer Nachteil

[2]Dies liegt vor allem daran, daß auf die relativ weit entwickelte Fernsehtechnik zurückgegriffen werden kann.

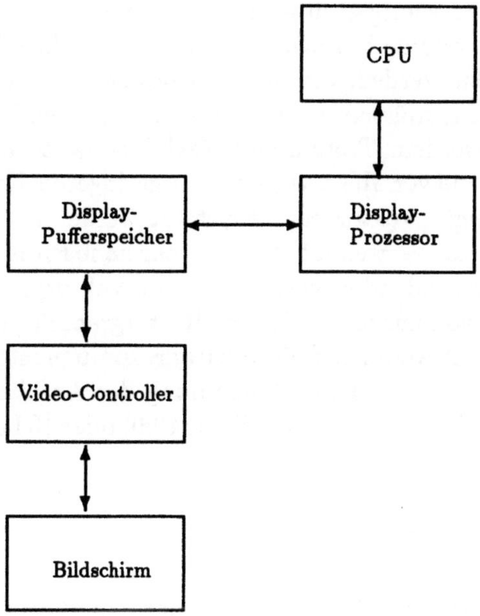

Abbildung 1.2: **Aufbau eines Rastergraphiksystems.**

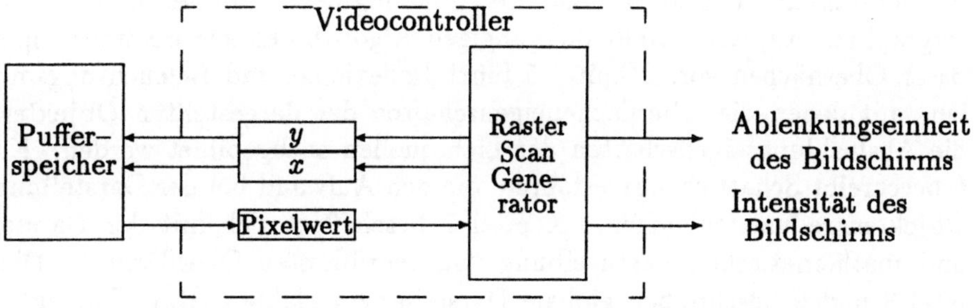

Abbildung 1.3: **Video–Controller eines Rastergraphiksystems: Der Pufferspeicher ist als zweidimensionales Feld organisiert und wird mit Hilfe zweier Adreßregister x und y angesprochen. x und y werden vom *Raster–Scan–Generator* kontrolliert. Dieser sorgt durch Steuerung der Ablenkungseinheiten des Bildschirms dafür, daß der Elektronenstrahl an die richtige Bildschirmposition gelenkt wird und durch Steuerung der Intensität des Elektronenstrahls dafür, daß der aus dem Pufferspeicher erhaltene Pixelwert dargestellt wird.**

von Rastergraphiksystemen besteht darin, daß eine Echtzeitdarstellung sich bewegender Objekte schwieriger zu erreichen ist als mit Vektorgraphiksystemen: Für Vektorgraphiksysteme brauchen nur die Endpunkte der Linien im Pufferspeicher geändert zu werden, die das sich bewegende Objekt darstellen. Für Rastergraphiksysteme müssen dagegen auch alle zu den Linien gehörenden Pixelwerte geändert werden. Trotz dieser Nachteile haben Rastergraphiksysteme Vektorgraphiksysteme vor allem wegen ihrer geringeren Kosten fast vollständig vom Markt verdrängt. Vektorgraphiksysteme werden heute nur noch für sehr spezielle Anwendungen verwendet, die eine sehr hohe Bildschirmauflösung erfordern. Wegen der schwindenden Verbreitung von Vektorgraphiksystemen werden wir im folgenden davon ausgehen, daß ein Rastergraphiksystem verwendet wird. Wir werden hier nicht weiter auf die Hardwarekomponenten von Graphiksystemen eingehen. Eine ausführliche Behandlung der Architektur moderner Graphiksysteme findet der Leser z.B. in [FvDFH90] oder [RL88].

1.3 Überblick

Kapitel 2 des vorliegenden Buches beschreibt grundlegende zweidimensionale Algorithmen wie die Darstellung von Linien und Ellipsen, das Füllen und Clippen von Polygonen, die Anwendung von Halbtonverfahren zur Wiedergabe von Farbbildern, das Besetzen einer evtl. vorhandenen Farbtabelle und die Anwendung von Techniken zur Behebung von Aliasing–Effekten. Kapitel 3 legt die mathematischen Grundlagen zur Beschreibung der dreidimensionalen Computergraphik. Kapitel 4 stellt die gängigen Algorithmen zur Bestimmung sichtbarer Oberflächen vor. Kapitel 5 führt Reflexions– und Beleuchtungsmodelle ein, mit denen die Oberflächeneigenschaften der dargestellten Objektes und die Abstrahlungseigenschaften der Lichtquellen nachgebildet werden. Kapitel 6 beschreibt Schattierungsverfahren, die den Aufwand bei der Darstellung von Objekten reduzieren helfen. Kapitel 7 beschäftigt sich mit der Darstellung und mathematischen Beschreibung von gekrümmten Oberflächen. Die Kapitel 8 und 9 beschreiben globale Darstellungsverfahren (Ray–Tracing– undd Radiosity–Verfahren), die für die Wiedergabe eines Objektes alle anderen Objekte berücksichtigen, die das Aussehen des Objektes durch Schattenwurf oder Reflexionen beeinflussen. Kapitel 10 beschreibt Verfahren zur Erzeugung von Schatten und Oberflächenstrukturen, mit deren Hilfe die Realitätstreue der dargestellten Objekte weiter erhöht werden kann.

Kapitel 2

Grundlegende Rastergraphikalgorithmen

Wir werden in diesem Kapitel einige grundlegende Algorithmen für Rastergraphiksysteme beschreiben. Dazu gehören Algorithmen zur Darstellung von Linien und allgemeinen Kurven zweiter Ordnung, Anti–Aliasing–Methoden, Algorithmen zum Füllen und zum Clippen von Polygonen, ebenso wie Algorithmen zur Auswahl und Erweiterung der für die Bildschirmdarstellung zur Verfügung stehenden Farbpalette. Einige der in diesem Kapitel besprochenen Algorithmen sind für moderne Graphik–Workstations in Hardware implementiert und der Programmierer braucht sich eigentlich nicht um die zugrundeliegenden Algorithmen zu kümmern. Trotzdem ist es wichtig, diese Grundalgorithmen zu kennen: für weniger weit entwickelte Systeme müssen sie in Software implementiert werden, für Systeme mit entsprechenden Hardware–Komponenten ist die Kenntnis der Grundalgorithmen Voraussetzung für das Verständnis dafür, welche Teile eines Programmes wegen Hardwareunterstützung wenig Rechenzeit beanspruchen und welche Teile mehr Rechenzeit erfordern. Außerdem bauen viele weiterführende Algorithmen auf den Grundalgorithmen auf.

2.1 Darstellung von Linien

Ziel jedes Algorithmus zur Bildschirmdarstellung von Linien ist es, die Pixel so zu setzen, daß sie dem idealen Linienverlauf möglichst nahe kommen. Wir nehmen im folgenden an, daß die Linien mit einer Dicke von einem Pixel dargestellt werden sollen. Für Geraden mit Steigung zwischen -1 und 1 einschließlich bedeutet dies, daß in jeder Spalte genau ein Pixel gesetzt wird. Für Gera-

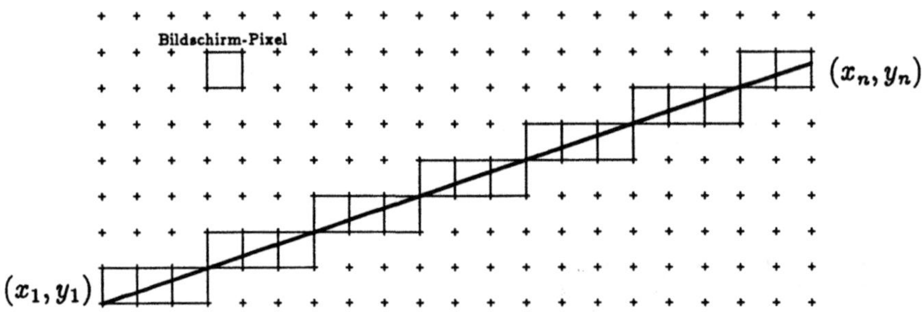

Abbildung 2.1: **Linie zwischen den Pixeln (x_1,y_1) und (x_n,y_n). Die gesetzten Pixel sind als quadratische Boxen dargestellt, deren Eckpunkte mit den Punkten eines regelmäßigen Gitters zusammenfallen. Für nicht gesetzte Pixel sind die Boxen nur angedeutet.**

den mit anderen Steigungen wird genau ein Pixel pro Zeile gesetzt. Wir werden in diesem Abschnitt schrittweise den sogenannten Bresenham–Algorithmus, vgl. [Bre65] und [FvDFH90], einen effizienten Algorithmus zur Darstellung von Linien, entwickeln. Eine ähnliche Ableitung findet man in [Spr82] und [BG89].

2.1.1 Inkrementeller Algorithmus

Wir nehmen im folgenden an, daß (x_1,y_1) und (x_n,y_n) die beiden Endpunkte der darzustellenden Linie sind. Dabei legen wir ein rechtwinkliges Koordinatensystem zugrunde, dessen Ursprung in der linken unteren Ecke des Bildschirms liegt. Außerdem nehmen wir an, daß die Steigung der darzustellenden Linie zwischen 0 und 1 liegt. Linien mit anderen Steigungen werden wir später als Symmetriefälle behandeln. Die Linie zwischen (x_1,y_1) und (x_n,y_n) ist Teil einer Geraden mit der Gleichung[1]

$$y = mx + b \qquad \text{mit} \qquad m = \frac{y_n - y_1}{x_n - x_1} = \frac{\Delta y}{\Delta x}$$

Die einfachste Methode für die Darstellung der Linie besteht darin, für alle ganzzahligen x–Werte x_i zwischen x_1 und x_n den Wert $y_i = mx_i + b$ zu berechnen und die Pixel $(x_i,\texttt{round}(y_i))$ zu setzen, wobei $\texttt{round}(y)$ den Floating–Point–Wert y zur nächstliegenden Integerzahl rundet. Dadurch werden alle Pixel gesetzt, die der idealen Linie am nächsten liegen. Der Nachteil dieser Methode besteht

[1]Der Wert von b spielt im folgenden keine Rolle.

```
void line (x1,y1,xn,yn,value)
int x1,y1,xn,yn,value;
{
 float m,y;
 int x;
 m = ((float)(yn-y1))/(xn-x1);
 y=y1;
 for(x=x1; x<=xn; x++) {
    set_pixel(x,round(y),value);
    y=y+m;
 }
}
```

Abbildung 2.2: Inkrementeller Algorithmus zur Darstellung von Linien. (x1,y1) und (xn,yn) sind die Endpunkte der darzustellenden Linie, `value` gibt den Intensitätswert an, auf den die Pixel gesetzt werden sollen. `set_pixel(x,y,value)` sei eine Bibliotheksfunktion, die Pixel (`x,y`) auf den Intensitätswert `value` setzt.

darin, daß zum Setzen jedes Pixels eine Floating-Point-Multiplikation und eine Rundungsoperation benötigt wird. Beides sind für Rechner ohne Floating-Point-Coprozessoren sehr rechenzeitaufwendige Operationen. Abhilfe schafft die Ausnutzung der Beobachtung, daß sich x in jedem Schritt um 1 ändert, d.h. es ist $x_{i+1} = x_i + 1$. Damit gilt:

$$
\begin{aligned}
y_i &= mx_i + b \\
y_{i+1} &= mx_{i+1} + b = mx_i + b + m = y_i + m
\end{aligned}
$$

d.h. y ändert sich in jedem Schritt um m. Damit kann man die für jedes Pixel erforderliche Floating-Point-Multiplikation durch eine Floating-Point-Addition ersetzen, die auf vielen Rechnern schneller durchgeführt werden kann. Dies führt zu folgendem Algorithmus: Man durchläuft die ganzzahligen x-Werte zwischen x_1 und x_n und errechnet in jedem Schritt einen zu setzenden Punkt (x_i, y_i) aus dem Vorgängerpunkt (x_{i-1}, y_{i-1}) durch $x_i = x_{i-1} + 1$ und $y_i = y_{i-1} + m$. Dann setzt man das Pixel, das dem errechneten Punkt (x_i, y_i) am nächsten liegt, d.h. das Pixel (x_i,`round`(y_i)). Das beschriebene Verfahren ist ein *inkrementeller* Algorithmus, weil der im Schritt i errechnete Punkt aus dem im Schritt $i-1$ errechneten berechnet wird. Abbildung 2.2 zeigt eine Prozedur, die das Verfahren implementiert. Die Prozedur verwendet für die Berechnung der y-Werte Floating-Point-Arithmetik und führt für jedes gesetzte Pixel eine Rundungsoperation aus.

Die Rundungsoperation läßt sich durch Einführen einer Variablen `error` vermeiden. Wenn (x, y) das zuletzt gesetzte Pixel ist, gibt `error` an, um wieviel das Pixel $(x+1, y)$ von der idealen Linie abweicht, vgl. Abbildung 2.3. `error` wird in jedem Schritt um m erhöht. Wenn `error` ≤ 0.5 ist, liegt das Pixel

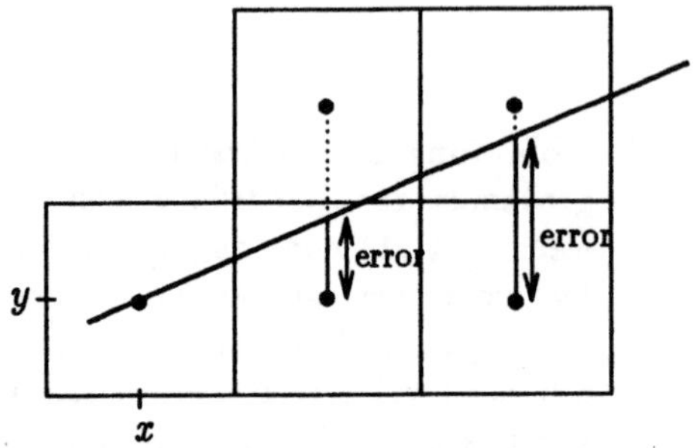

Abbildung 2.3: Einführung einer Variablen `error` zur Eliminierung der Rundungsoperation. Für die eingezeichnete Linie werden die Pixel (x, y), $(x+1, y)$ und $(x+2, y+1)$ gesetzt.

```
void line (x1,y1,xn,yn,value)
int x1,y1,xn,yn,value;
{
 float m,error;
 int x,y;

 m = ((float)(yn-y1))/(xn-x1);
 y=y1; error=0.0;
 for(x=x1; x<=xn; x++) {
    set_pixel(x,y,value);
    error+=m;
    if (error>=0.5) {
       y++; error--;
    }
 }
}
```

Abbildung 2.4: Eliminieren der Rundungsoperation durch Einführen der Variablen `error`.

$(x+1, y)$ näher zur idealen Linie als das Pixel $(x+1, y+1)$ und wird daher gesetzt. Wenn `error` > 0.5 ist, wird das Pixel $(x+1, y+1)$ gesetzt. In diesem Fall wird `error` zusätzlich um 1 dekrementiert. Die resultierende Prozedur in Abbildung 2.4 braucht zwar weiter Floating–Point–Werte zur Darstellung von `m` und `error`, kommt pro gesetztem Pixel aber mit einer Floating–Point–Addition und einem Floating–Point–Vergleich aus.

2.1.2 Bresenham–Algorithmus

Wir werden jetzt die Prozedur aus Abbildung 2.4 so verändern, daß keine Floating–Point–Arithmetik mehr benötigt wird. Der resultierende Algorithmus ist als Bresenham–Algorithmus bekannt, vgl. [Bre65]. In der Prozedur aus

```
void line (x1,y1,xn,yn,value)
int x1,y1,xn,yn,value;
{
 int error,x,y,dx,dy;

 dx=xn-x1; dy=yn-y1;
 error=-dx/2; y=y1;
 for(x=x1; x<=xn; x++) {
    set_pixel(x,y,value);
    error+=dy;
    if(error>=0) {
      y++; error-=dx;
    }
 }
}
```

Abbildung 2.5: **Bresenham–Algorithmus zur Darstellung von Linien. Zusätzlich zu den im Text beschriebenen Änderungen ist die Variable `error` mit `-dx/2` anstatt mit 0 initialisiert. Man beachte, daß die verwendete Division eine Integer–Division durch 2 ist, die durch einen einfachen Rechtsshift realisiert werden kann. Die Bedingung zur Auswahl der Pixel vereinfacht sich dadurch zu `error >= 0`.**

Abbildung 2.4 wird die Variable `m` nur zur Berechnung von `error` verwendet. `error` wird nur zur Auswahl der zu setzenden Pixel benutzt. Der Wert von `error` geht nicht direkt in die Berechnung der zu setzenden Pixel ein. Eine Skalierung von `m`, `error` und der zugehörigen Auswahlbedingung für die Pixel hat daher keine Auswirkung darauf, welche Pixel gesetzt werden. Wenn wir mit `dx = xn-x1` skalieren, nimmt `m` und damit auch `error` ausschließlich ganzzahlige Werte an, für beide können also Integerwerte verwendet werden. Der für die Pixelauswahl verwendete Vergleich wird zu `error >= dx/2`. Weil `error` immer ganzzahlig ist, können wir `dx/2` durch den Integerwert ⌊`dx/2`⌋ ersetzen, ohne dadurch die Semantik zu ändern. Der Vergleich wird zu einem Vergleich zwischen Integerwerten. Damit sind alle Floating–Point–Operationen eliminiert, das Verfahren verwendet ausschließlich Integer–Arithmetik. Die resultierende Prozedur ist in Abbildung 2.5 wiedergegeben.

Wie bereits erwähnt, arbeitet die Prozedur in Abbildung 2.5 nur für $x_1 < x_n$ und Steigungen zwischen 0 und 1, d.h. für Linien im 1. Oktanden, vgl. Abbildung 2.6[2]. Wir werden jetzt beschreiben, wie man die Prozedur so erweitert, daß sie auch für alle anderen Oktanden verwendet werden kann. Für den ersten Oktanden werden die x–Werte zwischen x_1 und x_n mit Schrittweite 1 durchlaufen, die y–Werte der zu setzenden Pixel werden anhand der Abweichung von der idealen Linie bestimmt. Die *treibende Achse* ist also die x–Achse. In je-

[2]Den Oktanden zu einer Linie bestimmt man, indem man den Endpunkt (x_1,y_1) in den Ursprung legt. Die Linie verläuft dann vollständig in einem der in Abbildung 2.6 wiedergegebenen Oktanden.

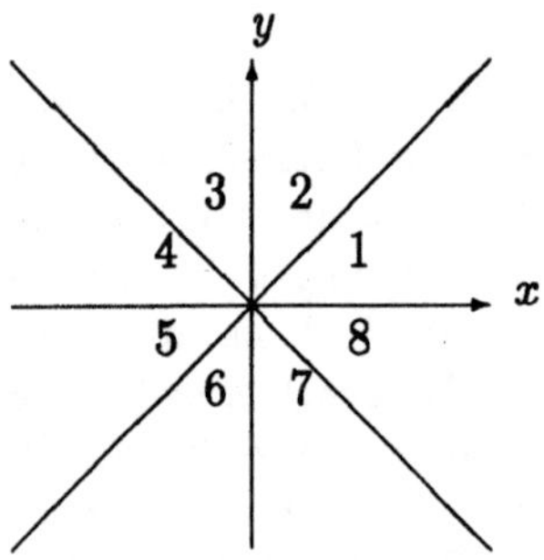

Oktand	treibende Achse	andere Achse
1	x	inkrementiert
2	y	inkrementiert
3	y	dekrementiert
4	x	dekrementiert
5	x	inkrementiert
6	y	inkrementiert
7	y	dekrementiert
8	x	dekrementiert

Abbildung 2.6: **Behandlung der verschiedenen Oktanden.**

der Spalte wird genau ein Pixel gesetzt. Für den zweiten Oktanden wird die y–Achse als treibende Achse verwendet, in jeder Zeile wird genau ein Pixel gesetzt. x und y vertauschen also ihre Rollen. Für eine Linie im 8. Oktanden dient die x–Achse als treibende Achse, der Unterschied zum ersten Oktanden besteht darin, daß bei der Berechnung der y–Werte dekrementiert statt inkrementiert wird. Ähnliches gilt für den 2. und den 7. Oktanden. Die Oktanden 3, 4, 5, 6 werden nach Vertauschen der Endpunkte wie die Oktanden 7, 8, 1, 2 behandelt. Abbildung 2.7 zeigt die resultierende Prozedur.

Ein Nachteil bei der Darstellung von Linien nach der beschriebenen Methode besteht darin, daß Linien unterschiedlicher Steigung unterschiedlich hell erscheinen können, vgl. Abbildung 2.8, siehe auch [FvDFH90]. Dies kann durch Anpassung der Pixelintensität an die Steigung der Linie behoben werden. Eine andere Möglichkeit ist die Anwendung einer Anti–Aliasing–Technik, vgl. Abschnitt 2.7, mit der die Intensitätswerte der angrenzenden Pixel in die Darstellung mit einbezogen werden.

2.2 Darstellung von Kurven zweiter Ordnung

Wir werden uns in diesem Abschnitt mit der Darstellung von Kurven 2. Ordnung beschäftigen. Diese Kurven werden auch als *Kegelschnitte* bezeichnet, weil sie durch den Schnitt einer Ebene mit einem Kegel entstehen. Kreise, Ellipsen, Parabeln und Hyperbeln sind Beispiele für Kurven zweiter Ordnung. Allgemein wird eine Kurve 2. Ordnung durch eine Gleichung der Form

$$ax^2 + 2bxy + cy^2 + 2dx + 2ey + f = 0$$

```
void Draw_Line (x1,y1,xn,yn,value)
int x1,y1,xn,yn,value;
{
 int error,x,y,dx,dy,xincr,yincr;
 dx = xn-x1; dy = yn-y1;
 if (abs(dx) > abs(dy)) {
    if (dx<0) {swap(xn,x1); swap(yn,y1);}
    if (yn>y1) yincr = 1;
    else yincr = -1;
    error = -abs(dx)/2;
    for(x=x1,y=y1; x<=xn; x++){
       set_pixel(x,y,value);
       error += abs(dy);
       if (error>=0) {y+=yincr; error-=dx;}
    }
 }
 else {
    if (dy<0) {swap(xn,x1); swap(yn,y1);}
    if (xn>x1) xincr = 1;
    else xincr = -1;
    error = -abs(dy)/2;
    for (y=y1,x=x1; y=yn; y++){
       set_pixel(x,y,value);
       error+=abs(dx);
       if (error>=0) {x+=xincr; error-=dy;}
    }
 }
}
```

Abbildung 2.7: Bresenham-Algorithmus mit Behandlung aller Fälle: Der Test `abs(dx) > abs(dy)` bestimmt, ob x oder y als treibende Achse verwendet wird. `abs(x)` sei eine Bibliotheksfunktion, die den Absolutbetrag der Integervariablen x bestimmt. Wenn der Test zutrifft, wird x als treibende Achse verwendet. Mit dem Test dx<0 wird festgestellt, ob die beiden Endpunkte der Linie vertauscht werden müssen. Das Vertauschen der Werte zweier Integervariablen x und y wird durch die Prozedur `swap(x,y)` vorgenommen. Wenn x als treibende Achse verwendet wird, stellt der Test y2>y1 fest, ob y während der Berechnung inkrementiert oder dekrementiert wird.

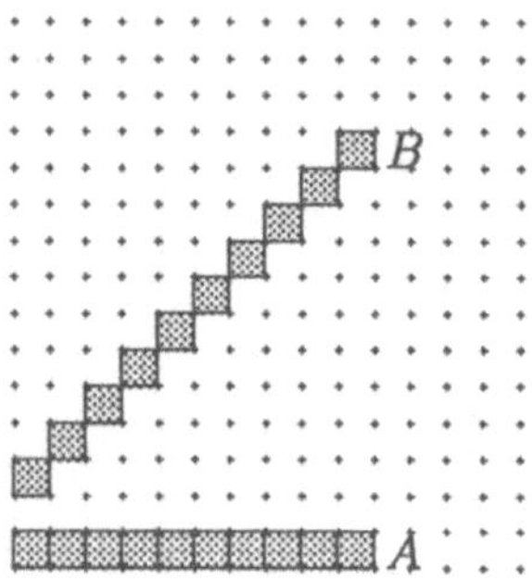

Abbildung 2.8: Veranschaulichung der Intensitätsunterschiede bei der Darstellung von Linien unterschiedlicher Steigung: die diagonale Linie B hat Steigung 1 und ist $\sqrt{2}$ Mal länger als die horizontale Linie A. Weil jede der beiden Linien mit der gleichen Anzahl von Pixeln dargestellt wird, erscheint Linie A heller als B. Dies kann dadurch behoben werden, daß die zur Darstellung von B verwendeten Pixel mit der $\sqrt{2}$–fachen Intensität wie die für A verwendeten Pixel dargestellt werden.

Kurve	Normalform
Kreis	$x^2 + y^2 = R$
Ellipse	$\frac{x^2}{a^2} + \frac{y^2}{b^2} = 1$
Hyperbel	$\frac{x^2}{a^2} - \frac{y^2}{b^2} = 1$
Parabel	$y = ax^2 + bx + c$

Abbildung 2.9: Spezialfälle von Kurven zweiter Ordnung. Angegeben sind die Gleichungen für einen Kreis mit Radius R und Mittelpunkt im Ursprung, für eine (ungedrehte) Ellipse mit Mittelpunkt im Ursprung, eine Hyperbel, deren Achsen mit den Koordinatenachsen zusammenfallen, und einer Parabel, deren Achse parallel zur y–Achse liegt.

beschrieben. Spezialfälle dieser Gleichung sind in Abbildung 2.9 wiedergegeben. Weitere Einzelheiten zu den verschiedenen Kegelschnitten findet man z.B. in [BS80]. Wir werden in diesem Abschnitt als Beispiel die Darstellung von Ellipsen untersuchen, vgl. [BG89]. Alle hier vorgestellten Verfahren lassen sich so abändern, daß sie zur Darstellung von anderen Kurven zweiter Ordnung verwendet werden können.

2.2.1 Parametermethode

Laut Abbildung 2.9 ist die Gleichung einer nicht gedrehten Ellipse mit Mittelpunkt im Ursprung

$$\frac{x^2}{a^2} + \frac{y^2}{b^2} = 1 \tag{2.1}$$

Abbildung 2.10: **Links ist eine ungedrehte Ellipse mit Mittelpunkt im Ursprung wiedergegeben. Die rechts abgebildete Ellipse entsteht aus der links abgebildeten durch Drehung um den Winkel ϕ und nachfolgender Verschiebung des Mittelpunktes zum Punkt (x_c, y_c).**

Dabei ist $2a$ die Länge der Hauptachse, $2b$ die Länge der Nebenachse, vgl. Abbildung 2.10. (2.1) ist die *kartesische Darstellung* einer Ellipse. Die in diesem Abschnitt vorgestellte Parametermethode benutzt die sogenannte *Parameterdarstellung*. In dieser Form wird eine Ellipse durch ein Paar von parametrisierten Gleichungen

$$x = a\cos\theta, \qquad y = b\sin\theta$$

mit $\theta \in [0, 2\pi[$ beschrieben. θ ist der Parameter dieser Gleichungen. Für jeden Wert von θ geben die beiden Gleichungen einen Punkt (x, y) an, der auf dem Rand der darzustellenden Ellipse liegt. Daß beide Darstellungen eine Ellipse beschreiben, sieht man durch Einsetzen der Parametergleichungen in die kartesische Gleichung:

$$\frac{x^2}{a^2} + \frac{y^2}{b^2} = \cos^2\theta + \sin^2\theta = 1$$

Die Gleichung einer um einen Winkel ϕ gedrehten Ellipse mit Mittelpunkt (x_c, y_c), vgl. Abbildung 2.10, lautet:

$$\begin{aligned} x &= a\cos\phi\cos\theta - b\sin\phi\sin\theta + x_c = A\cos\theta - B\sin\theta + x_c \\ y &= a\sin\phi\cos\theta + b\cos\phi\sin\theta + y_c = C\cos\theta + D\sin\theta + y_c \end{aligned} \tag{2.2}$$

mit $A = a\cos\phi$, $B = b\sin\phi$, $C = a\sin\phi$, $D = b\cos\phi$. Man erhält diese Gleichung durch Anwendung einer Rotation und einer Translation auf die ungedrehte Ellipse mit Mittelpunkt im Ursprung. Wie wir in Abschnitt 3.1 sehen werden, wird die Rotation einer Punktmenge um einen Winkel ϕ beschrieben durch Anwendung einer Rotationsmatrix auf alle Punkte der Punktmenge. Für eine Ellipse bedeutet dies, daß $(x, y) = (a\cos\theta, b\sin\theta)$ mit der Rotationsmatrix[3]

$$R = \begin{pmatrix} \cos\phi & \sin\phi \\ -\sin\phi & \cos\phi \end{pmatrix}$$

multipliziert werden muß. Die nachfolgende Translation wird durch eine anschließende Addition von (x_c, y_c) realisiert.

Die Parametermethode berechnet zur Darstellung der Ellipse eine Folge von äquidistanten Parameterwerten und verbindet die zu benachbarten Parameterwerten gehörenden Ellipsenpunkte durch Geradensegmente: Sei n die Anzahl der Geradensegmente, mit denen die Ellipse angenähert werden soll. Dann ist $\Delta\theta = 2\pi/n$ die erforderliche Schrittweite für den Parameter θ. Beginnend mit $\theta_0 = 0$ berechnet man eine Folge von $n+1$ Parameterwerten durch $\theta_i = \theta_{i-1} + \Delta\theta$, $1 \le i \le n$. Zu jedem θ_i wird nach Gleichung (2.2) ein Punkt (x_i, y_i) berechnet. Die Punkte (x_{i-1}, y_{i-1}) und (x_i, y_i) werden durch ein Geradensegment verbunden. Wegen $\theta_n = \theta_0 + 2\pi$ ist $(x_0, y_0) = (x_n, y_n)$. Damit wird (x_{n-1}, y_{n-1}) mit (x_0, y_0) durch ein Geradensegment verbunden, die Ellipse wird also geschlossen. Für eine ungedrehte Ellipse mit Mittelpunkt im Ursprung ist der $\theta_0 = 0$ entsprechende Punkt $(x_0, y_0) = (a, 0)$. (x_i, y_i) liegt von (x_{i-1}, y_{i-1}) aus gesehen im Gegenuhrzeigersinn. Abbildung 2.11 zeigt eine Prozedur, die das Verfahren implementiert.

Eine Reduzierung der Laufzeit erreicht man durch Ausnutzung der Symmetrie der Ellipse, vgl. Abbildung 2.12. Sei $P(0) = (x_0, y_0)$ der zu Paramterwert $\theta = 0$ gehörende Punkt der Ellipse. Sei $P(\pi) = (xs_0, ys_0)$ der zu Paramterwert $\theta = \pi$ gehörende Punkt der Ellipse. Sei $P(\theta) = (x_1, y_1)$ für $0 < \theta < \pi$ ein beliebiger Punkt der oberen Halbellipse. Sei $P(\theta + \pi) = (xs_1, ys_1)$ der zugehörige Punkt auf der unteren Halbellipse. Es gilt:

$$\begin{pmatrix} x_0 \\ y_0 \end{pmatrix} - \begin{pmatrix} x_1 \\ y_1 \end{pmatrix} = \begin{pmatrix} x_{s1} \\ y_{s1} \end{pmatrix} - \begin{pmatrix} x_{s0} \\ y_{s0} \end{pmatrix}$$

d.h. der Punkt (x_{s1}, y_{s1}) kann aus dem Punkt (x_1, y_1) durch zwei Additionen berechnet werden, wenn $(x_{s0}, y_{s0})^T - (x_0, y_0)^T$ vorberechnet wird. θ braucht nur die Werte zwischen 0 und π zu durchlaufen.

Der Nachteil der Parametermethode liegt in der festen Unterteilung der Parameterpunkte. Dadurch wird die Annäherung der Ellipse durch Geradensegmente an Stellen mit starker Steigung ungenau, die einzelnen Geradensegmente sind

[3] Man beachte, daß wir hier die Vektoren als Zeilenvektoren darstellen, d.h: wir bilden $(x', y') = (x, y)R$. Wenn wir Spaltenvektoren verwenden würden, müßten wir die transponierte Matrix R^T verwenden : $\binom{x'}{y'} = R^T \binom{x}{y}$

```
void ellipse (a,b,phi,xc,yc,n,value)
float a,b,phi,xc,yc;
int n, value;
{
 float cosphi,sinphi,theta,pi,costheta,
       sintheta,A,B,C,D,x0,x1,y0,y1,incr;
 int i;

 pi = 4*arctan(1);
 cosphi = sintab[pi/2+phi];
 sinphi = sintab[phi];
 A = a*cosphi; B = b*sinphi;
 C = a*sinphi; D = b*cosphi;
 x0 = A+xc; y0=C+yc;
 theta=0; incr = 2*pi/n;
 for(j=1; j<=n; j++) {
    theta = theta+incr;
    costheta = sintab[pi/2+theta];
    sintheta = sintab[theta];
    x1 = A*costheta-B*sintheta+xc;
    y1 = C*costheta+D*sintheta+yc;
    Draw_Line1(x0,y0,x1,y1,value);
    x0=x1; y0=y1;
 }
}
```

Abbildung 2.11: Parametermethode zur Darstellung von Ellipsen: Die angegebene Prozedur stellt eine um einen Winkel phi gedrehte Ellipse mit Mittelpunkt in (xc,yc) dar. Zur Vermeidung der Berechnung der trigonometrischen Funktionen wird eine Tabelle verwendet, in der die Sinus–Werte zwischen 0 und 2π abgelegt sind. Die Beziehung $\cos\theta = \sin(\frac{\pi}{2} + \theta)$ wird zur Berechnung der Cosinus–Werte verwendet. Wenn die Beziehungen $\sin\theta = -\sin(\theta - \pi)$ und $\sin\theta = \sin(\pi - \theta)$ ausgenutzt würden, bräuchten nur die Sinus–Werte zwischen 0 und $\pi/2$ abgelegt zu werden. Zur Darstellung der Geradenstücke wird eine Prozedur Draw_Line1 verwendet, die sich von der Prozedur Draw_Line aus Abbildung 2.9. nur darin unterscheidet, daß die ersten vier Argumente Floating–Point–Werte statt Integerwerte sind, die zu Beginn der Prozedur durch Runden in Integerwerte umgewandelt werden.

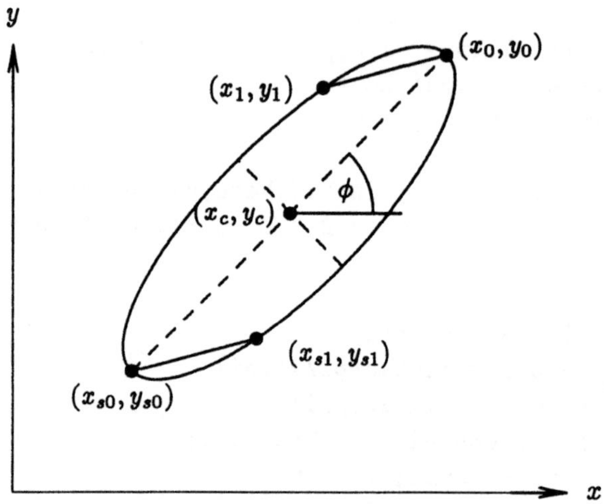

Abbildung 2.12: **Symmetrie einer um einen Winkel ϕ gedrehten Ellipse.**

deutlich sichtbar. Das führt vor allem bei langen, schmalen Ellipsen zu einer schlechten Darstellung der Zonen um die Parameterwerte $\theta = 0$ und $\theta = \pi$. Diesen Nachteil kann man beheben, indem man eine nichtlineare Unterteilung der Parameterwerte wählt, die in Bereichen mit starker Steigung feiner ist als in Bereichen mit flachem Anstieg.

2.2.2 Scangerade–Methode

Die Scangerade–Methode nähert eine Ellipse nicht durch Geradensegmente an, sondern setzt einzelne Pixel, die auf dem Rand der Ellipse liegen. Dazu wird eine horizontale *Scangerade* verwendet, die über die darzustellende Ellipse geschoben wird. Für jede y–Position wird der Schnittpunkt zwischen der Scangerade und der Ellipse bestimmt. Für die Ellipse wird die kartesische Darstellung benutzt. Die kartesische Darstellung einer nicht gedrehten Ellipse mit Mittelpunkt im Ursprung lautet:

$$\left(\frac{x}{a}\right)^2 + \left(\frac{y}{b}\right)^2 = 1$$

Eine Drehung um Winkel ϕ und die Translation zum Punkt (x_c, y_c) erreicht man durch die Substitution:

$$\begin{aligned} x &\leftarrow x\cos\phi - y\sin\phi + x_c \\ y &\leftarrow x\sin\phi + y\cos\phi + y_c \end{aligned}$$

Damit ist die kartesische Darstellung einer um den Winkel ϕ gedrehten Ellipse mit Mittelpunkt (x_c, y_c):

$$\frac{(x\cos\phi - y\sin\phi + x_c)^2}{a^2} + \frac{(x\sin\phi + y\cos\phi + y_c)^2}{b^2} = 1$$

Um die Berechnung zu vereinfachen, betrachten wir im folgenden eine gedrehte Ellipse mit Mittelpunkt im Ursprung. Die Translation zum Punkt (x_c, y_c) kann nach Berechnung der Punkte der unverschobenen Ellipse durch eine einfache Addition von (x_c, y_c) durchgeführt werden. Die x–Werte der Schnittpunkte mit der Scangeraden $y = y_i$ erhält man durch Einsetzen von y_i in diese Gleichung und Auflösen nach x:

$$\frac{(x\cos\phi - y_i\sin\phi)^2}{a^2} + \frac{(x\sin\phi + y_i\cos\phi)^2}{b^2} = 1$$

Mit der Substitution

$$P = \frac{\cos\phi}{a}, \qquad Q = \frac{\sin\phi}{b}, \qquad R_i = -y_i\,\frac{\sin\phi}{a}, \qquad S_i = y_i\,\frac{\cos\phi}{b}$$

wird diese Gleichung zu

$$(xP + R_i)^2 + (xQ + S_i)^2 = 1$$

was gleichbedeutend ist mit

$$x^2(P^2 + Q^2) + 2x(PR_i + QS_i) + R_i^2 + S_i^2 = 1$$

Auflösen nach x und Umformen liefert für die x–Werte der beiden Schnittpunkte

$$x_{1,2} = \frac{-(PR_i + QS_i) \pm \sqrt{P^2 + Q^2 - (PS_i - QR_i)^2}}{P^2 + Q^2}$$

Dabei sind P und Q für eine gegebene Ellipse konstant, R_i und S_i sind von y_i abhängig. Einsetzen von P, Q, R_i und S_i liefert für die x–Werte der beiden Schnittpunkte:

$$x_{1,2} = K_1 y_i \pm \sqrt{K_2 + K_3 y_i^2} \tag{2.3}$$

K_1, K_2 und K_3 sind Konstanten, die unabhängig von y_i sind:

$$\begin{aligned}
K_1 &= \frac{\cos\phi\sin\phi(b^2 - a^2)}{b^2\cos^2\phi + a^2\sin^2\phi} \\
K_2 &= \frac{a^2 b^2}{b^2\cos^2\phi + a^2\sin^2\phi} \\
K_3 &= -\frac{a^2 b^2}{(b^2\cos^2\phi + a^2\sin^2\phi)^2}
\end{aligned}$$

Die x–Werte nach Gleichung 2.3 brauchen nur für solche Scangeraden berechnet zu werden, die die Ellipse auch wirklich schneiden. Deshalb bestimmt man die y–Werte, zwischen denen sich die darzustellende Ellipse erstreckt. Die Grenzpunkte der Ellipse sind die Punkte, an denen die Scangerade die Ellipse berührt. An diesen Grenzpunkten gibt es nur einen Schnittpunkt zwischen Scangerade und Ellipse, der Ausdruck unter der Wurzel in Gleichung 2.3 wird 0:

$$\frac{a^2 b^2}{b^2\cos^2\phi + a^2\sin^2\phi} - y_i^2 \frac{a^2 b^2}{(b^2\cos^2\phi + a^2\sin^2\phi)^2} = 0$$

Auflösen nach y_i liefert

$$y_{1,2} = \pm\sqrt{b^2 cos^2\phi + a^2\sin^2\phi}$$

y_1 gibt die obere, y_2 die untere y–Ausdehnung der Ellipse an. Auch hier kann man wieder die Symmetrie der Ellipse ausnutzen, um die Laufzeit zu halbieren: Sei (x_t, y_t) der obere, (x_b, y_b) der untere Scheitelpunkt der Ellipse (siehe Abbildung 2.13). Seien $y = y_t - a$ und $y = y_b + a$ zwei Scangeraden, die die Ellipse in den Punkten $P_1 = (x_1, y_1)$ und $P_2 = (x_2, y_2)$ bzw. $P_1' = (x_1', y_1')$ und $P_2' = (x_2', y_2')$ schneiden $(0 \leq a \leq \frac{1}{2}(y_t - y_b))$. Dann gilt:

$$\begin{aligned}
x_1' &= x_b - \Delta x_2 &= x_b - (x_2 - x_t) \\
x_2' &= x_b + \Delta x_1 &= x_b + (x_t - x_1)
\end{aligned} \tag{2.4}$$

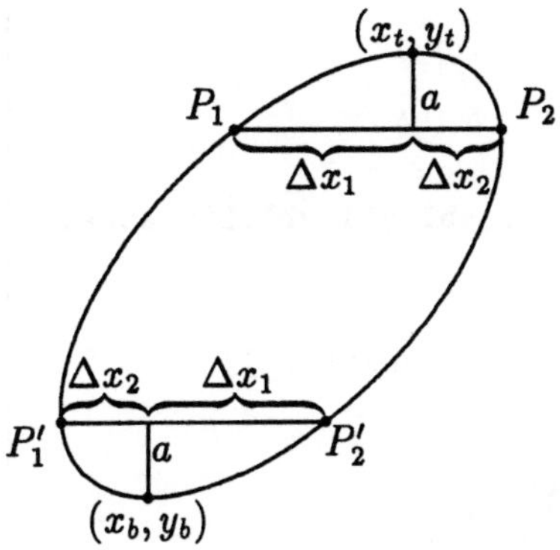

Abbildung 2.13: Ausnutzung der Symmetrie der Ellipse bei der Scangeraden–Methode.

Diese Symmetrie wird von dem Programm in Abbildung 2.14 ausgenutzt.

Da immer horizontale Scangeraden verwendet werden, werden bei der beschriebenen Methode in jeder Bildschirmzeile genau zwei Pixel gesetzt[4]. Dies kann je nach darzustellender Ellipse dazu führen, daß die Darstellung in Bereichen, in denen die Ellipse eine Steigung nahe 0 hat, unterbrochen erscheint, vgl. Abbildung 2.15. Eine Möglichkeit der Abhilfe besteht darin, für jedes zu setzende Pixel zu überprüfen, ob dieses vom zuletzt gesetzten einen x–Abstand von mehr als 1 hat. Wenn dies der Fall ist, werden die dazwischenliegenden Pixel entlang der Scangeraden gesetzt. Der negative Effekt läßt sich auch dadurch vermeiden, daß man für Bereiche der Ellipse, in denen die Steigung zwischen -1 und 1 liegt, vertikale statt horizontale Scangeraden verwendet, vgl. Abbildung 2.16.

Zur Bestimmung der vier Punkte der Ellipse mit Steigung -1 oder 1 verwendet man am besten die Parameterdarstellung der Ellipse und bestimmt die vier Parameterwerte der gesuchten Punkte. Bei einer nicht gedrehten Ellipse erhält man die Steigung der Tangente an einen Punkt P der Ellipse durch Anwendung der Tangens–Operation auf den Winkel, den die Tangente mit der x–Achse bildet, vgl. Abbildung 2.17. Bei Drehung der Ellipse um den Winkel ϕ dreht sich die Tangente mit. Wenn χ der Winkel der ungedrehten Tangente mit der x–Achse ist, ergibt sich die Steigung der Tangente an den Punkt der gedrehten Ellipse zu $\tan(\chi + \phi)$. Die Tangente hat die Steigung 1, wenn

$$\tan(\chi + \phi) = 1$$

[4]Für die beiden Scangeraden, die die Ellipse berühren, wird nur ein Pixel gesetzt.

```
void ellipse (a,b,phi,xc,yc,value)
float a,b,phi;
int xc,yc,value;
{
 int xt,xb,yt,yb,xtr,xbr,ytr,ybr,xtl,xbl,ytl,ybl,LinesUsed;
 float K1,K2,K3,c2phi,s2phi;

 c2phi=cos(phi)*cos(phi); s2phi=sin(phi)*sin(phi);
 h = b*b*c2phi+a*a*s2phi;
 yt=round(sqrt(h)); yb=-yt;
 K1 = (cos(phi)*sin(phi)*(b*b-a*a))/h;
 K2 = (a*a*b*b)/h; K3 = -(a*a*b*b)/(h*h);
 xt = round(K1*yt); xb=-xt;
 set_pixel(xt+xc,yt+yc,value);
 set_pixel(xb+xc,yb+yc,value);
 LinesUsed=(yt-yb+1)/2;
 for (i=1; i<=LinesUsed; i++){
     yt--;
     xtl = round(K1*yt-sqrt(K2+K3*yt*yt));
     xtr = round(K1*yt+sqrt(K2+K3*yt*yt));
     yb = -yt;
     xbl=xb-(xtr-xt); xbr=xb+(xt-xtl);
     set_pixel(xtl+xc,yt+yc,value);
     set_pixel(xtr+xc,yt+yc,value);
     set_pixel(xbl+xc,yb+yc,value);
     set_pixel(xbr+xc,yb+yc,value);
 }
}
```

Abbildung 2.14: Erzeugung einer Ellipse mit der Scangeraden–Methode unter Ausnutzung der im Text erwähnten Symmetrie. `yt` gibt die Lage der oberen, `yb` die Lage der unteren Scangeraden an. In jedem Schleifendurchlauf werden die Schnittpunkte der oberen Scangeraden mit der Ellipse explizit nach Formel 2.2. berechnet. Die Schnittpunkte mit der unteren Scangeraden werden mit Hilfe von Gleichung 2.3. berechnet. `(xtl,ytl)` gibt die Pixelkoordinaten des Punktes P_1 aus Abbildung 2.13 an. `(xtr,ytr)`, `(xbl,ybl)` und `(xbr,ybr)` sind die Pixelkoordinaten der Punkte P_2, P_1' und P_2'. Die Plazierung des Mittelpunktes der Ellipse wird durch Addition von x_c bzw. y_c zu den x– bzw. y–Werten der gesetzten Pixel erreicht.

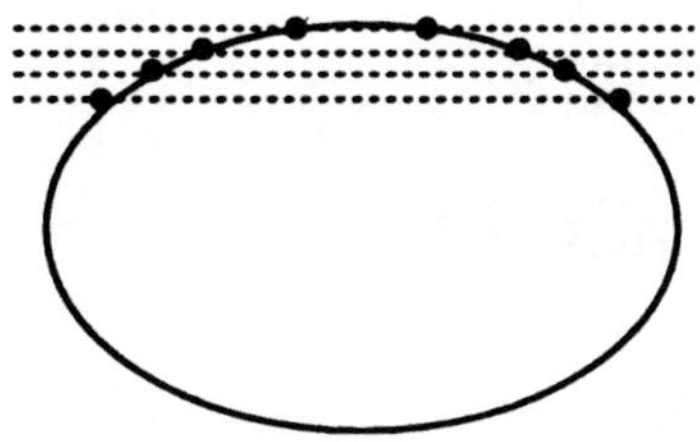

Abbildung 2.15: Für Bereiche mit flacher Steigung wird die Ellipse bei Verwendung der Scangeraden-Methode unterbrochen gezeichnet.

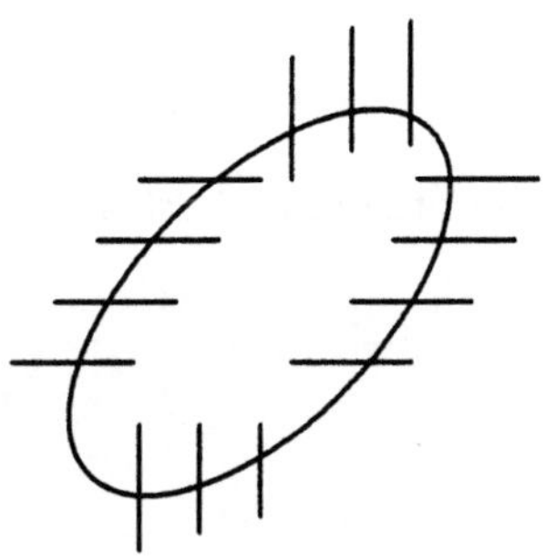

Abbildung 2.16: Verwendung von vertikalen Scangeraden in Bereichen der Ellipse, in denen die Steigung zwischen -1 und 1 liegt.

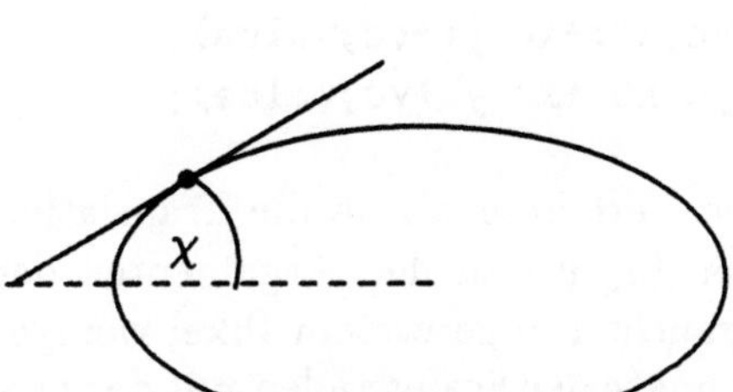

Abbildung 2.17: Tangente an eine Ellipse.

Dies ist erfüllt, wenn $\chi = \arctan(1) - \phi = \pi/4 - \phi$. Die zu einem Parameterwert θ gehörende Steigung der Ellipse ist

$$\frac{dy}{dx} = \frac{dy/d\theta}{dx/d\theta} = -\frac{b\cos\theta}{a\sin\theta} = \frac{-b}{a\tan\theta}$$

Die Steigung ist 1, wenn $\tan\chi = \tan(\pi/4 - \phi) = \frac{-b}{a\tan\theta}$ oder

$$\tan\theta = \frac{-b}{a\tan(\pi/4 - \phi)}$$

Da die Tangenten–Funktion die Periode π hat und der Parameter θ die Werte zwischen 0 und 2π durchläuft, sind die beiden Parameterwerte, an denen die Steigung 1 ist:

$$\begin{aligned} \theta_1 &= \arctan\left(\frac{-b}{a\tan(\pi/4 - \phi)}\right) \\ \theta_2 &= \theta_1 + \pi \end{aligned} \tag{2.5}$$

Analog erhält man die Parameterwerte, an denen die Steigung -1 ist als

$$\begin{aligned} \theta_3 &= \arctan\left(\frac{-b}{a\tan(-\pi/4 - \phi)}\right) \\ \theta_4 &= \theta_3 + \pi \end{aligned} \tag{2.6}$$

Die Scangeraden–Methode eignet sich besonders gut zur Darstellung von ausgefüllten Ellipsen. Man erhält eine ausgefüllte Ellipse, wenn man die vier **set_pixel**–Anweisungen in dem Programm aus Abbildung 2.14 ersetzt durch zwei Anweisungen zur Darstellung von horizontalen Linien zwischen den beiden Schnittpunkten der Scangeraden mit der Ellipse:

```
DrawLine(xtl+xc,yt+yc,xtr+xc,yt+yc,value);
DrawLine(xbl+xc,yb+yc,xbr+xc,yb+yc,value);
```

Bei dem in diesem Abschnitt beschriebenen Verfahren wurde die Translation der Ellipse nachträglich durch Addition von (x_c, y_c) zu den Argumenten der **set_pixel**–Funktion durchgeführt. Dies braucht pro gesetztem Pixel weniger Operationen als das Berechnen der Schnittpunkte der Scangeraden mit der verschobenen Ellipse. Man könnte auch die Rotation nachträglich durchführen, indem man zuerst die Schnittpunkte der Scangeraden mit der ungedrehten Ellipse bestimmt und die errechneten Schnittpunkte nachträglich einer Rotation unterwirft. Bei diesem Vorgehen werden aber pro gesetztes Pixel mehr Operationen benötigt wie bei dem in diesem Abschnitt beschriebenen Verfahren: Die Berechnung der x-Werte der Schnittpunkte der Scangeraden $y = y_i$ mit der Ellipse erfordert eine Auflösung der kartesischen Gleichung (2.1) nach x:

$$x_{1,2} = \pm\sqrt{a^2 - \frac{a^2}{b^2}y_i^2}$$

Bei Vorberechnung der konstanten Ausdrücke braucht man zur Berechnung von $x_{1,2}$ zwei Multiplikationen, eine Addition und eine Wurzeloperation. Die Rotation eines errechneten Schnittpunktes (x, y) um den Winkel ϕ

$$\begin{aligned} x' &= x\cos\phi - y\sin\phi \\ y' &= x\sin\phi + y\cos\phi \end{aligned}$$

braucht vier Multiplikationen und zwei Additionen. Das in diesem Abschnitt beschriebene Verfahren braucht dagegen nur drei Multiplikationen, zwei Additionen und eine Wurzeloperation.

2.2.3 Differentielle Methode

Die differentielle Methode zur Darstellung von Ellipsen arbeitet ähnlich wie der inkrementelle Algorithmus zur Darstellung von Linien. Wenn x die treibende Achse ist, findet man ausgehend von einem bereits dargestellten Punkt $P_i = (x_i, y_i)$ der Ellipse den nächsten Punkt $P_{i+1} = (x_{i+1}, y_{i+1})$ durch

$$x_{i+1} = x_i + 1 \qquad y_{i+1} = y_i + m_i$$

Dabei ist m_i umso größer, je größer die Steigung der Ellipse in der Nähe der Punkte P_i und P_{i+1} ist. Für eine Gerade ist die Steigung und damit der addierte Wert konstant, für eine Ellipse ändert sich dagegen die Steigung von Punkt zu Punkt, m_i muß daher für jeden Punkt neu berechnet werden. Wir werden jetzt das Verfahren etwas näher beschreiben. Dazu betrachten wir zuerst eine nicht rotierte Ellipse mit Mittelpunkt im Ursprung. Aus der Parameterdarstellung

$$x = a\cos\theta, \qquad y = b\sin\theta$$

dieser Ellipse ergibt sich die Ableitung nach θ zu

$$x' = \frac{dx}{d\theta} = -a\sin\theta, \qquad y' = \frac{dy}{d\theta} = b\cos\theta$$

Eliminieren der trigonometrischen Funktionen liefert:

$$x' = -\frac{a}{b}\,y, \qquad y' = \frac{b}{a}\,x$$

was gleichbedeutend ist mit

$$dx = -\frac{a}{b}\,y\,d\theta \quad \text{und} \quad dy = \frac{b}{a}\,x\,d\theta$$

Durch Diskretisieren erhält man:

$$\Delta x = -\frac{a}{b}\,y\,\Delta\theta \qquad \text{und} \qquad \Delta y = \frac{b}{a}\,x\,\Delta\theta$$

Bei Änderung des Parameters θ um $\Delta\theta$ ändert sich x um Δx und y um Δy. Bei Verwendung der Parameterschrittweite $\Delta\theta$ ist also $x_{i+1} = x_i + \Delta x$ und $y_{i+1} = y_i + \Delta y$. Δx ist abhängig von y, Δy ist abhängig von x. Es stellt sich die Frage, welcher Punkt (x, y) zur Berechnung von Δx und Δy verwendet wird. Eine Möglichkeit besteht darin, den Punkt (x_i, y_i) zu verwenden, d.h. es ist

$$x_{i+1} = x_i - \frac{a}{b}\,y_i\,\Delta\theta, \qquad y_{i+1} = y_i + \frac{b}{a}\,x_i\,\Delta\theta \tag{2.7}$$

Laut [BG89] hat dies den Nachteil, daß $\Delta\theta$ sehr klein sein muß, damit die Genauigkeit der errechneten Punkte ausreichend ist. Eine bessere Lösung besteht darin, den Punkt $(\frac{x_i+x_{i+1}}{2}, \frac{y_i+y_{i+1}}{2})$ zu verwenden. Damit ist

$$x_{i+1} = x_i - \frac{a}{b}\,\frac{y_i + y_{i+1}}{2}\,\Delta\theta, \qquad y_{i+1} = y_i + \frac{b}{a}\,\frac{x_i + x_{i+1}}{2}\,\Delta\theta \tag{2.8}$$

Auflösen nach x_{i+1} und y_{i+1} liefert

$$\begin{aligned} x_{i+1}(4 + \Delta\theta^2) &= x_i(4 - \Delta\theta^2) - 4\,y_i\,\frac{a}{b}\,\Delta\theta \\ y_{i+1}(4 + \Delta\theta^2) &= y_i(4 - \Delta\theta^2) + 4\,x_i\,\frac{b}{a}\,\Delta\theta \end{aligned}$$

```
void ellipse(a,b,n,value)
float a,b,pi;
int n,value;
{
 float x0,y0,x1,y1,dtheta,k1,k2,k3,k4;
 int j;

 pi = 4*arctan(1);
 x0=0; y0=b;
 dtheta=2*pi/n;
 k1 = 4-dtheta*dtheta;
 k2 = 4+dtheta*dtheta;
 k3 = 4*a/b*dtheta;
 k4 = 4*b/a*dtheta;
 for (j=1; j<=n; j++){
     x1 = (x0*k1-y0*k3)/k2;
     y1 = (y0*k1+x0*k4)/k2;
     DrawLine1(x0,y0,x1,y1,value)
     x0=x1; y0=y1;
 }
}
```

Abbildung 2.18: Erzeugung einer ungedrehten Ellipse mit Mittelpunkt im Ursprung mit Hilfe der differentiellen Methode erster Ordnung. (x0,y0) gibt den letzten errechneten Punkt an, (x1,y1) enthält den neu errechneten Punkt. Die Initialisierung von (x0,y0) erfolgt mit den Werten für $\theta = \pi/2$.

Damit läßt sich P_{i+1} aus P_i berechnen. Abbildung 2.18 zeigt ein Programm, das diese Methode verwendet. Wenn man die Konstanten zusammenfaßt und schleifeninvariante Berechnungen aus der Schleife zieht, braucht die Darstellung einer Ellipse mit dieser Methode pro errechnetem Punkt vier Multiplikationen und zwei Additionen.

Durch Verwendung des Differentials zweiter Ordnung kann man eine Verbesserung der Laufzeit erreichen. Seien P_{i-1}, P_i und P_{i+1} drei in dieser Reihenfolge errechnete Punkte der Ellipse. Sei $\Delta x_i = x_i - x_{i-1}$, $\Delta y_i = y_i - y_{i-1}$, $\Delta x_{i+1} = x_{i+1} - x_i$ und $\Delta y_{i+1} = y_{i+1} - y_i$. Dann ist

$$\begin{aligned} \Delta^{(2)} x_i &= \Delta x_{i+1} - \Delta x_i = x_{i+1} - 2x_i + x_{i-1} \\ \Delta^{(2)} y_i &= \Delta y_{i+1} - \Delta y_i = y_{i+1} - 2y_i + y_{i-1} \end{aligned} \tag{2.9}$$

Die zweite Ableitung der Parameterdarstellung nach θ ergibt sich zu

$$\begin{aligned} x'' = \frac{d^2x}{d\theta^2} &= -a\cos\theta = -x \\ y'' = \frac{d^2y}{d\theta^2} &= -b\sin\theta = -y \end{aligned} \tag{2.10}$$

Diskretisieren und Einsetzen der Ausdrücke für $\Delta^{(2)}x$ und $\Delta^{(2)}y$ aus Gleichung (2.9) liefert bei Verwendung des Punktes $P_i = (x_i, y_i)$ in (2.10) für x_{i+1} und y_{i+1} die folgende Iterationsgleichung:

$$\begin{aligned} x_{i+1} &= x_i\,(2 - (\Delta\theta)^2) - x_{i-1} \\ y_{i+1} &= y_i\,(2 - (\Delta\theta)^2) - y_{i-1} \end{aligned} \tag{2.11}$$

Damit läßt sich der Punkt P_{i+1} aus P_{i-1} und P_i berechnen. Man beachte, daß a und b in (2.11) nicht mehr auftreten, sie fließen nur über die Initialisierung der ersten beiden Punkte P_0 und P_1 in das Ergebnis ein. Das resultierende Programm ist in Abbildung 2.19 wiedergegeben. Wenn man schleifeninvariante Berechnungen vor die Schleife zieht, braucht dieses Programm pro dargestelltem Geradensegment nur zwei Multiplikationen und zwei Additionen.

Man beachte, daß das abgebildete Programm nur nicht–gedrehte Ellipsen darstellt, deren Mittelpunkt im Nullpunkt liegt. Wir werden jetzt auf die Verallgemeinerung für gedrehte Ellipsen eingehen, deren Mittelpunkt im Ursprung liegt. Die Verschiebung der Ellipse erreicht man wieder durch Addition der Koordinatenwerte des gewünschten Mittelpunktes zu den Argumenten von `DrawLine`.

```
void ellipse (a,b,n,value)
float a,b;
int n,value;
{
 float x0,x1,x2,y0,y1,y2,dtheta,pi;
 int i;

 pi = 4*arctan(1);
 x0 = 0; y0=b;
 dtheta = 2*pi/n;
 x1 = x0 - a/b*y0*dtheta;
 y1 = y0 + b/a*x0*dtheta;
 DrawLine1(x0,y0,x1,y1,value);
 for (i=1; i<n; i++){
     x2 = x1*(2-dtheta*dtheta)-x0;
     y2 = y1*(2-dtheta*dtheta)-y0;
     DrawLine1(x1,y1,x2,y2,value);
     x0 = x1; y0 = y1;
     x1 = x2; y1 = y2;
 }
}
```

Abbildung 2.19:
Erzeugung einer Ellipse mit der differentiellen Methode zweiter Ordnung. Die Initialisierung von x0 und y0 erfolgt mit den Werten für $\theta = \pi/2$. Zur Initialisierung von x1 und y1 wird die Formel (2.7) verwendet.

Die Parameterdarstellung einer gedrehten Ellipse im Ursprung ist:

$$x = A\cos\theta - B\sin\theta \qquad y = C\cos\theta + D\sin\theta \tag{2.12}$$

wobei

$$A = a\cos\phi; \qquad B = b\sin\phi; \qquad C = a\sin\phi; \qquad D = b\cos\phi;$$

Zweimaliges Differenzieren nach θ liefert:

$$\begin{aligned} x' &= -A\sin\theta - B\cos\theta & y' &= -C\sin\theta - D\cos\theta \\ x'' &= -A\cos\theta + B\sin\theta = -x & y'' &= -C\cos\theta + D\sin\theta = -y \end{aligned} \tag{2.13}$$

Man hat also die gleiche Differentialgleichung wie für eine ungedrehte Ellipse. Der Unterschied zu einer ungedrehten Ellipse besteht in der Berechnung von Δx. Aus (2.12) erhält man:

$$\cos\theta = \frac{Dx + By}{AD + BC}; \qquad \sin\theta = \frac{Ay - Cx}{AD + BC};$$

Einsetzen in (2.13) liefert:

$$x' = k_1 x + k_2 y, \qquad y' = k_3 x - k_1 y;$$

mit

$$k_1 = \frac{AC - BD}{AD + BC} \qquad k_2 = -\frac{-(A^2 + B^2)}{AD + BC} \qquad k_3 = \frac{C^2 + D^2}{AD + BC}$$

Wegen $x' = dx/d\theta$ und $y' = dy/d\theta$ erhält man durch Diskretisieren:

$$\Delta x = (k_1 x + k_2 y)\Delta\theta \qquad \Delta y = (k_3 x - k_1 y)\Delta\theta$$

Damit ist bei Verwendung des Punktes (x_i, y_i) zur Berechnung von Δx und Δy:

$$\begin{aligned} x_{i+1} = x_i + \Delta x_i &= x_i + (k_1 x_i + k_2 y_i)\,\Delta\theta \\ y_{i+1} = y_i + \Delta y_i &= y_i + (k_1 x_i + k_2 y_i)\,\Delta\theta \end{aligned} \tag{2.14}$$

Für die mit Hilfe des Differentials zweiter Ordnung errechneten Iterationsgleichungen ergeben sich wegen der identischen Differentialgleichungen wieder die Formeln (2.11). Damit erhält man zur Darstellung einer gedrehten Ellipse bei Verwendung des Differentials zweiter Ordnung ein Programm, das sich nur in der Initialisierung von dem Programm in Abbildung 2.19 unterscheidet. Die Initialisierung wird mit den Gleichungen (2.14) vorgenommen, wobei die Initialisierung von (x_0, y_0) wieder mit den Werten von für $\theta = \pi/2$ erfolgt:

$$\begin{aligned}
&x_0 = -b \sin\phi;\\
&y_0 = b \cos\phi;\\
&x_1 = x_0 + (k_1 x_0 + k_2 y_0)\,\Delta\theta;\\
&y_1 = y_0 + (k_3 x_0 - k_1 y_0)\,\Delta\theta;
\end{aligned}$$

Das resultierende Programm ist in Abbildung 2.20 wiedergegeben.

Die bisher in diesem Abschnitt vorgestellten Verfahren zur Darstellung von Ellipsen mit Hilfe der differentiellen Methode errechnen Punkte auf der Ellipse und verbinden diese durch Geradensegmente. Dies hat den bereits bei der Parametermethode beschriebenen Nachteil, daß die Darstellung an Stellen mit starker Steigung ungenau wird. Neben der in Abschnitt 2.2.1 vorgeschlagenen nichtlinearen Unterteilung kann man hier diesen Nachteil auch durch Eliminierung des Parameter $\Delta\theta$ beheben. Dadurch erhält man ein Verfahren, das ähnlich wie der Bresenham–Algorithmus eine der beiden Koordinatenachsen als treibende Achse verwendet und das in jedem Schritt ein Pixel der Ellipse berechnet. Um dies anwenden zu können, unterteilt man die Ellipse in vier Bereiche[5], deren Grenzen die Punkte der Ellipse sind, an denen die Steigung 1 oder -1 ist, vgl. Abbildung 2.21. Die Parameterwerte zu diesen Punkten findet man in den Gleichungen (2.5) und (2.6). Die kartesischen Koordinaten der vier gesuchten Punkte erhält man durch Einsetzen dieser Parameterwerte in die Parametergleichung (2.2) der Ellipse. Als Beispiel betrachten wir die Region, in der die Steigung der Ellipse zwischen -1 und 1 liegt. Dies ist in Abbildung 2.21 der Bereich 1. In diesem Bereich ist x die treibende Achse. Das bedeutet, daß unmittelbar nacheinander gesetzte Pixel einen x–Abstand von 1 haben, es ist also $\Delta x = 1$. Der y–Abstand der Punkte P_i und P_{i+1} sei $y_{i+1} - y_i = e_i$. Aus (2.14) erhält man damit:

$$\begin{aligned}
\Delta x_i &= (k_1 x_i + k_2 y_i)\,\Delta\theta = 1\\
\Delta y_i &= (k_3 x_i - k_1 y_i)\,\Delta\theta = e_i
\end{aligned}$$

[5]Dies entspricht der Einteilung in Oktanden beim Bresenham–Algorithmus.

```
void ellipse (a,b,phi,xc,yc,n,value)
float a,b,phi;
int xc,yc,n,value;
{
 float x0,x1,x2,y0,y1,y2,dtheta,pi;
 int i;

 pi = 4*arctan(1);
 A = a*cos(phi); B = b*sin(phi);
 C = a*sin(phi); D = b*cos(phi);
 k1 = (A*C-B*D)/(A*D + B*C)
 k2 = (A*A+B*B)/(A*D + B*C)
 k3 = (C*C+D*D)/(A*D + B*C)
 x0 = -B; y0=D;
 dtheta = 2*pi/n;
 x1 = x0 + (k1*x + k2*y)dtheta;
 y1 = y0 + (k3*x - k1*y)dtheta;
 DrawLine1(x0+xc,y0+yc,x1+xc,y1+yc,value);
 for (i=1; i<=n; i++){
     x2 = x1*(2-dtheta*dtheta)-x0;
     y2 = y1*(2-dtheta*dtheta)-y0;
     DrawLine1(x1+xc,y1+yc,x2+xc,y2+yc,value);
     x0 = x1; y0 = y1;
     x1 = x2; y1 = y2;
 }
}
```

Abbildung 2.20:
Erzeugung einer allgemeinen Ellipse mit der differentiellen Methode zweiter Ordnung. Das Programm ist bis auf die Initialisierung von x0, y0, x1 und y1 identisch mit dem Programm in Abbildung 2.19.

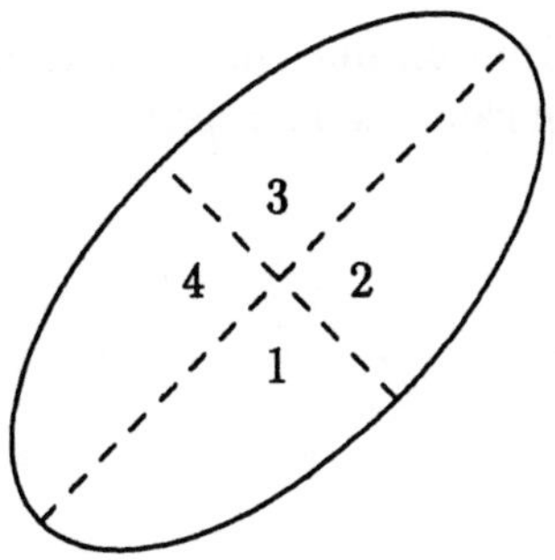

Abbildung 2.21: **Einteilung einer Ellipse in vier Bereiche: Im Bereich 1 ist x die treibende Achse, y wird inkrementiert. Im Bereich 2 ist y die treibende Achse, x wird inkrementiert. Im Bereich 3 ist x die treibende Achse, y wird dekrementiert. Im Bereich 4 ist y die treibende Achse, x wird dekrementiert.**

Eliminieren von $\Delta\theta$ liefert für e_i:

$$e_i = \frac{k_3 x_i - k_1 y_i}{k_1 x_i + k_2 y_i}$$

Mit $x_{i+1} = x_i + 1$ und $y_{i+1} = y_i + e_i$ erhält man für e_{i+1}:

$$e_{i+1} = \frac{k_3 x_{i+1} - k_1 y_{i+1}}{k_1 x_{i+1} + k_2 y_{i+1}} = \frac{k_3 x_i - k_1 y_i + k_3 - k_1 e_i}{k_1 x_i + k_2 y_i + k_1 + k_2 e_i}$$

Man kann damit also e_{i+1} in Abhängigkeit von x_i, y_i und e_i berechnen. e_i spielt die gleiche Rolle wie die Variable `error` beim Bresenham–Algorithmus, vgl. Abschnitt 2.1.2: Wenn (x, y) das im i–ten Schritt gesetzte Pixel ist, gibt e_{i+1} an, um wieviel das Pixel $(x + 1, y)$ von der idealen Position auf der Ellipse abweicht. Wenn $-0.5 \leq e_{i+1} \leq 0.5$, liegt das Pixel $(x + 1, y)$ am nächsten zur idealen Position und wird gesetzt. Wenn $e_{i+1} < -0.5$, wird das Pixel $(x+1, y-1)$ gesetzt. Wenn $e_{i+1} > 0.5$, wird das Pixel $(x + 1, y + 1)$ gesetzt. Wenn man e_{i+1} darstellt als

$$e_{i+1} = \frac{T_{i+1}}{B_{i+1}}$$

kann man mit der Initialisierung

$$T_0 = k_3 x_0 - k_1 y_0 \qquad B_0 = k_1 x_0 + k_2 y_0$$

und der Iterationsformel

$$T_{i+1} = T_i + k_3 - k_1 e_i \qquad B_{i+1} = B_i + k_1 + k_2 e_i$$

e_{i+1} iterativ mit zwei Multiplikationen, einer Division und vier Additionen pro Iterationsschritt berechnen. Eine Multiplikation kann man einsparen, wenn man e_i als

$$e_i = \frac{\frac{k_3}{k_1}x_i - y_i}{x_i + \frac{k_2}{k_1}y_i}$$

darstellt. Dann ist:

$$e_{i+1} = \frac{\frac{k_3}{k_1}x_{i+1} - y_{i+1}}{x_{i+1} + \frac{k_2}{k_1}y_{i+1}} = \frac{\frac{k_3}{k_1}x_i - y_i + \frac{k_3}{k_1} - e_i}{x_i + \frac{k_2}{k_1}y_i + 1 + \frac{k_2}{k_1}e_i}$$

und damit:

$$T_{i+1} = T_i + \frac{k_3}{k_1} - e_i$$

$$B_{i+1} = B_i + 1 + \frac{k_2}{k_1}e_i$$

Nach Zusammenfassen der Konstanten benötigt man zur Berechnung von e_{i+1} nur noch eine Multiplikation, eine Division und vier Additionen. Für die betrachtete Region der Ellipse ergibt sich daraus das Programm in Abbildung 2.22. Die Verallgemeinerung auf alle Regionen der Ellipse kann anhand der in Abbildung 2.21 beschriebenen, treibenden Achsen erfolgen.

2.3 Füllen von Polygonen und geschlossenen Kurven

Wir werden uns in diesem Abschnitt damit beschäftigen, wie man Polygone und allgemeine geschlossene Kurven für die Darstellung auf dem Bildschirm mit einem vorgegebenen Farbwert ausfüllen kann. Wir werden in diesem Abschnitt zwei Algorithmen vorstellen, die unterschiedliche Voraussetzungen für die Spezifikation des zu füllenden Bereiches machen. Der erste Algorithmus ist ein Scangeraden–Algorithmus, siehe [FvDFH90], ähnlich dem in Abschnitt

```
void ellipse (a,b,phi,xc,yc,n,value)
float a,b,phi;
int xc,yc,n,value;
{
 float y,x1,x2,x3,x4,y1,y2,y3, y4,A,B,C,D,k1,k2,k3,
       T,B,e,theta1,theta2,theta3,theta4,pi
 int x;
 pi = 4*arctan(1);
 A = a*cos(phi); B = b*sin(phi);
 C = a*sin(phi); D = b*cos(phi);
 k1 = (A*C-B*D)/(A*D+B*C)
 k2 = (A*A+B*B)/(A*D+B*C)
 k3 = (C*C+D*D)/(A*D+B*C)
 theta1 = arctan(-b/a*tan(pi/4-phi));
 theta2 = theta1+pi;
 theta3 = arctan(-b/a*tan(-pi/4-phi));
 theta4 = theta3+pi;
 x1 = a*cos(theta1); y1 = b*sin(theta1);
 x2 = a*cos(theta2); y2 = b*sin(theta2);
 x3 = a*cos(theta3); y3 = b*sin(theta3);
 x4 = a*cos(theta4); y4 = b*sin(theta4);
 cosphi=sintab[phi+90]; sinphi=sintab[phi];
 T = k3/k1*x4-y4; B = x4+k2/k1*y4; e = T/B;
 for (x=round(x4),y=round(y4); x<=x1; x++){
     set_pixel(x,round(y),value);
     T = T+k3/k1-e;
     B = B+1+k2/k1*e;
     e = T/B; y = y+e;
 }
}
```

Abbildung 2.22: Differentielle Methode zur Erzeugung einer Ellipse nach Eliminierung des Parameters θ. theta1, theta2, theta3 und theta4 sind die Parameterwerte der Punkte $P_1 =$ (x1,y1), $P_2 =$ (x2,y2), $P_3 =$ (x3,y3) und $P_4 =$ (x4,y4), an denen die Steigung 1 oder -1 ist. Das Programm nimmt an, daß die Region 1 sich zwischen P_4 und P_1 erstreckt. Das Programm stellt nur die Region 1 der Ellipse dar, vgl. Abbildung 2.21.

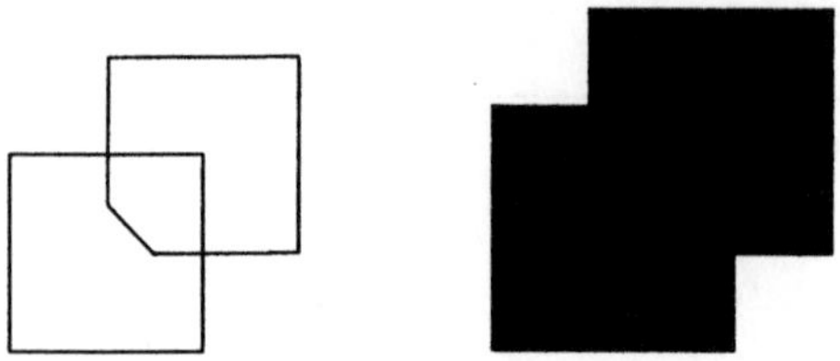

Abbildung 2.23: Zwei überlappende Polygone vor und nach dem Einfärben mit der Grenzpixelfarbe. Nach dem Einfärben ist das genaue Aussehen der beiden Polygonen nicht mehr feststellbar. Ohne ein Zurückgreifen auf die geometrische Definition der Polygone ist der Füllvorgang irreversibel.

2.2.2 beschriebenen, der animmt, daß der zu füllende Bereich durch eine geometrische Beschreibung gegeben ist. Wenn der zu füllende Bereich das Innere eines Polygons ist, besteht die geometrische Beschreibung z.B. aus einer Liste von Kantenbeschreibungen, wobei zur Beschreibung einer Kante die Angabe von Anfang- und Endpunkt ausreicht[6]. Der zweite Algorithmus, der *Saatfüll-Algorithmus*, vgl. [BG89], nimmt an, daß der zu füllende Bereich bereits auf dem Bildschirm dargestellt ist. Damit liegt im Pufferspeicher eine implizite Beschreibung des Bereiches in Form der Intensitätswerte der Pixel, die das umgebende Polygon darstellen. Eine geometrische Beschreibung des Polygons wird nicht benötigt[7]. Der Saatfüll-Algorithmus wird typischerweise in interaktiven Konstruktions- und Entwurfssystemen eingesetzt, bei denen ein Benutzer nach der Spezifikation eines Polygons angibt, daß dieses mit einem bestimmten Farbwert gefüllt werden soll. Dies kann z.B. dadurch geschehen, daß er den Bildschirmzeiger ins Innere des Polygons positioniert und mit einem Mausknopf klickt. Bei dem zu füllenden Bereich kann es sich auch um den Schnitt zweier Polygone handeln. Man beachte, daß bei alleiniger Verwendung des Saatfüll-Algorithmus das Füllen mehrerer überlappender Polygone mit dem gleichen Farbwert, mit dem die Grenzen des Polygons definiert sind, ein irreversibler Vorgang sein kann, vgl. Abbildung 2.23.

2.3.1 Scangeraden–Methode

Ein Scangeraden-Verfahren wurde bereits in Abschnitt 2.2.2 zum Zeichnen von Ellipsen verwendet. Ebenso wie dort schieben wir zum Füllen eines Polygons P eine *Scangerade* s parallel zur x–Achse von unten nach oben über P und

[6]Wir werden im folgenden annehmen, daß es sich bei dem zu füllenden Bereich um ein Polygon handelt. Die vorgestellten Algorithmen sind aber ebensogut anwendbar, wenn als Kanten des Polygons beliebige Kurvensegmente zugelassen sind.

[7]Zu dem ausgewählten Polygon gibt es natürlich eine geometrische Definition. Diese ist aber nicht direkt zugänglich, sondern müßte zuerst in der Beschreibung des darzustellenden Bildes gesucht werden.

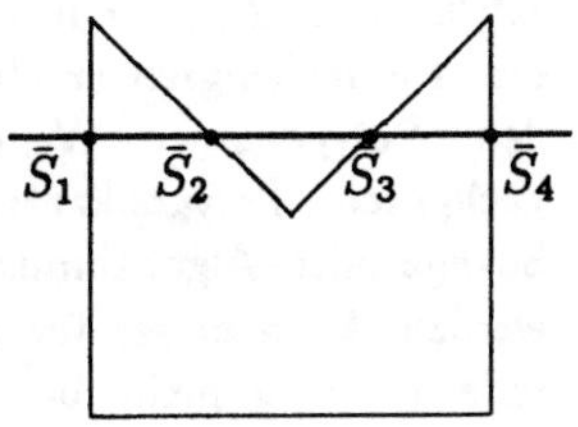

Abbildung 2.24: Die Anzahl der Schnittpunkte zwischen einer Scangeraden und einem konvexen Polygon ist immer gerade. Im dargestellten Fall gibt es vier Schnittpunkte $\bar{S}_1$ bis $\bar{S}_4$, die die Scangerade in fünf Segmente einteilen. Die Segmente $(\bar{S}_1, \bar{S}_2)$ und $(\bar{S}_3, \bar{S}_4)$ liegen innerhalb des Polygons.

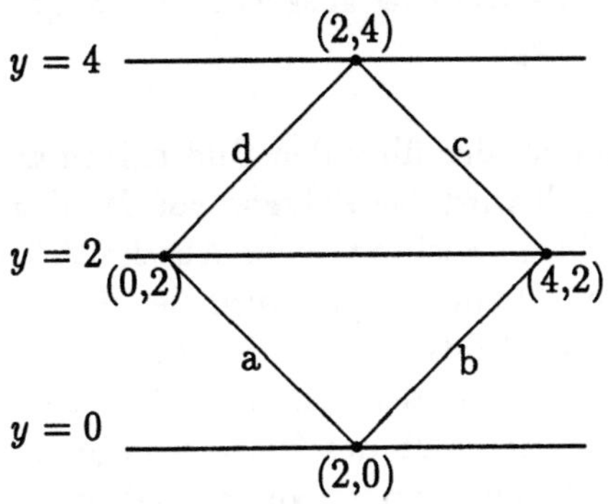

Abbildung 2.25: Schnittpunkte zwischen einer Scangeraden und einem Polygon P, das aus den Kanten a bis d besteht. Für die Scangerade $y = 0$ werden die Kanten a und b, für die Scangerade $y = 2$ werden die Kanten c und d geschnitten. Für die Scangerade $y = 4$ wird kein Schnittpunkt gezählt.

berechnen die Schnittpunkte zwischen P und s. Für konvexe Polygone gibt es genau zwei Schnittpunkte oder keinen. Für konkave Polygone gibt es immer eine gerade Anzahl von Schnittpunkten $\bar{S}_1, \cdots \bar{S}_{2n}$, die nach steigenden x–Werten geordnet seien, siehe Abbildung 2.24.[8] Die Schnittpunkte unterteilen die Scangerade in Segmente. Das Segment zwischen $\bar{S}_{2i-1}$ und $\bar{S}_{2i}$, $1 \leq i \leq n$ liegt innerhalb des Polygons und wird eingefärbt. An Knotenpunkten des Polygons überlappen zwei Kanten. Damit auch in dem Fall, daß die Scangerade das Polygon in einem Knoten schneidet, die richtige Anzahl von Schnittpunkten bestimmt wird, ordnen wir jeder Kante e eine y–Ausdehnung $(y_{min}(e), y_{max}(e))$ zu und vereinbaren, daß e zwar die Scangerade $y = y_{min}(e)$ in einem Punkt schneidet, nicht aber die Scangerade $y = y_{max}(e)$[9], vgl. Abbildung 2.25. Da horizontale Scangeraden verwendet werden, können horizontale Kanten des Polygons ignoriert werden. Das entsprechende Segment wird trotzdem eingefärbt, weil die Schnittpunkte mit den angrenzenden Kanten dies sicherstellen[10].

[8] Wir werden im folgenden Punkte zur Unterscheidung von Skalaren immer mit Querstrich darstellen, vgl. auch Abschnitt 3.1.

[9] Die umgekehrte Vereinbarung ist ebenfalls möglich.

[10] Man beachte, daß die Pixel auf horizontalen Kanten, die das Polygon nach oben begrenzen, nicht gezeichnet werden, weil für die beiden angrenzenden Kanten die Endpunkte mit y–Wert y_{max} nicht als Schnittpunkte gerechnet werden. Da die nach unten benachbarte Pixelreihe aber gesetzt wird, fällt dies kaum auf.

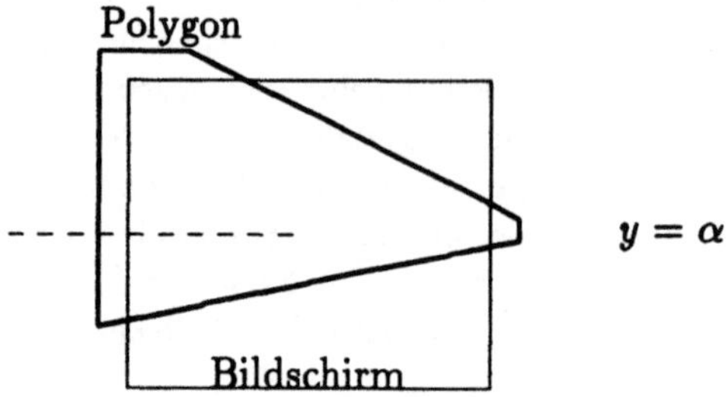

Abbildung 2.26: **Füllen eines über die Bildschirmgrenzen hinausragenden Polygons. Wenn nur die geclippten Polygonkanten an den Scangeraden–Algorithmus übergeben werden, kann dieser für die Scangerade $y = \alpha$ nicht bestimmen, ob die entsprechende Bildschirmzeile innerhalb oder außerhalb des Polygons liegt.**

Vorsicht ist beim Füllen eines Polygons geboten, das über den Bildschirmrand hinausragt, vgl. Abbildung 2.26. In diesem Fall wird das Polygon vor der Darstellung auf dem Bildschirm bzgl. des Bildschirms geclippt, siehe Abschnitt 2.4 für die Beschreibung von Clip–Algorithmen. Beim Clippen wird der Schnitt jeder einzelnen Polygonkante mit dem Rand des Bildschirms berechnet und die innerhalb des Bildschirms liegenden Kantenteile werden auf dem Bildschirm dargestellt. Dabei reicht es nicht aus, nur die innerhalb des Fensters liegenden Kantensegmente an den Scangeraden–Algorithmus weiterzugeben, weil dieser dann für bestimmte Scangeraden nicht bestimmen kann, welcher Bereich innerhalb des Polygons liegt und welcher außerhalb, siehe Abbildung 2.26. Statt dessen müssen die Teile des Fensterrandes, die innerhalb des Polygons liegen, als zusätzliche Polygonkanten an den Scangeraden–Algorithmus übergeben werden.

Für das Einfärben des spezifizierten Polygons P, das sich zwischen $y_{min}(P)$ und $y_{max}(P)$ erstrecke, mit dem Scangeraden–Algorithmus gibt es zwei mögliche Vorgehensweisen: Die naheliegende besteht darin, die Scangeraden zwischen $y_{min}(P)$ und $y_{max}(P)$ zu durchlaufen und für jede Scangerade die Schnittpunkte $\bar{S}_1, \cdots, \bar{S}_{2n}$ mit P zu berechnen. Dazu muß für jede Scangerade der Schnitt mit allen Polygonkanten berechnet werden. Die Segmente zwischen den Schnittpunkten $\bar{S}_{2i-1}$ und $\bar{S}_{2i}$, $1 \leq i \leq n$, werden eingefärbt. Eine Implementierung verwendet eine geschachtelte Schleife. Die äußere Schleife läuft über die Scangeraden, die innere Schleife läuft über die Polygonkanten. Eine effizientere Lösung erhält man, wenn man statt dessen die äußere Schleife über die Polygonkanten laufen läßt und mit jedem Durchlauf der inneren Schleife für eine Polygonkante e alle Schnittpunkte mit allen Scangeraden zwischen $y_{min}(e)$ und $y_{max}(e)$ berechnet. Die gefundenen Schnittpunkte werden in einer Datenstruktur abgelegt, die für jede Scangerade zwischen $y_{min}(P)$ und $y_{max}(P)$ die Schnittpunkte mit den Polygonkanten enthält. Nachdem alle Schnittpunkte berechnet sind, wird die Datenstruktur durchlaufen und für jede Scangerade werden die entsprechenden Segmente mit dem gewünschten Farbwert ausgefüllt. Der Grund dafür, daß die zweite Lösung effizienter als die erste ist, obwohl sie zusätzlichen Aufwand für die Verwaltung der Datenstruktur erfordert, liegt darin, daß für die Berechnung der Schnittpunkte der Polygonkanten mit einer Scangeraden ein inkrementeller Algorithmus verwendet werden kann, z.B. eine modifizierte Version des Bresenham–Algorithmus. Wir werden im folgenden noch etwas näher darauf eingehen.

Zuerst beschreiben wir die Datenstruktur, in der die Schnittpunkte abgelegt werden. Jede Scangerade wird durch einen y–Wert y_{scan} eindeutig beschrieben. Die Schnittpunkte einer Scangeraden $y = y_{scan}$ mit dem Polygon P werden in einer Liste abgespeichert, die nach steigenden x–Werten geordnet ist. Dabei braucht in jedem Listenelement nur der x–Wert des Schnittpunktes abgespeichert zu werden, der y–Wert ist y_{scan}. Die für die einzelnen Scangeraden erstellten Listen werden ebenfalls in einer Liste abgespeichert, die nach steigenden y–Werten der Scangeraden geordnet ist und die die Schnittpunkte mit allen Scangeraden zwischen $y_{min}(P)$ und $y_{max}(P)$ enthält. Die Datenstruktur für das Polygon aus Abbildung 2.25 ist in Abbildung 2.27 wiedergegeben. Zum Aufbau der Datenstruktur werden alle Polygonkanten durchlaufen und für jede Kante wird der Schnittpunkt mit allen Scangeraden berechnet. Für eine Polygonkante e mit unterem Endpunkt $\bar{A} = (x_1, y_1)$ und oberem Endpunkt $\bar{B} = (x_2, y_2)$ gibt es einen Schnittpunkt mit der Scangeraden $y = y_1$ an Stelle x_1. x_1 wird daher in die Liste der Schnittpunkte für die Scangerade $y = y_1$ einsortiert. Die Schnittpunkte mit den anderen Scangeraden werden mit einer modifizierten Version des Bresenham-Algorithmus berechnet. Wenn e eine Steigung zwischen 0 und 1 hat, läuft der Bresenham–Algorithmus über die x–Werte und berechnet in der Variablen `error` die y–Abweichung von der idealen Linie. Wenn beim Bresenham–Algorithmus der y–Wert des zu setzenden Pixels inkrementiert wird, ist der Schnittpunkt von e mit der benachbarten Scangeraden gefunden und wird in die Datenstruktur einsortiert. Die benachbarte Scangerade wird zur aktuellen Scangerade. Dieser Prozeß wird wiederholt, bis die Scangerade $y = y_2$ erreicht ist. Nachdem die Datenstruktur vollständig aufgebaut ist, wird sie zum Füllen von P Scangerade für Scangerade durchlaufen. Seien $\bar{S}_1, \cdots, \bar{S}_{2n}$ die für eine Scangerade $y = y_{scan}$ in die Datenstruktur eingetragenen Schnittpunkte mit den x–Werten $x_1, \cdots, x_{2n}$. Die Pixel (x_{2i-1}, y_{scan}) bis (x_{2i}, y_{scan}) werden für $1 \leq i \leq n$ auf den Farbwert des Polygons gesetzt. Abbildung 2.29 zeigt eine Programmskizze.

Das gerade beschriebene Verfahren hat den Nachteil, daß für die Ablage der Datenstruktur relativ viel Platz verbraucht wird. Im schlechtesten Fall ergibt sich der Platzbedarf als das Produkt aus der Anzahl der Polygonkanten und der Anzahl der Scangeraden. Man kann den Platzbedarf durch folgendes, in [FvDFH90] beschriebene Verfahren reduzieren: Vor der eigentlichen Schnitt-

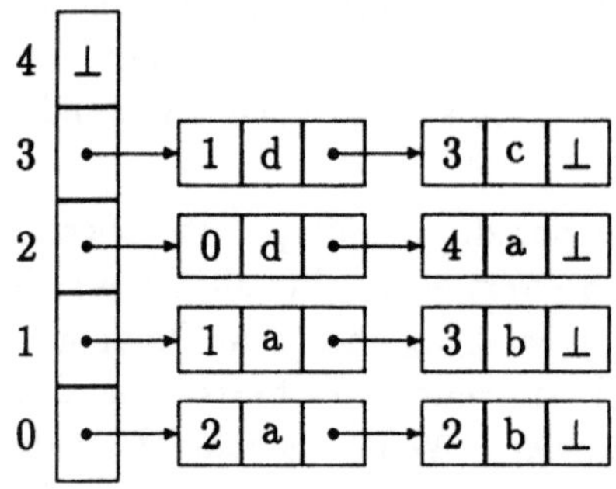

Abbildung 2.27: Datenstruktur zur Ablage der Schnittpunkte zwischen Scangerade und Polygon: Die Schnittpunkte zu einer Scangeraden werden in einer Liste gehalten, die nach steigenden x–Werten der Schnittpunkte sortiert ist. Der zugehörige y–Wert wird durch die Lage der Scangeraden spezifiziert. In der Abbildung sind der Übersichtlichkeit wegen noch die Kantenbezeichnungen aus Abbildung 2.25 wiedergegeben. Für eine Implementierung brauchen diese nicht abgespeichert zu werden.

punktberechnung erstellt man mit *bucket sort*, siehe z.B. [Meh84b], eine *Kantenliste*, die alle Kanten nach der y–Koordinate ihres unteren Endpunktes sortiert enthält. Dabei wird für jede in Frage kommende Scangerade ein *bucket* verwendet. Innerhalb eines *buckets* sind die Kanten nach der x–Koordinate ihres unteren Endpunktes sortiert. Jeder Eintrag in der Kantenliste enthält die y–Koordinate des oberen Endpunktes, die x–Koordinate des unteren Endpunktes und den Inkrementwert bzgl. x beim Fortschreiten von einer Scangeraden zur nächsten. Die Kantenliste kann in Zeit $O(n)$ erstellt werden, wenn n die Anzahl der Polygonkanten ist. Der Platzbedarf ist ebenfalls $O(n)$. Zum Füllen des Polygons wird eine *aktive Kantenliste* verwendet, die für die jeweils betrachtete Scangerade $y = y_{scan}$ alle Schnittpunkte mit den Polygonkanten, sortiert nach der x–Koordinate des Schnittpunktes, enthält. Der Platzbedarf für die aktive Kantenliste ist ebenfalls $O(n)$, obwohl üblicherweise nur einige wenige Kanten in der Liste sind. Die durch die in der aktiven Kantenliste enthaltenen Schnittpunkte definierten Segmente werden wie bereits beschrieben ausgefüllt. Beim Übergang zur Scangerade $y = y_{scan} + 1$ wird die aktive Kantenliste aktualisiert: In der aktiven Kantenliste enthaltene Kanten werden entfernt, falls sie von der neuen Scangeraden nicht geschnitten werden. Die Kanten, die im *bucket* der Kantenliste zur Scangeraden $y = y_{scan} + 1$ enthalten sind, werden in die aktive Kantenliste aufgenommen. Die Schnittpunkte von $y = y_{scan} + 1$ mit allen bereits in der Kantenliste enthaltenen Kanten werden unter Zuhilfenahme des abgespeicherten Inkrementwertes neu berechnet. Da dadurch die x-Koordinaten der Schnittpunkte für nicht–horizontale Kanten sich ändern, muß die Liste danach neu sortiert werden. Die aktive Kantenliste enthält übli-

```
struct scanline {
          struct xpixlist *list;
          struct scanline *next;
          int    ypix;
}
struct xpixlist {
          int    xpix;
          struct xpixlist *next;
}
```

Abbildung 2.28: **Datenstruktur zu Abbildung 2.29.**

cherweise recht wenige Kanten und durch die Neuberechnung der Schnittpunkte entsteht normalerweise nur wenig Unordnung. Für das Sortieren kann deshalb *bubble sort*, d.h. Sortieren durch Vertauschen benachbarter Elemente, verwendet werden.

Der ursprüngliche Bresenham-Algorithmus setzt für Linien mit flacher Steigung in einer Bildschirmzeile mehrere Pixel. Bei der Bestimmung der Schnittpunkte nach der gerade beschriebenen Methode wird aber nur das linkeste Pixel als Schnittpunkt in die Datenstruktur eingetragen. Dies kann dazu führen, daß bei flachen Kanten auf der rechten Seite eines Polygons einige Pixel, die noch zum Polygon gehören, nicht gezeichnet werden, siehe Abbildung 2.30. Die Bildschirmdarstellung des gefüllten Polygons ist dann etwas kürzer als die des ungefüllten. Man kann diesen Effekt beheben, indem man den modifizierten Bresenham-Algorithmus nicht nur zur Bestimmung der Schnittpunkte benutzt, sondern auch dazu, die von der Normalversion gesetzten Pixel auf den gewünschten Farbwert zu setzen.

Für beliebige Kurven als Grenzen der zu füllenden Region muß nur die Berechnung der Schnittpunkte geändert werden. Wenn die Kurve mit einem differentiellen Algorithmus gezeichnet werden kann, wie dies z.B. für eine Ellipse der Fall ist, kann dieser zur Berechnung des Schnittpunktes verwendet werden.

2.3.2 Saatfüllen

Der Saatfüll-Algorithmus wird benutzt, um Bereiche des Bildschirms zu füllen, deren umgebende Polygone bereits auf dem Bildschirm dargestellt sind. Für das Einfärben wird nicht wie beim Scangeraden-Algorithmus eine geometrische

```
void scan_fill(P,value);
polygon P;
int value;
{
 struct scanline D;
 int ymin,ymax,y1,y2,scan;

 remove_horizontal_edges(P);
 ymin = min_extend_polygon(P);
 ymax = max_extend_polygon(P);
 create_scan_list(D,ymin,ymax);
 for (i=0; i<number_of_edges(P); i++) do {
     y1 = min_extend(e); y2 = max_extend(e);
     for (scan=y1;scan<=y2;scan++) do{
         x = first_value(e,scan);
         insert(D,x);
     }
 }
 for(scan=ymin;scan<=yax;scan++) do
    fill_pixel(D.list,scan,value);
}
```

Abbildung 2.29: Programmskizze zum Füllen eines Polygons mit der Scangeraden-Methode. Die Datenstruktur `scanline` ist in Abbildung 2.28 wiedergegeben. `remove_horizontal_edges(P)` entfernt die horizontalen Polygonkanten in Polygon `P`. `min_extend_polygon(P)` und `max_extend_polygon(P)` bestimmen den minimalen und den maximalen y–Wert, zwischen denen sich das Polygon `P` erstreckt. `create_scan_list(D,ymin,ymax)` erzeugt für jede zwischen `ymin` und `ymax` liegende Scangerade einen Listeneintrag vom Typ `struct xpixlist` in der Datenstruktur `D`. `min_extend(e)` und `max_extend(e)` bestimmen den minimalen und den maximalen y–Wert, zwischen denen sich die Kante `e` erstreckt. `first_value(e,scan)` bestimmt mit Hilfe einer modifizierten Version des Bresenham–Algorithmus den x–Wert des linkesten Pixels, das bei der Darstellung der Kante `e` in der von `scan` angegebenen Bildschirmzeile gesetzt wird. Wenn die durch `scan` angegebene Liste `D.list` $2n$ x–Werte enthält, setzt `fill_pixel(D.list,scan,value)` für $1 \leq i \leq n$ alle zwischen dem $(2i-1)$–ten und dem $(2i)$–ten x–Wert liegenden Pixel der von `scan` spezifizierten Bildschirmzeile.

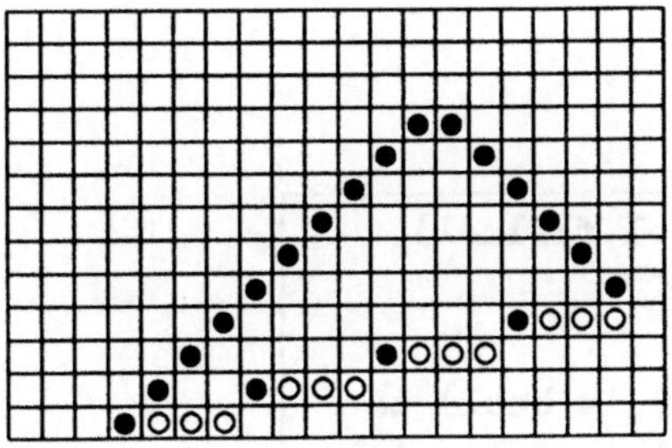

Abbildung 2.30: **Auf der rechten Seite des Polygons werden einige Pixel beim Füllen nicht gesetzt. In der Abbildung sind die mit dem im Text beschriebenen Verfahren berechneten Schnittpunkte als • dargestellt, die vom ursprünglichen Bresenham–Algorithmus zusätzlich gesetzte Pixel als ∘.**

Beschreibung des umgebenden Polygons verwendet, sondern die von der Darstellung auf dem Bildschirm herrührende, im Pufferspeicher vorliegende, implizite Beschreibung, die die Grenzpixel durch eine spezielle Grenzfarbe definiert. Die Grundidee des Saatfüll–Algorithmus besteht darin, daß man ausgehend von einem Pixel in dem zu füllenden Bereich – dem *Saatkorn* – alle Nachbarpixel auf die Füllfarbe setzt, und dies rekursiv so lange wiederholt, bis man an den Grenzpixeln angekommen ist. Eine Programmskizze ist in Abbildung 2.31 wiedergegeben. Man beachte, daß für die diagonal benachbarten Pixel keine rekursiven Aufrufe gestartet werden, weil sonst Polygone, deren Kanten mit dem Bresenham–Algorithmus gezeichnet wurden, nicht korrekt eingefärbt werden können, vgl. Abbildung 2.32.

Der Nachteil der rekursiven Implementierung aus Abbildung 2.31 liegt im hohen Aufwand für die Verwaltung der rekursiven Aufrufe. Dies tritt besonders dann nachteilig auf, wenn große Bereiche des Bildschirms eingefärbt werden sollen, und kann zu Überläufen des Rekursionsstacks führen. Eine Implementierung des Stack im Programm reduziert zwar den Platzbedarf für den Rekursionsstack, weil organisatorische Einträge in den Stackrahmen eingespart werden können, braucht aber trotzdem noch viel Platz und Zeit, weil für jedes einzufärbende Pixel vier Stackoperationen ausgeführt werden. Abhilfe schafft die Einführung von *Pixelläufen:* Ein Pixellauf umfaßt eine Gruppe von horizontal benachbarten Pixeln, die auf beiden Seiten von Pixeln der Grenzfarbe abgeschlossen wird und die kein Pixel der Grenzfarbe enthalten. Ein Pixellauf wird im folgenden durch seinen rechtesten Pixel repräsentiert[11]. Pixelläufe können iterativ durch eine Schleife ausgefüllt werden. Dazu beginnt man mit dem Ausfüllen des Pixellaufs, der das Startpixel enthält, indem man von diesem ausgehend nach rechts und links läuft, bis man auf ein Pixel der Grenzfarbe trifft, und alle dazwischenliegenden Pixel auf die Füllfarbe setzt. Danach werden die Pixel in den beiden nach oben und unten benachbarten Zeilen untersucht und das rechteste Pixel jedes gefundenen Pixellaufes wird auf dem Stack gespeichert.

[11] Der linkeste wäre ebensogut möglich.

```
void seed_fill(x,y,bcol,fillcol)
int x,y,bcol,fillcol;
{
 if ((pixel_value(x,y) != bcol) &&
      (pixel_value(x,y) != fillcol)){
    set_pixel(x,y,fillcol);
    seed_fill(x+1,y,bcol,fillcol);
    seed_fill(x-1,y,bcol,fillcol);
    seed_fill(x,y+1,bcol,fillcol);
    seed_fill(x,y-1,bcol,fillcol);
 }
}
```

Abbildung 2.31: Prozedur zum Saatfüllen eines Bildschirmbereiches, dessen Grenzen durch Pixel der Farbe `bcol` definiert sind. `fillcol` ist die Farbe, mit der ausgefüllt werden soll. `pixel_value(x,y)` ist eine Prozedur, die den im Pufferspeicher abgelegten Farbwert des Pixels `(x,y)` zurückliefert. Beim ersten Aufruf von `seed_fill(x,y,bcol,fillcol)` muß `(x,y)` ein Pixel innerhalb des zu füllenden Bereiches sein.

Abbildung 2.32: Wenn für das Füllen auch in diagonaler Richtung rekursive Aufrufe abgesetzt werden, kann sich ein Saatkorn diagonal durch die Polygonkanten hindurch vermehren und unkontrolliert weiterwachsen.

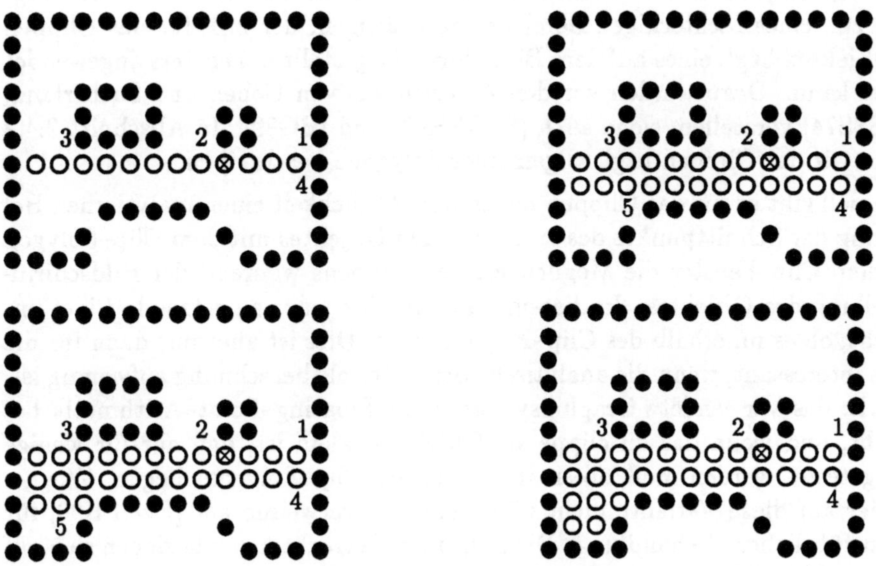

Abbildung 2.33: Zwischenschritte des im Text beschriebenen Algorithmus. ⊗ stellt das Saatkorn dar, • sind die Grenzpixel des zu füllenden Polygons, ○ sind die bereits aufgefüllten Pixel. Links oben ist die Situation nach dem Auffüllen des Pixellaufs, der das Saatkorn enthält, wiedergegeben. Die beim Auffüllen gefundenen Nachbar-Pixelläufe sind mit 1–4 bezeichnet und werden in dieser Reihenfolge auf den Stack gespeichert. Rechts oben ist die Situation nach dem Auffüllen des Pixellaufs 4 wiedergegeben, der als oberstes auf dem Stack liegt. Beim Auffüllen werden zwei neue Pixelläufe 4 und 5 entdeckt.

Alle auf dem Stack befindlichen Pixelläufe werden nacheinander mit demselben Verfahren eingefärbt. Das Polygon ist vollständig eingefärbt, wenn der Stack leer ist. Ein typisches Beispiel für den Ablauf des Verfahrens findet man in Abbildung 2.33. Eine weitere Verbesserung der Laufzeit erreicht man, indem man verhindert, daß für eine Bildschirmzeile mehrfach die in ihr enthaltenen Pixelläufe bestimmt werden.

2.4 Clippen von Polygonen

Eine in der Computergraphik häufig auftretende, grundlegende Operation ist das Abschneiden von Geradensegmenten bzgl. eines Polygons. Diese Operation, die meist als *Clippen* bezeichnet wird, spielt unter anderem eine große Rolle bei der Bestimmung der sichtbaren Oberflächen einer dreidimensionalen

Szene, vgl. Kapitel 4. Wir werden uns hier zuerst mit dem Spezialfall des Clippens bzgl. eines rechteckigen Bereiches beschäftigen, der z.B. für das Clippen von Objekten bzgl. eines auf dem Bildschirm dargestellten Fensters angewendet werden kann. Dazu werden wir den Algorithmus von Cohen und Sutherland, vgl. [SSS74] vorstellen, siehe auch [FvDFH90] und [BG89]. In Abschnitt 2.4.2 werden wir das Clippen bzgl. allgemeiner Polygone beschreiben.

Prinzipiell gibt es für das Clippen neben der Möglichkeit einer analytischen Berechnung der Schnittpunkte des zu clippenden Objektes mit dem Clip–Polygon oder dem Clip–Fenster die Möglichkeit des Clippens während der Bildschirmdarstellung des Objektes. In diesem Fall wird für jedes zu setzende Pixel untersucht, ob es innerhalb des Clip–Polygon liegt. Dies ist aber nur dann für die Praxis interessant, wenn die analytische Schnittpunktberechnung aufwendig ist, weil z.B. das verwendete Graphiksystem keine Floating–Point–Arithmetik beherrscht, und wenn das zu clippende Objekt so klein ist, daß nur für wenige Pixel getestet werden muß, ob sie innerhalb des Clip–Polygons liegen. Wir gehen hier auf diese Variante nicht näher ein und verweisen auf [FvDFH90] für eine ausführlichere Behandlung. Die folgenden Betrachtungen beziehen sich auf die analytische Behandlung des Clip–Problems.

Wir betrachten das Clippen eines Geradensegmentes s mit den Endpunkten $\bar{P}_1$ und $\bar{P}_2$ bzgl. eines rechteckigen Fensters. Die Parameterdarstellung von s ist $s = \bar{P}_1 + t(\bar{P}_2 - \bar{P}_1)$, $0 \leq t \leq 1$. Die Eckpunkte des Fensters seien $\bar{A} = (x_{min}, y_{min})$, $\bar{B} = (x_{max}, y_{min})$, $\bar{C} = (x_{max}, y_{max})$ und $\bar{D} = (x_{min}, y_{max})$, vgl. Abbildung 2.34. Der Endpunkt $\bar{P}_i = (x_i, y_i)$, $i = 1, 2$, liegt innerhalb des Fensters, wenn $x_{min} \leq x_i \leq x_{max}$ und $y_{min} \leq y_i \leq y_{max}$. Wenn beide Endpunkte von s innerhalb des Fensters liegen, liegt s ganz innerhalb des Fensters. Wenn nur einer der beiden Endpunkte innerhalb des Fensters liegt, muß zur genauen Bestimmung des innerhalb des Fensters liegenden Teils der Schnittpunkt mit dem Fenster berechnet werden. Wenn beide Endpunkte von s außerhalb des Fensters liegen, *kann* ein Teil von s innerhalb des Fensters liegen. Auch in diesem Fall müssen die Schnittpunkte mit dem Fenster berechnet werden. Die einfachste Methode dafür besteht darin, die Schnittpunkte mit allen Fensterkanten zu berechnen. Dazu berechnet man für jede Fensterkante f zuerst den Schnittpunkt der Geraden, auf der s liegt, mit der Geraden, auf der f liegt, und bestimmt danach durch zwei Vergleiche der zugehörigen Parameterwerte, ob der Schnittpunkt wirklich auf s und f liegt. Wenn dies der Fall ist, ist ein Schnittpunkt von s mit dem Clip–Fenster gefunden. Die Parameterdarstellung der Geraden g, auf der s liegt, ist $g = \bar{P}_1 + t(\bar{P}_2 - \bar{P}_1)$, $-\infty \leq t \leq \infty$. Wenn die Fensterkante ebenfalls durch eine Parametergleichung $e = \bar{Q}_1 + u(\bar{Q}_2 - \bar{Q}_1)$ gegeben ist, wobei $\bar{Q}_1$ und $\bar{Q}_2$ Ecken des Clip–Fensters sind, ist die Parameterdarstellung der Geraden, auf der e liegt, $f = \bar{Q}_1 + u(\bar{Q}_2 - \bar{Q}_1)$ für $-\infty \leq u \leq \infty$. Den Schnittpunkt der

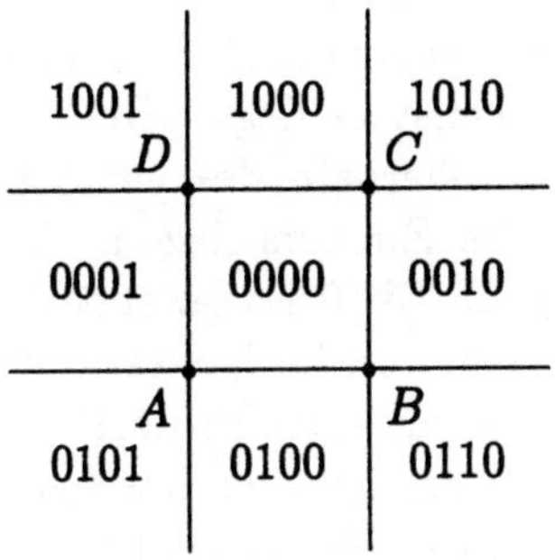

Bit	gesetzt für
3	$y > y_{max}$
2	$y < y_{min}$
1	$x > x_{max}$
0	$x < x_{min}$

Abbildung 2.34: **Unterteilung der Fensterebene in neun Bereiche. Die Bereiche oberhalb des Fensters enthalten alle Punkte (x, y) mit $y > y_{max}$. Für diese Bereiche ist Bit 3 gesetzt. Die Tabelle zeigt, wie die Bits für die anderen Bereiche gesetzt werden.**

beiden Geraden bestimmt man durch Gleichsetzen der beiden Gleichungen:

$$\bar{P}_1 + t(\bar{P}_2 - \bar{P}_1) = \bar{Q}_1 + u(\bar{Q}_2 - \bar{Q}_1)$$

In die x– und die y–Komponenten zerlegt, hat man damit zwei Gleichungen, aus denen die beiden Unbekannten t und u bestimmt werden können. Der errechnete Schnittpunkt liegt auf dem Geradensegment, wenn $0 \leq t \leq 1$. Der errechnete Schnittpunkt liegt auf der Fensterkante, wenn $0 \leq u \leq 1$.

Wenn nur ein Endpunkt von s innerhalb des Clip–Fensters liegt, kann die Berechnung abgebrochen werden, sobald der erste Schnittpunkt gefunden ist. Wenn beide Endpunkte außerhalb liegen, muß man warten, bis zwei Schnittpunkte gefunden sind. Wir werden jetzt den Algorithmus von Cohen und Sutherland vorstellen, vgl. [SSS74], der versucht, die Anzahl der Schnittpunktberechnungen zu verringern. Dies ist deshalb von besonderem Interesse, weil man üblicherweise sehr viele Geradensegmente bzgl. des gegebenen Fensters clippen will und die Schnittpunktberechnung jedes Segmentes mit den vier Fensterkanten recht aufwendig ist.

2.4.1 Der Algorithmus von Cohen und Sutherland

Der Algorithmus von Cohen und Sutherland versucht, die Schnittpunktberechnung zwischen dem Geradensegment s und dem Clip–Fenster durch Bereichsüberprüfungen wann immer möglich zu vermeiden. Wie bereits erwähnt, *kann* s das Fenster schneiden, wenn beide Endpunkte außerhalb des Fensters liegen. Wenn aber zusätzlich *beide* Endpunkte links des Fensters liegen, kann kein Schnittpunkt existieren. Das gleiche gilt, wenn *beide* Endpunkte rechts, unterhalb oder oberhalb des Fensters liegen. Zur Realisierung der Bereichsüberprüfungen unterteilt der Algorithmus die Ebene, die das Clip–Fenster enthält, in neun Bereiche, vgl. Abbildung 2.34, und ordnet jedem Bereich eine 4–Bit–Zahl zu, die angibt, wo der Bereich bzgl. des Fensters liegt. Bit 3 – das ist das linkeste Bit – ist gesetzt für Bereiche, die oberhalb des Fensters liegen. Bit 2 ist gesetzt für Bereiche, die unterhalb des Fensters liegen. Bit 1 ist gesetzt für Bereiche, die rechts des Fensters liegen. Bit 0 ist gesetzt für Bereiche, die links des Fensters liegen. Die 4–Bit–Zahlen von horizontal oder vertikal benachbarten Bereichen unterscheiden sich in genau einer Bitposition. Zur Bestimmung des zu einem beliebigen Punkt (x, y) gehörenden Bereiches kann folgende Beobachtung verwendet werden: Bit 3 ist das Vorzeichenbit von $y_{max} - y$, d.h. das Bit ist gesetzt, wenn $y_{max} - y < 0$ ist. Bit 2 ist das Vorzeichenbit von $y - y_{min}$, Bit 1 ist das Vorzeichenbit von $x_{max} - x$, Bit 0 ist das Vorzeichenbit von $x - x_{min}$. Damit kann jedem der beiden Endpunkte $\bar{P}_1$ und $\bar{P}_2$ von s ein Bereich und eine 4–Bit–Zahl zugeordnet werden. Mit Hilfe der 4–Bit–Zahlen C_1 und C_2 von $\bar{P}_1$ und $\bar{P}_2$ kann man bestimmen, ob s ganz innerhalb oder ganz außerhalb des Fensters liegt. Wenn C_1 und C_2 beide Null sind, d.h. wenn die bitweise Oder–Verknüpfung von C_1 und C_2 0000 ergibt, liegt s ganz innerhalb des Fensters. Wenn $\bar{P}_1$ und $\bar{P}_2$ ganz auf einer Seite des Fensters liegen, haben C_1 und C_2 an den entsprechenden Bitpositionen eine 1, vgl. Abbildung 2.34. Ob dies für eine der vier Bitpositionen zutrifft, kann man für beliebige Seiten des Fensters einfach überprüfen, indem man eine bitweise Und–Operation auf C_1 und C_2 anwendet. Wenn das Ergebnis ungleich Null ist, liegen $\bar{P}_1$ und $\bar{P}_2$ ganz außerhalb einer Seite des Fensters und s kann das Fenster nicht schneiden. Wenn man durch die beschriebenen einfachen Tests nicht ausschließen kann, daß s ganz innerhalb oder ganz außerhalb des Fensters liegt, teilt der Algorithmus s mit Hilfe einer der Fenstergeraden in zwei Teile und wendet die beschriebenen einfachen Tests auf beide Teile an. Einer der beiden Teile liegt mit Sicherheit außerhalb des Fensters, für den anderen muß die Unterteilung evtl. mit einer anderen Fenstergeraden wiederholt werden. Abbildung 2.35 zeigt ein Beispiel für die Anwendung des Verfahrens. Zur Bestimmung der zur Schnittpunktberechnung verwendeten Fenstergeraden kann man die 4–Bit–Zahl C eines der Endpunkte $\bar{P}$ von s verwenden. Wenn Bit 3 von C gesetzt ist, liegt $\bar{P}$ ganz oberhalb des Fensters und man wählt die obere Begrenzungsgerade des Fensters als Schnittgerade. Wenn Bit 2 von C gesetzt ist, nimmt man die untere, wenn Bit 1 gesetzt ist, die rechte, wenn Bit 0 gesetzt ist, die linke Begrenzungsgerade. Wenn kein Bit gesetzt ist, verwendet man den anderen Endpunkt zur Auswahl. Eine Programmskizze ist in Abbildung 2.36 wiedergegeben.

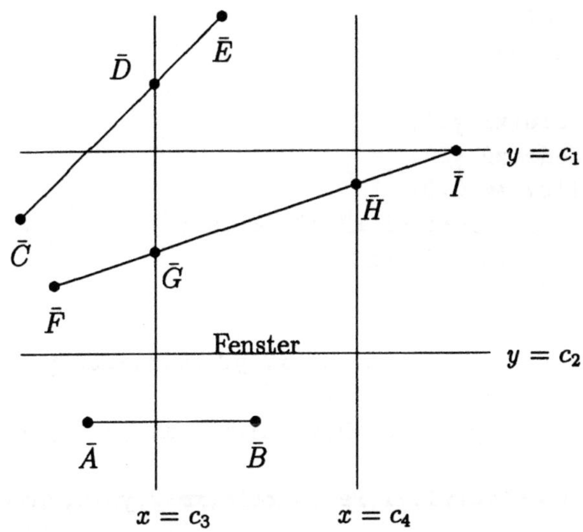

Abbildung 2.35: Beispiel für die Arbeitsweise des Algorithmus von Cohen und Sutherland. Beide Endpunkte des Segmentes $\bar{A}\bar{B}$ liegen unterhalb des Fensters, der im Text beschriebene Und–Test ist damit erfüllt und das Segment ist nicht sichtbar. Für das Segment $\bar{C}\bar{E}$ ist weder der Oder–Test noch der Und–Test erfüllt. Daher wird der Schnittpunkt mit der Fenstergeraden $x = c_3$ berechnet. Der gefundene Schnittpunkt $\bar{D}$ teilt $\bar{C}\bar{E}$ in zwei Teile. Für den Teil $\bar{C}\bar{D}$ ist der Und–Test erfüllt, d.h. $\bar{C}\bar{D}$ liegt außerhalb des Fensters. Das gleiche gilt für das Segment $\bar{D}\bar{E}$. Für das Segment $\bar{F}\bar{I}$ sind die beiden Tests ebenfalls nicht erfüllt. Daher wird ebenfalls der Schnittpunkt mit der Fenstergeraden $x = c_3$ berechnet, der gefundene Schnittpunkt ist $\bar{G}$. Für den Teil $\bar{F}\bar{G}$ ergibt der zweite Test, daß $\bar{F}\bar{G}$ außerhalb des Fensters liegt. Für das Segment $\bar{G}\bar{I}$ ist keiner der beiden Tests erfüllt und das Segment muß wieder unterteilt werden, diesmal in zwei Teile $\bar{G}\bar{H}$ und $\bar{H}\bar{I}$. Für $\bar{G}\bar{H}$ ist der Oder–Test erfüllt, d.h. $\bar{G}\bar{H}$ liegt ganz innerhalb des Fensters. Für $\bar{H}\bar{I}$ ist der Und–Test erfüllt, d.h. $\bar{H}\bar{I}$ liegt außerhalb des Fensters.

```
void CS_clip(x1,y1,x2,y2,xmin,xmax,ymin,ymax,value);
float x1,y1,x2,y2,xmin,xmax,ymin,ymax;
int value;
{
 int c1,c2;
 float xs,ys;

 c1 = code(x1,y1);
 c2 = code(x2,y2);
 if (c1|c2 == 0x0)
    Draw_Line1(x1,y1,x2,y2,value);
 else if (c1&c2 != 0x0)
    return;
 else {
    intersect(xs,ys,x1,y1,x2,y2,xmin,xmax,ymin,ymax);
    if (is_outside(x1,y1))
       CS_clip(xs,ys,x2,y2,xmin,xmax,ymin,ymax,value);
    else
       CS_clip(x1,y1,xs,ys,xmin,xmax,ymin,ymax,value);
 }
}
```

Abbildung 2.36: Programmskizze zum Algorithmus von Cohen und Sutherland. (x1,y1) und (x2,y2) sind die beiden Endpunkte des zu clippenden Geradensegmentes. A = (xmin,ymin), B = (xmax,ymin), C = (xmax,ymax) und D = (xmin,ymax) sind die Eckpunkte des Clip–Fensters von links unten beginnend im Gegenuhrzeigersinn. code(x,y) liefert zu Punkt (x,y) die zugehörige 4–Bit–Zahl nach Abbildung 2.34. Draw_Line1(x1,y1,x2,y2,value) zeichnet eine Linie zwischen den Punkten (x1,y1) und (x2,y2). intersect(xs,ys,x1,y1,x2,y2,xmin,xmax,ymin,ymax) berechnet in (xs,ys) einen Schnittpunkt zwischen dem Geradensegment und einer der Fenstergeraden, die anhand der 4–Bit–Zahl der Endpunkte des Geradensegmentes ausgewählt wird. is_outside(x1,y1) berechnet, ob der Punkt (x1,y1) bzgl. der *selben* Fenstergeraden außerhalb des Fensters liegt. Eine Verbesserung der Laufzeit der skizzierten Prozedur CS_clip kann man erreichen, indem man die Rekursion durch eine Schleife ersetzt, weil dann der Verwaltungsaufwand für die rekursiven Aufrufe entfällt. Wir haben hier der Übersichtlichkeit wegen auf diese Ersetzung verzichtet.

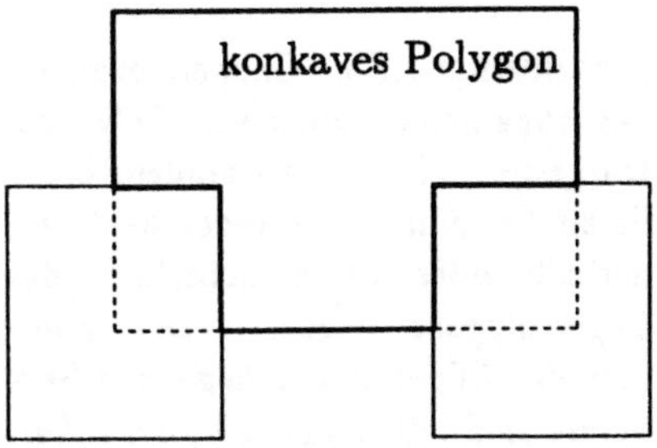

Abbildung 2.37: **Ein konkaves Polygon kann durch Überlappung mehrerer rechteckiger Fenster entstehen. Die Kanten des entstehenden Polygons verlaufen immer waagerecht oder senkrecht.**

2.4.2 Clippen bzgl. allgemeinen Polygonen

Wir betrachten jetzt den allgemeinen Fall, daß anstatt des Clip–Fensters ein allgemeines konkaves Clip–Polygon verwendet wird. Konkave Polygone können unter anderem bei Systemen entstehen, die das Überlappen mehrerer Fenster auf einem Bildschirm erlauben, vgl. Abbildung 2.37. Beispiele für solche Systeme sind Sunview oder X–Windows.

Wir nehmen wieder an, daß das zu clippende Geradensegment s mit den Endpunkten $\bar{P}_1$ und $\bar{P}_2$ durch die Parametergleichung $s = \bar{P}_1 + t(\bar{P}_2 - \bar{P}_1)$, $0 \leq t \leq 1$, beschrieben wird. Das Clippen von s bzgl. eines allgemeinen Clip–Polygons P wird in zwei Schritten ausgeführt, vgl. [BG89]: Im ersten Schritt werden alle Schnittpunkte von s mit den Kanten von P bestimmt. Dabei wird das oben beschriebene Verfahren der Schnittpunktberechnung zwischen einem Geradensegment und einer Fensterkante verwendet. Jeder Schnittpunkt $\bar{S}_i$ kann durch einen Parameterwert t_i eindeutig repräsentiert werden:

$$\bar{S}_i = \bar{P}_1 + t_i(\bar{P}_2 - \bar{P}_1)$$

Die Parameterwerte der gefundenen Schnittpunkte seien in aufsteigender Reihenfolge sortiert, d.h. es ist $0 \leq t_1 \leq \cdots \leq t_n \leq 1$. Die gefundenen n Schnittpunkte unterteilen s in $n + 1$ Segmente. Im zweiten Schritt wird festgestellt, welche dieser Segmente sichtbar sind. Dazu bestimmt man zuerst, ob der Endpunkt $\bar{P}_1$ von s innerhalb von P liegt. Dies kann dadurch geschehen, daß man von $\bar{P}_1$ ausgehend einen horizontalen Strahl aussendet und die Anzahl der Schnittpunkte mit P zählt. Wenn die Anzahl dieser Schnittpunkte ungerade ist, liegt $\bar{P}_1$ innerhalb von P. Bei gerader Anzahl von Schnittpunkten liegt $\bar{P}_1$ außerhalb von P. Man beachte, daß die Anzahl der Schnittpunkte von s mit P keine Aussage darüber liefert, ob $\bar{P}_1$ innerhalb oder außerhalb von P liegt, weil man nicht weiß, ob $\bar{P}_2$ innerhalb oder außerhalb von P liegt. Es ist aber möglich, den von $\bar{P}_1$ ausgehenden und in Richtung $\bar{P}_2$ verlaufenden Strahl zu verwenden. Wenn man bei der Schnittpunktberechnung im ersten Schritt nicht

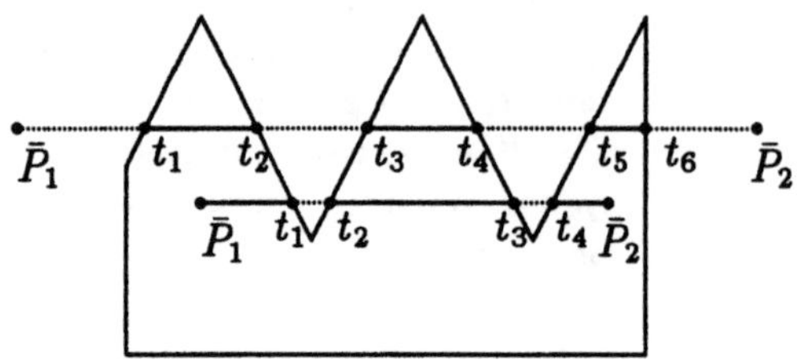

Abbildung 2.38: **Clippen bzgl. eines allgemeinen konkaven Polygons: Dargestellt sind zwei Geradenstücke, deren Endpunkte entweder beide innerhalb oder beide außerhalb des Clip–Polygons liegen. Die innerhalb des Clip–Polygon liegenden Segmente sind fett dargestellt, die außerhalb des Clip–Polygons liegenden Segmente sind gepunktet.**

nur die Schnittpunkte $\bar{S}_i$, deren Parameterwerte t_i zwischen 0 und 1 liegen, sondern alle Schnittpunkte mit Parameterwerten $t_i \geq 0$ speichert, kann man auch über deren Anzahl, wie oben beschrieben, bestimmen, ob $\bar{P}_1$ innerhalb oder außerhalb von P liegt. Wenn $\bar{P}_1$ innerhalb von P liegt, sind die durch die Parameterintervalle

$$(0, t_1), (t_2, t_3), \cdots, (t_{2i}, t_{2i+1}), \cdots$$

bestimmten Segmente sichtbar. Wenn $\bar{P}_1$ außerhalb von P liegt, sind die durch die Parameterintervalle

$$(t_1, t_2), (t_3, t_4), \cdots, (t_{2i-1}, t_{2i}), \cdots$$

bestimmten Segmente sichtbar, vgl. Abbildung 2.38.

2.5 Halbtonverfahren

Auf vielen Bildschirmen und vor allem auf Druckern können nur einige wenige Intensitätswerte dargestellt werden. Die in diesem Abschnitt beschriebenen Verfahren versuchen, für diese Ausgabegeräte die Zahl der darstellbaren Intensitätswerte auf Kosten der Auflösung des wiedergegebenen Bildes zu erhöhen. Die Verfahren nutzen die Eigenschaft des menschlichen Auges aus, beim Sehvorgang eine räumliche Integration durchzuführen: Wenn man einen kleinen Bildausschnitt aus einer genügend großen Entfernung betrachtet, ist das Auge nicht in der Lage, kleine Details des Bildes zu erkennen. Statt dessen mittelt es die dargestellten Intensitäten und Farben in dem kleinen Bildausschnitt und erkennt nur die resultierende Gesamtintensität bzw. –farbe[12]. Wir werden in diesem Abschnitt drei Verfahren vorstellen, mit denen Farbbilder auf Ausgabegeräten mit kleiner Farbpalette dargestellt werden können: die Halbton–Simulation, das Dither–Verfahren, das Fehlerverteilungsverfahren von Floyd–Steinberg und das Fehlerdiffusionsverfahren von Knuth, vgl. [Uli87], [FvDFH90].

2.5.1 Halbton–Simulation

Die Ursprünge des Halbton–Verfahrens liegen in der Druckindustrie, wo es z.B. für die Wiedergabe von Schwarz–Weiß–Bildern in Zeitungen verwendet wird: In jedem Pixel des dargestellten Bildes wird ein Punkt aus Druckerschwärze gesetzt, der umso größer ist, je dunkler der entsprechende Bildbereich dargestellt werden soll. Da die Größe der Punkte kontinuierlich geändert werden kann, können mit dieser Technik prinzipiell beliebig viele Grautöne dargestellt werden. Dies ist bei der Verwendung der Technik für Bildschirme nicht möglich, weil diese in Pixel diskret gerastert sind, die nur auf eine festgelegte Anzahl von Intensitätswerten gesetzt werden können. Man kann aber die Anzahl der darstellbaren Intensitätswerte erhöhen, indem man die im folgenden vorgestellte Technik der *Halbton–Simulation* anwendet. Die Halbton–Simulation ist gut zur Darstellung von Bildern geeignet, deren Auflösung geringer ist als die Auflösung des Bildschirms. Wenn die Auflösung des Bildes genauso groß wie die Auflösung des Bildschirms ist, geht durch die Anwendung der Halbton–Simulation Information verloren. Wir nehmen in diesem Abschnitt an, daß auf dem zur Verfügung stehenden Bildschirm nur zwei Intensitätswerte (weiß und schwarz) pro Pixel dargestellt werden können.

Das Verfahren der Halbton–Simulation unterteilt den Bildschirm in kleine rechteckige Bereiche, z.B. Bereiche der Größe 2×2 Pixel. Die ideale Größe dieser Bereiche ergibt sich aus dem Quotienten der Auflösung des Bildschirms und der Auflösung des Bildes. Bei Verwendung von Bereichen der Größe $m \times n$ können $m \cdot n + 1$ Intensitätswerte auf dem Bildschirm dadurch dargestellt werden, daß unterschiedlich viele Pixel in dem zugehörigen Bereich gesetzt werden, vgl. Abbildung 2.39. Ein in einem darzustellenden Bild auftretender Intensitätswert wird durch den am nächsten liegenden Intensitätswert approximiert, der mit einem Bildschirmbereich dargestellt werden kann. Abbildung 2.41 zeigt eine Programmskizze des Verfahrens.

[12] Dieses Phänomen macht sich auch eine Kunstrichtung der Malerei – der *Pointillismus* – zunutze, deren Vertreter (Seurat, Signac, Bonnard und andere) propagieren, die Farben im Auge des Betrachters anstatt auf der Leinwand zu mischen. Dementsprechend bestehen pointillistische Bilder aus vielen kleinen Punkten in den Grundfarben, die durch die räumliche Integration des Auges vom Betrachter als Mischfarben erkannt werden.

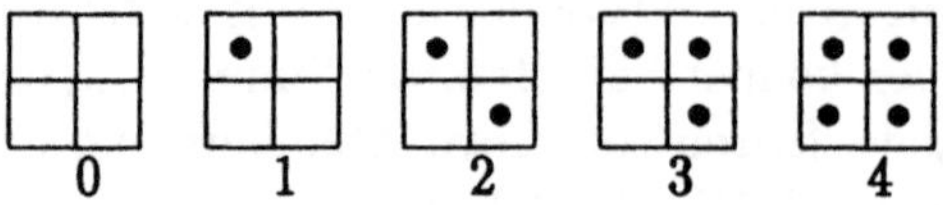

$$\begin{pmatrix} 1 & 3 \\ 4 & 2 \end{pmatrix}$$

Abbildung 2.39: **Bei Verwendung von Bereichen der Größe 2×2 können auf einem Bildschirm, der nur zwei Intensitätsstufen pro Pixel darstellen kann, fünf Intensitätsstufen pro Bereich dargestellt werden. Je nach Intensitätsstufe wird eine unterschiedliche Anzahl von Pixeln in dem Bereich gesetzt. Eine Möglichkeit der Verteilung der gesetzten Pixel ist hier wiedergegeben. Diese Verteilung wird auch durch die danebenstehende Matrix beschrieben, die angibt, in welcher Reihenfolge die Pixel gesetzt werden, wenn die Intensität steigt.**

Wenn man bei der Darstellung des gleichen Intensitätswertes die Pixel der Bereiche immer in der gleichen Weise setzt, können störende Muster auf dem Bildschirm entstehen. Beispielsweise entstehen bei Verwendung der durch die Matrix

$$\begin{pmatrix} 1 & 3 \\ 4 & 2 \end{pmatrix}$$

beschriebenen Verteilung der gesetzten Pixel, vgl. Abbildung 2.39, in Bereichen mit konstanter Intensitätsstufe 2 schräge Linien. Bei Verwendung der durch

$$\begin{pmatrix} 1 & 2 \\ 4 & 3 \end{pmatrix}$$

beschriebenen Verteilung entstehen horizontale Linien. Es gibt keine feste Auswahl der Verteilung der gesetzten Pixel, die auf keinen Fall Muster erzeugt. Eine Möglichkeit zur Vermeidung von Mustern besteht in einer zufälligen Auswahl der Verteilung der zu setzenden Pixel für die darzustellende Intensitätsstufe. Für Intensitätsstufe 2 gibt es bei Verwendung von Bereichen der Größe 2 × 2 sechs mögliche Verteilungen.

Das Verfahren der Halbton–Simulation ist auch für Ausgabegeräte mit mehr als zwei darstellbaren Intensitätsstufen pro Pixel anwendbar. Wenn auf dem Ausgabegerät z.B. vier Intensitätsstufen pro Pixel darstellbar sind — d.h. es stehen zwei Bit pro Pixel im Pufferspeicher zur Verfügung — dann kann man mit Bereichen der Größe 2×2 dreizehn Intensitätsstufen darstellen. Eine mögliche Verteilung ist in Abbildung 2.40 wiedergegeben.

$$\underset{0}{\begin{bmatrix}0&0\\0&0\end{bmatrix}}\quad\underset{1}{\begin{bmatrix}1&0\\0&0\end{bmatrix}}\quad\underset{2}{\begin{bmatrix}1&0\\0&1\end{bmatrix}}\quad\underset{3}{\begin{bmatrix}1&1\\0&1\end{bmatrix}}\quad\underset{4}{\begin{bmatrix}1&1\\1&1\end{bmatrix}}\quad\underset{5}{\begin{bmatrix}2&1\\1&1\end{bmatrix}}\quad\underset{6}{\begin{bmatrix}2&1\\1&2\end{bmatrix}}\quad\underset{7}{\begin{bmatrix}2&2\\1&2\end{bmatrix}}$$

$$\underset{8}{\begin{bmatrix}2&2\\2&2\end{bmatrix}}\quad\underset{9}{\begin{bmatrix}3&2\\2&2\end{bmatrix}}\quad\underset{10}{\begin{bmatrix}3&2\\2&3\end{bmatrix}}\quad\underset{11}{\begin{bmatrix}3&3\\2&3\end{bmatrix}}\quad\underset{12}{\begin{bmatrix}3&3\\3&3\end{bmatrix}}$$

Abbildung 2.40: **Mit Bereichen der Größe 2× 2 können 13 Intensitätsstufen dargestellt werden, wenn pro Pixel vier Intensitätsstufen 0 bis 3 zur Verfügung stehen.**

Wie bereits erwähnt, ist das Verfahren der Halbton-Simulation gut anwendbar, wenn die Auflösung des darzustellenden Bildes geringer ist als die Auflösung des Ausgabegerätes. Wenn das darzustellende Bild die gleiche Auflösung hat wie das Ausgabegerät, ist ein anderes Verfahren, das im folgenden Abschnitt vorgestellte Dither-Verfahren, besser geeignet.

2.5.2 Dither-Verfahren

Mit dem Dither-Verfahren können auf Bildschirmen, die nur zwei Intensitätsstufen pro Pixel darstellen können, mehrere Intensitätsstufen auf Kosten der Auflösung simuliert werden. [13]. Dabei wird angenommen, daß das darzustellende Bild die gleiche Auflösung wie der Bildschirm hat.

Beim Dither-Verfahren wird bei der Entscheidung, ob das Pixel (x, y) des Bildschirms gesetzt werden soll, neben dem darzustellenden Intensitätswert $I(x, y)$ des zugehörigen Bildpixels auch eine $(n \times n)$-Matrix $D^{(n)}$ berücksichtigt, die auch als *Dithermatrix* bezeichnet wird. Bei Verwendung einer $(n \times n)$-Dithermatrix können $n^2 + 1$ Intensitätsstufen simuliert werden. Für jedes Bildpixel wird die darzustellende Intensitätsstufe durch Runden zur nächsten simulierbaren Intensitätsstufe bestimmt. Die Dithermatrix $D^{(n)}$ enthält jede Zahl zwischen 0 und $n^2 - 1$ genau einmal. Die Dithermatrix $D^{(2)}$ hat z.B. das folgende Aussehen:

[13] Es gibt auch eine – allerdings wenig genutzte – Variante für Bildschirme mit mehr als zwei darstellbaren Intensitätsstufen, vgl. [PN83].

```
void halftone (picture,rows,cols,xp,yp,pattern)
float picture[][];
int rows,cols,xp,yp,pattern[][][];
{
 int xpic,ypic,xdis,ydis,xpix,ypix,intensity;

 for (ypic=0,ydis=0;ypic<rows;ypic++,ydis+=yp){
   for (xpic=0,xdis=0;xpic<cols;xpic++,xdis+=xp){
     for (ypix=0;ypix<yp;ypix++){
       for (xpix=0;xpix<xp;xpix++){
         intensity=int_level(xp,yp,picture[xpic,ypic])
         if (pixel_on(intensity,xp,yp,xpix,ypix))
            set_pixel(xdis+xpix,ydis+ypix,1);
       }
     }
   }
 }
}
```

Abbildung 2.41: Programmskizze zur Halbton–Simulation. Das zweidimensionale Feld `picture` enthält die Intensitätswerte des darzustellenden Bildes. `rows` und `cols` ist die x– bzw. y–Auflösung des Bildes und damit auch die Anzahl der in x– bzw. y–Richtung verwendeten Bereiche. xp und yp ist die Anzahl der in x– bzw. y–Richtung verwendeten Pixel pro Bereich. Die Anzahl der darstellbaren Intensitätsstufen ist damit xp·yp+1. `pattern` ist ein dreidimensionales Feld, das zu jeder darstellbaren Intensitätsstufe angibt, welche Pixel des zweidimensionalen Bereiches gesetzt werden müssen. Die beiden äußeren Schleifen laufen parallel über die Zeilen und Spalten des Bildes und der Bereiche des Bildschirms. Die Variablen `xpic` und `ypic` dienen dazu, über die Spalten und Zeilen des darzustellenden Bildes zu laufen, `xdis` und `ydis` werden dazu verwendet, die linkesten, obersten Pixel der entsprechenden Bereiche zu adressieren. Die beiden inneren Schleifen laufen über die Zeilen und Spalten der einzelnen Bereiche und setzen die Pixel entsprechend der darzustellenden Intensitätsstufe. Dabei wird mit `int_level(xp,yp,picture[xpic,ypic])` die mit Bereichen der Größe xp×yp darstellbare, benachbarte Intensitätsstufe bestimmt. `pixel_on(intensity,xp,yp,xpix,ypix)` testet, ob zur Darstellung der Intensitätsstufe `intensity` das Pixel `(xpix,ypix)` gesetzt werden muß. Das Setzen der einzelnen Pixel wird von der `set_pixel`–Funktion vorgenommen.

```
void dither (picture,rows,cols,n,dither)
float picture[][];
int rows,cols,n,dither[][];
{
 int x,y,i,j,intensity;

 for (y=0; y<rows; y++){
   for (x=0; x<cols; x++){
     i = x % n; j = y % n;
     intensity=int_level(n,n,picture[x,y]);
     if (intensity > dither[i,j])
        set_pixel(x,y,1);
   }
 }
}
```

Abbildung 2.42: Programmskizze zum Dither-Verfahren: picture, rows und cols haben die gleiche Bedeutung wie in Abbildung 2.41. n gibt die Größe der Dithermatrix an, die im Feld dither abgelegt ist. Für jedes Pixel des Bildes wird mit einer Modulo-Operation der zugehörige Eintrag der Dithermatrix bestimmt. Wenn der dort eingetragene Wert kleiner ist als die darzustellende Intensitätsstufe intensity, die wieder mit der Funktion int_level bestimmt wird, wird Pixel (x,y) des Bildschirms gesetzt.

$$D^{(2)} = \begin{pmatrix} 0 & 2 \\ 3 & 1 \end{pmatrix}$$

Die Zahlen in der Matrix geben an, in welcher Reihenfolge die Pixel gesetzt werden, wenn die Intensität steigt. Die Dithermatrix wird so oft auf das Bild gelegt, daß jedes Pixel von genau einer Kopie der Dithermatrix bedeckt ist. Danach wird für jede Pixelposition bestimmt, ob die Intensitätsstufe des darzustellenden Bildpixels größer ist als der Eintrag der daraufliegenden Dithermatrix. Wenn dies der Fall ist, wird das Bildschirmpixel gesetzt, ansonsten wird es nicht gesetzt. Die Einträge in der Dithermatrix können also als Schwellenwerte für die Bildschirmpixel aufgefaßt werden. Abbildung 2.42 zeigt eine Programmskizze.

Der Unterschied zwischen der Halbton-Simulation und dem Dither-Verfahren ist folgender: Bei Anwendung der Halbton-Simulation auf Bilder, die die gleiche

2	6	4
5	0	1
8	3	7

0	8	2	10
12	4	14	6
3	11	1	9
15	7	13	5

21	10	17	14	23
15	2	6	4	9
20	5	0	1	18
12	8	3	7	13
24	18	19	11	22

Abbildung 2.43: **Dithermatrizen für $n = 3$, $n = 4$ und $n = 5$**

Auflösung haben wie der Bildschirm, müßte für jeden Bereich des Bildes, der einem Bereich des Bildschirms entspricht, eine mittlere Intensitätsstufe bestimmt werden. Diese stellt man dann mit den Pixeln des Bildschirmbereiches dar. Bei dem Dither–Verfahren wird dagegen die Intensität jedes einzelnen Bildpixels bei der Berechnung des zugehörigen Bildschirmpixels berücksichtigt.

Die Dither-Matrix soll so gewählt werden, daß keine Muster auf dem Bildschirm entstehen, wenn Bereiche mit konstanter Intensität dargestellt werden. Abbildung 2.43 zeigt mögliche Dithermatrizen für $n = 3$, $n = 4$ und $n = 5$, vgl. [BG89]. Als rekursive Berechungsformel für Potenzen von 2 hat

$$D^{(2n)} = \begin{pmatrix} 4D^{(n)} & 4D^{(n)} + 2U^{(n)} \\ 4D^{(n)} + 3U^{(n)} & 4D^{(n)} + U^{(n)} \end{pmatrix}$$

gute Ergebnisse geliefert, vgl. [Bay73]. Dabei ist $U^{(n)}$ eine quadratische Matrix mit $U_{i,j}^{(n)} = 1$ für alle $1 \leq i, j \leq n$. Die Matrix für $n = 4$ aus Abbildung 2.43 wurde aus $D^{(2)}$ mit Hilfe dieses Verfahrens errechnet.

Bei Vergrößerung von n bis zu einem gewissen von der Auflösung abhängigen Wert[14] erhöht sich die Anzahl der dargestellten Graustufen, ohne daß die räumliche Auflösung nennenswert darunter leidet, wie dies bei der Halbton–Simulation der Fall war. Für größere Werte von n wird das Bild jedoch verwischt und erscheint unscharf. Üblicherweise werden Dither–Matrizen bis $D^{(10)}$ verwendet. Das Dither–Verfahren ist vollständig parallelisierbar.

[14]Für Auflösung 1024×1024 liegt dieser Wert je nach darzustellendem Bild etwa zwischen 10 und 16

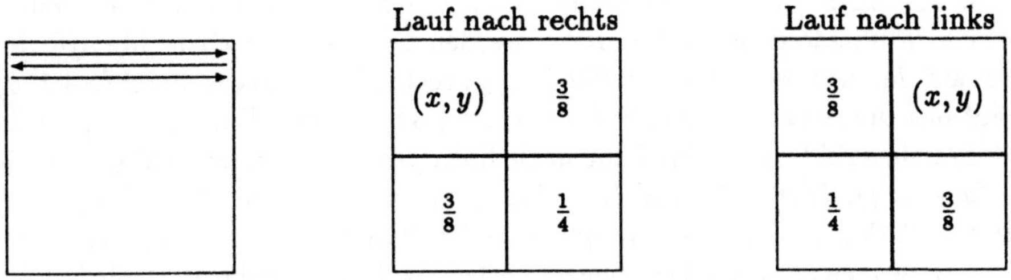

Abbildung 2.44: **Fehlerverteilung beim Floyd–Steinberg–Verfahren: Bei der in der linken Darstellung angegebenen Reihenfolge der Darstellung der Pixel des Bildschirms wird der Fehler beim Lauf nach rechts bzw. links wie in den beiden rechten Abbildungen angegeben verteilt.**

2.5.3 Fehlerverteilungs–Verfahren

Das *Fehlerverteilungs–Verfahren*, vgl. [FS75] ist – anders als die Halbton–Simulation und das Dither–Verfahren – auch sehr gut geeignet für Ausgabegeräte mit vielen darstellbaren Intensitätsstufen, deren Anzahl man durch dieses Verfahren weiter vergrößern kann. Die mit dem Verfahren erzeugten Bildschirmdarstellungen sind meist sehr gut, so daß das Verfahren durchaus als der Halbton–Simulation und dem Dither–Verfahren überlegen bezeichnet werden kann. Wir nehmen im folgenden wieder an, daß Bild und Bildschirm gleiche Auflösung haben.

Wenn man die Intensität eines Bildpixels auf dem Bildschirm mit Hilfe der nächstliegenden Intensitätsstufe darstellt, macht man einen Fehler, der sich aus der Differenz des dargestellten und des darzustellenden Intensitätswertes ergibt. Die Idee des Fehlerverteilungs–Verfahren besteht darin, diesen Fehler auf die benachbarten, noch nicht dargestellten Bildschirmpixel zu verteilen, indem man den darzustellenden Intensitätswert der entsprechenden Bildpixel verändert. Dadurch wird für die Nachbarpixel die dargestellte Intensitätsstufe evtl. verändert. Ein benachbartes Bildschirmpixel erhält einen umso größeren Teil des Fehlers, je näher es dem betrachteten Pixel liegt. Die verschiedenen Varianten des Fehlerverteilungs–Verfahren unterscheiden sich in der Reihenfolge, in der die Pixel besucht werden, oder in der Auswahl der Pixel, auf die der Fehler verteilt wird.

Die einfachste Variante verteilt den Fehler nur auf das nächste darzustellende Bildschirmpixel. Das Verfahren von Floyd–Steinberg verteilt den Fehler auf mehrere Pixel in der Nachbarschaft. Eine Variante des Verfahrens besteht darin, den Fehler auf drei benachbarte Pixel zu verteilen, die noch nicht dargestellt wurden, vgl. auch [BG89]. Wenn die Pixel in der in Abbildung 2.44 wiedergegebenen Reihenfolge gesetzt werden, werden beim Lauf nach rechts 3/8 des Fehlers auf das dem betrachteten Pixel (x, y) rechts benachbarte Pixel $(x+1, y)$ und auf das unter (x, y) liegende Pixel $(x, y+1)$ verteilt. Pixel $(x+1, y+1)$ erhält 1/4 des Fehlers. Beim Lauf nach links wird der Fehler analog auf die Pixel $(x-1, y)$, $(x, y+1)$ und $(x-1, y+1)$ verteilt, siehe Abbildung 2.44. Abbildung 2.45 zeigt eine Programmskizze des Verfahrens. In [FS75] wird eine Verteilung des Fehlers auf vier benachbarte Pixel vorgeschlagen, wobei beim Lauf nach rechts Pixel $(x+1, y)$ 7/16 des Fehlers erhält, Pixel $(x-1, y+1)$ erhält 3/16, Pixel $(x, y+1)$ erhält 5/16, Pixel $(x+1, y+1)$ erhält 1/16 des Fehlers.

Das Floyd–Steinberg–Verfahren liefert sehr gute Ergebnisse, hat aber zwei Nachteile, vgl. [Knu87]. Erstens ist das Verfahren im Gegensatz zum Dither–Verfahren inhärent sequentiell, weil der dargestellte Intensitätswert eines gesetzten Pixels von den Intensitätswerten aller vorher gesetzen Pixel abhängt. Zweitens können manchmal "Geisterbilder" auftreten, weil die akkumulierten Fehler sich aufstauen können, bis der nächste darstellbare Intensitätswert erreicht ist. Bei der Wiedergabe von Gesichtern können beispielsweise Echos der Haarlinien auf der Stirn auftreten. Dieser Effekt kann durch eine Änderung der Gewichtsfaktoren oder einer Skalierung der darzustellenden Intensitätswerte teilweise gemildert werden.[15]

2.5.4 Fehlerdiffusions–Verfahren

Das Fehlerdiffusions–Verfahren, vgl. [Knu87], versucht das Fehlerverteilungs–Verfahren so zu modifizieren, daß es parallelisierbar ist und daß keine Geisterbilder auftreten. Dazu wird wie beim Dither–Verfahren eine $(n \times n)$–Matrix, die *Diffusionsmatrix* M, verwendet, die ebenso wie die Dithermatrix wiederholt auf das darzustellende Bild gelegt wird und die Bildschirmpixel in n^2 Klassen einteilt. Pixel (x, y) gehört zu Klasse $M[x \bmod n, y \bmod n]$. Die Pixel werden klassenweise berechnet, d.h. zuerst werden die Pixel von Klasse 0 berechnet, dann die Pixel von Klasse 1 usw. Der bei der Darstellung eines Pixels verursachte Fehler wird auf die benachbarten Pixel verteilt, die noch nicht berechnet sind, vgl. Abbildung 2.46. Jedes Pixel (x, y) hat vier rechtwinklig benachbarte Pixel (u, v), so daß $(u-x)^2 + (v-y)^2 = 1$, und vier diagonal benachbarte Pixel (u, v) mit $(u-x)^2 + (v-y)^2 = 2$. Eine Möglichkeit der Gewichtung bei der Verteilung des Fehlers besteht darin, den rechtwinklig benachbarten Pixeln einen doppelten Anteil des Fehlers wie den diagonal benachbarten Pixeln zuzuteilen.

[15] Beispielsweise durch `picture[x,y] = 0.1 + 0.8*picture[x,y]`.

```
void err_distr(picture,rows,cols)
float picture[][];
int rows,cols;
{
 float acc_err[rows+1][cols+1],error,intensity;
 int i,j,x,y,done,right_run;
 x = 0; y = 0; done = 0; right_run = 1;
 while (!done) {
    intensity = nearest_level(x,y);
    error = picture[x,y] + acc_err[x,y] - intensity;
    set_pixel(x,y,intensity);
    if (right_run){
       acc_err[x ,y+1] += 0.375 * error;
       acc_err[x+1,y ] += 0.375 * error;
       acc_err[x+1,y+1] += 0.25 * error;
    } else {
       acc_err[x,y+1 ] += 0.375 * error;
       acc_err[x-1,y ] += 0.375 * error;
       acc_err[x-1,y+1] += 0.25 * error;
    }
    done = next_pixel(x,y);
    x = next_pixel_x(x,y); y = next_pixel_y(x,y);
    right_run = next_pixel_run(x,y);
 }
}
```

Abbildung 2.45: Programmskizze zum Fehlerverteilungs–Verfahren nach Floyd–Steinberg: `picture` enthält die Intensitätswerte des darzustellenden Bildes. `rows` und `cols` ist die x– bzw. y–Auflösung des Bildes und des Bildschirms. `acc_err` ist eine Matrix, die für jedes Pixel den akkumulierten Fehler aufnimmt und und die mit 0 initialisiert sei. Man beachte, daß die akkumulierten Fehler hier der Einfachheit halber in eine Matrix abgelegt werden, obwohl eine Datenstruktur ausreichen würde, die zwei Bildschirmzeilen umfaßt. `intensity` dient zur Aufnahme der für das aktuellen Pixel `(x,y)` gewählten Intensitätsstufe, die durch die Funktion `nearest_level(x,y)` bestimmt wird. `right_run` gibt an, ob das nächste untersuchte Pixel rechts vom aktuellen Pixel liegt oder nicht. Das nächste untersuchte Pixel wird von den beiden Funktionen `next_pixel_x` und `next_pixel_y` bestimmt. `next_pixel_run` bestimmt, in welcher Reihenfolge die nächsten Pixel untersucht werden.

```
void diffusion (picture,rows,cols,n,matrix)
float picture[][];
int rows,cols,n,matrix[][];
{
 int x,y,i,j,k,intensity;
 float error;

 for (k=0; k<n*n; k++) {
   for (y=0; y<rows; y++){
     for (x=0; x<cols; x++){
       i = x % n; j = y % n;
       intensity=int_level(n,n,picture[x,y]);
       error = picture[x,y] - intensity;
       set_pixel(x,y,intensity);
       distribute_error(x,y,error,matrix[i,j]);
     }
   }
 }
}
```

Abbildung 2.46: Programmskizze zum Diffusions-Verfahren. `distribute_error(x,y,error,matrix[i,j])` verteilt den entstandenen Fehler `error` auf alle zu `(x,y)` benachbarten Pixel, deren Klassennummer größer als die Klassennummer `matrix[i,j]` von `(x,y)` ist.

34	48	40	32	29	15	23	31
42	58	56	53	21	5	7	10
50	62	61	45	13	1	2	18
38	46	54	37	25	17	9	26
28	14	22	30	35	49	41	33
20	4	6	11	43	59	57	52
12	0	3	19	51	63	60	44
24	16	8	27	39	47	55	36

25	21	13	39	47	57	53	45
48	32	29	43	55	63	61	56
40	30	35	51	59	62	60	52
36	14	22	26	46	54	58	44
16	6	10	18	38	42	50	24
8	0	2	7	15	31	34	20
4	1	3	11	23	33	28	12
17	9	5	19	27	49	41	37

Abbildung 2.47: **Beispiele für Diffusionsmatrizen. Die linke Diffusionsmatrix hat zwei Barone (62 und 63) und zwei Fast–Barone (60 und 61). Die rechte Diffusionsmatrix hat nur einen Baron und einen Fast–Baron.**

Die Auswahl der Diffusionsmatrix sollte so erfolgen, daß es möglichst wenig Pixel gibt, die keinen oder nur einen Nachbarn mit größerer Klassennummer haben. In [Knu87] werden Pixel, die keinen Nachbarn mit größerer Klassennummer haben, als *Barone* bezeichnet, Pixel, die nur einen Nachbarn mit größerer Klassennummer haben, als *Fast–Barone*. Barone sind unerwünscht, weil der lokale Fehler der Pixel nicht verteilt werden kann. Fast–Barone verteilen den Fehler nur auf einen Nachbarn. Abbildung 2.47 zeigt zwei Beispiel–Diffusionsmatrizen für $n = 8$.

Eine weitere Verbesserung der Bildqualität erreicht man durch eine Verstärkung der Kanten, vgl. [JJN76] und [JR76]. Das bedeutet, daß die darzustellende Intensität $I(x, y)$ von Pixel (x, y) ersetzt wird durch

$$I'(x,y) = \frac{I(x,y) - \alpha \bar{I}(x,y)}{1-\alpha} \tag{2.15}$$

wobei $\bar{I}(x, y)$ der Mittelwert der Intensitäten von Pixel (x, y) und seinen acht Nachbarpixeln ist:

$$\bar{I}(x,y) = \frac{1}{9} \sum_{u=x-1}^{x+1} \sum_{v=y-1}^{y+1} I(u,v)$$

Für $\alpha > 0$ wird der Abstand von $I(x, y)$ von der Intensität der Nachbarpixel vergrößert. Für $\alpha = 0.9$ wird (2.15) zu

$$I'(x,y) = 9\, I(x,y) - \sum_{\substack{u,v \\ 0 < (u-x)^2 + (v-y)^2 < 3}} I(u,v)$$

In [Knu87] sind Experimente für die Anwendung der unterschiedlichen Verfahren beschrieben, die zeigen, daß das Diffusionsverfahren zwar für Bildschirmanwendungen dem Fehlerverteilungs–Verfahren geringfügig unterlegen ist, daß es aber bei Druckeranwendungen (z.B. einem Standard–Laserdrucker mit 300 Punkten pro Inch) wesentlich bessere Ergebnisse als das Dither–Verfahren oder das Fehlerverteilungs–Verfahren liefert. Der gleiche Artikel beschreibt weitere Einzelheiten und Varianten des Diffusionsverfahren, auf die wir hier nicht weiter eingehen können. Das Diffusionsverfahren ist vollständig parallelisierbar und erzeugt nicht die beim Fehlerverteilungs–Verfahren erwähnten Geisterbilder.

2.6 Verwendung einer Farbtabelle

In dem in Abschnitt 1.2 eingeführten Modell eines Rastergraphiksystems erzeugt ein Raster–Scan–Generator Adressen (x, y) für den Pufferspeicher und greift mit diesen auf den Intensitätswert für das zugehörige Pixel zu, vgl. Abbildung 1.3.

Bei einem Farbbildschirm können an jeder Pixelposition drei Grundfarben (rot, grün, blau) dargestellt werden, die beliebig gemischt werden können. Man erreicht dies durch Verwendung von drei separaten Elektronenstrahlen. Für jede Grundfarbe steht üblicherweise eine Anzahl von Farbschattierungen zur Verfügung. Physikalisch werden diese Farbschattierungen durch Variation der Spannungen erzeugt, mit denen die zugehörigen Elektronenstrahlen gesteuert werden. Repräsentiert werden die unterschiedlichen Farbschattierungen durch Abspeichern unterschiedlicher Intensitätswerte im Pufferspeicher. Da drei Grundfarben verwendet werden, müssen auch drei Intensitätswerte abgespeichert werden. Dies hat den Nachteil, daß der Pufferspeicher recht groß wird: Bei einer Bildschirm–Auflösung von 1024 $\times$ 1024 muß der Pufferspeicher bei 24 Bit pro Pixel, also 8 Bit pro Grundfarbe, 3 MByte groß sein. Ein weiterer Nachteil besteht darin, daß die Pixeleinträge im Pufferspeicher sehr schnell gelesen werden müssen. Um ein Flackern des Bildschirms zu vermeiden, muß der Bildschirm mindestens 50 mal pro Sekunde aufgefrischt werden. Für einen Bildschirm der Auflösung 1024$\times$1024 bleiben also für einen Zugriff auf einen Pixeleintrag von 24 Bit höchstens 19 ns. Speicherbausteine mit dieser Zugriffszeit sind sehr teuer.

Man braucht für eine Bildschirmdarstellung mit der Auflösung 1024$\times$1024 (also etwa eine Million Pixel) keine 16 Millionen Farbwerte, weil die Darstellung gar nicht so viele Pixel hat. Für eine realistische Darstellung von Bildern ist trotzdem eine feine Abstufung der Farbschattierungen erforderlich, weil sonst kontinuierliche Farbübergänge nur schlecht dargestellt werden können. Hier bietet

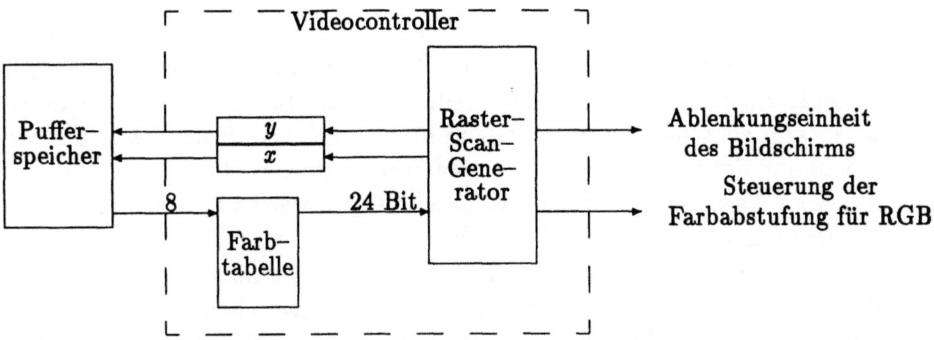

Abbildung 2.48: **Rastergraphiksystem mit Farbtabelle: Die im Pufferspeicher abgelegten Werte sind Adressen in die Farbtabelle, die bei 8–Bit–Adressen 256 Einträge haben kann. Wenn man pro Grundfarbe 256 Farbschattierungen verwendet, erhält die Farbtabelle 24–Bit–Einträge, von denen je 8 Bit zur Steuerung der Intensität der drei Elektronenstrahlen für die drei Grundfarben verwendet werden.**

sich der Einsatz einer *Farbtabelle* (*look–up table*, LUT) an: Die im Pufferspeicher abgelegten Werte geben nicht direkt die Intensitätswerte der Grundfarben an, sondern dienen als Index in die Farbtabelle, in der die eigentlichen Intensitätswerte abgelegt sind, vgl. Abbildung 2.48. Für kleinere, nicht speziell für die Graphikausgabe hergestellte Systeme werden oft Farbtabellen der Größe 256 verwendet. In diesem Fall braucht im Pufferspeicher für jedes Pixel nur ein 8–Bit–Index abgelegt zu werden. Die 24–Bit–Farbwerte sind in der Farbtabelle abgespeichert. Damit stehen dann für die Darstellung *eines* Bildes 256 Mischfarben zur Verfügung, die man aus 16 Millionen Mischfarben auswählen kann, indem man die Farbtabelle ensprechend besetzt. Die Größe des Pufferspeichers wird dadurch auf ein Drittel reduziert. Die meisten der heute verwendeten Grafiksysteme arbeiten mit einer Farbtabelle.

Wir werden uns im folgenden zunächst mit der Frage beschäftigen, welche Farbschattierungen man am besten für die Grundfarben auswählt, vgl. [FvDFH90]. Obwohl diese Auswahl nicht per Programm gesteuert werden kann, sondern von der Hardware vorgegeben ist, ist es für die Besetzung der Farbtabelle oft nützlich zu wissen, wie die Auswahl der Farbschattierungen üblicherweise getroffen wird. Danach werden wir uns der Frage zuwenden, wie die Farbtabelle für ein gegebenes Bild am besten zu besetzen ist, damit eine möglichst realistische Wiedergabe erreicht wird, vgl. auch [BG89]. Die Besetzung der Farbtabelle kann vom Programmierer geändert werden.

2.6.1 Auswahl der Farbschattierungen

Für jede der Grundfarben rot, grün und blau soll eine Menge von Farbschattierungen zur Verfügung gestellt werden. Oft sind dies 256, so viele, wie mit 8 Bit repräsentiert werden können. Jede Farbschattierung entspricht einem Intensitätswert zwischen 0 und 1, der angibt, mit welchem Prozentsatz der Maximalspannung der zugehörige Elektronenstrahl angesteuert wird. Wir werden uns in diesem Abschnitt mit der Frage beschäftigen, welche Farbschattierungen zur Verfügung gestellt werden sollen, d.h. welche 256 Intensitätswerte zwischen 0 und 1 verwendet werden sollen. Die einfachste Möglichkeit besteht in einer gleichmäßigen Verteilung der Intensitätswerte zwischen 0 und 1. Dies läßt jedoch die Eigenschaft des menschlichen Auges außer Acht, nicht absolute, sondern relative Intensitäten wahrzunehmen. Beim Betrachten von zwei Farbschattierungen unterschiedlicher Intensität wird nicht deren absoluten Intensitätswert, sondern nur der relative Unterschied zwischen den Intensitätswerten erkannt. Die beiden Farbschattierungen der Intensität 0.1 und 0.11 scheinen die gleiche Intensitätsdifferenz zu haben wie die beiden Farbschattierungen der Intensität 0.5 und 0.55. Deshalb sollte man die Intensitätsstufen nicht linear sondern logarithmisch verteilen.

Sei I_0 die kleinste auf dem verwendeten Bildschirm darstellbare Intensität[16], die maximal darstellbare Intensität I_{max} sei 1. Wir wählen von I_0 ausgehend $n+1$ Intensitätsstufen, wobei zwei benachbarte Intensitätsstufen sich um einen Faktor r unterscheiden, wie folgt:

$$\begin{aligned} I_0 &= I_0 \\ I_1 &= rI_0 \\ I_2 &= rI_1 = r^2 I_0 \\ &\vdots \\ I_n &= r^n I_0 = 1 \end{aligned}$$

Daraus erhält man für r den Wert

$$r = \left(\frac{1}{I_0}\right)^{1/n}$$

und es gilt wegen $I_j = r^j I_0$

$$I_j = I_0^{(n-j)/n} \tag{2.16}$$

[16] I_0 hat für die üblicherweise verwendeten Bildschirme Werte zwischen 0.005 und 0.025.

Für $n = 3$ und $I_0 = 1/8$ erhält man z.B. $r = 2$ und die Intensitätsstufen 1/8, 1/4, 1/2, 1. Für $n = 255$ und $I_0 = 0.02$ erhält man die Intensitätsstufen 0.02, 0.0203, 0.0206, 0.0209, 0.0213, $\cdots$, 0.9848, 1.

Die Darstellung der ausgewählten Intensitätsstufen auf dem Bildschirm ist wegen der Nichtlinearität bei der Bildschirmdarstellung ein Problem. Der Hauptgrund für die Nichtlinearität liegt in der Verwendung von Phosphor für die Bildschirmröhren. Die von einem Phosphor–Bildschirm ausgestrahlte Intensität I hängt von der Anzahl N der mit dem Elektronenstrahl auftreffenden Elektronen ab:

$$I = kN^{\gamma} \tag{2.17}$$

Dabei sind γ und k von dem verwendeten Bildschirm abhängige Konstanten, die üblicherweise durch Experimente bestimmt werden. Der Wert für γ liegt für die meisten Bildschirme zwischen 2 und 3, vgl. [Hal89]. N ist proportional zur angelegten Spannung, d.h. zum angesteuerten Intensitätswert V. Man erhält deswegen für eine andere Konstante c:

$$I = cV^{\gamma}$$

Für V erhält man also:

$$V = \left(\frac{I}{c}\right)^{1/\gamma}$$

Diesen Intensitätswert muß man anlegen, um auf dem Bildschirm die Intensität I darzustellen. Für jede der Grundfarben sollen 256 Farbschattierungen zur Verfügung gestellt werden, die durch die Formel 2.16 bestimmt werden. Um die Intensität I_j auf dem Bildschirm zu erzeugen, muß man für die Pixelintensität den Wert

$$V_j = \left(\frac{I_j}{c}\right)^{1/\gamma}$$

spezifizieren. Die mit dieser Formel beschriebene Anpassung der Pixelintensität an die Bildschirmintensität wird auch als *Gamma–Korrektur* bezeichnet, benannt nach der in Formel (2.17) verwendeten Konstanten. Wenn keine Farbtabelle verwendet wird, wird j in dem Teil des Pixeleintrages im Pufferspeicher für die entsprechende Grundfarbe abgelegt. Bei Verwendung einer Farbtabelle steht j im entsprechenden Eintrag der Farbtabelle. Eine Dekodierung sorgt in beiden Fällen für die Ansteuerung des Bildschirms mit dem zugehörigen

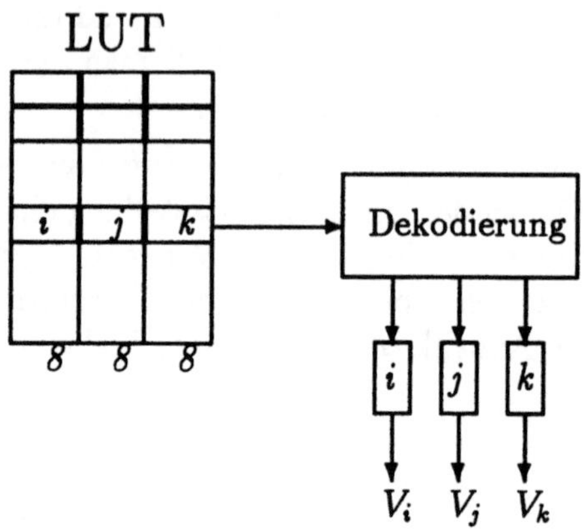

Abbildung 2.49: **Eine Dekodierung spaltet den 24–Bit–Wert aus der Farbtabelle LUT in drei Teile mit je 8 Bit. Jeder dieser drei 8–Bit–Werte dient zum Ansteuern einer Tabelle, in der zu jeder Intensität der zugehörige Spannungswert abgelegt ist.**

Spannungswert, siehe Abbildung 2.49. Gute (aber auch teurere) Bildschirme haben eine logarithmische Aufteilung der Intensitätsstufen und berücksichtigen die Gamma-Korrektur. Bei einfacheren Systemen muß man die Einträge in der Farbtabelle entsprechend modifizieren.

2.6.2 Besetzung der Farbtabelle

In die Farbtabelle werden die Mischfarben eingetragen, die für die Darstellung eines Bildes zur Verfügung stehen. Jede Mischfarbe wird durch Angabe einer Intensitätsstufe für jede der drei Grundfarben beschrieben. Üblicherweise können pro Grundfarbe 256 Intensitätsstufen spezifiziert werden. Damit kann eine Mischfarbe durch einen 24–Bit–Wert beschrieben werden, der in der Farbtabelle abgespeichert wird. Jeder Eintrag des Pufferspeichers enthält eine Adresse für die Farbtabelle. Es stellt sich die Frage, wie die Farbtabelle besetzt werden soll, so daß die Mischfarben des darzustellenden Bildes durch die in der Farbtabelle abgelegten Mischfarben möglichst gut angenähert werden. Die im folgenden vorgestellten Verfahren, vgl. [Hec82], [BG89], versuchen, die Farbtabelle entsprechend zu besetzen. Bis auf das erste Verfahren, die uniforme Quantisierung, besetzen alle Verfahren die Farbtabelle speziell für die Darstellung *eines* Bildes. Wenn ein anderes Bild dargestellt werden soll, muß die Farbtabelle neu belegt werden.

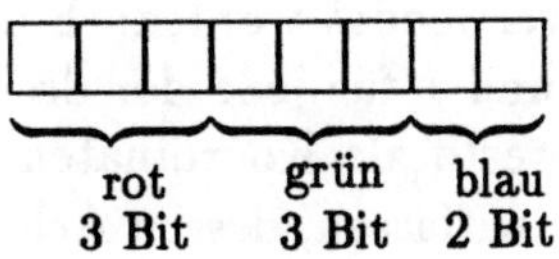

Abbildung 2.50: **Anwendung der uniformen Quantisierung auf 8–Bit–Adressen: Für die Grundfarben rot und grün werden je drei Bit verwendet, für blau werden zwei Bit verwendet.**

2.6.2.1 Uniforme Quantisierung

Das Verfahren der *uniformen Quantisierung* teilt die Adressen für die Farbtabelle in drei Teile auf. Jeder Teil wird für eine Grundfarbe benutzt. Bei Verwendung von 8–Bit–Adressen benutzt man üblicherweise für rot und grün drei Bits, für blau zwei Bits, vgl. Abbildung 2.50. Damit können für rot und grün acht verschiedene Farbschattierungen aus 256 möglichen in die Farbtabelle eingetragen werden, für blau vier. Für eine Grundfarbe werden in die Farbtabelle Farbschattierungen eingetragen, die gleichmäßig über die darstellbaren Farbschattierungen verteilt sind. Damit wird eine gleichmäßige Abdeckung der Farbschattierungen erreicht. Eine Farbschattierung des Bildes wird durch die nächstliegende in die Farbtabelle eingetragene Farbschattierung dargestellt.

Die uniforme Quantisierung ist unabhängig vom darzustellenden Bild, die Farbtabelle braucht also bei der Darstellung eines neuen Bildes nicht neu besetzt zu werden. Dementsprechend sind aber auch je nach der Farbverteilung des vorliegenden Bildes sichtbare Sprünge in der Farbabstufung der erzeugten Darstellung erkennbar. Die uniforme Quantisierung wird typischerweise als Standardbelegung der Farbtabelle verwendet, die gut geeignet ist, wenn auf dem Bildschirm nur wenige Farben dargestellt werden müssen. Dies ist z.B. für graphische Benutzeroberflächen der Fall. Bei der Darstellung von Farbbildern ist die Standardbelegung meist nur für den Einsatz in einem Previewer geeignet, mit dem man sich einen ersten Eindruck vom Aussehen eines Bildes verschaffen kann. Für die Erzeugung der endgültigen Darstellung muß meist eines der in den nächsten Abschnitten beschriebenen, aufwendigeren Verfahren angewendet werden.

2.6.2.2 Popularitätsalgorithmus

Das als *Popularitätsalgorithmus* bekannte Verfahren bestimmt die 256 häufigsten Farbwerte des darzustellenden Bildes und besetzt die Farbtabelle mit genau diesen Farbwerten. Zu einem in dem darzustellenden Bild auftretenden Farbwert wird für die Darstellung auf dem Bildschirm der nächstliegende Farbwert aus der Farbtabelle verwendet. Zur Bestimmung des nächstliegenden Farbwertes kann der kartesische Abstand im RGB–Raum verwendet werden: Ein Farbwert wird durch einen Intensitätswert zwischen 0 und 1 für jede der drei Grundfarben dargestellt. Man kann diese Intensitätswerte als Koordinatenwerte in einem rechtwinkligen RGB–Koordinatensystem auffassen, dessen Achsen den Grundfarben rot, grün und blau entsprechen, vgl. Abbildung 2.51. Jede aus den Grundfarben zusammengesetzte Mischfarbe kann somit als Punkt im RGB–Raum aufgefaßt werden. Sei $\bar{P}_1 = (R_1, G_1, B_1)$ der zu einer Mischfarbe M_1 des Bildes gehörende Punkt im RGB–Raum, $\bar{P}_2 = (R_2, G_2, B_2)$ sei der zu einer Mischfarbe M_2 der Farbtabelle gehörende Punkt. Der *kartesische Abstand* zwischen $\bar{P}_1$ und $\bar{P}_2$ ist definiert als:

$$d_k(\bar{P}_1, \bar{P}_2) = \sqrt{(R_1 - R_2)^2 + (G_1 - G_2)^2 + (B_1 - B_2)^2}$$

Zur Bestimmung des M_1 an nächsten liegenden Farbwertes M_2 der Farbtabelle suchen wir $\bar{P}_2$ so, daß $d_k(\bar{P}_1, \bar{P}_2)$ minimiert wird. Die rechenzeitaufwendige Wurzelbildung kann man vermeiden, wenn man statt dem kartesischen Abstand den *Manhattan–Abstand* im RGB–Raum verwendet. Der Manhattan–Abstand zwischen $\bar{P}_1$ und $\bar{P}_2$ ist definiert als:

$$d_m(\bar{P}_1, \bar{P}_2) = |R_1 - R_2| + |G_1 - G_2| + |B_1 - B_2|$$

Man beachte, daß die beschriebene Minimumsuche für jeden Bildpunkt durchgeführt werden muß. Wenn die Einträge der Farbtabelle nicht geordnet sind, muß für *eine* Minimumsuche jeder Eintrag der Farbtabelle untersucht werden. Das Verfahren ist also relativ aufwendig: Bei einer Bildschirmauflösung von 1024×1024 und einer Farbtabelle der Größe 256 müssen etwa 256 Millionen Abstände bestimmt werden! Man beachte, daß auch eine Sortierung der Farbtabelleneinträge z.B. nach einer der Grundfarben nicht die Notwendigkeit behebt, alle Einträge der Farbtabelle zu untersuchen. Der Grund dafür liegt darin, daß der Farbtabelleneintrag, der bzgl. der Sortierungskomponente den kleinsten Abstand von der Mischfarbe des Bildes hat, nicht unbedingt der Farbtabelleneintrag mit dem kleinsten Abstand sein muß. Auch eine lexikalische Sortierung schafft keine Abhilfe.

Eine Reduzierung der Laufzeit kann man erreichen, indem man sich zu jeder Mischfarbe des Bildes die zugehörige Mischfarbe der Farbtabelle merkt, nachdem man diese durch die beschriebene Minimumsuche bestimmt hat. Realisieren läßt sich dies durch Verwendung einer Tabelle, die so viele Einträge hat, wie das Bild verschiedene Farbwerte. Sobald für einen Farbwert der nächstliegende Farbtabelleneintrag gefunden ist, wird dieser in die Tabelle eingetragen.

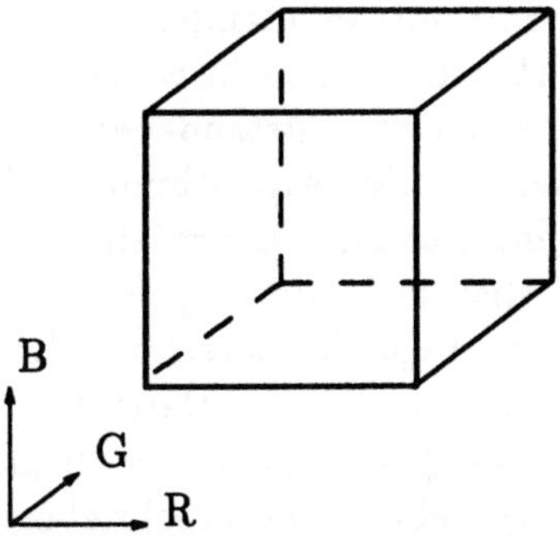

Abbildung 2.51: **Veranschaulichung des RGB–Koordinatensystems: Da alle zu einer Grundfarbe gehörenden Intensitätswerte zwischen 0 und 1 liegen, liegt der zu einer Mischfarbe gehörende RGB–Punkt in einem Einheitswürfel, dessen Eckpunkte in den Punkten (0,0,0) und (1,1,1) liegen.**

Bei der Suche nach dem nächstliegenden Farbtabelleneintrag für einen Farbwert schaut man zuerst in der Tabelle nach, ob dort bereits ein Farbwert aus der Farbtabelle eingetragen ist. Wenn dies der Fall ist, braucht die aufwendige Minimumsuche nicht mehr durchgeführt zu werden. Der Vorteil liegt darin, daß für jeden Farbwert des Bildes nur *eine* Suche nach dem nächstliegenden Eintrag der Farbtabelle ausgeführt werden muß. Oft ist es so, daß das darzustellende Bild viele Farbwerte mehr als einmal enthält. In diesem Fall kann man die Laufzeit mit Hilfe der beschriebenen Tabelle z.T. erheblich reduzieren. Die Tabelle wird nur dann sehr groß, wenn das darzustellende Bild viele unterschiedliche Farbwerte enthält.

Der Popularitätsalgorithmus nimmt die 256 häufigsten Farbwerte des Bildes in die Farbtabelle auf. Alle anderen Farbwerte des Bildes spielen für die Besetzung der Farbtabelle keine Rolle. Sie werden durch den nächstliegenden Eintrag der Farbtabelle auf dem Bildschirm dargestellt. Dies hat den Nachteil, daß wichtige Details, die nur einen kleinen Bildbereich ausfüllen, farblich evtl. völlig falsch dargestellt werden, weil keiner der Farbtabelleneinträge dem darzustellenden Farbwert nahekommt.

2.6.2.3 Median–Schnitt–Algorithmus

Der *Median-Schnitt-Algorithmus* hat das Ziel, daß jeder Farbtabelleneintrag gleich viele Pixel des Bildes repräsentieren soll. Dies erreicht der Algorithmus durch eine Unterteilung des RGB-Würfels in Teilvolumen (Quader), wobei die Unterteilung immer parallel zu den Koordinatenachsen erfolgt. Jedem Pixel des Bildes wird ein Punkt im RGB–Würfel zugeordnet, der den Farbwert des Pixels repräsentiert. Zu Beginn sucht der Algorithmus den kleinsten Teilquader des Einheitswürfel, in dem alle Pixel des Bildes enthalten sind. Dann wird dieser Quader entlang der längsten Kante so unterteilt, daß in beiden Hälften etwa gleich viele Pixel enthalten sind. Diese Form der Unterteilung wird auch als

Median–Schnitt bezeichnet. Die beiden durch den Schnitt entstandenen Quader werden auf ihre Extremkoordinaten kontrahiert, d.h. man sucht wieder die kleinsten Teilquader, die noch alle Pixel enthalten. Auf die so entstandenen Teilquader wird dann der Algorithmus rekursiv angewendet. Der Algorithmus läuft so lange, bis 256 Quader erzeugt sind, oder bis keine Quader mehr geteilt werden können. Danach wird für jeden Quader eine Mischfarbe durch gewichtete Mittelwertbildung über die Farbwerte der Pixel in dem Quader berechnet. Der so erhaltene Farbwert wird in der Farbtabelle eingetragen. Für die Darstellung auf dem Bildschirm erhält jedes Pixel den Farbwert des Quaders, in dem es liegt. Eine Programmskizze ist in Abbildung 2.52 wiedergegeben. Die beschriebene rekursive Unterteilung der Quader kann mit Hilfe eines binären Baumes recht gut beschrieben werden, der auch als *BSP–Baum* bezeichnet wird (für *binary space partitioning*), weil er durch Unterteilung der beschriebenen Raumbereiche in je zwei Teile entsteht. BSP–Bäume werden auch bei den Raumunterteilungsverfahren verwendet, die zur Optimierung des Ray–Tracing–Verfahrens benutzt werden, vgl. Abschnitt 8.6. Zu einem Farbwert F des Bildes kann der zugehörige Farbwert der Farbtabelle durch einen von der Wurzel zu den Blättern fortschreitenden Lauf über den BSP–Baum bestimmt werden, wobei auf jeder Stufe festgestellt wird, auf welcher Seite der Unterteilungsebene der Farbwert F liegt. Diese Suche endet in dem Blatt, das den Quader repräsentiert, der F enthält.

Der Median–Schnitt–Algorithmus liefert in der Praxis sehr gute Ergebnisse. Dies geht allerdings auf Kosten einer hohen Laufzeit und vor allem eines hohen Speicherplatzbedarfs: Für jeden Quader müssen alle enthaltenen Pixelpunkte abgespeichert werden. In den Knoten des BSP–Baumes werden also insgesamt so viele Pixelpunkte gehalten wie das darzustellende Bild Pixel hat. Jeder Pixelpunkt wird mit drei Werten dargestellt, die den Intensitätswerten für die drei Grundfarben entsprechen. Wenn 256 Farbschattierungen pro Grundfarbe zur Verfügung stehen, braucht man somit zum Abspeichern eines Pixelpunktes 24 Bit. Für ein Bild der Auflösung 1024×1024 braucht man z.B. allein für die Ablage der Pixelpunkte 3MByte Speicher. Man kann den Platzbedarf reduzieren, indem man alle Bildpixel mit gleichem Farbwert durch einen einzigen Eintrag ersetzt, der zusätzlich einen Zähler enthält.

Eine weitere Verbesserung der Bildqualität erhält man durch nachträgliche Anwendung des Floyd–Steinberg–Algorithmus aus Abschnitt 2.5.3. Jedem Pixel des Bildes ist nach Anwendung des Median–Schnitt–Algorithmus ein bestimmter Farbtabelleneintrag zugeordnet. Dieser ist nicht unbedingt mit dem ursprünglichen Farbwert des Bildpixels identisch, sondern weicht von diesem um einen bestimmten Betrag ab. Diesen Abweich–Fehler verteilt man mit Floyd–Steinberg auf die Nachbarpixel.

Der Unterschied zwischen dem Median–Schnitt–Algorithmus und dem Popularitäts–Algorithmus liegt darin, daß beim Popularitäts–Algorithmus nur die 256 häufigsten Farbwerte berücksichtigt werden. Wenn diese alle Schattierungen von rot sind, wer-

```
long int *median_cut (picture,n)
long int picture[][],n;
{
 long int look_up_table[n], color;
 struct bsp_node *root, *b, *l;

 root = build_root(picture);
 shrink(root);
 do {
    b = search_max_leaf(root);
    split(b);
    shrink(b->lson); shrink(b->rson);
 } while ((number_of_leaves(root) < n) &&
          splittable_leaf_exists(root))
 for (l=first_leaf(root); l!=NULL; l=next_leaf(l)) do {
          color = compute_average(l);
          insert(color,look_up_table);
 }
 return look_up_table;
}
```

Abbildung 2.52: Programmskizze zum Median–Schnitt–Algorithmus: picture enthält die Intensitätswerte des darzustellenden Bildes als 24-Bit–Werte. n ist die Größe der zu besetzenden Farbtabelle look_up_table, die als Resultat von der Funktion zurückgeliefert wird. Der Aufteilungsprozeß wird durch einen binären Baum dargestellt, dessen Knoten Quader repräsentieren. bsp_node sei eine Datenstruktur für die Knoten, die neben den Verweisen lson und rson auf den linken und rechten Sohn auch die zu dem dargestellten Quader gehörenden Pixelpunkte im RGB–Raum sowie die Ausdehnung des Quaders enthält. build_root(picture) baut die Wurzel des Baumes für das vorliegende Bild auf, shrink(root) schrumpft den repräsentierten Quader gerade so weit, daß noch alle Pixelpunkte enthalten sind. search_max_leaf(root) sucht den Blattknoten mit den meisten Pixelpunkten. split(b) teilt diesen Blattknoten entlang der längsten Kante so, daß die beiden entstehenden Teilquader etwa gleich viele Pixelpunkte enthalten. Das Aufteilen wird im Baum dadurch dargestellt, daß der entsprechende Blattknoten zwei neue Kinder erhält, deren Ausdehnung sich aus der gewählten Aufteilung ergibt. number_of_leaves(root) bestimmt die Anzahl der Blattknoten des Baumes, splittable_leaf_exists(root) bestimmt, ob einer der Blattknoten noch mehr als einen Pixelpunkt enthält. first_leaf(root) bestimmt das erste Blatt des Baumes, next_leaf(l) bestimmt zum Blatt l das nächste Blatt. compute_average(l) bestimmt für das Blatt l das geometrische Mittel aller zugehörigen Pixelpunkte, dargestellt als 24–Bit–Wert. insert(color,look_up_table) fügt den bestimmten Wert in die Farbtabelle ein.

den z.B. Grüntöne gar nicht in die Farbtabelle aufgenommen und auf dem Bildschirm durch Rotschattierungen dargestellt. Beim Median–Schnitt–Algorithmus wird dagegen jeder auftretende Farbwert – entsprechend seinem Vorkommen gewichtet – berücksichtigt.

2.6.2.4 Octree–Quantisierung

Das Verfahren der *Octree–Quantisierung* arbeitet ähnlich wie der Median–Schnitt–Algorithmus, hat aber eine geringere Laufzeit. Im Unterschied zum Median–Schnitt–Algorithmus benutzt das Verfahren der Octree–Quantisierung eine regelmäßige Unterteilung des RGB-Würfels in acht gleichgroße Unterwürfel, die auch als Octree–Zerlegung bezeichnet wird. Die Wurzel des Octree ist der gesamte RGB–Würfel mit den Begrenzungsebenen $R = 0, R = 1, G = 0, G = 1, B = 0, B = 1$. Die acht Kinder der Wurzel erhält man durch Schnittbildung des Wurzelwürfels mit den Ebenen $R = 1/2$, $G = 1/2, B = 1/2$. Jeder dieser Kindknoten ist wieder ein Würfel, der eine Anzahl von Pixelpunkten enthält. Die Unterteilung wird rekursiv weitergeführt, bis jeder Teilwürfel nur noch einen Pixelpunkt enthält. Bei jeder Unterteilung erhält der unterteilte Würfel acht gleichgroße Kindknoten im Octree. Nach Aufbau des vollständigen Octrees wird dieser von den Blättern her reduziert. Ein Reduktionsschritt löscht acht verschwisterte Blätter und speichert dabei in Vaterknoten den Mittelwert der in den Blättern enthaltenen Pixelpunkte. Zur Reduktion werden die verschwisterten Blätter ausgewählt, die zusammen die wenigsten Pixel enthalten. Die Reduktion stoppt, wenn der Octree genau 256 Blätter hat. Die errechneten Mittelwerte der Blätter des Octrees werden in die Farbtabelle eingetragen. Um den zu einem in dem darzustellenden Bild enthaltenen Farbwert gehörenden Farbtabelleneintrag zu finden, reicht wie beim Median–Schnitt–Algorithmus ein Top–Down–Lauf über den reduzierten Octree. Dabei wird auf jeder Stufe entschieden, auf welcher Seite der Schnittebenen der Farbwert liegt.

Bei einer Implementierung der Octree–Quantisierung braucht der Octree nicht ganz aufgebaut zu werden, bevor die Reduktion startet. Statt dessen kann man zur Einsparung von Speicherplatz Aufbau und Reduktion überlappen: Die Farbwerte des Bildes werden nacheinander in den zu Anfang nur aus der Wurzel bestehenden Octree eingefügt. Wenn ein Blatt mehr als zwei verschiedene Farbwerte enthält, wird es expandiert. Sobald der Octree 256 Blätter enthält, wird er vor der nächsten Einfügung reduziert. Dabei kann man entweder die tiefsten Blätter oder diejenigen, die die wenigsten Pixelpunkte enthalten, reduzieren. Bei einer Reduktion merkt man sich nur die errechneten Mittelwerte und die Anzahl der von ihnen repräsentierten Farbwerte. Nach einer Reduktion können wieder einige neue Farbwerte einsortiert werden. Dadurch stellt man sicher, daß der konstruierte Octree auf jeder Zwischenstufe maximal 256 Blätter enthält.

Das Verfahren der Octree–Quantisierung liefert in den meisten Fällen ähnlich gute Ergebnisse wie der Median–Schnitt–Algorithmus, hat aber wegen der regelmäßigen

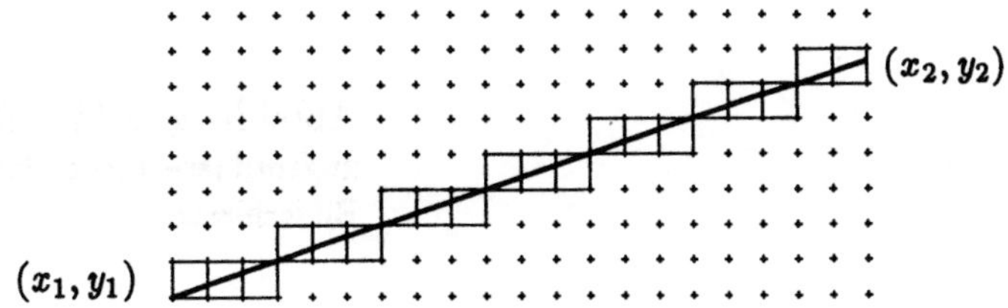

Abbildung 2.53: Treppenstufeneffekt beim Zeichnen von Linien

Aufteilung des RGB–Würfels eine geringere Laufzeit und einen geringeren Speicherplatzbedarf und ist daher als Kompromißlösung gut geeignet.

2.7 Behebung von Aliasing–Effekten

Bei der Darstellung von geneigten Linien mit einer der in Abschnitt 2.1 beschriebenen Methoden treten oft Treppenstufeneffekte auf, d.h. der Wechsel der Bildschirmdarstellung von einer Zeile oder Spalte in die nächste ist deutlich erkennbar, vgl. Abbildung 2.53. Der gleiche Effekt tritt bei der Darstellung von Ellipsen und anderen Objekten auf. Der Grund für das Auftreten dieses Effektes liegt in der diskreten Rasterung des Bildschirms und der Tatsache, daß die beschriebenen Verfahren einen Alles–oder–Nichts–Ansatz verwenden: ein Pixel wird entweder auf die Farbe des darzustellenden Objektes gesetzt oder ganz unberührt gelassen. Eine Erhöhung der Auflösung des Bildschirms kann zwar bewirken, daß der Treppenstufeneffekt weniger auffällt, löst das Problem aber nicht grundsätzlich. Außerdem sind der Erhöhung der Auflösung technische Grenzen gesetzt, vgl. Abschnitt 1.2. Der Treppenstufeneffekt ist ein Spezialfall der sogenannten *Aliasing–Effekte*, die in diesem Abschnitt näher untersucht werden sollen. Insbesondere ist man daran interessiert, diese Effekte zu beheben oder zumindest zu mildern. Techniken, die dies zu erreichen versuchen, werden als *Anti–Aliasing–Techniken* bezeichnet.

Betrachten wir als Beispiel die Darstellung einer Linie mit Steigung zwischen 0 und 1. Damit die Linie auf dem Bildschirm zu sehen ist, muß sie mit einer Dicke von mindestens einem Pixel dargestellt werden. Man kann also einer Linie einen rechteckigen Bereich des Bildschirms zuordnen, der von der Linie überdeckt wird, vgl. Abbildung 2.54. Wir werden diesen Bereich im folgenden als Linienbereich bezeichnen. Verschiedene Pixel werden verschieden stark überdeckt. Die Idee der Anti–Aliasing–Techniken beruht darauf, daß nicht einfach in jeder Spalte genau ein Pixel (nämlich das am meisten überdeckte) gesetzt wird, sondern daß jedes von der Linie teilweise überdeckte Pixel einen Intensitätsbetrag zur Darstellung leistet. Dies bedeutet eine Abkehr vom

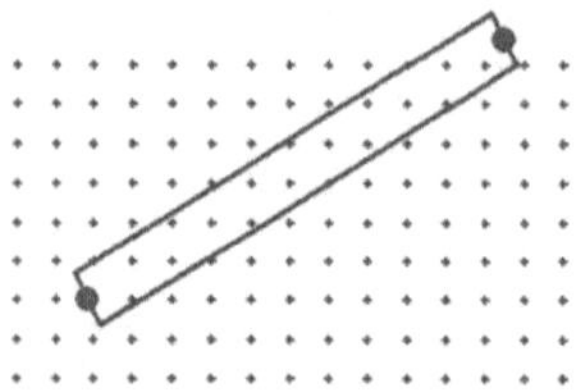

Abbildung 2.54: Der einer Linie zugeordnete rechteckige Bereich des Bildschirms.

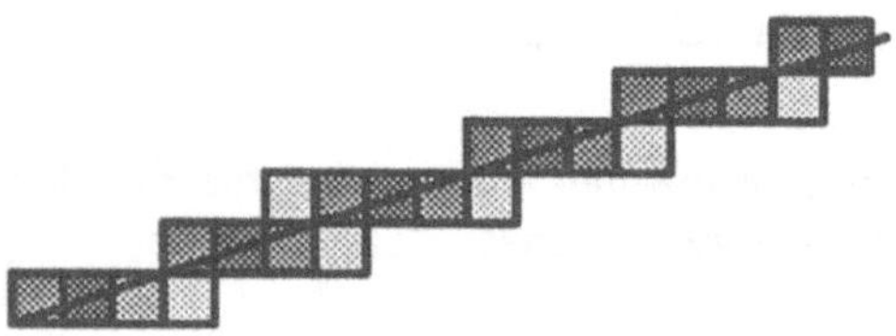

Abbildung 2.55: Verschmierung einer Linie über mehrere Pixel.

erwähnten Alles–oder–Nichts–Ansatz, die dargestellte Linie wird über mehrere Pixel "verschmiert". Dadurch wird der wahrnehmbare Treppenstufeneffekt abgeschwächt.

Die einfachste Möglichkeit besteht darin, daß der Intensitätswert jedes Pixels proportional zum Grad seiner Überdeckung gewählt wird, siehe Abbildung 2.55. Dies wird auch als *ungewichtete Flächenberücksichtigung* bezeichnet. Daneben gibt es auch die Möglichkeit der *gewichteten Flächenberücksichtigung*, bei der verschiedene von dem Linienbereich überdeckte Flächenbereiche je nach Lage unterschiedlich zur Intensität eines Pixels beitragen können. Dabei gibt es die Möglichkeit der *pixelbezogenen Gewichtung*, bei der ein überdecktes Flächenstück, das näher zum Zentrum des Pixels liegt, einen größeren Einfluß auf die Intensität des Pixels hat als ein Flächenstück, das am Rande liegt. Eine andere Möglichkeit ist die *objektbezogene Gewichtung*, bei der ein überdecktes Flächenstück, das näher zur Mittellinie des Linienbereiches liegt, einen größeren Einfluß auf die Intensität des überdeckten Pixels hat als ein Flächenstück, das am Rande der Linie liegt.

Hier wird auch klar, daß die Voraussetzung für die Anwendung von Anti–Aliasing–Techniken der beschriebenen Art darin besteht, daß auf dem Bildschirm mehr als zwei Intensitätsstufen darstellbar sind, denn nur dann besteht die Möglichkeit, die Intensität proportional zum Grad der Überdeckung zu wählen. Zur formalen Beschreibung der Methode der gewichteten Flächenberücksichtigung führt man eine Gewichtsfunktion $W : \mathbb{R}^2 \rightarrow \mathbb{R}$ (auch *Filterfunktion* genannt) ein, die jedem Punkt P des Bildschirms und damit jedem infinitesimalen Flächenelement dA des Linienbereiches, dessen Mittelpunkt in P liegt, eine Gewichtung zuordnet, die von der Lage von dA abhängig ist. Bei der objektbezogenen Gewichtung ist die Gewichtung von dA von der relativen Lage von dA zur idealen Linie abhängig. Bei der pixelbezogenen Gewichtung ist die Gewichtung von dA abhängig von der relativen Lage von dA zum

Mittelpunkt des zugehörigen Pixels. Wir nehmen in beiden Fällen an, daß die Gewichtsfunktion so normiert ist, daß der Wert der Gewichtsfunktion $W(x, y)$ für einen beliebigen Punkt (x, y) immer zwischen 0 und 1 liegt und daß

$$\int_{Pixel} W(x,y)\,dA(x,y) \leq 1$$

Für pixelbezogene Gewichtung nehmen wir Gleichheit an. Den Beitrag, den ein überdeckter Bereich B eines Pixel zu dessen Intensität beiträgt, erhält man durch Wichten der einzelnen Flächenelemente und anschließender Summation über B:

$$I = I_{max} \cdot \int_B W(x,y)\,dA(x,y)$$

Dabei ist I_{max} die Intensität, die ein Pixel maximal annehmen kann. Für die pixelbezogene Gewichtung wird in [FvDFH90] eine kegelförmige Gewichtsfunktion vorgeschlagen, wobei die Spitze des Kegels genau über dem Mittelpunkt des Pixels liegt. Der Kreis, der die Grundfläche des Kegels bildet, hat als Radius die Seitenlänge des Pixels, die Grundfläche des Kegels ragt also über das Pixel hinaus. Dies führt dazu, daß Nachbarpixel gesetzt werden können, auch wenn sie nicht von dem Linienbereich überdeckt werden. Außerdem kann ein Flächenbereich zur Intensität von mehreren Pixeln einen Beitrag leisten. Die kegelförmige Gewichtsfunktion bewirkt, daß die Gewichtung eines Flächenbereiches linear mit seinem Abstand vom Pixelmittelpunkt abnimmt. Außerdem wird Rotationssymmetrie sichergestellt, was in [FvDFH90] als theoretisch optimal gezeigt wird.

Zur Beseitigung von Aliasing–Effekten gibt es verschiedene Ansätze, von denen wir im folgenden drei vorstellen wollen. Der erste Ansatz besteht in einer Modifikation des Grundalgorithmus zur Erzeugung der primitiven Objekte. Zu diesem Ansatz werden wir in Abschnitt 2.7.3 eine mögliche Technik zur Erzeugung von Linien behandeln. Der zweite, am meisten verbreitete, Ansatz besteht in einer Nachbehandlung des erzeugten Bildes mit einem sogenannten *Postprocessing–Algorithmus*. In den Abschnitten 2.7.2.1 und 2.7.2.2 werden wir die beiden am häufigsten verwendeten Verfahren beschreiben. Der dritte Ansatz besteht in der Anwendung einer Filterfunktion auf das zu erzeugende Bild, so daß die Frequenzen des darzustellenden Bildes, die oberhalb der Nyquist–Frequenz liegen, ausgefiltert werden. Diese Technik, die auch als *Prefiltering* bekannt ist, werden wir im Abschnitt 2.7.2 beschreiben. Zuerst wollen wir jedoch in nächsten Abschnitt auf die Ursachen für das Auftreten der Aliasing–Effekte etwas näher eingehen.

2.7.1 Aliasing–Effekte und Fourier–Analyse

Der bisher erwähnte Treppenstufeneffekt ist nur einer von vielen möglichen Aliasing–Effekten. Bevor wir weitere Aliasing–Effekte beschreiben, wollen wir kurz auf die theoretischen Grundlagen eingehen, mit denen diese Effekte erklärt werden können. Dazu werden wir zuerst einige Begriffe der Signaltheorie einführen. Eine ausführlichere Beschreibung findet man z.B. in [FvDFH90] und vor allem [GW92].

Ein *Signal* ist generell eine beliebige Funktion, die Information trägt. Ein *kontinuierliches* Signal ist eine Funktion, die an allen Stellen des Definitionsbereiches definiert ist. Ein *diskretes* Signal ist dagegen nur an einigen diskreten Punkten definiert. Für die Anwendung in der Computergraphik sind zweidimensionale räumliche Signalfunktionen $s : \mathbb{R}^2 \to \mathbb{R}$ von Interesse, die von den x– und y–Koordinaten des Bildschirms abhängig sind. Vor der Darstellung auf dem Bildschirm kann man die Gesamtheit der darzustellenden Objekte als kontinuierliches Signal auffassen. Weil für jeden infinitesimalen Punkt genau festgelegt ist, welches Objekt für diesen Punkt sichtbar ist, ist für jeden Punkt auch ein eindeutiger Intensitätswert bestimmt. Bei der Darstellung auf dem Bildschirm wird das die Objekte beschreibende kontinuierliche Signal durch ein diskretes ersetzt, das nur an den Pixelpositionen definiert ist. Damit die Darstellung auf dem Bildschirm die darzustellenden Objekte möglichst gut wiedergibt, sollte das diskrete Signal das kontinuierliche möglichst gut repräsentieren.

Die Umwandlung eines kontinuierlichen Signals in ein diskretes kann als Abtastvorgang beschrieben werden, bei dem das kontinuierliche Signal mit einer bestimmten Frequenz abgetastet wird, die von der Auflösung des Bildschirms abhängig ist. Dabei entspricht jedes Pixel einem Abtastpunkt. Bei diesem Abtastvorgang können feine Details des kontinuierlichen Signals verloren gehen. Dies passiert dann, wenn der Abstand der einzelnen Abtastpunkte für die Erfassung der Details zu groß ist. Wenn wir das einfache Modell eines Rastergrafiksystems aus Abschnitt 1.2 zugrunde legen, entspricht die von dem Abtastvorgang durchgeführte Diskretisierung der vom Displayprozessor durchgeführten Abbildung der spezifizierten Objekte in den Display–Pufferspeicher. Die im Display–Pufferspeicher für die einzelnen Pixel abgelegten Intensitätswerte werden vom Videocontroller auf dem Bildschirm dargestellt. Dabei werden die diskreten Intensitätswerte in kontinuierliche analoge Spannungswerte zur Steuerung des Bildschirms umgewandelt. Dieser Prozeß wird in der Signaltheorie auch als *Rekonstruktion* bezeichnet, weil versucht wird, aus den Abtastwerten das Originalsignal so gut wie möglich zu rekonstruieren.

Das Verwenden eines einzigen Abtastpunktes für jedes Pixel (der üblicherweise in der Pixelmitte liegt) hat den Nachteil, daß kleine Objekte so zwischen den Abtastpunkten liegen können, daß sie von keinem der Abtastpunkte getroffen werden. Sie werden dann nicht auf dem Bildschirm dargestellt. Bei der Darstellung von bewegten Szenen kann es sogar vorkommen, daß ein kleines, sich bewegendes Objekt zu bestimmten Zeitpunkten von einem Abtastpunkt getroffen wird, zu anderen Zeitpunkten aber nicht, vgl. Abbildung 2.56. Das führt dann bei der Darstellung auf dem Bildschirm dazu, daß das Objekt manchmal vom Bildschirm verschwindet und später an einer anderen Stelle wieder auftaucht. Dies ist ein sehr unerwünschter Effekt, weil er fälschlicherweise das Verschwinden eines Objektes vortäuscht. Eine mögliche Abhilfe ist das Verwenden mehrerer Abtastpunkte pro Pixel. Dieses Verfahren ist als *Super-*

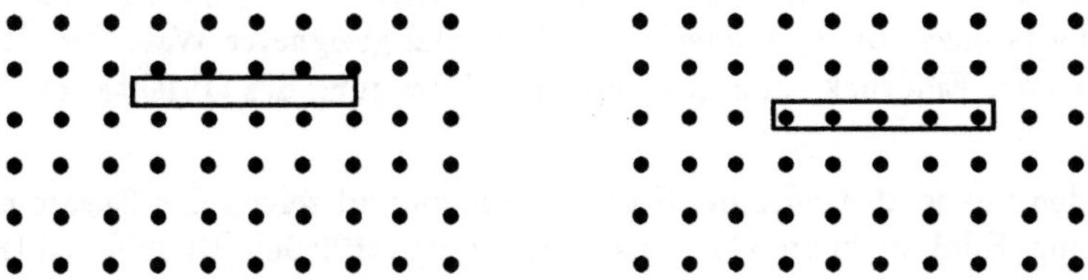

Abbildung 2.56: **Ein kleines, sich bewegendes Objekt kann je nach Lage zwischen die Abtastpunkte fallen (links) und wird nicht dargestellt, oder kann von den Abtastpunkte erfaßt werden (rechts) und wird dargestellt.**

sampling bekannt und wird in Abschnitt 2.7.2.1 näher beschrieben. Aber auch bei diesem Verfahren kann nicht grundsätzlich ausgeschlossen werden, daß Objekte zwischen die Abtastpunkte fallen, sie müssen nur entsprechend klein sein. Das Problem der verschwindenden und wieder auftauchenden Objekte bei bewegten Szenen besteht also grundsätzlich weiter, tritt aber mit steigender Zahl der Abtastpunkte pro Pixel immer seltener auf.

Eine andere Abhilfe ist die bereits erwähnte Methode der (gewichteten oder ungewichteten) Flächenberücksichtigung, bei der die Intensität eines Pixels durch den Prozentsatz der von einem Objekt überdeckten Pixelfläche bestimmt wird. Damit geht auch der Beitrag von kleinen Objekten nicht verloren. Hier wird auch der Sinn einer pixelbezogenen Gewichtsfunktion klar, bei der sich die Gewichtsfunktionen benachbarter Pixel überlappen: Betrachten wir ein kleines, sich bewegendes Objekt, das vom Mittelpunkt eines Pixels P_1 zum Mittelpunkt des benachbarten Pixel P_2 wandert. Bei Verwendung einer konstanten, nicht-überlappenden Gewichtsfunktion, wie sie von der ungewichteten Flächenberücksichtigung verwendet wird, ändert sich die Bildschirmdarstellung erst, wenn das Objekt die Pixelgrenze zwischen P_1 und P_2 überschreitet. Solange das Objekt vollständig innerhalb der Grenzen eines Pixel liegt, bleibt die Bildschirmdarstellung gleich. Auch wenn das Objekt sich gleichmäßig bewegt, entsteht auf dem Bildschirm der Eindruck einer ruckartigen Bewegung. Dies kann durch Verwendung einer Gewichtsfunktion vermieden werden, die nach dem Abstand vom Pixelmittelpunkt wichtet. Dabei sollte eine überlappende Gewichtsfunktion verwendet werden. Bei Verwendung einer nicht-überlappenden Gewichtsfunktion (z.B. einer Pyramide, deren Grundfläche die Pixelfläche ist) wird bei der Bewegung des Objektes vom Mittelpunkt von P_1 zum Mittelpunkt von P_2 zuerst die Intensität von P_1 abnehmen, ohne daß die Intensität von P_2 erhöht wird. Die Intensität von P_2 fängt erst dann an zu wachsen, wenn das Objekt die Grenze zu P_2 überschreitet. Zu diesem Zeitpunkt ist die Intensität von P_1 bereits sehr gering. Bei einer Bewegung des Objektes über den Bildschirm entsteht der Eindruck einer pulsierenden Helligkeit, obwohl das Objekt konstante Helligkeit hat. Eine überlappende Gewichtsfunktion behebt dieses Problem. In diesem Fall wird die Intensität von P_2 schon erhöht, wenn das Objekt sich in Richtung P_2 bewegt, noch bevor das Objekt die Grenze von P_2 überschritten hat. Bei geeigneter Wahl der Überlappung entsteht so der Eindruck einer gleichmäßigen Bewegung des Objektes mit konstanter Helligkeit.

Wir wenden uns jetzt wieder der Signaltheorie zu und zeigen den Zusammenhang zu den Aliasing-Effekten in der Computergraphik, vgl. [Bli89c], [Bli89b] und [FvDFH90]. Dazu führen wir zuerst die mathematischen Begriffe Fourier-Transformation, Konvolution und Konvolutionstheorem ein. Wie bereits erwähnt, kann man die Intensitätsverteilung von Bildern als zweidimensionale Signalfunktion beschreiben. Man kann sich diese Funktion dadurch veranschaulichen, daß man über jedem Punkt des Bildes die zugehörige Amplitude der Signalfunktion aufträgt. Um die Beschreibung zu vereinfachen, werden wir im folgenden nur eindimensionale Signalfunktionen betrachten, die man sich aus einem horizontalen Schnitt durch das darzustellende Bild entstanden denken kann. Bei der Darstellung auf dem Bildschirm entspricht das einer Bildschirmzeile.

Die *Fourier-Transformierte* $F(u)$ einer räumlichen Funktion $f(x)$ ist eine Art Doppelgänger, die statt im kartesischen Raum im Frequenzraum existiert. Der Zusammenhang zwischen $f(x)$ und $F(u)$ wird durch die Fourier-Analyse beschrieben: Jede beliebige Funktion $f(x)$ kann als Summe unendlich vieler Sinus-Funktionen unterschiedlicher Frequenz beschrieben werden. Jede dieser Sinus-Funktionen wird durch eine Amplitude und eine Phasenverschiebung spezifiziert. Diese beiden Komponenten werden üblicherweise zu einer komplexen Zahl zusammengefaßt. Mathematisch kann dies als

$$\begin{aligned} f(x) &= \frac{1}{\sqrt{2\pi}} \int_{-\infty}^{\infty} F(u)(\cos(ux) - i\sin(ux))du \\ &= \frac{1}{\sqrt{2\pi}} \int_{-\infty}^{\infty} F(u)\, e^{-iux}\, du, \end{aligned} \tag{2.18}$$

dargestellt werden, vgl. z.B. [BS80] oder [Smi82]. Dabei ist $i = \sqrt{-1}$. Man beachte, daß die beteiligten Cosinus-Funktionen eigentlich nur um $\pi/2$ phasenverschobene Sinus-Funktionen sind. Zusammen können die Sinus- und Cosinus-Funktionen also dazu benutzt werden, Amplitude und Phasenverschiebung der zur Frequenz u gehörenden Sinus-Funktion zu beschreiben. $F(u)$ ist die Fourier-Transformierte von $f(x)$, die durch

$$\begin{aligned} F(u) &= \frac{1}{\sqrt{2\pi}} \int_{-\infty}^{\infty} f(x)(\cos(ux) + i\sin(ux))dx \\ &= \frac{1}{\sqrt{2\pi}} \int_{-\infty}^{\infty} f(x)\, e^{iux}\, dx, \end{aligned} \tag{2.19}$$

berechnet wird. $F(u)$ ist also eine komplexe Zahl, die als $F(u) = R(u) + iI(u)$ dargestellt werden kann, wobei $R(u)$ der Realteil und $I(u)$ der Imaginärteil ist. Die Amplitude von $F(u)$ ist

$$|F(u)| = \sqrt{R^2(u) + I^2(u)}$$

Die Phasenverschiebung von $F(u)$ ist

$$\Phi(u) = \arctan \frac{I(u)}{R(u)}$$

Grundsätzlich gilt, daß die Fourier–Transformierte $F(u)$ einer Funktion $f(x)$ umso größere Amplituden bei höheren Frequenzen hat, je schärfer und detailreicher $f(x)$ ist. Wenn $f(x)$ nicht stetig ist, hat $F(u)$ ein unendliches Frequenzspektrum. Wir werden im folgenden Fourier–Transformierte meist dadurch darstellen, daß wir ihre Amplitude gegen die Frequenz auftragen. Die Phasenverschiebung wird dann nicht berücksichtigt. Es sei nochmal darauf hingewiesen, daß die Fourier–Transformierte einer Funktion keine neue Information beinhaltet. Sie ist nur eine Beschreibung in einem anderen Raum. Der Grund für das Verwenden der Fourier–Transformierten besteht üblicherweise darin, daß bestimmte mathematische Operationen auf der Fourier–Transformierten einfacher auszuführen sind als auf der Originalfunktion. Es ist daher sinnvoll, die Funktion durch ihre Fourier–Transformierte darzustellen, die Operation auszuführen und das Ergebnis wieder als Funktion im kartesischen Raum darzustellen. Dieses Verfahren wird in der Physik z.B. zur Lösung von partiellen Differentialgleichungen eingesetzt.

Bevor wir auf die Bedeutung in der Computergraphik eingehen, führen wir den Begriff der *Konvolution*, auch *Faltungsprodukt* genannt, ein. Seien $f(x)$ und $g(x)$ zwei beliebige Eingabefunktionen. Die Konvolution $h(x)$ von $f(x)$ und $g(x)$ wird berechnet durch

$$h(x) = f(x) \otimes g(x) = \int_{-\infty}^{\infty} f(\tau)\, g(x - \tau)\, d\tau$$

τ ist die Integrationsvariable. $g(x)$ kann als Gewichtsfunktion angesehen werden, die über $f(x)$ geschoben wird, wobei für jede Position x die Produktfunktion aus $f(\tau)$ und $g(x - \tau)$ berechnet wird. Der Wert der Konvolutionsfunktion $h(x)$ an der Stelle x ist der Flächeninhalt unter dieser Produktfunktion. Zur Darstellung der Konvolutionsfunktion kann man auch wie folgt vorgehen: Man multipliziert die beiden Funktionen und integriert das Resultat. Dies ist der Wert der Konvolutionsfunktion an Stelle 0. Dann verschiebt man die Gewichtsfunktion um x nach rechts, multipliziert und integriert wieder. Dies ist der Wert an Stelle x. Dieses Verfahren wiederholt man für jedes x, welches man graphisch darstellen will.

Die Konvolution zweier Funktionen im kartesischen Raum entspricht der Multiplikation ihrer Fourier–Transformierten im Frequenzraum. Es gilt das *Konvolutionsstheorem*, auch *Faltungssatz* genannt:

$$\frac{1}{\sqrt{2\pi}} \int_{-\infty}^{\infty} (f \otimes g)(x)\, e^{iux}\, dx \;=\; \sqrt{2\pi} F(u) G(u)$$

In [Bli89c] wird dies mit der Logarithmus–Funktion verglichen: die Multiplikation von normalen Zahlen wird zur Addition im "Logarithmus–Raum". Umgekehrt gilt auch, daß die Multiplikation zweier Funktionen im kartesischen Raum der Konvolution ihrer Fourier–Transformierten im Frequenzraum entspricht. Für viele Funktionen gibt es eine Grenzfrequenz u_G, nach der die Berechnung des Integrals in (2.18) abgebrochen werden kann, weil $F(u) = 0$ für $|u| > u_G$. Damit wird (2.18) zu

$$f(x) \;=\; \frac{1}{\sqrt{2\pi}} \int_{-u_G}^{u_G} F(u) e^{-iux}\, du$$

Ein Satz aus der Signaltheorie besagt, daß eine kontinuierliche Funktion mit endlicher Grenzfrequenz u_G vollständig durch Abtastwerte mit gleichem Abstand δx repräsentiert werden kann, wenn δx weniger als halb so groß wie die Periode der Grenzfrequenz ist, d.h. wenn

$$\delta x < \frac{1}{2u_G}$$

Die untere Grenze für die Abtastfrequenz wird auch als *Nyquist–Frequenz* u_N bezeichnet:

$$u_N = 2 \cdot u_G$$

Um zu demonstrieren, was passieren kann, wenn ein Signal mit einer Frequenz abgetastet wird, die unterhalb der Nyquist–Frequenz liegt, betrachten wir eine Sinuskurve der Frequenz u. Wenn man die Sinuskurve mit einer Frequenz abtastet, die größer als $2u$ ist, kann die Kurve vollständig rekonstruiert werden, vgl. Abbildung 2.57(a). Wenn man die Sinuskurve mit einer Frequenz abtastet, die gleich $2u$ ist, kann man die Kurve nur dann rekonstruieren, wenn die Abtastpunkte die Maxima und Minima treffen, vgl. Abbildung 2.57(b).. Wenn dies nicht der Fall ist, wird die Amplitude evtl. nicht korrekt wiedergegeben. Wenn die Abtastpunkte sogar an den Nullstellen liegen, wird die Funktion als Nullfunktion rekonstruiert werden, vgl. Abbildung 2.57(c). Wenn man die Sinuskurve mit einer Frequenz abtastet, die kleiner $2u$ ist, wird die Rekonstruktion eine Sinuskurve ergeben, die eine niedrigere Frequenz hat als die Originalkurve, vgl. Abbildung 2.57(d). Diese niedrigere Frequenz wird auch als *Alias–Frequenz* bezeichnet. Die Rekonstruktion liefert eine andere Frequenz als die Originalfrequenz. Hierher kommt auch die Namensgebung für die Aliasing–Effekte.

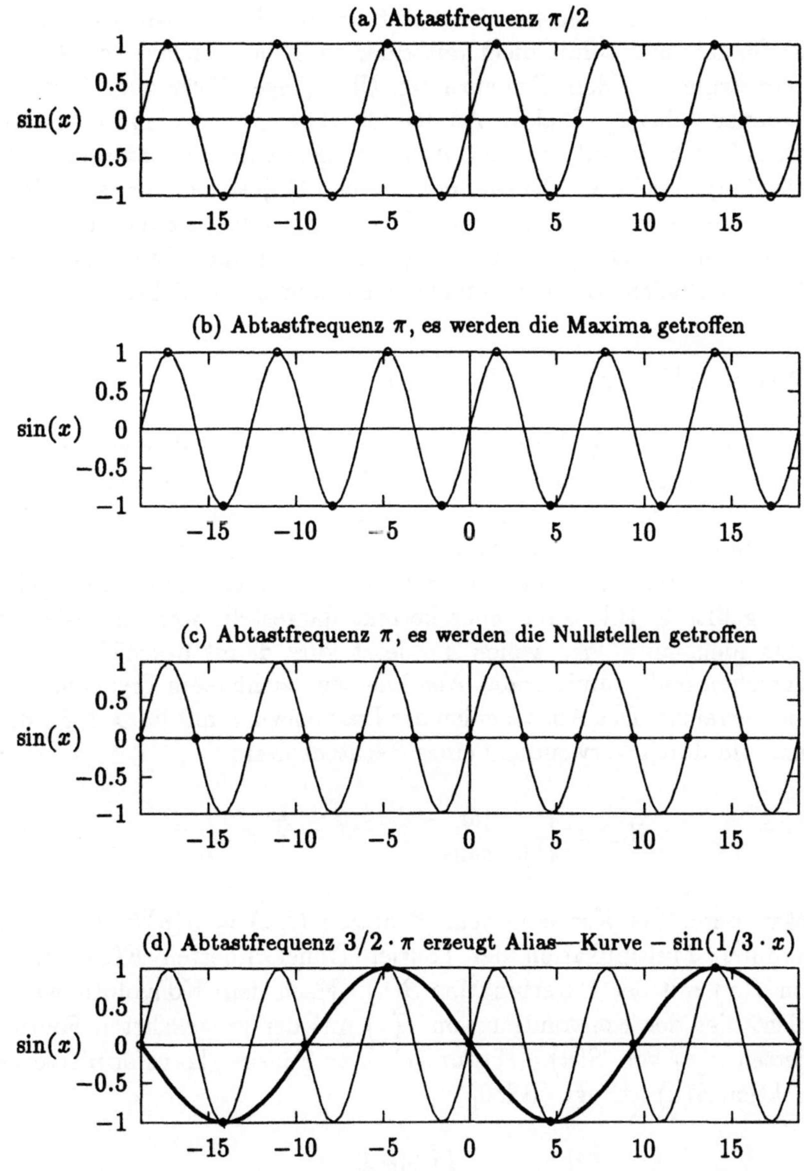

Abbildung 2.57: **Veranschaulichung der Entstehung von Aliasing–Frequenzen.**

In der Computergraphik treten an den Objektgrenzen abrupte Intensitätssprünge auf. Dies führt dazu, daß die die darstellenden Szenen beschreibenden Signalfunktionen Fourier–Transformierte mit unendlichem Frequenzspektrum haben. Das Signal kann somit nicht mit einer endlichen Anzahl von Abtastpunkten rekonstruiert werden. Die abrupten Übergänge führen zum Auftreten der beschriebenen Aliasing–Effekte: An den Objektgrenzen treten die erwähnten Treppenstufeneffekte auf, weil die Abtastpunkte entweder innerhalb oder außerhalb des Objektes liegen. Desweiteren werden Objekte, die nahe beieinander liegen oder die in der darzustellenden Projektion nahe beieinander liegend erscheinen, evtl. nicht richtig auseinandergehalten, weil die Abtastpunkte die Zwischenräume verfehlen oder manchmal treffen, manchmal nicht.

2.7.2 Anti–Aliasing–Techniken

Die beschriebenen Aliasing–Effekte können dadurch vermieden werden, daß man das darzustellende Bild so filtert, daß die Fourier–Transformierte der gefilterten Signalfunktion keine Frequenzen u mit $|u| > 1/\delta x$ aufweist, wobei δx der Abstand der Abtastpunkte ist. Durch das Abschneiden der höheren Frequenzen wird zwar das darzustellende Bild verwischt und bestimmte feine Details gehen verloren, das gefilterte Bild kann aber korrekt dargestellt werden, Aliasing–Effekte treten nicht auf. Wir wollen uns jetzt kurz damit beschäftigen, wie ein Filter aussehen muß, damit er das Abschneiden der höheren Frequenzen im Frequenzraum erreicht. Das Abschneiden der Frequenzen u mit $|u| > 1/\delta x$ wird im Frequenzraum durch Verwendung eines Rechteckfilters

$$S(u) = \begin{cases} 1 & \text{für } -\frac{1}{\delta x} \leq u \leq \frac{1}{\delta x} \\ 0 & \text{sonst} \end{cases}$$

erreicht. Man berechnet also eine neue Funktion $G(u) = S(u)F(u)$ im Frequenzraum durch Multiplikation der Fourier–Transformierten $F(u)$ der Signalfunktion $f(x)$ mit der Filterfunktion $S(u)$. Nach dem Konvolutionstheorem entspricht dies der Konvolution von $f(x)$ mit der umgekehrten Fourier–Transformierten $s(x)$ von $S(u)$. Die umgekehrte Fourier–Transformierte der Rechteckfunktion $S(u)$ ist, vgl. [BS80]:

$$s(x) = \sqrt{\frac{2}{\pi}} \frac{\sin \frac{1}{\delta x} x}{x}$$

Dies ist im wesentlichen die Funktion $\sin x/x$, die in Abbildung 2.58 wiedergegeben ist. Diese Funktion hat für die in der Konvolutionsbildung enthaltene

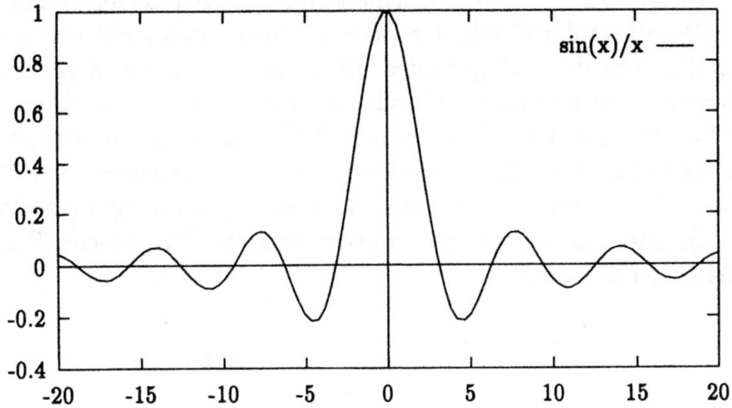

Abbildung 2.58: Die Funktion $\sin(x)/x$ im Bereich zwischen -20 und 20

Integration den Nachteil, daß sie unendlich breit ist. Das Abschneiden nach einem bestimmten Absolutwert des Argumentes bewirkt, daß die zugehörige Funktion im Frequenzraum zwar noch das grobe Aussehen einer Rechteckfunktion hat, die aber in der Nähe der Flanken schwingt. Dies bewirkt, daß einige unerwünschte Frequenzen durchgelassen werden, während andere erwünschte verstärkt oder abgeschwächt werden. Der Bereich, in dem die Schwingungen auftreten, wird umso kleiner, je größer die Ausdehnung der abgeschnittenen Funktion ist. Die Amplitude wird aber von der Ausdehnung nicht beeinflußt. Vorschläge zur Abschwächung der Amplitude werden z.B. in [Bli89b] gemacht. Trotz der erwähnten Nachteile liefert die Konvolution der das Originalbild beschreibenden Signalfunktion mit einer abgeschnittenen $\sin x/x$–Funktion sehr gute Ergebnisse. Aliasing–Effekte treten fast nicht mehr auf. Der Nachteil des Verfahrens besteht darin, daß die resultierende Berechnung relativ aufwendig ist. Aus diesem Grund werden in der Praxis oft andere Filterfunktionen verwendet, vgl. [Bli89b]. Dazu gehören Box–Filter, Zelt–Filter und Gauß–Filter.Es sei noch darauf hingewiesen, daß das Konvolutionsintegral nur für die Position der Abtastpunkte berechnet werden muß.

Das gerade beschriebene Verfahren ist ein Vertreter der sogenannten *Vorfilter–* oder *Prefiltering–*Techniken, die so genannt werden, weil sie *vor* der Bildschirmdarstellung das vorliegende Bild mit Hilfe einer Filterfunktion so manipulieren, daß bei der Darstellung keine bzw. möglichst wenige Aliasing–Effekte auftreten. Ein weiterer Vertreter der Prefiltering–Techniken ist das in [Cat78] beschriebene Verfahren, das das durch eine kontinuierliche Intensitätsverteilung beschriebene Bild in Quadrate der Größe der Bildschirmpixel unterteilt und zu jedem Quadrat Q die Teile der Polygone des Bildes berechnet, die es ganz oder teilweise überdecken. Dies geschieht dadurch, daß alle Polygone bzgl. Q geclippt werden. Wenn Polygonteile untereinander innerhalb Q überlappen, werden mit Hilfe eines Algorithmus zur Eliminierung verborgener Oberflächen, vgl. Kapitel 4, die sichtbaren Polygonteile bestimmt. Zu jedem Quadrat Q wird ein Intensitätswert $I(Q)$ durch gewichtete Summation über die Polygonteile P berechnet, die innerhalb von Q liegen:

$$I(Q) = \sum_P I(P) \cdot A(P)$$

$I(P)$ ist der Intensitätswert des Polygons, zu dem P gehört, $A(P)$ ist der Flächeninhalt von P. Das zu Q gehörende Pixel wird mit Intensität $I(Q)$ dargestellt. Dieser Algorithmus wird selten eingesetzt, weil er wegen der Verwendung des Algorithmus zur Eliminierung verborgener Oberflächen und wegen der Clip–Operation bzgl. *aller* Pixelquadrate viel Rechenzeit braucht. Verbesserungen, die dies zu beheben versuchen, sind in [Car84] und [AWW85] beschrieben.

Neben der Möglichkeit, die Aliasing–Effekte vor der Rasterung zu beheben, gibt es auch die Möglichkeit, das bereits gerasterte Bild so zu manipulieren, daß die auftretenden Aliasing–Effekte abgeschwächt werden. Diese Methode, die auch als *Nachfiltern* oder *Postfiltering* bezeichnet wird, ist sehr verbreitet, weil die damit verbundenen Berechnungen leicht auszuführen sind. Wir werden im folgenden die beiden am häufigsten verwendeten Postfiltering–Algorithmen kurz beschreiben: Supersampling und Filtern, vgl. auch [BG89]. Obwohl beide Verfahren im Gegensatz zu den gerade beschriebenen Prefiltering–Techniken, die einen wohlfundierten theoretischen Hintergrund haben, eher Heuristiken sind, liefern sie in den meisten Fällen ähnlich gute Ergebnisse bei geringerer Rechenzeit. Aus diesem Grund sind die Postfiltering–Techniken auch die am meisten angewendeten Anti–Aliasing–Verfahren.

2.7.2.1 Nachfiltern mit Supersampling

Die *Supersampling–Methode* beruht auf der Beobachtung, daß die Aliasing–Effekte mit steigender Bildschirmauflösung abnehmen. Das darzustellende Bild wird – unter Verwendung der in den Abschnitten 2.1 und 2.2 beschriebenen

$\frac{1}{16}$	$\frac{1}{16}$	$\frac{1}{16}$	$\frac{1}{16}$
$\frac{1}{16}$	$\frac{1}{16}$	$\frac{1}{16}$	$\frac{1}{16}$
$\frac{1}{16}$	$\frac{1}{16}$	$\frac{1}{16}$	$\frac{1}{16}$
$\frac{1}{16}$	$\frac{1}{16}$	$\frac{1}{16}$	$\frac{1}{16}$

Abbildung 2.59: **4×4–Filter zur Mittelung der Intensitätswerte des errechneten Rasterbildes. Die einzelnen Einträge geben an, mit welchem Faktor das zugehörige Pixel gewichtet wird. Die Summe der Gewichtsfaktoren ergibt 1.**

Rasterungsalgorithmen – für eine höhere Auflösung gerastert als sie der Bildschirm tatsächlich zur Verfügung stellt. Üblicherweise verwendet man eine in x– und y–Richtung um einen Faktor 2 bis 4 vergrößerte Auflösung. Faktor 4 versechzehnfacht die Anzahl der Abtastpunkte. Zu jedem Bildschirmpixel korrespondiert dann ein Block von 16 Pixeln in dem Rasterbild hoher Auflösung. Der Intensitätswert eines Bildschirmpixels errechnet sich als Mittelung der Intensitätswerte der zugehörigen 16 Pixel in dem errechneten Rasterbild. Die durchgeführte Mittelung kann auch als Anwendung eines 4×4–Filters auf das Rasterbild aufgefaßt werden. Kopien dieses Filters werden so auf das Rasterbild gelegt, daß jedes Pixel von genau einer Kopie bedeckt ist. Da bei der Mittelung der Intensitätswerte jedes Pixel in einem 16er Block gleich berücksichtigt wird, sind alle Einträge des 4×4–Filters identisch. Man erhält den in Abbildung 2.59 wiedergegebenen Filter. Durch Verwendung eines Filters mit unterschiedlichen Einträgen erreicht man eine ungleiche Gewichtung der Intensitätswerte der Pixel des Rasterbildes, vgl. Abbildung 2.60. Es ist auch möglich, einen größeren Filter zu verwenden, z.B. einen 6×6–Filter. In diesem Fall wird der Filter zur Berechnung der Intensitätswerte zentriert auf den Pixelblock gelegt und die Intensitätswerte der darunterliegenden Pixel werden mit den Einträgen des Filters gewichtet. Es entsteht dann eine Verwischung der Intensitätswerte benachbarter Pixel, ähnlich wie sie mit der im nächsten Abschnitt verwendeten Filter–Methode erreicht wird.

Die Supersampling–Methode liefert zufriedenstellende Ergebnisse bei der Darstellung von Bildern mit dicken Linien oder ausgefüllten Objekten. Bei der Darstellung von Bildern, die aus dünnen Linien bestehen, führt die Anwendung der Supersampling–Methode zu einer wenig kontrastreichen Darstellung, vgl. Abbildung 2.61. Durch die Verwendung von geeigneten Filtern mit nicht gleichmäßigen Gewichtseinträgen kann dieser Effekt etwas abgeschwächt werden, wird jedoch nicht vollständig behoben. Bei Verwendung der Supersampling–Methode

$\frac{1}{36}$	$\frac{2}{36}$	$\frac{2}{36}$	$\frac{1}{36}$
$\frac{2}{36}$	$\frac{4}{36}$	$\frac{4}{36}$	$\frac{2}{36}$
$\frac{2}{36}$	$\frac{4}{36}$	$\frac{4}{36}$	$\frac{2}{36}$
$\frac{1}{36}$	$\frac{2}{36}$	$\frac{2}{36}$	$\frac{1}{36}$

Abbildung 2.60: 4×4–Filter, bei dem die Intensitätswerte der näher zum Mittelpunkt des 4×4–Pixelblockes liegenden Pixel stärker gewichtet werden. Die Summe der Gewichtsfaktoren ist wieder 1.

ist für das Errechnen und Abspeichern des Rasterbildes ein hoher Rechenzeit- und Speicherplatzaufwand erforderlich: Bei Verwendung einer in x– und y–Richtung um Faktor vier erhöhten Auflösung versechzehnfacht sich sowohl die Rechenzeit als auch der Speicherplatzbedarf. Man kann diesen Nachteil durch ein *adaptives* Supersampling beheben, das nur in den Bildbereichen mit einer erhöhten Auflösung arbeitet, in denen Aliasing–Effekte auftreten können. In Bereichen mit konstanter Intensität wird dagegen mit der Auflösung des Bildschirms gerastert. Es sei hier noch die Methode des *stochastischen* Supersampling erwähnt, vgl. [CPC84], [Coo86], die auch beim Ray–Tracing–Verfahren eingesetzt wird, siehe Kapitel 8. Die Grundidee dieses Verfahrens besteht darin, die Position der verwendeten Abtastpunkte um einen zufälligen Betrag zu stören, der mit Hilfe einer Wahrscheinlichkeitsverteilung bestimmt werden kann. Die eingeführten Störungen verursachen ein Rauschen, in dem die Aliasing–Effekte idealerweise verschwinden. Diese Methode ist besonders für das Ray–Tracing–Verfahren geeignet und wird in Kapitel 8 noch näher beschrieben.

2.7.2.2 Nachfiltern ohne Supersampling

Bei der *Filter–Methode* wird aus dem darzustellenden Bild ein Rasterbild mit der Auflösung des Bildschirms erzeugt. Danach wird aus diesem Rasterbild die Bildschirmdarstellung durch Mittelung der Intensitäten benachbarter Pixel erzeugt. Man kann sich das so vorstellen, daß ein Filter über die Pixel des Rasterbildes geschoben wird, mit dem die Intensitäten der darunterliegenden Pixel gemischt werden. Dies führt zu einem "Verschmieren" der Intensitäten der Pixel des Rasterbildes über mehrere Pixel des Bildschirms. Ein möglicher Filter ist in Abbildung 2.62 wiedergegeben.

Wenn $I(x, y)$ der Intensitätswert von Pixel (x, y) im errechneten Rasterbild ist,

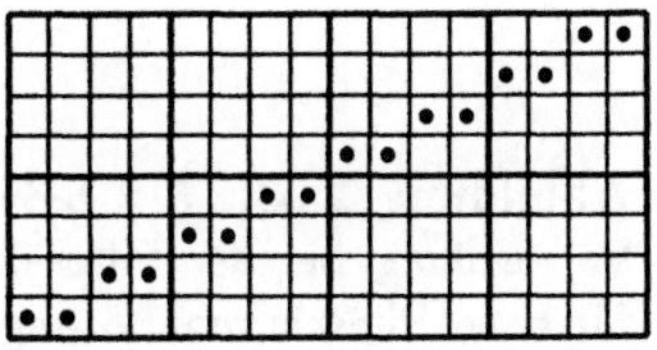

0	0	$\frac{4}{16}$	$\frac{4}{16}$
$\frac{4}{16}$	$\frac{4}{16}$	0	0

Abbildung 2.61: **Verwendung der Supersampling-Methode zur Darstellung von dünnen Linien. Als Filter wird ein 4×4-Filter mit gleichmäßiger Gewichtsverteilung benutzt. Links ist das errechnete Rasterbild skizziert. In jedem Pixelbereich sind genau vier Pixel gesetzt. Rechts sind die Intensitätswerte der zugehörigen Bildschirmpixel angegeben. Die auf der Linie liegenden Bildschirmpixel werden nur auf 1/4 der Maximalintensität gesetzt, die Linie wird also relativ dunkel erscheinen.**

$\frac{1}{36}$	$\frac{1}{9}$	$\frac{1}{36}$
$\frac{1}{9}$	$\frac{4}{9}$	$\frac{1}{9}$
$\frac{1}{36}$	$\frac{1}{9}$	$\frac{1}{36}$

Abbildung 2.62: **3×3-Filter zur Verwendung bei der Filter-Methode. Die Summe der Gewichtsfaktoren ergibt 1.**

so ergibt sich bei Verwendung des Filters aus Abbildung 2.62 der Intensitätswert $O(x,y)$ des Bildschirmpixels (x,y) zu:

$$\begin{aligned} O(x,y) &= \tfrac{1}{36}I(x-1,y-1) + \tfrac{1}{9}I(x,y-1) + \tfrac{1}{36}I(x+1,y-1) \\ &+ \tfrac{1}{9}I(x-1,y) \quad + \tfrac{4}{9}I(x,y) \quad + \tfrac{1}{9}I(x+1,y) \\ &+ \tfrac{1}{36}I(x-1,y+1) + \tfrac{1}{9}I(x,y+1) + \tfrac{1}{36}I(x+1,y+1) \end{aligned}$$

Damit diese Formel auch für Pixel am Rand des Bildschirms anwendbar ist, sollten vor der Anwendung der Filter-Technik die Randzeilen und -spalten des errechneten Rasterbildes verdoppelt werden. Für Bildschirme mit hoher Auflösung hat die Anwendung eines 3×3-Filters eine relativ geringe Auswirkung auf die erzeugte Bildschirmdarstellung. In diesem Fall kann man entweder den 3×3-Filter aus Abbildung 2.62 mehrmals anwenden oder einen größeren Filter verwenden. Ein Beispiel für einen 5×5-Filter findet man in Abbildung 2.63.

Das Filter-Verfahren kann mathematisch als Konvolution einer *diskreten* Intensitätsfunktion I mit einer *diskreten* Filterfunktion f beschrieben werden. Wenn (p,q) ein beliebiges Pixel des Bildschirms ist, errechnet sich die Intensität $O(p,q)$ von (p,q) zu

$\frac{1}{81}$	$\frac{2}{81}$	$\frac{3}{81}$	$\frac{2}{81}$	$\frac{1}{81}$
$\frac{2}{81}$	$\frac{4}{81}$	$\frac{6}{81}$	$\frac{4}{81}$	$\frac{2}{81}$
$\frac{3}{81}$	$\frac{6}{81}$	$\frac{9}{81}$	$\frac{6}{81}$	$\frac{3}{81}$
$\frac{2}{81}$	$\frac{4}{81}$	$\frac{6}{81}$	$\frac{4}{81}$	$\frac{2}{81}$
$\frac{1}{81}$	$\frac{2}{81}$	$\frac{3}{81}$	$\frac{2}{81}$	$\frac{1}{81}$

Abbildung 2.63: 5 × 5–Filter zur Verwendung bei der Filter–Methode für hohe Bildschirmauflösungen. Die Summe der Gewichtsfaktoren ist wieder 1. Dieser Filter ist als *Bartlett–Filter* bekannt, vgl. [Cro81].

$$O(p,q) = \sum_{x=0}^{XRES-1} \sum_{y=0}^{YRES-1} I(x,y) * f(p-x, q-y)$$

$I(x,y)$ beschreibt die Intensitätswerte der Pixel des Rasterbildes und ist außerhalb des Bildschirmbereichs 0. $f(u,v)$ ist die Filterfunktion, die nur im Bereich des verwendeten Filters einen Wert ungleich 0 hat. Die Filterfunktion zum 3 × 3–Filter aus Abbildung 2.62 ist z.B.:

$$f(u,v) = \begin{cases} \frac{4}{9} & \text{für} \quad u = v = 0 \\ \frac{1}{9} & \text{für} \quad (u = 0 \text{ und } |v| = 1) \text{ oder } (v = 0 \text{ und } |u| = 1) \\ \frac{1}{36} & \text{für} \quad |u| = |v| = 1 \\ 0 & \text{sonst} \quad . \end{cases}$$

2.7.3 Anti–Aliasing mit modifiziertem Grundalgorithmus

Ein weiterer Ansatz zur Milderung der Anti–Aliasing–Effekte besteht darin, die zur Bildschirmdarstellung von Linien, Kreisen, Ellipsen und anderen Grundelementen verwendeten Algorithmen zu modifizieren. Wir betrachten als Beispiel den Bresenham–Algorithmus, siehe Abbildung 2.5. Der Algorithmus kann so modifiziert werden, daß beim Anwachsen der Abweichung von der idealen Linie (angegeben durch die Variable `error`) die Intensität des eigentlich zu setzenden

```
void line(x1,y1,x2,y2,Imax)
int x1,y1,x2,y2,Imax;
{
 int error,x,y,dx,dy,Ipix;

 dx=x2-x1; dy=y2-y1;
 error=-dx/2;
 y=y1;
 Ipix=0;
 for(x=x1; x<=x2; x++){
    set_pixel(x,y,Imax-Ipix);
    set_pixel(x,y+1,Ipix);
    error+=dy;
    if(error>=0) {
      y++;
      error-=dx;
    }
    Ipix = error*Imax/dx;
 }
}
```

Abbildung 2.64: Modifizierter Bresenham–Algorithmus zur Darstellung einer Linie im ersten Oktanden mit Anti–Aliasing–Komponente. Es werden immer zwei übereinanderliegende Pixel auf einen Intensitätswert gesetzt, der umso kleiner ist, je größer der Abstand von der idealen Linie ist.

Pixels reduziert, die des benachbarten Pixels erhöht wird. Diese Modifikation ist in Abbildung 2.64 durchgeführt, siehe auch [BG89].

Das menschliche Auge hat die Eigenschaft, daß es zwei nebeneinanderliegende Pixel der Intensität $I/2$ als dunkler empfindet als ein Pixel der Intensität I. Aus diesem Grund wird die Prozedur aus Abbildung 2.64 Linien erzeugen, die eine alternierende Helligkeitsverteilung entlang der Linie zu haben scheinen. Man kann dies beheben, indem man die Intensitätsargumente `Ipix` und `Imax-Ipix` der beiden verwendeten `set_pixel`–Anweisungen mit einen multiplikativen Korrekturfaktor wichtet. In [BG89] wird dazu der Faktor

$$\kappa = 1 + k\left(1 - \left|1 - \frac{2 \cdot \texttt{Ipix}}{\texttt{Imax}}\right|\right)$$

vorgeschlagen. k ist eine Konstante, die typischerweise zwischen 0.2 und 0.5 liegt. Bei Variation von `Ipix` nimmt κ für $k \neq 0$ seinen maximalen Wert für `Ipix` = `0.5 * Imax` an. Die Konstante k kann je nach Anwendung gewählt werden. Ein ausgefeilterer Algorithmus zur Bildschirmdarstellung von Linien, auf den wir hier nicht weiter eingehen können, ist der Gupta–Sproull–Algorithmus, vgl. [FvDFH90], [GS81].

Kapitel 3

Dreidimensionale Computergraphik

Wir werden in diesem Kapitel die für die mathematische Beschreibung der dreidimensionalen Computergraphik notwendigen Begriffe und Verfahren vorstellen. Dazu werden wir die in der Computergraphik üblicherweise verwendeten homogenen Koordinaten einführen und zeigen, wie man bei Verwendung dieser Koordinaten die Durchführung linearer Transformationen wie Translation, Rotation oder Skalierung und Projektionen mathematisch als Anwendung von geeignet definierten Matrizen gleicher Größe beschreiben kann. Die *einheitliche* Beschreibung dieser Operationen ist sehr vorteilhaft, weil man damit das Hintereinanderausführen mehrerer Operationen zu einer Gesamtoperation zusammenfassen kann, die durch *eine* Matrix beschrieben wird. Die Gesamtoperation kann damit kostengünstig durch Anwendung *einer* Matrix ausgeführt werden.

Danach werden wir einen allgemeinen Rahmen für die Darstellung von Objekten oder Objektgruppen vorstellen und beschreiben, wie bei gegebener Betrachterposition und gegebenem Projektionsfenster die durchzuführende Abbildung der Objekte auf das Projektionsfenster mathematisch beschrieben werden kann. Der vorgestellte Rahmen wird mit leichten Abwandlungen von vielen Graphikpaketen[1] wie z.B. PHIGS benutzt. Zuerst werden wir jedoch im ersten Abschnitt dieses Kapitels einige grundlegende mathematische Begriffe einführen, vgl. auch [Far90], [Gol86] und [Lam83].

---

[1] Ein Graphikpaket ist im wesentlichen eine Programmiersprache, mit der Objekte manipuliert werden können.

3.1 Mathematische Grundbegriffe

Die dreidimensionale Computergraphik arbeitet im dreidimensionalen Raum, d.h. die darzustellenden Objekte werden als Punktmengen im dreidimensionalen euklidischen Raum $\mathbb{E}^3$ definiert. Vom dreidimensionalen euklidischen Punktraum $\mathbb{E}^3$ zu unterscheiden ist der dreidimensionale euklidische Vektorraum $\mathbb{R}^3$, dessen Elemente Vektoren sind. Punkte aus $\mathbb{E}^3$ haben eine Position, aber keine Richtung und keine Länge. Vektoren aus $\mathbb{R}^3$ haben eine Richtung und eine Länge, aber keine Position. Wir werden im folgenden Punkte durch Klein- oder Großbuchstaben mit einem Querstrich, Vektoren durch Klein- oder Großbuchstaben mit Pfeilen bezeichnen. Wenn $(\vec{i}, \vec{j}, \vec{k})$ eine Basis des $\mathbb{R}^3$ ist, läßt sich ein beliebiger Vektor $\vec{v} \in \mathbb{R}^3$ als Linearkombination

$$\vec{v} = x\vec{i} + y\vec{j} + z\vec{k}$$

darstellen. Dabei sind $x, y, z \in \mathbb{R}$. Die einzelnen Komponenten des geordneten Tupels (x, y, z) heißen Koordinatenwerte von $\vec{v}$ bzgl. der Basis $(\vec{i}, \vec{j}, \vec{k})$. Wir setzen im folgenden eine feste Basis $(\vec{i}, \vec{j}, \vec{k})$ als gegeben voraus und beschreiben die Tatsache, daß ein Vektor $\vec{v}$ bzgl. dieser Basis die Koordinaten (x, y, z) hat kurz mit $\vec{v} = (x, y, z)$. Die Länge eines Vektors $\vec{v} = (x, y, z) \in \mathbb{R}^3$ wird mit Hilfe des Standard–Skalarproduktes definiert als

$$|\vec{v}| = \sqrt{x^2 + y^2 + z^2}$$

Zu zwei Punkten $\bar{a}$ und $\bar{b}$ des euklidischen Raumes $\mathbb{E}^3$ gibt es einen Vektor $\vec{v} \in \mathbb{R}^3$, der von $\bar{a}$ nach $\bar{b}$ zeigt. $\vec{v}$ berechnet sich zu $\bar{b} - \bar{a}$. Auf der anderen Seite gibt es zu jedem Vektor $\vec{v} \in \mathbb{R}^3$ unendlich viele Punkte $\bar{a}$ und $\bar{b}$, für die $\vec{v} = \bar{b} - \bar{a}$ gilt: Wenn $\bar{a}, \bar{b} \in \mathbb{E}^3$ ein solches Paar ist, dann ist $\bar{a} + \vec{x}$, $\bar{b} + \vec{x}$ für ein beliebiges $\vec{x} \in \mathbb{R}^3$ wegen $\vec{v} = (\bar{b}+\vec{x}) - (\bar{a}+\vec{x})$ ein anderes Paar. Punkte aus $\mathbb{E}^3$ können nur subtrahiert werden, das Ergebnis ist ein Vektor aus $\mathbb{R}^3$. Die Addition zweier Punkte aus $\mathbb{E}^3$ ist nicht definiert. Es ist aber möglich, einen Vektor $\vec{x} \in \mathbb{R}^3$ zu einem Punkt $\bar{a} \in \mathbb{E}^3$ zu addieren. Das Ergebnis ist ein Punkt $\bar{b} = \bar{a} + \vec{x} \in \mathbb{E}^3$. Der *Abstand* zweier Punkte $\bar{a}$ und $\bar{b}$ aus $\mathbb{E}^3$ ist definiert als die Länge des von $\bar{a}$ nach $\bar{b}$ zeigenden Vektors $\vec{v} = \bar{b} - \bar{a}$. Wenn $\bar{o} \in \mathbb{E}^3$ ein fester Punkt ist, wird der Vektor $\bar{a} - \bar{o} \in \mathbb{R}^3$ als der *Ortsvektor* von $\bar{a}$ bzgl. des *Ursprungs* $\bar{o}$ bezeichnet. Wir werden im folgenden den Ortsvektor eines Punktes $\bar{a} \in \mathbb{E}^3$ durch $\vec{a} \in \mathbb{R}^3$ darstellen. Wenn $\bar{o} \in \mathbb{E}^3$ ein fester Ursprung und $(\vec{i}, \vec{j}, \vec{k})$ eine Basis des $\mathbb{R}^3$ ist, so nennt man $(\bar{o}; \vec{i}, \vec{j}, \vec{k})$ ein (*affines*) *Koordinatensystem* des $\mathbb{E}^3$. $\vec{i}$, $\vec{j}$, $\vec{k}$ werden auch als *Koordinatenrichtungen* oder *Koordinatenachsen* bezeichnet. Wenn

$$\bar{a} - \bar{o} = x\vec{i} + y\vec{j} + z\vec{k}$$

ist, nennt man das Tupel (x, y, z) die Koordinatenwerte von $\bar{a}$ bzgl. des Koordinatensystems $(\bar{o}; \vec{i}, \vec{j}, \vec{k})$. Weil $\bar{o}$ ein beliebiger Punkt aus $\mathbb{E}^3$ ist und $\vec{i}$, $\vec{j}$, $\vec{k}$ eine beliebige Basis des $\mathbb{R}^3$ ist, gibt es beliebig viele Koordinatensysteme des $\mathbb{E}^3$. Wir nehmen im folgenden an, daß $(\vec{i}, \vec{j}, \vec{k})$ eine *Orthonormalbasis* des $\mathbb{R}^3$ ist, d.h. daß $\vec{i}$, $\vec{j}$, $\vec{k}$ Länge 1 haben und daß sie senkrecht aufeinander stehen. Man kann zwischen *rechtshändigen* und *linkshändigen* Koordinatensystemen unterscheiden: ein rechtshändiges Koordinatensystem liegt vor, wenn $\vec{i} \times \vec{j} = \vec{k}$ ist, ein linkshändiges Koordinatensystem liegt vor, wenn $\vec{i} \times \vec{j} = -\vec{k}$ ist. Als Faustregel gilt: Wenn Daumen und Zeigefinger der rechten Hand in Richtung von $\vec{i}$ und $\vec{j}$ zeigen, zeigt in einem rechthändigen System der Mittelfinger in Richtung $\vec{k}$. Wenn der Mittelfinger in Richtung $-\vec{k}$ zeigt, liegt ein linkshändiges System vor.

Eine weitere auf Punkte aus $\mathbb{E}^3$ anwendbare Operation ist die *affine Kombination*, die auch als *baryzentrische Kombination* bezeichnet wird: Die affine Kombination von Punkten $\bar{b}_0, \cdots, \bar{b}_n \in \mathbb{E}^3$ ist definiert als

$$\bar{b} = \sum_{j=0}^{n} \alpha_j \bar{b}_j$$

mit $\alpha_0, \cdots, \alpha_n \in \mathbb{R}$ und $\alpha_0 + \cdots + \alpha_n = 1$. Weil sich der Ausdruck auf der linken Seite der Gleichung umformen läßt zu

$$\bar{b} = \bar{b}_0 + \sum_{j=1}^{n} \alpha_j (\bar{b}_j - \bar{b}_0)$$

ist dies keine unerlaubte Addition von Punkten aus $\mathbb{E}^3$, sondern die Addition des Vektors $\sum_{j=1}^{n} \alpha_j (\bar{b}_j - \bar{b}_0)$ zum Punkt $\bar{b}_0$. Das Ergebnis ist ein Punkt $\bar{b} \in \mathbb{E}^3$. Die Koeffizienten $\alpha_0, \cdots, \alpha_n$ werden auch als *affine Koordinaten* von $\bar{b}$ bzgl. $\bar{b}_0, \cdots, \bar{b}_n$ bezeichnet. Der Koeffizient α_j kann als Gewichtsfaktor aufgefaßt werden, der angibt, wie der Punkt $\bar{b}_j$ bei der Bildung der affinen Kombination zu gewichten ist. Eine *konvexe Kombination* ist eine affine Kombination, bei der alle Koeffizienten $\alpha_i \geq 0$ sind. Die konvexe Kombination der Punkte $\bar{b}_0, \cdots, \bar{b}_n$ liegt immer innerhalb der konvexen Hülle der Punkte.

Die meisten der in der Computergraphik auf Objekte angewendeten Operationen wie z.B. Translation und Rotation sind *affine Abbildungen*. Die Definition des Begriffes der affinen Abbildung stützt sich auf den Begriff der affinen Kombination: Eine Abbildung $\Phi : \mathbb{E}^3 \to \mathbb{E}^3$ heißt affine Abbildung, wenn sie affine Kombinationen unverändert läßt, d.h. wenn

$$\bar{b} = \sum_{j=0}^{n} \alpha_j \bar{b}_j$$

eine affine Kombination und $\Phi : \mathbb{E}^3 \to \mathbb{E}^3$ eine affine Abbildung ist, gilt:

$$\Phi(\bar{b}) = \sum_{j=0}^{n} \alpha_j \Phi(\bar{b}_j)$$

Die Anwendung einer affinen Abbildung läßt also die Gewichtsfaktoren unverändert: Die Anwendung einer affinen Abbildung Φ auf einen Punkt $\bar{b}$, der die affine Kombination der Punkte $\bar{b}_0, \cdots, \bar{b}_n$ mit den Gewichtsfaktoren $\alpha_0, \cdots, \alpha_n$ ist, liefert den gleichen Punkt wie die affine Kombination der Punkte $\Phi(\bar{b}_0), \cdots,$ $\Phi(\bar{b}_n)$ mit den gleichen Gewichtsfaktoren $\alpha_0, \cdots, \alpha_n$. Das bedeutet beispielsweise, daß bei der Anwendung einer affinen Abbildung auf ein Geradensegment s der Mittelpunkt von s auf den Mittelpunkt des affinen Bildes $\Phi(s)$ abgebildet wird. Wenn man einen Punkt $\bar{b} \in \mathbb{E}^3$ durch einen dreielementigen Spaltenvektor darstellt, läßt sich eine affine Abbildung Φ darstellen als

$$\Phi(\bar{b}) = A\bar{b} + \vec{x} \tag{3.1}$$

Dabei ist A eine 3×3–Matrix und $\vec{x}$ ein Vektor aus $\mathbb{R}^3$. Daß durch $A\bar{b} + \vec{x}$ eine affine Abbildung beschrieben wird, sieht man an der Tatsache, daß diese Abbildung affine Kombinationen unverändert läßt:

$$\begin{aligned}
\Phi(\sum_{j=0}^{n} \alpha_j \bar{b}_j) &= A(\sum_{j=0}^{n} \alpha_j \bar{b}_j) + \vec{x} \\
&= \sum_{j=0}^{n} \alpha_j A\bar{b}_j + \sum_{j=0}^{n} \alpha_j \vec{x} \\
&= \sum_{j=0}^{n} \alpha_j (A\bar{b}_j + \vec{x}) \\
&= \sum_{j=0}^{n} \alpha_j \Phi(\bar{b}_j)
\end{aligned}$$

Beispiele für affine Abbildungen sind Translationen, Rotationen, Skalierungen und Scherungen: Eine Translation τ wird anhand Gleichung 3.1 durch die Einheitsmatrix I und den Translationsvektor $\vec{x}$ beschrieben, d.h. es ist $\tau(\bar{b}) = I\bar{b}+\vec{x}$. Eine Skalierung σ wird durch eine Diagonalmatrix D beschrieben, deren Diagonaleinträge für je eine Dimension einen Skalierungsfaktor angeben, d.h. es ist $\sigma(\bar{b}) = D\bar{b}$. Eine Rotation ρ um die z–Achse mit Winkel ϕ wird durch eine Rotationsmatrix beschrieben:

$$R_z = \begin{pmatrix} \cos\phi & -\sin\phi & 0 \\ \sin\phi & \cos\phi & 0 \\ 0 & 0 & 1 \end{pmatrix}$$

Es ist also $\rho(\bar{b}) = R_z\bar{b}$.

Eine Scherung ϕ wird durch eine Schermatrix beschrieben. Scherungen in x– und y–Richtung, die die z–Richtung unverändert lassen, werden z.B. beschrieben durch Matrizen der Form

$$S = \begin{pmatrix} 1 & a & b \\ c & 1 & d \\ 0 & 0 & 1 \end{pmatrix}$$

d.h. es ist $\phi(\bar{b}) = S\bar{b}$. Affine Abbildungen können kombiniert werden, so daß eine komplexe Abbildung als eine Folge von einfachen Abbildungen zusammengesetzt werden kann. Man kann zeigen, daß sich jede beliebige affine Abbildung aus Translationen, Skalierungen, Rotationen und Scherungen zusammensetzen läßt.

Der Rang der in Gleichung 3.1 verwendeten Matriz A hat eine wichtige geometrische Interpretation: Wenn $\text{rang}(A) = 3$ ist, bildet die affine Abbildung dreidimensionale Objekte in dreidimensionale Objekte ab. Wenn $\text{rang}(A) < 3$ ist, wird dagegen eine Parallelprojektion in den zwei– oder eindimensionalen Raum vorgenommen. In der Computergraphik werden affine Abbildungen mit $\text{rang}(A) = 3$ häufig als *lineare Transformationen* bezeichnet. Parallelprojektionen, d.h. affine Abbildungen mit $\text{rang}(A) < 3$ werden zusammen mit den perspektivischen Projektionen kurz als *Projektionen* bezeichnet, vgl. Abschnitt 3.4.[2]

[2]Man beachte, daß perspektivische Projektionen keine affinen, sondern *projektive* Abbildungen sind. Projektive Abbildungen können als Verallgemeinerung der affinen Abbildungen aufgefaßt werden. Wir können hier nicht weiter auf projektive Abbildungen eingehen, vgl. [Far90], [PP86] für eine ausführlichere Behandlung.

Wir werden im folgenden Punkte und Vektoren immer als Spaltenvektoren darstellen. In diesem Fall wird die Anwendung einer durch eine Matrix M beschriebenen Operation auf einen Punkt $\bar{a} \in \mathbb{E}^3$ mit der Matrizen–Multiplikation $\bar{b} = M\bar{a}$ durchgeführt:

$$\begin{pmatrix} b_x \\ b_y \\ b_z \end{pmatrix} = \begin{pmatrix} m_1 & m_2 & m_3 \\ m_4 & m_5 & m_6 \\ m_7 & m_8 & m_9 \end{pmatrix} \begin{pmatrix} a_x \\ a_y \\ a_z \end{pmatrix}$$

Es entsteht die Spaltenvektor–Beschreibung des Punktes $\bar{b}$. Es gibt auch die Möglichkeit, $\bar{a}$ durch einen Zeilenvektor darzustellen. Dann wird die durch M beschriebene Operation mit der Matrizen–Multiplikation

$$\begin{pmatrix} b_x & b_y & b_z \end{pmatrix} = \begin{pmatrix} a_x & a_y & a_z \end{pmatrix} \begin{pmatrix} m_1 & m_4 & m_7 \\ m_2 & m_5 & m_8 \\ m_3 & m_6 & m_9 \end{pmatrix}$$

durchgeführt. Es wird also die transponierte Matrix M^T verwendet. Wir werden in diesem Buch immer die Darstellung durch Spaltenvektoren verwenden. Im Text werden wir einen Spaltenvektor

$$\begin{pmatrix} b_x \\ b_y \\ b_z \end{pmatrix}$$

meist als $(b_x, b_y, b_z)^T$ darstellen.

3.2 Homogene Koordinaten

Translation und Rotation sind in der Computergraphik sehr häufig verwendete lineare Transformationen. Oft ist es bequem, Objekte in einem lokalen Koordinatensystem zu definieren und danach mit Hilfe von Translationen und Rotationen zu *plazieren*. Dabei kann die Symmetrie der Objekte ausgenutzt werden und das definierte Objekt kann an mehrere Stellen plaziert werden. Wie wir im letzten Abschnitt gesehen haben, kann eine Translation eines Punktes $\bar{a}$ um einen Vektor $\vec{x}$ durch die Operation $\bar{b} = I\bar{a} + \vec{x}$ beschrieben werden, eine Rotation eines Punktes $\bar{a}$ kann als Multiplikation von $\bar{a}$ mit einer Rotationsmatrix R beschrieben werden: $\bar{b} = R\bar{a}$. Die Motivation für das Einführen der *homogenen*

Koordinaten besteht darin, die Addition bei der Berechnung der Translation zu eliminieren, so daß beide Transformationen durch Matrizen–Multiplikationen beschrieben werden. Damit wird eine leichtere Kombinierbarkeit der linearen Transformationen erreicht. Ein Punkt aus $\mathbb{E}^3$, den wir bisher durch einen dreielementigen Spaltenvektor $(x, y, z)^T$ von reellen Zahlen dargestellt haben, wird bei der Verwendung von homogenen Koordinaten durch einen vierelementigen Spaltenvektor $(X, Y, Z, w)^T$ von reellen Zahlen repräsentiert. Dabei ist $w \neq 0$ ein Skalierungsfaktor. Die kartesischen Koordinaten des durch $(X, Y, Z, w)^T$ dargestellten Punktes sind

$$x = \frac{X}{w} \qquad y = \frac{Y}{w} \qquad z = \frac{Z}{w}$$

Man beachte, daß zwei Spaltenvektoren von homogenen Koordinaten denselben Punkt beschreiben können, wenn unterschiedliche Skalierungsfaktoren w verwendet werden: $(X, Y, Z, w)^T$ und $(tX, tY, tZ, w/t)^T$ mit $t \neq 0$ beschreiben denselben Punkt. In der Computergraphik wird üblicherweise nur der Skalierungsfaktor $w = 1$ verwendet. Wenn bei einer Berechnung eine Beschreibung $(X, Y, Z, w)^T$ mit $w \neq 1$ entsteht, so wird diese vor der weiteren Verwendung "homogenisiert", d.h. es wird für die weitere Berechnung die den gleichen Punkt darstellende Beschreibung

$$(\frac{X}{w}, \frac{Y}{w}, \frac{Z}{w}, 1)^T$$

verwendet. Die homogenen Koordinaten $(X, Y, Z, w)^T$ eines Punktes aus $\mathbb{E}^3$ können auch als kartesische Koordinaten eines Punktes aus $\mathbb{E}^4$ aufgefaßt werden. Alle den gleichen Punkt aus $\mathbb{E}^3$ beschreibenden 4–Tupel, d.h. alle Tupel $(tX, tY, tZ, w)^T$ mit $t \neq 0$, beschreiben als kartesische Koordinaten interpretiert eine Gerade im $\mathbb{E}^4$. Die beschriebene Homogenisierung entspricht einer Projektion auf die Ebene $w = 1$ des $\mathbb{E}^4$.

Bei Verwendung von homogenen Koordinaten wird ein Punkt des $\mathbb{E}^3$ durch einen 4–elementigen Spaltenvektor beschrieben. Lineare Transformationen werden daher durch 4×4 Matrizen dargestellt. Wir werden jetzt angeben, wie diese Matrizen für Translation, Rotation, Skalierung und Scherung aussehen. Dabei werden wir der Einfachheit halber nicht mehr zwischen Punkten aus $\mathbb{E}^3$ und deren Beschreibung durch homogene Koordinaten unterscheiden.

Ein Punkt $\bar{a} \in \mathbb{E}^3$ mit den homogenen Koordinaten $(a_x, a_y, a_z, 1)^T$ wird um einen Vektor $\vec{x}$ mit den kartesischen Koordinaten $(dx, dy, dz)^T$ durch Anwendung der Matrix

$$T(\vec{x}) = \begin{pmatrix} 1 & 0 & 0 & dx \\ 0 & 1 & 0 & dy \\ 0 & 0 & 1 & dz \\ 0 & 0 & 0 & 1 \end{pmatrix}$$

verschoben. Es gilt:

$$\begin{pmatrix} 1 & 0 & 0 & dx \\ 0 & 1 & 0 & dy \\ 0 & 0 & 1 & dz \\ 0 & 0 & 0 & 1 \end{pmatrix} \cdot \begin{pmatrix} a_x \\ a_y \\ a_z \\ 1 \end{pmatrix} = \begin{pmatrix} a_x + dx \\ a_y + dy \\ a_z + dz \\ 1 \end{pmatrix}$$

Die zu T inverse Matrix beschreibt eine Translation um den Vektor $-\vec{x}$. Daher ist

$$T^{-1}(\vec{x}) = T(-\vec{x}) = \begin{pmatrix} 1 & 0 & 0 & -dx \\ 0 & 1 & 0 & -dy \\ 0 & 0 & 1 & -dz \\ 0 & 0 & 0 & 1 \end{pmatrix}$$

Wie man leicht nachrechnet, wird das Hintereinanderausführen zweier Translationen um Vektoren $\vec{x}_1 = (dx_1, dy_1, dz_1)^T$ und $\vec{x}_2 = (dx_2, dy_2, dz_2)^T$ durch die Matrix

$$T_{12}(\vec{x}_1 + \vec{x}_2) = T(\vec{x}_1) \cdot T(\vec{x}_2) = \begin{pmatrix} 1 & 0 & 0 & dx_1 + dx_2 \\ 0 & 1 & 0 & dy_1 + dy_2 \\ 0 & 0 & 1 & dz_1 + dz_2 \\ 0 & 0 & 0 & 1 \end{pmatrix}$$

beschrieben, die durch Multiplikation der beiden zu $\vec{x}_1$ und $\vec{x}_2$ gehörenden Translationsmatrizen $T_1(\vec{x}_1)$ und $T_2(\vec{x}_2)$ entsteht.

Das Skalieren einer Menge von Punkten des $\mathbb{E}^3$ bedeutet, daß jede Komponente der die Punkte beschreibenden Spaltenvektoren mit einem konstanten Faktor multipliziert wird. Das Skalieren eines Punktes $\bar{a}$ mit den homogenen Koordinaten $(a_x, a_y, a_z, 1)^T$ um die Skalierungsfaktoren (s_x, s_y, s_z) liefert den Punkt $\bar{a}'$ mit den homogenen Koordinaten

$$(s_x a_x, s_y a_y, s_z a_z, 1)^T$$

Die Skalierungsoperation wird durch Multiplikation mit einer Skalierungsmatrix beschrieben: $S(s_x, s_y, s_z)$:

$$\begin{pmatrix} s_x a_x \\ s_y a_y \\ s_z a_z \\ 1 \end{pmatrix} = \begin{pmatrix} s_x & 0 & 0 & 0 \\ 0 & s_y & 0 & 0 \\ 0 & 0 & s_z & 0 \\ 0 & 0 & 0 & 1 \end{pmatrix} \begin{pmatrix} a_x \\ a_y \\ a_z \\ 1 \end{pmatrix}$$

Wenn der Skalierungsfaktor < 1 ist, verkleinert die Skalierungsoperation ein Objekt und schiebt es näher zum Ursprung. Bei Verwendung von unterschiedlichen Skalierungswerten für die verschiedenen Komponenten wird das Objekt entlang einer bestimmten Koordinatenachse gedehnt oder gestaucht. Im Ursprung zentrierte Objekte verändern ihre Lage nicht. Die zu S inverse Matrix ist:

$$S(s_x, s_y, s_z)^{-1} = S(\frac{1}{s_x}, \frac{1}{s_y}, \frac{1}{s_z}) = \begin{pmatrix} 1/s_x & 0 & 0 & 0 \\ 0 & 1/s_y & 0 & 0 \\ 0 & 0 & 1/s_z & 0 \\ 0 & 0 & 0 & 1 \end{pmatrix}$$

Das Hintereinanderausführen zweier Skalierungsoperationen mit den Skalierungsfaktoren (s_{x1}, s_{y1}, s_{z1}) und (s_{x2}, s_{y2}, s_{z2}) wird durch die Matrix

$$\begin{aligned} S_{12}(s_{x1} \cdot s_{x2}, s_{y1} \cdot s_{y2}, s_{z1} \cdot s_{z2}) &= S_1(s_{x1}, s_{y1}, s_{z1}) \cdot S_2(s_{x2}, s_{y2}, s_{z2}) \\ &= \begin{pmatrix} s_{x1} \cdot s_{x2} & 0 & 0 & 0 \\ 0 & s_{y1} \cdot s_{y2} & 0 & 0 \\ 0 & 0 & s_{z1} \cdot s_{z2} & 0 \\ 0 & 0 & 0 & 1 \end{pmatrix} \end{aligned}$$

beschrieben, die durch Multiplikation der beiden zu (s_{x1}, s_{y1}, s_{z1}) und (s_{x2}, s_{y2}, s_{z2}) gehörenden Skalierungsmatrizen $S_1(s_{x1}, s_{y1}, s_{z1})$ und $S_2(s_{x2}, s_{y2}, s_{z2})$ entsteht.

Das Skalieren von Objekten relativ zu einem Punkt $\bar{c}$ mit den homogenen Koordinaten $(c_x, c_y, c_z, 1)^T$ anstatt relativ zum Ursprung $\bar{o}$ mit den homogenen Koordinaten $(0, 0, 0, 1)$ erreicht man, indem man zuerst eine Translation um den Vektor $-\vec{c} = \bar{o} - \bar{c}$ durchführt, die den Punkt $\bar{c}$ in den Ursprung verschiebt. Dann führt man die gewünschte Skalierung aus und wendet eine Translation um den Vektor $\vec{c} = \bar{c} - \bar{o}$ an, die den Punkt $\bar{c}$ wieder an die ursprüngliche Stelle bringt. Die Gesamttransformation wird durch eine Matrix S_{ges} beschrieben, die durch Multiplikation der die Einzeloperationen beschreibenden Matrizen $T(-\vec{c})$, S und $T(\vec{c})$ entsteht:

$$\begin{aligned} S_{ges} &= T(\vec{c}) \cdot S \cdot T(-\vec{c}) \\ &= \begin{pmatrix} 1 & 0 & 0 & c_x \\ 0 & 1 & 0 & c_y \\ 0 & 0 & 1 & c_z \\ 0 & 0 & 0 & 1 \end{pmatrix} \cdot \begin{pmatrix} s_x & 0 & 0 & 0 \\ 0 & s_y & 0 & 0 \\ 0 & 0 & s_z & 0 \\ 0 & 0 & 0 & 1 \end{pmatrix} \cdot \begin{pmatrix} 1 & 0 & 0 & -c_x \\ 0 & 1 & 0 & -c_y \\ 0 & 0 & 1 & -c_z \\ 0 & 0 & 0 & 1 \end{pmatrix} \\ &= \begin{pmatrix} s_x & 0 & 0 & c_x(1-s_x) \\ 0 & s_y & 0 & c_y(1-s_y) \\ 0 & 0 & s_z & c_z(1-s_z) \\ 0 & 0 & 0 & 1 \end{pmatrix} \end{aligned}$$

Als *Scherung* bezeichnet man eine Transformation, die alle Punkte $\bar{a}_i = (a_{ix}, a_{iy}, a_{iz})^T \in \mathbb{E}^3$ eines Objektes in Punkte $\bar{a}'_i = (a'_{ix}, a'_{iy}, a'_{iz})^T$ entsprechend folgendem Zusammenhang transformiert:

$$\begin{aligned} a'_{ix} &= a_{ix} + s_1 a_{iy} + s_2 a_{iz} \\ a'_{iy} &= s_3 a_{ix} + a_{iy} + s_4 a_{iz} \\ a'_{iz} &= s_5 a_{ix} + s_6 a_{iy} + a_{iz} \end{aligned}$$

Dies läßt sich bei Verwendung von homogenen Koordinaten auch als Multiplikation der Punkte $\bar{a}_i = (a_{ix}, a_{iy}, a_{iz}, 1)^T$ des Objektes mit einer Schermatrix der Form

$$\begin{pmatrix} 1 & s_1 & s_2 & 0 \\ s_3 & 1 & s_4 & 0 \\ s_5 & s_6 & 1 & 0 \\ 0 & 0 & 0 & 1 \end{pmatrix}$$

beschreiben. Üblicherweise werden Scherungen meist nur in einer oder zwei Koordinatenrichtungen durchgeführt, vgl. Abbildung 3.1. Eine nur in x–Richtung erfolgende Scherung wird durch die Matrix

$$\begin{pmatrix} 1 & s_1 & s_2 & 0 \\ 0 & 1 & 0 & 0 \\ 0 & 0 & 1 & 0 \\ 0 & 0 & 0 & 1 \end{pmatrix}$$

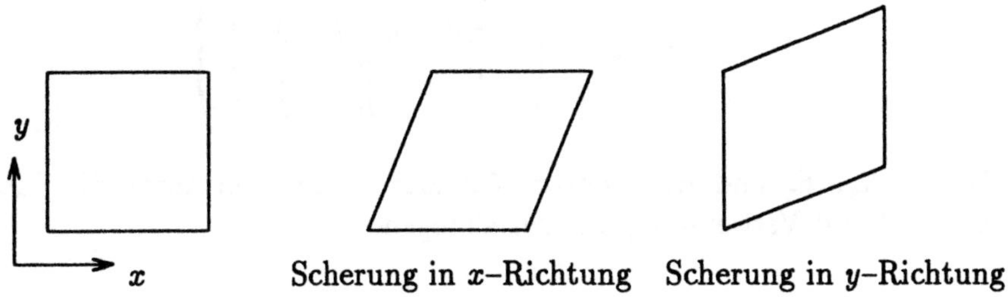

Abbildung 3.1: **Veranschaulichung der Scherung im zweidimensionalen Raum an einem Rechteck.**

beschrieben.

Eine Rotation erfolgt immer um eine vorgegebene Achse, die z.B. durch Angabe eines auf der Achse liegenden Punktes $\bar{a} \in \mathbb{E}^3$ und eines in Richtung der Achse zeigenden Vektors $\vec{v} \in \mathbb{R}^3$ spezifiziert werden kann. Es ist aber auch möglich, die Achse durch zwei auf der Achse liegende Punkte aus $\mathbb{E}^3$ zu spezifizieren. Wir werden hier zuerst beschreiben, wie eine Rotation um eine der Koordinatenachsen ausgeführt wird.

Wir nehmen an, daß ein rechtshändiges Koordinatensystem verwendet wird und daß die auszuführenden Rotationen im mathematisch positiven Sinn erfolgen. Eine Rotation um eine der Koordinatenachsen erfolgt im mathematisch positiven Sinn, wenn beim Blick in Richtung der negativen Drehachse *gegen* den Uhrzeigersinn gedreht wird[3]. Die Rotation eines Punktes $\bar{a} \in \mathbb{E}^3$ um einen Winkel ϕ wird als Multiplikation mit einer Rotationsmatrix beschrieben. Die Rotationsmatrix ist abhängig von der als Drehachse verwendeten Koordinatenachse. R_x, R_y und R_z sind die Rotationsmatrizen für Drehungen um x–, y– und z–Achse:

$$R_x(\phi) = \begin{pmatrix} 1 & 0 & 0 & 0 \\ 0 & \cos\phi & -\sin\phi & 0 \\ 0 & \sin\phi & \cos\phi & 0 \\ 0 & 0 & 0 & 1 \end{pmatrix}, R_y(\phi) = \begin{pmatrix} \cos\phi & 0 & \sin\phi & 0 \\ 0 & 1 & 0 & 0 \\ -\sin\phi & 0 & \cos\phi & 0 \\ 0 & 0 & 0 & 1 \end{pmatrix}$$

[3]In einem linkshändigen Koordinatensystem werden Rotationen im mathematisch positiven Sinn *im* Uhrzeigersinn ausgeführt, wenn man in Richtung der negativen Drehachse blickt. Diese Festlegung liefert identische Rotationsmatrizen für rechtshändige und linkshändige Koordinatensysteme.

$$R_z(\phi) = \begin{pmatrix} \cos\phi & -\sin\phi & 0 & 0 \\ \sin\phi & \cos\phi & 0 & 0 \\ 0 & 0 & 1 & 0 \\ 0 & 0 & 0 & 1 \end{pmatrix}$$

Die zu R_x, R_y und R_z inversen Matrizen erhält man durch die Substitution $\phi \rightarrow -\phi$ und Verwendung der Beziehungen:

$$\cos(-\phi) = \cos(\phi) \qquad\qquad \sin(-\phi) = -\sin(\phi)$$

Damit ist z.B. $R_x^{-1}(\phi) = R_x(-\phi) = R_x(\phi)^T$. Als Beispiel für die Herleitung der Matrizen betrachten wir die Drehung eines Punktes $\bar{a} = (a_x, a_y, a_z, 1)^T$ um die z–Achse, vgl. Abbildung 3.2. Der Drehwinkel sei ϕ und der Zielpunkt sei $\bar{a}' = (a'_x, a'_y, a'_z, 1)^T$. Wenn θ der Winkel des Ortsvektors von $\bar{a}$ mit der x–Achse ist, gilt:

$$\begin{aligned} a'_x &= |\bar{a}| \cdot \cos(\theta + \phi) \\ &= |\bar{a}| \cdot (\cos\theta \cdot \cos\phi - \sin\theta \cdot \sin\phi) \\ &= a_x \cdot \cos\phi - a_y \cdot \sin\phi \end{aligned}$$

$$\begin{aligned} a'_y &= |\bar{a}| \cdot \sin(\theta + \phi) \\ &= |\bar{a}| \cdot (\sin\theta \cdot \cos\phi + cos\theta \cdot \sin\phi) \\ &= a_y \cdot \cos\phi + a_x \cdot \sin\phi \end{aligned} \tag{3.2}$$

Also ist

$$\bar{a}' = \begin{pmatrix} a'_x \\ a'_y \\ a'_z \\ 1 \end{pmatrix} = \begin{pmatrix} \cos\phi & -\sin\phi & 0 & 0 \\ \sin\phi & \cos\phi & 0 & 0 \\ 0 & 0 & 1 & 0 \\ 0 & 0 & 0 & 1 \end{pmatrix} \cdot \begin{pmatrix} a_x \\ a_y \\ a_z \\ 1 \end{pmatrix} = R_z \cdot a$$

Für das Hintereinanderausführen zweier Rotationen um die Winkel ϕ_1 und ϕ_2 gilt wegen der Additionstheoreme für Sinus– und Cosinusfunktion:

$$R_x(\phi_1 + \phi_2) = R_x(\phi_1) \cdot R_x(\phi_2)$$

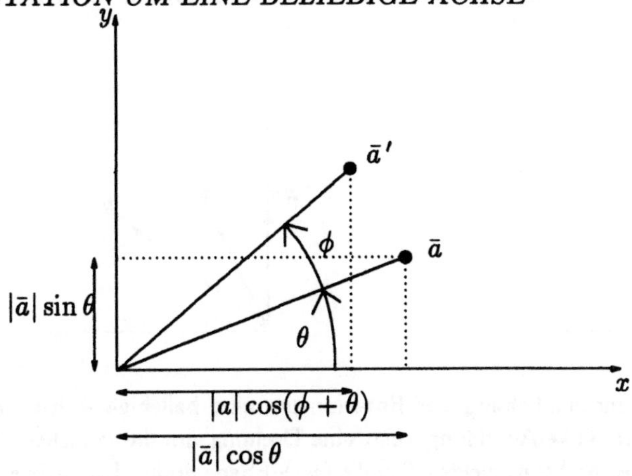

Abbildung 3.2: **Drehung eines Punktes $\bar{a}$ um den Winkel ϕ. Für die Koordinaten a_x und a_y von $\bar{a}$ gilt: $a_x = |\bar{a}|\cos\theta$, $a_y = |\bar{a}|\sin\theta$**

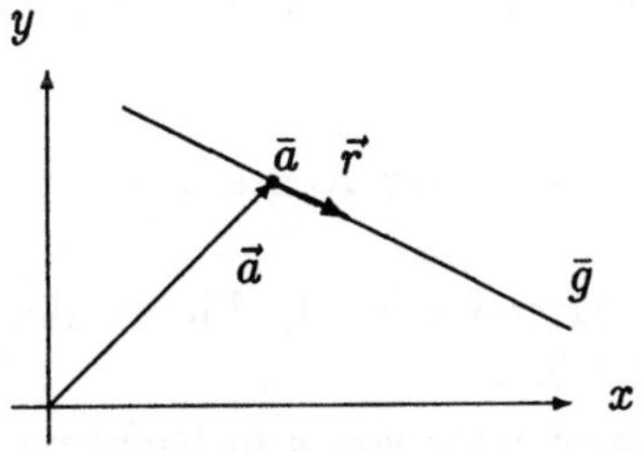

Abbildung 3.3: **Spezifikation einer Rotationsachse durch Angabe eines Aufpunktes $\bar{a}$ und einer Richtungsvektor $\vec{r}$. $\vec{a}$ sei der Ortsvektor von $\bar{a}$, d.h. $\vec{a} = \bar{a} - \bar{o}$, wenn $\bar{o}$ der Urprung des verwendeten Koordinatensystems ist.**

3.3 Rotation um eine beliebige Achse

Bisher haben wir nur die Rotation um eine der Koordinatenachsen beschrieben. Eine Rotation um eine beliebige Achse erhält man durch Zusammensetzen mehrerer Rotationen und Translationen. Wir nehmen im folgenden an, daß die Rotationsachse durch einen Aufpunkt $\bar{a} \in \mathbb{E}^3$ und einen Richtungsvektor $\vec{r} \in \mathbb{R}^3$ spezifiziert ist. Alle auf der Achse liegenden Punkte werden dann durch die Gleichung

$$\bar{g} = \bar{a} + \mu\vec{r}$$

beschrieben, die man auch als (parametrisierte) *Geradengleichung* bezeichnet. $\mu \in \mathbb{R}$ ist dabei der Parameter der Gleichung. Wenn $\vec{r}$ die Länge 1 hat, gibt μ den Abstand der Punkte vom Aufpunkt an, siehe auch Abbildung 3.3.

Die Rotation um die angegebene Achse g mit dem Winkel ϕ wird aus mehreren Einzeltransformationen zusammengesetzt, die sich zu der gewünschten

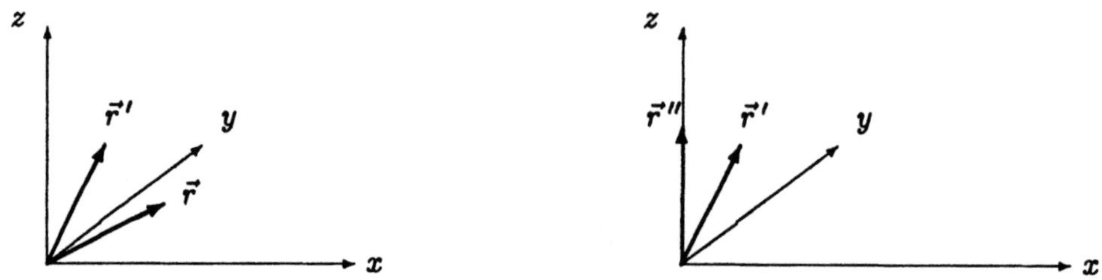

Abbildung 3.4: **Veranschaulichung der Rotation um eine beliebige Achse anhand des Richtungsvektors $\vec{r}$. Die linke Abbildung zeigt eine Drehung um die y–Achse, die den im Ursprung aufgetragenen Richtungsvektor $\vec{r}$ in die (yz)–Ebene dreht. Die rechte Abbildung zeigt eine Drehung um die x–Achse, die den in der (yz)–Ebene liegenden Richtungsvektor $\vec{r}'$ so dreht, daß er in Richtung der positiven z–Achse zeigt.**

Gesamttransformation zusammensetzen, wenn man sie nacheinander ausführt. Die durchzuführenden Einzeltransformationen sind:

(1) Translation um $-\vec{a} = \bar{o} - \bar{a}$, die den Aufpunkt $\bar{a}$ der Achse g in den Ursprung verschiebt.

(2) Rotation um die y–Achse, so daß g in der Ebene $x = 0$, d.h. in der (yz)–Ebene, zu liegen kommt, siehe Abbildung 3.4.

(3) Rotation um die x–Achse, so daß der Richtungsvektor von g in Richtung der z–Achse zeigt, siehe Abbildung 3.4.

(4) Rotation um die z–Achse mit dem gewünschten Winkel ϕ.

(5) Umkehrtransformationen der in den Schritten (1) bis (3) verwendeten Transformationen, die die Achse und den Aufpunkt wieder in die ursprüngliche Lage bringen.

Wir werden im folgenden die durchzuführenden Einzeltransformationen etwas genauer beschreiben. $\bar{a} = (a_x, a_y, a_z, 1)^T$ sei der Aufpunkt der Achse, $\vec{r} = (r_x, r_y, r_z)^T$ sei der Richtungsvektor. $\vec{r}$ habe Länge 1, d.h. es sei $\sqrt{r_x^2 + r_y^2 + r_z^2} = 1$. Im ersten Schritt wird $\bar{a}$ mit Hilfe einer Translation um $-\vec{a} = \bar{o} - \bar{a}$ in den Ursprung verschoben. Dies wird durch Anwenden der folgenden Translationsmatrix erreicht:

$$T(-\vec{a}) = \begin{pmatrix} 1 & 0 & 0 & -a_x \\ 0 & 1 & 0 & -a_y \\ 0 & 0 & 1 & -a_z \\ 0 & 0 & 0 & 1 \end{pmatrix}$$

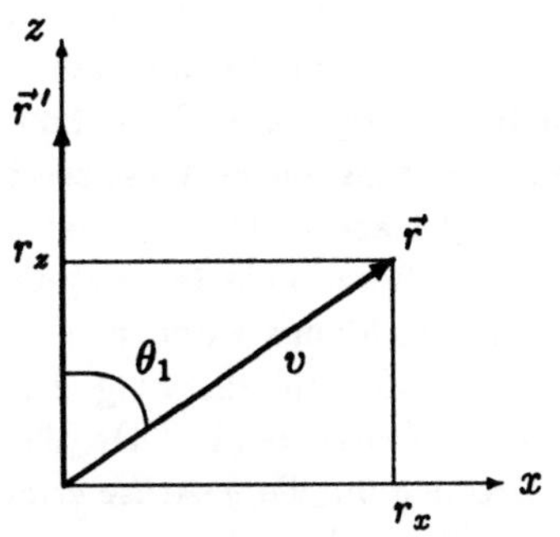

Abbildung 3.5: **Veranschaulichung der Rotation um die y–Achse: Die Abbildung zeigt eine Projektion auf die (xz)–Ebene, die y–Achse zeigt in die Zeichnung hinein. Um den im Ursprung aufgetragenen Richtungsvektor $\vec{r}$ in die (yz)–Ebene zu bringen, muß eine Drehung um den Winkel θ_1 durchgeführt werden, der abhängig von der Lage von $\vec{r}$ ist.**

Im zweiten Schritt wird eine Rotation um die y–Achse ausgeführt, die die Rotationsachse g in die Ebene $x = 0$ dreht. Abbildung 3.5 zeigt einen Blick auf die (xz)–Ebene, aus dem man die folgenden Beziehungen für den Drehwinkel θ_1 ersieht:

$$\cos\theta_1 = \frac{r_z}{v}, \qquad \sin\theta_1 = \frac{r_x}{v}$$

Dabei ist $v = \sqrt{r_x^2 + r_z^2}$ die Länge der Projektion von $\vec{r}$ auf die (xz)–Ebene. Die gewünschte Drehung um die y–Achse wird also durch die folgende Rotationsmatrix beschrieben:

$$R_y(\theta_1) = \begin{pmatrix} \frac{r_z}{v} & 0 & \frac{r_x}{v} & 0 \\ 0 & 1 & 0 & 0 \\ -\frac{r_x}{v} & 0 & \frac{r_z}{v} & 0 \\ 0 & 0 & 0 & 1 \end{pmatrix}$$

Im dritten Schritt wird eine Rotation um die x–Achse ausgeführt, die den im Ursprung aufgetragenen Richtungsvektor der Achse so dreht, daß er in Richtung der z–Achse zeigt. Abbildung 3.6 zeigt einen Blick auf die (yz)–Ebene, aus dem man die folgenden Beziehungen für den Drehwinkel θ_2 ersieht:

$$\cos\theta_2 = v \qquad \sin\theta_2 = r_y$$

Man beachte, daß $\vec{r}$ die Länge 1 hat. Die gewünschte Drehung um die x–Achse wird also durch die folgende Rotationsmatrix beschrieben:

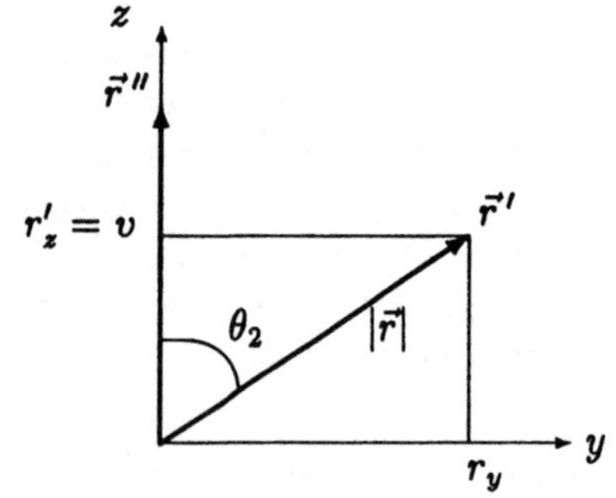

Abbildung 3.6: Veranschaulichung der Rotation um die x–Achse: Die Abbildung zeigt eine Projektion auf die (yz)–Ebene, die x–Achse zeigt aus der Zeichenebene heraus. Der nach der ersten Rotation in der (yz)–Ebene liegende Richtungsvektor $\vec{r}'$ wird so gedreht, daß er in Richtung der positiven z–Achse zeigt. Da die erste Drehung um die y–Achse erfolgte, hat $\vec{r}'$ die gleiche y–Komponente wie $\vec{r}$. Die z–Komponente von $\vec{r}'$ ist die Länge der Projektion des ursprünglichen Richtungsvektors $\vec{r}$ auf die (xz)–Ebene, die wir oben mit v bezeichnet haben.

$$R_x(\theta_2) = \begin{pmatrix} 1 & 0 & 0 & 0 \\ 0 & v & -r_y & 0 \\ 0 & r_y & v & 0 \\ 0 & 0 & 0 & 1 \end{pmatrix}$$

Im vierten Schritt wird die Rotation mit dem spezifizierten Winkel ϕ um die z–Achse durchgeführt. Die zugehörige Transformationsmatrix ist

$$R_z(\phi) = \begin{pmatrix} \cos\phi & -\sin\phi & 0 & 0 \\ \sin\phi & \cos\phi & 0 & 0 \\ 0 & 0 & 1 & 0 \\ 0 & 0 & 0 & 1 \end{pmatrix}$$

In den nächsten Schritten werden die in den ersten drei Schritten durchgeführten Tranformationen wieder rückgängig gemacht. Dies wird durch Anwendung der zu den angegebenen Matrizen gehörenden inversen Matrizen erreicht. Die Gesamttransformation der Rotation um eine beliebige Achse wird durch die Produktmatrix der angegebenen Matrizen beschrieben:

$$R_{ges}(a, \vec{r}, \phi) = T(\vec{a}) \cdot R_y(\theta_1)^{-1} \cdot R_x(\theta_2)^{-1} \cdot R_z(\phi) \cdot R_x(\theta_2) \cdot R_y(\theta_1) \cdot T(-\vec{a})$$

Das Rotieren eines Objektes um eine durch einen Aufpunkt $\vec{a}$ und einen Richtungsvektor $\vec{r}$ beschriebene Achse mit einem Winkel ϕ erreicht man durch Anwenden der die Gesamttransformation beschreibenden Rotationsmatrix $R_{ges}(a, \vec{r}, \phi)$ auf jeden Punkt $\bar{b}$ des Objektes:

$$\bar{b}' = R_{ges} \cdot \bar{b}$$

3.4 Projektionen

Projektionen sind Abbildungen, die dreidimensionale Objekte in den zwei- oder eindimensionalen Raum abbilden. Wir betrachten hier die für die Computergraphik relevanten Projektionen in den zweidimensionalen Raum, vgl. auch [FvDFH90], [BG89], [CP78] und [ES88]. Projektionen werden in der Computergraphik benutzt, um nach der Definition der darzustellenden Objekte im dreidimensionalen Raum eine zweidimensionale Darstellung auf dem Bildschirm zu erzeugen. Wir werden in diesem Abschnitt einige allgemeine Eigenschaften von Projektionen und ihre mathematische Darstellung beschreiben. In den Abschnitten 3.5 und 3.6 beschäftigen wir uns dann mit der Frage, wie eine allgemeine Projektion spezifiziert und effizient berechnet werden kann.

Eine Projektion ist bestimmt durch Angabe eines *Projektionszentrums*, das der Position des Betrachters entspricht, und einer *Projektionsebene*, in der der Bildschirm als rechteckiges Fenster spezifiziert ist. Geometrisch kann man eine Projektion punktweise konstruieren, indem man vom Projektionszentrum aus Strahlen – *Projektoren* genannt – ausgesendet, die durch jeden Punkt des zu projizierenden Objektes gehen. Die Schnittpunkte der Projektoren mit der Projektionsebene definieren die Projektion, vgl. Abbildung 3.13. Diese Projektionen nennt man auch *ebene geometrische Projektionen*, weil die Projektion auf eine Ebene erfolgt und weil die verwendeten Projektoren Geraden sind. Wir werden im folgenden nur ebene geometrische Projektionen betrachten. Prinzipiell kann man je nach Lage des Projektionszentrums zwei Klassen von ebenen geometrischen Projektionen unterschieden, die *perspektivische* und die *parallele* Projektion, siehe Abbildung 3.7. Bei der perspektivischen Projektion hat das Projektionszentrum einen endlichen Abstand von der Projektionsebene. Eine perspektivische Projektion ist deshalb durch Angabe der Projektionsebene und des Projektionszentrums eindeutig bestimmt. Bei der parallelen Projektion hat das Projektionszentrum unendlichen Abstand von der Projektionsebene, alle Projektoren verlaufen parallel zueinander. Die parallele Projektion ist spezifiziert durch Angabe der Projektionsebene und der Projektionsrichtung.

Die Anwendung einer perspektivischen Projektion führt zum Auftreten einer

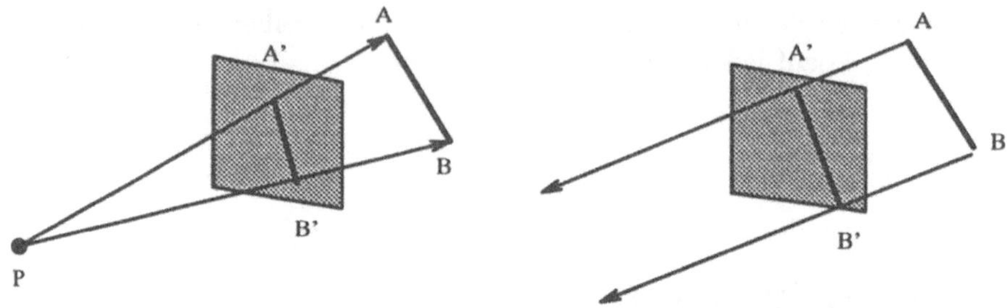

Abbildung 3.7: **Veranschaulichung von perspektivischer und paralleler Projektion: Die linke Abbildung zeigt die Anwendung einer perspektivischen Projektion auf ein Geradensegment AB. Die Projektoren gehen vom Projektionszentrum P aus und erzeugen das Bild $A'B'$ auf der Projektionsebene. Die rechte Abbildung zeigt die Anwendung einer parallelen Projektion auf das Geradensegment AB. Die Projektoren verlaufen parallel zueinander und erzeugen das Bild $A'B'$ auf der Projektionsebene.**

perspektivischen Verkürzung, die bewirkt, daß in der Projektion[4] von zwei gleichgroßen Objekten das vom Projektionszentrum weiter entfernt liegende Objekt kleiner erscheint.Dies führt zwar zu einem realistischen Aussehen der abgebildeten Objekte, bewirkt aber auch, daß Winkel und Abstände in der Projektion nicht mehr mit den Originalwinkeln und -abständen übereinstimmen. Im Originalobjekt parallele Kanten sind in der Projektion nur dann parallel, wenn sie parallel zur Projektionsebene liegen. Alle anderen parallelen Geraden laufen in der Projektion in einem *Fluchtpunkt* zusammen. Dies ist der Punkt, in dem eine durch das Projektionszentrum verlaufende Gerade, die parallel zu den parallelen Geraden verläuft, die Projektionsebene schneidet. Die Fluchtpunkte von Geraden, die parallel zu einer Ebene verlaufen, liegen immer auf einer Gerade in der Projektionsebene. Wenn diese dem Beobachter als horizontal verlaufend erscheint, wird sie als *Horizontgerade* bezeichnet. Die Lage der Horizontgerade bestimmt, ob ein Objekt von oben oder von unten betrachtet erscheint, vgl. Abbildung 3.8. Die perspektivische Verkürzung wird dadurch hervorgerufen, daß im Originalobjekt parallele Geraden in der Projektion zusammenlaufen. Die Fluchtpunkte, die zu parallel zu den Koordinatenachsen verlaufenden Geraden gehören, werden als *Achsen-Fluchtpunkte* bezeichnet. Je nach Lage der Projektionsebene hat man bis zu drei Achsen-Fluchtpunkte: Wenn die Projektionsebene parallel zu einer der Koordinatenachsen liegt, gibt

[4]Wir verwenden im folgenden den Begriff Projektion sowohl als Bezeichnung für eine Abbildung vom drei- in den zweidimensionalen Raum als auch für das durch die Anwendung dieser Abbildung entstehende Bild auf der Projektionsebene.

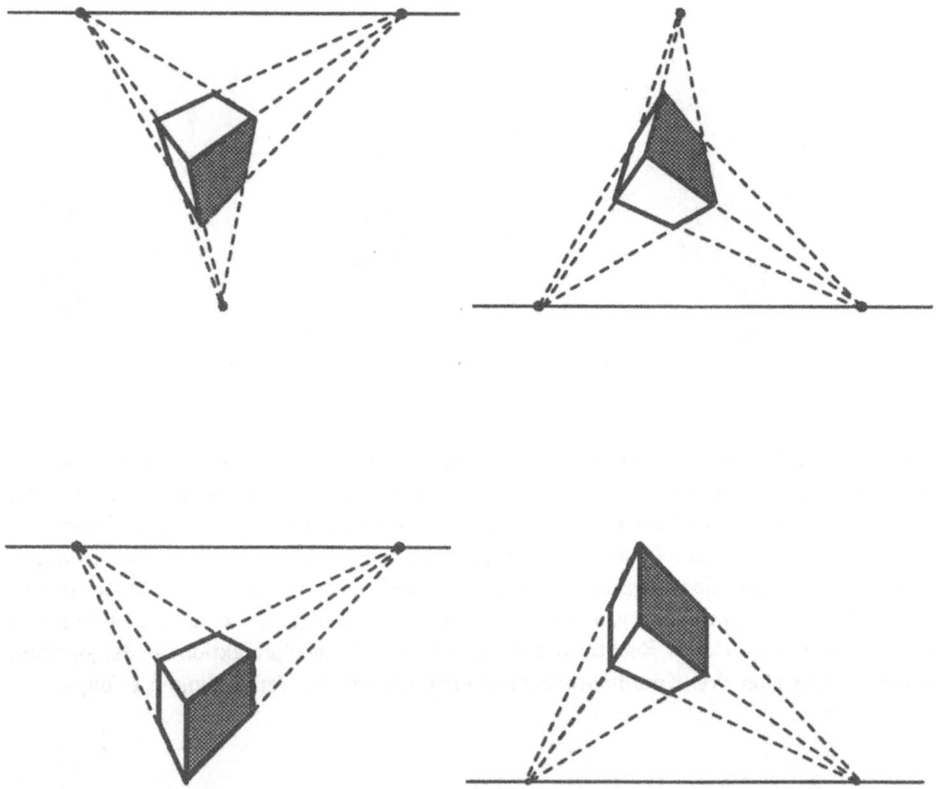

Abbildung 3.8: Perspektivische Projektion eines Würfels mit drei bzw. zwei Achsen–Fluchtpunkten. Da in den linken Abbildungen die Horizontgerade oberhalb des Objektes liegt, ist dieses von oben betrachtet dargestellt. In den rechten Abbildungen liegt die Horizontgerade unterhalb des Objektes, dieses ist daher von unten betrachtet dargestellt.

es zu dieser Achse keinen endlichen Fluchtpunkt, weil die zu dieser Achse parallelen Geraden auch in der Projektion parallel abgebildet werden. Da die Projektionsebene zu höchstens zwei Koordinatenachsen parallel sein kann, gibt es aber mindestens einen Achsen–Fluchtpunkt. Perspektivische Projektionen werden üblicherweise nach der Anzahl der Achsen–Fluchtpunkte unterschieden. Die Achsen–Fluchtpunkte können zur Konstruktion von Projektionen verwendet werden, vgl. Abbildung 3.8.

Durch Anwendung einer Parallelprojektion erfolgt keine perspektivische Verkürzung[5]. Ein mit Parallelprojektion dargestelltes Objekt hat daher im all-

[5]Es können unterschiedliche konstante Verkürzungen entlang der unterschiedlichen Koordinatenachsen auftreten, vgl. unten.

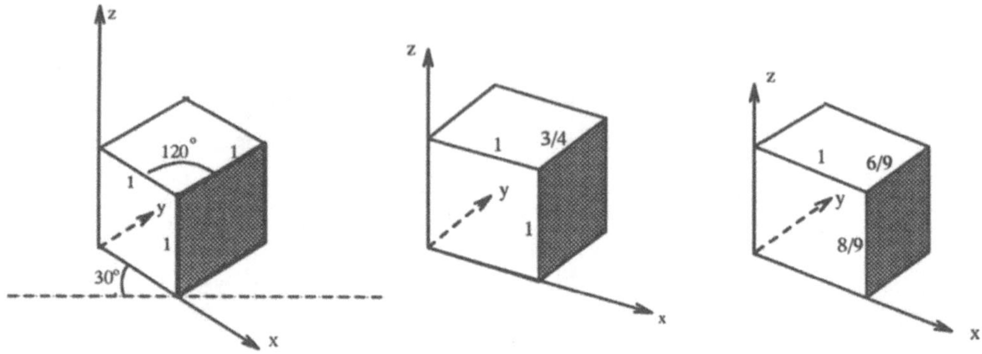

Abbildung 3.9: Axonometrische rechtwinklige Parallelprojektion eines entlang der Koordinatenachsen ausgerichteten und mit einer Ecke im Ursprung liegenden Würfels. Die an den Kanten stehenden Werte geben die uniformen Verkürzungen entlang der zugehörigen Koordinatenachse an. Links ist eine isometrische Projektion wiedergegeben, bei der entlang der drei Koordinatenachsen eine gleiche Verkürzung erfolgt. In der Mitte ist eine dimetrische Parallelprojektion wiedergegeben, bei der entlang der x– und z–Achse eine gleiche Verkürzung erfolgt. Rechts ist eine trimetrische Parallelprojektion wiedergegeben, bei der entlang aller drei Koordinatenachsen unterschiedliche Verkürzungen erfolgen.

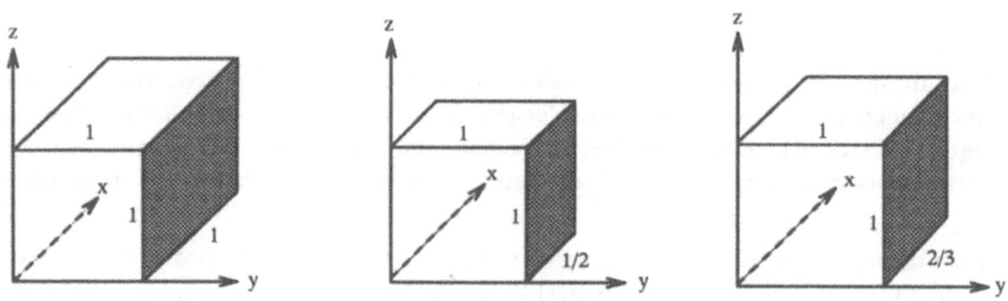

Abbildung 3.10: Schiefwinklige Parallelprojektion eines mit einer Ecke im Ursprung liegenden Würfels. Links ist eine Kavalierprojektion wiedergegeben, bei der die Projektoren im Winkel von 45° auf der Projektionsebene eintreffen. In der Mitte ist eine Kabinettprojektion wiedergegeben, bei der die Projektoren im Winkel von etwa 63° eintreffen. Mit Kavalierprojektion dargestellte Objekte erscheinen manchmal zu dick, mit Kabinettprojektion dargestellte Objekte erscheinen manchmal zu dünn. Die rechts wiedergegebene Projektion, bei der die Projektoren in einem Winkel von etwa 56° eintreffen und damit eine Verkürzung von 2/3 hervorrufen, liefert oft ein besseres Bild.

gemeinen ein weniger realistisches Aussehen als ein mit perspektivischer Projektion dargestelltes. Dafür werden aber je nach Lage der Projektionsebene die Abstandsverhältnisse richtig wiedergegeben, weil die Abstände in der Projektion bis auf einen Skalierungsfaktor richtig dargestellt werden. Im Original parallele Geraden bleiben in der Projektion parallel. Winkel werden dagegen nur für die Seiten des Objekts, die parallel zur Projektionsebene liegen, richtig dargestellt. Grundsätzlich unterscheidet man zwei Arten von Parallelprojektionen, die *rechtwinklige* Parallelprojektion und die *schiefwinklige* Parallelprojektion. Bei der rechtwinkligen Parallelprojektion stehen die Projektoren senkrecht auf der Projektionsebene, bei der schiefwinkligen Parallelprojektion treffen die Projektoren dagegen nicht im rechten Winkel auf der Projektionsebene auf. Je nach Lage der Projektionsebene werden rechtwinklige und schiefwinklige Projektionen weiter unterschieden, vgl. Abbildung 3.11. Rechtwinklige Parallelprojektionen werden in *Hauptrisse* und *axonometrische Projektionen* unterschieden. Ein Hauptriß, auch *Seitenansicht* genannt, entsteht, wenn die Projektionsebene senkrecht auf einer der Koordinatenachsen steht, ansonsten liegt eine axonometrische Projektion vor, vgl. Abbildung 3.9. Eine axonometrische Projektion, bei der die Projektionsebene mit allen drei bzw. zwei der drei Koordinatenachsen einen gleichen Winkel hat, wird *isometrische* bzw. *dimetrische* Projektion genannt. Wenn die Projektionsebene mit allen drei Koordinatenachsen unterschiedliche Winkel bildet, liegt eine *trimetrische* Projektion vor. Rechtwinklige Parallelprojektionen geben Winkel und Abstände einer Seite eines Objektes immer dann exakt wieder, wenn diese parallel zur Projektionsebene ausgerichtet ist. Dies ist für eine Seitenansicht immer der Fall. Für alle nicht parallel zur Projektionsebene liegenden Seiten eines Objektes führt die Anwendung einer axonometrischen Projektion zu einer uniformen Verkürzung, die *nicht* mit dem Abstand von der Projektionsebene zunimmt. Daher werden Längen bis auf einen konstanten Skalierungsfaktor richtig wiedergegeben. Für Koordinatenachsen, die von der Projektionsebene im gleichen Winkel geschnitten werden, ist auch die uniforme Verkürzung gleich. Schiefwinkligen Parallelprojektionen werden nach dem Winkel zwischen den Projektoren und der Projektionsebene unterschieden. Häufig verwendete schiefwinklige Projektionen sind die *Kavalierprojektion*, bei der der Winkel 45° beträgt, und die *Kabinettprojektion*, bei der der Winkel $\arctan(2) \simeq 63.4°$ beträgt. Der Winkel zwischen den Projektoren und der Projektionsebene bestimmt die Verkürzung von senkrecht auf der Projektionsebene stehenden Geradensegmenten und damit die Dicke des dargestellten Objektes. Bei der Kavalierprojektion werden solche Geradensegmente ohne Verkürzung wiedergegeben, bei der Kabinettprojektion tritt eine Verkürzung von 1/2 auf, vgl. Abbildung 3.12. Abbildung 3.10 zeigt Beispiele für schiefwinklige Parallelprojektionen.

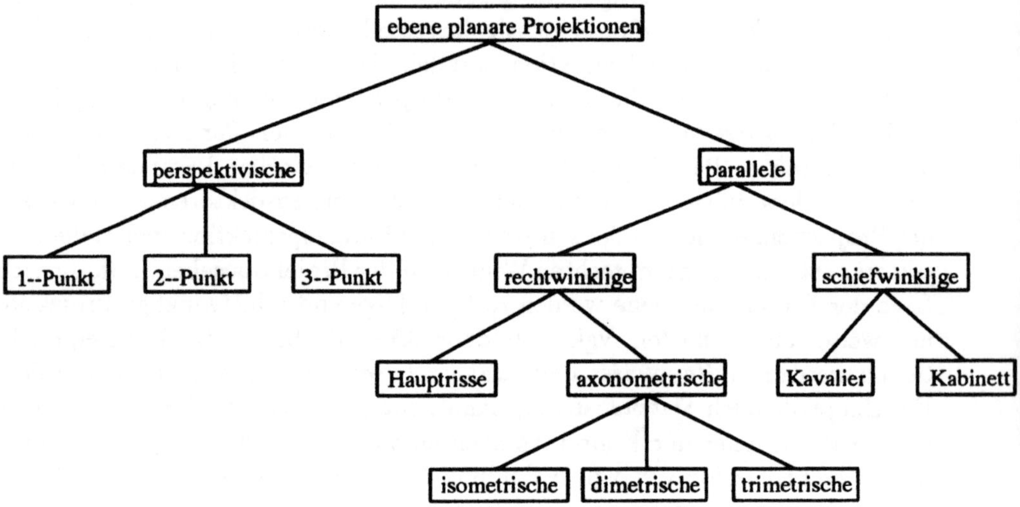

Abbildung 3.11: Klassifizierung der ebenen geometrischen Projektionen nach [CP78].

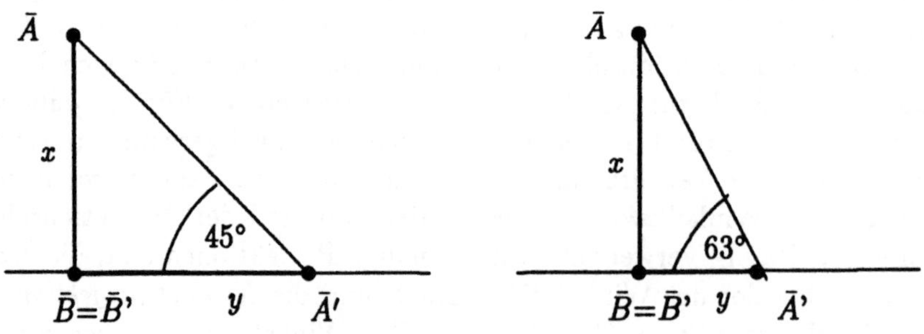

Abbildung 3.12: Uniforme Verkürzung bei der Kavalier– und Kabinettprojektion. Die Projektionsebene steht senkrecht auf der Zeichenebene. Für die links wiedergegebene Kavalierprojektion gilt $x/y = \tan 45° = 1$, es ist also $x = y$. Für die rechts wiedergegebene Kabinettprojektion ist $\tan\phi = x/y = 2$, also $x = 2y$.

Wir werden im folgenden ebene geometrische Projektionen mathematisch durch 4×4–Matrizen beschreiben, deren Anwendung der Durchführung der Projektion entspricht. Die Verwendung von 4×4–Matrizen hat den Vorteil, daß diese einfach mit evtl. durchzuführenden linearen Transformationen zu kombinieren sind, so daß die Gesamtoperation durch *eine* Matrix beschrieben werden kann. Da alle Projektionen eine Abbildung in den zweidimensionalen Raum vornehmen, sind die sie beschreibenden Matrizen singulär. Wir machen zuerst die Annahme, daß die Projektionsebene parallel zur (xy)–Ebene liegt und zeigen dann in Abschnitt 3.6 wie man daraus die Beschreibung für eine beliebige Lage der Projektionsebene herleitet. Für perspektivische Projektionen nehmen wir an, daß das Projektionszentrum im Ursprung liegt und daß der Abstand der Projektionsebene zur (xy)–Ebene $d > 0$ sei. Für Parallelprojektionen nehmen wir an, daß die Projektionsebene mit der (xy)–Ebene zusammenfällt.

3.4.1 Perspektivische Projektion

Bei der perspektivischen Projektion steht die Projektionsebene im Abstand $d > 0$ senkrecht auf der z–Achse, die Gleichung der Projektionsebene ist also $z = d$. Das Projektionszentrum liegt im Urspung, vgl. Abbildung 3.13. $\bar{a} = (x, y, z, 1)^T$ sei ein Punkt des zu projizierenden Objektes. Die Projektion $\bar{a}_p = (x_p, y_p, z_p, 1)^T$ von $\bar{a}$ erhält man nach Abbildung 3.14 durch Anwendung des Strahlensatzes. Es gilt mit $z_p = d$:

$$\frac{x_p}{d} = \frac{x}{z} \qquad \frac{y_p}{d} = \frac{y}{z}$$

Also

$$x_p = \frac{d \cdot x}{z} = \frac{x}{z/d} \qquad y_p = \frac{d \cdot y}{z} = \frac{y}{z/d} \tag{3.3}$$

Die Division durch z bewirkt die perspektivische Verkürzung, die weiter vom Projektionszentrum entfernt liegenden Objekten eine kleinere Projektion zuordnet als näher liegenden Objekten. Die Gleichungen (3.3) gelten für alle Werte von z außer $z = 0$. $z = 0$ ist nicht möglich, weil dann die vom Projektionszentrum $(0,0,0,1)^T$ ausgehenden Projektoren die Projektionsebene gar nicht treffen. Die von den Gleichungen (3.3) durchgeführten Operationen werden auch durch die folgende Matrix beschrieben:

$$P_{per} = \begin{pmatrix} 1 & 0 & 0 & 0 \\ 0 & 1 & 0 & 0 \\ 0 & 0 & 1 & 0 \\ 0 & 0 & 1/d & 0 \end{pmatrix} \tag{3.4}$$

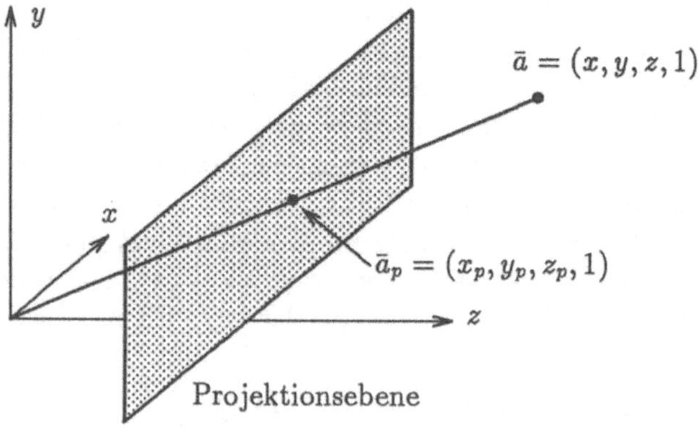

Abbildung 3.13: Die Projektion eines Punktes $\bar{a} = (x, y, z, 1)^T$ auf die Projektionsebene ergibt den Punkt $\bar{a}_p = (x_p, y_p, z_p, 1)^T$.

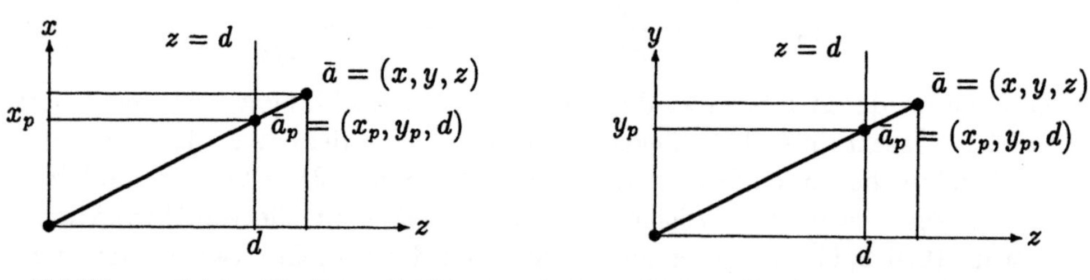

Abbildung 3.14: Die linke Abbildung zeigt den Blick in Richtung der negativen y–Achse auf die (xz)–Ebene. Die y–Achse zeigt aus der Zeichenebene heraus. $z = d$ ist die Gleichung der Projektionsebene. Die rechte Abbildung zeigt den Blick in Richtung der positiven x–Achse auf die (yz)–Ebene. Die x–Achse zeigt in die Zeichenebene hinein.

Die Anwendung dieser Matrix auf einen Punkt $\bar{a} = (x, y, z, 1)^T$ liefert:

$$\bar{a}_p = P_{per} \cdot \bar{a} = (x, y, z, \frac{z}{d})^T$$

Die Normalisierung der vierten Koordinate auf 1 zeigt, daß $\bar{a}_p$ der gewünschte Punkt auf der Projektionsebene ist:

$$\bar{a}_p = (\frac{x}{z/d}, \frac{y}{z/d}, d, 1)^T$$

3.4.2 Parallelprojektion

Bei der Herleitung der Matrizen für die Parallelprojektion nehmen wir wie bei der perspektivischen Projektion an, daß die Projektionsebene senkrecht auf der z–Achse steht. Da die Lage des Schnittpunktes der Projektionsebene mit der z–Achse für das Aussehen der Projektion keine Rolle spielt, nehmen wir an, daß die Projektionsebene mit der (xy)–Ebene zusammenfällt, d.h. daß $d = 0$ ist. Bei der rechtwinkligen Parallelprojektion stehen die Projektoren senkrecht auf der Projektionsebene. Wenn wir annehmen, daß die Projektoren in Richtung negativer z–Achse verlaufen, ist die Gleichung eines durch einen Punkt $\bar{a} = (x, y, z, 1)^T$ eines Objektes verlaufenden Projektors

$$\bar{p} = \bar{a} - \mu\vec{k} \qquad \mu \in \mathbb{R}$$

Dabei ist $\vec{k}$ der Einkeitsvektor in Richtung der z–Achse. Dieser Projektor schneidet die Projektionsebene $z = 0$ im Punkt $\bar{a}_p = (x, y, 0, 1)^T$. Diese Operation wird durch Anwendung der folgenden Matrix auf $\bar{a}$ beschrieben:

$$P_{ort} = \begin{pmatrix} 1 & 0 & 0 & 0 \\ 0 & 1 & 0 & 0 \\ 0 & 0 & 0 & 0 \\ 0 & 0 & 0 & 1 \end{pmatrix} \tag{3.5}$$

Die schiefwinkligen Parallelprojektion ist durch den Richtungsvektor $\vec{d} = (d_x, d_y, d_z)^T$ der Projektoren definiert. Wir nehmen an, daß $d_z \neq 0$ ist, weil sonst die Projektoren parallel zur Projektionsebene verlaufen würden, eine Abbildung auf die Projektionsebene wäre nicht möglich. Die Gleichung eines Projektors, der durch einen Punkt $\bar{a} = (x, y, z, 1)^T$ eines zu projizierenden Objektes verläuft lautet:

$$\bar{p} = \bar{a} - \mu\vec{d} \qquad \mu \in I\!R$$

Den Schnittpunkt $\bar{a}_p = (x_p, y_p, z_p, 1)^T$ des Projektors mit der Projektionsebene $z = 0$ erhält man aus $0 = z - \mu \cdot d_z$ durch Einsetzen des Parameterwertes $\mu = z/d_z$ in die Projektorgleichung. Es ergibt sich

$$\begin{aligned} x_p &= x - \frac{z}{d_z} \cdot d_x \\ y_p &= y - \frac{z}{d_z} \cdot d_y \\ z_p &= 0 \end{aligned}$$

Diese Operation wird durch Anwendung der folgenden Matrix auf $\bar{a}$ beschrieben:

$$P_{obl} = \begin{pmatrix} 1 & 0 & -d_x/d_z & 0 \\ 0 & 1 & -d_y/d_z & 0 \\ 0 & 0 & 0 & 0 \\ 0 & 0 & 0 & 1 \end{pmatrix} \tag{3.6}$$

3.5 Spezifikation einer beliebigen Projektion

Bisher haben wir angenommen, daß eine Projektion durch Festlegung einer Projektionsebene und eines Projektionszentrums bzw. einer Projektionsrichtung bestimmt ist. Üblicherweise spezifiziert man zusätzlich zu diesen Angaben noch einen rechteckigen Bereich auf der Projektionsebene, *Fenster* genannt, der den auf dem Bildschirm darzustellenden Teil der Projektion enthält. Außerdem spezifiziert man ein *Sichtvolumen*, das den Teil des Objektraumes enthält, der auf die Projektionsebene abgebildet werden soll. Wir werden jetzt beschreiben, wie die genannten Spezifikationen vorgenommen werden können. Dabei werden wir uns an das häufig verwendete Standardpaket PHIGS (für *Programmer's Hierarchical Interactive Graphics System*) halten, vgl [HHHW91], [Gas92] und [FvDFH90]. Leider wird in der von PHIGS verwendeten Notation nicht klar zwischen Punkten und Vektoren unterschieden, wie wir dies bisher getan haben. Um dem Leser das Arbeiten mit PHIGS zu erleichtern und um zu vermeiden, daß er wieder eine neue Terminologie erlernen muß, verwenden wir trotz dieses Nachteils die Notation von PHIGS und versuchen durch die begleitende Beschreibung

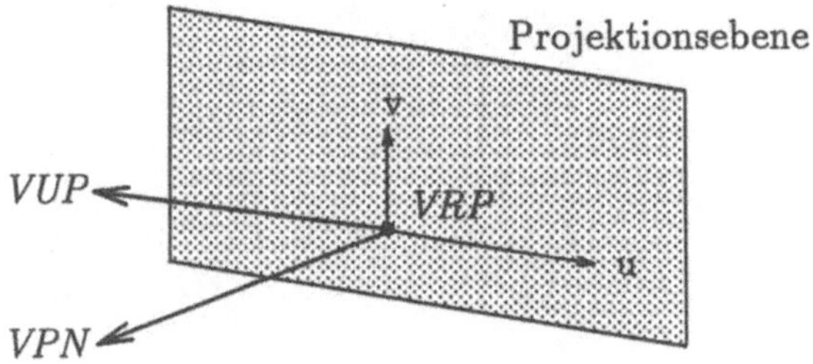

Abbildung 3.15: **Spezifikation des Koordinatensystems auf der Projektionsebene.**

die notationellen Ungenauigkeiten zu entschärfen. Andere Graphikpakete wie z.B. GKS benutzen ähnliche Festlegungen wie die hier beschriebenen, vgl. [DI82] und [ES88]. Die Beschreibung in diesem und dem nächsten Abschnitt lehnt sich eng an [FvDFH90] an.

Die Projektionsebene, auch *Sichtebene* (*view plane*) genannt, wird durch Angabe eines Normalenvektors VPN (*view plane normal vector*) und eines auf der Ebene liegenden Referenzpunktes VRP (*view reference point*) definiert. Zur Definition des auf der Projektionsebene liegenden Fensters braucht man ein in der Projektionsebene liegendes Koordinatensystem. Dieses als (*uv*)-Koordinatensystem bezeichnete System wird mit Hilfe eines Vektors VUP (*view up vector*) definiert, der im Referenzpunkt aufgetragen wird. Die Projektion von VUP auf die Projektionsebene parallel zu VPN definiert die v-Achse des Koordinatensystems auf der Projektionsebene. Die u-Achse des Koordinatensystems steht senkrecht auf der v-Achse, siehe Abbildung 3.15. VRP, VPN und VUP sind in dem gleichen Koordinatensystem spezifiziert wie die darzustellenden Objekte. Dieses rechtshändige Koordinatensystem wird als *Weltkoordinatensystem* bezeichnet. Davon zu unterscheiden ist das linkshändige Bildschirm-Koordinatensystem, das sich in der Computergraphik wegen seiner Anschaulichkeit eingebürgert hat: wenn die x- und y-Achse in Richtung der waagerechten bzw. senkrechten Bildschirmkante zeigt, zeigt die z-Achse in den Bildschirm hinein. VPN bildet mit dem in der Projektionsebene liegenden (*uv*)-Koordinatensystem ein rechtshändiges Koordinatensystem, das auch als Sicht-Koordinatensystem VRC (*viewing reference coordinate system*) bezeichnet wird.

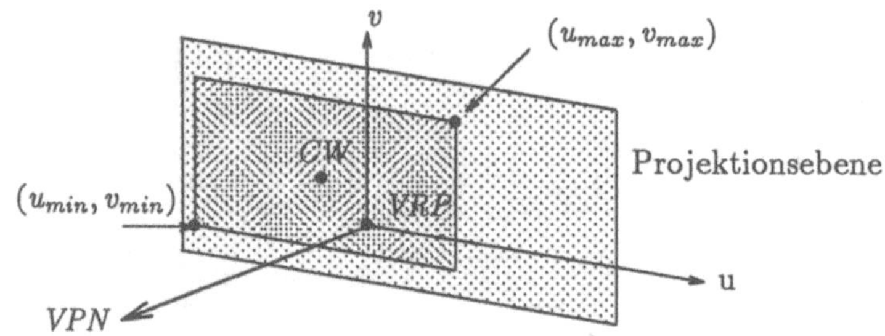

Abbildung 3.16: **Spezifikation des Fensters auf der Projektionsebene.**

Mit Hilfe des (uv)–Koordinatensystems wird durch Angabe des linken unteren Eckpunktes (u_{min}, v_{min}) und des rechten oberen Eckpunktes (u_{max}, v_{max}) ein Fenster auf der Projektionsebene definiert, vgl. Abbildung 3.16. Der Mittelpunkt CW (*center of window*) des Fensters liegt im Punkt $(\frac{1}{2}(u_{max} + u_{min}), \frac{1}{2}(v_{max} + v_{min}))$. Man beachte, daß CW nicht mit dem Urprung des (uv)–Koordinatensystems zusammenfallen muß. Der VUP–Vektor bestimmt die Ausrichtung des (uv)–Koordinatensystems auf der Projektionsebene und damit die Ausrichtung des Fensters. Diese bestimmt, ob die Objekte auf dem Bildschirm aufrecht oder gekippt dargestellt werden.

Bei der perspektivischen Projektion muß ein Projektionszentrum, bei der parallelen Projektion eine Projektionsrichtung definiert werden. Beide Angaben definiert man mit Hilfe eines Projektions–Referenzpunktes PRP (*projection reference point*). Bei einer perspektivischen Projektion gibt PRP das Projektionszentrum an, bei einer Parallel–Projektion ist die Projektionsrichtung DOP (*direction of projection*) durch den von PRP zu CW zeigenden Vektor definiert. PRP wird üblicherweise nicht im Weltkoordinatensystem, sondern im VRC–Koordinatensystem spezifiziert, damit eine Veränderung der Lage der Projektionsebene auch PRP entsprechend verändert. Dann braucht ein Programmierer z.B. nach Spezifikation einer Kavalier–Projektion nach Änderung der Lage der Projektionsebene PRP nicht neu zu setzen.

Das Sichtvolumen spezifiziert den Teil des Weltkoordinatensystems, der auf den Bildschirm projiziert werden soll. Alle außerhalb des Sichtvolumens liegenden Objekte oder Objektteile werden nicht dargestellt. Für eine perspektivische Projektion wird das Sichtvolumen mit Hilfe des auf der Projektionsebene definierten Fensters und PRP festgelegt: Das Sichtvolumen ist eine unendliche Pyramide mit Spitze im PRP, deren Seiten durch die Ecken des Fensters verlaufen, siehe Abbildung 3.18. Hinter dem Projektionszentrum liegende Objekte liegen nicht in der Pyramide und werden daher auch nicht auf die Projektionsebene abgebildet. Für eine Parallel-Projektion wird das Sichtvolumen mit Hilfe der Projektionsrichtung DOP und dem Fenster auf der Projektionsebene festgelegt: Das Sichtvolumen ist ein unendliches Parallelepiped, dessen Seiten parallel zur Projektionsrichtung sind und die durch die Ecken des Fensters verlaufen, vgl. Abbildung 3.17. Für rechtwinklige Parallelprojektionen stehen die Kanten des Sichtvolumens senkrecht auf der Projektionsebene. Um die Anzahl der auf dem Bildschirm dargestellten Objekte einzuschränken, und um bei einer perspektivischen Projektion weit entfernt liegende Objekte von der Darstellung auszuschließen, kann man die Sichtvolumen durch Angabe einer vorderen und einer hinteren Clip-Ebene endlich machen. Diese Ebenen liegen parallel zur Projektionsebene und werden durch Angabe ihres Abstandes von der Projektionsebenen spezifiziert, siehe Abbildung 3.17 und 3.18. $B > 0$ ist der Abstand der hinteren Clip-Ebene von der Projektionsebene, $F < 0$ ist der Abstand der vorderen Clip-Ebene von der Projektionsebene.

Der Prozeß der Bildschirmdarstellung der im Weltkoordinatensystem definierten Objekte besteht im wesentlichen aus drei Schritten, vgl. Abbildung 3.19: Im ersten Schritt werden die Objekte bzgl. des Sichtvolumens abgeschnitten, im zweiten Schritt werden die verbleibenden Objektteile gemäß der spezifizierten Projektion auf die Projektionsebene abgebildet, im dritten Schritt wird der Inhalt des Fensters auf dem Bildschirm dargestellt. Man beachte, daß nach dem Abschneiden bzgl. des Sichtvolumens kein Abschneiden bzgl. der Fensterkanten mehr erforderlich ist, weil das Sichtvolumen entsprechend definiert wurde. Wir werden diesen Prozeß der Abbildung auf den Bildschirm im folgenden Abschnitt genauer beschreiben.

3.6 Berechnung einer beliebigen Projektion

Das Abschneiden der Objekte bzgl. des Sichtvolumens läßt sich prinzipiell dadurch realisieren, daß man für jedes Objekt die Schnittpunkte aller Seitenflächen und -kanten mit den Seitenflächen des Sichtvolumens berechnet und alle nicht innerhalb liegenden Teile wegschneidet. Die verbleibenden Objektteile werden dann auf die Projektionsebene abgebildet. Dies geschieht dadurch, daß man für jede Kante eines verbliebenen Objekts zwei Projektoren bestimmt, die durch die beiden Endpunkte der Kante verlaufen. Für perspektivische Projektionen

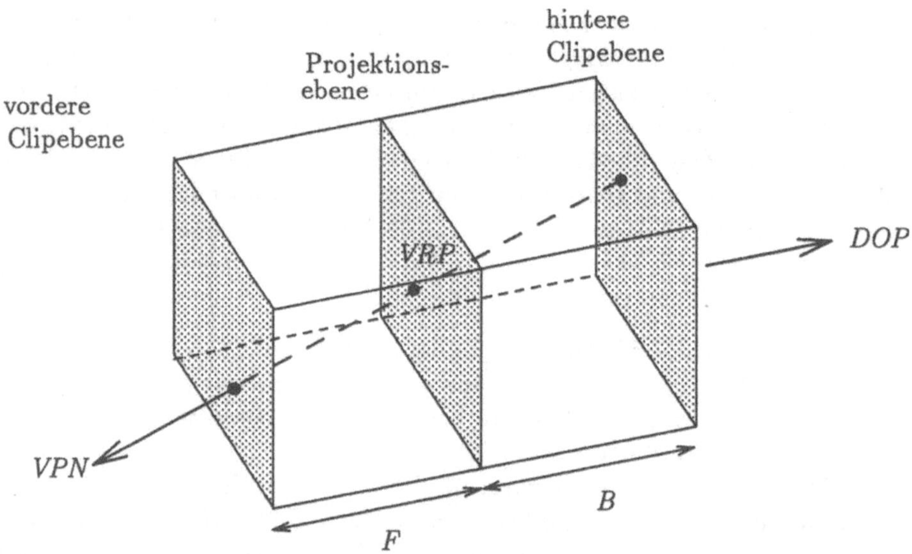

Abbildung 3.17: Sichtvolumen mit vorderer und hinterer Clip–Ebene für die schiefwinklige Parallelprojektion. Sowohl vordere als auch hintere Clip–Ebene verlaufen parallel zur Projektionsebene. Die Seitenflächen des Sichtvolumens verlaufen parallel zur Richtung der Projektion *DOP*. Nur für eine rechtwinklige Parallelprojektion stehen die Seitenflächen senkrecht zur Projektionsebene. In diesem Fall ist das entstehende Sichtvolumen ein Quader.

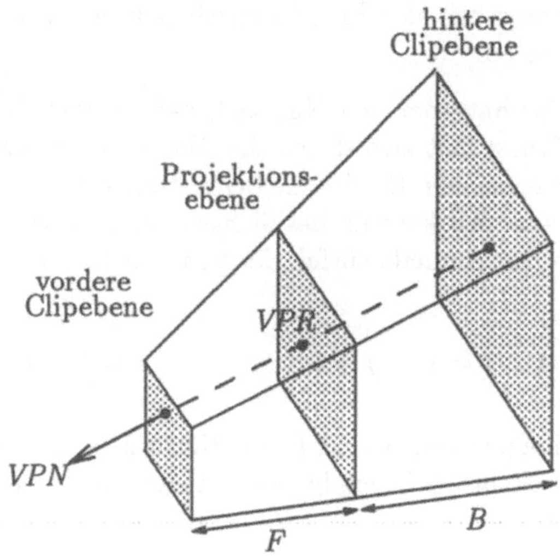

Abbildung 3.18: **Sichtvolumen mit vorderer und hinterer Clip–Ebene für die perspektivische Projektion. Sowohl vordere als auch hintere Clip–Ebene verlaufen parallel zur Projektionsebene. Die Seitenflächen des Sichtvolumens sind durch die durch die Kanten des Fenster auf der Projektionsebene und das Projektionszentrum verlaufenden Projektoren definiert.**

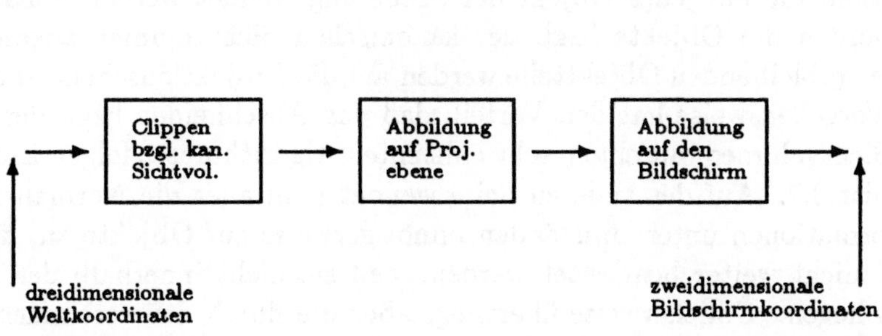

Abbildung 3.19: **Auszuführende Schritte bei der Darstellung von Objekten auf dem Bildschirm: Die in Weltkoordinaten spezifizierten Objekte werden nach dem Clippen bzgl. des zugehörigen Sichtvolumens zuerst auf die Projektionsebene und dann auf den Bildschirm abgebildet.**

sind diese Projektoren durch das Projektionszentrum PRP bestimmt, für parallele Projektionen durch die Richtung der Projektion DOP. Die Schnittpunkte der beiden Projektoren mit der Projektionsebenen geben die Endpunkte der Projektion der Kante an.

Diese Vorgehensweise hat aber den Nachteil, daß sie viel Rechenzeit braucht. Eine effizientere Lösung läßt sich durch die Verwendung sogenannter *kanonischer* Sichtvolumen erreichen, für die die Schnittpunkte mit den Objekten einfach zu berechnen sind. Als kanonisches Sichtvolumen verwendet man bei einer Parallel-Projektion den Einheitswürfel, der von den Ebenen

$$x = 0, \quad x = 1, \quad y = 0, \quad y = 1, \quad z = 0, \quad z = 1 \tag{3.7}$$

begrenzt ist. Für eine perspektivische Projektion verwendet man eine Einheitspyramide, deren im Ursprung liegende Spitze abgeschnitten ist. Die begrenzenden Ebenen sind

$$x = z, \quad x = -z, \quad y = z, \quad y = -z, \quad z = 1, \quad z = z_{min} \tag{3.8}$$

Dabei ist $0 <= z_{min} < 1$. Bei Verwendung der kanonischen Sichtvolumen müssen die spezifizierten Sichtvolumen zuerst in die kanonischen abgebildet werden. Dies geschieht durch Anwendung sogenannter *Normalisierungs–Transformationen* N_{par} und N_{per} für Parallelprojektion bzw. perspektivische Projektion, die auf jedes Objekt der Szene angewendet werden müssen. Danach werden die Objekte bzgl. der kanonischen Sichtvolumen abgeschnitten und die verbleibenden Objektteile werden auf die Projektionsebene abgebildet. Diese Vorgehensweise hat den Vorteil, daß das Abschneiden bzgl. der kanonischen Sichtvolumen mit einem sehr effizienten Algorithmus erfolgen kann, siehe Abschnitt 3.7. Auf der anderen Seite wendet man aber die Normalisierungs–Transformationen unter Umständen unnötigerweise auf Objekte an, die nachfolgend nicht weiter bearbeitet werden, weil sie nicht innerhalb des Sichtvolumens liegen. Üblicherweise überwiegt aber die durch das vereinfachte Clippen erzielte Einsparung an Laufzeit den Mehraufwand für das Anwenden der Normalisierungs–Transformationen auch in dem Fall, daß diese auf nicht im Sichtvolumen liegende Objektteile angewendet werden. Bei Verwendung der kanonischen Sichtvolumen erreicht man die Darstellung der Objekte auf dem Bildschirm durch Ausführen der in Abbildung 3.20 wiedergegebene Schritte. Wir werden im folgenden die Normalisierungs–Transformationen für parallele und perspektivische Projektion herleiten.

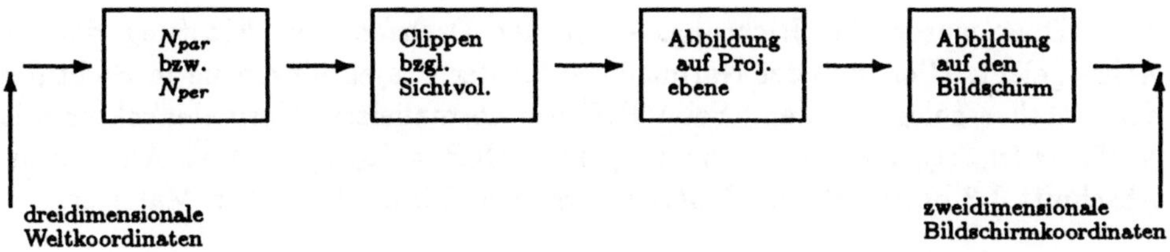

Abbildung 3.20: Auszuführende Schritte bei der Darstellung von Objekten auf dem Bildschirm bei Verwendung von kanonischen Sichtvolumen. N_{par} und N_{per} sind die Normalisierungs–Transformationen für parallele bzw. perspektivische Projektion.

3.6.1 Normalisierungs–Transformation für parallele Projektionen

Die Normalisierungs–Transformation für Parallelprojektionen transformiert das spezifizierte Sichtvolumen in den durch die Gleichungen 3.7 festgelegten Einheitswürfel. Wir werden hier die Normalisierungs–Transformation für schiefwinklige Parallelprojektionen herleiten. Diese beinhalten im Vergleich zur Normalisierungs–Transformation für rechtwinklige Parallelprojektionen eine zusätzliche Scherung, die die Projektionsrichtung DOP parallel zur z–Achse legt. Die Normalisierungs–Transformation wird durch Ausführen der folgenden linearen Transformationen realisiert:

(1) VRP wird in den Ursprung verschoben.
(2) Durch Rotationen um die y– und x–Achse wird der Normalenvektor VPN in Richtung der z–Achse gelegt.
(3) Man rotiert um die z–Achse, so daß die Projektion VUP' von VUP auf die Projektionsebene zur y–Achse wird. VUP' ist die v–Achse des Koordinatensystems auf der Projektionsebene. Damit wird auch die u–Achse zur x–Achse.
(4) Man führt eine Scherung aus, die die das Sichtvolumen definierenden Ebenen senkrecht zu den Koordinatenachsen stellt. Das Sichtvolumen ist nach dieser Transformation ein Quader.
(5) Man verschiebt und skaliert diesen Quader so, daß der Einheitswürfel entsteht.

In PHIGS werden die ersten drei Schritte in der *Orientierungsmatrix* (*view-orientation matrix*), die letzten zwei Schritte in der *Abbildungsmatrix* (*view-mapping matrix*) zusammengefaßt.

Eine ähnliche Transformation wie die in Schritt (1) und (2) auszuführende wurde bei der Rotation um eine beliebige Achse verwendet, vgl. Abschnitt

3.3. Dort wurde der Richtungsvektor der Drehachse in Richtung der z-Achse gelegt. Hier muß der Normalenvektor der Projektionsebene in Richtung der z-Achse gelegt werden. Sei VPN' der normalisierte Normalenvektor mit $\text{VPN}' = (n_x, n_y, n_z)^T$, $v = \sqrt{n_x^2 + n_z^2}$ und $\text{VRP} = (p_x, p_y, p_z, 1)^T$. Aus den in Abschnitt 3.3 beschriebenen Matrizen ergeben sich die folgenden Matrizen:

$$T = \begin{pmatrix} 1 & 0 & 0 & -p_x \\ 0 & 1 & 0 & -p_y \\ 0 & 0 & 1 & -p_z \\ 0 & 0 & 0 & 1 \end{pmatrix}$$

$$R_1 = \begin{pmatrix} n_z/v & 0 & n_x/v & 0 \\ 0 & 1 & 0 & 0 \\ -n_x/v & 0 & n_z/v & 0 \\ 0 & 0 & 0 & 1 \end{pmatrix}$$

$$R_2 = \begin{pmatrix} 1 & 0 & 0 & 0 \\ 0 & v & -n_y & 0 \\ 0 & n_y & v & 0 \\ 0 & 0 & 0 & 1 \end{pmatrix}$$

Die Gesamttransformation von Schritt (1) und (2) ist

$$R_{12} = R_2 \cdot R_1 \cdot T$$

Im dritten Schritt soll die u-Achse durch eine Rotation um die z-Achse parallel zur x-Achse gelegt werden. Sei $\text{VUP} = (u_x, u_y, u_z)^T$. $w = \sqrt{u_x^2 + u_y^2}$ ist die Länge des Vektors VUP', der durch Projektion von VUP entlang des Normalenvektors VPN auf die Projektionsebene entsteht und damit entlang der v-Achse des Koordinatensystems auf der Projektionsebene verläuft. Θ_3 sei der Winkel zwischen VUP' und der y-Achse. Dann ist $\cos\Theta_3 = u_y/w$ und $\sin\Theta_3 = u_x/w$, vgl. Abbildung 3.21. Die gewünschte Drehung um die z-Achse mit dem Winkel Θ_3 erhält man durch die Anwendung der folgenden Rotationsmatrix:

$$R_3 = \begin{pmatrix} u_y/w & -u_x/w & 0 & 0 \\ u_x/w & u_y/w & 0 & 0 \\ 0 & 0 & 1 & 0 \\ 0 & 0 & 0 & 1 \end{pmatrix}$$

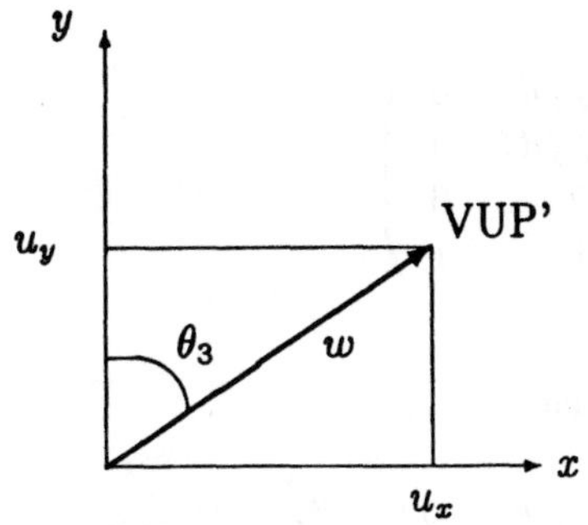

Abbildung 3.21: **Blick auf die Projektionsebene in Richtung negativer z–Achse. Durch Rotation um die z–Achse wird VUP' so gedreht, daß es in Richtung der y–Achse zeigt.**

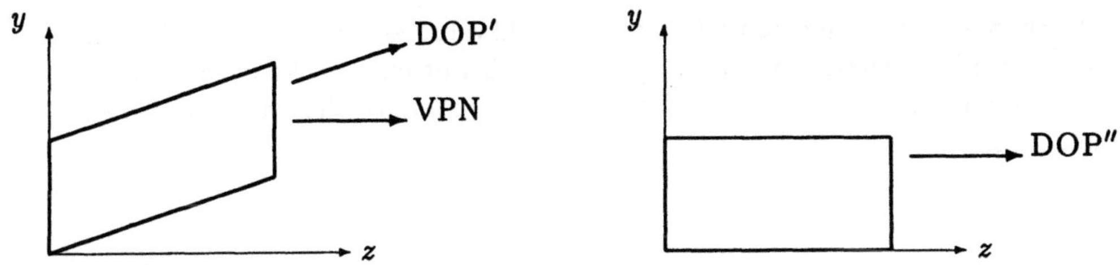

Abbildung 3.22: **Blick auf das Sichtvolumen in Richtung positiver x–Achse vor und nach Anwendung der Scherung.**

Im vierten Schritt wird eine Scherung ausgeführt, die alle Seitenflächen des Sichtvolumens senkrecht zu den Koordinatenachsen stellt. Die nicht senkrecht zu einer Koordinatenachse stehenden Seitenflächen werden durch die Richtung der Projektion definiert. $\text{DOP}' = (d'_x, d'_y, d'_z)^T$ sei die Projektionsrichtung nach Ausführen der ersten drei Schritte, d.h. es ist

$$\text{DOP}' = R_3 \cdot R_2 \cdot R_1 \cdot T \cdot \text{DOP}$$

Die Scherung ist in Abbildung 3.22 veranschaulicht. Nach Anwendung der Scherung soll für die Projektionsrichtung DOP″ gelten:

$$\text{DOP}'' = SH_z \cdot \text{DOP}' = (0, 0, d'_z, 1)$$

Die Schermatrix

$$SH_{par} = \begin{pmatrix} 1 & 0 & -d_x'/d_z' & 0 \\ 0 & 1 & -d_y'/d_z' & 0 \\ 0 & 0 & 1 & 0 \\ 0 & 0 & 0 & 1 \end{pmatrix}$$

realisiert diese Transformation. Es gilt nämlich:

$$d_x'' = d_x' - \frac{d_x'}{d_z'} \cdot d_z' = 0 \qquad \text{und} \qquad d_y'' = d_y' - \frac{d_y'}{d_z'} \cdot d_z' = 0$$

Durch die ersten vier Schritte ist das Sichtvolumen in einen Quader umgeformt worden. Dieser muß im folgenden noch mit einer Ecke in den Ursprung verschoben und so skaliert werden, daß ein Einheitswürfel entsteht. Seien im folgenden

$$\begin{aligned} \bar{a} &= (u_{min}, v_{min}, F, 1)^T \\ \bar{b} &= (u_{max}, v_{max}, B, 1)^T \end{aligned}$$

die beiden äußeren Eckpunkte dieses Quaders, vgl. Abbildung 3.23. Die im fünften Schritt durchzuführende Translation von $\bar{a}$ in den Ursprung wird durch die folgende Translationsmatrix realisiert:

$$T_1 = \begin{pmatrix} 1 & 0 & 0 & -u_{min} \\ 0 & 1 & 0 & -v_{min} \\ 0 & 0 & 1 & -F \\ 0 & 0 & 0 & 1 \end{pmatrix}$$

Die Skalierung zum Einheitswürfel wird von der folgenden Skalierungsmatrix durchgeführt:

$$S = \begin{pmatrix} \frac{1}{u_{max} - u_{min}} & 0 & 0 & 0 \\ 0 & \frac{1}{v_{max} - v_{min}} & 0 & 0 \\ 0 & 0 & \frac{1}{B - F} & 0 \\ 0 & 0 & 0 & 1 \end{pmatrix}$$

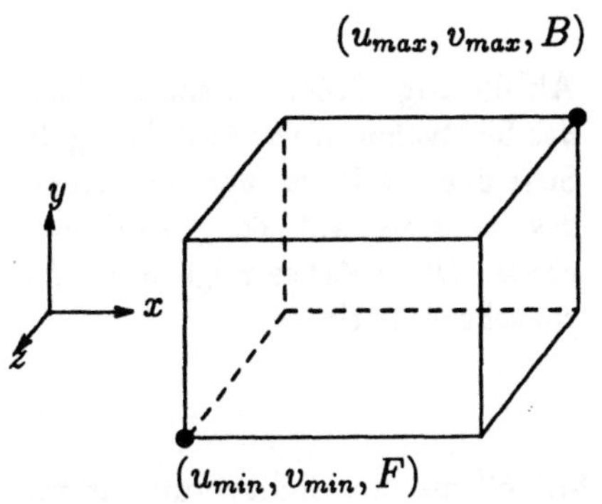

Abbildung 3.23: Sichtvolumen nach den ersten vier Transformationsschritten. Man beachte: Nach den erstem beiden Schritten fällt die Projektionsebene mit der (xy)–Ebene zusammen. Die Rotation um die z–Achse im dritten Schritt ändert dies nicht. Weil die Scherung des vierten Schrittes weder z–Abstände allgemein, noch x– oder y–Abstände auf der Projektionsebene verändert, ist (u_{min}, v_{min}, F) mit $F < 0$ der linke untere Endpunkt, (u_{max}, v_{max}, B) mit $B > 0$ der rechte obere Endpunkt des Quaders.

Damit wird die gesamte Normalisierungs–Transformation durch die folgende Matrix N_{par} beschrieben, die sich aus dem Produkt der Einzelmatrizen ergibt:

$$N_{par} = S \cdot T_1 \cdot SH_{par} \cdot R_3 \cdot R_2 \cdot R_1 \cdot T$$

N_{par} transformiert das Sichtvolumen für eine beliebige Parallelprojektion in das zugehörige kanonische Sichtvolumen. Damit kann nach Anwendung von N_{par} der in Abschnitt 3.7 beschriebene effiziente Algorithmus zum Clippen mit dem kanonischen Sichtvolumen verwendet werden.

3.6.2 Normalisierungs–Transformation für perspektivische Projektion

Die Normalisierungs–Transformation N_{per} für perspektivische Projektionen transformiert das spezifizierte Sichtvolumen in die durch die Gleichungen 3.8 festgelegte Einheitspyramide. Die Normalisierungs–Transformation wird durch Ausführen der folgenden linearen Transformationen realisiert:

(1) VRP wird in den Ursprung verschoben.

(2) Durch Rotationen um die y– und x–Achse wird der Normalenvektor VPN in Richtung der z–Achse gelegt.

(3) Man rotiert um die z–Achse, so daß die Projektion VUP′ von VUP auf die Projektionsebene zur y–Achse wird. VUP′ ist die v–Achse des Koordinatensystems auf der Projektionsebene. Damit wird auch die u–Achse zur x–Achse.

(4) Man verschiebt das Projektionszentrum PRP in den Ursprung.

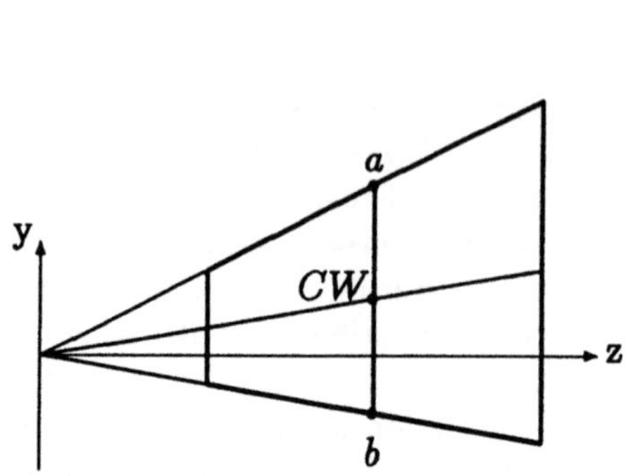

Abbildung 3.24: **Schnitt durch das Sichtvolumen vor Ausführung der Scherung.** *CW* **ist der Mittelpunkt des Fensters auf der Projektionsebene. Die** x**–Achse zeigt in die Zeichenebene hinein.**

(5) Man führt eine Scherung aus, die die Mittellinie des Sichtvolumens mit der z–Achse zusammenfallen läßt.

(6) Man skaliert das entstehende Sichtvolumen in die Einheitspyramide.

Die Transformationen der Schritte (1), (2) und (3) sind identisch mit den Schritten (1), (2) und (3) der Normalisierungs–Transformation für Parallelprojektionen. Sei PRP $= (r_x, r_y, r_z, 1)^T$. Dann wird die im vierten Schritt auszuführende Translation von PRP in den Ursprung durch die folgende Translationsmatrix erzielt:

$$T_2 = \begin{pmatrix} 1 & 0 & 0 & -r_x \\ 0 & 1 & 0 & -r_y \\ 0 & 0 & 1 & -r_z \\ 0 & 0 & 0 & 1 \end{pmatrix}$$

Man beachte, daß durch diesen Schritt der Referenzpunkt VRP auf der Projektionsebene, der nach dem dritten Schritt noch im Ursprung lag, wieder von diesem weggeschoben wird. Die im fünften Schritt durchzuführende Scherung soll die Mittellinie der Pyramide mit der z–Achse zusammenfallen lassen, siehe Abbildung 3.24. Die Mittellinie des Sichtvolumens verläuft durch das Projektionszentrum PRP und den Mittelpunkt des Fensters CW und fällt i.a. nicht mit der z–Achse zusammen. Die Koordinaten von CW im (uv)–Koordinatensystem sind:

$$CW_{uv} = (c_u, c_v) = \left(\frac{(u_{min} + u_{max})}{2}, \frac{(v_{min} + v_{max})}{2} \right)$$

Der Ursprung des (uv)–Koordinatensystems ist der Referenzpunkt VRP. Dieser hat nach den Schritten (1) bis (4) den Wert:

$$\text{VRP}' = (p'_x, p'_y, p'_z, 1)^T = T_2 \cdot R_3 \cdot R_2 \cdot R_1 \cdot T \cdot \text{VRP}$$

Für den Ortsvektor $\vec{c}$ des Fenstermittelpunktes CW $= (c_x, c_y, c_z, 1)^T$ gilt:

$$\begin{aligned} \vec{c} &= \vec{p}' + \vec{c}_{uv} \\ &= p'_x\vec{e_x} + p'_y\vec{e_y} + p'_z\vec{e_z} + c_u\vec{e_u} + c_v\vec{e_v} \\ &= (p'_x + c_u)\vec{e_x} + (p'_y + c_v)\vec{e_y} + p'_z\vec{e_z} \end{aligned}$$

Dabei ist $\vec{p}' = (p'_x, p'_y, p'_z)^T$ der Ortsvektor von VRP' bzgl. des Ursprungs des (xyz)–Koordinatensystems, $\vec{c}_{uv} = (c_u, c_v)^T$ ist der Ortsvektor von CW bzgl. des Ursprungs des (uv)–Koordinatensystems. $\vec{e_x}$, $\vec{e_y}$ und $\vec{e_z}$ sind die Einheitsvektoren im (xyz)–Koordinatensystem, $\vec{e_u}$ und $\vec{e_v}$ sind die Einheitsvektoren im (uv)–Koordinatensystem. Man beachte, daß die v–Achse wegen Schritt (3) parallel zur y–Achse liegt, die u–Achse liegt parallel zur x–Achse. Man hat also im (uv)–Koordinatensystem die gleichen Einheitsvektoren wie im (xyz)-Koordinatensystem und kann die Koordinatenwerte addieren. Also gilt für die (xyz)–Koordinaten des Fenstermittelpunktes CW:

$$\begin{aligned} c_x &= p'_x + \frac{1}{2} \cdot (u_{min} + u_{max}) \\ c_y &= p'_y + \frac{1}{2} \cdot (v_{min} + v_{max}) \\ c_z &= p'_z \end{aligned}$$

Gesucht ist eine Scherung SH_{per}, die CW in $CW' = (0, 0, p'_z, 1)^T$ überführt, d.h. deren Anwendung auf den Fenstermittelpunkt CW' als neuen Fenstermittelpunkt liefert. Dies wird durch die Schermatrix

$$SH_{per} = \begin{pmatrix} 1 & 0 & s_1 & 0 \\ 0 & 1 & s_2 & 0 \\ 0 & 0 & 1 & 0 \\ 0 & 0 & 0 & 1 \end{pmatrix}$$

mit

$$s_1 = -\frac{c_x}{c_z} = -\frac{p'_x + \frac{1}{2}(u_{min} + u_{max})}{p'_z}$$

$$s_2 = -\frac{c_y}{c_z} = -\frac{p'_y + \frac{1}{2}(v_{min} + v_{max})}{p'_z}$$

erreicht. Diese Schermatrix ist mit der für Parallelprojektionen verwendeten Schermatrix identisch: Die ersten drei Schritte sind in beiden Transformationsfolgen gleich. Im vierten Schritt der Normalisierungstransformation für die perspektivische Projektion wird zusätzlich PRP in den Ursprung verschoben. Bei der Parallelprojektion werden in der Schermatrix die Koordinatenwerte des Vektors DOP′ = CW′ − PRP′ verwendet, bei der perspektivischen Projektion werden die Koordinatenwerte des Ortsvektors $\vec{c}$ des Fenstermittelpunktes verwendet, für den nach der im vierten Schritt durchgeführten Translation um -PRP $\vec{c}$ = CW′ − PRP′ gilt. CW′ und PRP′ sind dabei die durch Anwendung der ersten drei Schritte auf CW und PRP erhaltenen Punkte. Da $\vec{c}$ = DOP′ ist, sind die beiden Schermatrizen identisch.

Der rechte obere Eckpunkt $\bar{a} = (a_x, a_y, a_z, 1)^T$ des Fensters auf der Projektionsebene hatte vor der Scherung die Koordinaten

$$(p'_x + u_{max}, p'_y + v_{max}, p'_z, 1)^T$$

Die Anwendung der Scherung auf $\bar{a}$ liefert den Punkt $\bar{a}' = (a'_x, a'_y, a'_z, 1)^T$ mit

$$\begin{aligned}
a'_x &= a_x + s_1 \cdot a_z \\
&= p'_x + u_{max} - (p'_x + \frac{1}{2} \cdot (u_{min} + u_{max})) \\
&= \frac{1}{2} \cdot (u_{max} - u_{min}) \\
a'_y &= a_y + s_2 \cdot a_z \\
&= \frac{1}{2} \cdot (v_{max} - v_{min}) \\
a'_z &= a_z = p'_z
\end{aligned}$$

Der linke untere Eckpunkt $\bar{b} = (b_x, b_y, b_z, 1)^T$ des Fensters hatte vor der Scherung die Koordinaten

$$(p'_x + u_{min}, p'_y + v_{min}, p'_z, 1)^T$$

Die Anwendung der Scherung auf $\bar{b}$ liefert den Punkt $\bar{b}' = (b'_x, b'_y, b'_z, 1)^T$ mit

$$\begin{aligned}
b'_x &= -\frac{1}{2} \cdot (u_{max} - u_{min}) \\
b'_y &= -\frac{1}{2} \cdot (v_{max} - v_{min}) \\
b'_z &= b_z = p'_z
\end{aligned}$$

Das Fenster erstreckt sich also zentriert um den Punkt $(u, v) = (0, 0)$ der Projektionsebene. Das Fenster umfaßt alle Punkte (u, v) der Projektionsebene, für die

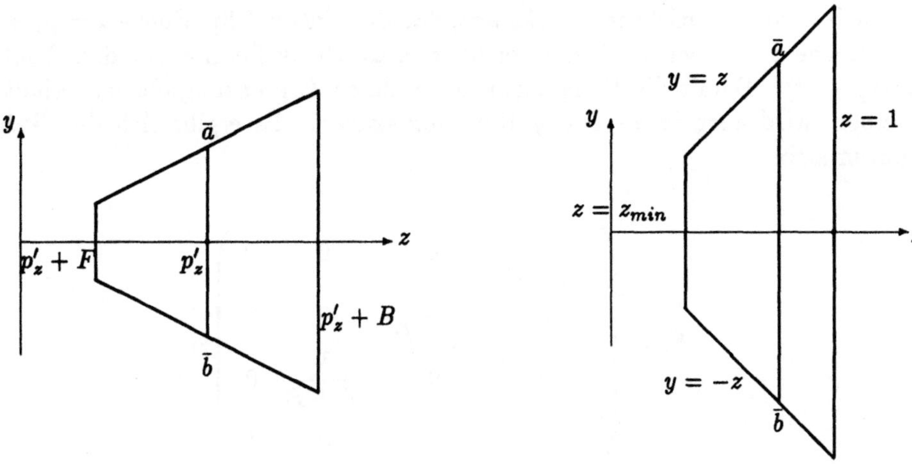

Abbildung 3.25: **Die linke Abbildung zeigt einen Schnitt durch das Sichtvolumen vor Anwendung der Skalierung. Die x–Achse zeigt in die Zeichenebene hinein. Die rechte Abbildung zeigt den Schnitt nach Anwendung der Skalierung. Die Gleichungen der sichtbaren Begrenzungsebenen sind angegeben.**

$$-\frac{1}{2}\cdot(u_{max}-u_{min}) \leq u \leq \frac{1}{2}\cdot(u_{max}-u_{min})$$

$$-\frac{1}{2}\cdot(v_{max}-v_{min}) \leq v \leq \frac{1}{2}\cdot(v_{max}-v_{min})$$

gilt. Im letzten Schritt wird die nach dem fünften Schritt vorliegende, symmetrische Pyramide mit Hilfe einer Skalierung in das kanonische Sichtvolumen umgeformt. Ein Blick auf das Sichtvolumen vor und nach der auszuführenden Skalierung ist in Abbildung 3.25 wiedergegeben. Die Skalierung erfolgt in zwei Schritten. Zuerst wird in x– und y–Richtung so skaliert, daß die seitlichen Begrenzungsebenen die Steigung 1 haben. Dies erreicht man dadurch, daß man die x– und y–Komponente der Begrenzungspunkte $\bar{a}'$ und $\bar{b}'$ des Fensters so skaliert, daß sie den Wert p'_z erhalten. Die zugehörige Skalierungsmatrix ist

$$S_1 = \begin{pmatrix} \frac{2p'_z}{u_{max}-u_{min}} & 0 & 0 & 0 \\ 0 & \frac{2p'_z}{v_{max}-v_{min}} & 0 & 0 \\ 0 & 0 & 1 & 0 \\ 0 & 0 & 0 & 1 \end{pmatrix}$$

Danach wird in z–Richtung so skaliert, daß die hintere Clip–Ebene $z = p'_z + B$ zur Ebene $z = 1$ wird. Dies erreicht man durch Skalierung mit dem Faktor $1/(p'_z + B)$. Damit die Steigungen der anderen Begrenzungsebenen erhalten bleiben, wird auch in x– und y–Richtung skaliert. Es ergibt sich die Skalierungsmatrix

$$S_2 = \begin{pmatrix} \frac{1}{p'_z + B} & 0 & 0 & 0 \\ 0 & \frac{1}{p'_z + B} & 0 & 0 \\ 0 & 0 & \frac{1}{p'_z + B} & 0 \\ 0 & 0 & 0 & 1 \end{pmatrix}$$

Die Anwendung dieser Matrix transformiert die vordere Clip–Ebene in

$$z = z_{min} = \frac{p'_z + F}{p'_z + B}$$

und die Projektionsebene in

$$z = z_{proj} = \frac{p'_z}{p'_z + B}$$

Die gesamte Normalisierungs–Transformation für perspektivische Projektionen ist also

$$N_{per} = S_2 \cdot S_1 \cdot SH_{per} \cdot T_2 \cdot R_3 \cdot R_2 \cdot R_1 \cdot T$$

Man beachte, daß alle an den Normalisierungs–Transformationen beteiligten Transformationen die vierte Komponente der Punkte in homogenen Koordinaten, auf die sie angewendet werden, unverändert lassen. Das gilt auch für die Normalisierungs–Transformation der Parallelprojektionen. Da wir annehmen, daß vor Anwendung der Normalisierungs–Transformationen die vierte Komponente den Wert 1 hat, vgl. Abschnitt 3.2, muß keine Division durch den in der vierten Komponente stehenden Skalierungsfaktor durchgeführt werden, um die kartesischen Koordinaten zu errechnen.

3.7 Clippen bzgl. der kanonischen Sichtvolumen

Nach Anwenden der Normalisierungs–Transformation auf die darzustellenden Objekte müssen diese bzgl. der kanonischen Sichtvolumen abgeschnitten werden. Dazu kann man eine Verallgemeinerung des Algorithmus von Cohen und Sutherland verwenden, vgl. Abschnitt 2.4.1: Anstatt eines 4–Bit–Binärcodes verwendet man einen 6–Bit–Binärcode, wobei die einzelnen Bits bei dem kanonischen Sichtvolumen für Parallelprojektionen die folgende Bedeutung haben:

Bit 5:	gesetzt für Punkte (x, y, z) oberhalb des Sichtvol., d.h. wenn	$y > 1$
Bit 4:	gesetzt für Punkte (x, y, z) unterhalb des Sichtvol., d.h. wenn	$y < 0$
Bit 3:	gesetzt für Punkte (x, y, z) rechts des Sichtvol., d.h. wenn	$x > 1$
Bit 2:	gesetzt für Punkte (x, y, z) links des Sichtvol., d.h. wenn	$x < 0$
Bit 1:	gesetzt für Punkte (x, y, z) hinter dem Sichtvol., d.h. wenn	$z > 1$
Bit 0:	gesetzt für Punkte (x, y, z) vor dem Sichtvol., d.h. wenn	$z < 0$

Wie im zweidimensionalen Fall liegt ein zu einem Objekt gehörendes Geradensegment ganz innerhalb des Sichtvolumens, wenn seine beiden Endpunkte den Binärcode 000000 haben. Wenn die bitweise Und–Operation der Binärcodes der beiden Endpunkte einen Wert ungleich Null ergibt, liegen beide Endpunkte und damit auch das Geradensegment außerhalb des Sichtvolumens. Wenn keine der beiden Bedingungen erfüllt ist, wird die in Abschnitt 2.4.1 beschriebene rekursive Unterteilung angewendet. Maximal werden sechs Unterteilungen des Geradensegmentes vorgenommen, eine für jede Seitenfläche des Sichtvolumens. Bei der rekursiven Unterteilung müssen die Schnittpunkte des betrachteten Geradensegmentes s mit den Seitenflächen des Sichtvolumens bestimmt werden. Dazu benutzt man die Parameterdarstellung von s: wenn $\bar{a} = (a_x, a_y, a_z)^T$ und $\bar{b} = (b_x, b_y, b_z)^T$ die beiden Endpunkte von s sind, lautet diese

$$\bar{s} = \bar{a} + \mu(\bar{b} - \bar{a}) \qquad \text{mit } 0 \leq \mu \leq 1 \tag{3.9}$$

Den Schnittpunkt mit der Seitenfläche $y = 1$ erhält man, indem man aus der y–Komponente

$$1 = a_y + \mu(b_y - a_y)$$

dieser Gleichung den Parameter μ bestimmt:

$$\mu = \frac{1 - a_y}{b_y - a_y}$$

Wenn μ nicht zwischen 0 und 1 liegt, liegt der gefundene Schnittpunkt nicht auf s und ist nicht von Interesse. Wenn μ zwischen 0 und 1 liegt, wird der genaue Schnittpunkt durch Einsetzen von μ in die x– und y–Komponente von Gleichung (3.9) ermittelt und dazu benutzt, s aufzuteilen. Die Berechnung des Schnittpunktes mit anderen Seitenflächen erfolgt analog.

Auch zum Clippen bzgl. des kanonischen Sichtvolumens für perspektivische Projektionen kann der Algorithmus von Cohen & Sutherland benutzt werden. Die verwendeten 6–Bit–Binärcodes haben dabei die folgende Bedeutung:

Bit 5:	gesetzt für Punkte (x, y, z) oberhalb des Sichtvol., d.h. für	$y > z$
Bit 4:	gesetzt für Punkte (x, y, z) unterhalb des Sichtvol., d.h. für	$y < -z$
Bit 3:	gesetzt für Punkte (x, y, z) rechts des Sichtvol., d.h. für	$x > z$
Bit 2:	gesetzt für Punkte (x, y, z) links des Sichtvol., d.h. für	$x < -z$
Bit 1:	gesetzt für Punkte (x, y, z) hinter dem Sichtvol., d.h. für	$z > 1$
Bit 0:	gesetzt für Punkte (x, y, z) vor dem Sichtvol., d.h. für	$z < z_{min}$

Der Algorithmus läuft genauso ab wie für das Clippen bzgl. des Sichtvolumens für Parallelprojektionen. Zur Berechnung des Schnittpunktes eines Geradensegmentes s mit der oberer Begrenzungsebene $y = z$ des Sichtvolumens werden die y– und z–Komponenten der Geradengleichung gleichgesetzt:

$$a_y + \mu \cdot (b_y - a_y) = a_z + \mu \cdot (b_z - a_z)$$

Daraus ergibt sich für μ:

$$\mu = \frac{a_z - a_y}{(b_y - a_y) - (b_z - a_z)}$$

Den genauen Schnittpunkt erhält man in dem Fall, daß μ zwischen 0 und 1 liegt, durch Einsetzen des Wertes in die x– und y–Komponente von Gleichung (3.9). Die Berechnung des Schnittpunktes mit anderen Seitenflächen erfolgt analog.

Man sieht, daß die Schnittpunktberechnung bei Verwendung der kanonischen Sichtvolumen sowohl für Parallelprojektionen als auch für perspektivische Projektionen im Vergleich zur Schnittpunktberechnung im allgemeinen Fall wenig Rechenzeit braucht. Dies ist wichtig, weil üblicherweise sehr viele Objekte bzgl. der Sichtvolumen abgeschnitten werden müssen.

Nach dem Clippen werden die innerhalb des kanonischen Sichtvolumens liegenden Objektteile mit Hilfe der gewünschten Projektion, beschrieben durch die Matrizen (3.4), (3.5) oder (3.6), auf die Projektionsebene abgebildet. In PHIGS hat der Programmierer die Möglichkeit, einen *Sichtausschnitt* (*viewport*) zu definieren. Das ist ein rechteckiger Bereich, der so zu wählen ist, daß er innerhalb des kanonischen Sichtvolumens für Parallelprojektionen liegt. Für perspektivische Projektionen muß daher das kanonische Sichtvolumen noch in das kanonische Sichtvolumen für Parallelprojektionen transformiert werden. Dies wird für $z_{min} \neq 1$ durch die folgende Matrix M beschrieben[6]:

$$M = \begin{pmatrix} 1/2 & 0 & 0 & 1/2 \\ 0 & 1/2 & 0 & 1/2 \\ 0 & 0 & \frac{1}{1-z_{min}} & \frac{-z_{min}}{1-z_{min}} \\ 0 & 0 & 1 & 0 \end{pmatrix}$$

M entsteht durch Hintereinanderausführen dreier Einzelmatrizen M_1, S und T: $M = T \cdot S \cdot M_1$.

$$M_1 = \begin{pmatrix} 1 & 0 & 0 & 0 \\ 0 & 1 & 0 & 0 \\ 0 & 0 & \frac{1}{1-z_{min}} & \frac{-z_{min}}{1-z_{min}} \\ 0 & 0 & 1 & 0 \end{pmatrix}$$

beschreibt die Transformation des kanonischen Sichtvolumens für die perspektivische Projektion in ein Volumen, das durch die Ebenen

$$x = -1, \quad x = 1, \quad y = -1, \quad y = 1, \quad z = 0, \quad z = 1$$

begrenzt wird, vgl. Abbildung 3.26.

$$S = \begin{pmatrix} 1/2 & 0 & 0 & 0 \\ 0 & 1/2 & 0 & 0 \\ 0 & 0 & 1 & 0 \\ 0 & 0 & 0 & 1 \end{pmatrix}$$

beschreibt eine Skalierung in x- und y–Richtung um 1/2, die dieses Volumen in einen Würfel mit der Kantenlänge 1 transformiert. $T = T(1/2, 1/2, 0)$ verschiebt den Einheitswürfel so, daß er mit einem Eckpunkt im Ursprung liegt.

Der zu definierende Sichtbereich wird wieder durch zwei Punkte $(x_{min}, y_{min}, z_{min})$ und $(x_{max}, y_{max}, z_{max})$ spezifiziert, analog Abbildung 3.23. In PHIGS wird der Inhalt des Sichtbereichs dadurch auf dem Bildschirm dargestellt, daß der Einheitswürfel auf das größte auf dem Bildschirm darstellbare Quadrat abgebildet

[6] Die Kombination vom M mit N_{per} gestattet es, alle Clip–Operationen bzgl. des kanonischen Sichtvolumens für Parallelprojektionen auszuführen.

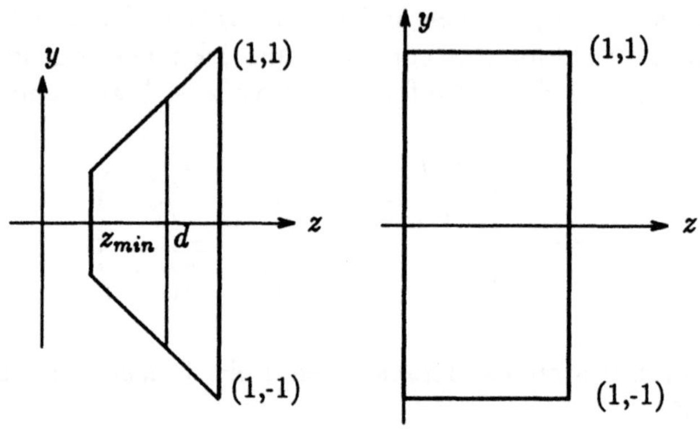

Abbildung 3.26: Zur Tranformation des kanonischen Sichtvolumens für perspektivische Projektion in das kanonische Sichtvolumen für Parallelprojektion.

wird. Zur Darstellung der Objekte wird einfach die z–Komponente weggelassen. Die Abbildung des kanonischen Sichtvolumens für Parallelprojektionen in den Sichtbereich wird durch die Skalierungsmatrix

$$S(x_{max} - x_{min}, y_{max} - y_{min}, z_{max} - z_{min})$$

erreicht. Der Sichtbereich wird dann mit der Translation $T(x_{min}, y_{min}, z_{min})$ in die linke untere Ecke des kanonischen Sichtvolumens geschoben.

Kapitel 4

Bestimmung sichtbarer Oberflächen

Im letzten Kapitel haben wir implizit angenommen, daß die darzustellenden Objekte durch ebene Polygone definiert werden, die einzeln auf die Projektionsebene abgebildet werden, indem ihre Kanten nach dem Clippen bzgl. der kanonischen Sichtvolumen auf die Projektionsebene projiziert werden. Dies führt dazu, daß die Objekte als *Drahtgitterobjekte* auf dem Bildschirm dargestellt werden. Sofern sie innerhalb des Sichtvolumens liegen, werden alle Teile aller Objekte auf dem Bildschirm dargestellt. Die Tatsache, daß Teile eines Objektes von anderen Objekten oder von anderen Teiles des gleiches Objektes verdeckt sein können, wird in der Bildschirmdarstellung nicht wiedergegeben.

Wir werden uns in diesem Kapitel mit der Frage beschäftigen, wie man für eine gegebene *Szene*, d.h. für eine Ansammlung von Objekten, die sichtbaren Kanten oder Oberflächen bestimmt. Dieser Prozeß wird auch als "*Eliminierung verborgener Kanten*" oder "*Oberflächen*" bezeichnet. Von Kanten ist dabei meist im Zusammenhang mit Drahtgitterobjekten die Rede. Wir verwenden hier den Begriff "*Bestimmung sichtbarer Oberflächen*", weil wir in den nachfolgenden Kapiteln davon ausgehen, daß die darzustellenden Objekte bestimmte Oberflächeneigenschaften haben, die bei der Darstellung berücksichtigt werden und die z.B. festlegen, ob das darzustellende Objekt matt oder spiegelnd, transparent oder undurchsichtig dargestellt wird. Eine genaue Beschreibung der Festlegung der Oberflächeneigenschaften von Objekten findet man im nächsten Kapitel. Eine Behandlung der Darstellung von Objekten mit gekrümmten Oberflächen findet man in Kapitel 7.

In [SSS74] werden die Algorithmen zur Bestimmung sichtbarer Oberflächen in zwei Klassen unterteilt: Die erste Klasse umfaßt die im *Bildraum* arbeitenden Algorithmen, die für jedes Pixel der zu erzeugenden Bildschirmdarstellung bestimmen, welches der darzustellenden Objekte sichtbar ist. Das Pixel wird mit der Farbe des sichtbaren Objektes dargestellt. Das sichtbare Objekt kann durch Berechnung des Schnittpunktes zwischen dem Projektor, der durch das betrachtete Pixel und das Projektionszentrum (perspektivische Projektion) bzw. die Projektionsrichtung (Parallelprojektion) festgelegt ist, und den Objekten bestimmt werden. Der am nächsten zur Projektionsebene liegende Schnittpunkt bestimmt das sichtbare Objekt. Prinzipiell muß bei diesem Ansatz für jedes Pixel der Schnittpunkt des zugehörigen Projektors mit *allen* zu Objekten gehörenden Polygonen bestimmt werden. Bei p Pixeln und n Polygonen resultiert daraus eine Laufzeit von $O(p \cdot n)$. Die zweite Klasse umfaßt die im *Objektraum* arbeitenden Algorithmen, die für jedes Polygon P, das zur Beschreibung eines Objektes verwendet wird, bestimmen, welcher Teil von P sichtbar ist. Dies kann z.B. dadurch realisiert werden, daß jedes Polygon mit allen anderen Polygonen geschnitten wird und die resultierenden Teilpolygone bzgl. ihres Abstandes von der Projektionsebene miteinander verglichen werden. Dies resultiert in einer Laufzeit von $O(n^2)$. Obwohl üblicherweise $p > n$ ist, kann daraus nicht a priori geschlossen werden, daß die im Objektraum arbeitenden Algorithmen eine geringere Laufzeit als die im Bildraum arbeitenden haben. Dies liegt daran, daß üblicherweise die Laufzeit der einzelnen Schritte für die im Objektraum arbeitenden Algorithmen größer ist. Ein weiterer Unterschied zwischen den beiden Klassen besteht darin, daß die im Objektraum arbeitenden Algorithmen die sichtbaren Polygonteile *unabhängig* von der Auflösung des verwendeten Bildschirms bestimmen. Erst *nach* Bestimmung der sichtbaren Polygonteile werden diese auf dem Bildschirm mit der gewünschten Auflösung dargestellt. Bei Darstellung auf einem Bildschirm mit anderer Auflösung braucht nur dieser letzte Schritt wiederholt zu werden. Bei den im Bildraum arbeitenden Algorithmen ist dagegen eine vollständige Neuberechnung erforderlich.

Eine andere Möglichkeit der Klassifizierung der Algorithmen zur Bestimmung der sichtbaren Oberflächen besteht in der Unterscheidung, ob und welche Art von *Kohärenz* benutzt wird. Mit dem Begriff Kohärenz wird allgemein der räumliche oder zeitliche Zusammenhang von Dingen bezeichnet. Laut [SSS74] und [FvDFH90] können für die Bestimmung sichtbarer Oberflächen verschiedene Formen von Kohärenz ausgenutzt werden, unter anderen *Objektkohärenz*, *Kantenkohärenz*, *Flächenkohärenz* und *Scangeraden–Kohärenz*. Wir werden bei der Beschreibung der Algorithmen darauf hinweisen, welche Form von Kohärenz ausgenutzt wird.

4.1 Sichtbare Oberflächen für konvexe Objekte

Wir werden in diesem Abschnitt zuerst einen sehr einfachen Spezialfall untersuchen: die Bestimmung der sichtbaren Oberflächen für ein einzelnes konvexes Objekt, vgl. auch [BG89].indexkonvexes Objekt Ein Objekt heißt *konvex*, wenn jede gradlinige Verbindung zwischen zwei innerhalb des Objektes liegenden Punkten vollständig innerhalb des Objektes liegt. Man kann sich ein polygonales konvexes Objekt entstanden denken als Schnitt der Ebenen, die die Oberflächen des Objektes enthalten. Jede dieser Ebenen teilt den dreidimensionalen Raum in zwei Halbräume. Einer dieser beiden Halbräume enthält das Objekt und wird *innen* genannt, der andere liegt *außen*. Das konvexe Objekt ist der Schnitt aller inneren Halbräume der Oberflächen des Objektes. Eine Oberfläche eines einzelnen konvexen Objektes ist für eine gegebene Projektionsspezifikation entweder ganz sichtbar oder ganz unsichtbar. Da die nicht sichtbaren Oberflächen vom Objekt selbst verborgen werden, nennt man sie *selbst–verborgen*. Es ist nicht möglich, daß eine Oberfläche eine andere nur teilweise verdeckt. Damit braucht für eine Oberfläche P eines konvexen Objektes nur bestimmt zu werden, *ob* diese sichtbar ist oder nicht. Dies kann mit Hilfe des äußeren Normalenvektors $\vec{n}(P)$ erfolgen, der senkrecht auf P steht und vom Inneren des Objektes weg zeigt, vgl. Abbildung 4.1. Wenn $\vec{n}(P)$ in Richtung des Betrachters zeigt, d.h. in Richtung des Projektionszentrums für perspektivische Projektionen bzw. in negativer Projektionsrichtung für Parallelprojektionen, ist P mitsamt seiner Begrenzungskanten sichtbar. Wenn $\vec{n}(P)$ vom Betrachter weg zeigt, ist P nicht sichtbar. Wir nehmen im folgenden an, daß eine perspektivische Projektion vorliegt und daß das Projektionszentrum im Ursprung liegt. Ob $\vec{n}(P)$ in Richtung des Betrachters zeigt oder nicht, bestimmt man wie folgt: Wenn $\vec{v} = (v_x, v_y, v_z)^T$ ein auf P liegender Punkt ist, ist $-\vec{v}$ der von v zum im Ursprung liegenden Projektionszentrum zeigende Richtungsvektor. P ist genau dann sichtbar, wenn der Winkel zwischen $\vec{n}(P)$ und $-\vec{v}$ spitz ist, d.h. wenn gilt:

$$\begin{aligned} -\vec{v} \cdot \vec{n} &= -|\vec{v}| \cdot |\vec{n}| \cdot \cos(\vec{v}, \vec{n}) \\ &= -(v_x \cdot n_x + v_y \cdot n_y + v_z \cdot n_z) > 0 \end{aligned} \qquad (4.1)$$

Mit P sind auch alle Kanten von P sichtbar. Wenn $\vec{n}(P) \cdot \vec{v} = 0$, liegt ein Winkel von 90° vor und es ist nur eine Seitenkante von P sichtbar. Diese braucht nicht dargestellt zu werden, weil sie mit einer sichtbaren Oberfläche $Q \neq P$ geteilt wird.

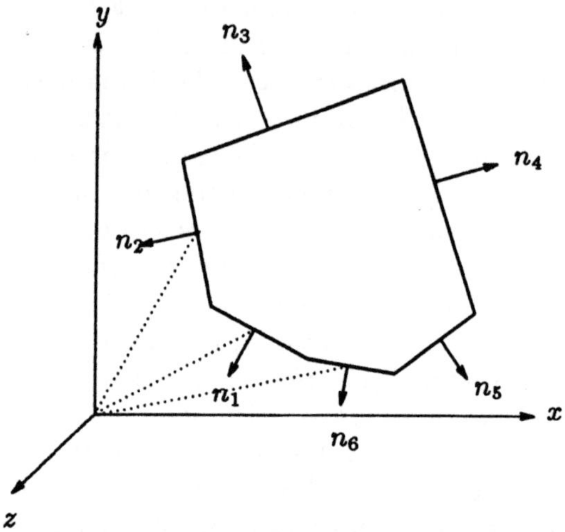

Abbildung 4.1: Bestimmung der selbst–verborgenen Oberflächen für ein konvexes Objekt. Die Abbildung zeigt eine zweidimensionale Veranschaulichung. Für die sichtbaren Oberflächen ist die Verbindung zwischen einem beliebigen Punkt auf der Oberfläche und dem im Ursprung liegenden Projektionszentrum gepunktet eingezeichnet. Diese Oberflächen sind sichtbar, weil der Winkel zwischen diesem Verbindungsvektor und dem Normalenvektor spitz ist.

Den Normalenvektor einer Oberfläche P kann man aus drei auf P liegenden Punkten $\bar{v}_1, \bar{v}_2, \bar{v}_3$ durch Bildung des Kreuzproduktes

$$\vec{n}(P) = (\bar{v}_2 - \bar{v}_1) \times (\bar{v}_3 - \bar{v}_1)$$

berechnen. $\bar{v}_1, \bar{v}_2, \bar{v}_3$ können z.B. Eckpunkte von P sein. Ob das so bestimmte $\vec{n}(P)$ der äußere oder der innere Normalenvektor ist, kann man mit Hilfe eines innerhalb des Objektes liegenden Punktes $\bar{a}$ bestimmen. Wenn $\bar{a}$ ein innerhalb von P liegender Punkt ist, zeigt der Vektor $\bar{v}_1 - \bar{a}$ in Richtung der Außenseite von P. $\vec{n}(P)$ ist der gesuchte äußere Normalenvektor, wenn $\vec{n}(P)$ mit $\bar{v}_1 - \bar{a}$ einen spitzen Winkel bildet, d.h. wenn $\vec{n}(P) \cdot (\bar{v}_1 - \bar{a}) > 0$. Ansonsten ist $-\vec{n}(P)$ der äußere Normalenvektor.

Für ein konvexes Objekt erhält man einen innerhalb des Objektes liegenden Punkt durch Berechnung des arithmetischen Mittels aller Eckpunkte des Objektes, d.h. aller Knoten von Polygonen, die Oberflächen des Objektes definieren. Wenn $\bar{v}_1, \cdots, \bar{v}_n$ diese Knoten sind, ist

$$\bar{a} = \frac{1}{n} \sum_{i=1}^{n} \bar{v}_i$$

der gesuchte Punkt. Man beachte, daß dies eine affine Kombination der Punkte $\bar{v}_1, \cdots, \bar{v}_n$ mit $\alpha_i = 1/n$ ist.

Obwohl der gerade vorgestellte Spezialfall nur in sehr wenigen praktischen Fällen einsetzbar erscheint, kann die Bestimmung der selbst-verborgenen Oberflächen dazu verwendet werden, für allgemeine Szenen die Anzahl der zu betrachtenden Polygone zu reduzieren. Eine selbst-verborgene Oberfläche eines Objektes O kann keine Oberfläche eines anderen Objektes verdecken, die nicht schon von einer nicht selbst-verborgenen Oberfläche von O verdeckt wird. Wenn keine mehrfachen Reflexionen betrachtet werden, haben deshalb die selbst-verborgenen Oberflächen keinen Einfluß auf die Darstellung der Szene und können in einem Vorauswahl-Schritt eliminiert werden.

4.2 Sichtbare Kanten für eine allgemeine Szene

Wir werden in diesem Abschnitt einen Algorithmus vorstellen, vgl. [BG89], der für eine aus undurchsichtigen Objekten bestehende Szene die sichtbaren

Kanten berechnet. Der Algorithmus macht keinerlei Annahmen über das Aussehen und die Lage der darzustellenden Objekte und ist im Gegensatz zu den in den folgenden Abschnitten vorgestellten Algorithmen sowohl für Vektor– als auch für Rastergraphiksysteme verwendbar. Wir werden zwar aus Gründen der Übersichtlichkeit zuerst annehmen, daß die darzustellenden Objekte sich nicht gegenseitig durchdringen, werden aber später skizzieren, wie man auch diesen Fall behandelt.

Für eine Ansammlung von nicht konvexen Objekten ist es möglich, daß Kanten eines Objektes von den Oberflächen anderer Objekte *teilweise* verdeckt sein können. Für die Darstellung auf dem Bildschirm müssen also sichtbare Teile von Kanten berechnet werden. Der Algorithmus tut dies in zwei Schritten. Im ersten Schritt unterteilt er die Kanten aller Objekte in Kantensegmente, die entweder ganz sichtbar oder ganz unsichtbar sind und bestimmt im zweiten Schritt für jedes Kantensegment, ob dieses sichtbar ist oder nicht.

Der erste Schritt arbeitet im Bildraum, d.h. auf dem auf der Projektionsebene definierten Fenster. Die darzustellenden Objekte werden bzgl. des Sichtvolumens abgeschnitten und die Kanten der verbleibenden Teile werden auf das Projektionsfenster abgebildet. Zu jeder projizierten Kante merkt man sich die zugehörige Oberfläche. Die Kanten von selbst–verborgenen Oberflächen können mit dem im letzten Abschnitt beschriebenen Verfahren vor der Projektion eliminiert werden. Jede Kante ist durch ihre beiden Endpunkte definiert.

Nach der Projektion werden für jede projizierte Kante alle Schnittpunkte mit den projizierten Kanten aller anderen Polygone berechnet. Die Schnittpunkte mit Kanten der gleichen Oberfläche brauchen nicht berechnet zu werden, weil diese Kanten sich nur an den Enden schneiden können. Die Schnittpunkte mit Kanten anderer Oberflächen des gleichen Objektes müssen dagegen berechnet werden, weil konkave Objekte sich selbst teilweise verdecken können. Die Laufzeit dieses Schrittes für n Kanten beträgt $O(n^2)$, wenn man den naiven Ansatz verwendet, der für jede Kante die Schnittpunkte mit allen anderen Kanten berechnet. Wenn die Anzahl s der Schnittpunkte wesentlich kleiner als die Anzahl der Geradensegmente ist, d.h. $s \ll n$, kann die Laufzeit durch Verwendung eines Scangeraden–Verfahrens auf $O((s+n)\log n)$ gedrückt werden, vgl. z.B. [Meh84a].[1] Die Schnittpunkte werden durch die zugehörigen Parameterwerte der Geradengleichungen der projizierten Kanten repräsentiert. k sei eine Kante eines Objektes mit den Endpunkten $\bar{p}_1 = (x_1, y_1, z_1)$ und

[1] In [CE88] findet man einen – allerdings recht komplizierten – Algorithmus mit der theoretisch optimalen Laufzeit $O(s + n \log n)$. Der Algorithmus ist eine Mischung verschiedener Verfahren und Datenstrukturen wie Scangeraden–Methode, Segmentbäume, topologisches Scanverfahren usw. Ein Einsatz im vorliegenden Fall wird sich aber wegen des großen Verwaltungsaufwandes des Verfahrens nur in den seltensten Fällen lohnen.

$\bar{p}_2 = (x_2, y_2, z_2)$. k' sei die Projektion von k mit den Endpunkten $\bar{p}'_1$ und $\bar{p}'_2$. Dann ist

$$\bar{k}' = \bar{p}'_1 + \mu \cdot (\bar{p}'_2 - \bar{p}'_1) \qquad 0 \leq \mu \leq 1$$

die Parametergleichung von k'. Die Schnittpunkte von k' mit den anderen projizierten Kanten werden durch die Parameterwerte $\mu_1, \cdots \mu_{n(k)}$ dargestellt, die aufsteigend sortiert seien:

$$0 \leq \mu_1 \leq \cdots \leq \mu_{n(k)} \leq 1$$

Diese Parameterwerte werden in einer sortierten Liste abgelegt, die für jede Kante gesondert gehalten wird. Die Parameterwerte unterteilen die Kante k in $n(k) + 1$ Kantensegmente. Jedes dieser Kantensegmente ist entweder vollkommen sichtbar oder vollkommen unsichtbar, weil die Sichtbarkeit sich nur an Kreuzungspunkten mit den Projektionen anderen Kanten ändern kann.

Im zweiten Schritt wird für jedes Kantensegment bestimmt, ob dieses sichtbar ist. Dabei reicht es aus, einen beliebigen Punkt des Kantensegmentes zu untersuchen, z.B. den Mittelpunkt. Für das zwischen μ_i und μ_{i+1} liegende Kantensegment von k' wird der Mittelpunkt $\bar{m}'$ durch den Parameterwert

$$\sigma_i = \frac{1}{2}(\mu_i + \mu_{i+1})$$

bestimmt. Es gilt:

$$\bar{m}' = \bar{p}'_1 + \sigma_i(\bar{p}'_2 - \bar{p}'_1)$$

$\bar{m}'$ ist der Mittelpunkt des in der Projektionsebene liegenden Kantensegments von k'. Wir nehmen hier an, daß eine perspektivische Projektion verwendet wird, daß das Projektionszentrum im Ursprung liegt und daß die Projektionsebene Abstand d vom Ursprung hat. Da die Projektionsmatrizen singulär sind, vgl. Abschnitt 3.4, kann eine Projektion nicht durch Invertieren der zugehörigen Matrix rückgängig gemacht werden. Statt dessen bestimmt man den Punkt $\bar{m}$ der ursprünglichen Kante k im Objektraum, der auf $\bar{m}'$ projiziert wird, durch *Rückwärtsprojektion.*

Sei $\bar{p}'$ ein beliebiger auf k' liegender Punkt. Den zugehörigen Punkt auf k findet man durch Berechnung des Schnittpunktes zwischen dem Projektor l, der

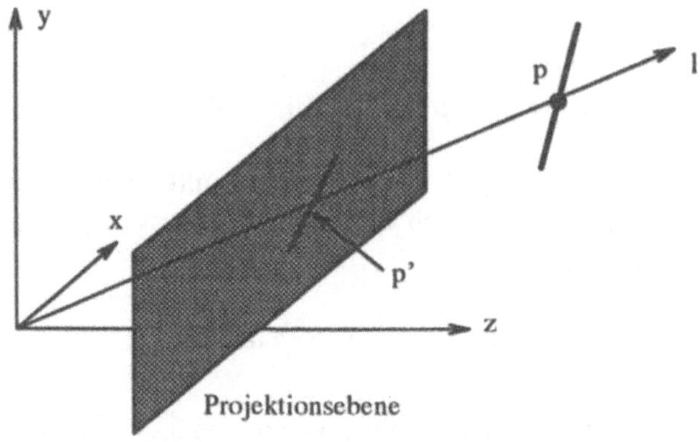

Abbildung 4.2: **Veranschaulichung der Rückwärtsprojektion zur Bestimmung des Punktes $\bar{p}$ im Objektraum, der zu einem auf der Projektionsebene liegenden Punkt $\bar{p}'$ gehört.**

durch das Projektionszentrum und $\bar{p}'$ verläuft, und der ursprünglichen Kante k, vgl. Abbildung 4.2. Wenn

$$\bar{p}' = \bar{p}'_1 + \rho \cdot (\bar{p}'_2 - \bar{p}'_1) \qquad (4.2)$$
$$\bar{l} = \nu \cdot \bar{p}' \qquad (4.3)$$
$$\bar{k} = \bar{p}_1 + \mu \cdot (\bar{p}_2 - \bar{p}_1) \qquad (4.4)$$

erhält man den Schnittpunkt zwischen l und k durch Einsetzen von (4.2) in (4.3) und Gleichsetzen von (4.3) und (4.4):

$$\nu \cdot (\bar{p}'_1 + \rho \cdot (\bar{p}'_2 - \bar{p}'_1)) = \bar{p}_1 + \mu \cdot (\bar{p}_2 - \bar{p}_1)$$

ρ ist bekannt, μ und ν sind unbekannt. Nach (3.3) gilt für die perspektivische Projektion:

$$\bar{p}'_1 = \frac{d}{z_1} \cdot \bar{p}_1 \qquad \text{und} \qquad \bar{p}'_2 = \frac{d}{z_2} \cdot \bar{p}_2$$

Einsetzen liefert:

$$\nu \cdot d(\frac{\bar{p}_1}{z_1} + \rho \cdot (\frac{\bar{p}_2}{z_2} - \frac{\bar{p}_1}{z_1})) = \bar{p}_1 + \mu \cdot (\bar{p}_2 - \bar{p}_1) \qquad (4.5)$$

Die z–Komponente dieser Gleichung ist:

$$\nu \cdot d = z_1 + \mu(z_2 - z_1)$$

Auflösen nach ν und Einsetzen in (4.5) liefert:

$$\mu(\rho - 1)p_2 - \rho(\mu - 1)\frac{z_1}{z_2}p_2 + \rho(\mu - 1)p_1 - \mu(\rho - 1)\frac{z_2}{z_1}p_1 = 0 \quad (4.6)$$

Diese Gleichung gilt für beliebige Punkte $\bar{p}_1$ und $\bar{p}_2$, also auch für Punkte mit den x–Komponenten $x_1 = 1$ bzw. $x_2 = 0$. Einsetzen dieser Werte in die x–Komponente von Gleichung (4.6) liefert:

$$\rho(\mu - 1) - \mu(\rho - 1)\frac{z_2}{z_1} = 0$$

Daraus erhält man

$$\mu = \frac{\rho z_1}{\rho(z_1 - z_2) + z_2} \quad (4.7)$$

Man beachte, daß diese Gleichung unabhängig von d und den x– und y–Komponenten der Kantenendpunkte ist. Daß (4.7) für beliebige Punkte gilt, kann durch Einsetzen in (4.6) verifiziert werden.

Wir wollen hier das Verfahren der Rückwärtsprojektion anwenden, um den Punkt $\bar{m} = (m_x, m_y, m_z)^T$ auf k zu bestimmen, der auf $\bar{m}'$ projiziert wird. σ_i sei der Parameterwert von $\bar{m}'$. Dann ist

$$\bar{m} = \bar{p}_1 + \mu \cdot (\bar{p}_2 - \bar{p}_1)$$

mit

$$\mu = \frac{\sigma_i z_1}{\sigma_i(z_1 - z_2) + z_2}$$

Wenn $\bar{m}$ von einer Oberfläche, die k nicht enthält, verdeckt wird, ist $\bar{m}$ und damit auch k nicht sichtbar. Ansonsten ist $\bar{m}$ und damit auch k sichtbar. Ob $\bar{m}$ von einer Oberfläche verdeckt wird, stellt man durch Untersuchung des Projektors $\bar{w} = \alpha\bar{m}$ fest, der vom Projektionszentrum ausgehend durch $\bar{m}'$ und $\bar{m}$ verläuft. Man bestimmt den Schnittpunkt von $\bar{w}$ mit allen Oberflächen, die k nicht als Begrenzungskante enthalten. Sei P ein Polygon mit Normalenvektor $\vec{n}$, das eine solche Oberfläche definiert. $\bar{v}_0$ sei ein Eckpunkt von P, vgl. Abbildung

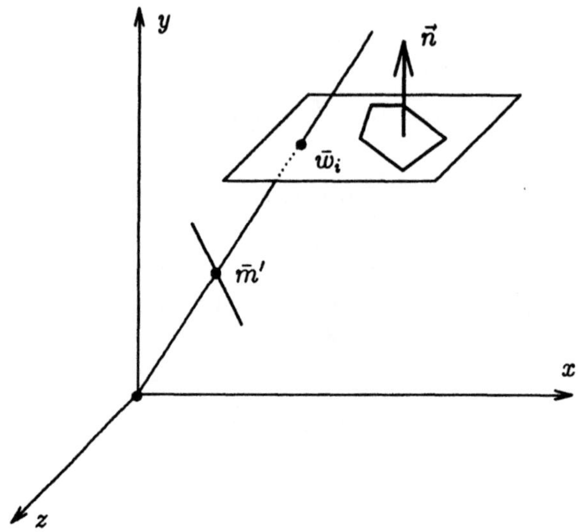

Abbildung 4.3: **Anwendung der Rückwärtsprojektion**

4.3. Der Projektor w schneidet die Ebene, in der P liegt, in einem Punkt $\bar{w}_i$ mit

$$\bar{w}_i = \alpha_i \bar{m}$$

Es gilt :

$$(\bar{w}_i - \bar{v}_0) \cdot \vec{n} = 0$$

Also :

$$(\alpha_i \bar{m} - \bar{v}_0) \cdot \vec{n} = 0$$

α_i kann durch Auflösung dieser Gleichung nach α_i bestimmt werden. Es lassen sich drei Fälle unterscheiden:

1. Wenn $\alpha_i > 1$ ist, liegt die Oberfläche hinter der betrachteten Kante k und verdeckt diese somit nicht.

2. Wenn $\alpha_i < z_{min}/m_z$ ist, ist die z–Komponente des Schnittpunktes kleiner als z_{min}, der Schnittpunkt liegt also vor der vorderen Clip–Ebene und kann unbetrachtet bleiben, das Kantensegment ist also sichtbar.

3. Wenn α_i zwischen z_{min}/m_z und 1 liegt, muß getestet werden, ob der Schnittpunkt $\bar{w}_i$ innerhalb von P liegt oder nicht. Wenn $\bar{w}_i$ innerhalb von P liegt, verdeckt P das Kantensegment und dieses braucht nicht dargestellt zu werden. Wenn $\bar{w}_i$ außerhalb von P liegt, so verdeckt P das Kantensegment nicht.

Um im dritten Fall festzustellen, ob $\bar{w}_i$ innerhalb von P liegt, verwenden wir den sogenannten *Strahltest*: Wir senden von $\bar{w}_i$ einen Strahl aus, der innerhalb der Ebene von P verläuft und der P schneidet. Ansonsten kann der Strahl eine beliebige Richtung haben. Wenn die Anzahl der Schnittpunkte des Strahles mit P gerade ist, liegt $\bar{w}_i$ außerhalb von P, sonst liegt $\bar{w}_i$ innerhalb von P. Der Strahltest kann auch auf der Projektion P' von P durchgeführt werden. Für P' ist der Test weniger rechenzeitaufwendig, weil er im (uv)–Koordinatensystem der Projektionsebene ausgeführt werden kann. Abbildung 4.4 zeigt eine Programmskizze des gerade beschriebenen Algorithmus.[2]

[2]Wir stellen in diesem Kapitel in den Programmskizzen Polygone und deren Kanten als Datentyp `int` dar. Die zugehörigen Werte sind als Indizes in geeignete Datenstrukturen zu interpretieren, die eine genaue Beschreibung enthalten.

```
void scan_hidden_surface();
{
 float alpha; int i,j,p,visible;
 POINT s,m,b;

 eliminate_self_hidden(); clip_and_project();
 for (i=0; i<number_of_edges(); i++) do {
     insert(i,endpoints(i));
     for (j=0; j<i; j++) do
         if (!same_polygon(i,j)) {
            s = intersect(i,j); insert(i,s);
         }
 }
 for (i=0; i<number_of_segments(); i++) do {
     m = compute_midpoint(i); b = back_project(m);
     visible = 1;
     for (p=0; p<number_of_polygons(); p++) do
         if (!belongs_to(i,p)){
            s = intersect_projector(b,p);
            alpha = param(s,b);
            if ((alpha > 1) || (alpha < zmin/z(m)) ;
            else if (inside(s,p)) visible = 0;
         }
     if (visible) display(i);
 }
}
```

Abbildung 4.4: Programmskizze zum Bestimmung der sichtbaren Kanten für eine allgemeine Szene. `eliminate_self_hidden()` eliminiert die selbst-verborgenen Oberflächen der Objekte. `clip_and_project()` schneidet die Kanten der verbleibenden Polygone bzgl. des Sichtvolumens ab und projiziert die übrigbleibenden Kantenteile auf die Projektionsebene. `number_of_edges()` bestimmt die Anzahl der projizierten Kanten. `insert(i,endpoints(i))` fügt die Endpunkte der projizierten Kante `i` zur Liste der Schnittpunkte von `i`. `same_polygon(i,j)` stellt fest, ob die Kanten `i` und `j` zum gleichen Polygon gehören. `intersect(i,j)` bestimmt den Schnittpunkt zwischen `i` und `j`. `insert(i,s)` fügt `s` zur Liste der Schnittpunkte von `i`. `number_of_segments()` bestimmt die Anzahl der durch Schnittpunktbildung erzeugten Kantensegmente. `m = compute_midpoint(i)` berechnet den Mittelpunkt des projizierten Kantensegmentes `i`, `back_project(m)` berechnet den zugehörigen, auf dem ursprünglichen Kantensegment liegenden Punkt mittels Rückwärtsprojektion. `number_of_polygons()` bestimmt die Anzahl der Polygone der Szene. `belongs_to(i,p)` bestimmt, ob Kante `i` zum Polygon `p` gehört. Wenn dies nicht der Fall ist, bestimmt `intersect_projector(b,p)` den Schnittpunkt zwischen dem durch `b` und das Projektionszentrum verlaufenden Projektor und der Ebenen, die das Polygon `p` enthält. `param(s,b)` bestimmt den Parameter des Schnittpunktes bzgl. des Projektors durch `b`. Das Polygon `p` verdeckt `i`, wenn `alpha` zwischen `zmin/z(m)` und `1` liegt, und der Schnittpunkt `s` innerhalb von `p` liegt. Letzteres wird mittels `inside(s,p)` festgestellt. `z(m)` ist die z-Komponente des Punktes `m`. Jedes sichtbare Kantensegment `i` wird durch `display(i)` auf dem Bildschirm dargestellt.

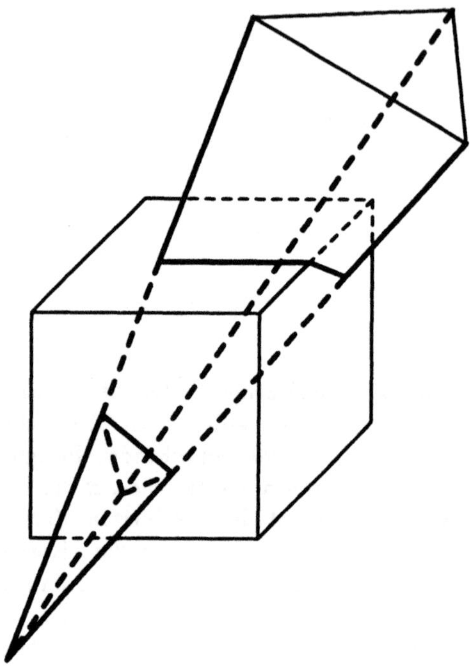

Abbildung 4.5: **Bei sich durchdringenden Objekten kann sich die Sichtbarkeit einer Kante eines Objektes beim Eintritt in ein anderes Objekt ändern. Dies ist z.B. für das dreieckförmige Objekt beim Eintritt in den Würfel der Fall. Außerdem treten zusätzliche Schnittkanten auf, die sichtbar sein können.**

Für sich durchdringende Objekte stimmt die Annahme nicht, daß sich die Sichtbarkeit einer Kante k an einem Punkt $\bar{p}$ nur dann ändern kann, wenn $\bar{p}$ auf einen Punkt $\bar{p}'$ projiziert wird, der Schnittpunkt der Projektion k' von k mit der Projektion einer anderen Kante j ist. Die Sichtbarkeit von k kann sich auch an einem Schnittpunkt mit der Oberfläche eines anderen Objektes ändern, vgl. Abbildung 4.5. Man kann den beschriebenen Algorithmus auch in diesem Fall anwenden, wenn man zusätzliche Kanten berechnet, die durch den Schnitt von Oberflächen unterschiedlicher, sich durchdringender Objekte entstehen. Die Berechnung der Schnittkanten ist recht aufwendig, weil prinzipiell für jede Oberfläche eines Objektes der Schnitt mit allen Oberflächen aller anderen Objekte berechnet werden muß. Die errechneten Schnittkanten werden als zusätzliche Kanten in die die Szene beschreibende Datenstruktur aufgenommen, und werden bei Abarbeitung des Algorithmus als Kanten berücksichtigt, die nicht zu einem speziellen Objekt–Polygon gehören. Das bedeutet, daß sie bei der Berechnung der Schnittpunkte mit der Projektion jeder anderen Kante geschnitten werden.

Die Laufzeit zur Berechnung der Schnittpunkte zwischen den Projektionen der Kanten kann durch die Verwendung von umgebenden Rechtecken reduziert

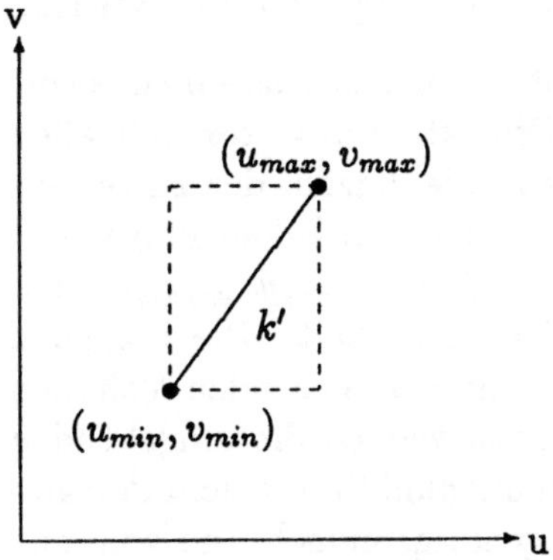

Abbildung 4.6: **Umgebendes Rechteck zur Projektion k' einer Kante k. Weil k' in der Projektionsebene liegt, verwenden wir zur Beschreibung das (u, v)–Koodinatensystem.**

werden. Für ein Geradensegment in der Projektionsebene definieren dessen beide Endpunkte $\bar{p}_1 = (u_{min}, v_{min})$ und $\bar{p}_2 = (u_{max}, v_{max})$ den linken unteren bzw. rechten oberen Eckpunkt des zugehörigen umgebenden Rechtecks, vgl. Abbildung 4.6. Die Projektionen k_1' und k_2' zweier Kanten k_1 und k_2 mit den projizierten Endpunkten $(u_{min,1}, v_{min,1})$ und $(u_{max,1}, v_{max,1})$ bzw. $(u_{min,2}, v_{min,2})$ und $(u_{max,2}, v_{max,2})$ können sich nicht schneiden, wenn

$$\begin{array}{llll} u_{max,1} < u_{min,2} & \text{oder} & u_{max,2} < u_{min,1} & \text{oder} \\ v_{max,1} < v_{min,2} & \text{oder} & v_{max,2} < v_{min,1} & \end{array}$$

Nur wenn keine dieser Bedingungen erfüllt ist, kann ein Schnittpunkt zwischen k_1' und k_2' existieren und die Schnittpunktberechnung muß durchgeführt werden. Mit diesem einfachen Test, der nur Vergleiche enthält, kann für eine große Anzahl von Kanten ein Schnittpunkt von vorneherein ausgeschlossen werden. Eine weitere Reduzierung der Laufzeit für die Berechnung der Schnittpunkte erreicht man durch Sortieren der Kanten nach aufsteigenden u_{min}–Werten. Vor Berechnung der Schnittpunkte von k_1' mit den anderen Kanten der Szene kann man durch binäre Suche über die u_{min}–Werte eine Kante k_2' bestimmen, für die als erstes $u_{max,1} < u_{min,2}$ gilt. Alle nach k_2' in der u_{min}–Liste stehenden Kanten k_3' können k_1' nicht schneiden, da $u_{max,1} < u_{min,2} < u_{min,3}$ ist. Ein ähnliches Verfahren kann mit den u_{max}–Werten, den v_{min}–Werten und den v_{max}–Werten durchgeführt werden. Dieses recht einfache Verfahren zur Schnittpunktberechnung ist in vielen Fällen den weiter vorne erwähnten aufwendigeren Verfahren überlegen. Dies liegt vor allem an dem geringen Verwaltungsaufwand des hier beschriebenen Verfahrens und an der Tatsache, daß für komplexe Szenen die Projektion der meisten Kanten nur einen kleinen Bereich des Fensters auf der

Projektionsebene einnimmt. Mit dem beschriebenen einfachen Test kann daher in sehr vielen Fällen ein Schnittpunkt von vorneherein ausgeschlossen werden.

Im zweiten Schritt des Algorithmus wird bestimmt, ob ein Kantensegment sichtbar ist oder nicht. Dazu muß der Schnitt des Projektors $\bar{w} = \alpha\bar{m}$ mit allen Polygonen der Szene bestimmt werden. Man kann die Anzahl der zu testenden Polygone in den meisten Fällen reduzieren, indem man jedem Polygon P ein durch zwei Punkte $\bar{A} = (x_{min}, y_{min}, z_{min})$ und $\bar{B} = (x_{max}, y_{max}, z_{max})$ bestimmtes ***umgebendes Volumen*** zuordnet, das P ganz enthält. Die Polygone werden in der Reihenfolge steigender z_{min}–Werte ihrer umgebenden Volumen auf Schnittpunkt mit dem Projektor getestet. Dazu werden die umgebenden Volumen nach ihren z_{min}–Werten sortiert. Ein Schnittpunkt mit einem Polygon P kann nur existieren, wenn der Projektor das zugehörige umgebende Volumen schneidet. Nur in diesem Fall braucht der Schnittpunkt mit der Ebene, die P enthält, berechnet zu werden. Der Test, ob der gefundene Schnittpunkt innerhalb von P liegt, kann durch Bestimmung eines umgebenden Rechtecks zu P erleichtert werden, das in der Ebene, die P enthält, definiert wird. Die Methode der umgebenden Volumen wird auch beim Ray–Tracing–Verfahren verwendet, um die Laufzeit für die Schnittpunktberechnung zwischen den Strahlen und den Objekten zu reduzieren, vgl. Abschnitt 8.6.

Der gerade beschriebene Algorithmus macht keinerlei Annahmen über die Arbeitsweise des verwendeten Displaysystems und ist deshalb sowohl für Vektor– als auch für Rastergraphiksysteme geeignet. Dies drückt sich auch in der Tatsache aus, daß der Algorithmus sichtbare *Kanten*, keine sichtbaren *Oberflächen* berechnet.[3] Prinzipiell ist der Algorithmus für Rastergraphiksysteme aber so erweiterbar, daß aus den errechneten sichtbaren Kanten die zugehörigen sichtbaren Oberflächen berechnet werden können. Wir werden dies hier nicht näher ausführen. Statt dessen stellen wir in den folgenden Abschnitten spezielle Algorithmen für Rastergraphiksysteme vor. Da diese weniger allgemein als der gerade behandelte Algorithmus sind, sind sie im allgemeinen auch effizienter.

4.3 z–Puffer-Algorithmus

Ein sehr häufig zur Bestimmung der sichtbaren Oberflächen einer Szene verwendeter Algorithmus ist der *z–Puffer-Algorithmus*, vgl. [Cat74], [BG89], [FvDFH90]. Der Algorithmus setzt voraus, daß neben dem Pufferspeicher, in dem für jedes Bildschirmpixel der zugehörige Farbwert abgespeichert wird, ein

[3]Mit Vektorgraphiksystemen können nur Drahtgittermodelle dargestellt werden.

ebenso großer z–Puffer zur Verfügung steht, in dem für jedes Pixel p ein Fließkommawert $z(p)$ abgelegt werden kann. $z(p)$ gibt an, welchen z–Wert der durch das Pixel p dargestellte Punkt des sichtbaren Polygons hat. Wenn die Projektionsebene im Abstand d senkrecht auf der z–Achse steht, ist $z(p) - d$ der Abstand des dargestellten Punktes von der Projektionsebene. Zur Darstellung der sichtbaren Oberflächen der Szene wird der z–Puffer mit dem z–Wert der hinteren Clip–Ebene z_{max} initialisiert, der Pufferspeicher wird mit der Hintergrundfarbe initialisiert. Dann werden die Polygone der darzustellenden Objekte in einer beliebigen Reihenfolge auf die Projektionsebene abgebildet, indem ihre Eckpunkte projiziert werden. Für jedes Pixel, das von der Projektion eines Polygons P überdeckt wird, wird mittels einer Rückwärtsprojektion der z–Wert des zugehörigen projizierten Punktes von P bestimmt. Wenn dieser z–Wert kleiner ist als der für das Pixel im z–Puffer eingetragene Wert, liegt der gefundene Punkt von P *vor* dem bisher für das Pixel ermittelten Punkt. Der z–Puffer–Wert wird aktualisiert und der Pufferspeicher–Eintrag des Pixels wird auf den Farbwert von P gesetzt.

Das Bestimmen der von der Projektion von P überdeckten Pixel kann mit Hilfe eines Scangeraden–Verfahrens erfolgen, vgl. Abschnitt 2.3.1. Abbildung 4.7 zeigt eine Programmskizze des Verfahrens. Bis auf die Rückwärtsprojektion arbeitet der Algorithmus im Bildraum. Die Rückwärtsprojektion für ein Pixel $\bar{p}' = (x, y, d)^T$ mit dem Ortsvektor $\vec{p}'$ kann wie folgt durchgeführt werden: Wenn das Projektionszentrum im Ursprung liegt, ist $\bar{w} = \alpha\bar{p}'$ die Gleichung des durch $\bar{p}'$ verlaufenden Projektors. Wenn $\vec{n}(P)$ der Normalenvektor des Polygons P ist, ist $\vec{n}(P) \cdot \vec{q} = e$ die Gleichung der Ebene, die P enthält. $\vec{q} \in \mathbb{R}^3$ ist der Ortsvektor eines beliebigen auf der Ebene liegenden Punktes, $e \in \mathbb{R}$ ist eine Konstante. Den Schnittpunkt des Projektors mit der Ebene erhält man durch Einsetzen der Projektorgleichung in die Ebenengleichung:

$$\vec{n} \cdot \vec{q} = \vec{n} \cdot \alpha\vec{p}' = e$$

Daraus erhält man α:

$$\alpha = \frac{e}{\vec{n} \cdot \vec{p}'} = \frac{e}{n_x x + n_y y + n_z d}$$

Den auf $\bar{p}'$ projizierten Punkt $\bar{p}$ erhält man durch Einsetzen dieses Wertes in die Projektorgleichung $\bar{p} = \alpha\bar{p}'$. Die gesuchte z–Komponente dieses Punktes ist:

$$p_z = \frac{ed}{n_x x + n_y y + n_z d}$$

```
void zbuffer(m,n);
int m,n;
{
 int x,y,p;
 POINT b;
 eliminate_self_hidden();
 for (x=0; x<m; x++) do
     for (y=0; y<n; y++) do {
         refresh_buffer[x,y] = background;
         z_buffer[x,y] = zmax;
     }
 for (p=0; p<number_of_polygons(); p++) do {
     project(p);
     for (x=0; x<m; x++) do
         for (y=0; y<n; y++) do {
             if (covered(p,x,y)) {
                b = back_project(build_point(x,y,d));
                if (z_buffer[x,y] > z(b)) {
                   z_buffer[x,y] = z(b);
                   refresh_buffer[x,y] = color(p,b);
                }
             }
         }
     }
 }
}
```

Abbildung 4.7: Programmskizze zum z–Puffer–Algorithmus. Nach Elimination der selbst–verborgenen Oberflächen wird der Pufferspeicher refresh_buffer mit der Hintergrundfarbe , der z–Puffer z_buffer mit dem z–Wert der hinteren Clip–Ebene zmax initialisiert. m und n geben die Anzahl der Pixel in x– und y–Richtung an. project(p) projiziert das Polygon p auf die Projektionsebene, covered(p,x,y) bestimmt, ob das Pixel (x,y) vom Polygon p überdeckt wird. Wenn dies der Fall ist, wird durch back_project(build_point(x,y,d)) der zugehörige Punkt b auf p bestimmt. Wenn die z–Komponente dieses Punktes kleiner ist als der für das Pixel im z–Puffer eingetragene Wert, wird der z–Puffer–Eintrag des Pixels auf diesen Wert gesetzt und der Pufferspeicher wird auf den Farbwert color(p,b) von p am Punkt b gesetzt.

Der z–Puffer–Algorithmus kann auch eingesetzt werden, wenn die Seitenflächen der darzustellenden Objekte keine ebenen Polygone, sondern beliebig geformte Oberflächen sind. In diesem Fall muß für die Rückwärtsprojektion nur ein anderer Schnittpunkttest verwendet werden, der Rest des Algorithmus ist identisch.

Der von dem Algorithmus verwendete z–Puffer kann prinzipiell im Hauptpeicher des verwendeten Rechners allokiert werden. Dies hat jedoch den Nachteil, daß je nach Größe des zur Verfügung stehenden Hauptspeichers bereits ein großer Teil für den z–Puffer benötigt wird.[4] Daher wird in modernen Workstations oft ein eigener z–Puffer–Speicher in Hardware zur Verfügung gestellt, der ähnlich dem Pufferspeicher angesprochen werden kann. Da der z–Puffer–Algorithmus für die meisten Anwendungen keine 32 Bit Genauigkeit braucht, werden für den z–Puffer für einfachere Workstations oft nur 16 oder 24 Bit für einen z–Puffer-Eintrag zur Verfügung gestellt.[5]

Der z–Puffer–Algorithmus kann als eine Art *bucket sort* in x und y angesehen werden, bei dem die Pixel des Bildschirms als *buckets* dienen. Dabei wird für jedes Pixel immer der kleinste bisher gefundene z–Wert abgespeichert. Bei ungünstiger Abarbeitungsreihenfolge der Polygone kann es vorkommen, daß die im z–Puffer abgespeicherten Werte – und damit auch die im Pufferspeicher abgespeicherten – oft überschrieben werden. Dies kann man zum größten Teil vermeiden, wenn man die Polygone vorab nach ihren minimalen z–Werten sortiert und sie nach aufsteigenden z–Werten abarbeitet. Wenn n die Anzahl der Polygone der darzustellenden Szene ist und m die Anzahl der Pixel, die von der Projektion eines Polygons im Durchschnitt überdeckt werden, ist die Laufzeit des z–Puffer-Algorithmus $O(m \cdot n)$. Tests zeigen, daß die Laufzeit weitgehend unabhängig von der Anzahl der darzustellenden Polygone ist. Laut [FvDFH90] liegt der Grund dafür darin, daß mit steigender Anzahl der Polygone deren Größe und damit auch die Anzahl der von ihnen überdeckten Pixel abnimmt. Die Zeit für das Besetzen von Pufferspeicher und z–Puffer bleibt daher bei steigenden Anzahl von Polygonen annähernd konstant. Lediglich die Zeit für das Errechnen der Projektionen der Polygone steigt an.

[4]Für jedes Bildschirmpixel muß ein Fließkommawert gespeichert werden. Bei einer Bildschirmauflösung von 1024×1024 sind dies z.B. 10^6 Fließkommawerte. Bei Verwendung von 32 Bit zur Darstellung eines Fließkommawertes belegt der z–Puffer damit 4MB des Hauptspeichers.

[5]Eine SPARCstation2 in der GS–Ausführung stellt z.B. einen 16–Bit–z–Puffer zur Verfügung. In der GT–Ausführung wird ein 24–Bit–z–Puffer verwendet.

4.4 Scangeraden–Algorithmen

Der z–Puffer-Algorithmus bearbeitet die Polygone der darzustellenden Szene in einer bestimmten Reihenfolge und führt für die Verarbeitung eines Polygons P die erforderlichen Operationen für alle von P betroffenen Pixel durch. Die Scangeraden–Algorithmen, die wir in diesem Abschnitt besprechen werden, vgl. auch [Bou70], [Wat70], [SSS74], [BG89], [FvDFH90], bearbeiten dagegen die Pixel des Bildschirms in einer bestimmten Reihenfolge und berücksichtigen bei der Bearbeitung eines Pixels alle Polygone der Szene, die den Farbwert des Pixels beeinflussen können. Die Pixel werden zeilenweise bearbeitet, indem eine horizontale *Scangerade* von unten nach oben über den Bildschirm geschoben wird. Die Punkte der Objekt–Oberflächen, die an einer Pixelposition (x, y) sichtbar sein können, liegen auf einem Projektor, der durch das im Ursprung liegende Projektionszentrum und das Pixel $(x, y, d)^T$ verläuft. Analog liegen die Punkte, die in einer Bildschirmzeile sichtbar sein können, auf einer Ebene, die durch die Bildschirmzeile und das Projektionszentrum verläuft. Da diese Ebene während der Bearbeitung der Zeilen des Bildschirms über die Objekte geschoben wird, wird sie auch als *Scanebene* bezeichnet. Wenn die Oberflächen der darzustellenden Objekte durch ebene Polygone definiert werden, erzeugt der Schnitt einer Scanebene mit den Oberflächen der Objekte Geradensegmente im Weltkoordinatensystem. Die Projektion dieser Geradensegmente auf den Bildschirm erzeugt Geradensegmente, die auf der zugehörigen Bildschirmzeile liegen, vgl. Abbildung 4.8. Wenn mehrere projizierte Geradensegmente überlappen, kann man mit Rückwärtsprojektion bestimmen, welche dieser Segmente sichtbar sind. Abbildung 4.9 zeigt eine einfache Realisierung des Verfahrens. Die Rückwärtsprojektion wird mit Hilfe eines z–Puffers durchgeführt, der eine Bildschirmzeile umfaßt. Für jedes Pixel der betrachteten Bildschirmzeile wird eine separate Rückwärtsprojektion durchgeführt, mit der der für dieses Pixel sichtbare Punkt der Oberflächen bestimmt wird.

Die in Abbildung 4.9 wiedergegebene Realisierung kann in zweierlei Hinsicht wesentlich verbessert werden. Erstens brauchen für eine Bildschirmzeile nicht alle Polygone der Szene auf Schnitt mit der aktuellen Scanebene getestet zu werden. Ein Polygon, das von der über die Szene geschobenen Scanebene schon verlassen wurde, kann nicht mehr von dieser geschnitten werden. Man kann diese unnötigen Tests verhindern, indem man eine Liste *aktiver Polygone* hält, in der alle von der aktuellen Scanebene geschnittenen Polygone abgelegt werden. Diese Liste wird beim Übergang zur nächsten Scanebene aktualisiert, indem evtl. neue Polygone hinzugefügt und gerade von der Scanebene verlassene Polygone gelöscht werden. Zu jedem Polygon P wird die maximale y–Ausdehnung $y_{max}(P)$ seiner Projektion und die minimale y–Ausdehnung $y_{min}(P)$ seiner Pro-

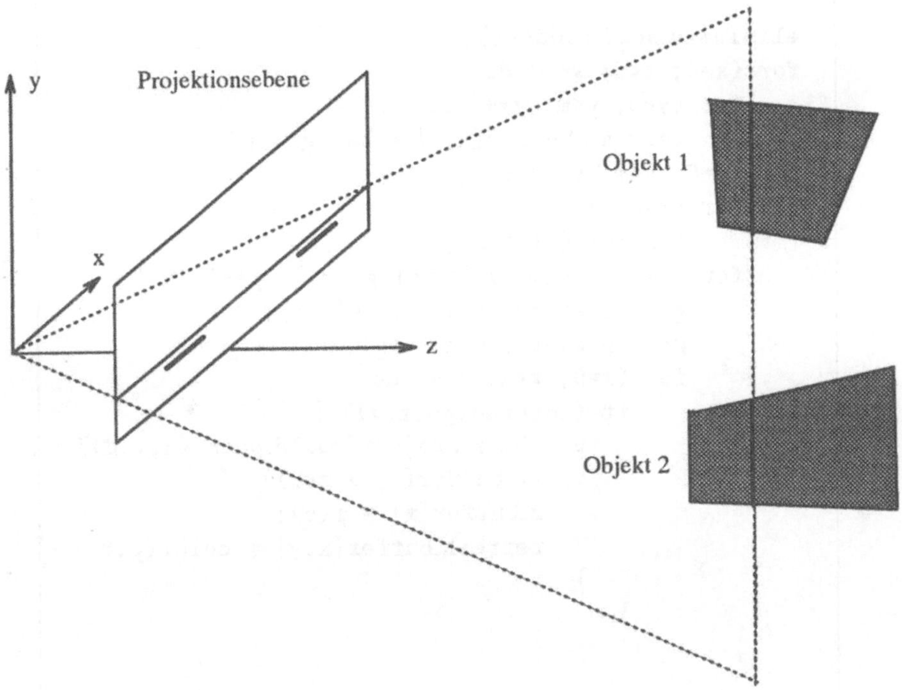

Abbildung 4.8: **Veranschaulichung des Scangeraden-Algorithmus.**

```
void scan_line_hidden_surface(m,n);
int m,n;
{
 int x,y,p;
 SEGMENT g,gp;
 POINT b;

 eliminate_self_hidden();
 for (x=0; x<n; x++) do
     for (y=0; y<m; y++) do
         refresh_buffer[x,y] = background;
 for (y=0; y<m; y++) do {
     for (x=0; x<n; x++) do
         z_buffer[x] = zmin;
     for (p=0; p<number_of_polygons(); p++) do {
         g = intersect_scan_plane(y,p);
         gp = project_segment(g);
         for (x=0; x<n; x++) do
             if (covered(gp,x,y)) {
                b = back_project(build_point(x,y,d));
                if (z_buffer[x] > z(b)) {
                   z_buffer[x] = z(b);
                   refresh_buffer[x,y] = color(p,b);
                }
             }
     }
 }
}
```

Abbildung 4.9: Einfache Realisierung des Scangeraden–Algorithmus. `z_buffer` ist ein z–Puffer, der eine Bildschirmzeile umfaßt. `intersect_scan_plane(y,p)` berechnet das Schnitt–Geradensegment zwischen der zur Bildschirmzeile y gehörenden Scanebene und dem Polygon p. `project_segment(g)` berechnet die Projektion des Geradensegmentes g. Für jedes von der errechneten Projektion überdeckte Pixel wird eine separate Rückwärtsprojektion durchgeführt. Die Realisierung erfolgt analog der Programmskizze in Abbildung 4.7.

jektion bestimmt. Um das Aktualisieren der Liste der aktiven Polygone zu vereinfachen, legt man eine Liste der ***passiven Polygone*** an, die zu Beginn alle Polygone der Szene enthält, geordnet nach minimaler y-Ausdehnung ihrer Projektion. Die Liste der aktiven Polygone ist genauso geordnet. Beim Übergang von der Scangerade $y = y_{scan} - 1$ zur Scangerade $y = y_{scan}$ werden aus der Liste der aktiven Polygone alle Polygone P gelöscht, deren maximale y-Ausdehnung $y_{max}(P)$ größer ist als y_{scan}. Außerdem werden alle Polygone Q in der passiven Liste, deren minimale y-Ausdehnung $y_{min}(Q)$ gleich y_{scan} ist, in die aktive Liste übernommen und aus der passiven Liste gelöscht. Bei der Bearbeitung einer Scangerade werden nur die in der aktiven Liste abgespeicherten Polygone berücksichtigt. Dieses Verfahren ist ebenso wie das Grundverfahren aus Abbildung 4.9 für die Anwendung auf Objekte mit gekrümmten Oberflächen geeignet. Es muß nur ein geeigneter Schnittpunkttest verwendet werden.

Wenn die Oberflächen der darzustellenden Objekte durch ebene Polygone definiert werden, kann zweitens durch eine Verallgemeinerung des Verfahrens aus Abschnitt 2.3.1 eine weitere Reduktion der Laufzeit erreicht werden. Das Verfahren nutzt die Kantenkohärenz aus, indem es eine Liste der ***aktiven Kanten*** verwendet, die alle von der aktuellen Scanebene geschnittenen Kanten enthält. Die aktiven Kanten sind nach den x-Werten der Schnittpunkte der Scangeraden mit der Projektion der Kanten sortiert. Beim Übergang zur nächsten Scangerade wird die Liste der aktiven Kanten mit Hilfe einer Liste der ***passiven Kanten*** aktualisiert, die die Kanten aller Polygone enthält, sortiert nach der minimalen y-Ausdehnung ihrer Projektion. Diese Liste kann mit ***bucket sort*** aufgebaut werden, wobei für jede Scangerade, d.h. für jede Bildschirmzeile, ein *bucket* verwendet wird. Innerhalb eines ***buckets*** sind die Kanten nach steigenden x-Werten des unteren Endpunktes ihrer Projektion sortiert. Kanten, deren untere Endpunkte übereinstimmen, werden nach fallender Steigung geordnet, d.h. im Uhrzeigersinn. Wir beschreiben die Arbeitsweise des Verfahrens anhand der Beispielszene in Abbildung 4.10. Die Liste der passiven Kanten für diese Szene enthält drei nichtleere ***buckets***:

bucket $y = 2$ enthält AB, AC
bucket $y = 5$ enthält DE, DF, FE
bucket $y = 7$ enthält CB

Innerhalb der einzelnen ***buckets*** sind die Kanten in der angegebenen Reihenfolge abgelegt. Für die Scangerade $y = 3$ enthält die Liste der aktiven Kanten die Kanten AB und AC in dieser Reihenfolge. Die x-Werte der Schnittpunkte mit der Scangerade seien $x_1 < x_2$. Die x-Werte der Schnittpunkte mit der Scangeraden sind $x_1 = 3$ und $x_2 = 5$. Beim Lauf von links nach rechts über die Scangerade stellt man bis zum Schnittpunkt x_1 die Hintergrundfarbe dar. Am Punkt x_1 trifft man auf die aktive Kante AB. Der darzustellende Farb-

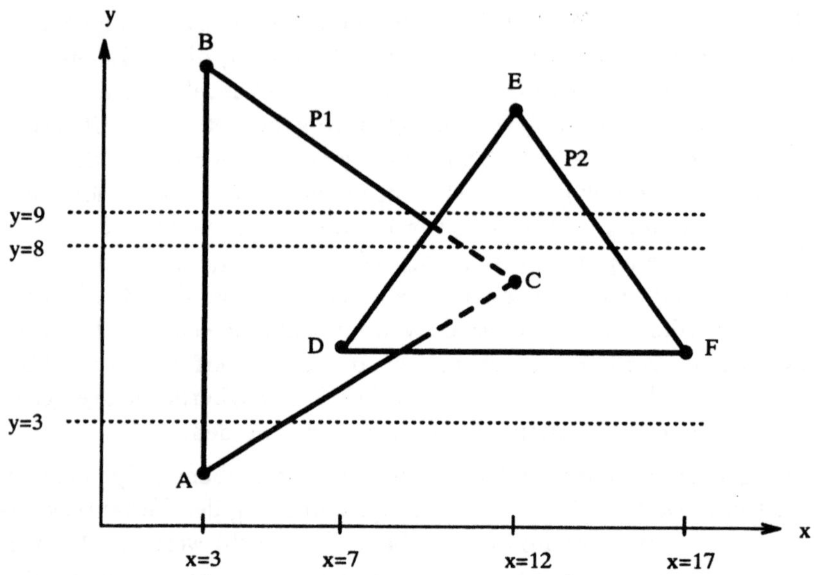

Abbildung 4.10: **Beispielszene mit zwei sich überlappenden Dreiecken ABC und DEF. Dargestellt ist die auf der Projektionsebene erzeugte Abbildung.**

wert ändert sich zu dem Farbwert des Polygons P_1, zu dem AB gehört. Das Statusbit von P_1 wird auf *drinnen* gesetzt. Am Punkt x_2 trifft man auf die aktive Kante AC. Da das Statusbit von P_1 gesetzt ist und da AC ebenfalls zu P_1 gehört, wird am Punkt x_2 das Polygon P_1 wieder verlassen, das Statusbit von P_1 wird daraufhin auf *draußen* gesetzt. Die dargestellte Farbe wechselt wieder zur Hintergrundfarbe. Für die Scangerade $y = 8$ enthält die Liste der aktiven Kanten die Kanten AB, DE, CB und FE in dieser Reihenfolge. Die x-Werte der Schnittpunkte mit der Scangeraden seien $x_1 < x_2 < x_3 < x_4$. Beim Lauf von links nach rechts über die Scangerade stellt man bis zum Schnittpunkt x_1 wieder die Hintergrundfarbe dar. Am Punkt x_1 trifft man auf die aktive Kante AB, der darzustellende Farbwert ändert sich zum Farbwert des Polygons P_1, das Statusbit von P_1 wird auf *drinnen* gesetzt. Am Punkt x_2 trifft man auf die aktive Kante DE. Diese Kante gehört zu P_2, das Statusbit von P_2 wird daher ebenfalls auf *drinnen* gesetzt. Man ist somit innerhalb von zwei Polygonen und muß bestimmen, welches der beiden Polygone sichtbar ist. Dazu verwendet man wieder die Methode der Rückwärtsprojektion. In unserem Beispiel liegt P_2 vor P_1, der darzustellende Farbwert ändert sich also zum Farbwert von P_2. Am Punkt x_3 trifft man auf die aktive Kante BC, die zu P_1 gehört. Das Statusbit von P_1 wird auf *draußen* gesetzt, der dargestellte Farbwert ändert sich

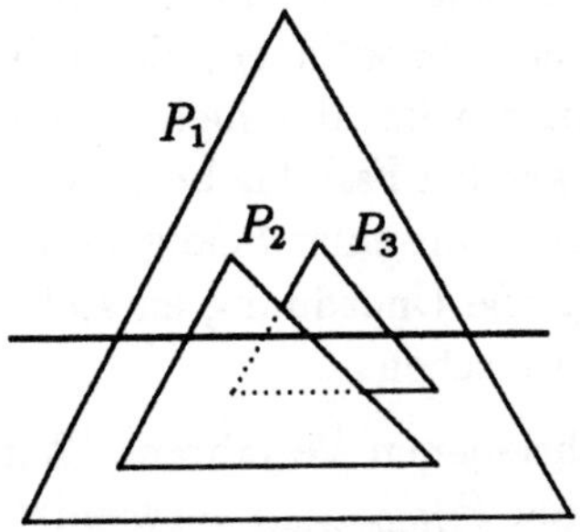

Abbildung 4.11: **Zur Bestimmung des nach Verlassen eines Polygons sichtbaren Polygons reicht es nicht aus, sich das vor Betreten aktive Polygon zu merken. Vor Betreten von P_2 ist P_1 aktiv, nach Verlassen von P_2 ist P_3 aktiv.**

nicht. Am Punkt x_4 trifft man auf die Kante EF, die zu P_2 gehört. Das Statusbit von P_2 wird auf *draußen* gesetzt, der dargestellte Farbwert wird wieder die Hintergrundfarbe.

Wenn beim Lauf über die aktuelle Scangerade das sichtbare Polygon verlassen wird, muß im allgemeinen Fall das danach sichtbare Polygon mit Rückwärtsprojektion bestimmt werden, vgl. Abbildung 4.11. Beim Übergang von der Scangerade $y = y_i$ zur Scangerade $y = y_{i+1} = y_i + 1$ muß die Liste der aktiven Kanten aktualisiert werden:

(1) Alle Kanten, deren oberer Endpunkt einen y–Wert kleiner als y_{i+1} hat, werden aus der Liste entfernt.

(2) Die Schnittpunkte zwischen den in der Liste verbleibenden Kanten und der Scangeraden werden aktualisiert. Dazu müssen die x–Werte neu bestimmt werden. Wenn $y = mx + b$ die Gleichung einer Kante ist, gilt:

$$\begin{aligned} y_i &= mx_i + b \\ y_{i+1} &= mx_{i+1} + b = y_i + 1 = mx_i + b + 1 \end{aligned}$$

Also ist $x_{i+1} = x_i + 1/m$, zur Aktualisierung reicht die Addition von $1/m$ aus.

(3) Die Kanten der passiven Kantenliste in *bucket* y_{i+1} werden in die Liste einsortiert. Da die Kanten innerhalb der *buckets* nach steigenden x–Werten sortiert sind, kann das Einsortieren in die Liste der aktiven Kanten durch Mischen in linearer Zeit erfolgen.

Nach dem Aktualisieren der Schnittpunkte in (2) stimmt deren Reihenfolge evtl. nicht mehr. Dies sieht man z.B. an Abbildung 4.10 beim Übergang von der Scangerade $y = 8$ zur Scangerade $y = 9$: Für die Scangerade $y = 8$ enthält die Liste die aktiven Kanten AB, DE, CB, FE in dieser Reihenfolge. Für die

Scangerade $y = 9$ müssen die Kanten DE und CB vertauscht werden, weil CB zuerst geschnitten wird. Es ist also eine Neusortierung der Liste erforderlich. Dazu verwendet man am besten Sortieren durch Vertauschen benachbarter Elemente (*bubble sort*): Man vertauscht benachbarte Elemente so lange, bis sie in der richtigen Reihenfolge sind. Obwohl dieses Verfahren im allgemeinen Fall eine Laufzeit von $O(n^2)$ hat, ist es in dem hier vorliegenden Fall das beste Verfahren. Dies ist deshalb der Fall, weil beim Übergang von einer Scangeraden zur nächsten wegen der Kantenkohärenz keine sehr große Unordnung entsteht. Es sind also nicht viele benachbarte Elemente zu vertauschen.

Abbildung 4.12 zeigt eine Programmskizze des beschriebenen Verfahrens. Zur einfacheren Formulierung wird ein zusätzliches Polygon $P_{Hintergrund}$ verwendet, das von allen anderen Polygonen überdeckt wird und das die Farbe des Hintergrunds hat. $P_{Hintergrund}$ sei so groß, daß die Projektion auf die Projektionsebene den gesamten Bildschirm abdeckt.

4.5 Sortierung nach dem Abstand vom Betrachter

Die Idee des Tiefensortier-Algorithmus (*depth-sort*-Algorithmus), vgl. [NNS72], [SSS74], [FvDFH90], besteht darin, die Oberflächen der Objekte nach ihrem Abstand vom Betrachter auf dem Bildschirm darzustellen. Dazu werden die Oberflächen zuerst nach fallendem Abstand vom im Ursprung liegenden Projektionszentrum sortiert und in dieser Reihenfolge dargestellt. Daß ein näher zum Betrachter liegendes Polygon P ein weiter weg liegendes Polygon Q überdeckt, wird dadurch realisiert, daß Q vor P dargestellt wird und daß bei der Darstellung von P der von P überdeckte Teil von Q im Pufferspeicher überschrieben wird.

In dieser einfachen Form ist der Algorithmus allerdings nur in der Lage, solche Szenen korrekt darzustellen, für die eine eindeutige Sortierung nach dem Abstand vom Betrachter möglich ist. Dies ist oft nicht der Fall, z.B. weil Objekte so dicht beieinander liegen, daß für die sie definierenden Polygone eine solche Sortierung nicht existiert, vgl. Abbildung 4.13. In diesem Fall müssen Polygone für die Bildschirmdarstellung evtl. aufgespalten werden. Wir nehmen im folgenden an, daß jedem Polygon P ein umgebender Quader zugeordnet ist, der durch seine beiden Extrempunkte $(x_{min}(P), y_{min}(P), z_{min}(P))$ und $(x_{max}(P), y_{max}(P), z_{max}(P))$ bestimmt ist. Sei P das am weitesten vom Betrachter entfernte Polygon, d.h. das Polygon mit dem größten Wert $z_{max}(P)$. Bevor P auf dem Bildschirm dargestellt wird, muß für alle Polygone Q, deren

```
void scan_line_edge_list(m,n);
int m,n;
{
 ACTIVE_LIST al;
 PASSIVE_LIST pl;
 int p_akt,p,q,k,x,y;

 eliminate_self_hidden();
 clip_and_project();
 create_lists(al,pl);
 for (y=0; y<n; y++) do {
     delete_edges(al,y);
     resort(al);
     add_bucket(al,pl,y);
     p_akt = p_background;
     for (x=0; x<m; x++) do {
         if (k=intersection(al,x)) {
            p = polygon(k);
            switch_status(p);
            p_akt = compare(p_akt);
         }
         setpixel(x,y,color(p_akt));
     }
 }
}
```

Abbildung 4.12: Programmskizze zum Scangeraden–Algorithmus bei Verwendung einer Liste der aktiven Kanten. ACTIVE_LIST und PASSIVE_LIST seien geeignete Datenstrukturen zur Ablage der Liste der aktiven bzw. passiven Kanten. create_lists(al,pl) erzeugt die Liste der passiven Kanten pl und initialisiert die Liste der aktiven Kanten al. Die äußere for–Schleife durchläuft die Zeilen des Bildschirms. Beim Übergang zur nächsten Zeile werden mit delete_edges(al,y) alle Kanten aus al entfernt, die von der neuen Scangeraden nicht mehr geschnitten werden. resort(al) sortiert die verbleibenden Kanten neu, add_bucket(al,pl,y) fügt die Kanten aus *bucket* y aus pl in al ein. Die innere for–Schleife läuft über die aktuelle Zeile des Bildschirms. intersection(al,x) bestimmt die Kante k aus al, die an Position x der aktuellen Bildschirmzeile y geschnitten wird, polygon(k) bestimmt das zugehörige Polygon p. switch_status(p) aktualisiert das Statusbit von p wie im Text beschrieben. compare(p_akt) bestimmt, falls nötig mit Rückwärtsprojektion, welches Polygon ab Position x sichtbar ist.

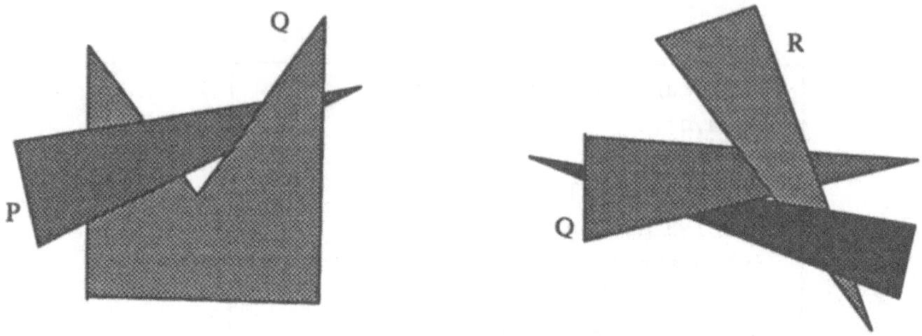

Abbildung 4.13: **Polygone mit überlappenden z-Bereichen.**

z-Ausdehnung mit der z-Ausdehnung von P überlappt, sichergestellt werden, daß Q nicht durch P verdeckt werden kann. Nur wenn dies der Fall ist, kann P vor Q dargestellt werden. Um dies zu überprüfen, werden die folgenden Tests durchgeführt, die nach steigender Komplexität geordnet sind. Sobald einer dieser Tests erfüllt ist, steht fest, daß Q nicht durch P verdeckt werden kann. Wenn dies für alle Polygone Q gilt, die mit P in z überlappen, wird P dargestellt und die Tests werden für das Polygon mit dem nächstgrößten z_{max}-Wert wiederholt. Die folgenden Tests werden durchgeführt:

1. Überlappen die x-Ausdehnungen von P und Q nicht?
2. Überlappen die y-Ausdehnungen von P und Q nicht?
3. Liegt P ganz auf der Seite der Ebene, die Q enthält, auf der das Projektionszentrum nicht liegt, vgl. Abbildung 4.14?
4. Liegt Q ganz auf der Seite der Ebene, die P enthält, auf der das Projektionszentrum liegt, vgl. Abbildung 4.14?
5. Überlappen die Projektionen von P und Q nicht?

Wenn keiner der fünf Tests erfüllt ist, kann P nicht vor Q in den Pufferspeicher geschrieben werden. In diesem Fall werden die Tests wiederholt, wobei die Rollen von P und Q vertauscht werden. P wird markiert, um zu verhindern, daß die Tests für P erneut ausgeführt werden. Man beachte, daß nach dem Vertauschen mit Q nur die Tests 3 und 4 wiederholt werden müssen. Wenn einer der Tests erfüllt ist, wird das Verfahren mit Q weitergeführt. Wenn auch in diesem Fall keiner der Test erfüllt ist, können P und Q nicht mit dem beschriebenen Verfahren korrekt dargestellt werden. Statt dessen muß entweder

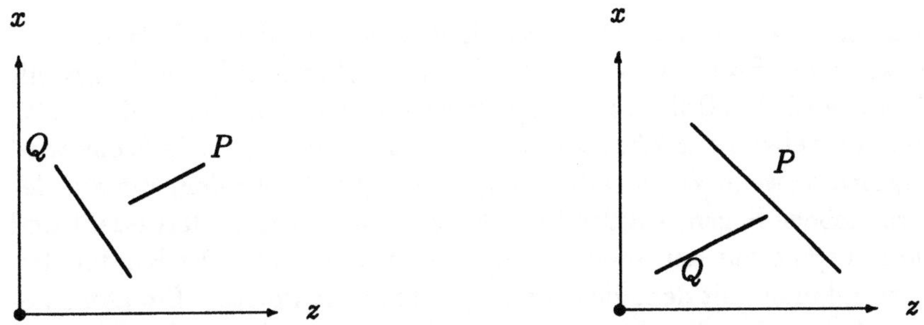

Abbildung 4.14: **Blick von oben auf die dargestellte Szene. In der linken Abbildung ist Test 3 erfüllt, in der rechten ist Test 4 erfüllt. Das Projektionszentrum liegt im Ursprung.**

P an der Ebene von Q oder Q an der Ebene von P aufgespalten werden. Mit den dadurch entstehenden beiden neuen Polygonen werden die beschriebenen Tests dann wiederholt.

Der Tiefensortier–Algorithmus ist ein Beispiel einer Gruppe von Algorithmen, die in der Fachliteratur als *list–priority*–Algorithmen bezeichnet werden. Alle Algorithmen dieser Gruppe stellen eine bestimmte Ordnung auf den Polygonen her, die sicherstellt, daß die erzeugte Darstellung korrekt ist, wenn die Polygone in dieser Ordnung dargestellt werden. Beim Tiefensortier–Algorithmus ist diese Ordnung durch den z–Abstand der Polygone vom Projektionszentrum bestimmt. Ein anderer Algorithmus dieser Gruppe ist der BSP–Baum–Algorithmus (*binary space partitioning*), vgl. [SBGS69], [SSS74], [FAG83], [FvDFH90], der das von der Szene eingenommene Volumen rekursiv unterteilt, indem er Objektgruppen der Szene identifiziert. Wenn eine Ebene gefunden werden kann, die eine Menge von Objektgruppen von einer anderen trennt, können Objekte, die auf der gleichen Seite der Trennebene liegen wie das Projektionszentrum, nicht von Objekten auf der anderen Seite verdeckt werden, können diese aber verdecken. Die so entstehenden Mengen von Objektgruppen werden auf die gleiche Weise rekursiv weiter unterteilt. Als Trennebenen können z.B. Ebenen verwendet werden, in denen Polygone der Szene liegen. Wenn ein Polygon von einer Trennebene geschnitten wird, wird es in zwei Teile aufgespalten. Am besten werden Trennebenen verwendet, die möglichst wenig Aufspaltungen von Polygonen nach sich ziehen. Eine Heuristik zur Auswahl der Trennebenen findet man z.B. in [FAG83]. Der Unterteilungsprozeß stoppt, wenn jeder entstehende Bereich nur noch ein Polygon enthält. Der Unterteilungsprozeß kann durch einen binären Baum, den *BSP–Baum*, dargestellt werden, dessen innere Knoten die gewählten Trennebenen bzw. die zugehörigen Polygone repräsentieren und dessen Blätter den nicht weiter unterteilten Bereichen bzw. dem darin enthaltenen Polygon entsprechen. Damit ist jedem Knoten des BSP–Baums genau ein Polygon zugeordnet. Nachdem der BSP–Baum aufgebaut ist, kann die Szene für eine beliebige Betrachterposition $\bar{b}$ dargestellt werden. Dazu wird der BSP–Baum top–down durchlaufen. Sei P das Polygon, das die Trennebene der Wurzel des BSP–Baums definiert. Die Szene wird korrekt dargestellt, wenn zuerst alle Polygone dargestellt werden, die auf der Seite der Trennebene liegen, auf der $\bar{b}$ nicht liegt. Dann wird P dargestellt und danach alle Polygone auf der anderen Seite der Trennebene. Die Kindknoten von P werden rekursiv mit dem gleichen Algorithmus bearbeitet. Ein ähnliches Verfahren wird beim Ray–Tracing–Verfahren eingesetzt, vgl. Abschnitt 8.6.1.

Sowohl der Tiefensortier–Algorithmus als auch der BSP–Baum–Algorithmus führen eine Sortierung im Objektraum aus. Die einzige im Bildraum durchgeführte Operation ist das Setzen der Pixeleinträge im Pufferspeicher, wobei die Tatsache ausgenutzt wird, daß diese überschrieben werden können. Das Aufspalten der Polygone wird beim Tiefensortier–Algorithmus während der Darstellung vorgenommen, beim BSP–Baum–Algorithmus dagegen während der Vorberechnungsphase, in der der BSP–Baum aufgebaut wird. In der beschriebenen Form werden bei beiden Verfahren die Polygone in fallendem Abstand von Betrachter dargestellt, wobei näher zum Betrachter liegende Polygone weiter weg liegende evtl. überdecken können. Das bedeutet, daß ebenso wie beim z–Puffer–Algorithmus Pixel mehrfach gesetzt werden können. Eine Variante des Algorithmus besteht darin, die Polygone mit *steigendem* Abstand vom Betrachter darzustellen, wobei aber nur solche Pixel gesetzt werden, die noch nicht gesetzt wurden. Dies verhindert das Mehrfachsetzen von Pixeln, macht aber eine Überprüfung vor jedem Setzen erforderlich.

4.6 Flächenunterteilungs–Algorithmus

Der Flächenunterteilungs–Algorithmus, siehe auch [War69], [SSS74], [BG89], [FvDFH90], beruht auf einer flächenorientierten *divide–and–conquer*–Strategie, die in der Projektionsebene angewendet wird. Wenn bei der Bearbeitung eines Bildschirmbereiches festgestellt wird, daß im gesamten Bereich nur eine Objektoberfläche sichtbar ist, wird für den Bereich der Farbwert dieser Oberfläche dargestellt. Ansonsten wird der Bereich in kleinere Bereiche unterteilt und das Verfahren wird rekursiv angewendet. Das Verfahren stoppt spätestens dann, wenn die Bereiche Pixelgröße erreicht haben. Der Ansatz nutzt also die *Flächenkohärenz* aus, d.h. die Tatsache, daß für benachbarte Pixel oft dieselbe Oberfläche dargestellt wird. Der Vorteil des Verfahrens liegt darin, daß für alle Pixel eines nicht weiter unterteilten Bereiches die sichtbare Oberfläche nur einmal bestimmt zu werden braucht. Sobald diese bekannt ist, kann der

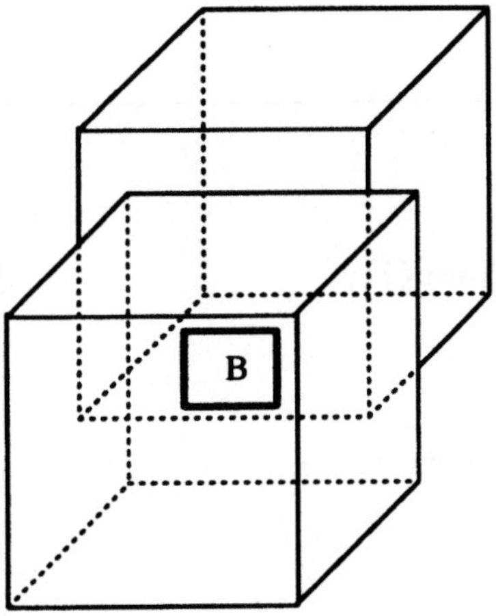

Abbildung 4.15: **Für einen nicht weiter unterteilten Bereich B kann es mehrere Kandidaten für das in dem Bereich dargestellte Objekt geben.**

Farbwert der Pixel des Bereiches sehr einfach bestimmt werden. Abbildung 4.16 zeigt eine einfache Realisierung des Verfahrens. Die Rekursion kann abgebrochen werden, wenn durch einen Bereich höchstens eine Kante verläuft. Man beachte, daß dies nicht gleichbedeutend damit ist, daß es nur einen Kandidaten für die sichtbare Oberfläche gibt, vgl. Abbildung 4.15. Die sichtbare Oberfläche muß mit Rückwärtsprojektion bestimmt werden.

Um festzustellen, ob durch einen Bereich nur eine Kante verläuft, müssen prinzipiell die Kanten *aller* Polygone untersucht werden. Man kann den Aufwand der Überprüfung verringern, indem man die Projektion eines Polygons P mit einem Rechteck umgibt, das die minimale und maximale Ausdehnung der Projektion angibt. Das umgebende Rechteck zu P ist spezifiziert durch den linken unteren Endpunkt $(x_{min}(P), y_{min}(P))$ und den rechten oberen Endpunkt $(x_{max}(P), y_{max}(P))$. Ebenso nehmen wir an, daß der betrachtete Bereich B durch den linken unteren Endpunkt $(x_{min}(B), y_{min}(B))$ und den rechten oberen Endpunkt $(x_{max}(B), y_{max}(B))$ spezifiziert ist. In einigen Fällen kann durch Untersuchung des umgebenden Rechtecks eines Polygons P von vorneherein ausgeschlossen werden, daß eine Kante von P innerhalb des untersuchten Bereichs B verläuft. In diesen Fällen brauchen die Kanten von P nicht einzeln untersucht zu werden. Wenn das umgebende Rechteck zu P nicht mit B überlappt, d.h. wenn gilt

$$
\begin{array}{llll}
(x_{min}(P) > x_{max}(B)) & \text{oder} & (x_{max}(P) < x_{min}(B)) & \text{oder} \\
(y_{min}(P) > y_{max}(B)) & \text{oder} & (y_{max}(P) < x_{min}(B)) &
\end{array}
$$

```
void subdivision_hidden_surface(m,n);
int m,n;
{
 eliminate_self_hidden(); clip_and_project();
 area_sub_div(0,0,m,n);
}

void area_sub_div(xstart,ystart,xend,yend)
int xstart,ystart,xend,yend;
{
 int p, xmid,ymid;
 if(((xstart != xend) || (ystart != yend)) &&
    ((p=test_for_subdivision(xstart,ystart,xend,yend))!=-1)){
   xmid = (xstart + xend)/2;
   ymid = (ystart + yend)/2;
   area_sub_div(xstart,ystart,xmid,ymid); /* links unten */
   area_sub_div(xmid,ystart,xend,ymid);   /* rechts unten */
   area_sub_div(xstart,ymid,xmid,yend);   /* links oben */
   area_sub_div(xmid,ymid,xend,yend);     /* rechts oben */
 }
 else
   if (p == -1)
      p = back_project(build_point(xmid,ymid));
   display_area(xstart,ystart,xend,yend.color(p));
 }
```

Abbildung 4.16: Programmskizze zum Flächenunterteilungs–Algorithmus. Die rekursive Prozedur `area_sub_div` wird von der übergeordneten Prozedur mit den Ausdehnungen des gesamten Bildschirms aufgerufen. `(xstart,xend)` und `(ystart,yend)` geben den linken unteren bzw. den rechten oberen Endpunkt des von `area_sub_div` bearbeiteten Bereichs an. Die rekursive Unterteilung wird entweder abgebrochen, wenn der entstehende Bereich Pixelgröße erreicht hat oder wenn die Funktion `test_for_subdivision(xstart,ystart,xend,yend)` ein einzelnes sichtbares Polygon zurückliefert. Eine genauere Spezifizierung von `test_for_subdivision` findet man in Abbildung 4.18. Wenn `test_for_subdivision` ein Polygon zurückliefert, wird dessen Farbwert dargestellt, ansonsten wird das sichtbare Polygon mit Rückwärtsprojektion bestimmt.

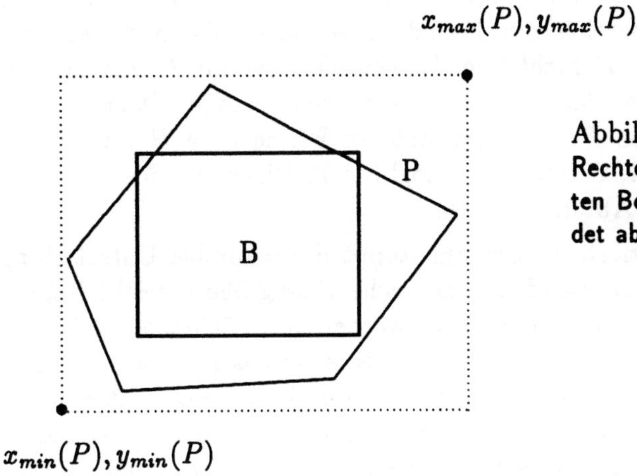

Abbildung 4.17: **Das umgebende Rechteck zu P umgibt den betrachteten Bereich B vollständig. P schneidet aber B.**

so kann keine Kante von P innerhalb von B verlaufen. Wenn dies für alle Polygone der Szene gilt, wird für B die Hintergrundfarbe dargestellt. Wenn es nur ein einziges Polygon P gibt, dessen umgebendes Rechteck mit B überlappt, kann man B darstellen, indem man zuerst die Hintergrundfarbe darstellt und danach die von P überdeckten Pixel von B mit dem Farbwert von P überschreibt.

Wenn es ein Polygon P gibt, das B vollständig umgibt, und das vor allen anderen Polygonen liegt, die mit B überlappen, dann wird B mit dem Farbwert von P dargestellt. Wenn ein Polygon P den Bereich B vollständig umgeben soll, muß auf jeden Fall das umgebende Rechteck zu P den Bereich vollständig umgeben, d.h. es muß gelten

$$\begin{array}{lcll} x_{min}(P) < x_{min}(B) & \text{und} & x_{max}(P) > x_{max}(B) & \text{und} \\ y_{min}(P) < y_{min}(B) & \text{und} & y_{max}(P) > y_{max}(B) & \end{array}$$

Dieser Test ist eine notwendige, aber keine hinreichende Bedingung dafür, daß P den Bereich B umgibt, vgl. Abbildung 4.17. Wenn der Test erfüllt ist, muß getestet werden, ob eine der Kanten von P die Begrenzungskanten von B schneidet[6]. Wenn dies nicht der Fall ist, umgibt P den Bereich B vollständig. Wenn P den

[6]Dazu kann man z.B. den Algorithmus von Cohen und Sutherland aus Abschnitt 2.4.1 verwenden.

Bereich B vollständig umgibt, muß noch getestet werden, ob P vor allen anderen Polygonen $P_1, \cdots, P_n$ liegt, die mit B überlappen. Da P den Bereich vollständig umgibt, überlappt jedes P_i mit P. Ob P vor einem der P_i liegt, stellt man durch Verwendung eines Projektors fest, der durch einen beliebigen Punkt im überlappenden Bereich von P und P_i verläuft. Wenn dieser Projektor P vor P_i trifft, wird P nicht von P_i verdeckt. Wenn P von keinem der P_i verdeckt wird, braucht der Bereich B nicht weiter aufgeteilt zu werden und erhält den Farbwert von P. In allen anderen Fällen muß B weiter aufgeteilt werden. Abbildung 4.18 zeigt eine mögliche Realisierung der Prozedur `test_for_subdivision` aus Abbildung 4.16.

Das in Abbildung 4.16 skizzierte Programm stoppt die rekursive Unterteilung spätestens dann, wenn die entstandenen Bereiche Pixelgröße erreicht haben. Bei einer Bildschirmauflösung von 1024×1024 werden also höchstens 10 Unterteilungsstufen erzeugt. Für Bereiche mit Pixelgröße kann das sichtbare Polygon mit Rückwärtsprojektion unter Verwendung eines durch den Pixelmittelpunkt verlaufenen Projektors bestimmt werden. Um Aliasing–Effekte zu vermeiden, kann man auch einen Projektor verwenden, der durch einen um einen zufälligen Betrag vom Pixelmittelpunkt abweichenden Punkt verläuft. Eine ähnliche Technik wird in Abschnitt 8.3 als probabilistisches Ray–Tracing–Verfahren behandelt. Es besteht auch die Möglichkeit, eine dem Supersampling ähnliche Methode zu verwenden, vgl. Abschnitt 2.7.2.1. Dazu unterteilt man die Pixelbereiche weiter und bestimmt für jeden Subpixelbereich das sichtbare Polygon. Der Farbwert des darzustellenden Pixels ergibt sich dann durch Mittelung über die für die Subpixelbereiche ermittelten Farbwerte.

Das bisher beschriebene Verfahren unterteilt die entstehenden Bereiche bei Bedarf in vier gleichgroße Unterbereiche. Dies hat den Nachteil, daß Bereiche, durch die Polygonkanten verlaufen, sehr fein unterteilt werden, vgl. Abbildung 4.19. Da für jeden entstandenen Bereich eine Rückwärtsprojektion durchgeführt werden muß, steigt damit auch die Laufzeit an. Man kann das Entstehen von einigen der erzeugten Bereiche verhindern, wenn man zuläßt, daß durch einen nicht weiter aufgeteilten Bereich eine Kante verlaufen kann, ohne daß eines der beiden sichtbaren Polygone das Hintergrund–Polygon ist, vgl. [BG89]. Wenn die Kante sichtbar ist, wird sie innerhalb des Bereiches dargestellt. Die entstehenden beiden Teilbereiche werden mit den Farbwerten der angrenzenden Polygone aufgefüllt. Anstatt einer gleichmäßigen Aufteilung in vier Bereiche kann man auch eine ungleichmäßige Aufteilung unter Zuhilfenahme der Polygonknoten verwenden, vgl. Abbildung 4.20. Dies resultiert üblicherweise in weniger Bereichsaufteilungen. Eine andere Variante des Algorithmus besteht darin, die Bereiche entlang der Polygonkanten aufzuteilen, anstatt sie einfach in vier gleichgroße Teile zu spalten, vgl. [WA77] und [FvDFH90]. Dazu sor-

```
int test_for_subdivision(xstart,ystart,xend,yend)
int xstart,ystart,xend,yend;
{
 AREA b;
 POINT a,s,a1,s2;
 int max_z,p,p_akt,status;

 p_akt = p_background;
 status = simple; max_z = zmax;
 b = area(xstart,ystart,xend,yend);
 for (p=0; p<number_of_polygons(); p++) do
     if (overlap(p,b))
        if (surround(p,b)) {
           s = back_project(midpoint(b));
           if (z(s) < max_z) {
              max_z = z(s); p_akt = p;
              status = simple;
           }
        }
        else {
           a = any_overlap_point(p,p_akt);
           s1 = intersect_projector(a,p);
           s2 = intersect_projector(a,p_akt);
           if (z(s1) < z(s2)) {
              max_z = z(s1);
              if (p_akt != p_background) status = complex;
           }
        }
 if (status == simple) return p_akt; else return -1;
}
```

Abbildung 4.18: Implementierung von `test_for_subdivision`. Die dargestellte Funktion liefert das sichtbare Polygon, wenn der untersuchte Bereich einfach ist, also nicht weiter aufgeteilt zu werden braucht. `area(xstart,ystart,xend,yend)` bestimmt den durch die Punkte `(xstart,xend)` und `(ystart,yend)` beschriebenen Bereich. `overlap(p,b)` stellt fest, ob die Projektion von Polygon p mit dem Bereich b überlappt. `surround(p,b)` überprüft, ob p den Bereich b vollständig umgibt. `midpoint(b)` berechnet den Mittelpunkt von b. `any_overlap_point(p,p_akt)` bestimmt einen beliebigen Punkt der Überlappung der Projektionen von p und p_akt. `intersect_projector` ist in Abbildung 4.4 erklärt.

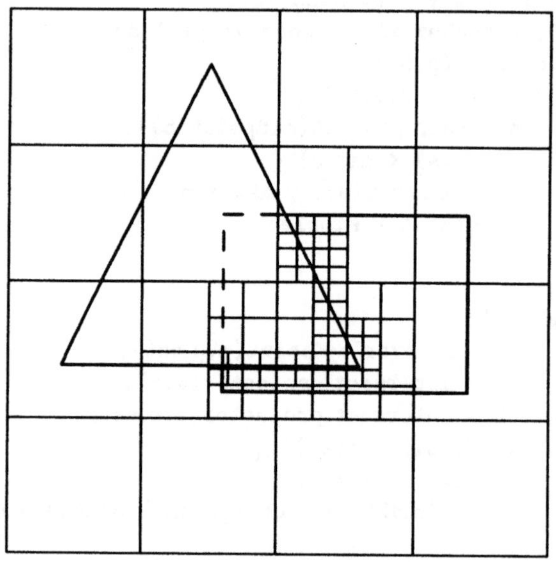

Abbildung 4.19: Anwendung des Flächenunterteilungs–Algorithmus auf eine einfache Beispielszene unter Verwendung einer regelmäßigen Aufteilung (vgl. [FvDFH90]). Der Algorithmus stoppt hier spätestens nach 4 Unterteilungsschritten.

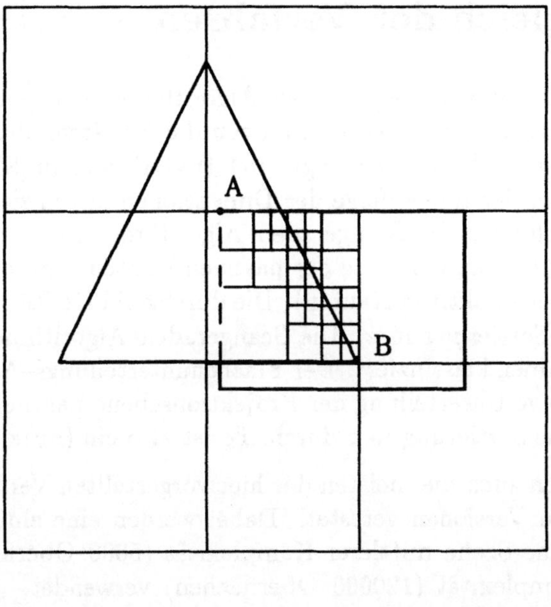

Abbildung 4.20: Anwendung des Flächenunterteilungs–Algorithmus bei Verwendung einer ungleichmäßigen Aufteilung unter Zuhilfenahme der Polygonknoten (vgl. [FvDFH90]). Die erste Aufteilung erfolgt anhand Knoten A, die zweite anhand Knoten B.

tiert man die Polygone nach ihren minimalen z–Werten und benutzt das am nächsten zum Betrachter liegende Polygon P für die erste Aufteilung. Alle anderen Polygone werden bzgl. P abgeschnitten und das Verfahren wird auf die verbleibenden Polygonteile rekursiv angewendet. Dieses Vorgehen führt für einfache Szenen oft zu einer Reduzierung der Laufzeit, hat aber für komplexe Szenen wenig Vorteile.

Der Flächenunterteilungs–Algorithmus arbeitet fast ausschließlich im Bildraum. Nur die Rückwärtsprojektion findet im Objektraum statt.

4.7 Vergleich der Verfahren

Nach [SSS74] führen alle vorgestellten Algorithmen eine Sortierung auf den darzustellenden Objekten durch und nutzen die Kohärenz der Objekte in unterschiedlicher Art und Weise aus, vgl. auch [FvDFH90]. In [SSS74] werden die Algorithmen nach der Reihenfolge der Dimensionen klassifiziert, in der sie die Sortierung vornehmen. Die Scangeraden–Algorithmen sortieren mittels *bucket sort* zuerst in y (Aufbau der Liste der passiven Kanten) und danach in x (Verwaltung der Liste der aktiven Kanten). Die durchgeführte Rückwärtsprojektion entspricht einer Sortierung in z. Die Scangeraden–Algorithmen werden daher als yxz–Algorithmen klassifiziert. Der Flächenunterteilungs–Algorithmus sucht durch die rekursive Unterteilung der Projektionsebene parallel in x und y und führt danach eine Sortierung in z durch. Er ist also ein $(xy)z$–Algorithmus[7].

In [SSS74] werden auch die meisten der hier vorgestellten Verfahren in den damals verfügbaren Versionen getestet. Dabei werden eine einfache Szene (200 Oberflächen), eine Szene mittlerer Komplexität (5000 Oberflächen) und eine Szene hoher Komplexität (120000 Oberflächen) verwendet. Die meisten der verwendeten Oberflächen sind rechteckig. Die Algorithmen werden dadurch verglichen, daß die einzelnen Operationen abhängig von ihrer Komplexität Kosten von 1, 10 oder 100 erhalten. Dies ist zwar eine sehr grobe Abschätzung, die erhaltenen Kosten können aber einen ersten Anhaltspunkt dafür geben, welcher der Algorithmen für welche Komplexitätsstufe geeignet ist. Tabelle 4.1 zeigt die erhaltenen Kostenwerte. Man beachte, daß wegen der Grobheit der Kostenabschätzung ein Faktor von 2 wenig aussagekräftig ist. Dagegen kann aus einem Faktor von 10 schon eher eine Schlußfolgerung gezogen werden. Tabelle 4.1 zeigt, daß der *depth–sort*–Algorithmus gut geeignet ist für Szenen mit wenigen Objekten. Für komplexe Szenen steigen die Kosten des Algorithmus

[7] Wenn in zwei Dimensionen parallel gesucht wird, wird dies mit umschließenden Klammern dargestellt.

Algorithmus	Anzahl der polygonalen Oberflächen		
	200	5.000	120.000
depth-sort	$140 \cdot 10^3$	$1.4 \cdot 10^6$	$71 \cdot 10^6$
z-Puffer	$7.5 \cdot 10^6$	$7.5 \cdot 10^6$	$7.5 \cdot 10^6$
Scangerade	$770 \cdot 10^3$	$2.9 \cdot 10^6$	$14 \cdot 10^6$
Flächenunterteilung	$1.6 \cdot 10^6$	$9 \cdot 10^6$	$43 \cdot 10^6$

Tabelle 4.1: **Kostenwerte der vorgestellten Algorithen nach [SSS74]. Der aufgeführte** *depth-sort*-**Algorithmus stellt überlappende Polygone korrekt dar.**

aber stark an, weil viele Oberflächen aufgeteilt werden müssen. Der z-Puffer-Algorithmus hat unabhängig von der Komplexität der Szene konstante Kosten. Dies liegt daran, daß mit steigender Anzahl der Oberflächen die Anzahl der von den einzelnen Oberflächen abgedeckten Pixel üblicherweise geringer wird. Damit erscheint der z-Puffer-Algorithmus für Szenen geringer Komplexität etwas aufwendig, zeigt aber für Szenen mittlerer und hoher Komplexität sehr geringe Kosten. Der große Vorteil des z-Puffer-Algorithmus liegt darin, daß die Kosten mit steigender Komplexität kaum ansteigen. Der Nachteil des Algorithmus besteht darin, daß er nur mit großem Aufwand zur Darstellung von transparenten Objekten verwendet werden kann: wenn für ein Pixel ein transparentes Objekt am nächsten zum Betrachter liegt, muß zur Bestimmung der korrekten Pixelintensität auch das dahinter liegende Objekt berücksichtigt werden. Dafür reicht der z-Puffer nicht aus. Der Scangeraden-Algorithmus ist der einzige der vorgestellten Algorithmen, der für alle Komplexitätsstufen gleichmäßig gut geeignet ist. Der Flächenunterteilungs-Algorithmus scheint dagegen für keine Stufe richtig geeignet zu sein.

Kapitel 5

Reflexions– und Beleuchtungsmodelle

Ein Ziel der Computergraphik ist es, Objekte so zu modellieren und auf einem Ausgabemedium darzustellen, daß sie von realen Objekten möglichst nicht zu unterscheiden sind. Das Aussehen von realen Objekten hängt u.a. von ihren Material- und Oberflächeneigenschaften ab, ebenso von der Farbe und der Intensität des einfallenden Lichtes. Außerdem spielt die Lage der Objekte und der Lichtquellen und deren Geometrie eine Rolle. Zur Modellierung der Objekte müssen alle diese Faktoren und die Wechselwirkungen zwischen ihnen berücksichtigt und möglichst genau nachgebildet werden. Dazu werden in der Computergraphik Beleuchtungsmodelle und Reflexionsmodelle verwendet.

Ein *Beleuchtungsmodell* beschreibt die Eigenschaften des einfallenden Lichtes wie z.B. dessen Farbverteilung und Helligkeit sowie der Geometrie der Lichtquelle. Ein *Reflexionsmodell* beschreibt, wie die Oberfläche eines Objektes mit dem einfallenden Licht wechselwirkt, d.h. ob und wie das einfallende Licht reflektiert oder transmittiert (d.h. durchgelassen) wird. Dies ist u.a. davon abhängig, ob das Objekt durchscheinend ist oder nicht, ob die Oberfläche eher spiegelnd oder eher matt ist und welche Struktur sie hat. Prinzipiell versuchen die Beleuchtungs- und Reflexionsmodelle physikalische Vorgänge zu simulieren. Da diese jedoch, soweit überhaupt erforscht, sehr komplex sind und nur mit großem Aufwand berechnet werden können, sind in den in der Computergraphik verwendeten Modellen diverse Vereinfachungen enthalten, die den Aufwand auf ein erträgliches Maß reduzieren. Wir werden im folgenden die gebräuchlichsten dieser Modelle vorstellen. Gute Beschreibungen der hier vorgestellten Modelle findet man auch in [Wat89] und [FvDFH90]. Weitere Modelle sind z.B. in [BG89] und vor allem in [Hal89] ausführlich beschrieben. Um dem

Leser einen Einblick in die zugrundeliegenden physikalischen Mechanismen zu geben, werden wir im nächsten Abschnitt zuerst einige physikalische Grundlagen auffrischen.

5.1 Physikalische Grundlagen

Ein Ziel der physikalischen Forschung ist es, ein *Modell* des Phänomens *Licht* zu entwickeln, das die beobachteten Erscheinungen und Gesetzmäßigkeiten in möglichst einfacher Weise beschreibt. Dabei ist klar zu unterscheiden zwischen den objektiven Vorgängen, die sich außerhalb des menschlichen Auges abspielen, und der subjektiven Wahrnehmung, die die zwischen Auge und Gehirn sich vollziehenden Vorgänge umfaßt. Die objektiven Vorgänge sind Gegenstand der physikalischen Forschung, die subjektive Wahrnehmung wird von der Physiologie und Psychologie untersucht. Wir werden uns in diesem Abschnitt hauptsächlich mit den physikalischen Eigenschaften des Lichtes beschäftigen. Einzelheiten zur physiologischen Wahrnehmung des Lichtes findet man z.B. in [GKV77], [FvDFH90] und [GW92].

Zur physikalischen Beschreibung des Lichts gibt es ein *Wellenmodell* und ein *Teilchenmodell*. Da keines dieser Modelle sämtliche Eigenschaften des Lichts vollständig beschreiben kann, werden beide Modelle nebeneinander verwendet, man spricht vom Welle–Teilchen–Dualismus. Je nach zu erklärendem Phänomen wird das eine oder das andere Modell benutzt.

Das Wellenmodell beschreibt Licht als elektromagenetische Welle, die sich im Vakuum mit Lichtgeschwindigkeit $c = 3 \cdot 10^8 m/s$ ausbreitet. Die Eigenschaften werden durch die Maxwellschen Gleichungen beschrieben[1], vgl. z.B. [GKV77]:

$$\mathrm{rot}\vec{H} = \frac{\partial \vec{D}}{\partial t} + \vec{j} \quad (5.1)$$

$$\mathrm{rot}\vec{E} + \frac{\partial \vec{D}}{\partial t} = 0 \quad (5.2)$$

$$\mathrm{div}\vec{D} = \rho \quad (5.3)$$

$$\mathrm{div}\vec{B} = 0 \quad (5.4)$$

$$\oint_K \vec{H}\, d\vec{s} = \int_S \frac{\partial \vec{D}}{\partial t} d\vec{A} + I \quad (5.5)$$

$$\oint_K \vec{E}\, d\vec{s} = -\int_S \frac{\partial \vec{B}}{\partial t} d\vec{A} \quad (5.6)$$

$$\oint_S \vec{D}\, d\vec{A} = Q \quad (5.7)$$

$$\oint_S \vec{B}\, d\vec{A} = 0 \quad (5.8)$$

[1]Die angegebenen Gleichungen setzen die Verwendung des rationalisierten MSKA-Einheitensystems voraus. Bei Verwendung des cgs–Systems ergeben sich geringfügig andere Gleichungen.

Stoff	ϵ	v	n
Vakuum	1	$2.998 \cdot 10^8 m/s$	1
Luft	1.00059	$2.977 \cdot 10^8 m/s$	1.0029
Plexiglas	3	$1.731 \cdot 10^8 m/s$	1.732
Glas	2 bis 16	$2.119 \cdot 10^8$ bis $0.749 \cdot 10^8 m/s$	1.414 bis 4
Wasser	80.3	$2.249 \cdot 10^8 m/s$	1.333
keramische Stoffe	über 100	$< 0.229 \cdot 10^8 m/s$	>10

Tabelle 5.1: **Dielektrizitätszahl ϵ, Geschwindigkeit des Lichtes v und Brechzahl n für einige Stoffe.**

Links ist die differentielle, recht die integrale Form angegeben[2]. Dabei ist $\vec{j}$ die Stromdichte, ρ ist die Ladungsdichte. $\vec{H}$ ist die magnetische, $\vec{E}$ ist die elektrische Feldstärke. $\vec{B}$ ist die magnetische, $\vec{D}$ ist die elektrische Flußdichte. (5.5) besagt, daß Ströme und zeitlich veränderliche, elektrische Felder von magnetischen Wirbelfeldern umschlossen sind. (5.6) besagt, daß zeitlich veränderliche Magnetfelder von elektrischen Wirbelfeldern umschlossen sind. (5.7) besagt, daß eine ruhende elektrische Ladung ein elektrisches Quellenfeld erzeugt. (5.8) besagt, daß es keine magnetischen Quellenfelder gibt. Aus den Maxwell'schen Gleichungen folgt, daß elektromagnetische Wellen transversal sind und daß $\vec{E}$ senkrecht auf $\vec{H}$ bzw. $\vec{D}$ senkrecht auf $\vec{B}$ steht. Alle diese Vektoren stehen senkrecht auf der Ausbreitungsrichtung der Welle. Im Vakuum breiten sich elektromagnetische Wellen mit der Geschwindigkeit $c = 2.998 \cdot 10^8 m/s$ aus, in Materie mit der Geschwindigkeit $v = c\sqrt{\epsilon\mu}$ (Maxwell-Relation). Dabei ist ϵ die materialabhängige *Dielektrizitätszahl*, μ ist die materialabhängige *Permeabilitätszahl.* In der Optik wird $n = c/v = 1/\sqrt{\epsilon\mu}$ auch als *Brechzahl* bezeichnet. Tabelle 5.1 enthält einige typische Werte [3] für ϵ und n, der Wert von μ liegt für die meisten Materialien bei 1.

Mit dem Wellenmodell können alle bei der Lichtausbreitung feststellbaren Erscheinungen wie Brechung, Dispersion, Streuung, ebenso wie Interferenz- und Polarisationserscheinungen erklärt werden. Die bei der Wechselwirkung von Licht mit Materie auftretenden Phänomene (Photoeffekt, Compton-Effekt,

[2]Dabei ist in (5.5) und (5.6) $\oint_K$ ein Integral über die Kurve K, die die im Integral $\int_S$ verwendete Fläche S umschließt. Für die Integration wird der Stoke'sche Satz verwendet und es ist $\int_S \vec{j}d\vec{A} = I$. In (5.7) und (5.8) ist $\oint_S$ ein Integral über die Oberfläche, die das Volumen V umschließt, über das auf der rechten Seite integriert wird. Für die Integration wird der Gauß'sche Satz verwendet und es ist $\int_V \rho dV = Q$.

[3]Für Wasser ist die Maxwell'sche Gleichung wegen auftretenden Dispersionseffekten nicht erfüllt, vgl. [GKV77].

Emission und Absorption von Licht) können mit dem Wellenmodell aber nicht befriedigend erklärt werden. Daß bei der Emission von Licht durch Materie nur bestimmte scharfe Frequenzen ausgestrahlt werden, läßt sich nur mit dem Teilchenmodell beschreiben, das in der Quantenmechanik entwickelt wurde, vgl. [Mes76].

Das Teilchenmodell nimmt an, daß monochromatisches Licht der Frequenz ν aus einzelnen, unteilbaren ***Lichtquanten*** oder ***Photonen*** besteht, die sich mit Lichtgeschwindigkeit c gradlinig gewegen. Die Photonen sind masselose Teilchen, deren Energie E proportional zur Frequenz ν des Lichtes ist: $E = h\nu$. Dabei ist $h = 6.6 \cdot 10^{-34} Js$ die Planksche Konstante. Die Energie eines Photons ist unabhängig von seiner Entfernung von der Lichtquelle, es findet keine Abschwächung statt.

Materie besteht aus einzelnen Atomen, ein Atom besteht aus Atomkern und Atomhülle. Der Atomkern enthält die Protonen und Neutronen des Atoms, die Atomhülle ist der Aufenthaltsort der zu einem Atom gehörenden Elektronen. Die Elektronen eines Atoms können bestimmte diskrete stationäre Zustände annehmen, die eine wohldefinierte Energie besitzen (Energieviveaus). Durch Absorption bzw. Emission von Energie kann ein Elektron in ein höheres bzw. niedrigeres Energieviveau überführt werden.

Beim Auftreffen auf Materie teilt ein Photon seine Energie spontan einem getroffenen Elektron der Materie mit. Je nach Energie des Photons wird das Elektron entweder aus dem Atomverband herausgelöst oder wird auf ein höheres Energieniveau gehoben. Im letzteren Fall befindet sich das zugehörige Atom in einem *angeregten Zustand.* Wenn die Energie des Photons nicht ausreicht, ein Elektron auf ein höheres Energieniveau zu heben, wird die Energie des Photons in Wärme umgewandelt. In jedem Fall wird das Photon *absorbiert*, die Lichtstrahlung wird abgeschwächt. Üblicherweise verweilen die Atome nicht lange im angeregten Zustand. Das angeregte Elektron kehrt wieder auf sein ursprüngliches Energieniveau zurück. Die dabei freiwerdende Energie E wird als Photon der Frequenz $\nu = E/h$ abgegeben, d.h. es wird Licht *emittiert.*

In der Quantenmechanik wird der Welle–Teilchen–Dualismus des Lichtes formal aufgehoben, indem Photonen keine exakt vorausberechneten Bahnen, sondern Aufenthaltswahrscheinlichkeiten zugeordnet werden. Die Verbindung zum Wellenmodell besteht darin, daß die Aufenthaltswahrscheinlichkeit proportional zur Intensität der Lichtwelle ist, die im Wellenmodell verwendet wird, d.h. zum Quadrat der Wellenamplitude.

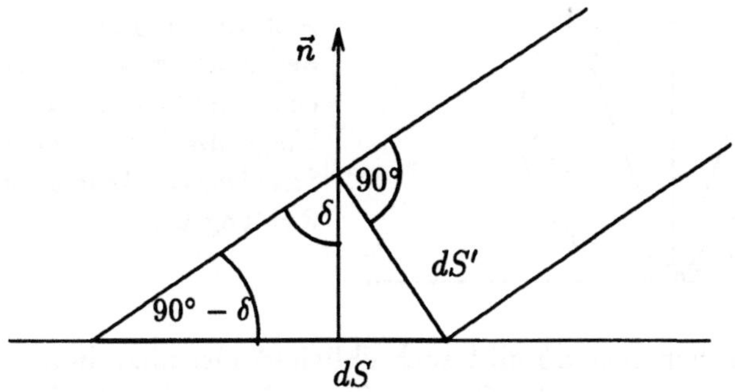

Abbildung 5.1: **Berechnung der effektiven Fläche dS' zum Flächenelement dS. Es gilt** $\sin(90-\delta) = \cos\delta = dS'/dS$.

5.2 Strahlungslehre

Wir werden in diesem Abschnitt kurz einige Definitionen der Strahlungslehre wiederholen, die in diesem und den folgenden Kapiteln eine Rolle spielen, vgl. [GKV77].

Eine Strahlungsquelle gibt in den ganzen Raum eine gewisse *Strahlungsleistung* Φ ab, auch *Strahlungsfluß* genannt. Die Strahlungsleistung wird in Watt = Joule/sec gemessen und entspricht im Teilchenmodell der Anzahl der Photonen, die die Strahlungsquelle pro Zeiteinheit verlassen. Der gesamte Energieverlust, den eine Quelle durch ihre Strahlung erleidet, wird als *Strahlungsmenge* W bezeichnet. Die Strahlungsmenge wird in Joule gemessen und ergibt sich als $W = \int \Phi dt$. Nur in Ausnahmefällen verteilt sich der Strahlungsfluß gleichmäßig über alle Winkel. In diesem Fall spricht man von einem *isotropen* Strahler. Üblicherweise fällt in einen kleinen Raumwinkel[4] $d\Omega$ je nach Lage ein unterschiedlicher Anteil der Strahlungsleistung, die *Strahlungsstärke* $J = d\Phi/d\Omega$ ist also winkelabhängig. Der gesamte Strahlungsfluß ergibt sich als $\Phi = \int J d\Omega$ über alle Richtungen. Für isotrope Strahler ist $\Phi = 4\pi J$.

Die einzelnen Flächenstücke dS eines ausgedehnten Strahlers leisten i.a. Beiträge $d\Phi$ zum Gesamt–Strahlungsfluß, die nicht allein der Größe dS proportional sind. Die *spezifische Ausstrahlung* $R = d\Phi/dS$, gemessen in W/m^2, kann verschieden

[4] **Ein Raumwinkel ist durch das Verhältnis des über ihm aufgespannten Kugelflächenteils zum Quadrat des Radius r der Kugel gegeben. Die Einheit wird manchmal *Steradiant* (sr) genannt. Da die Oberfläche einer Kugel gleich $4\pi r^2$ ist, bestimmt die gesamte Kugel den Raumwinkel $4\pi r^2/r^2 = 4\pi$.**

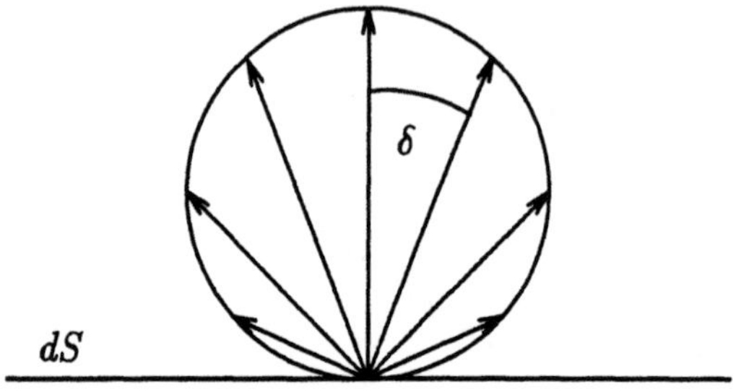

Abbildung 5.2: **Ausstrahlung oder Reflexion eines Flächenelements dS nach dem Lambert'schen Gesetz. Die Länge der Pfeile gibt die Größe der Strahlungsstärke in die entsprechende Richtung an.**

groß sein. Ein Flächenstück dS gibt auch üblicherweise nicht in alle Richtungen die gleiche Strahlungsstärke ab. Die *Strahlungsdichte* B mißt den Beitrag des Flächenstücks unter einem Winkel δ zur Normalen von dS. Da die Fläche dS aus der Richtung δ betrachtet um den Faktor $1/\cos\delta$ verkürzt erscheint, wird zur Festlegung von B die effektive Fläche $dS' = dS\cos\delta$ verwendet, vgl. Abbildung 5.1. Damit ist $B = dJ/(dS\cos\delta)$. Ein Strahler heißt *Lambert–Strahler*, wenn er in alle Richtungen des Raumes gleich viel Strahlung aussendet: $dJ = BdS\cos\delta$. Abbildung 5.2 veranschaulicht dies. Eine solche Fläche sendet in den gesamten Halbraum[5] die Strahlungsleistung

$$
\begin{aligned}
\Phi = \int J d\Omega &= dS \int_{\delta=0}^{\pi/2} \int_{\phi=0}^{2\pi} B \cos\delta \sin\delta \, d\phi \, d\delta \\
&= 2\pi B dS \int_0^{\pi/2} \cos\delta \sin\delta \, d\delta \\
&= \pi B dS
\end{aligned}
$$

Dabei ist $d\Omega = \sin\delta \, d\delta \, d\phi$ die von einem differentiellen Raumwinkel abgedeckte Fläche auf der Einheitskugel, vgl. Abbildung 5.3.

Die bisherigen Größen bezogen sich auf den Strahler selbst. Wir werden jetzt eine Fläche behandeln, die Strahlung empfängt. Eine Fläche dS, die an einem bestimmten Ort im Strahlungsfeld steht, empfängt je nach Einstellwinkel verschieden viel Strahlungsleistung. Sie empfängt die meiste Strahlungsleistung, wenn sie senkrecht zur Strahlung steht ($\delta = 0$).[6]. Wenn sie in dieser Stellung die Strahlungsleistung $d\Phi$ empfängt, herrscht am entsprechenden Ort eine

[5]Üblicherweise geht man davon aus, daß eine Fläche S nur in einen Halbraum abstrahlt, d.h. nur auf einer Seite der Ebene, in der S liegt. Diese Annahme ist insbesondere dann sinnvoll, wenn S als Oberfläche eines Objektes verwendet wird, was wir im folgenden annehmen.

[6]Im Teilchenmodell wird das einfallende Licht als Strahl von Photonen interpretiert, deren Anzahl die Strahlungsmenge und damit auch die Intensität bestimmt. dS wird von umso mehr

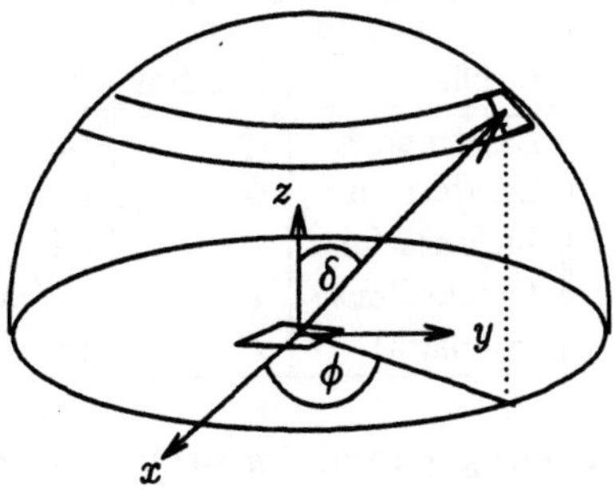

Abbildung 5.3: **Integration über eine Halbkugel: δ durchläuft die Winkel zwischen 0 und $\pi/2$, ϕ durchläuft die Winkel zwischen 0 und 2π.**

Intensität oder *Strahlungsflußdichte* $D = d\Phi/dS$. Bei anderen Einstellungen ist wieder die effektive Fläche entscheidend. Die empfangene Strahlungsleistung ist $d\Phi = DdS\cos\delta$. Im Teilchenmodell kann die Intensität als Photonendichte aufgefaßt werden. Da die Photonen sich mit der Geschwindigkeit c gleichförmig, gradlinig bewegen, entspricht die Photonendichte der Anzahl der auf ein Flächenelement dS pro Zeiteinheit auftreffenden Photonen. Wenn B die Strahlungsdichte der verwendeten Lichtquelle ist, ist $D = Bd\Omega$ die Intensität des auf ein Flächenelement auftreffenden Lichtes. Die von dS empfangene Strahlungsleistung ist $d\Phi = B\,d\Omega\,dS\cos\delta$, die auf dS herrschende Intensität ist

$$D = d\Phi/dS = B\,d\Omega\cos\delta \tag{5.9}$$

Dabei ist δ der Winkel zwischen dem Normalenvektor $\vec{n}$ von dS und dem zur Lichtquelle zeigenden Vektor $\vec{L}$.

Wenn keine Absorption stattfindet, reflektiert eine Fläche die empfangene Strahlung wieder. Dabei erscheint eine sehr matte Fläche (z.B. eine sehr matt geschliffene ebene Gipsplatte) dem Betrachter aus allen Richtungen gleich hell, d.h. ihre Strahlungsdichte hat unabhängig von der Betrachterposition den Wert B_0. Aus dem Winkel δ betrachtet hat eine Fläche dS die effektive Größe $dS' = dS\cos\delta$, vgl. Abbildung 5.1. Die Strahlungsstärke dJ in Richtung δ ist damit

$$dJ(\delta) = B_0 dS' = B_0 dS\cos\delta \tag{5.10}$$

Diese Proportionalität zu $\cos\delta$ wird als *Lambert-Gesetz* bezeichnet. Es ist streng erfüllt für die Strahlung eines schwarzen Körpers und gilt annähernd

Photonen getroffen, je mehr dS in den Photonenstrahl gedreht wird. Wenn dS parallel zum Photonenstrahl steht, wird sie von keinem der Photonen getroffen. Wenn dS senkrecht zum Photonenstrahl steht, wird sie von maximal vielen Photonen getroffen.

physikalisch: Strahlung			physiologisch: Licht		
Größe	Symbol	Einheit	Größe	Symbol	Einheit
Strahlungsenergie	W	J	Lichtmenge	Q	$lm \cdot s$
Strahlungsfluß	Φ	W	Lichtstrom	Φ	lm
Strahlungsstärke	J	$W/sterad$	Lichtstärke	I	cd
Strahlungsdichte	B	$W/(m^2 \cdot sterad)$	Leuchtdichte	B	cd/m^2
Intensität	D	W/m^2	Intensität	D	lx

Tabelle 5.2: **Physikalische und physiologische Strahlungsgrößen.** lm **steht für Lumen,** cd **für Candela,** lx **für Lux. Es ist** $cd = lm/sterad$ **und** $lx = lm/m^2$.

für sehr matte Oberflächen. Trägt man die Strahlungsstärke, die ein Lambertsches Flächenelement dS in die verschiedenen Raumrichtungen wirft, als entsprechend lange Pfeile im Mittelpunkt von dS auf, so liegen deren Spitzen auf einer Kugel, die dS in dessen Mittelpunkt berührt, vgl. Abbildung 5.2. Für Flächenelemente, die nicht exakt dem Lambertschen Gesetz gehorchen, ist diese Kugel in Normalenrichtung in die Länge gezogen.

Aus dem großen Bereich des elektromagenetischen Spektrums kann das menschliche Auge nur einen sehr kleinen Ausschnitt wahrnehmen, nämlich etwa den Bereich zwischen 360 und 750 nm Wellenlänge. Die einzelnen Teile des sichtbaren Spektrums werden darüber hinaus mit sehr ungleicher Empfindlichkeit wahrgenommen. So ist das menschliche Auge[7] für Karminrot (750 nm) 10000 Mal weniger empfindlich als für Zitronengelb (550 nm). Wie eine bestimmte Stahlungsmenge physiologisch bewertet wird, hängt also entscheidend von ihrer spektralen Zusammensetzung ab. Beispielsweise wird eine Fläche von $1m^2$, auf die 1 Watt monochromatisches gelbgrünes Licht auftrifft, als Beleuchtungsstärke von 680 Lux empfunden. Die gleiche Bestrahlungsstärke mit rotem Licht wird nur als Beleuchtungsstärke von 0.1 Lux empfunden. Jede der oben beschriebenen physikalischen Strahlungsgrößen hat ihr physiologisches Gegenstück, vgl. Tabelle 5.2.

Wenn Licht auf ein teilweise durchsichtiges Objekt trifft, so wird ein Teil (spiegelnd oder diffus) reflektiert, ein Teil tritt in das Objekt ein und wird auf dem Weg durch das Objekt je nach dessen Eigenschaften teilweise absorbiert. Je nach Material kann es auch zu Fluoreszenz– oder Phosphoreszenz–Effekten kommen. Ebenso können Streueffekte auftreten. Beim Verlassen des Objektes kann ein Teil des Lichtes intern reflektiert werden, der Rest tritt wieder aus dem Objekt aus. Der Vorgang ist in Abbildung 5.4 veranschaulicht. In der Computergraphik wird meist nur die stattfindende Reflexion und Transmission

[7] im helladaptierten Zustand

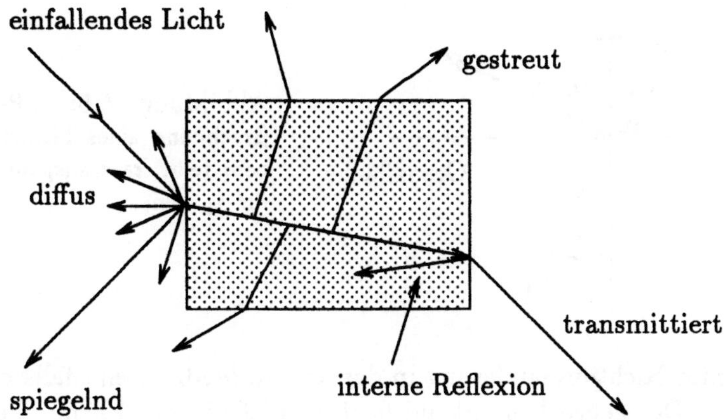

Abbildung 5.4: **Veranschaulichung der Interaktion von Licht mit einem teilweise transparenten Medium.**

nachgebildet, die Absorptions- und Streueffekte bleiben meist unberücksichtigt. Die Intensität und Wellenlänge des reflektierten und transmittierten Lichtes ist von vielen Faktoren abhängig wie z.B. der Wellenlänge des einfallenden Lichtes, dem Einfallswinkel, der Oberflächenbeschaffenheit und den Materialeigenschaften des Objektes, die ebenfalls abhängig sind von der Wellenlänge des einfallenden Lichtes. Die genaue Wechselwirkung ist sehr komplex und kann in der Computergraphik auch nicht annähernd exakt simuliert werden, weil dies die Rechenkapazität der heutigen Rechner bei weitem übersteigt. Statt dessen muß man sich mit mehr oder weniger guten Vereinfachungen begnügen, die wir im folgenden vorstellen wollen.

Zur Beschreibung der diffusen Reflexion nimmt man üblicherweise an, daß das Lambert'sche Gesetz (5.10) gilt. Für die Beschreibung der spiegelnden Reflexion und Transmission ist es in vielen Fällen ausreichend, die Gesetze der geometrischen Optik anzuwenden[8], vgl. z.B. [Hö76] und [GKV77].

Fällt ein Lichtstrahl auf eine ebene Grenzfläche zwischen zwei optisch verschiedenen Medien, so wird es zum Teil oder auch vollständig reflektiert, vgl. Abbildung 5.5. Der reflektierte Strahl liegt in der Ebene, die durch den einfallenden Strahl und den Normalenvektor $\vec{n}$ im Auftreffpunkt gebildet wird. Einfallswinkel α_1 und Ausfallswinkel α_2 sind gleich: $\alpha_1 = \alpha_2$. Wenn das Licht nicht vollständig reflektiert wird, tritt der nicht reflektierte Anteil bei schrägem Auf-

[8]Die geometrische Optik arbeitet mit Lichtstrahlen, die die Ausbreitungsrichtung des Lichtes angeben. Es wird immer eine gradlinige Ausbreitung des Lichtes angenommen.

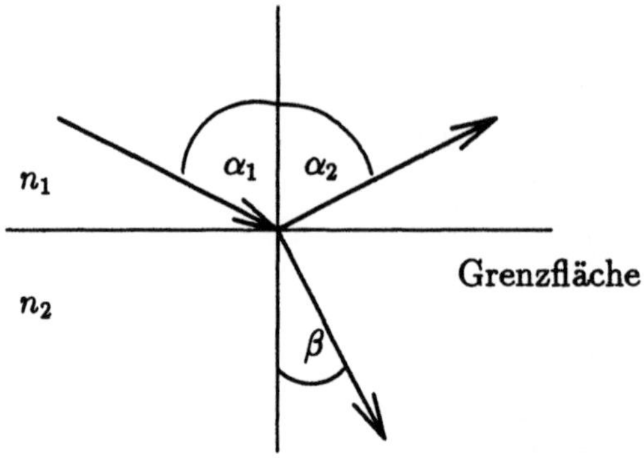

Abbildung 5.5: **Reflexion und Brechnung eines Lichtstrahles an einem teilweise transparenten Medium für $n_1 < n_2$.**

treffen unter Richtungsänderung in das andere Medium ein, falls dieses transparent ist. Der gebrochene Strahl liegt ebenfalls in der Ebene, die durch den einfallenden Strahl und den Normalenvektor im Auftreffpunkt gebildet wird. Für den Brechnungwinkel β gilt bei Verwendung monochromatischen Lichtes und isotroper Medien das *Snell'sche Brechungsgesetz*:

$$\frac{\sin\alpha}{\sin\beta} = \frac{n_2}{n_1} = n_{12}$$

Dabei ist n_1 die Brechzahl des Mediums, aus dem das Licht einfällt, n_2 ist die Brechzahl des Mediums, in das das Licht gebrochen wird. Wenn das Licht vom optisch dünneren Medium auf die Grenzfläche trifft, $n_1 < n_2$, wird der gebrochene Strahl zum Einfallslot hin gebrochen. Wenn das Licht vom optisch dichteren Medium auf die Grenzfläche trifft, $n_1 > n_2$, wird der gebrochene Strahl vom Einfallslot weg gebrochen. Im letzteren Fall tritt *Totalreflexion* auf, wenn ein Grenzwinkel α_t überschritten wird. α_t errechnet sich aus dem Snell'sche Gesetz:

$$\frac{\sin\alpha_t}{\sin\pi/2} = \frac{n_2}{n_1} \quad \rightarrow \quad \sin\alpha_t = \frac{n_2}{n_1}$$

Für Einfallswinkel größer als α_t kann keine Brechung mehr erfolgen, es tritt kein Licht in das optisch dünnere Medium ein.

5.3 Das Phong–Reflexionsmodell

Das Phong–Reflexionsmodell, vgl. [Pho75], [Wat89], [BG89], [FvDFH90], wird in der Computergrafik sehr häufig verwendet. Es liefert für viele Anwendungen bei geringem Berechnungsaufwand befriedigende Ergebnisse. Ziel jedes Reflexionsmodells ist es, die von einer Oberfläche in Richtung des Betrachters abgegebene Lichtintensität I zu bestimmen. Das Phong–Reflexionsmodell nimmt an, daß das Licht das Auge des Betrachters auf drei Arten erreichen kann:

- Das Licht kommt direkt von einer Lichtquelle und wird von der betrachteten Oberfläche *spiegelnd* reflektiert.
- Das Licht kommt direkt von einer Lichtquelle und wird von der betrachteten Oberfläche *diffus* reflektiert.
- Das Licht wird von anderen Oberflächen evtl. mehrfach spiegelnd reflektiert.

Als Lichtquellen werden Punkt–Lichtquellen angenommen. Die in Richtung des Betrachters abgegebene Lichtintensität ergibt sich als Summe dieser drei Komponenten. Wir werden im folgenden darstellen, wie die einzelnen Komponenten beschrieben werden.

5.3.1 Diffuse Reflexion

Das menschliche Auge nimmt Objekte als farbig wahr, obwohl diese selbst kein Licht aussenden. Die physikalische Erklärung dafür ist, daß die Objekte das alle Farben beinhaltende weiße Tageslicht absorbieren und einen bestimmten Anteil wieder reflektieren. Eine grüne Oberfläche absorbiert alle Komponenten des weißen Lichts und reflektiert die grüne Komponente in alle Richtungen gleichmäßig, die Oberfläche erscheint aus allen Richtungen grün. Im Teilchenmodell läßt sich das so erklären, daß die Photonen einige der Elektronen auf ein höheres Energieniveau heben, beim Übergang zum ursprünglichen Energieniveau werden Photonen einer Frequenz ν erzeugt, die der Frequenz von grünem Licht entspricht. Mischfarben entstehen dadurch, daß das bestrahlte Material aus verschiedenen Atomen mit unterschiedlichen Energieniveaus besteht, die emittierten Photonen haben unterschiedliche Frequenz. Für die Computergraphik ist weniger der genaue Mechanismus der Reflexion als die Tatsache wichtig, daß das Licht in alle Richtungen gleichmäßig reflektiert wird. Die beschriebene Art der Reflexion wird *diffuse* Reflexion genannt. Sehr matte Oberflächen sind perfekt diffus reflektierend, die Oberflächen haben unabhängig von der Position des Betrachters gleiche Farbe und gleiche Helligkeit. Die Intensität I_d des diffus abgestrahlten Lichtes kann mit dem Lambert'schen Gesetz, vgl. Abschnitt 5.1, berechnet werden:

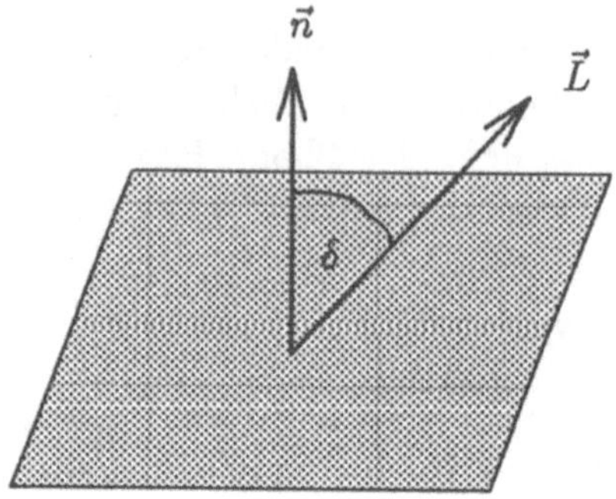

Abbildung 5.6: **Definition von $\vec{n}$ und $\vec{L}$.**

$$I_d = I_e \cdot k_d \cdot \cos\delta \qquad \text{mit} \qquad 0 \leq \delta \leq \frac{\pi}{2}$$

Dabei ist I_e die Intensität des einfallenden Lichtes, δ ist der Winkel zwischen dem Normalenvektor $\vec{n}$ der Oberfläche und der Richtung des einfallenden Lichtes. k_d ist der materialabhängige *diffuse Reflexionskoeffizient*, der angibt, welcher Anteil des einfallenden Lichtes diffus reflektiert wird. k_d ist abhängig von der Wellenlänge des einfallenden Lichtes und liegt zwischen 0 und 1. Wenn $\vec{L}$ in Richtung der Lichtquelle zeigt, vgl. Abbildung 5.6, kann das Lambert'sche Gesetz auch formuliert werden als

$$I_d = I_e \cdot k_d \cdot (\vec{n} \cdot \vec{L})$$

Dabei müssen $\vec{n}$ und $\vec{L}$ normiert sein. Für mehrere Lichtquellen $L_1, \cdots L_k$ addieren sich die einfallenden Intensitäten $I_{e,1}, \cdots, I_{e,k}$:

$$I_d = k_d \cdot \sum_{i=1}^{k} I_{e,i} \cdot (\vec{n} \cdot \vec{L}_i)$$

Für punktförmige Lichtquellen nimmt die Intensität des einfallenden Lichtes mit dem Abstand von der Lichtquelle ab. Das führt dazu, das von zwei identischen Objekten dasjenige mit größerem Abstand von der Lichtquelle dunkler erscheint. In dem bisher beschriebenen Modell wird dies noch nicht berücksichtigt. Dies hat auch den Nachteil, daß bei Verwendung des bisherigen Modells zwei zueinander parallele Oberflächen mit gleichem Reflexionskoeffizient identisch dargestellt werden. Wenn eine Oberfläche die andere teilweise verdeckt, kann in der Darstellung nicht unterschieden werden, wo die eine Oberfläche aufhört und die andere anfängt. Man versucht deshalb, den Abstand von der Lichtquelle in das Modell miteinzubeziehen.

Wenn r' der Abstand zwischen Lichtquelle und Oberfläche ist und r der Abstand zwischen Oberfläche und Betrachter, dann fällt die Intensität des Lichtes mit $R^2 = (r' + r)^2$ ab. Dies läßt sich im Teilchenmodell dadurch erklären, daß sich alle zum gleichen Zeitpunkt t abgegebenen Photonen zum Zeitpunkt $t' > t$ auf einer Kugeloberfläche mit Radius $r = c \cdot (t' - t)$ befinden. Mit fortschreitender Zeit werden die Photonen auf eine immer weiter wachsende Kugeloberfläche verteilt. Die Intensität des Lichtes, d.h. die Photonendichte nimmt proportional zur Kugeloberfläche ab, d.h. mit $4\pi r^2$.

Eine Übernahme dieses quadratischen Zusammenhangs in das Reflexionsmodell hat zwei Nachteile. Zum einen kommt auf einer Oberfläche kein Licht an, wenn die Lichtquelle im Unendlichen liegt.[9] Zum anderen führt der Abfall mit R^2 dazu, daß bei kleinem Abstand zwischen der Lichtquelle und den Objekten zwei dicht benachbarte Objekte evtl. mit sehr unterschiedlicher Helligkeit dargestellt werden. Bei großem Abstand zwischen der Lichtquelle und den Objekten werden zwei dicht benachbarte Objekte dagegen mit fast der gleichen Helligkeit dargestellt. Beide Darstellungen wirken unecht, obwohl sie für Punktlichtquellen korrekt sind. Dies liegt vor allem daran, daß die in der Realität verwendeten Lichtquellen keine reinen Punktlichtquellen sind, sondern eine Ausdehnung haben. Eine mögliche Abhilfe liegt darin, anstatt R^2 den Wert $r + k$, vgl. [Wat89], oder $k_1 + k_2R + k_3R^2$, vgl. [FvDFH90], zu verwenden. k bzw. k_1, k_2, und k_3 sind geeignet zu wählende Konstanten, die je nach gewünschtem Effekt zwischen 0 und 1 gewählt werden. Damit erhält man den folgenden Wert für die diffus reflektierte Intensität:

$$I = I_{einf} f_a \cdot k_d(\vec{n} \cdot \vec{L})$$

$f_a = 1/(r + k)$ bzw. $f_a = 1/(k_1 + k_2R + k_3R^2)$ ist der gewählte Abschwächungsfaktor.

5.3.2 Licht aus der Umgebung

Eine Oberfläche, die parallel zur Richtung des einfallenden Lichtes liegt, reflektiert nach dem bisher beschriebenen Mechanismus der diffusen Reflexion kein Licht, die Oberfläche wird vollkommen unbeleuchtet, d.h. schwarz dargestellt. In der Realität wird eine solche Oberfläche trotzdem sichtbar sein. Es

[9] Dies nimmt man oft an, um parallele Lichtstrahlen zu erzeugen.

fällt zwar kein direktes Licht auf sie, aber von anderen Objekten oder Wänden (evtl. mehrfach) reflektiertes Licht erreicht die Oberfläche trotzdem und wird in Richtung des Betrachters reflektiert. Die Oberfläche ist *indirekt* beleuchtet, erscheint also nicht ganz schwarz. Im Phong-Modell wird dieser Effekt durch eine Umgebungslicht-Komponente beschrieben. Dies ist ein Term $I_a \cdot k_a$, der zur diffus reflektierten Intensität addiert wird:

$$I = I_a \cdot k_a + I_{einf} \cdot f_a \cdot k_d(\vec{n} \cdot \vec{L})$$

I_a ist die für die gesamte Umgebung als konstant angenommene *Umgebungslicht-Intensität*, die die Intensität der indirekten Beleuchtung angibt. k_a ist der materialabhängige *Umgebungs-Reflexionskoeffizient*, der zwischen 0 und 1 liegt und der empirisch so bestimmt wird, daß die gewünschte Darstellung entsteht. Man beachte, daß k_a keiner physikalischen Eigenschaft des Oberflächenmaterials direkt entspricht, sondern nur zur Erleichterung der Beschreibung verwendet wird. Die Approximation liegt hier darin, daß das globale Phänomen der mehrfachen Reflexionen durch einen lokalen Term beschrieben wird, und daß I_a unabhängig vom betrachteten Objekt als konstant angenommen wird, obwohl dessen Lage eine entscheidende Auswirkung auf den Einfluß der indirekten Beleuchtung hat.

5.3.3 Spiegelnde Reflexion

Die meisten in der Realität auftretenden Oberflächen sind nicht vollkommen matt. Das einfallende Licht wird daher nicht nur diffus, sondern auch spiegelnd reflektiert. Die spiegelnde Reflexion wird im Phong-Reflexionsmodell in einigen Punkten anders als die diffuse Reflexion behandelt:

- Das von einer Oberfläche spiegelnd reflektierte Licht verläßt diese nur unter dem Winkel θ, unter dem das Licht einfällt (Einfallswinkel = Ausfallswinkel), vgl. Abbildung 5.7. Damit ist das reflektierte Licht bei perfekt spiegelnder Reflexion nur aus einer bestimmten Betrachterposition sichtbar, für alle anderen Positionen erscheint die Oberfläche dunkel.

- Sei $\bar{P}$ ein Punkt auf einer perfekt spiegelnd reflektierenden Oberfläche mit Normalenvektor $\vec{n}$. Sei $\vec{L}$ der von der Lichtquelle zu $\bar{P}$ zeigende Vektor. Dann liegt der in Richtung des abgestrahlten Lichtes zeigende Vektor $\vec{R}$ in der von $\vec{n}$ und $\vec{L}$ festgelegten Ebene.

- Im Gegensatz zu diffus reflektiertem Licht hat spiegelnd reflektiertes Licht nicht die Farbe der Oberfläche, sondern die Farbe des einfallenden Lichtes. Bei einem mit weißem Licht bestrahlten, grünen Objekt hat also das diffus reflektierte Licht grüne Farbe, das spiegelnd reflektierte Licht weiße Farbe.

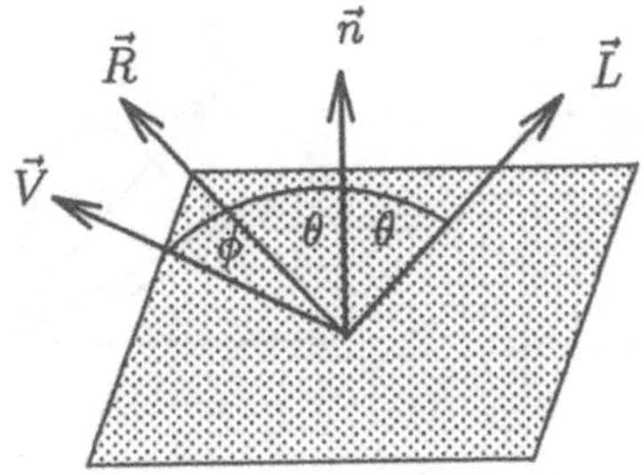

Abbildung 5.7: Definition von $\vec{L}$, $\vec{R}$, $\vec{n}$ und $\vec{V}$ bei der spiegelnden Reflexion.

Die meisten in der Realität auftretenden Objekte sind nicht perfekt spiegelnd. Dies äußert sich darin, daß spiegelnd reflektiertes Licht nicht nur aus der für den perfekt spiegelnden Fall errechneten Richtung $\vec{R}$ gesehen werden kann, sondern auch aus benachbarten Richtungen. Das meiste Licht wird dabei in Richtung $\vec{R}$ abgestrahlt. In benachbarte Richtungen wird umso weniger Licht abgestrahlt, je weiter diese von $\vec{R}$ abweichen. Der Bereich einer Oberfläche, von dem einfallendes Licht spiegelnd in Richtung des Betrachters geworfen wird, wird als *Schlaglicht* (englisch *highlight*) bezeichnet.

Sei $\vec{V}$ ein Vektor, der von dem betrachteten Punkt $\bar{P}$ der Oberfläche aus in Richtung des Beobachters zeigt und sei ϕ der Winkel zwischen $\vec{R}$ und $\vec{V}$, vgl. Abbildung 5.7. Im Phong–Modell wird die Tatsache, daß je nach den Eigenschaften der verwendeten Oberfläche Licht in Richtung $\vec{V}$ abgestrahlt wird, durch einen Term $\cos^n \phi$ modelliert.[10] $n \in \mathbb{N}$ ist eine empirisch zu bestimmende Konstante, die von der betrachteten Oberfläche abhängig ist. n bestimmt, bis zu welchem Winkel ϕ in Richtung $\vec{V}$ noch Licht abgestrahlt wird und wie steil der Abfall mit wachsendem ϕ ist. Mit wachsendem n wird der entstehende Schlaglichtbereich kleiner. Für einen perfekten Spiegel ist $n = \infty$. Mit Werten von $n > 100$ werden spiegelähnliche Oberflächen modelliert, mit $n = 1$ modelliert man das Verhalten von sehr matten Oberflächen. Wenn $\vec{R}$ und $\vec{V}$ normiert sind, ergibt sich damit die in Richtung $\vec{V}$ abgestrahlte Gesamtintensität zu:

$$\begin{aligned} I_{ges} &= I_a \cdot k_a + I_e f_a(k_d(\vec{n} \cdot \vec{L}) + k_s cos^n \phi) \\ &= I_a \cdot k_a + I_e f_a(k_d(\vec{n} \cdot \vec{L}) + k_s(\vec{R} \cdot \vec{V})^n) \end{aligned} \tag{5.11}$$

[10] $\cos^n \phi$ steht für $(\cos \phi)^n$.

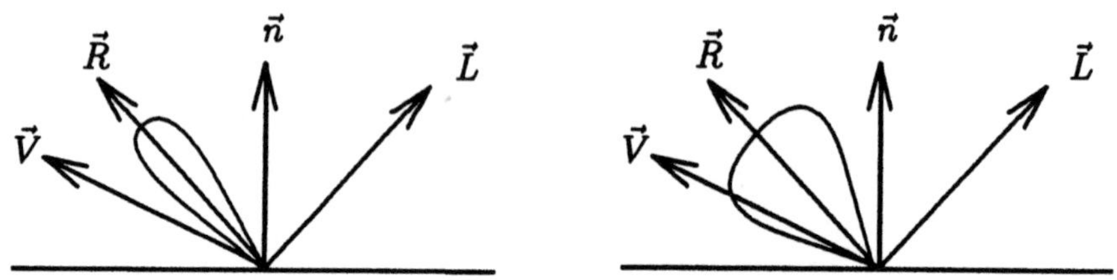

Abbildung 5.8: **Skizzierung der in Richtung des Betrachters abgestrahlten Intensität für großes und kleines n. Die Intensitätsverteilung ist durch eine Kurve angedeutet. Die in eine Richtung abgegebene Intensität entspricht der Länge des Vektors zum Schnittpunkt zwischen dem Richtungsvektor und der Kurve.**

Dabei ist k_s der spiegelnde Reflexionskoeffizient. k_s liegt zwischen 0 und 1 und wird beim Phong–Modell experimentell festgelegt. Abbildung 5.8 veranschaulicht die Definition.

Das gerade beschriebene Modell der spiegelnden Reflexion ist ein lokales Modell, weil nur die Wechselwirkung der einzelnen Oberflächen mit den Lichtquellen betrachtet wird. Von anderen Oberflächen auf die betrachtete Oberfläche spiegelnd reflektiertes Licht wird nicht berücksichtigt. Das Spiegelbild eines Objektes in einem anderen Objekt kann also nicht wiedergegeben werden.

Eine alternative Formulierung der spiegelnden Reflexion im Phong–Modell erhält man durch Verwendung des *Halbvektors*

$$\vec{H} = \frac{1}{2}(\vec{L} + \vec{V}),$$

vgl. [Bli77], der zwischen $\vec{L}$ und $\vec{V}$ zeigt, vgl. Abbildung 5.9. Der Winkel zwischen $\vec{n}$ und $\vec{H}$ ist nach Konstruktion halb so groß wie der Winkel zwischen $\vec{R}$ und $\vec{V}$. $\vec{H}$ kann als der Normalenvektor einer Oberfläche aufgefaßt werden, die so orientiert ist, daß $\vec{V}$ mit dem Reflexionsvektor zusammenfällt. Gesucht ist also die Orientierung einer Oberfläche, für die $\vec{R}$ und $\vec{V}$ zusammenfallen. Sei α der Winkel zwischen $\vec{n}$ und $\vec{H}$. Wenn man die Oberfläche um Winkel α neigt, wird der Winkel zwischen $\vec{L}$ und $\vec{n}$ um α größer. Da $\vec{R}$ mit dem Normalenvektor $\vec{n}$ den gleichen Winkel bilden muß, wird $\vec{R}$ dabei um 2α gedreht. Der Winkel zwischen $\vec{R}$ und $\vec{V}$ ist also zweimal so groß wie der Winkel zwischen $\vec{n}$ und $\vec{H}$. Wenn man in Formel (5.11) $\vec{n} \cdot \vec{H}$ statt $\vec{R} \cdot \vec{L}$ verwendet, erhält man nicht die gleiche Intensität. Man kann dies durch Anpassen des Exponenten n von $\vec{n} \cdot \vec{H}$ kompensieren.

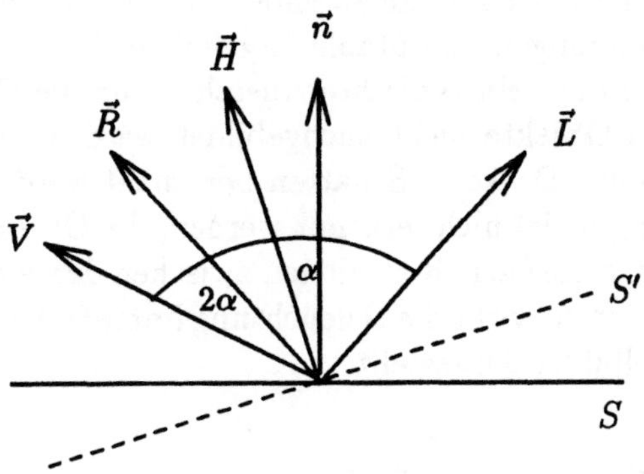

Abbildung 5.9: Zur Definition des Vektors $\vec{H}$. $\vec{H}$ ist der Normalenvektor einer um einen Winkel α geneigten Oberfläche.

$$I_{ges} = I_a \cdot k_a + I_{einf}\, f_a \left(k_d(\vec{n} \cdot \vec{L}) + k_s(\vec{n} \cdot \vec{H})^n\right) \tag{5.12}$$

Der Vorteil dieser Formulierung liegt darin, daß $\vec{R}$ nicht mehr verwendet wird und deshalb auch nicht mehr berechnet werden muß.[11] Die Berechnung des Vektors $\vec{H}$ ist sehr einfach. Wenn man annimmt, daß die Lichtquelle und der Betrachter im Unendlichen liegen, sind die Vektoren $\vec{L}$ und $\vec{V}$, und damit auch $\vec{H}$, für die gesamte Oberfläche konstant.

5.3.4 Vereinfachungen des Phong-Modells

Wir fassen hier noch einmal die Vereinfachungen und Annahmen des Phong-Modells zusammen:

- Die verwendeten Lichtquellen sind im Unendlichen liegende Punkt-Lichtquellen, d.h. es wird keine Intensitätsverteilung in der Lichtquelle angenommen.
- Die Betrachterposition liegt ebenfalls im Unendlichen.
- Diffuse und spiegelnde Reflexion werden als lokale Terme behandelt.
- Der Abfall der spiegelnden Intensität mit dem Winkel zwischen $\vec{R}$ und $\vec{V}$ wird empirisch nachgebildet.
- Das Licht aus der Umgebung wird als Konstante behandelt.

[11] Die Berechnung von $\vec{R}$ ist in Abschnitt 8.2.1 beschrieben.

Das Phong-Modell wird in der Praxis oft angewendet, weil es einfach zu berechnen ist und für viele Anwendungen akzeptable Ergebnisse liefert. Die dargestellten Objekte haben allerdings ein typisches Aussehen: da die Oberflächeneigenschaften der einzelnen Objekte nicht nachgebildet werden, scheinen alle Objekte aus "Plastik" zu sein. Da keine Schatten berechnet werden, kann die genaue räumliche Postierung meist nicht erkannt werden, die Objekte scheinen "in der Luft zu fliegen". Da mehrfache Reflexionen zwischen den einzelnen Objekten nicht nachgebildet werden, wirkt die Beleuchtung immer sehr unnatürlich und es werden keine Spiegelbilder dargestellt.

5.3.5 Berücksichtigung von Farbe

In der bisherigen Beschreibung wurden nur monochromatisches Licht und monochromatische Oberflächen berücksichtigt. Farbige Oberflächen und farbiges Licht werden dadurch berücksichtigt, daß für jede der drei Grundfarben rot, grün und blau ein separater Intensitätswert berechnet wird:

$$\begin{aligned}
I_{ges,r} &= I_{a,r} \cdot k_{a,r} + I_{e,r}\, f_a \left((k_{d,r}(\vec{n} \cdot \vec{L}) + k_s cos^n \phi) \right) \\
I_{ges,g} &= I_{a,g} \cdot k_{a,g} + I_{e,g}\, f_a \left((k_{d,g}(\vec{n} \cdot \vec{L}) + k_s cos^n \phi) \right) \\
I_{ges,b} &= I_{a,b} \cdot k_{a,b} + I_{e,b}\, f_a \left((k_{d,b}(\vec{n} \cdot \vec{L}) + k_s cos^n \phi) \right)
\end{aligned} \tag{5.13}$$

Da das spiegelnd reflektierte Licht die Farbe des einfallenden Lichtes hat, wird nur ein spiegelnder Reflexionskoeffizient verwendet. Für das diffus reflektierte Licht werden hingegen für jede Grundfarbe eigene Reflexionskoeffizienten verwendet. $I_{a,r}$ bzw. $I_{e,r}$ ist z.B. die Intensität der roten indirekten Beleuchtung bzw. des roten einfallenden Lichtes.

5.3.6 Ungleichmäßige Abstrahlung der Lichtquelle

In der bisher beschriebenen Form nimmt das Phong-Modell an, daß die verwendeten Lichtquellen punktförmig sind und in alle Richtungen die gleiche Intensität abstrahlen. Durch einen einfachen Trick kann man auch eine ungleichmäßige Abstrahlung der Lichtquelle modellieren, vgl. [War83], [FvDFH90]. Dazu stellt man eine Lichtquelle L als Punkt auf einer hypothetischen, spiegelnd reflektierenden Oberfläche dar, vgl. Abbildung 5.10. Diese Oberfläche wird von einer punktförmigen Lichtquelle L' aus der Richtung $\vec{L'}$

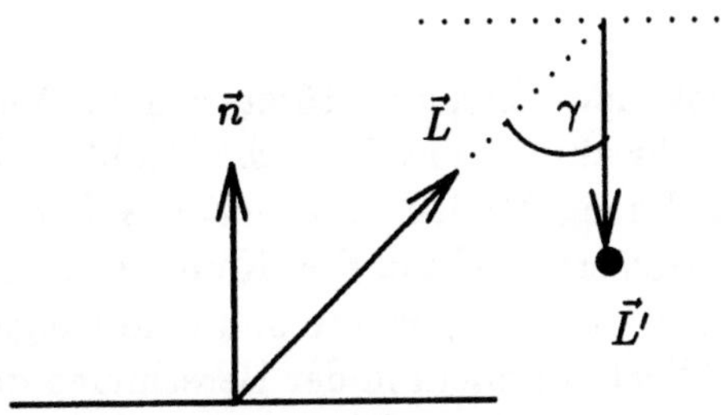

Abbildung 5.10: **Einführung einer hypothetischen Oberfläche zur Modellierung einer ungleichmäßigen Abstrahlung der Lichtquelle.**

beleuchtet. Wenn $\vec{L}'$ senkrecht auf der hypothetischen Oberfläche steht, ist das in Richtung $\vec{L}$ spiegelnd abgestrahlte Licht nach der in Abschnitt 5.3.3 beschriebenen Berechnung bestimmt durch

$$I_s = I_e f_a \cos^p \gamma$$

Dabei ist I_e die von der Punkt–Lichtquelle abgegebene Intensität. Es wird ein spiegelnder Reflexionskoeffizient von 1 für die hypothetische Oberfläche angenommen. γ ist der Winkel zwischen $\vec{L}'$ und $-\vec{L}$. Wenn $\vec{L}'$ und $\vec{L}$ normiert sind, kann I_s auch geschrieben werden als:

$$I_s = I_e f_a(-\vec{L} \cdot \vec{L}')^p$$

Diese Gleichung beschreibt eine Lichtquelle, deren Intensitätsverteilung symmetrisch zu $\vec{L}'$ ist. In Richtung $\vec{L}'$ wird die meiste Intensität abgestrahlt. In andere Richtungen wird umso weniger Intensität abgestrahlt, je weiter die Richtung von $\vec{L}'$ abweicht. Je größer p ist, desto schneller ist der Abfall mit wachsendem γ, d.h. desto gerichteter ist die Lichtquelle. $p = 0$ liefert eine gleichmäßig abstrahlende Lichtquelle. Kleine Werte von p erzeugen ein eher diffuses Flutlicht, große Werte von p erzeugen ein stark gerichtetes Spotlicht.

5.4 Das Reflexionsmodell von Cook und Torrance

Das Reflexionsmodell von Cook und Torrance stützt sich im Vergleich zum Reflexionsmodell von Phong mehr auf die physikalische Realität als auf empirische Werte. Ebenso wie das Phong–Modell unterteilt das Reflexionsmodell von Cook und Torrance das reflektierte Licht in drei Komponenten: eine diffus reflektierte, eine spiegelnd reflektierte Komponente und eine Umgebungslicht–Komponente. Der Unterschied liegt vor allem in der Berechnung der spiegelnd reflektierten Komponente, die nicht wie beim Phong–Modell durch einen empirischen Term $\cos^n \theta$ nachgebildet wird. Statt dessen wird ein physikalisches Modell verwendet, das mit Hilfe des Fresnel–Gesetzes die Farbe des reflektierten Lichtes in Abhängigkeit von der Wellenlänge des einfallenden Lichtes, der Eigenschaften des reflektierenden Mediums und dem Einfallswinkel berechnet. Damit wird die vereinfachende Annahme des Phong–Modells aufgegeben, daß das spiegelnd reflektierte Licht immer die Farbe des einfallenden Lichtes hat. Auch die Annahme des Phong–Modells, daß die spiegelnd reflektierte Komponente unabhängig vom Einfallswinkel immer gleich groß ist, wird aufgegeben. Statt dessen wird die in der Realität beobachtete Tatsache berücksichtigt, daß die spiegelnd reflektierte Komponente umso größer ist, je größer der Einfallswinkel ist. Wenn man z.B. ein Schaufenster aus spitzen Winkel betrachtet, erscheint es sehr spiegelnd zu sein, bei senkrechten Blickwinkel ist kaum eine Spiegelung zu erkennen. Außerdem wird berücksichtigt, daß bei spiegelnder Reflexion mit kleinem Einfallswinkel das Maximum des spiegelnd reflektierten Lichtes nicht in Richtung des theoretisch errechneten Reflexionsvektors (Einfallswinkel = Ausfallswinkel) liegt, sondern gegen diesen geringfügig verschoben ist. Insgesamt kann man sagen, daß die erzeugten Darstellungen realitätsnaher als die mit dem Phong-Modell erzeugten sind. Die Berechnung der Darstellungen ist aber auch rechenzeitaufwendiger.

Die physikalischen Grundlagen des Modells wurden in [TS67] für polierte Metalloberflächen beschrieben und sind in [Bli77] zum ersten Mal als Reflexionsmodell für die Computergraphik vorgeschlagen worden. In [CT82] wurde dieses Modell so erweitert, daß auch Farbverläufe in Schlaglichtern dargestellt werden können. Wir werden im folgenden das Modell näher beschreiben, vgl. auch [CT82], [Wat89], [FvDFH90], [HTSG91] und [For93]. Dabei können wir aus Platzmangel leider nicht auf alle Details eingehen. Ausführlichere Informationen zu den zugrundeliegenden physikalischen Mechanismen findet man z.B. in [Hal89], [JGMH88] und [SH81].

Die ***bidirektionale Reflektivität*** R ist definiert als das Verhältnis zwischen reflektierter Strahlungsdichte B_r und der aus Richtung $\vec{L}$ einfallenden Intensität D_i:

$$R = \frac{B_r}{D_i} \tag{5.14}$$

Für die reflektierte Strahlungsdichte B_r gilt also wegen (5.9)

$$\begin{aligned} B_r = RD_i &= R\,B_i\,d\Omega\cos\delta \\ &= R\,B_i\,d\Omega\,(\vec{n}\cdot\vec{L}) \end{aligned}$$

Man beachte, daß dies nur die Strahlungsdichte ist, die von dem aus Raumwinkel $d\Omega$ einfallenden Licht herrührt. Die reflektierte Gesamt–Strahlungsdichte ergibt sich durch Integration über alle Raumwinkel. Vereinfachend kann man annehmen, daß die bidirektionale Reflektivität R in eine spiegelnde und eine diffuse Komponente zerlegt werden kann. Die spiegelnde Komponente repräsentiert das von der Oberfläche des Objektes reflektierte Licht, die diffuse Komponente entsteht entweder durch Streueffekte innerhalb des Objektes oder durch mehrfache Reflexionen an der Oberfläche des Objektes, wie sie bei rauhen Materialien entstehen können. Die spiegelnde und die diffuse Komponente können unterschiedliche Farbe haben. R ist damit:

$$R = k_s R_s + k_d R_d$$

Dabei ist R_s die spiegelnde, R_d die diffuse bidirektionale Reflektivität. k_s ist der spiegelnde, k_d der diffuse Reflexionskoeffizient. Wir nehmen hier an, daß $k_s + k_d = 1$. Neben der direkten Beleuchtung durch Lichtquellen soll auch die durch mehrfache Reflexionen hervorgerufene indirekte Beleuchtung berücksichtigt werden. Dazu führt man eine Umgebungs–Reflektivität ein, von der man der Einfachheit halber annimmt, daß sie von der Position des Betrachters unabhängig ist. Ebenso nimmt man an, daß die Umgebungsbeleuchtung aus allen Richtungen gleichmäßig einfällt. Die in Richtung des Betrachters reflektierte indirekte Beleuchtung wird damit zu

$$B_{ra} = R_a B_{ia} f$$

Dabei ist f der Verdeckungsfaktor, der angibt, welcher Teil der betrachteten Oberfläche nicht von anderen Objekten verdeckt ist. Wenn wir $f = 1$ annehmen, ergibt sich für die reflektierte Strahlungsdichte bei Verwendung von n Lichtquellen $L_1, \cdots, L_l$ mit einfallenden Strahlungsdichten $B_{i1}, \cdots, B_{in}$:

$$B_r = R_a B_{ia} + \sum_{l=1}^{n} (k_s R_s + k_d R_d)\, B_{il}\, d\Omega_l\, (\vec{n} \cdot \vec{L}_l)$$

Die diffuse Komponente und die Umgebungslicht–Komponente werden in alle Richtungen gleichmäßig reflektiert. R_d und R_a sind also unabhängig von der Betrachterposition und hängen nur von der Richtung des Lichteinfalls ab. Die spiegelnde Komponente reflektiert dagegen in bestimmte Richtungen mehr Licht als in andere, ist also von der Betrachterposition abhängig. Zur Bestimmung der spiegelnden Reflektivität wird angenommen, daß die betrachtete Oberfläche aus einer Ansammlung von ebenen, mikroskopisch kleinen Flächenstücken unterschiedlicher Orientierung besteht, die perfekt spiegelnd sind, vgl. [TS67] und Abbildung 5.11. Nur die Flächenstücke, deren Normalenvektor in Richtung $\vec{H}$ zeigt, leisten einen Beitrag zur Reflexion von Richtung $\vec{L}$ in Richtung $\vec{V}$. Der Normalenvektor der Oberfläche ergibt sich aus dem Durchschnitt der Normalenvektoren der einzelnen Flächenstücke. Die Orientierung der einzelnen Flächenstücke wird durch eine Verteilungsfunktion festgelegt. Für die spiegelnde Reflektivität wird in [CT82]

$$R_s = \frac{F}{\pi} \frac{DG}{(\vec{n} \cdot \vec{L})(\vec{n} \cdot \vec{V})} \tag{5.15}$$

verwendet. Dabei ist F der *Fresnel–Term*, der von der Richtung und der Wellenlänge des einfallenden Lichtes abhängig ist, und der beschreibt, wie das Licht von den einzelnen Flächenstücken reflektiert wird. Der *Verdeckungsfaktor* G beschreibt die Tatsache, daß die Flächenstücke der betrachteten Oberfläche sich gegenseitig verdecken können. Die *Verteilungsfunktion* D bestimmt die Verteilung der Orientierung der Flächenstücke um den Normalenvektor der Oberfläche. Der Term $\vec{n} \cdot \vec{L}$ im Nenner sorgt dafür, daß die Reflektivität proportional ist zur effektiven Fläche, die von der Lichtquelle bestrahlt wird. Der Term $\vec{n} \cdot \vec{V}$ sorgt dafür, daß die Reflektivität proportional ist zur effektiven Fläche, die vom Betrachter gesehen wird. Wir werden jetzt F, G und D näher beschreiben.

In [TS67] wird als Verteilungsfunktion die Gauß'sche Normalverteilung verwendet:

$$D = ce^{-\alpha^2/m^2}$$

Dabei ist α der Winkel zwischen $\vec{H}$ und $\vec{n}$, c ist eine geeignet zu wählende Konstante. m bestimmt die Standardabweichung der Orientierung der einzelnen

Flächenstücke vom Normalenvektor der Oberfläche, d.h. die Breite der Kurve und damit die Größe der Schlaglichter. Kleine Werte von m beschreiben eine spiegelähnliche Oberfläche. Für $m \to 0$ wird eine perfekt spiegelnde Oberfläche beschrieben, für die nur dann ein Beitrag in Richtung $\vec{V}$ reflektiert wird, wenn $\vec{H}$ und $\vec{n}$ zusammenfallen. Große Werte von m beschreiben matte Oberflächen. In [CT82] wird die *Beckmann–Verteilung* als Verteilungsfunktion vorgeschlagen. Diese hat gegenüber der Gauß–Verteilung den Vorteil, daß keine willkürliche Konstante verwendet wird, die Berechnung ist aber rechenzeitaufwendiger. Für rauhe Oberflächen lautet die Beckmann–Verteilung[12]

$$D(m) = \frac{1}{4m^2 \cos^4 \alpha} e^{-\tan^2 \alpha / m^2}$$

Zur Modellierung von Oberflächen mit mehreren Stufen von Rauhheit wird in [CT82] eine gewichtete Summe von Verteilungsfunktionen verwendet:

$$D = \sum_{j=1}^{n} w_j D(m_j)$$

w_j ist die Gewichtung der j–ten Verteilung. Die Summe der Gewichte ergibt 1.

Der Verdeckungsfaktor G bestimmt, in welchem Ausmaß sich die Flächenstücke der betrachteten Oberfläche verdecken. $G = 1$ bedeutet, daß keine Verdeckung vorliegt, $G = 0$ bedeutet totale Verdeckung. G wird in [Bli77] aus drei unterschiedlichen Situationen bestimmt, die durch die Lage von $\vec{L}$ und $\vec{V}$ definiert werden, vgl. Abbildung 5.11. Das einfallende Licht kann von einem Flächenstück der Oberfläche vollständig reflektiert werden, siehe 5.11(a). In diesem Fall findet keine Verdeckung statt, der Verdeckungsfaktor ist $G_a = 1$. Es kann auch vorkommen, daß das einfallende Licht nur teilweise reflektiert wird, weil ein Teil des reflektierten Lichtes auf andere Flächenstücke der Oberfläche fällt, vgl. Abbildung 5.11(b). In diesem Fall kann G analytisch bestimmt werden, wenn man annimmt, daß die Flächenstücke V–förmige Gruben bilden, die symmetrisch um den Normalenvektor $\vec{n}$ der Oberfläche angeordnet sind, vgl. Abbildung 5.12. Wenn l ein Schnitt durch die Gesamtfläche des Flächenstücks ist und wenn m ein Schnitt durch die Fläche ist, deren reflektiertes Licht nicht von anderen Flächenstücken verdeckt wird, ist $G_b = m/l$. m/l kann aus der Geometrie der Anordnung, wie sie in Abbildung 5.13 wiedergegeben ist, berechnet werden, vgl. [For93]. Die Anwendung des Sinussatzes auf das Dreieck ABC liefert

[12] In [CT82] fehlt die 4 im Nenner, vgl. [Hal89].

$$\frac{x}{m} = \frac{\sin(\pi/2+\gamma)}{\sin\beta}$$

Dabei ist $\beta = \pi - \alpha - \pi/2 - \gamma$. Die Anwendung des Sinussatzes auf das Dreieck $AB'C$ liefert

$$\frac{x}{l} = \frac{\sin(\pi - 2\alpha)}{\sin\alpha}$$

Das Dividieren dieser beiden Gleichungen liefert

$$\frac{m}{l} = \frac{\sin(\pi - 2\alpha)}{\sin\alpha}\frac{\sin(\pi/2 - \alpha - \gamma)}{\sin(\pi/2+\gamma)}$$

Die Additionstheoreme für die trigonometrischen Funktionen liefern die Beziehungen $\sin(\pi - 2\alpha) = 2\sin\alpha\cos\alpha$, $\sin(\pi/2 - (\alpha+\gamma)) = \cos(\alpha+\gamma)$ und $\sin(\pi/2+\gamma) = \cos\gamma$. Einsetzen liefert:

$$\frac{m}{l} = \frac{2\cos\alpha\cos(\alpha+\gamma)}{\cos\gamma}$$

Wenn $\vec{n}$, $\vec{H}$ und $\vec{V}$ normiert sind, gilt $\cos\gamma = \vec{H}\cdot\vec{V}$, $\cos\alpha = \vec{H}\cdot\vec{n}$ und $\cos(\alpha+\gamma) = \vec{V}\cdot\vec{n}$. Also ist:

$$G_b = \frac{m}{l} = \frac{2(\vec{H}\cdot\vec{n})(\vec{V}\cdot\vec{n})}{(\vec{H}\cdot\vec{V})}$$

In der Situation von Abbildung 5.11(c) sind die Rollen von $\vec{L}$ und $\vec{V}$ vertauscht. Für G_c ergibt sich:

$$G_c = \frac{m}{l} = \frac{2(\vec{H}\cdot\vec{n})(\vec{L}\cdot\vec{n})}{(\vec{H}\cdot\vec{L})}$$

Der Nenner bleibt gleich, weil nach Festlegung von $\vec{H}$ gilt, daß $(\vec{H}\cdot\vec{L}) = (\vec{H}\cdot\vec{V})$. Für G wird das Minimum der drei Terme benutzt, d.h. es ergibt sich:

$$G = \min\left\{1, \frac{2(\vec{H}\cdot\vec{n})(\vec{V}\cdot\vec{n})}{(\vec{H}\cdot\vec{V})}, \frac{2(\vec{H}\cdot\vec{n})(\vec{L}\cdot\vec{n})}{(\vec{H}\cdot\vec{L})}\right\}$$

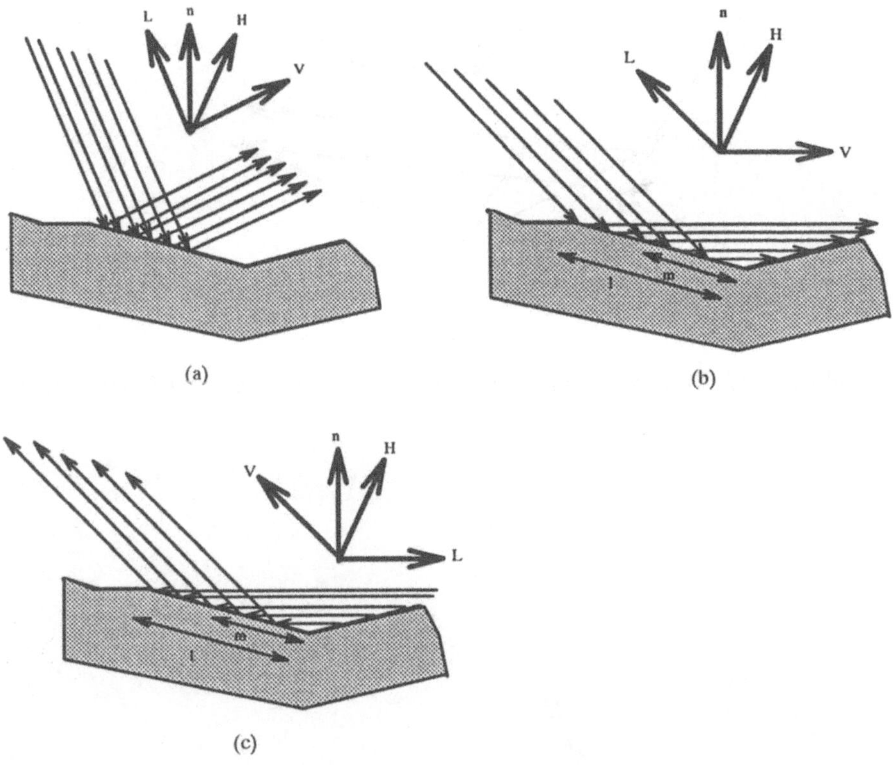

Abbildung 5.11: Lichtreflexion von einem mikroskopischen Flächenstück. (a) zeigt den Fall, daß das einfallende Licht vollständig reflektiert wird. (b) zeigt den Fall, daß das reflektierte Licht von einem anderen mikroskopischen Flächenstück teilweise verdeckt wird. (c) zeigt den Fall, daß ein mikroskopisches Flächenstück nur von einem Teil des einfallenden Lichtes getroffen wird.

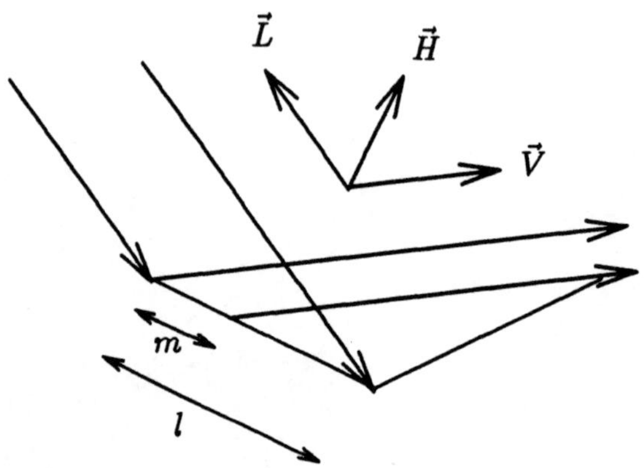

Abbildung 5.12: **Bestimung des Anteils des reflektierten Lichtes im Fall von Abbildung 5.11(b).**

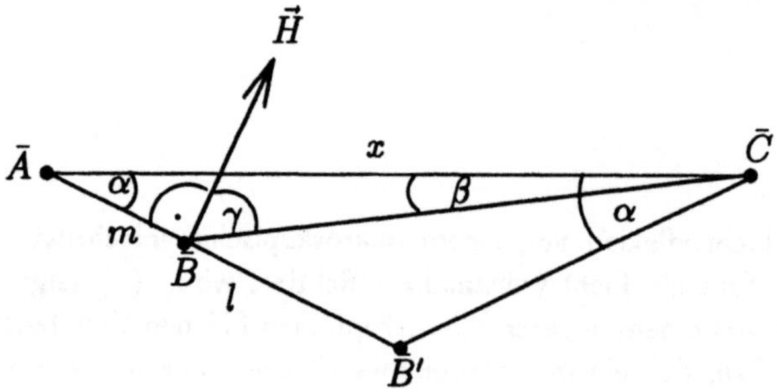

Abbildung 5.13: **Geometrie der Anordnung im Fall von Abbildung 5.11(b).**

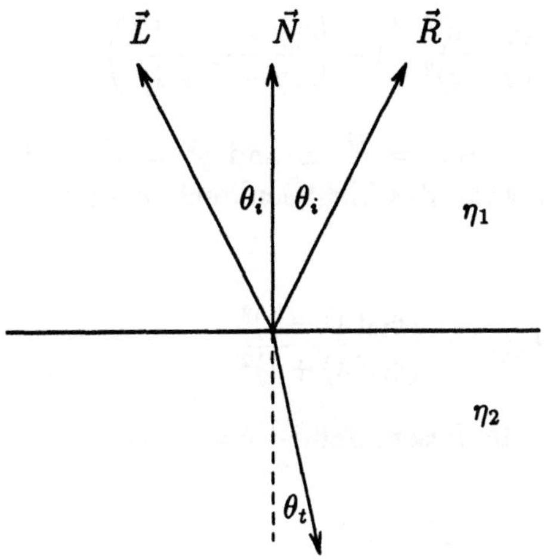

Abbildung 5.14: Die in der Fresnel–Gleichung verwendete Notation.

Der Fresnel–Term F bestimmt, welcher Teil des einfallenden Lichtes reflektiert wird. F kann aus der *Fresnel–Gleichung* hergeleitet werden, die für eine perfekt ebene, spiegelnde Oberfläche beschreibt, welcher Teil des einfallenden Lichtes reflektiert oder transmittiert wird. Dieser Teil ist üblicherweise abhängig vom Brechungsindex η und dem Auslöschungsfaktor κ des verwendeten Materials, sowie vom Einfallswinkel des Lichtes. F ist wellenlängenabhängig, da sowohl η als auch κ abhängig von der Wellenlänge des einfallenden Lichtes sind. Die Fresnel–Gleichung für unpolarisiertes Licht, das von einer nichtleitenden Oberfläche reflektiert wird, lautet

$$\begin{aligned} F(\lambda) &= \frac{1}{2}\left(\frac{\tan^2(\theta_i - \theta_t)}{\tan^2(\theta_i + \theta_t)} + \frac{\sin^2(\theta_i - \theta_t)}{\sin^2(\theta_i + \theta_t)}\right) \\ &= \frac{1}{2}\frac{\sin^2(\theta_i - \theta_t)}{\sin^2(\theta_i + \theta_t)}\left(1 + \frac{\cos^2(\theta_i - \theta_t)}{\cos^2(\theta_i + \theta_t)}\right) \end{aligned}$$

Dabei ist θ_i der Winkel zwischen $\vec{H}$ und $\vec{L}$, d.h. $\cos\theta_i = \vec{H} \cdot \vec{L}$, vgl. Abbildung 5.14. θ_t ist der Brechwinkel, für den nach dem Snell'schen Gesetz $\sin\theta_t = \sin\theta_i/\eta_{12}$ gilt. Dabei ist $\eta_{12}(\lambda) = \eta_2(\lambda)/\eta_1(\lambda)$ der relative Brechungsindex zwischen den beiden betrachteten Medien. Die Fresnel–Gleichung kann auch als

$$F(\lambda) = \frac{1}{2}\frac{(g-c)^2}{(g+c)^2}\left(1 + \frac{[c(g+c)-1]^2}{[c(g-c)+1]^2}\right) \tag{5.16}$$

geschrieben werden wobei $c = \cos\theta_i = \vec{H} \cdot \vec{L}$ und $g^2 = \eta_{12}^2 + c^2 - 1$. F wird minimal, wenn $\theta_i = 0$ ist, d.h. wenn das Licht senkrecht einfällt. In diesem Fall ist $c = 1$ und $g = \eta_{12}$ und

$$F_0(\lambda) = \frac{(\eta_{12}(\lambda) - 1)^2}{(\eta_{12}(\lambda) + 1)^2} \tag{5.17}$$

F wird maximal für $\theta_i = \pi/2$. In diesem Fall ist $c = 0$ und

$$F_{\pi/2} = 1$$

Wenn die Werte des Brechungsindex $\eta_{12}(\lambda)$ für verschiedene Wellenlängen bekannt sind, kann F direkt aus der Gleichung (5.16) berechnet werden. Wenn η_{12} nicht bekannt ist, kann η_{12} aus gemessenen oder tabellierten Werten von $F(\lambda)$ für $\theta_i = 0$ und verschiedene Wellenlängen berechnet werden. Aus (5.17) ergibt sich

$$\eta_{12}(\lambda) = \frac{1 + \sqrt{F_0(\lambda)}}{1 - \sqrt{F_0(\lambda)}} \tag{5.18}$$

Die so bestimmten Werte für η_{12} können dann in (5.16) zur Bestimmung von $F(\lambda)$ für beliebige Einfallwinkel θ_i verwendet werden. Die Abhängigkeit von F von der Wellenlänge des einfallenden Lichtes und dem Einfallswinkel bewirkt, daß die Farbe des reflektierten Lichtes sich mit dem Einfallswinkel ändert. Für Einfallswinkel $\theta_i = 0$ hat das reflektierte Licht die Farbe der Oberfläche. Wenn der Einfallswinkel sich $\pi/2$ nähert, nähert sich die Farbe des reflektierten Lichtes der Farbe des einfallenden Lichtes. Da $F_{\pi/2} = 1$, hat für $\theta_i = \pi/2$ das reflektierte Licht die Farbe des einfallenden Lichtes. Zur exakten Berechnung der auftretenden Farbverschiebung muß $F(\lambda)$ für viele Wellenlängen berechnet werden. Diese rechenzeitaufwendige Berechnung kann durch Verwendung eines mittleren Brechungsindex η_m vermieden werden. η_m wird mit Gleichung (5.18) aus einem mittleren Fresnel–Term F_m berechnet, der als Mittelwert über die für die Wellenlängen des sichtbaren Spektrums tabellierten Werte für $\theta_i = 0$ errechnet wird. Das einfallende Licht wird in die drei Grundfarben rot, grün und blau zerlegt und für jede der Grundfarben wird unter Verwendung von F_{m,θ_i} durch Interpolation ein Fresnel–Term bestimmt. Sei Red_0 der Rotanteil der Materialfarbe. Bei senkrechtem Lichteinfall ist Red_0 auch der Anteil des roten Lichtes an der reflektierten Lichtintensität. Sei $Red_{\pi/2}$ der Rotanteil der Farbe des einfallenden Lichtes. Bei waagerechtem Lichteinfall ist $Red_{\pi/2}$ der Anteil des roten Lichtes an der reflektierten Lichtintensität. Der Anteil des roten Lichtes für andere Einfallswinkel wird durch lineare Interpolation zwischen Red_0 und $Red_{\pi/2}$ berechnet:

$$Red_{\theta_i} = Red_0 + (Red_{\pi/2} - Red_0)\frac{\max(0, F_{m,\theta} - F_{m,0})}{F_{m,\pi/2} - F_{m,0}}$$

Die blaue und grüne Komponente werden analog interpoliert. Red_{θ_i} wird in (5.15) anstelle von F zur Berechnung der spiegelnden Reflektivität für rotes Licht verwendet. Nähere Details zur unterschiedlichen Behandlung von leitenden und nichtleitenden Materialien findet man z.B. in [Hal89]. Dort werden auch Quellprogramme zur Berechung der einzelnen Größen angegeben. In [CT82] wird das beschriebene Modell auf Metalle und Plastik angewendet. Bei plastikähnlichen Objekten hat das spiegelnd reflektierte Licht in etwa die Farbe des einfallenden Lichtes. Deshalb haben die dargestellten Objekte in etwa das gleiche Aussehen wie bei der Verwendung des Phong–Modells. Für polierte metallische Objekte ist aber eine deutliche Farbverschiebung festzustellen, das spiegelnd reflektierte Licht hat teilweise die Farbe des Materials.

Weiterentwicklungen des Reflexionsmodells von Cook und Torrance zur Einbeziehung anderer Materialien findet man in [Kaj85], [WK90] und [HTSG91]. In [Kaj85] wird das Modell auf Objekte erweitert, deren Reflexionseigenschaften nicht symmetrisch zum Normalenvektor der Oberfläche verteilt sind. In [WK90] wird die Tatsache berücksichtigt, daß der Polarisationszustand des Lichtes sich durch die Reflexion ändert. [HTSG91] erweitert das Modell auf den Bereich der physikalischen Optik, die das Wellenmodell des Lichtes zur Beschreibung der Reflexion verwendet. Damit können auch Beugungseffekte und Interferenzeffekte beschrieben werden.

Kapitel 6

Schattierungsverfahren

Bisher haben wir angenommen, daß die Objekte der darzustellenden Szene durch ebene Polygone beschrieben oder approximiert werden und daß jedem dieser Polygone ein einheitlicher Farbwert zugeordnet ist. Letzteres kann bei der Darstellung zu unrealistischen Effekten führen, wenn an den Übergängen zwischen zwei Polygonen desselben Objektes ein Farbsprung auftritt. Dies ist vor allem bei der Annäherung von gekrümmten Oberflächen mit ebenen Polygonen sehr störend.

Eine kontinuierliche Farbverteilung erreicht man durch Anwendung eines der im letzen Kapitel beschriebenen Reflexionsmodelle: Für jeden sichtbaren Punkt jedes darzustellenden Objektes wird ein Normalenvektor berechnet, mit dessen Hilfe ein Farbwert wie im letzten Kapitel beschrieben berechnet wird. Da dieses Verfahren aber sehr rechenzeitaufwendig ist, sind weniger aufwendige Schattierungsverfahren entwickelt worden, die in diesem Kapitel behandelt werden sollen. Wir werden zwei dieser Verfahren vorstellen: die Gouraud-Schattierungstechnik und die Phong-Schattierungstechnik. Beide Techniken setzen voraus, daß die Objekte der darzustellenden Szene durch ebene Polygone beschrieben werden. Beide Techniken sind Interpolationsverfahren: Die Gouraud-Methode interpoliert Farbwerte, die Phong-Methode interpoliert Normalenvektoren, die zur Berechnung von Farbwerten verwendet werden.

6.1 Gouraud-Schattierung

Die Gouraud-Schattierungstechnik, vgl. [Gou71], [Wat89], [BG89], [FvDFH90] kommt mit relativ wenig Rechenaufwand aus. Sie ist besonders geeignet zur Darstellung von Objekten, bei denen die diffuse Reflexion überwiegt. Jedes der

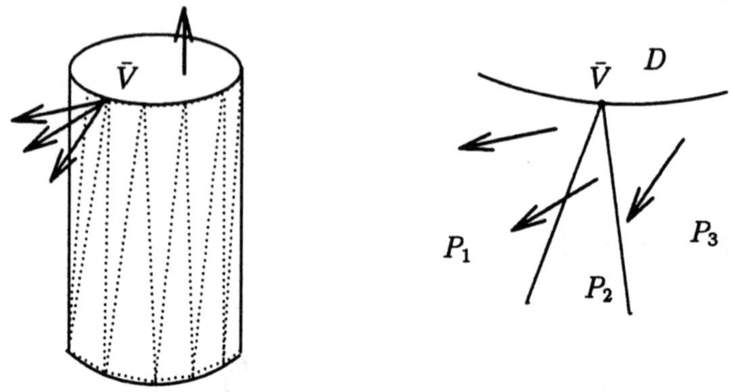

Abbildung 6.1: **Berechnung des Normalenvektors für einen Polygonknoten $\bar{V}$. Der Normalenvektor von D bleibt unberücksichtigt.**

darzustellenden Objekte sei durch eine Menge von ebenen, konvexen Polygonen beschrieben. Die *ein* Objekt beschreibenden Polygone haben evtl. gemeinsame Kanten und gemeinsame Knoten. Die Gouraud–Methode berechnet für jeden Knoten eines Polygons einen Farbwert.[1] In einem zweistufigen Interpolationsprozeß werden zuerst Farbwerte für die Kanten der Polygone und danach für innere Punkte der Polygone berechnet. Zur Berechnung des Farbwertes eines Polygonknotens wird eines der Reflexionsmodelle aus dem vorangehenden Kapitel verwendet. Jedes dieser Reflexionsmodelle braucht einen Normalenvektor zur Berechnung des Farbwertes. Wenn das betrachtete Polygon zur Beschreibung einer ebenen Oberfläche verwendet wird, wird für jeden Knoten des Polygons der Normalenvektor der Oberfläche verwendet. Wenn das betrachtete Polygon zur Beschreibung einer gekrümmten Oberfläche verwendet wird, wird der Normalenvektor für einen Knoten des Polygons als Mittelwert der Normalenvektoren der angrenzenden Polygone berechnet. Dabei sollen aber nur die angrenzenden Polygone berücksichtigt werden, die zur Modellierung der gleichen (gekrümmten) Oberfläche wie das betrachtete Polygon verwendet werden. Als Beispiel betrachten wir einen Zylinder, dessen Mantelfläche durch Polygone approximiert ist, vgl. Abbildung 6.1. Seien P_1, P_2 und P_3 drei dieser Polygone, die benachbart sind. Die Deckfläche sei durch Polygon D dargestellt. $\bar{V}$ sei der Knotenpunkt, an dem sich P_1, P_2, P_3 und D treffen. Der Normalenvektor $\vec{n}(\bar{V})$ von $\bar{V}$ wird durch Mittelung über die Normalenvektoren von P_1, P_2 und P_3 berechnet. Der Normalenvektor von D bleibt unberücksichtigt, weil $\vec{n}(\bar{V})$ als Approximation von Normalenvektoren auf der Mantelfläche verwendet

[1] Ein Farbwert besteht aus drei Intensitätswerten I_r, I_b, I_g für die drei Grundfarben rot, grün und blau. Wir werden hier Farbwerte mit dem Buchstaben I bezeichnen.

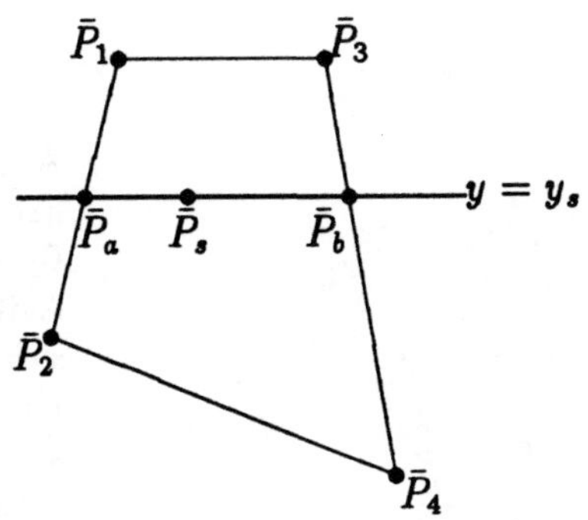

Abbildung 6.2: **Darstellung eines Polygons mit der Gouraud–Schattierungstechnik.**

werden soll.

Nachdem zu jedem Polygonknoten $\bar{V}$ ein Normalenvektor $\vec{n}(\bar{V})$ bestimmt ist, kann mit Hilfe eines geeigneten Reflexionsmodells aus dem letzten Kapitel auch der Farbwert $I(\bar{V})$ in Punkt $\bar{V}$ bestimmt werden. Nach Bestimmung von $I(\bar{V})$ werden in einem ersten Schritt durch lineare Interpolation Farbwerte für die Punkte auf den Polygonkanten bestimmt. In einem zweiten Schritt wird dann für jeden inneren Polygonpunkt mit Hilfe eines Scangeraden–Algorithmus ebenfalls durch lineare Interpolation ein Farbwert bestimmt. Beide Schritte werden in der Projektionsebene durchgeführt.

Sei P das darzustellende Polygon. Die Projektion P' von P erstrecke sich in der Projektionsebene zwischen den y–Werten $y_{min}(P)$ und $y_{max}(P)$. Zur Darstellung von P mit der Gouraud–Methode wird zu jedem Knoten $\bar{V}$ von P wie beschrieben ein Normalenvektor $\vec{n}(\bar{V})$ bestimmt, mit dessen Hilfe durch Anwendung eines Reflexionsmodells ein Farbwert $I(\bar{V})$ berechnet wird. Dann schiebt man eine Scangerade von $y_{min}(P)$ bis $y_{max}(P)$ über P' und berechnet mit einem inkrementellen Verfahren (Bresenham–Algorithmus, vgl. Abschnitt 2.1.2) die beiden Schnittpunkte $\bar{P}_a$ und $\bar{P}_b$ der Scangeraden mit den Kanten von P'. Sei $y = y_s$ die aktuelle Scangerade. Die Scangerade schneide die Projektion e_1 und e_2 zweier Polygonkanten von P. e_1 und e_2 erstrecken sich zwischen den Punkten $\bar{P}_1 = (x_1, y_1)$ und $\bar{P}_2 = (x_2, y_2)$ bzw. $\bar{P}_3 = (x_3, y_3)$ und $\bar{P}_4 = (x_4, y_4)$, vgl. Abbildung 6.2. Die für $\bar{P}_i$ errechneten Farbwerte seien I_i, $1 \leq i \leq 4$. Der Schnittpunkt mit e_1 sei $\bar{P}_a = (x_a, y_a)$, der Schnittpunkt mit e_2 sei $\bar{P}_b = (x_b, y_b)$. $\bar{P}_s = (x_s, y_s)$ sei ein innerhalb von P' liegender Punkt auf der Scangeraden. Die Farbwerte I_a von $\bar{P}_a$ und I_b von $\bar{P}_b$ werden aus I_1 und I_2 bzw. I_3 und I_4 durch lineare Interpolation bzgl. der y–Werte berechnet:

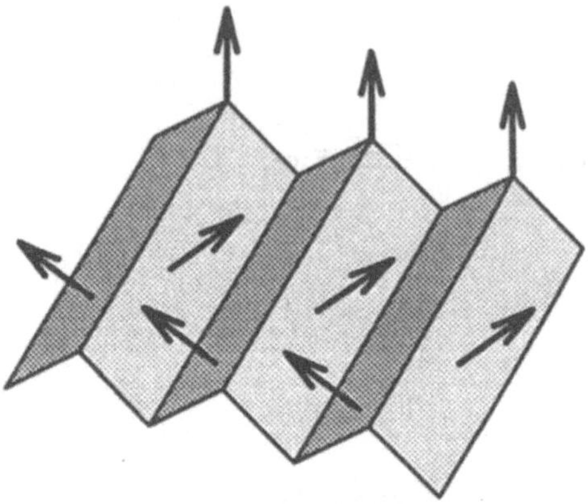

Abbildung 6.3: Darstellung einer gewellten Oberfläche mit der Gouraud–Methode: Bei ungünstiger Aufteilung in ebene Polygone gleichen sich die Normalenvektoren benachbarter Polygone aus und für die Polygonknoten werden gleiche Normalenvektoren berechnet. Daher wird die gewellte Oberfläche eben dargestellt.

$$I_a = I_1 \cdot \frac{y_s - y_2}{y_1 - y_2} + I_2 \cdot \frac{y_1 - y_s}{y_1 - y_2} \tag{6.1}$$

$$I_b = I_3 \cdot \frac{y_s - y_4}{y_3 - y_4} + I_4 \cdot \frac{y_3 - y_s}{y_3 - y_4} \tag{6.2}$$

Aus I_a und I_b wird der Farbwert I_s von $\bar{P}_s$ durch lineare Interpolation bzgl. der x–Werte berechnet:

$$I_s = I_a \cdot \frac{x_b - x_s}{x_b - x_a} + I_b \cdot \frac{x_s - x_a}{x_b - x_a} \tag{6.3}$$

Die Berechnung von I_s läßt sich durch ein inkrementelles Verfahren vereinfachen: Wenn Δx der Abstand zweier benachbarter Pixel ist, ist der Unterschied der Farbwerte dieser Pixel

$$\begin{aligned} \Delta I_s &= -I_a \cdot \frac{\Delta x}{x_b - x_a} + I_b \cdot \frac{\Delta x}{x_b - x_a} \\ &= \frac{\Delta x}{x_b - x_a}(I_b - I_a) \end{aligned} \tag{6.4}$$

Der Farbwert des n–ten Pixels $I_{s,n}$ auf der aktuellen Scangerade $y = y_s$ errechnet sich aus dem Farbwert $I_{s,n-1}$ des $(n-1)$–ten Pixels durch

$$I_{s,n} = I_{s,n-1} + \Delta I_s \tag{6.5}$$

Bei der Darstellung von leicht gewellten Oberflächen können bei Verwendung der Gouraud–Methode Darstellungsfehler auftreten, wenn die Unterteilung in ebene Polygone zu grob gewählt ist, vgl. Abbildung 6.3. In diesem Fall kann die Mittelung über die Normalenvektoren der angrenzenden Polygone einen Ausgleich bewirken, der dazu führt, daß die eigentlich gewellte Oberfläche als ebene Oberfläche dargestellt wird. Man kann diese Darstellungsfehler durch eine feinere Unterteilung in Polygone beheben. Der größte Nachteil der Gouraud–Methode besteht darin, daß ein ganz innerhalb *eines* Polygons liegendes, durch spiegelnde Reflexion entstehendes Schlaglicht nicht dargestellt wird, wenn kein Knoten des Polygons überdeckt wird. Der Grund dafür liegt darin, daß die Farbwerte für innere Punkte nur durch Interpolation der Farbwerte der Knoten des Polygons errechnet werden. Eine Abhilfe schafft ebenfalls eine feinere Unterteilung der darzustellenden Oberfläche. Wegen dieses Nachteils ist die Gouraud–Methode vor allem zur Darstellung von Objekten geeignet, bei denen die diffuse Reflexion überwiegt, die also, wenn überhaupt, ausgedehnte Schlaglichter aufweisen, die sich über mehrere Polygone erstrecken.

6.2 Phong–Schattierung

Bei der im letzten Abschnitt beschriebenen Gouraud–Interpolation werden Farbwerte interpoliert: Für jeden Knoten des darzustellenden Polygons P wird ein Farbwert bestimmt, aus dem durch Interpolation Farbwerte für die inneren Punkte von P berechnet werden. Bei der Phong–Interpolation, vgl. [Pho75], [Wat89], [FvDFH90], [BG89], werden dagegen die zur Berechnung der Farbwerte benötigten Normalenvektoren interpoliert: Wie bei der Gouraud–Interpolation wird für jeden Knoten des Polygons durch Mittelung ein Normalenvektor berechnet. Mit Hilfe der Normalenvektoren für die Polygonknoten werden in einem ersten Schritt durch lineare Interpolation Normalenvektoren auf den Polygonkanten berechnet. Aus diesen werden in einem zweiten Schritt wieder durch lineare Interpolation Normalenvektoren für die inneren Punkte des Polygons bestimmt. Auch hier wird wieder ein in der Projektionsebene arbeitender Scangeraden–Algorithmus angewendet. Für jedes von dem darzustellenden Polygon überdeckte Pixel[2] des Bildschirms wird also ein Normalenvektor berechnet, der eine Approximation des wirklichen Normalenvektors der (gekrümmten) Oberfläche ist, die durch ebene Polygone angenähert wird. Der für ein Pixel berechnete Normalenvektor wird für die Berechnung des Farbwertes des Pixels verwendet.

[2]Im folgenden werden wir in diesem Zusammenhang einfach von den Pixeln eines Polygons reden und meinen damit die Pixel, die von der Projektion des Polygons überdeckt werden.

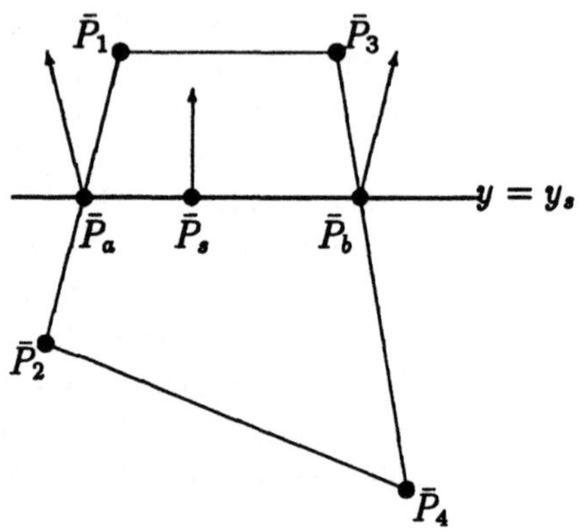

Abbildung 6.4: **Darstellung eines Polygons mit der Phong–Schattierungstechnik.**

Sei P das darzustellende Polygon und P' dessen Projektion auf die Projektionsebene. Sei $y = y_s$ die aktuelle Scangerade. Die Scangerade schneide die Projektion e_1 und e_2 zweier Polygonkanten von P zwischen den Punkten $\bar{P}_1 = (x_1, y_1)$ und $\bar{P}_2 = (x_2, y_2)$ bzw. $\bar{P}_3 = (x_3, y_3)$ und $\bar{P}_4 = (x_4, y_4)$, siehe Abbildung 6.4. $\vec{n}_i$ sei der für Punkt $\bar{P}_i$ durch Mittelung errechnete Normalenvektor, $1 \leq i \leq 4$. Der Schnittpunkt der Scangerade mit e_1 sei $\bar{P}_a = (x_a, y_a)$, der Schnittpunkt der Scangerade mit e_2 sei $\bar{P}_b = (x_b, y_b)$. Sei $\bar{P}_s = (x_s, y_s)$ ein innerhalb von P' liegender Punkt auf der Scangerade. Die Normalenvektoren $\vec{n}_a$ und $\vec{n}_b$ für die Punkte $\bar{P}_a$ und $\bar{P}_b$ werden durch lineare Interpolation bzgl. der y–Werte berechnet:

$$\vec{n}_a = \vec{n}_1 \cdot \frac{y_s - y_2}{y_1 - y_2} + \vec{n}_2 \cdot \frac{y_1 - y_s}{y_1 - y_2} \tag{6.6}$$

$$\vec{n}_b = \vec{n}_3 \cdot \frac{y_s - y_4}{y_3 - y_4} + \vec{n}_4 \cdot \frac{y_3 - y_s}{y_3 - y_4} \tag{6.7}$$

Aus $\vec{n}_a$ und $\vec{n}_b$ wird der Normalenvektor $\vec{n}_s$ von $\bar{P}_s$ durch lineare Interpolation bzgl. der x–Werte berechnet:

$$\vec{n}_s = \vec{n}_a \cdot \frac{x_b - x_s}{x_b - x_a} + \vec{n}_b \cdot \frac{x_s - x_a}{x_b - x_a} \tag{6.8}$$

Man beachte, daß (6.8) eine Vektorgleichung ist, die aus drei Komponenten besteht. Die Berechnung des Normalenvektors für $\bar{P}_s$ mit (6.8) dauert also dreimal länger als die Berechnung des Farbwertes für $\bar{P}_s$ mit (6.3) bei der Gouraud–Methode. Außerdem muß bei der Phong–Methode nach der Berechnung des Normalenvektors $\vec{n}_s$ zu $\bar{P}_s$ noch mit Hilfe eines Reflexionsmodells der zugehörige Farbwert berechnet werden.

Auch hier läßt sich die Berechnung von $\vec{n}_s$ durch ein inkrementelles Verfahren vereinfachen: Wenn Δx der Abstand zweier benachbarter Pixel ist, ist der Differenz–Normalenvektor zweier benachbarter Pixel

$$\begin{aligned} \Delta\vec{n}_s &= -\vec{n}_a \cdot \frac{\Delta x}{x_b - x_a} + \vec{n}_b \cdot \frac{\Delta x}{x_b - x_a} \\ &= \frac{\Delta x}{x_b - x_a}(\vec{n}_b - \vec{n}_a) \end{aligned}$$

Der Normalenvektor des n–ten Pixels $\vec{n}_{s,n}$ auf der aktuellen Scangerade $y = y_s$ errechnet sich aus dem Normalenvektor $\vec{n}_{s,n-1}$ des $(n-1)$–ten Pixels durch

$$\vec{n}_{s,n} = \vec{n}_{s,n-1} + \Delta\vec{n}_s \tag{6.9}$$

Die Gouraud–Methode ist gut geeignet zur Darstellung von Objekten, für die die diffuse Reflexion überwiegt. Bei der Darstellung von spiegelnder Reflexion kann die Gouraud–Methode versagen, weil im Innern eines Polygons liegende Schlaglichter, die keine der Knoten überdecken, nicht erkannt werden. Die Phong–Methode stellt dagegen auch diese Schlaglichter richtig dar, weil für jeden Punkt des Polygons ein Normalenvektor berechnet wird, der dem Normalenvektor der Original–Oberfläche üblicherweise recht nahe kommt. Deshalb ist der berechnete Farbwert recht genau, Schlaglichter werden auch innerhalb von Polygonen erfaßt. Allerdings erfordert die Phong–Methode gegenüber der Gouraud–Methode einen erheblich größeren Rechenaufwand. Eine Reduzierung des Rechenaufwandes der Phong–Methode wird im nächsten Abschitt behandelt.

6.3 Beschleunigung der Phong–Interpolation

Bei der Phong–Interpolation wird für jedes Pixel des darzustellenden Polyons ein Normalenvektor berechnet, mit dessen Hilfe der darzustellende Farbwert bestimmt wird. Da dies eine recht aufwendige Berechnung erfordert, vgl. Abschnitt 6.2, versucht man die Phong–Interpolation zu beschleunigen. Dabei kann man prinzipiell zwei Arten von Ansätzen unterscheiden, vgl. [Wat89]:

Die *numerischen* Ansätze versuchen, die bei der Phong–Interpolation durchgeführten Berechnungen zu vereinfachen. In [BW86] wird ein Verfahren beschrieben, das die Berechnung der Farbwerte bei Verwendung des Phong–Reflexionsmodells aus dem letzten Kapitel durch Verwendung einer zweidimensionalen Taylor–Reihe vereinfacht. Die *geometrischen* Ansätze versuchen aus der Geometrie der darzustellenden Szene zu bestimmen, ob ein Polygon ein Schlaglicht enthalten kann oder nicht. Wenn dies nicht der Fall ist, kann das Polygon mit der billigeren Gouraud–Methode dargestellt werden. Wir werden im folgenden ein geometrisches Verfahren vorstellen, vgl. [HMW88], [Wat89], das das in [BFS86] beschriebene Verfahren erweitert.

Zuerst sei aber noch auf eine sehr einfache Methode zur Reduzierung der Laufzeit der Phong–Interpolation hingewiesen, die darin besteht, daß nur für jedes zweite Pixel ein Normalenvektor und ein Farbwert berechnet wird. Für die dazwischenliegenden Pixel wird der Farbwert durch einfaches Mitteln der Farbwerte der benachbarten Pixel errechnet. Dieses Vorgehen liefert ein Verfahren mit etwa 35% geringerer Laufzeit für die Schattierungsphase, ohne daß ein merklicher Verlust in der Bildqualität auftritt.

Eine größere Verringerung der Laufzeit erreicht man durch Anwendung des *H–Tests* (für *highlight test*), vgl. [HMW88], [Wat89]. Der H–Test beruht auf der Beobachtung, daß im Normalfall nur wenige Polygone der darzustellenden Szene ein Schlaglicht aufweisen. Die Idee des H–Tests besteht darin, diese Polygone zu erkennen und sie mit der Phong–Interpolation darzustellen. Alle anderen Polygone werden mit Gouraud–Interpolation dargestellt.[3] Der Aufwand für die Bestimmung der Polygone mit Schlaglicht lohnt sich, weil damit für die meisten Polygone ein Schlaglicht ausgeschlossen werden kann, die Laufzeit der Schattierungsphase wird erheblich reduziert, vgl. Tabelle 6.1. Wir werden im folgenden beschreiben, wie die Polygone mit Schlaglicht erkannt werden. Dabei nehmen wir an, daß das Phong–Reflexionsmodell, vgl. Abschnitt 5.3, für die Berechnung der Farbwerte verwendet wird.

Der H–Test nimmt an, daß ein Schlaglicht dann vorliegt, wenn der Term für die spiegelnde Reflexion in Gleichung (5.12) einen relativ zum Gesamtwert der Intensität großen Wert hat. Beim Phong–Reflexionsmodell wird die spiegelnde Reflexion durch den Term

---

[3] In der Praxis geht man etwas anders vor: Man benutzt die Gouraud–Methode, um für *alle* Polygone eine diffuse Komponente zu bestimmen. Für die vom H–Test bestimmten Polygone berechnet man *zusätzlich* eine spiegelnde Komponente, die zur der diffusen Komponente für die Darstellung hinzuaddiert wird. Der Grund für dieses Vorgehen liegt darin, daß die von der Gouraud–Methode und der Phong–Methode bestimmten diffusen Terme leicht voneinander abweichen, so daß sie nicht gut miteinander dargestellt werden können.

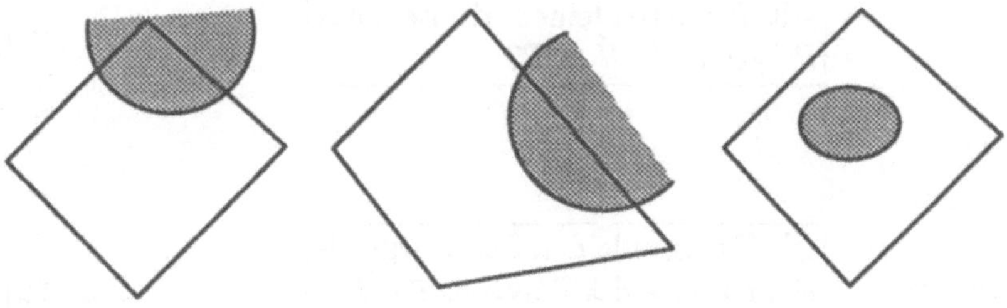

Abbildung 6.5: Mögliche Lagen von Schlaglichtern auf einem Polygon.

$$I_{sr} = I_{einf} \cdot f_a \, k_s(\vec{n} \cdot \vec{H})^n$$

beschrieben. Ein Schlaglicht liegt dann vor, wenn

$$\vec{n} \cdot \vec{H} > T \tag{6.10}$$

ist. T ist ein konstanter Schwellenwert, $\vec{n}$ und $\vec{H}$ seien normalisiert. Ob (6.10) erfüllt ist, wird mit fünf hierarchisch angeordneten Tests überprüft, die sich aus der möglichen Lage der Schlaglichter ergeben, vgl. Abbildung 6.5[4]:

1. Ein Schlaglicht kann einen oder mehrere Knoten des Polygons überdecken.
2. Ein Schlaglicht kann einen Teil einer Kante des Polygons überdecken, ohne einen Knoten zu überdecken.
3. Ein Schlaglicht kann vollständig innerhalb des Polygons liegen, ohne eine Kante oder einen Knoten zu überdecken.

Die Hierarchie der durchgeführten Tests ist in Abbildung 6.6 wiedergegeben. Test A bestimmt, ob für irgendeinen Knoten des Polygons $\vec{n} \cdot \vec{H} > T$ gilt.

[4]Man beachte, daß diese Fälle nur auftreten, weil für die Polygonknoten gemittelte Normalenvektoren berechnet und entlang der Kanten Normalenvektor interpoliert werden. Wenn man mit den Normalenvektoren der Ebenen rechnet, in denen die Polygone liegen, kann nur das gesamte Polygon von einem Schlaglicht bedeckt sein, nicht einzelne Teile des Polygons.

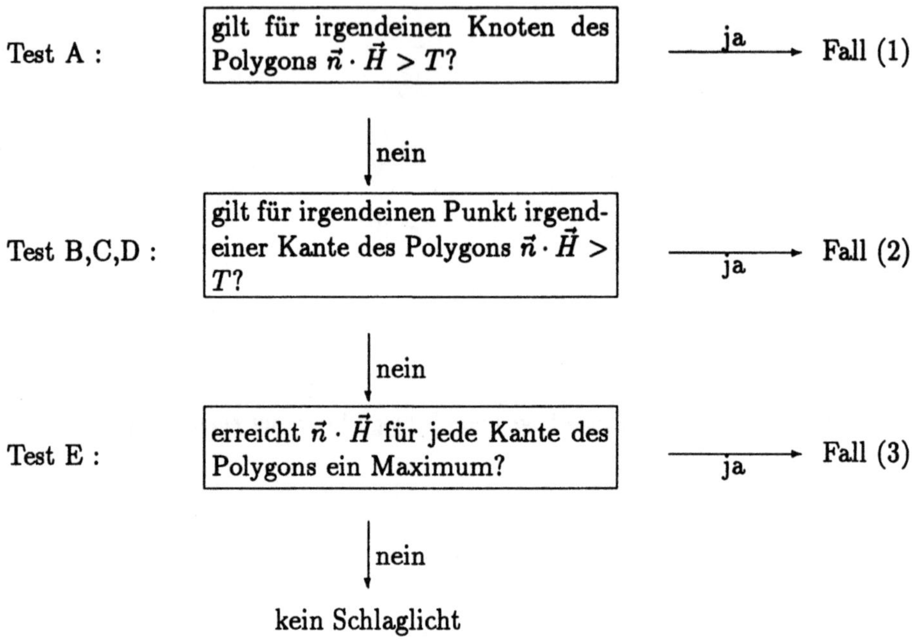

Abbildung 6.6: **Hierarchischer Aufbau des H–Tests.**

Wenn ja, liegt Fall (1) von Abbildung 6.5 vor und die restlichen Tests brauchen nicht mehr durchlaufen zu werden. Die Tests B,C,D, die in dieser Reihenfolge angewendet werden, bestimmen, ob es ein Schlaglicht auf einer Polygonkante gibt. Test E bestimmt, ob es ein Schlaglicht gibt, das ganz im Inneren eines Polygons liegt. Wir werden im folgenden diese Test näher untersuchen.

Test A überprüft, ob für einen Knoten $\bar{V}$ des betrachteten Polygons $\vec{n}(\bar{V}) \cdot \vec{H} > T$ gilt. Wenn dies der Fall ist, wird der Knoten von einem Schlaglicht überdeckt. Da die Gouraud–Methode Schlaglichter darstellen kann, wenn sie Polygonknoten überdecken, kann das betrachtete Polygon mit der Gouraud–Methode dargestellt werden.

Test B wird durchgeführt, wenn für keinen Knoten des betrachteten Polygons P der Schwellenwert T überschritten wird. In diesem Fall soll festgestellt werden, ob auf einer Kante von P ein Schlaglicht liegen kann. Sei e eine nicht horizontale Kante von P, die sich zwischen den Punkten $\bar{P}_1 = (x_1, y_1)$ und $\bar{P}_2 = (x_2, y_2)$ mit $y_2 < y_1$ erstreckt. Sei $\vec{n}_i$ der für Punkt $\bar{P}_i$ durch Mittelung errechnete (und normalisierte) Normalenvektor ($i = 1, 2$). Sei $\bar{P}_s = (x, y)$ ein beliebiger auf e liegender Punkt. Der Normalenvektor für Punkt $\bar{P}_s$ ergibt sich nach der

Phong–Interpolation zu:

$$\vec{n}(y) = \vec{n}_1 \cdot \frac{y - y_2}{y_1 - y_2} + \vec{n}_2 \cdot \frac{y_1 - y}{y_1 - y_2} \qquad y_2 \le y \le y_1 \tag{6.11}$$

Zur Vereinfachung der Rechnung wendet man auf das darzustellende Polygon zwei lineare Transformationen an, die die Richtung von $\vec{n}(y)$ nicht beeinflussen:

(1) Der Punkt $\bar{P}_2$ wird in den Ursprung verschoben, d.h. man führt eine Translation um $(-x_2, -y_2)$ durch.
(2) Man skaliert in y–Richtung um den Faktor $1/(y_1 - y_2)$.

Durch Anwendung dieser linearen Transformationen erhält man aus $\bar{P}_1$ und $\bar{P}_2$ die Punkte $\bar{P}_1' = (x_1', y_1')$ und $\bar{P}_2' = (x_2', y_2')$ mit $y_2' = 0$ und $y_1' = 1$. Zur Vereinfachung lassen wir $'$ ab jetzt weg. Gleichung (6.11) wird dann zu:

$$\vec{n}(y) = \vec{n}_1 \cdot y + \vec{n}_2 \cdot (1 - y) \qquad 0 \le y \le 1 \tag{6.12}$$

$\vec{H}$ sei ebenfalls normalisiert. Sei weiter

$$\phi(y) = \frac{\vec{n}(y) \cdot \vec{H}}{|\vec{n}(y)|}$$

Auf der Kante e liegt ein durch spiegelnde Reflexion hervorgerufenes Schlaglicht, wenn $\phi(y) > T$ für einen Wert y zwischen 0 und 1 ist. Da Test B nur ausgeführt wird, wenn Test A nicht erfüllt ist, gilt

$$\phi(0) = \phi(1) < T$$

Wenn $\phi(y) > T$ für ein y mit $0 < y < 1$ gelten soll, muß die Funktion ϕ zwischen den beiden Endpunkten von e ein Maximum annehmen. Durch Einsetzen von 6.12 erhält man für $\phi(y)$:

$$\phi(y) = \frac{y\,\vec{n}_1 \cdot \vec{H} + (1 - y)\vec{n}_2 \cdot \vec{H}}{\sqrt{y^2 + (1 - y)^2 + 2y(1 - y)\vec{n}_1 \cdot \vec{n}_2}} \tag{6.13}$$

Mit $a = \vec{n}_1 \cdot \vec{H}$, $b = \vec{n}_2 \cdot \vec{H}$ und $c = \vec{n}_1 \cdot \vec{n}_2$ ergibt sich daraus

$$\phi(y) = \frac{ya + (1 - y)b}{\sqrt{2y^2(1 - c) - 2y(1 - c) + 1}}$$

Die Ableitung nach y ist:

$$\phi'(y) = \frac{(a-b)\,(2y^2(1-c)-2y(1-c)+1) - (2y(1-c)-(1-c))\,(b+y(a-b))}{(2y^2(1-c)-2y(1-c)+1)^{3/2}}$$

$\phi'(y) = 0$ ist eine notwendige Bedingung für ein Maximum. Dies gilt, wenn

$$y = \frac{bc-a}{-a-b+bc+ac}$$

Mit $d = bc - a$ und $e = ac - b$ erhält man als mögliche Maximumsposition:

$$y = \frac{d}{d+e}$$

Je nach Wert von d und e sind vier Fälle zu unterscheiden:

(1) $d = 0$ und $e = 0$: In diesem Fall ist $\vec{n}_1 = \vec{n}_2$. Die Interpolation (6.11) berechnet also $\vec{n}(y) = \vec{n}_1$ für alle Werte von y zwischen 0 und 1. Damit ist auch $\phi(y)$ konstant und es tritt kein Maximum entlang der betrachteten Kante auf.

(2) $d \cdot e = 0$: Wenn $d = 0, e \neq 0$, ist $y = 0$. Wenn $d \neq 0, e = 0$, ist $y = 1$. In beiden Fällen läge das Maximum also auf einem der Endpunkte der Kante. Dies ist aber nicht möglich, weil Test A nicht erfüllt war.

(3) $d \cdot e < 0$, d.h. d und e haben unterschiedliche Vorzeichen. In diesem Fall ist $y < 0$ oder $y > 1$, d.h. das Maximum liegt nicht auf der betrachteten Kante.

(4) $d \cdot e > 0$, d.h. d und e haben gleiche Vorzeichen. In diesem Fall ist $0 < y < 1$, d.h. das Maximum liegt auf der Kante.

Damit kann nur für

$$d \cdot e > 0 \tag{6.14}$$

ein Maximum auf der betrachteten Kante auftreten. Ob an der möglichen Maximumsposition $y_{max} = d/(d+e)$ der Schwellenwert T überschritten wird, wird mit den Tests C und D festgestellt. Die Aufteilung in zwei Tests wird vorgenommen, um die Rechenzeit möglichst gering zu halten. Test C überprüft, ob $\phi(y_{max}) > 0$ ist. Dies ist dann der Fall, wenn

$$ay_{max} + (1-y_{max})b > 0$$

Durch Einsetzen von y_{max} erhält man daraus

$$\frac{be + ad}{d + e} > 0$$

Diese Ungleichung ist dann erfüllt, wenn Zähler und Nenner gleiches Vorzeichen haben. Wegen Bedingung (6.14) kann es nur dann ein Maximum auf der Kante geben, wenn d und e gleiches Vorzeichen haben. Deshalb reicht hier der Test auf gleiches Vorzeichen von d und $be + ad$ aus:

$$(be + ad)d > 0 \tag{6.15}$$

Wenn diese Ungleichung nicht erfüllt ist, kann der Schwellenwert T an der Stelle y_{max} nicht überschritten werden. Wenn die Ungleichung erfüllt ist, wird Test D ausgeführt, um zu überprüfen, ob $\phi(y_{max}) > T$ ist. Man beachte, daß man für diese Überprüfung im Gegensatz zu Test C den Nenner von (6.13) ausrechnen muß. $\phi(y_{max})$ ist genau dann größer T, wenn

$$ay_{max} + (1 - y_{max})b > T\sqrt{2y_{max}^2(1-c) - 2y_{max}(1-c) + 1}$$

Aus Test C ist bekannt, daß $ay_{max} + (1 - y_{max})b > 0$ ist. Ebenso ist $T > 0$. Deshalb erhält man als äquivalente Gleichung:

$$(ay_{max} + (1 - y_{max})b)^2 \; > \; T^2(2y_{max}^2(1-c) - 2y_{max}(1-c) + 1)$$

Einsetzen von y_{max} und Umformen liefert daraus die Ungleichung

$$\frac{(be + ad)^2}{(d + e)^2} > T^2\frac{d^2 + e^2 + 2cde}{(d + e)^2}$$

Wegen $(d + e)^2 > 0$ ist dies gleichbedeutend mit

$$(be + ad)^2 > T^2(d^2 + e^2 + 2cde) \tag{6.16}$$

Wenn (6.16) erfüllt ist, wird für einen Punkt auf der betrachteten Kante der Schwellenwert T überschritten. Es liegt also ein Schlaglicht auf der Kante und das betrachtete Polygon sollte mit der Phong–Interpolation dargestellt werden.

Wenn Test D nicht erfüllt ist, gibt es nur noch die Möglichkeit, daß ein Schlaglicht ganz innerhalb des Polygons liegt. Dieser Fall kann dann auftreten, wenn die zur Definition der Objekte verwendeten Polygone recht groß sind und wenn

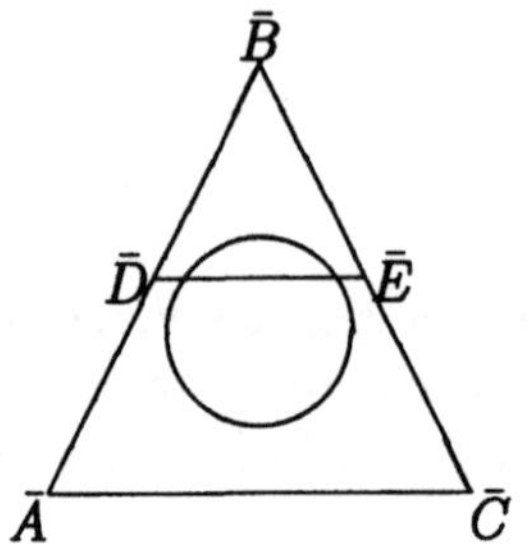

Abbildung 6.7: **Schlaglicht im Inneren eines Polygons.**

die darzustellenden Objekte stark spiegelnd sind. In diesem Fall sind die auftretenden Schlaglichter typischerweise recht klein. Ob ein Schlaglicht innerhalb des Polygons liegt wird mit Hilfe von Test E überprüft, der nur ausgeführt wird, wenn die Tests A bis D nicht erfüllt sind. Test E stützt sich auf die Beobachtung, daß im Inneren eines Polygons P nur dann ein Schlaglicht liegen kann, wenn $\phi(y)$ auf jeder Kante von P ein Maximum erreicht.

Man kann diese Beobachtung anhand Abbildung 6.7 plausibel machen. Wir betrachten Kante $\bar{A}\bar{B}$. Wenn $\phi(y)$ auf der Kante $\bar{A}\bar{B}$ kein Maximum hat, ist der interpolierte Normalenvektor auf der gesamten Kante $\bar{A}\bar{B}$ konstant. Dies kann nur dann der Fall sein, wenn in den Punkten $\bar{A}$ und $\bar{B}$ gleiche Normalenvektoren vorliegen. Wenn auf der Kante $\bar{B}\bar{C}$ ebenfalls konstante Normalenvektoren vorliegen, werden für beide Kanten gleiche Normalenvektoren berechnet, weil die beiden Kanten sich in $\bar{B}$ treffen. Die durch Interpolation berechneten Normalenvektoren im Polygoninnern haben dann ebenfalls diesen Wert und es kann kein Schlaglicht im Innern des Polygons liegen, wenn nicht schon auf den Kanten ein Schlaglicht liegt. Wir betrachten jetzt den Fall, daß auf der Kante $\bar{B}\bar{C}$ die Normalenvektoren nicht konstant sind. Sei $\vec{n}_b$ der Normalenvektor in Punkt $\bar{B}$, $\vec{n}_c$ der Normalenvektor in Punkt $\bar{C}$. Auf der Kante $\bar{B}\bar{C}$ wird zwischen $\vec{n}_b$ und $\vec{n}_c$ interpoliert. Der Normalenvektor $\vec{n}_e$ im Punkt $\bar{E}$ liegt also zwischen $\vec{n}_b$ und $\vec{n}_c$. Im Punkt $\bar{D}$ liegt Normalenvektor $\vec{n}_b$ vor. Zwischen $\bar{D}$ und $\bar{E}$ wird zwischen den Normalenvektoren $\vec{n}_b$ und $\vec{n}_e$ interpoliert, also zwischen den gleichen Normalenvektoren wie zwischen $\bar{B}$ und $\bar{E}$. Wenn zwischen $\bar{D}$ und $\bar{E}$ ein Schlaglicht liegt, dann liegt auch zwischen $\bar{B}$ und $\bar{E}$ eines, d.h. auf der Kante $\bar{B}\bar{C}$. In diesem Fall wäre aber Test E gar nicht durchgeführt worden. Damit kann im Inneren des Polygons nur dann ein Schlaglicht liegen, wenn auf der Kante $\bar{A}\bar{B}$ ein Maximum auftritt. Die gleiche Argumentation läßt sich auf die anderen Kanten anwenden.

Test E überprüft, ob die Funktion $\phi(y)$ auf jeder Kante des Polygons ein Maximum erreicht. Wenn dies der Fall ist, wird ein Maximum im Innern des Polygons angenommen und das Polygon wird mit Phong–Interpolation darge-

Anzahl der Polygone	200	450	500
sichtbare Polygone	99	223	393
Polyone mit Schlaglicht	24	50	74
Schattierungsmethode			
keine	0.56	0.59	0.63
Gouraud	1.00	1.00	1.00
Phong	2.65	2.44	2.26
H–Test	1.53	1.43	1.35

Tabelle 6.1: **relativer Zeitvergleich zum H–Test aus [Wat89]. Der Eintrag *keine* gibt die Zeit für alle anderen Operationen außer der Schattierungsoperation an.**

stellt. Ansonsten wird die Gouraud–Interpolation verwendet.

Tabelle 6.1 zeigt einen Zeitvergleich zwischen Gouraud–Interpolation, Phong–Interpolation und Phong–Interpolation mit H–Test. Man sieht, daß die Phong–Interpolation zwischen zwei– und dreimal so lange wie die Gouraud–Interpolation braucht. Durch Anwendung des H–Tests kann die Laufzeit der Phong–Interpolation aber so weit reduziert werden, daß nur noch zwischen 30 und 50% mehr Rechenzeit als für die Gouraud–Interpolation benötigt wird.

Kapitel 7

Gekrümmte Oberflächen

Bisher haben wir angenommen, daß gekrümmte Oberflächen durch Zerlegung in viele kleine Teil–Oberflächen modelliert werden, die dann durch ebene Flächenstücke angenähert werden. Dies hat den Nachteil, daß in Bereichen starker Krümmung je nach Größe der Flächenstücke Diskontinuitäten wahrgenommen werden können und daß für jede gekrümmte Oberfläche eine große Anzahl von Flächenstücken abgespeichert werden muß. Um dies zu vermeiden, verwendet man mathematische Beschreibungen von gekrümmten Oberflächen. Das genaue Aussehen der Oberflächen wird - neben der Berechnungsvorschrift - von einer Anzahl von Kontrollpunkten gesteuert. Für eine darzustellende gekrümmte Oberfläche müssen nur die Koordinatenwerte dieser Kontrollpunkte abgespeichert werden[1]. Durch geeignete Wahl der Kontrollpunkte kann man die mathematisch beschriebene Oberfläche beliebig nahe an eine gegebene reale Oberfläche angleichen.

In diesem Kapitel werden wir verschiedene mathematische Beschreibungen für gekrümmte Oberflächen vorstellen und deren Vor– und Nachteile diskutieren. Bezüglich der Behandlung der Kontrollpunkte unterscheidet man grundsätzlich zwei Klassen von Verfahren zur Darstellung von gekrümmten Oberflächen: ***interpolierende*** und ***approximierende*** Verfahren. Bei den interpolierenden Verfahren verläuft die resultierende Oberfläche durch die Kontrollpunkte. Bei den approximierenden Verfahren ist dies nicht unbedingt der Fall. Approximierende Verfahren sind in der Praxis meist einfacher zu berechnen.

Aus didaktischen Gründen werden wir hier zuerst die Darstellung von Kurven betrachten.[2] Dazu werden wir in den Abschnitten 7.1 und 7.2 die appro-

[1] Alle gekrümmten Oberflächen einer Szene werden üblicherweise nach der gleichen Berechnungsvorschrift dargestellt, das Abspeichern der Berechnungsvorschrift zu jeder gekrümmten Oberfläche ist deshalb nicht nötig.

[2] Kurven werden z.B. bei der Definition von Fonts verwendet.

ximierenden Bézier- und B-Spline-Kurven betrachten. In den Abschnitten 7.3 und 7.4 werden wir dann die Interpolation von Kontrollpunkten durch Lagrange-Polynome und B-Spline-Kurven untersuchen. Die Abschnitte 7.6 und 7.7 beschreiben die Verallgemeinerung der in den Abschnitten 7.1 und 7.2 eingeführten Kurven auf Bézier- und B-Spline-Oberflächen. Wegen der für die mathematische Formulierung verwendeten Vektor-Schreibweise besteht zwischen dem zweidimensionalen und dem dreidimensionalen Fall kein Unterschied in der Beschreibung. In den Abbildungen werden wir der Einfachheit halber den zweidimensionalen Fall darstellen. Alle hier vorgestellten Verfahren benutzen die parametrisierte polynomielle Darstellung: Kurven im dreidimensionalen Raum werden durch drei Polynone definiert, die von einem gemeinsamen Parameter t abhängen. Gekrümmte Oberflächen werden durch drei Polynone definiert, die von zwei unabhängigen Parameter s und t abhängen. Gute Beschreibungen der Theorie der gekrümmten Oberflächen, an denen wir uns teilweise orientieren, findet man u.a. in [Far90],[FvDFH90], [HL89] und [BG89].

7.1 Bézier-Kurven

Die Methode der Bézier-Kurven ist die in der Computergraphik am längsten benutzte Beschreibung von gekrümmten Kurven. Die Theorie der Bézier-Kurven wurde Anfang der sechziger Jahre von Casteljau und Bézier unabhängig voneinander entwickelt (siehe [dC63] und [Béz67]).

Wir nehmen im folgenden an, daß $\bar{b}_0, \cdots, \bar{b}_n$ die Kontrollpunkte sind, mit denen das Aussehen der Bézier-Kurve kontrolliert wird. In der Theorie der Bézier-Kurven nennt man die Kontrollpunkte auch Bézier-Punkte. Die Bézier-Kurve zu $\bar{b}_0, \cdots, \bar{b}_n$ hat die Eigenschaft, daß sie durch die beiden Endpunkte $\bar{b}_0$ und $\bar{b}_n$ verläuft und daß die Steigung der Kurve in diesen Endpunkten identisch mit der Steigung der Geraden ist, die durch $\bar{b}_0$ bzw. $\bar{b}_n$ und den unmittelbar benachbarten Punkt $\bar{b}_1$ bzw. $\bar{b}_{n-1}$ verläuft. Das Aussehen der Kurven kann man sich wie folgt entstanden denken: Ein elastischer Stab ist an den beiden Endpunkten $\bar{b}_0$ und $\bar{b}_n$ eingeklemmt und von den restlichen Kontrollpunkten wird ein Zug auf den Stab ausgeübt, der proportional zu deren Abstand vom unverbogenen Stab ist. Bézier-Kurven haben die angenehme Eigenschaft, daß sie numerisch sehr stabil sind.[3]

[3]Ein Berechnungsverfahren wird em numerisch stabil genannt, wenn die eintretenden Rundungs-, Abbruch- und Diskretisierungsfehler im Laufe der Berechnung abnehmen oder zumindest nicht zunehmen. Bei einem numerisch instabilen Verfahren können die Fehler zunehmen, so daß bei einer großen Anzahl von Berechnungsschritten das Ergebnis prinzi-

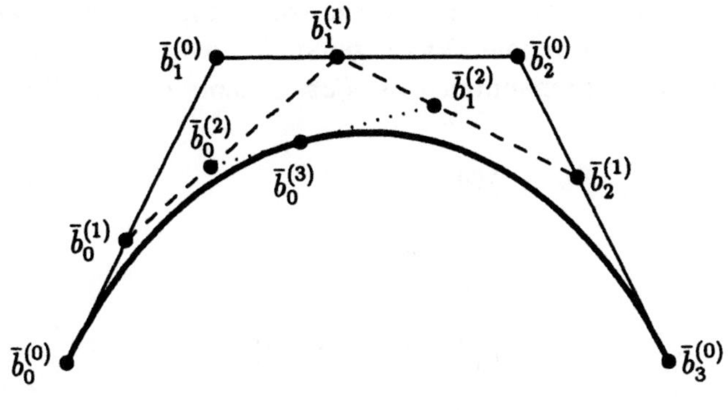

Abbildung 7.1: **Veranschaulichung des Casteljau–Algorithmus für $n = 3$.**

Das einfachste Verfahen zur Erzeugung der zu einer Menge von Kontrollpunkten gehörenden Bézier–Kurve ist der sogenannte Casteljau–Algorithmus, den wir im nächsten Abschnitt beschreiben werden.

7.1.1 Der Casteljau–Algorithmus

Der Casteljau–Algorithmus läßt sich am besten durch eine geometrische Konstruktion veranschaulichen: Nachdem alle Kontrollpunkte $\bar{b}_0 = \bar{b}_0^0, \cdots \bar{b}_n = \bar{b}_n^0$ durch Geradenstücke miteinander verbunden sind, wählt man einen Parameterwert t im Intervall $[0:1]$. Die im folgenden beschriebene geometrische Konstruktion liefert den Punkt der Bézier–Kurve zum Parameterwert t. Für $t = 0$ erhält man $\bar{b}_0$, für $t = 1$ erhält man $\bar{b}_n$. Auf jedem Geradenstück $\overline{b_i^0 b_{i+1}^0}$ wählt man einen neuen Punkt $\bar{b}_i^1$, der das Geradenstück im Verhältnis t zu $1-t$ teilt. Man erhält so n Punkte $\bar{b}_0^1, \cdots \bar{b}_{n-1}^1$, d.h. einen Punkt weniger als es Kontrollpunkte gibt. Die neu erhaltenen Punkte werden wieder durch Geradenstücke miteinander verbunden und das Verfahren wird so lange wiederholt, bis der Punkt $\bar{b}_0^n$ konstruiert ist. $\bar{b}_0^n$ ist der dem Parameterwert t entsprechende Punkt auf der Bezierkurve, siehe Abbildung 7.1.

Der Casteljau–Algorithmus berechnet also für $1 \leq r \leq n$, $0 \leq i \leq n-r$:

$$\begin{aligned} \bar{b}_i^r &= \bar{b}_i^{r-1} + t \cdot (\bar{b}_{i+1}^{r-1} - \bar{b}_i^{r-1}) \\ &= (1-t) \cdot \bar{b}_i^{r-1} + t \cdot \bar{b}_{i+1}^{r-1} \end{aligned} \tag{7.1}$$

wobei $\bar{b}_i^{(0)} = \bar{b}_i$ ist.[4]

---

piell einen beliebig großen Fehler beinhalten kann. Weitere Informationen zur Stabilität numerischer Verfahren findet man z.B. in [JER86] und [Sto83].

[4]Dies ist eine affine Kombination der Punkte $\bar{b}_i^{r-1}$ und $\bar{b}_{i+1}^{r-1}$.

$\bar{b}^n(t) = \bar{b}_0^n(t)$ beschreibt die Bézier–Kurve vom Grad n. Die errechneten Zwischenpunkte – auch *Casteljau–Punkte* genannt – werden häufig in Form einer Dreiecksmatrix, dem sogenannten *Casteljau–Schema* dargestellt:

$$\begin{array}{cccc}
\bar{b}_0^{(0)} & & & \\
\bar{b}_1^{(0)} & \bar{b}_0^{(1)} & & \\
\bar{b}_2^{(0)} & \bar{b}_1^{(1)} & \bar{b}_0^{(2)} & \\
\bar{b}_3^{(0)} & \bar{b}_2^{(1)} & \bar{b}_1^{(2)} & \bar{b}_0^{(3)}
\end{array}$$

Man beachte, daß zur Abspeicherung ein Feld der Größe $n+1$ ausreicht, in dem die Einträge geeignet überschrieben werden.

Bézier–Kurven haben die Eigenschaft, daß sie ***vollständig in der konvexen Hülle der Kontrollpunkte liegen.*** Dies gilt, weil beim Casteljau–Algorithmus nie Punkte berechnet werden, die außerhalb des Polygonzuges liegen, der die Kontrollpunkte verbindet. Diese Eigenschaft kann man für den ansonsten sehr aufwendigen Schnittpunkttest mit gekrümmten Oberflächen ausnutzen: man berechnet einen Quader, der alle Kontrollpunkte und damit auch deren konvexe Hülle enthält. Wenn das mit der gekrümmten Oberfläche zu schneidende Objekt den Quader nicht schneidet (dies läßt sich durch einen einfachen Vergleich der Koordinatenwerte feststellen, siehe Abschnitt 8.4.2), kann es auch die gekrümmte Oberfläche nicht schneiden.

7.1.2 Formulierung mit Bernstein–Polynomen

Die Casteljau–Formulierung beschreibt Bézier–Kurven mit Hilfe der rekursiven Formel (7.1). Um einige wichtige Eigenschaften der Bézier–Kurven zu zeigen, ist es von Vorteil, eine explizite, nicht–rekursive Beschreibung der Bézier–Kurven zu haben. Eine solche werden wir in diesem Abschnitt vorstellen. Wir werden sehen, daß sich Bézier–Kurven mit Hilfe der sogenannten *Bernstein–Polynome* (vgl. Abbildung 7.2) beschreiben lassen, siehe [For72].

Die Bernstein–Polynome vom Grad n sind definiert durch

$$B_i^n(t) = \binom{n}{i} t^i (1-t)^{n-i} \tag{7.2}$$

wobei

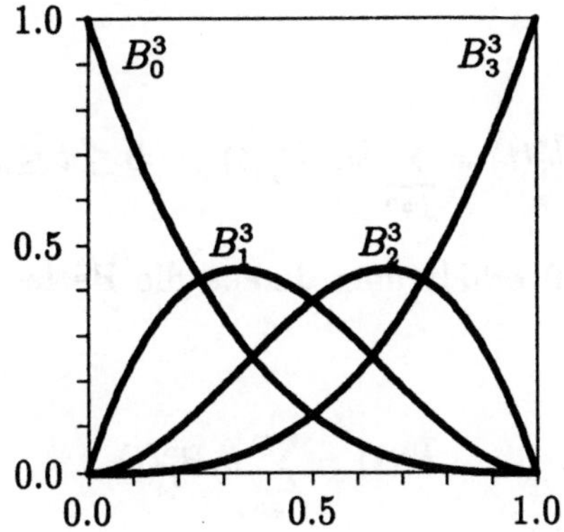

Abbildung 7.2: Die Bernstein–Polynome B_i^3 für $0 \le i \le 3$.

$$\binom{n}{i} = \begin{cases} \frac{n!}{i!(n-i)!} & \text{für } 0 \le i \le n \\ 0 & \text{sonst} \end{cases}$$

Daraus folgt:

$$B_0^0(t) = 1 \tag{7.3}$$

$$B_i^n(t) = 0 \text{ für } i \notin \{0, \cdots, n\} \tag{7.4}$$

Wegen $\binom{n}{i} = \binom{n-1}{i} + \binom{n-1}{i-1}$ lassen sich die Bernstein–Polynome durch die folgende rekursive Formel berechnen:

$$B_i^n(t) = (1-t)B_i^{n-1}(t) + tB_{i-1}^{n-1}(t) \tag{7.5}$$

Wegen $(a+b)^n = \sum_{i=0}^n \binom{n}{i} a^i b^{n-i}$ gilt außerdem:

$$\sum_{i=0}^{n} B_i^n(t) = 1 \tag{7.6}$$

Das Bernstein–Polynom $B_i^n(t)$ hat nur ein Maximum, das für den Wert $t = i/n$ angenommen wird. Der Casteljau–Punkt $\bar{b}_i^r(t)$ zum Parameterwert t ($0 \le r \le n$,

$0 \leq i \leq n - r$) kann mit Hilfe der Bernstein–Polynome wie folgt dargestellt werden:

$$\bar{b}_i^r(t) = \sum_{j=0}^{r} \bar{b}_{i+j} B_j^r(t) \qquad 0 \leq t \leq 1 \tag{7.7}$$

Für $r = n$ und $i = 0$ erhält man daraus die Bézier–Kurve, die sich damit darstellen läßt als:

$$\bar{b}^n(t) = \sum_{j=0}^{n} \bar{b}_j B_j^n(t) \tag{7.8}$$

Diese Formel beschreibt den direkten Zusammenhang zwischen der Bézier–Kurve und den Bézier–Punkten. Die Bernstein–Polynome treten als Gewichtsfunktion auf, die angeben, wie stark die einzelnen Kontrollpunkte berücksichtigt werden. Die Bernstein–Polynome erfüllen auch die für Gewichtsfunktionen typische Gleichung (7.6). Man kann sich Formel (7.8) wie folgt veranschaulichen: Man stelle sich die Kontrollpunkte gleichmäßig auf die Parameterwerte zwischen 0 und 1 aufgeteilt vor, d.h. Kontrollpunkt $\bar{b}_i$ ist Parameterwert $t_i = i/n$ zugeordnet. Den x–Koordinatenwert (y–Koordinatenwert, z–Koordinatenwert) der Bézier–Kurve für Parameterwert t erhält man dadurch, daß man $\bar{b}_i$ mit dem Wert von $B_i^n(t)$ wichtet und alle so erhaltenen Werte aufsummiert. Wie man aus Abbildung 7.2 ersieht, ist der Wert von $B_i^n(t)$ dabei umso kleiner, je weiter t von dem $\bar{b}_i$ zugeordneten Parameterwert t_i weg liegt. D.h. $\bar{b}_i$ wird zur Berechnung des Wertes der Bézier–Kurve an Stelle t umso weniger berücksichtigt, je weiter t_i von t weg liegt. Das genaue Maß der Berücksichtigung ergibt sich aus dem Verlauf des Bernstein–Polynoms $B_i^n(t)$. In Abbildung 7.2 sieht man auch, daß alle $B_i^n(t)$ für $t \neq 0$ und $t \neq 1$ einen positiven Wert haben. Das bedeutet, daß für Werte t mit $0 < t < 1$ *alle* Kontrollpunkte zur Berechnung der Bézier–Kurve berücksichtigt werden.

Formel (7.7) läßt sich durch Induktion wie folgt beweisen:

$$\begin{aligned}
\bar{b}_i^0(t) &= \sum_{j=0}^{0} \bar{b}_{i+j} B_j^0(t) = \bar{b}_i B_0^0(t) = \bar{b}_i \\
\bar{b}_i^r(t) &= (1-t)\,\bar{b}_i^{r-1}(t) + t\,\bar{b}_{i+1}^{r-1}(t) \\
&= (1-t)\sum_{j=0}^{r-1} \bar{b}_{i+j} B_j^{r-1}(t) + t \sum_{j=0}^{r-1} \bar{b}_{i+1+j} B_j^{r-1}(t)
\end{aligned}$$

$$
\begin{aligned}
&= (1-t)\sum_{j=i}^{i+r-1} \bar{b}_j B_{j-i}^{r-1}(t) + t\sum_{j=i+1}^{i+r} \bar{b}_j B_{j-i-1}^{r-1}(t) \\
&= (1-t)\sum_{j=i}^{i+r} \bar{b}_j B_{j-i}^{r-1}(t) + t\sum_{j=i}^{i+r} \bar{b}_j B_{j-i-1}^{r-1}(t) \\
&= \sum_{j=i}^{i+r} \bar{b}_j \left[(1-t)B_{j-i}^{r-1}(t) + tB_{j-i-1}^{r-1}(t)\right] \\
&= \sum_{j=i}^{i+r} \bar{b}_j B_{j-i}^{r}(t) \\
&= \sum_{j=0}^{r} \bar{b}_{i+j} B_j^r(t)
\end{aligned}
$$

Die vierte Gleichheit gilt, weil $B_r^{r-1}(t) = B_{-1}^{r-1}(t) = 0$ wegen (7.4). Aus der Darstellung mit Bernstein–Polynomen lassen sich einige interessante Eigenschaften der Bézier–Kurven herleiten, auf die wir im folgenden kurz eingehen.

Bézier–Kurven haben die wichtige Eigenschaft der *affinen Invarianz*: Das Anwenden einer affinen Abbildung Φ auf die Kontrollpunkte und das nachfolgende Berechnen der Bézier–Kurve führt zu der gleichen Kurve, die man durch Anwenden von Φ auf die ursprüngliche Kurve erhält, d.h. es gilt:

$$
\Phi(\bar{b}^n(t)) = \sum_{j=0}^{n} \Phi(\bar{b}_j) B_j^n(t) \tag{7.9}
$$

Diese Eigenschaft läßt sich wie folgt beweisen: Eine affine Abbildung $\Phi : \mathbb{R}^3 \to \mathbb{R}^3$ läßt sich darstellen als:

$$
\Phi(\bar{x}) = A \cdot \bar{x} + \vec{v}
$$

wobei A eine 3×3–Matrix ist und $\vec{v}$ ein Vektor, vgl. Abschnitt 3.1. Sei Φ eine beliebige affine Abbildung der obigen Form. Es gilt:

$$
\begin{aligned}
\Phi\Big(\sum_{j=0}^{n} \bar{b}_j B_j^n(t)\Big) &= A \cdot \Big(\sum_{j=0}^{n} \bar{b}_j B_j^n(t)\Big) + \vec{v} \\
&= \sum_{j=0}^{n} B_j^n(t) A \cdot \bar{b}_j + \sum_{j=0}^{n} B_j^n(t)\vec{v} \qquad \text{wegen (7.6)}
\end{aligned}
$$

$$= \sum_{j=0}^{n} B_j^n(t)(A \cdot \bar{b}_j + \vec{v})$$
$$= \sum_{j=0}^{n} B_j^n(t)\Phi(\bar{b}_j)$$

Die Eigenschaft der affinen Invarianz erlaubt es, eine auf eine gekrümmte Oberfläche anzuwendende affine Abbildung (z.B. Rotation) vor der Darstellung der Oberfläche auf die – üblicherweise nicht sehr zahlreichen – Kontrollpunkte anzuwenden anstatt nach der Darstellung auf alle Punkte der gekrümmten Oberfläche. Dies führt zu einer erheblichen Verringerung des Rechenaufwandes.

Bézier–Kurven haben dagegen nicht die Eigenschaft der *projektiven Invarianz*: Das Anwenden einer perspektivischen Projektion auf die Kontrollpunkte und das nachfolgende Berechnen der Bézier–Kurve führt üblicherweise zu einer anderen Kurve wie das Anwenden der Projektion auf die ursprüngliche Kurve. Nähere Einzelheiten hierzu findet man z.B. in [Far90].

Wie bereits erwähnt interpoliert eine Bézier–Kurve die beiden Kontroll–Endpunkte $\bar{b}_0$ und $\bar{b}_n$. Dies gilt, weil wegen

$$B_0^n(0) = B_n^n(1) = 1 \tag{7.10}$$

und (7.6) gilt:

$$\begin{aligned} \bar{b}^n(0) &= \bar{b}_0 \\ \bar{b}^n(1) &= \bar{b}_n \end{aligned}$$

Die Geradenstücke $\overline{b_0 b_1}$ und $\overline{b_{n-1} b_n}$ sind Tangenten an die Bézier–Kurve, d.h. die Bézier–Kurve hat an den beiden Endpunkten die gleiche Steigung wie der Kantenzug, der die Kontrollpunkte miteinander verbindet. Zum Beweis dieser Aussage müssen wir den Tangentenvektor für die Endpunkte der Bézier–Kurve berechnen. Den Tangentenvektor zu einem Punkt der Bézier–Kurve erhält man durch Einsetzen des zugehörigen Parameterwertes in die Ableitung der Bézier–Kurve. Für die Ableitung des Bernstein–Polynoms B_i^n erhält man:

$$\frac{d}{dt}B_i^n(t) = n(B_{i-1}^{n-1}(t) - B_i^{n-1}(t))$$

wie man durch einfaches Nachrechnen überprüfen kann. Damit gilt für die Ableitung der Bézier–Kurve $\bar{b}^n(t)$:

$$\begin{aligned}
\frac{d}{dt}\bar{b}^n(t) &= n\sum_{j=0}^{n}\bar{b}_j(B_{j-1}^{n-1}(t) - B_j^{n-1}(t)) \\
&= n\sum_{j=1}^{n}\bar{b}_jB_{j-1}^{n-1}(t) - n\sum_{j=0}^{n-1}\bar{b}_jB_j^{n-1}(t) \qquad \text{wegen (7.4)} \\
&= n\sum_{j=0}^{n-1}\bar{b}_{j+1}B_j^{n-1}(t) - n\sum_{j=0}^{n-1}\bar{b}_jB_j^{n-1}(t) \\
&= n\sum_{j=0}^{n-1}(\bar{b}_{j+1} - \bar{b}_j)B_j^{n-1}(t)
\end{aligned}$$

Einsetzen der zu den beiden Endpunkten $\bar{b}_0$ und $\bar{b}_n$ gehörenden Parameterwerte $t = 0$ und $t = 1$ bringt wegen (7.10) und (7.6) die Bestätigung der obigen Aussage:

$$\begin{aligned}
\frac{d}{dt}\bar{b}^n(0) &= n(\bar{b}_1 - \bar{b}_0) \\
\frac{d}{dt}\bar{b}^n(1) &= n(\bar{b}_n - \bar{b}_{n-1})
\end{aligned}$$

Wenn die Kontrollpunkte auf einem Geradenstück zwischen den Punkten $\bar{p}$ und $\bar{q}$ gleichmäßig verteilt sind, d.h. wenn

$$\bar{b}_j = (1 - \frac{j}{n})\bar{p} + \frac{j}{n}\bar{q}$$

für $0 \leq j \leq n$, so verbindet die zugehörige Bézier–Kurve $\bar{p}$ und $\bar{q}$ durch eben dieses Geradenstück. Dies gilt wegen $\sum_{j=0}^{n} \frac{j}{n}B_j^n(t) = t$ und $B_j^n(t) = B_{n-j}^n(1-t)$:

$$\begin{aligned}
b^n(t) &= \sum_{j=0}^{n}\bar{b}_jB_j^n(t) \\
&= \sum_{j=0}^{n}\left[(1 - \frac{j}{n})\bar{p} + \frac{j}{n}\bar{q}\right] B_j^n(t) \\
&= \bar{p}\sum_{j=0}^{n}\frac{n-j}{n}B_{n-j}^n(1-t) + \bar{q}\sum_{j=0}^{n}\frac{j}{n}B_j^n(t) \\
&= (1-t)\bar{p} + t\bar{q}
\end{aligned}$$

Wenn die Kontrollpunkte keinen gleichen Abstand voneinander haben, ist die resultierende Bézierkurve ebenfalls eine Gerade, die aber nicht linear parametrisiert ist.

Die Parameterwerte $t = 0$ und $t = 1$ sind die beiden einzigen, für die bei der Berechnung des Kurvenpunktes nur ein Kontrollpunkt berücksichtigt wird. Wie bereits erwähnt werden für alle anderen Parameterwerte *alle* Kontrollpunkte berücksichtigt, weil für diese Werte t alle Bernstein–Polynome einen Wert ungleich Null haben. Diese Eigenschaft führt dazu, daß Bézier–Kurven lokale Eigenschaften der Kontrollpunkte u.U. wenig berücksichtigen. Dies gleicht normalerweise Unregelmäßigkeiten der Kontrollpunkte aus, kann aber auch zu unerwünschten Ausgleichseffekten führen (siehe Abbildung 7.3). Ein weiterer Nachteil der Bézierkurven besteht darin, daß die resultierende Kurve an einigen Stellen evtl. nicht differenzierbar ist, d.h. die Kurve hat an diesen Stellen unerwünschte Spitzen, siehe Abbildung 7.3. Dies kann passieren, wenn Schleifen in dem Kantenzug enthalten sind, der die Kontrollpunkte miteinander verbindet.

Weitere interessante Eigenschaften der Bézierkurven, die den Rahmen dieses Buches sprengen würden, findet man in [Far90] und [HL89].

7.1.3 Zusammengesetzte Bézier–Kurven

Wie im letzten Abschnitt erwähnt wurde, treten bei Bézierkurven manchmal unerwünschte Ausgleichseffekte auf, die dazu führen, daß die Bézierkurve relativ weit von den Kontrollpunkten entfernt verläuft. Damit verbunden ist die Tatsache, daß man zum Nachbilden komplexer realer Kurven evtl. viele Kontrollpunkte setzen muß, damit die Bézierkurve mit der realen Kurve in etwa übereinstimmt. Dies macht die mathematische Beschreibung der Bézierkurve unhandlich und die Berechung ist rechenzeitintensiv.

Der Grund für die unerwünschten Ausgleichseffekte liegt darin, daß zur Berechung eines Punktes der Bézierkurve nicht nur die benachbarten Kontrollpunkte, sondern *alle* Kontrollpunkte berücksichtigt werden. Dabei können sich bei ungünstiger Lage die Einflüsse der verschiedenen Kontrollpunkte gegenseitig eliminieren, was zu Kurvenlagen ähnlich der in Abbildung 7.3 wiedergegebenen führen kann. Die Berücksichtigung aller Kontrollpunkte ist auch der Grund für die hohe Rechenzeit bei Verwendung vieler Kontrollpunkte.

Man kann die beschriebenen Nachteile dadurch vermeiden, daß man die Kontrollpunkte *abschnittweise* durch Bézierkurven approximiert, d.h. man unterteilt die Kontrollpunkte in mehrere Gruppen $g_1, \cdots, g_m$ gleicher Größe, wobei

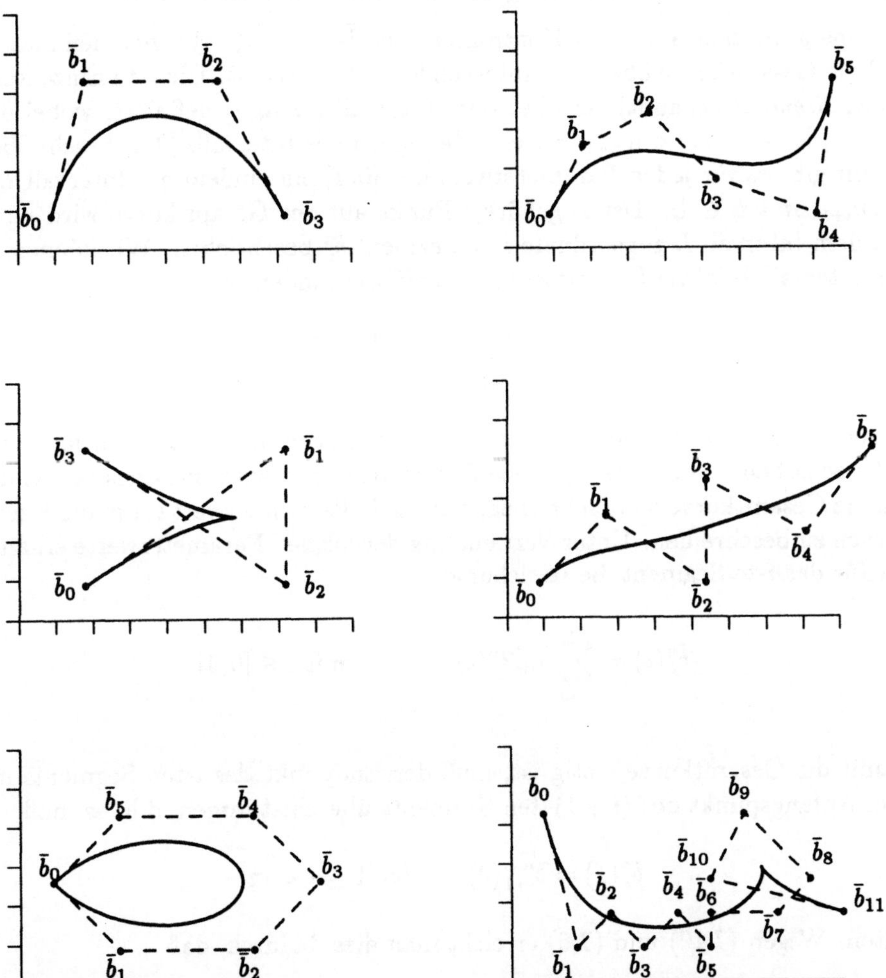

Abbildung 7.3: **Diese Abbildung zeigt ein paar Beispiele für das Aussehen von Bézier–Kurven. In den oberen beiden Beispiele zeigen die Bézier–Kurven gute Ergebnisse. Für manche Mengen von Kontrollpunkten zeigen die Bézier–Kurven aber unerwünschte Spitzen (siehe Mitte links und unten rechts), für andere kommt es zu unerwünschten Ausgleichseffekten (siehe Mitte rechts und unten rechts).**

die Kontrollpunkte in einer Gruppe benachbart sind und untereinander die gleiche Ordnung haben wie vor der Gruppierung. Die Gruppen bestehen üblicherweise aus drei bis fünf Kontrollpunkten. Jede Gruppe von Kontrollpunkten wird durch eine Bézierkurve (geringen Grades) approximiert, die Gesamtkurve ergibt sich als Aneinanderreihung der einzelnen Teil–Bézierkurven.

Gruppe g_i bestehe aus $n+1$ Kontrollpunkten $\bar{b}_{0i}, \cdots, \bar{b}_{ni}$. Wir nehmen hier an, daß die Gesamtkurve über dem Intervall $[0,1]$ definiert ist. Die i–te Einzelkurve (auch *Segment* genannt) sei über dem Intervall $[u_i, u_{i+1}]$ definiert, wobei $0 = u_0 < u_1 < \cdots < u_m < u_{m+1} = 1$ eine Zerlegung des Intervalls $[0,1]$ beschreiben. Damit gibt es für jeden Parameterwert $u \in [0,1]$ ein eindeutiges Intervall $I_i = [u_i, u_{i+1}]$ mit $u \in I_i$. Der zugehörige Punkt auf der Gesamtkurve wird durch das dem Intervall I_i zugeordnete i–te Segment b_i^n beschrieben. Wir können für das Intervall I_i lokale Parameterwerte einführen, indem wir

$$t = \frac{u - u_i}{u_{i+1} - u_i} = \frac{u - u_i}{\Delta_i}$$

setzen. Wenn der globale Parameterwert u zwischen u_i und u_{i+1} variiert, variiert t zwischen 0 und 1. Der globale Parameterwert u wird meistens verwendet, um die Gesamtkurve zu beschreiben, der lokale Parameterwert t, um die Einzelkurven zu beschreiben. Unter Verwendung der lokalen Parameterwerte erhalten wir für das i-te Segment die Gleichung

$$\bar{b}_i^n(t) = \sum_{j=0}^{n} \bar{b}_{ji} B_j^n(t) \qquad \text{mit } t \in [0,1]$$

Damit die Gesamtkurve stetig ist, muß der Endpunkt des i-ten Segments mit dem Anfangspunkt des $(i+1)$–ten Segments übereinstimmen, d.h. es muß

$$b_i^n(1) = b_{i+1}^n(0) \qquad \text{für } 1 \leq i < m$$

gelten. Wegen (7.10) und (7.6) erreicht man dies dadurch, daß

$$\bar{b}_{ni} = \bar{b}_{o,i+1} \tag{7.11}$$

ist, d.h. der letzte Kontrollpunkt des i-ten Segments fällt mit dem ersten Kontrollpunkt des $(i+1)$–ten Segments zusammen. Diese Forderung folgt auch einfach aus der Tatsache, daß jede Einzel–Bézier–Kurve ihren ersten und letzten Kontrollpunkt interpoliert.

Neben der Stetigkeit der Gesamtkurve verlangt man üblicherweise auch, daß die Gesamtkurve an den Intervallpunkten differenzierbar ist, d.h. daß gilt:

$$\left(\frac{d}{du}\bar{b}_i^n(t)\right)(1) = \left(\frac{d}{du}\bar{b}_{i+1}^n(t)\right)(0) \tag{7.12}$$

Wegen der Kettenregel ist

$$\begin{aligned}\frac{d}{du}\bar{b}_i^n(t) &= \frac{d}{dt}\bar{b}_i^n(t)\frac{dt}{du} \\ &= n\sum_{j=0}^{n-1}(\bar{b}_{j+1,i} - \bar{b}_{ji})B_j^{n-1}(t)\frac{1}{u_{i+1} - u_i}\end{aligned}$$

und analog

$$\frac{d}{du}\bar{b}_{i+1}^n(t) = n\sum_{j=0}^{n-1}(\bar{b}_{j+1,i+1} - \bar{b}_{j,i+1})B_j^{n-1}(t)\frac{1}{u_{i+2} - u_{i+1}}$$

Wegen (7.10) und (7.6) gilt (7.12), wenn

$$\frac{n}{u_{i+1} - u_i}(\bar{b}_{ni} - \bar{b}_{n-1,i}) = \frac{n}{u_{i+2} - u_{i+1}}(\bar{b}_{1,i+1} - \bar{b}_{0,i+1})$$

Wegen $\bar{b}_{ni} = \bar{b}_{0,i+1}$ wird dies zu

$$(u_{i+2} - u_{i+1})(\bar{b}_{ni} - \bar{b}_{n-1,i}) = (u_{i+1} - u_i)(\bar{b}_{1,i+1} - \bar{b}_{ni}) \tag{7.13}$$

Dies bedeutet, daß die drei Punkte $\bar{b}_{n-1,i}$, $\bar{b}_{ni} = \bar{b}_{0,i+1}$ und $\bar{b}_{1,i+1}$ kollinear sein müssen *und* daß $\bar{b}_{ni}$ die Strecke $(\bar{b}_{1,i+1} - \bar{b}_{n-1,i})$ im Verhältnis $(u_{i+1} - u_i) : (u_{i+2} - u_{i+1})$ teilt. Man beachte, daß die Kollinearität der drei Punkte alleine nicht ausreicht, um die Differenzierbarkeit an den Intervallpunkten sicherzustellen. Zu dieser Annahme könnte die im letzten Abschnitt bewiesene Tangenten–Eigenschaft (7.11) der Bézier–Kurven verleiten. Hier spielt aber zusätzlich die Unterteilung der Parameter–Intervalle eine wichtige Rolle.

Wir gehen hier nicht weiter auf die Technik der zusammengesetzten Bézierkurven ein. Eine ausführliche Behandlung findet man z.B. in [Far90] und [HL89]. Der Nachteil der zusammengesetzten Bézierkurven besteht darin, daß die ersten und letzen Kontrollpunkte jeder Gruppe die Bedingungen (7.11) und (7.13) erfüllen müssen. Wenn die Kontrollpunkte diese Bedingungen nicht erfüllen, müssen vor der Gruppierung der Kontrollpunkte zusätzliche Kontrollpunkte eingefügt werden, die die stetige Differenzierbarkeit der Gesamtkurve sicherstellen. Dieser zusätzliche Aufwand muß bei den im nächsten Abschnitt behandelten B–Spline–Kurven nicht getrieben werden.

7.2 B–Spline–Kurven

Die Idee der B–Spline–Kurven besteht darin, das gegebene Parameterintervall, über dem die Approximationskurve gezeichnet werden soll, entsprechend den Kontrollpunkten in Teilintervalle zu zerlegen. Wir legen hier wieder [0 : 1] als Parameterintervall zugrunde. Über jedem Teilintervall wird eine Teilkurve gezeichnet. An den Intervallgrenzen sollen die einzelnen Teilkurven so aneinander stoßen, daß eine glatte Gesamtkurve entsteht. Der Unterschied zu den zusammengesetzten Bézierkurven besteht darin, daß wir hier keine Beschränkungen für die Lage der Kontrollpunkte festlegen wollen. Wir werden sehen, daß sich dies durch Verwendung einer anderen Gewichtsfunktion (anstatt der Bernstein–Polynome werden B–Spline–Funktionen verwendet) realisieren läßt. Wir betrachten im folgenden hauptsächlich kubische B–Spline–Kurven, d.h. die Teilkurven werden durch kubische Funktionen dargestellt. Wir geben aber eine allgemeine Definition der B–Spline–Funktionen, damit der Leser bei Bedarf auch mit B–Spline–Kurven höherer Ordnung arbeiten kann. Zuerst stellen wir jedoch den de–Boor–Algorithmus vor, ein einfaches geometrisches Verfahren zur Konstruktion von B–Spline–Kurven.

7.2.1 Der De–Boor–Algorithmus

Der de–Boor–Algorithmus (vgl. auch [Far90] und [HL89]) ist das Äquivalent des Casteljau–Algorithmus für B–Spline–Kurven. Er ermöglicht die Konstruktion von B–Spline–Kurven beliebigen Grades ohne Kenntnis der B–Spline–Funktionen. Ebenso wie die Bézier–Kurven werden die B–Spline–Kurven mit Hilfe einer Menge von Kontrollpunkten $\bar{b}_0, \cdots, \bar{b}_n$ definiert, wobei jetzt den Kontrollpunkten Parameterwerte $u_0, \cdots, u_n$ zugeordnet sind mit $0 \leq u_0 \leq u_1 \leq \cdots \leq u_n \leq 1$. Man stelle sich die Kontrollpunkte wie beim Casteljau–Algorithmus wieder durch einen Polygonzug miteinander verbunden vor. Die Berechnung des zu einem Parameterwert u, $u_0 \leq u \leq u_n$ gehörenden Punktes auf der durch $\bar{b}_0, \cdots, \bar{b}_n$ definierten B–Spline–Kurve vom Grad k besteht aus $k-1$ Iterationen, wobei in Iteration r, $0 < r < k$, $k-r$ neue Punkte berechnet werden. Sei $u \in [u_x, u_{x+1}[$ für ein x mit $0 \leq x < n$. Der de–Boor–Algorithmus berechnet für $0 < r < k$ und $x - k + r \leq i \leq x$

$$\bar{b}_i^{(r)} = \frac{u_{i+k-r} - u}{u_{i+k-r} - u_i} \bar{b}_{i-1}^{(r-1)} + \frac{u - u_i}{u_{i+k-r} - u_i} \bar{b}_i^{(r-1)} \tag{7.14}$$

wobei wir $\bar{b}_i^{(0)} = \bar{b}_i$, $0 \leq i \leq n$, $\bar{b}_{-1} = \bar{b}_{-2} = \cdots = \bar{b}_{-k+1} = 0$, und $u_{-1} = u_{-2} = \cdots = u_{-k+1} = 0$ annehmen. $\bar{b}_x^{(k-1)}$ ist der gesuchte Punkt auf der B–Spline–Kurve. Geometrisch kann man sich das Verfahren wie folgt veranschaulichen: Die in Iteration r errechneten Punkte ersetzen die Punkte aus Iteration $r-1$ in dem Polygonzug, der die Kontrollpunkte miteinander verbindet und der Polygonzug wird entsprechend neu gezeichnet. Das Verfahren ähnelt also dem beim Casteljau–Algorithmus angewendeten, nur daß hier nicht notwendigerweise alle Kontrollpunkte beteiligt sind. Mit

$$\alpha_i^r = \frac{u - u_i}{u_{i+k-r} - u_i}$$

kann man (7.14) auch darstellen als

$$\bar{b}_i^{(r)} = (1-\alpha_i^r)\bar{b}_{i-1}^{(r-1)} + \alpha_i^r \bar{b}_i^{(r-1)} \tag{7.15}$$

Ein Vergleich mit (7.1) zeigt, daß dies eine sehr ähnliche Formel wie die beim Casteljau–Algorithmus verwendete ist. (7.15) ist allgemeiner als (7.1) wegen der Verwendung von α_i^r. (7.15) geht in (7.1) über, wenn wir $k = n+1$ und $0 = u_0 < u_1 = \cdots = u_{n-1} = u_n = 1$ setzen. Außerdem haben wir oben $u_{-1} = \cdots = u_{-n} = 0$ gesetzt. Wegen $x = 0$ für alle u, $u_0 \leq u \leq u_n$, ist $u_{i+k-r} = 1$ und $u_i = 0$ für alle erlaubten r und i, d.h. für $0 < r < k$ und $x - k + r \leq i \leq x$. Damit wird $\alpha_i^r = u$. Das bedeutet, daß Bézier–Kurven ein Spezialfall von B–Spline–Kurven sind. Ebenso wie die vom Casteljau–Algorithmus errechneten Zwischenwerte lassen sich die vom de–Boor–Algorithmus errechneten Zwischenwerte in einem übersichtlichen Schema darstellen:

$$\begin{array}{lllllll}
\bar{b}_{x-k+1} & = & \bar{b}_{x-k+1}^{(0)} & & & & \\
\bar{b}_{x-k+2} & = & \bar{b}_{x-k+2}^{(0)} & \bar{b}_{x-k+2}^{(1)} & & & \\
 & & & \cdots & & & \\
\bar{b}_{x-1} & = & \bar{b}_{x-1}^{(0)} & \bar{b}_{x-1}^{(1)} & \cdots & \bar{b}_{x-1}^{(k-2)} & \\
\bar{b}_{x} & = & \bar{b}_{x}^{(0)} & \bar{b}_{x}^{(1)} & \cdots & \bar{b}_{x}^{(k-2)} & \bar{b}_{x}^{(k-1)}
\end{array}$$

Ebenso wie beim Casteljau–Algorithmus werden beim de–Boor–Algorithmus nie Punkte berechnet, die außerhalb des Polygonzuges liegen, der die Kontrollpunkte verbindet. Deshalb haben auch die B–Spline–Kurven die Eigenschaft, vollständig in der konvexen Hülle der Kontrollpunkte zu liegen.

7.2.2 B–Spline–Funktionen

Wir nehmen wieder an, daß $0 = u_0 < u_1 < \cdots < u_m = 1$ eine Zerlegung des Intervalls $[0,1]$ beschreibt. Ausgehend von der B–Spline–Funktion erster Ordnung

$$N_i^1(u) = \begin{cases} 1 & \text{für } u_i \le u < u_{i+1} \\ 0 & \text{sonst} \end{cases} \qquad \text{für } 0 \le i < m$$

definieren wir die *(normalisierten) B–Spline–Funktionen* der Ordnung k durch

$$N_i^k(u) = \frac{u - u_i}{u_{i+k-1} - u_i} N_i^{k-1}(u) + \frac{u_{i+k} - u}{u_{i+k} - u_{i+1}} N_{i+1}^{k-1}(u) \tag{7.16}$$

für $0 \le i \le m-k$. Man erhält den Wert $N_i^k(u)$ also durch gewichtete Mittelung der Werte $N_i^{k-1}(u)$ und $N_{i+1}^{k-1}(u)$ (vgl. [dB72]). $N_i^k(u)$ ist auf dem Intervall $[0,1]$ definiert und beschreibt ein Polynon vom Grad $k-1$, das nur auf dem offenen Intervall $]u_i, u_{i+k}[$ einen von 0 verschiedenen Wert annimmt, d.h. es gilt:

$$N_i^k(u) = 0 \qquad \text{für } u \le u_i \quad \text{oder} \quad u \ge u_{i+k} \tag{7.17}$$

$$N_i^k(u) > 0 \qquad \text{für } u_i < u < u_{i+k} \tag{7.18}$$

Dies läßt sich einfach durch Induktion zeigen. Die Ableitung der B–Spline–Funktionen ergibt sich allgemein zu

$$\frac{d}{du} N_i^k(u) = \frac{k-1}{u_{i+k-1} - u_i} N_i^{k-1}(u) - \frac{k-1}{u_{i+k} - u_{i+1}} N_{i+1}^{k-1}(u) \tag{7.19}$$

Eine wichtige Eigenschaft der B–Spline–Funktionen ist ihre *lineare Unabhängigkeit*, d.h. wenn

$$\sum_{i=0}^{m-k} c_i N_i^k(u) \equiv 0 \tag{7.20}$$

dann ist $c_i = 0$ für alle i mit $0 \le i \le m-k$. Zum Beweis betrachten wir ein Intervall $I_x = [u_x, u_{x+1}[$, d.h. $u \in I_x$. Wegen (7.17) wird (7.20) zu

$$\sum_{i=x-k+1}^{x+1} c_i N_i^k(u) \equiv 0 \qquad \text{für } u \in I_x$$

Wegen (7.18) gilt aber $N_i^k(u) > 0$ für $u \in [u_i, u_{i+k}[$ und $x-k+1 \leq i \leq x+1$. Also kann (7.20) nur erfüllt sein, wenn $c_i = 0$ für alle i mit $x - k + 1 \leq i \leq x + 1$. Da x mit $0 \leq x < m - k$ beliebig gewählt war, folgt $c_i = 0$ für alle i mit $0 \leq i \leq m - k$. Da die B–Spline–Funktionen N_i^k linear unabhängig sind, kann man sie als Basis für jedes über $[0, 1]$ stückweise definierte Polynom vom Grade $k - 1$ verwenden. Daher rührt auch der Name: B–Spline steht für Basis–Spline.

Die normalisierten B–Spline–Funktionen haben auch die für Gewichtsfunktionen typische Eigenschaft

$$\sum_{i=0}^{m-k} N_i^k(u) = 1 \qquad \text{für } u \in [u_{k-1}, u_{m-k+1}]$$

Einen Spezialfall der normalisierten B–Spline–Funktionen erhält man, wenn man die Intervallpunkte $u_0, \cdots, u_m$ äquidistant zwischen 0 und 1 verteilt, d.h. wenn man $u_i = i/m$ setzt. (7.16) wird dann zu:

$$N_i^k(u) = \frac{mu - i}{k - 1} N_i^{k-1}(u) + \frac{i + k - mu}{k - 1} N_{i+1}^{k-1}(u) \tag{7.21}$$

Die so entstehenden B–Spline–Funktionen nennt man *uniforme* B–Spline–Funktionen. Wir werden uns im folgenden auf die Betrachtung der uniformen B–Spline–Funktionen beschränken. Die Formel (7.21) hat den Nachteil, daß sie von der Anzahl der Intervallpunkte abhängt. Dies ist unpraktikabel, weil man für verschiedene Anzahlen von Intervallpunkten verschiedene Formeln erhält. Aus diesem Grund verwenden wir anstatt dem Parameterwert u den skalierten Parameterwert $x = mu$, (7.21) wird damit zu

$$N_i^k(x) = \frac{x - i}{k - 1} N_i^{k-1}(x) + \frac{i + k - x}{k - 1} N_{i+1}^{k-1}(x) \tag{7.22}$$

Damit erhält man für N_0^2:

$$N_0^2(x) \;=\; xN_0^1(x) + (2 - x)N_1^1(x) = \begin{cases} x & \text{für } x \in [0, 1[\\ 2 - x & \text{für } x \in [1, 2[\end{cases}$$

und allgemein für N_i^2:

$$N_i^2(x) = \begin{cases} x - i & \text{für } x \in [i, i + 1[\\ 2 + i - x & \text{für } x \in [i + 1, i + 2[\end{cases}$$

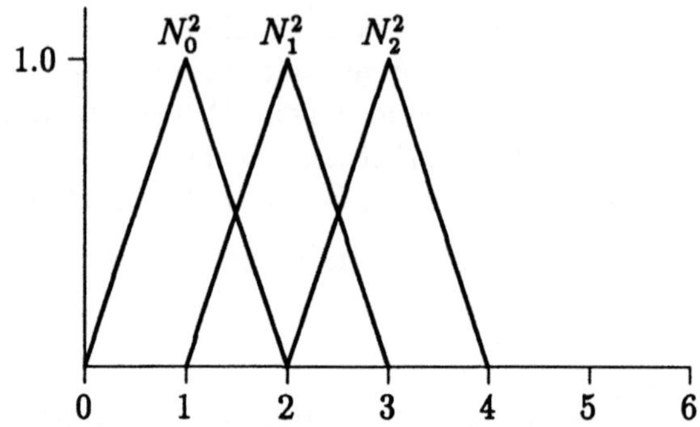

Abbildung 7.4: Darstellung von $N_i^2(x)$.

Der Graph der Funktionen N_i^2 ist in Abbildung 7.4 wiedergegeben. Wie man sieht, entsteht N_{i+1}^2 aus N_i^2 durch eine Verschiebung um 1 nach rechts, d.h. durch eine Translation des Argumentwertes um $\Delta x = -1$. Es ist also:

$$N_{i+1}^2(x) = N_i^2(x-1) = \cdots = N_0^2(x-i-1)$$

Diese Translationsinvarianz kann man nach [HL89] durch die folgende Parametertransformation erfassen. Man setzt:

$$w = x \pmod 1 \tag{7.23}$$

d.h. für $x \in [0,1[$ ist $x = w$
für $x \in [1,2[$ ist $x = w+1$
für $x \in [2,3[$ ist $x = w+2$

usw., wobei jeweils $w \in [0,1[$. Damit erhält man:

$$\begin{aligned} N_0^2(w) &= wN_0^1(w) + (1-w)N_1^1(w) \\ N_1^2(w) &= wN_1^1(w) + (1-w)N_2^1(w) \end{aligned}$$

und allgemein

$$N_i^2(w) = wN_i^1(w) + (1-w)N_{i+1}^1(w)$$

Für $k = 3$ erhält man aus (7.22):

$$\begin{aligned} N_0^3(x) &= \frac{x}{2}N_0^2(x) + \frac{3-x}{2}N_1^2(x) \\ &= \frac{x}{2}(wN_0^1(w) + (1-w)N_1^1(w)) + \frac{3-x}{2}(wN_1^1(w) + (1-w)N_2^1(w)) \end{aligned}$$

Nach der Parametertransformation (7.23) wird daraus:

$$\begin{aligned} N_0^3(w) &= \frac{w^2}{2}N_0^1(w) + \frac{(1+w)(1-w)+(2-w)w}{2}N_1^1(w) + \frac{(1-w)^2}{2}N_2^1(w) \\ &= \frac{w^2}{2}N_0^1(w) + \frac{-2w^2+2w+1}{2}N_1^1(w) + \frac{(1-w)^2}{2}N_2^1(w) \end{aligned}$$

und allgemein

$$N_i^3(w) = \frac{w^2}{2}N_i^1(w) + \frac{-2w^2+2w+1}{2}N_{i+1}^1(w) + \frac{(1-w)^2}{2}N_{i+2}^1(w)$$

Analog erhält man:

$$\begin{aligned} N_i^4(w) &= \frac{w^3}{6}N_i^1(w) + \frac{3w^3+3w^2+3w+1}{6}N_{i+1}^1(w) + \\ & \frac{3w^3-6w^2+4}{6}N_{i+2}^1(w) + \frac{(1-w)^3}{6}N_{i+3}^1(w) \end{aligned} \quad (7.24)$$

Die Graphen dieser beiden Funktionen sind in Abbildung 7.5 wiedergegeben. N_0^4 gibt die kubischen B–Spline–Funktionen an, die in der Praxis häufig verwendet werden. Für größere Werte von k werden die durch die B–Spline–Funktionen beschriebenen Glockenkurven flacher und breiter. Wie man an Abbildung 7.4 und 7.5 sieht, haben die B–Spline–Funktionen die folgenden Eigenschaften:

- $N_i^k(x)$ nimmt für $i < x < i + k$ einen Wert $\neq 0$ an und hat als Symmetriestelle den Punkt $x = \frac{k}{2} + i$, an dem auch das Maximum angenommen wird (siehe Abbildung 7.5).
- $N_i^k(x)$ ist an den Stellen t mit $t \in I\!N$, $i < t < i + k$ $(k-2)$–fach stetig

Ein formaler Beweis dieser Eigenschaften kann durch Nachrechnen erbracht werden, siehe auch [HL89].

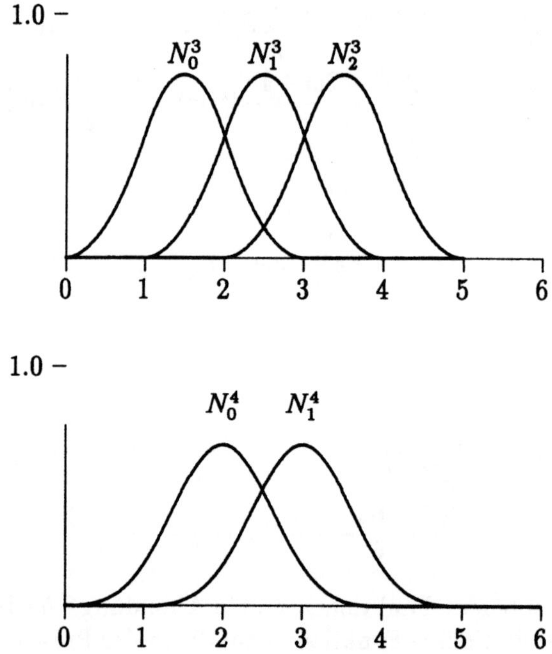

Abbildung 7.5: Darstellung von $N_i^3(x)$ und $N_i^4(x)$.

7.2.3 B–Spline–Kurven

Ebenso wie die Bézier–Kurven werden die B–Spline–Kurven mit Hilfe einer Menge von Kontrollpunkten $\bar{b}_0, \cdots, \bar{b}_n$ definiert. Die die B–Spline–Kurven definierende Formel unterscheidet sich von der die Bézier–Kurven definierenden im wesentlichen in der Wahl der Gewichtsfunktion: anstatt der Bernstein–Polynome werden die B–Spline–Funktionen verwendet. Die B–Spline–Kurve der Ordnung k zu den Kontrollpunkten $\bar{b}_0, \cdots, \bar{b}_n$ ist definiert durch:

$$\bar{s}_k(u) = \sum_{i=0}^{n} \bar{b}_i N_i^k\left(u + \frac{k}{2m}\right) \qquad \text{für} \qquad u_0 \leq u \leq u_n \tag{7.25}$$

wobei wir $n \geq k - 1$ annehmen, d.h. für die B–Spline–Kurve der Ordnung k verwendet man mindestens $k - 1$ Kontrollpunkte. Weiter nehmen wir an, daß *uniforme* B–Spline–Funktionen verwendet werden, d.h. der Berechnung der B–Spline–Funktionen liegt eine äquidistante Zerlegung des Intervalls $[0, 1]$ mit den Intervallpunkten $0 = u_0, \cdots, u_{n+k} = 1$ zugrunde. Mit $m = n + k$, ist $u_i = i/m$. Wir nehmen an, daß dem Kontrollpunkt $\bar{b}_i$ der Intervallpunkt u_i zugeordnet ist. Damit ist die B–Spline–Kurve $\bar{s}_k(u)$ genau für die Parameterwerte definiert, die zwischen den Intervallpunkten von $\bar{b}_0$ und $\bar{b}_n$ liegen. Die Intervallpunkte $u_{n+1}, \cdots, u_{n+k}$ werden gebraucht, damit die B–Spline–Funktionen für alle i wohldefiniert sind, vgl. Definition (7.16).

Gleichung (7.25) bestimmt, daß man den x–Koordinatenwert (y–Koordinatenwert, z–Koordinatenwert) der B–Spline–Kurve $\bar{s}_k$ für Parameterwert u dadurch erhält, daß man $\bar{b}_i$ mit $N_i^k(u + \frac{k}{2m})$ wichtet und alle so erhaltenen Werte aufsummiert. Die Addition von $k/2m$ zum Parameterwert u dient dazu, die verwendete B–Spline–Funktion "an die richtige Stelle zu rücken": Die Funktion $N_i^k(u)$ nimmt ihr Maximum für $u = u_i + \frac{k}{2m}$ an. Die Addition von $k/2m$ bewirkt ein Verschieben der Funktion um $k/2m$ nach links, das Maximum wird für $u = u_i$ angenommen. Das bewirkt, daß Kontrollpunkt $\bar{b}_i$ zur Berechnung der B–Spline–Kurve an dem $\bar{b}_i$ zugeordneten Intervallpunkt u_i maximal berücksichtigt wird. Für alle anderen Parameterwerte u wird $\bar{b}_i$ umso weniger berücksichtigt, je weiter u von u_i weg liegt. Das Maß der Berücksichtigung wird vom Aussehen der verwendeten B–Spline–Funktion bestimmt. Man kann sich die Berechnung der B–Spline–Kurve so vorstellen, daß über jedem zu einem Kontrollpunkt $\bar{b}_i$ gehörenden Intervallpunkt u_i eine Glockenkurve – die verwendete B–Spline–Funktion N_i^k – gezeichnet wird. Wenn die Glockenkurve zu $\bar{b}_i$ für den gegebenen Parameterwert u einen Wert $\neq 0$ hat, wird $\bar{b}_i$ zur Berechnung der B–Spline–Kurve entsprechend diesem Wert berücksichtigt. Ansonsten wird $\bar{b}_i$ nicht berücksichtigt.

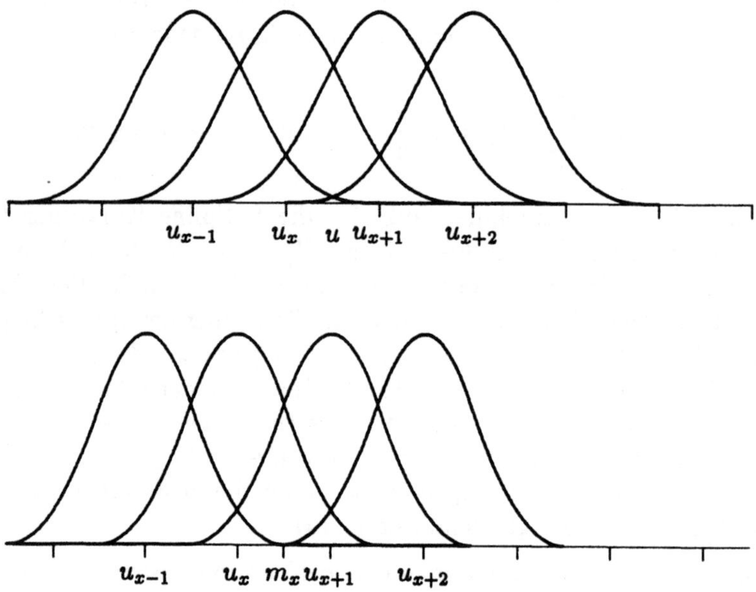

Abbildung 7.6: Veranschaulichung der berücksichtigten Kontrollpunkte bei der Berechnung eines Punktes $\vec{s}_k(u)$ der B–Spline–Kurve. Die Kontrollpunkte sind in der Abbildung durch ihre zugeordneten Parameterwerte repräsentiert. Für gerades k (in der oberen Abbildung für den Fall $k = 4$ dargestellt) werden genau die Kontrollpunkte berücksichtigt, deren zugeordnete Parameterwerte nicht mehr als $k/2$ Positionen links oder rechts von u liegen. Für ungerades k (in der unteren Abbildung für den Fall $k = 3$ dargestellt) hängen die berücksichtigten Kontrollpunkte von der genauen Lage von u ab. u liege im Intervall $I_x = [u_x, u_{x+1}]$, dessen Mittelpunkt $m_x = \frac{1}{2}(u_x + u_{x+1})$ ist. Wenn $u = u_1 < m_x$, werden die Kontrollpunkte berücksichtigt, deren zugeordneter Parameterwert entweder $\lceil \frac{k}{2} \rceil$ Positionen links oder $\lfloor \frac{k}{2} \rfloor$ Positionen rechts von u_1 liegen. Wenn $u = u_2 \geq m_x$, werden die Kontrollpunkte berücksichtigt, deren zugeordneter Parameterwert entweder $\lfloor \frac{k}{2} \rfloor$ Positionen links oder $\lceil \frac{k}{2} \rceil$ Positionen rechts von u_1 liegen.

Das bedeutet, daß zur Berechnung der B–Spline–Kurve für einen bestimmten Parameterwert u nur einige wenige Kontrollpunkte berücksichtigt werden. Wieviele dies genau sind, hängt vom Grad der verwendeten B–Spline–Funktion ab. Bei Verwendung der B–Spline–Funktionen vom Grad k werden für Parameterwerte, die nicht mit Intervallpunkten zusammenfallen, genau k Kontrollpunkte berücksichtigt, vgl. Abbildung 7.6. Dies liegt daran, daß die B–Spline–Funktionen vom Grad k sich über k Intervalle erstrecken und es für jeden nicht mit einem Intervallpunkt zusammenfallenden Parameterwert genau k B–Spline–Funktionen gibt, die an dieser Stelle einen Wert ungleich 0 haben. Für Parameterwerte, die mit einem zu einem Kontrollpunkt gehörenden Intervallpunkt zusammenfallen, werden dagegen für gerade k nur $k-1$ Kontrollpunkte berücksichtigt. Dies sieht man am kubischen Fall ($k = 4$), wenn man z.B. den zu Kontrollpunkt $\bar{b}_j$ gehörenden Intervallpunkt u_j in (7.25) einsetzt:

$$\bar{s}_k(u_j) = \sum_{i=0}^{n} \bar{b}_i N_i^k(u_j + \frac{4}{2m})$$

$N_i^k(u_j + \frac{2}{m})$ ist wegen (7.17) $\neq 0$ für $u_i < u_j + \frac{2}{m} < u_{i+4}$. Im Falle der uniformen Parametrisierung vereinfacht sich das zu $i - 2 < j < i + 2$ oder $j - 2 < i < j + 2$. Zur Berechnung von $\bar{s}_k(u_j)$ werden also nur die Funktionen $N_{j-1}^4, N_j^4, N_{j+1}^4$ einen Wert $\neq 0$ beisteuern und man erhält nach Anwenden der beiden Parametertransformationen $x = mu$ und $x \equiv w (\text{mod } 1)$ aus (7.24):

$$\begin{aligned}
\bar{s}_k(u_j) &= \bar{b}_{j-1} N_{j-1}^4(u_j + \frac{2}{m}) + \bar{b}_j N_j^4(u_j + \frac{2}{m}) + \bar{b}_{j+1} N_{j+1}^4(u_j + \frac{2}{m}) \\
&= \bar{b}_{j-1} N_{j-1}^4(j+2) + \bar{b}_j N_j^4(j+2) + \bar{b}_{j+1} N_{j+1}^4(j+2) \\
&= \frac{1}{6}\bar{b}_{j-1} + \frac{2}{3}\bar{b}_j + \frac{1}{6}\bar{b}_{j+1} \qquad (7.26)
\end{aligned}$$

Man beachte, daß wegen $x = mu$ die Argumente von N_{j-1}^4, N_j^4 und N_{j+1}^4 ganzzahlig sind, d.h. in (7.24) ist $w = 0$. Außerdem beachte man, daß die N_i^4 abschnittweise definierte Funktionen sind. Es steuert also nur einer der Summanden in (7.24) einen Wert bei, nämlich genau der, der den Abschnitt definiert, in dem das Argument liegt. Also liefert z.B. für $N_{j-1}^4(j+2)$ nur der letzte Summand $\frac{(1-w)^3}{6} N_{j+2}^1$ einen Wert ungleich Null. Da das Argument $x = j + 2$ von N_{j-1}^4 ganzzahlig ist, ist wegen $w = x(\text{mod } 1)$ $w = 0$ und der Summand liefert 1/6. Den gleichen Wert erhält man natürlich auch bei Verwendung der rekursiven Gleichung (7.16).

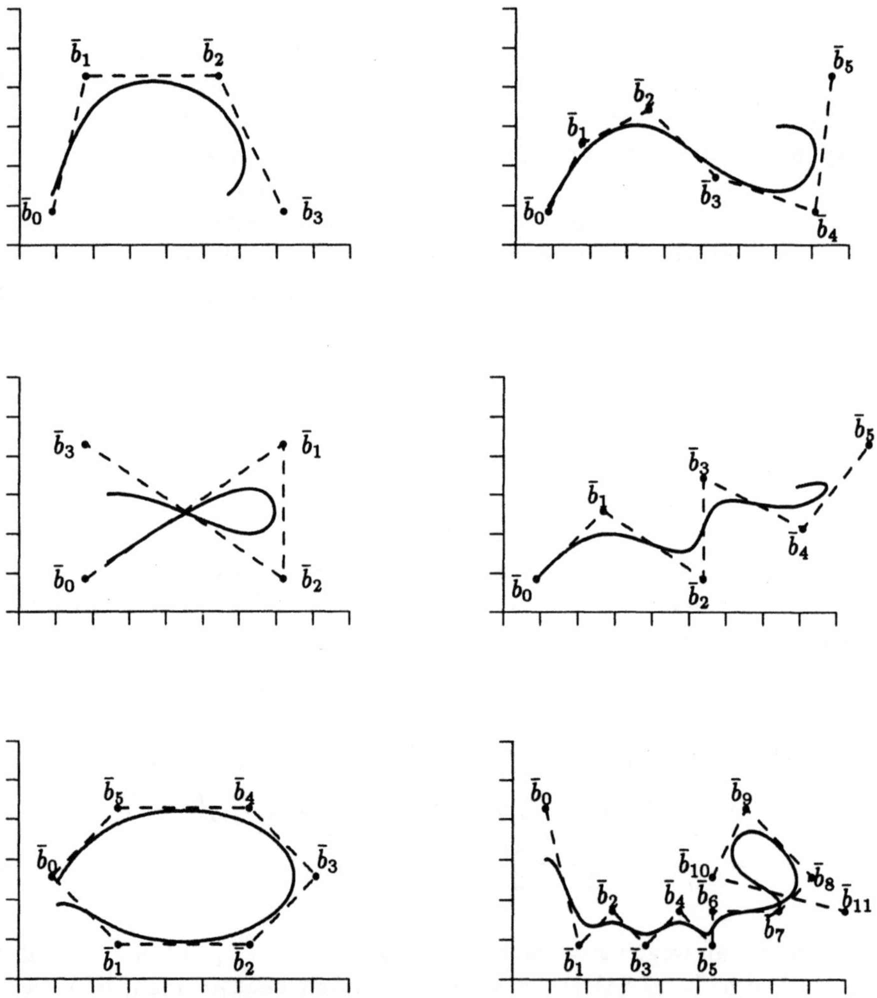

Abbildung 7.7: **Diese Abbildung zeigt Beispiele für das Aussehen von B–Spline–Kurven. Wir haben die gleichen Mengen von Kontrollpunkten gewählt wie in der Abbildung für die Bézier–Kurven, damit der Leser die entstehenden Kurven miteinander vergleichen kann. Man sieht, daß die B–Spline–Kurven die bei den Bézier–Kurven auftretenden Spitzen und unerwünschten Ausgleichseffekte nicht enthalten. Dafür zeigen die B–Spline–Kurven in der Nähe der End–Kontrollpunkte z.T. ein recht merkwürdiges Verhalten. Dies wird insbesondere in den rechten Abbildungen deutlich.**

Daß (7.25) die gleiche Kurve beschreibt wie der de–Boor–Algorithmus aus Abschnitt 7.2.1, sieht man wie folgt. Sei $u' = u + \frac{k}{2m}$. Es gilt:

$$\begin{aligned}
\bar{s}_k(u) &= \sum_{i=0}^{n} \bar{b}_i N_i^k(u') \\
&= \sum_{i=0}^{n} \bar{b}_i \left(\frac{u - u_i}{u_{i+k-1} - u_i} N_i^{k-1}(u') + \frac{u_{i+k} - u}{u_{i+k} - u_{i+1}} N_{i+1}^{k-1}(u') \right) \\
&= \sum_{i=0}^{n} \bar{b}_i \frac{u - u_i}{u_{i+k-1} - u_i} N_i^{k-1}(u') + \sum_{i=1}^{n+1} \bar{b}_{i-1} \frac{u_{i+k-1} - u}{u_{i+k-1} - u_i} N_i^{k-1}(u') \\
&= \sum_{i=0}^{n+1} \frac{\bar{b}_i(u - u_i) + \bar{b}_{i-1}(u_{i+k-1} - u)}{u_{i+k-1} - u_i} N_i^{k-1}(u') \\
&= \sum_{i=0}^{n+1} \bar{b}_i^{(1)} N_i^{k-1}(u')
\end{aligned}$$

Dabei haben wir $\bar{b}_{-1} = \bar{b}_{n+1} = 0$ angenommen. $\bar{b}_i^{(1)}$ ist der Wert aus Gleichung (7.14). Durch r–maliges Wiederholen dieses Prozesses erhält man:

$$\bar{s}_k(u) = \sum_{i=0}^{n+r} \bar{b}_i^{(r)} N_i^{k-r}(u')$$

Für $r = k - 1$ ergibt sich schließlich

$$\bar{s}_k(u) = \sum_{i=0}^{n+k-1} \bar{b}_i^{(k-1)} N_i^1(u')$$

Dabei ist $\bar{b}_{n+1} = \cdots = \bar{b}_{n+k-1} = 0$. Wenn wir annehmen, daß $u_x \le u' < u_{x+1}$ ist, gilt:

$$\bar{s}_k(u) = \bar{b}_x^{(k-1)}$$

weil $N_x^1(u') = 1$. Alle anderen Funktionen liefern 0.

Die Ableitung der B-Spline-Kurven ergibt sich aus (7.19) zu

$$\frac{d}{du}\bar{s}_k(u) = (k-1)\sum_{i=1} n \frac{\bar{b}_i - \bar{b}_{i-1}}{u_{i+k-1} - u_i} N_i^{k-1}(u) \tag{7.27}$$

(vgl. [dB72]). B-Spline-Kurven haben den Nachteil, daß sie zwar im Innern der Kurven gute Ergebnisse zeigen, daß sie aber an den Randpunkten oft nicht die gewünschte Form haben. Dies sieht man auch an Abbildung 7.7, die die B-Spline-Kurven für die gleichen Kontrollpunkte darstellt, die in Abbildung 7.3 für die Bézier-Kurven verwendet wurden. Man sieht an Abbildung 7.7, daß die B-Spline-Kurven nicht die angenehme Eigenschaft haben, die End-Kontrollpunkte zu interpolieren. Für kubischen B-Spline-Kurven gilt z.B., vgl. (7.24) und (7.26):

$$\bar{s}_k(u_0) = \frac{2}{3}\bar{b}_0 + \frac{1}{6}\bar{b}_1 \neq \bar{b}_0 \tag{7.28}$$

$$\bar{s}_k(u_n) = \frac{2}{3}\bar{b}_n + \frac{1}{6}\bar{b}_{n-1} \neq \bar{b}_n \tag{7.29}$$

Prinzipiell gibt es zwei verschiedene Verfahren, diesen Nachteil zu beheben (siehe auch [BG89]):

1. Man vervielfältigt die End-Kontrollpunkte maximal $k-1$ Mal.
2. Man führt zusätzliche Kontrollpunkte – sogenannte *Phantompunkte* – ein.

Dies ist auch der Grund, weswegen wir auf beiden Seiten des Definitionsbereiches ungenutzte Intervallpunkte eingeführt haben. Diese dienen dazu, die vervielfältigten End-Kontrollpunkte bzw. die zusätzlich eingeführten Phantompunkte aufzunehmen. Wir werden sehen, daß wir maximal $k-1$ zusätzliche Punkte einfügen werden, es ist also genug Platz vorhanden.

Durch eine $(k-1)$-fache Vervielfältigung der End-Kontrollpunkte erreicht man, daß die entstehenden B-Spline-Kurven auf jeden Fall durch die End-Kontrollpunkte verlaufen. Man führt bei einer $(k-1)$-fachen Vervielfältigung neue Kontrollpunkte

$$\bar{b}_{-k+1} = \bar{b}_{-k+2} = \cdots = \bar{b}_{-1} = \bar{b}_0$$
$$\bar{b}_{n+1} = \bar{b}_{n+2} = \cdots = \bar{b}_{n+k-1} = \bar{b}_n$$

ein und legt die geänderte Parameterzerlegung $0 = u_{-(k-1)}, \cdots, u_{n+k+k-1} = 1$ zugrunde mit $u_i = \frac{i+k-1}{m}$, $m = n + k + 2(k-1)$. Die B–Spline–Kurve berechnet sich dann als:

$$\bar{s}_k(u) = \sum_{i=-k+1}^{n+k-1} \bar{b}_i N_i^k(u + \frac{k}{2m}) \qquad \text{für } u_0 \leq u \leq u_n$$

Daß diese Kurve die End–Kontrollpunkte interpoliert, folgt aus der Eigenschaft der B–Spline–Kurven, daß zur Berechnung des Wertes an einer bestimmten Parameterposition höchstend $k-1$ Kontrollpunkte berücksichtigt werden. Man beachte, daß wir den gleichen Definitionsbereich wie in (7.25) verwenden, obwohl wir jetzt zusätzliche Intervallpunkte eingefügt haben. Der Grund dafür liegt darin, daß die zusätzlichen Kontrollpunkte nur dazu dienen, die B–Spline–Kurve in der Nähe der ursprünglichen End–Kontrollpunkte das gewünschte Aussehen zu geben, die zusätzlichen Kontrollpunkte sollen nicht wie die ursprünglichen Kontrollpunkte approximiert werden. Dies wird besonders klar bei der unten beschriebenen Phantompunkt–Technik.

Das Verfahren der Vervielfältigung der End–Kontrollpunkte hat den Nachteil, daß dadurch in der entstehenden B–Spline–Kurve Unstetigkeiten auftreten können. Dies läßt sich vermeiden, wenn man die End–Kontrollpunkte weniger als $k-1$ Mal vervielfältigt. Dann interpoliert die B–Spline–Kurve zwar die End–Kontrollpunkte nicht immer, aber die B–Spline–Kurve nähert sich den End–Kontrollpunkte doch sehr stark. Die entstehenden Kurven für den Beispiel–Kontrollpunkt–Satz bei Verdoppelung der End–Kontrollpunkte ist für die kubischen B–Spline–Kurven in Abbildung 7.8 wiedergegeben.

Das Einfügen von Phantompunkten hat den Vorteil, daß man auf jeder Seite nur einen neuen Kontrollpunkt einfügen muß und daß man das Auftreten von Unstetigkeiten vermeidet. Wir veranschaulichen das Verfahren hier für die kubischen B–Spline–Kurven. Gesucht ist ein Punkt $\bar{b}_{-1}$ mit der Eigenschaft:

$$\bar{s}_k(u_0) = \frac{1}{6}\bar{b}_{-1} + \frac{2}{3}\bar{b}_0 + \frac{1}{6}\bar{b}_1 = \bar{b}_0$$

Dies gilt, wenn

$$\bar{b}_{-1} = 2\bar{b}_0 - \bar{b}_1$$

Analog fügt man einen Kontrollpunkt $\bar{b}_{n+1}$ ein mit

$$\bar{b}_{n+1} = 2\bar{b}_n - \bar{b}_{n-1}$$

Die kubischen B–Spline–Kurven berechnen sich in diesem Fall zu

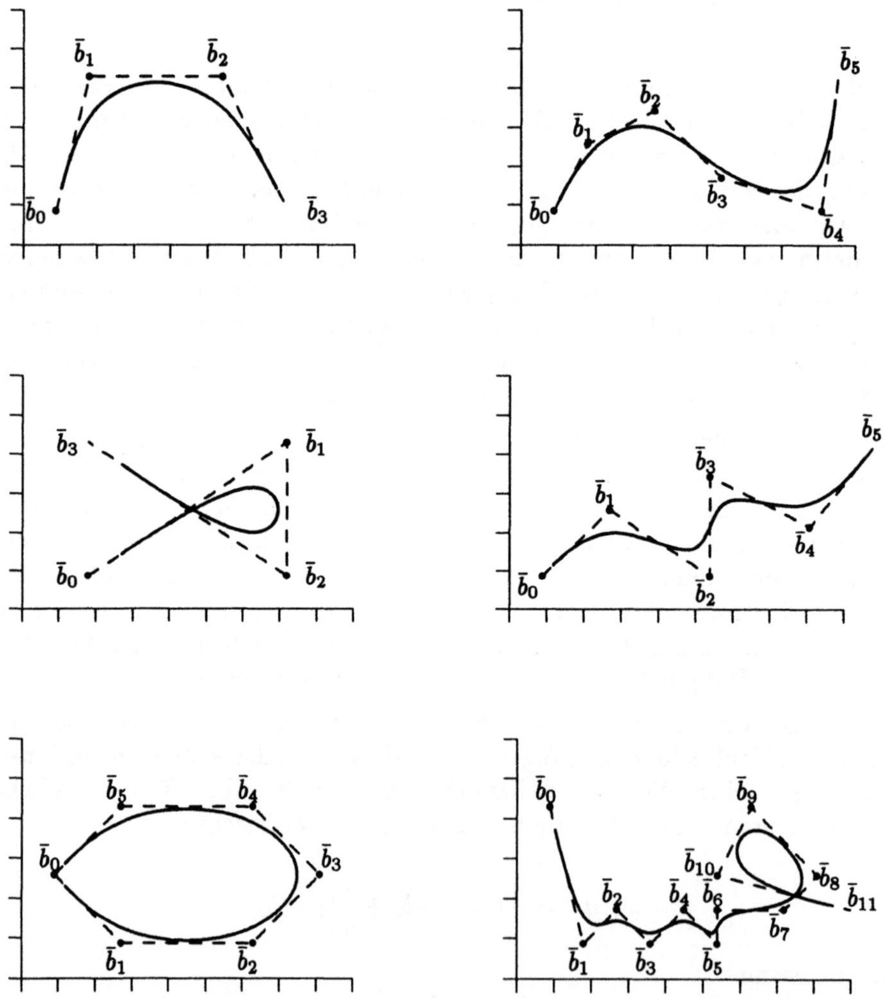

Abbildung 7.8: Diese Abbildung zeigt Beispiele für das Aussehen von B–Spline–Kurven, bei denen die End–Kontrollpunkte verdoppelt wurden. Man sieht, daß die Kurven jetzt auch in der Nähe der End–Kontrollpunkte ein gewünschtes Verhalten zeigen, die Kurven nähern sich den End–Kontrollpunkte sehr stark an, interpolieren diese aber nicht.

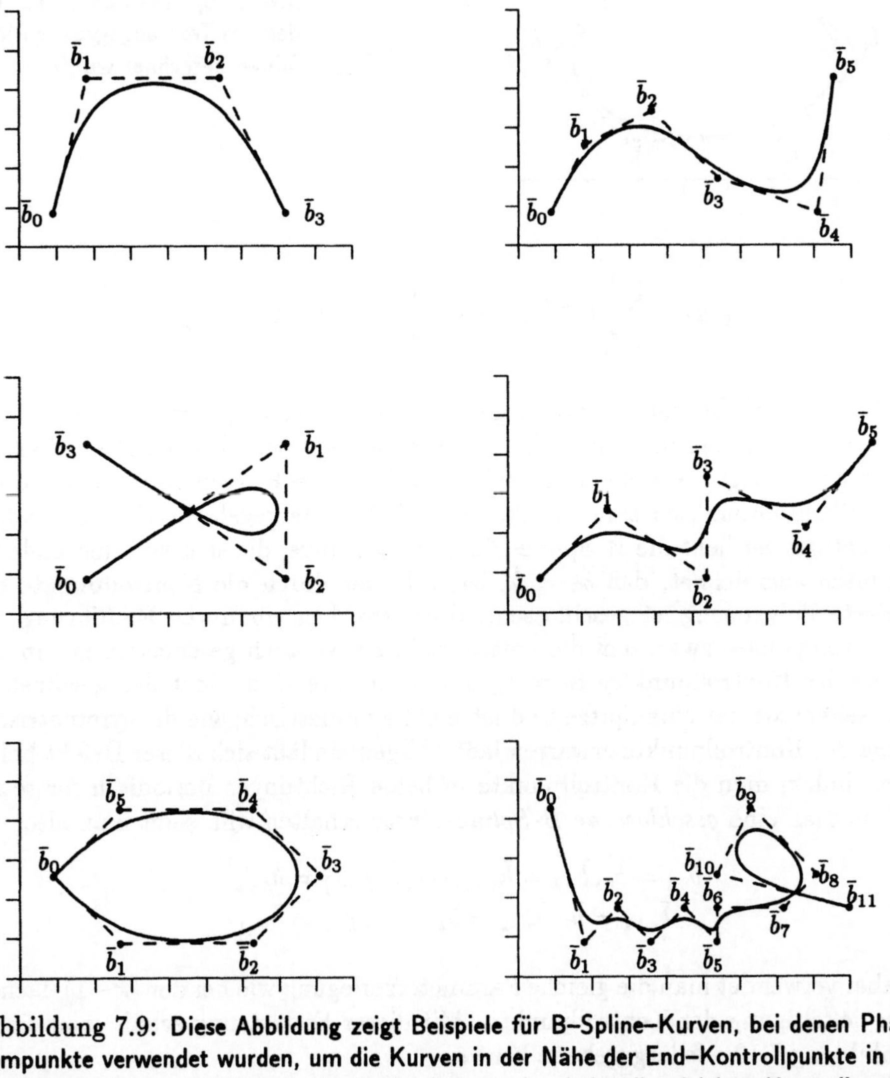

Abbildung 7.9: **Diese Abbildung zeigt Beispiele für B–Spline–Kurven, bei denen Phantompunkte verwendet wurden, um die Kurven in der Nähe der End–Kontrollpunkte in die gewünschte Form zu bringen. Auch hier haben wir wieder die gleichen Kontrollpunkte verwendet wie in den Beispiele für die Bézier–Kurven. Die Phantompunkte sind nicht eingezeichnet, weil sie zum Teil wesentlich außerhalb des Zeichenbereiches liegen. Man sieht, daß die beiden End–Kontrollpunkte interpoliert werden. Ansonsten unterscheiden sich die Kurven nicht sehr wesentlich von denen aus Abbildung 7.8.**

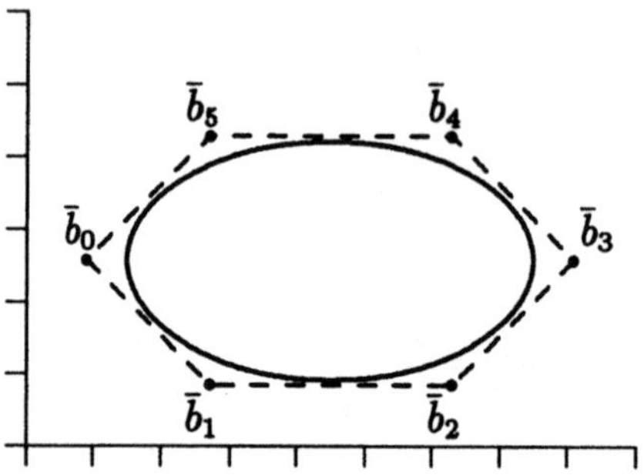

Abbildung 7.10: **Diese Abbildung zeigt ein Beispiel für das Aussehen einer geschlossenen B–Spline–Kurve, die mit dem im Text angegebenen Verfahren berechnet wurde.**

$$\bar{s}_k(u) = \sum_{i=-1}^{n+1} \bar{b}_i N^k_{i+k-1}(u + \frac{k}{2m}) \qquad \text{für } u_0 \leq u \leq u_n$$

wobei diesmal die Parameterzerlegung $0 = u_{-1}, \cdots, u_{n+k+1} = 1$ mit $u_i = \frac{i+1}{m}$, $m = n + k + 2$ zugrunde liegt. Auch hier haben wir den gleichen Definitionsbereich wie in (7.25) verwendet. Beispiele für B–Spline–Kurven unter Verwendung von Phantompunkten sind in Abbildung 7.9 wiedergegeben. Eine besondere Beachtung verdient die B–Spline–Kurve unten links, die sich von den anderen dadurch auszeichnet, daß $\bar{b}_0 = \bar{b}_n$ ist, d.h. der durch die Kontrollpunkte definierte Polygonzug ist geschlossen. Hier erreichen wir durch Einführung der Phantompunkte zwar, daß die entstehende Kurve auch geschlossen ist, in der Nähe des Kontrollpunktes $\bar{b}_0 = \bar{b}_n$ hat die Kurve aber nicht das gewünschte Aussehen: sie hat eine Spitze und ist nicht symmetrisch, wie die symmetrische Lage der Kontrollpunkte erwarten läßt. Allgemein läßt sich dieser Defekt beheben, indem man die Kontrollpunkte in beide Richtungen periodisch fortsetzt. Wenn man eine *geschlossene B–Spline–Kurve* erhalten will, setzt man also:

$$\bar{b}_{-1} = \bar{b}_n, \bar{b}_{-2} = \bar{b}_{n-1}, \cdots, \bar{b}_{-(k-1)} = \bar{b}_{n-k}$$
$$\bar{b}_{n+1} = \bar{b}_1, \bar{b}_{n+2} = \bar{b}_2 \cdots \bar{b}_{n+k-1} = \bar{b}_{k-1}$$

Dabei verwendet man die gleiche Parameterzerlegung wie bei der $(k-1)$–fachen Vervielfältigung der Kontrollpunkte. Mit dieser Festsetzung erhält man die in Abbildung 7.10 wiedergegebene Kurve.

B–Spline–Kurven haben ebenso wie die Bézier–Kurven die Eigenschaft, vollständig in der konvexen Hülle der Kontrollpunkte zu liegen. Es gilt sogar die stärkere Eigenschaft, daß das zu dem Intervall $I = [u_x, u_{x+k-1}](0 \leq x \leq n - (k-1))$ gehörende Kurvensegment ganz in der konvexen Hülle der zugehörigen Kontrollpunkte $\bar{b}_x, \cdots, \bar{b}_{x+k-1}$ liegt. Zum Beweis dieser Eigenschaft siehe [HL89] oder [GR74]. Weitere Eigenschaften der B–Spline–Kurven, die wir ebenfalls nicht beweisen wollen, die wir aber angeben, damit der Leser sich ein Bild über das Aussehen von B–Spline–Kurven machen kann (für einen Beweis siehe z.B. [HL89], [Far90] oder [QD87]), sind die folgenden:

- Eine B–Spline–Kurve verläuft üblicherweise dicht in der Nähe des Mittelpunkts jeder Kante ihres Kontrollpunkt–Polygons.
- Wenn $k-1$ benachbarte Kontrollpunkte kollinear liegen, so berührt die B–Spline–Kurve das Kontrollpunkt–Polygon zwischen den kollinearen Kontrollpunkten.
- Wenn k benachbarte Kontrollpunkte kollinear liegen, so ist das zugehörige B–Spline–Kurvensegment eine Gerade.
- Wenn $k-1$ Kontrollpunkte zusammenfallen, so kann die B–Spline–Kurve eine Spitze besitzen.

Zusammenfassend ist zu sagen, daß B–Spline–Kurven gegenüber den Bézier-Kurven die angenehme Eigenschaft der *lokalen Kontrolle* haben, d.h. daß zur Berechnung eines Kurvenpunktes maximal k Kontrollpunkte berücksichtigt werden. Für die üblicherweise verwendeten kubischen B–Spline–Kurven sind das maximal vier Kontrollpunkte. Dies macht selbst für größere Kontrollpunkt–Mengen die Berechnung billig und erleichtert es dem Benutzer, die Auswirkungen des Verschiebens eines Kontrollpunktes vorherzusehen. Diese Eigenschaften haben die B–Spline–Kurven und ihre dreidimensionale Erweiterung, die B–Spline–Oberflächen, zu den am weitesten verbreiteten Kurven zur Beschreibung von gekrümmten Oberflächen werden lassen.

7.3 Polynomielle Interpolation

Die bis jetzt betrachteten Kurven haben die Kontrollpunkte approximiert, nicht interpoliert. In vielen Situationen ist es aber erforderlich, daß die Kurve wirklich durch die Kontrollpunkte hindurch verläuft. Wir betrachten wieder eine Menge von Kontrollpunkten $\bar{b}_0, \cdots, \bar{b}_n$, die wir äquidistant auf $[0,1]$ anordnen, d.h. Kontrollpunkt $\bar{b}_i$ ist Parameterwert $t_i = i/n$ zugeordnet. Gesucht ist eine Kurve $\bar{p}$, die die Kontrollpunkte interpoliert, d.h. für die gilt:

$$\bar{p}(t_i) = \bar{b}_i \qquad \text{für} \qquad 1 \leq i \leq n$$

Die Verfahren der polynomiellen Interpolation konstruieren $\bar{p}$ – wie der Name schon sagt – als Polynom vom Grad n. Polynomielle Interpolation ist ein wohlbekanntes Verfahren der numerischen Analysis. Ausführliche Darstellungen können in der einschlägigen Fachliteratur nachgelesen werden. Eine gute Übersicht über die relevanten Verfahren findet man unter anderem in [Sto83] und [HL89]. Wir werden hier nur das Verfahren der Lagrangeschen Interpolation kurz vorstellen, um die Probleme der polynomiellen Interpolation aufzuzeigen. Wir werden uns dabei an die in [Far90] gegebene Motivation anlehnen, um dem Leser einen Eindruck der hinter dem Verfahren stehenden Idee zu geben.

Für zwei Kontrollpunkte $\bar{b}_i$ und $\bar{b}_{i+1}$ mit den zugehörigen Parameterwerten t_i und t_{i+1}, beschreibt

$$\bar{p}_i^1(t) = \frac{t_{i+1} - t}{t_{i+1} - t_i}\bar{b}_i + \frac{t - t_i}{t_{i+1} - t_i}\bar{b}_{i+1} \qquad 1 \leq i \leq n-1$$

die durch $\bar{b}_i$ und $\bar{b}_{i+1}$ verlaufende Gerade, d.h. das Polynom vom Grad 1, das $\bar{b}_i$ und $\bar{b}_{i+1}$ interpoliert. Aufbauend auf dieser Formel können wir rekursiv das Polynom vom Grad i definieren, das $i+1$ Kontrollpunkte interpoliert. Wenn wir annehmen, daß wir das Problem für i Kontrollpunkte gelöst haben, dann erhalten wir die Lösung für $i+1$ wie folgt: Sei $\bar{p}_0^{i-1}$ das Polynom vom Grad $i-1$, das $\bar{b}_0, \cdots, \bar{b}_{i-1}$ interpoliert und sei $\bar{p}_1^{i-1}$ das Polynom vom Grad $i-1$, das $\bar{b}_1, \cdots, \bar{b}_i$ interpoliert, dann ist

$$\bar{p}_0^i(t) = \frac{t_i - t}{t_i - t_0}\bar{p}_0^{i-1}(t) + \frac{t - t_0}{t_i - t_0}\bar{p}_1^{i-1}(t)$$

das Polynom, das $\bar{b}_0, \cdots, \bar{b}_i$ interpoliert. Daß dies gilt, sieht man durch Einsetzen der Werte $t_0, \cdots t_i$:

$$\begin{aligned} \bar{p}_0^i(t_0) &= 1 \cdot \bar{p}_0^{i-1}(t_0) + 0 \cdot \bar{p}_1^{i-1}(t_0) = \bar{p}_0 \\ \bar{p}_0^i(t_i) &= 0 \cdot \bar{p}_0^{i-1}(t_0) + 1 \cdot \bar{p}_1^{i-1}(t_0) = \bar{p}_i \end{aligned}$$

Außerdem gilt für alle Parameterwerte t_j mit $1 \leq j < i$: $\bar{p}_0^{i-1}(t_j) = \bar{p}_1^{i-1}(t_j) = \bar{p}_j$. Daraus folgt dann durch Einsetzen auch $\bar{p}_0^i(t_j) = \bar{p}_j$. Damit können wir das die $n+1$ Kontrollpunkte interpolierende Polynom wie folgt rekursiv definieren: ausgehend von $\bar{p}_i^0 = \bar{b}_i$ setzen wir

$$\bar{p}_i^r(t) = \frac{t_{i+r} - t}{t_{i+r} - t_i}\bar{p}_i^{r-1}(t) + \frac{t - t_i}{t_{i+r} - t_i}\bar{p}_{i+1}^{r-1}(t) \qquad (7.30)$$

für $1 \leq r \leq n$, $0 \leq i \leq n - r$. Diese rekursive Formulierung ist auch als *Aitken's Algorithmus* bekannt. Das gesuchte Polynom ist $\bar{p}_0^n$. Man ordnet die errechneten Polynome häufig in einem Dreieck–Schema ähnlich dem Casteljau–Schema an. Im kubischen Fall sieht das Schema z.B. wie folgt aus:

$$\begin{array}{llll}
\bar{p}_0^0 = \bar{b}_0 & & & \\
\bar{p}_1^0 = \bar{b}_1 & \bar{p}_0^1 & & \\
\bar{p}_2^0 = \bar{b}_2 & \bar{p}_1^1 & \bar{p}_0^2 & \\
\bar{p}_3^0 = \bar{b}_3 & \bar{p}_2^1 & \bar{p}_1^2 & \bar{p}_0^3
\end{array}$$

Formel (7.30) kann wie folgt geometrisch interpretiert werden: $\bar{p}_i^r(t)$ entsteht durch Mischen der beiden Polynome $\bar{p}_i^{r-1}(t)$ und $\bar{p}_{i+1}^{r-1}(t)$, wobei $\bar{p}_i^r$ die Kontrollpunkte $\bar{b}_i, \cdots, \bar{b}_{i+r-1}$ interpoliert und $\bar{p}_{i+1}^{r-1}$ die Kontrollpunkte $\bar{b}_{i+1}, \cdots, \bar{b}_{i+r}$. Wie man an den Wichtungsfaktoren in (7.30) sieht, hängt das Mischverhältnis linear vom Abstand des Parameterwertes t von den beiden Intervalpunkten t_i und t_{i+r} ab. Wenn t näher bei t_i liegt, wird $\bar{p}_i^{r-1}$ mehr berücksichtigt, wenn t näher bei t_{i+r} liegt, wird $\bar{p}_{i+1}^{r-1}$ mehr berücksichtigt.

Eine alternative Formulierung des interpolierenden Polynoms kann mit Hilfe der *Lagrangeschen Polynome* erfolgen. Diese Formulierung hat den Vorteil, daß sie die Kontrollpunkte explizit enthält. Die Lagrangeschen Polynome L_i^n sind definiert als

$$L_i^n(t) = \prod_{\substack{j=0 \\ j \neq i}}^{n} \frac{(t - t_j)}{(t_i - t_j)}$$

Das die Kontrollpunkte interpolierenden Polynom ist dann

$$\bar{p}(t) = \sum_{i=0}^{n} \bar{b}_i L_i^n(t) \tag{7.31}$$

Daß dieses Polynom die Kontrollpunkte interpoliert folgt aus der Tatsache, daß $L_i^n(t_j) = \delta_{i,j}$, wobei $\delta_{i,j}$ das sogenannte Kronecker–Symbol ist, das definiert ist als:

$$\delta_{i,j} = \begin{cases} 1 & \text{für } i = j \\ 0 & \text{sonst} \end{cases}$$

D.h. für den Parameterwert t_i verschwinden alle Lagrangeschen Polynome außer L_i^n und es ist $L_i^n(t_i) = 1$. Daraus folgt auch, daß die Lagrangeschen Polynome

L_i^n eine Basis für alle Polynome vom Grad n bilden. Die Eindeutigkeit des interpolierenden Polynoms folgt aus der Tatsache, daß es nur ein Polynon vom Grad n gibt, das $n + 1$ Kontrollpunkte interpoliert. (7.31) ist die eindeutige Darstellung dieses Polynons mit den Lagrangeschen Polynomen als Basis. Der vorher beschriebene Aitken–Algorithmus liefert das gleiche Polynom.

Die Methode der polynomiellen Interpolation liefert gute Ergebnisse für kleine Mengen von Kontrollpunkten. Sobald aber die Menge der Kontrollpunkte größer wird, oszillieren die entstehenden Polygone sehr stark und weichen unter Umständen erheblich vom erwarteten Aussehen ab (siehe auch Abbildung 7.11). Dies ist der Grund dafür, daß polynomiellen Interpolation in der Praxis kaum verwendet wird.

7.4 B–Spline–Interpolation

In Abschnitt 7.2 haben wir gesehen, wie man B–Spline–Kurven zur Approximation einer Menge von Kontrollpunkten $\bar{b}_0, \cdots, \bar{b}_n$ verwenden kann. Um die B–Spline–Kurven zur Interpolation von $\bar{b}_0, \cdots, \bar{b}_n$ verwenden zu können, muß man neue Kontrollpunkte $\bar{x}_0, \cdots, \bar{x}_n$ einführen, die so zu wählen sind, daß $\bar{b}_0, \cdots, \bar{b}_n$ interpoliert werden. Dieses Vorgehen ähnelt dem in Abschnitt 7.2.3 beschriebenen Phantompunkt–Verfahren, nur daß man hier nicht nur zwei, sondern $n+1$ neue Punkte einführt. Wir werden in diesem Abschnitt $\bar{b}_0, \cdots, \bar{b}_n$ als Interpolationspunkte, $\bar{x}_0, \cdots, \bar{x}_n$ als Kontrollpunkte bezeichnen. Wir werden im folgenden beschreiben, wie diese Kontrollpunkte zu bestimmen sind.

Wir nehmen wieder an, daß die Interpolationspunkte äquidistant auf $[0, 1]$ angeordnet sind, d.h. daß $\bar{b}_i$ der Parameterwert $u_i = i/m$ mit $m = n + k$ zugeordnet ist. Damit $\bar{b}_0, \cdots, \bar{b}_n$ interpoliert werden, muß gelten:

$$\bar{b}_j = \bar{s}_k(u_i) = \sum_{i=0}^{n} \bar{x}_i N_i^k(u_j + \frac{k}{2m}) \qquad \text{für } 0 \leq j \leq n \tag{7.32}$$

Dies ist ein System von $n + 1$ linearen Gleichungen mit $n + 1$ Unbekannten $\bar{x}_0, \cdots, \bar{x}_n$, das mit einem gängigen Verfahren (Gauß'sche Elimination oder Gauß–Seidel–Iteration) gelöst werden kann. In der Praxis verwendet man häufig kubische B–Spline–Kurven, d.h. man wählt $k = 4$. Dann wird (7.32) zu

$$\bar{b}_j = \sum_{i=0}^{n} \bar{x}_i N_i^4(u_j + \frac{2}{m})$$

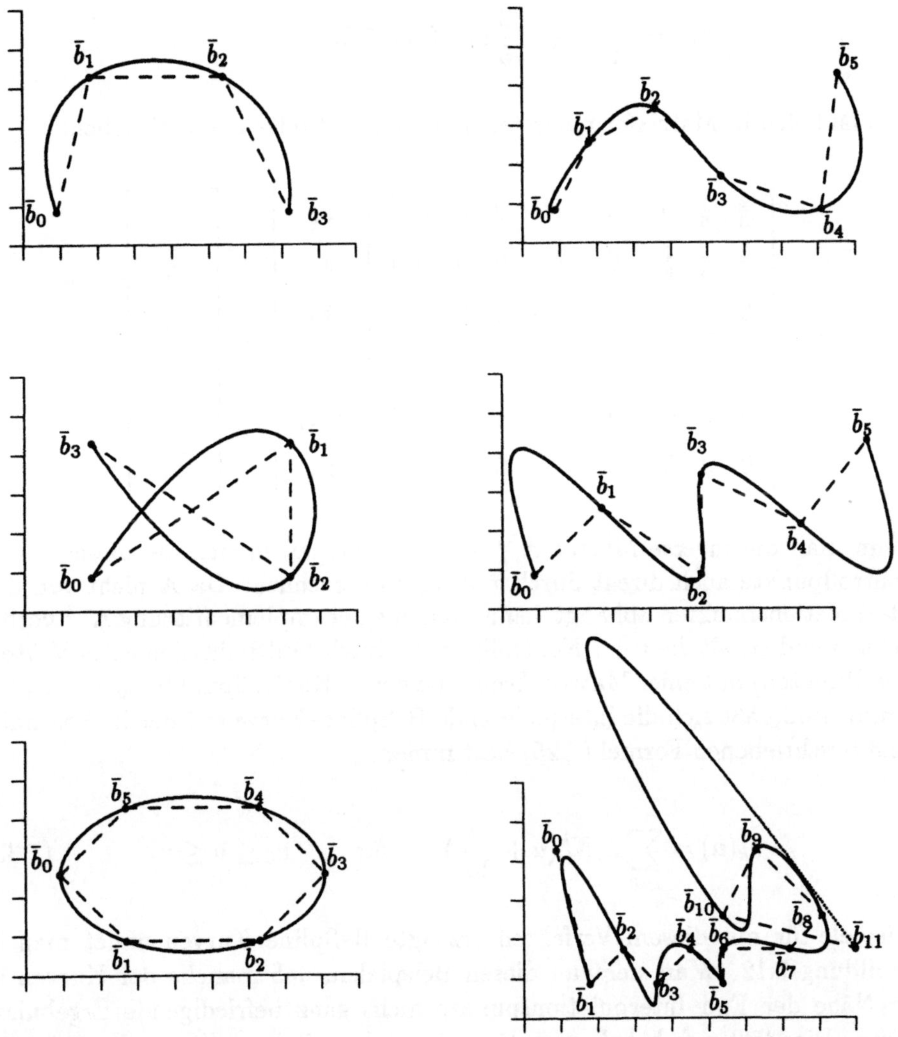

Abbildung 7.11: **Diese Abbildung zeigt die Interpolation der Beispiel–Punktmengen mit Lagrangescher Interpolation. Für geringe Anzahl von Interpolationspunkten zeigt das Verfahren gute Ergebnisse. Wenn die Anzahl der Interpolationspunkte aber größer wird, zeigen die interpolierenden Polynome große Ausschläge. Dies sieht man vor allem am rechten unteren Beispiel. Wir haben den Teil, der $\bar{b}_0$ interpoliert, gar nicht eingezeichnet, weil er über den Seitenrand hinausragen würde.**

$$\begin{aligned} &= \frac{1}{6}\bar{x}_{j-1} + \frac{2}{3}\bar{x}_j + \frac{1}{6}\bar{x}_{j+1} \qquad \text{(vgl. 7.26)} \\ \bar{b}_0 &= \frac{2}{3}\bar{x}_0 + \frac{1}{6}\bar{x}_1 \quad \text{(vgl. 7.28)} \\ \bar{b}_n &= \frac{1}{6}\bar{x}_{n-1} + \frac{2}{3}\bar{x}_n \quad \text{(vgl. 7.29)} \end{aligned}$$

Dies läßt sich in Matrixform darstellen als $\mathbf{A}\bar{x} = \bar{b}$ oder ausgeschrieben:

$$\begin{bmatrix} \frac{2}{3} & \frac{1}{6} & 0 & 0 & \cdots & 0 & 0 & 0 \\ \frac{1}{6} & \frac{2}{3} & \frac{1}{6} & 0 & \cdots & 0 & 0 & 0 \\ 0 & \frac{1}{6} & \frac{2}{3} & \frac{1}{6} & \cdots & 0 & 0 & 0 \\ & & \ddots & \ddots & \ddots & & & \\ 0 & 0 & 0 & 0 & \cdots & \frac{1}{6} & \frac{2}{3} & \frac{1}{6} \\ 0 & 0 & 0 & 0 & \cdots & 0 & \frac{1}{6} & \frac{2}{3} \end{bmatrix} \begin{bmatrix} \bar{x}_0 \\ \bar{x}_1 \\ \bar{x}_2 \\ \vdots \\ \bar{x}_{n-1} \\ \bar{x}_n \end{bmatrix} = \begin{bmatrix} \bar{b}_0 \\ \bar{b}_1 \\ \bar{b}_2 \\ \vdots \\ \bar{b}_{n-1} \\ \bar{b}_n \end{bmatrix}$$

Wenn man die inverse Matrix $\mathbf{A}^{-1}$ zu $\mathbf{A}$ kennt, lassen sich die unbekannten Kontrollpunkte auch direkt durch $\bar{x} = \mathbf{A}^{-1}\bar{b}$ berechnen. Da $\mathbf{A}$ nicht von den Interpolationspunkten abhängt, kann man in einer Implementierung $\mathbf{A}^{-1}$ vorberechnen und erhält die $n+1$ Kontrollpunkte durch Multiplikation eines Vektors (von Punkten) mit einer Matrix. Wenn die neuen Kontrollpunkte $\bar{x}_0, \cdots, \bar{x}_n$ bestimmt sind, läßt sich die interpolierende B–Spline–Kurve mit der in Abschnitt 7.2.3 beschriebenen Formel (7.25) bestimmen:

$$\bar{s}_k(u) = \sum_{i=0}^{n} \bar{x}_i N_i^k(u + \frac{k}{2m}) \qquad \text{für} \qquad u_0 \le u \le u_n \tag{7.33}$$

Beispiele für mit diesem Verfahren erzeugte B–Spline–Kurven findet man in Abbildung 7.12. Man sieht an diesen Beispielen, daß manche der Kurven in der Nähe der End–Interpolationspunkte nicht ganz befriedigende Ergebnisse zeigen. Dies läßt sich beheben, indem wir zwei zusätzliche Kontrollpunkte $\bar{x}_{-1}$ und $\bar{x}_{n+1}$ aufnehmen, die dazu dienen, die entstehenden Kurven in der Nähe der End–Interpolationspunkte zu kontrollieren. (7.33) wird dann zu

$$\bar{s}_k(u) = \sum_{i=-1}^{n+1} \bar{x}_i N_i^k(u + \frac{k}{2m}) \qquad \text{für} \qquad u_0 \le u \le u_n$$

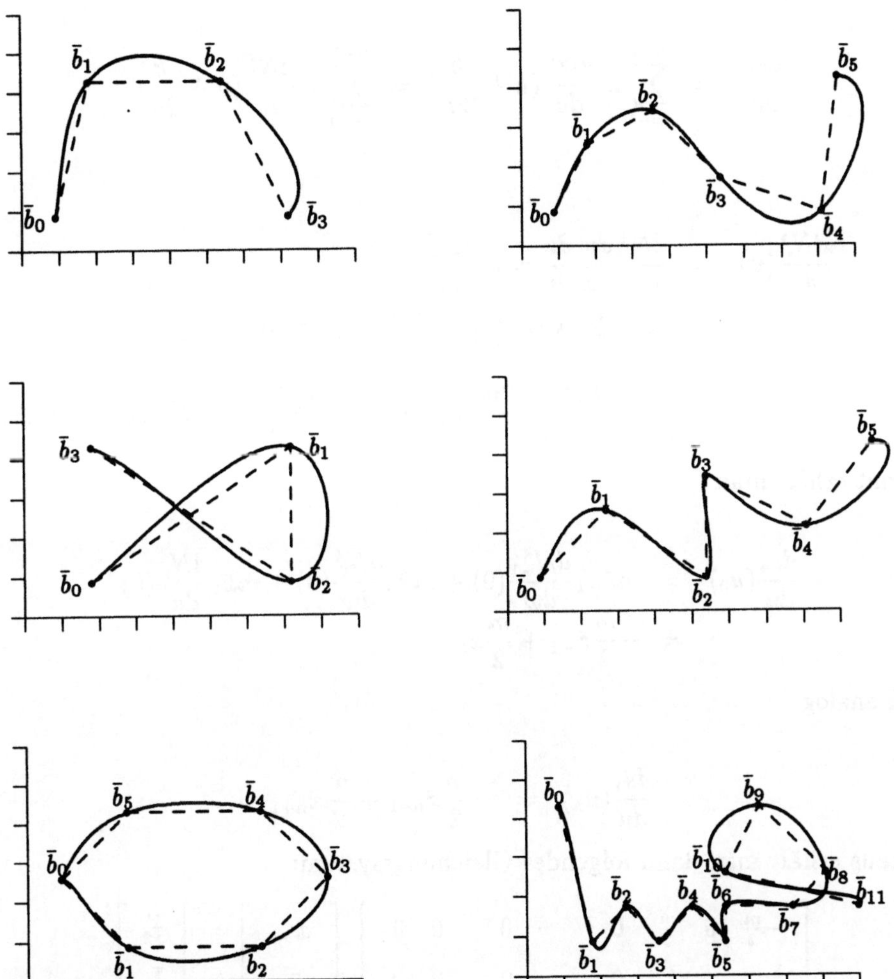

Abbildung 7.12: Diese Abbildung zeigt die Anwendung der B–Spline–Interpolation auf die Beispiel–Punktmengen. Die neu errechneten Kontrollpunkte sind nicht eingezeichnet. Einige der Kurven zeigen an den End–Interpolationspunkten ein etwas unerwartetes Verhalten (siehe die rechten Kurven für die letzten Interpolationspunkte).

Eine Möglichkeit der Kontrolle ist es, von den Kurven zu verlangen, daß sie an den End–Interpolationspunkten die gleiche Steigung haben wie der durch die Interpolationspunkte verlaufende Polygonzug. Seien also $\vec{t}_0 = \bar{b}_1 - \bar{b}_0$ und $\vec{t}_n = \bar{b}_n - \bar{b}_{n-1}$ die vorgegebenen Tangentenvektoren. Für die Ableitung der kubischen B–Spline–Kurven erhält man durch direktes Differenzieren von (7.24):

$$\frac{d\bar{s}_k}{du} = \sum_{i=-1}^{n+1} \bar{x}_i \frac{dN_i^k}{du}(u + \frac{k}{2m}) = \sum_{i=-1}^{n+1} \bar{x}_i \frac{dN_i^4}{du}(u + \frac{k}{2m})$$

wobei

$$\begin{aligned}
\frac{dN_i^4}{du}(u) &= \frac{dN_i^4}{dw}\frac{dw}{dx}\frac{dx}{du} = m\frac{dN_i^4}{dw} \\
&= m\left(\frac{3w^2}{6}N_i^1(w) + \frac{9w^2+6w+3}{6}N_{i+1}^1(w) + \right. \\
&\qquad \left. \frac{9w^2-12w}{6}N_{i+2}^1(w) + \frac{-3(1-w)^2}{6}N_{i+3}^1(w)\right) \qquad (7.34)
\end{aligned}$$

Damit erhält man

$$\begin{aligned}
\frac{d\bar{s}_4}{du}(u_0) &= m\bar{x}_{-1}\frac{dN_{-1}^4}{dw}(0) + m\bar{x}_0\frac{dN_0^4}{dw}(0) + m\bar{x}_1\frac{dN_1^4}{dw}(0) \\
&= -\frac{m}{2}\bar{x}_{-1} + \frac{m}{2}\bar{x}_1
\end{aligned}$$

und analog

$$\frac{d\bar{s}_4}{du}(u_n) = -\frac{m}{2}\bar{x}_{n-1} + \frac{m}{2}\bar{x}_{n+1}$$

Daraus erhält man dann folgendes Gleichungssystem:

$$\begin{bmatrix}
-\frac{m}{2} & 0 & \frac{m}{2} & 0 & \cdots & 0 & 0 & 0 \\
\frac{1}{6} & \frac{2}{3} & \frac{1}{6} & 0 & \cdots & 0 & 0 & 0 \\
0 & \frac{1}{6} & \frac{2}{3} & \frac{1}{6} & \cdots & 0 & 0 & 0 \\
 & \ddots & \ddots & \ddots & & & & \\
0 & 0 & 0 & 0 & \cdots & \frac{1}{6} & \frac{2}{3} & \frac{1}{6} \\
0 & 0 & 0 & 0 & \cdots & -\frac{m}{2} & 0 & \frac{m}{2}
\end{bmatrix}
\begin{bmatrix} \bar{x}_{-1} \\ \bar{x}_0 \\ \bar{x}_1 \\ \vdots \\ \bar{x}_n \\ \bar{x}_{n+1} \end{bmatrix}
=
\begin{bmatrix} \vec{t}_0 \\ \bar{b}_0 \\ \bar{b}_1 \\ \vdots \\ \bar{b}_n \\ \vec{t}_n \end{bmatrix}$$

Die mit diesem modifizierten Verfahren erzeugten Interpolationskurven sind in Abbildung 7.13 wiedergegeben.

7.5 Wahl der Parametrisierung

Wir haben in den vergangenen Abschnitten immer angenommen, daß die Kontrollpunkte äquidistant auf dem zugrundeliegenden Parameterintervall $[0,1]$ angeordnet sind, d.h. daß Kontrollpunkt $\bar{b}_i$ dem Parameterwert $t_i = i/n$ zugeordnet ist (*uniforme Parametrisierung*). Das ist zwar die einfachste Zuordnung, aber nicht immer die beste, weil sie die geometrische Lage der Kontrollpunkte zueinander nicht berücksichtigt. In [Far90] wird als intuitive Erklärung der Situation vorgeschlagen, sich den Parameter t als Zeit vorzustellen. Jedem Kontrollpunkt $\bar{b}_i$ ist ein Zeitpunkt t_i und ein Punkt auf der Kurve $\bar{s}$ (*Datenpunkt*) $\bar{s}_i = \bar{s}(t_i)$ zugeordnet[5]. In dem Zeitintervall zwischen $t_0 = 0$ und $t_n = 1$ wird die Kurve zwischen den Datenpunkten $\bar{s}_0$ und $\bar{s}_n$ durchlaufen. $\bar{s}_i$ wird zum Zeitpunkt t_i durchlaufen. Bei der uniformen Parametrisierung wird dabei der Weg auf der Kurve zwischen benachbarten Datenpunkten in der gleichen Zeit durchlaufen, egal wie weit die Datenpunkte voneinander weg liegen. Kurvenstücke zwischen weit voneinander entfernt liegenden benachbarten Datenpunkten werden also sehr schnell durchlaufen, Kurvenstücke zwischen nahe beieinander liegenden benachbarten Datenpunkten sehr langsam. Dies führt bei abruptem Wechsel der Entfernung der Datenpunkte voneinander zu unregelmäßig aussehenden Stellen im Kurvenverlauf, siehe auch Abbildung 7.14. Die Begründung liegt darin, daß eine zweifach stetig differenzierbare Kurve gezeichnet wird, deren Entstehen man sich mit der folgenden Analogie klar machen kann: man kann sich die Kurve als Bahn eines Autos vorstellen, das die einzelnen Datenpunkte $\bar{s}_i$ der Reihe nach abfährt und zwischen benachbarten Datenpunkten immer die gleiche Zeit braucht. Wenn die Datenpunkte $\bar{s}_i$ und $\bar{s}_{i+1}$ weit voneinander entfernt liegen, muß das Auto die Strecke zwischen ihnen sehr schnell zurücklegen. Wenn dann $\bar{s}_{i+2}$ sehr nahe bei $\bar{s}_{i+1}$ liegt, muß das Auto hinter $\bar{s}_{i+1}$ stark abbremsen, um die Strecke zwischen $\bar{s}_{i+1}$ und $\bar{s}_{i+2}$ langsam zu durchfahren. Da das Abbremsen nicht ganz abrupt erfolgen kann, wird das Auto etwas über $\bar{s}_{i+1}$ hinausschießen, um dann in Richtung $\bar{s}_{i+2}$ einzulenken.

Man kann diesen Nachteil durch eine andere Parametrisierung ändern. Die naheliegendste Möglichkeit besteht darin, die Parameterwerte t_i so zu verteilen, daß das Zeitintervall zwischen benachbarten Parameterwerten proportional ist zum Abstand der zugehörigen Kontrollpunkte, d.h. daß

[5] Bei den Interpolationsverfahren fallen $\bar{s}_i$ und $\bar{b}_i$ zusammen.

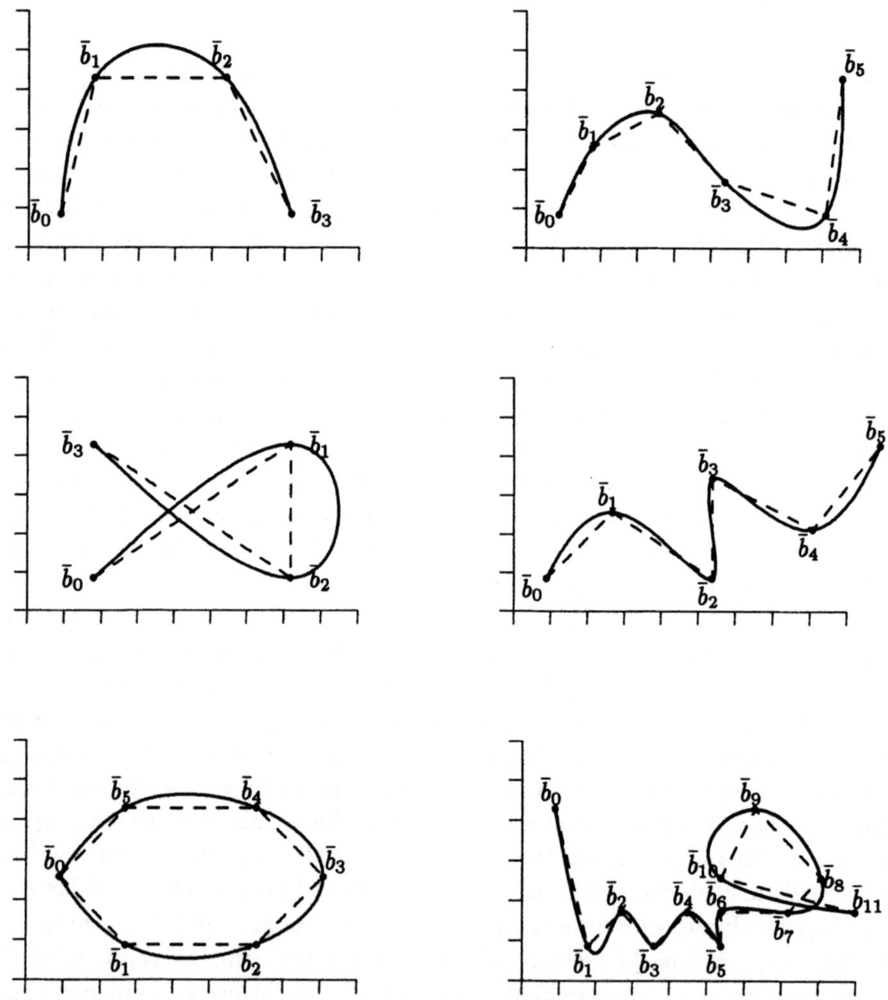

Abbildung 7.13: Diese Abbildung zeigt die Anwendung der B–Spline–Interpolation auf die Beispiel–Punktmengen. Hier wurden zwei zusätzliche Kontrollpunkte verwendet, die nach dem im Text beschriebenen Verfahren bestimmt wurden. Man sieht, daß die Kurven jetzt in der Nähe der End–Interpolationspunkte ein besseres Verhalten zeigen als ohne die zusätzlichen Punkte.

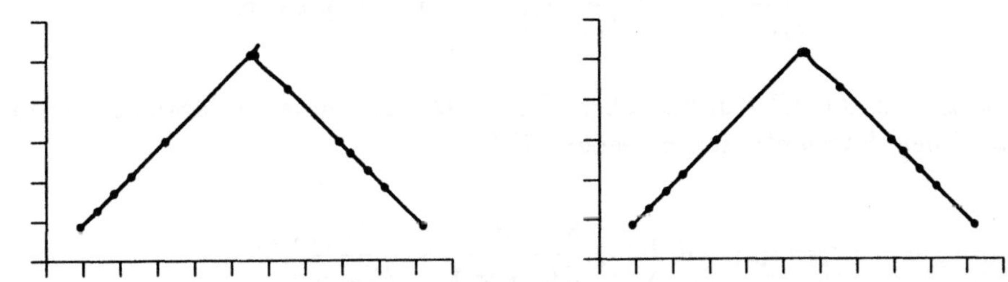

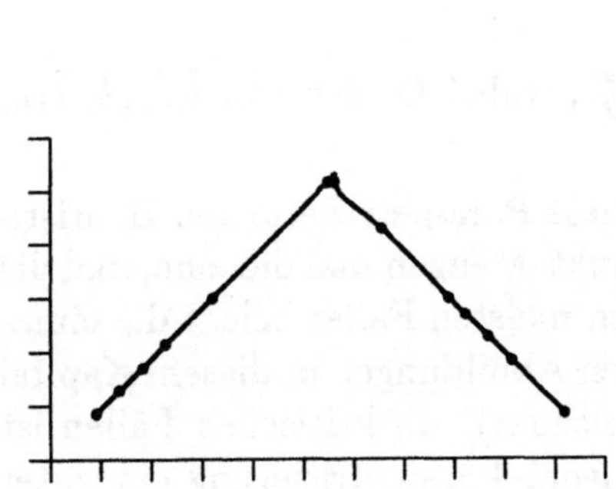

Abbildung 7.14: Diese Abbildung zeigt eine Kontrollpunktmenge, für die die Wahl der Parametrisierung einen Unterschied im Aussehen der entstehenden Kurven hervorruft. Links oben ist die mit der linearen Parametrisierung errechnete Kurve wiedergegeben, rechts oben die mit der Längenparametrisierung errechnete, links unten die mit der Zentripedal-Parametrisierung errechnete.

$$\frac{t_i - t_{i-1}}{t_{i+1} - t_i} = \frac{|\bar{b}_i - \bar{b}_{i-1}|}{|\bar{b}_{i+1} - \bar{b}_i|} \qquad \text{für} \quad 1 \leq i < n$$

gilt (*Längenparametrisierung*, siehe [Eps76], [Far90]). Mit $t_0 = 0$ und $t_n = 1$ ergibt sich daraus eine eindeutige Festlegung der Parameterwerte t_i. Man beachte, daß wir hier die Kontrollpunkte und nicht die Datenpunkte verwendet haben, weil die Lage der Datenpunkte (bei den Approximationsverfahren) von der Wahl der Parameterwerte abhängt. Eine andere in der Literatur vorgeschlagene Parametrisierung ist die *Zentripedal–Parametrisierung*, siehe [Lee89]:

$$\frac{t_i - t_{i-1}}{t_{i+1} - t_i} = \sqrt{\frac{|\bar{b}_i - \bar{b}_{i-1}|}{|\bar{b}_{i+1} - \bar{b}_i|}} \qquad \text{für} \quad 1 \leq i < n$$

die i.a. zu "runderen" Kurven führt. Eine noch aufwendigere Parametrisierung ist die *Foley–Parametrisierung*, siehe [NF89]:

$$t_i = t_{i-1} + d_i \left(1 + \frac{3}{2} \frac{\hat{\Theta}_i d_{i-1}}{d_{i-1} + d_i} + \frac{3}{2} \frac{\hat{\Theta}_{i+1} d_{i+1}}{2d_i + d_{i+1}} \right)$$

mit $d_i = |\bar{b}_i - \bar{b}_{i-1}|$ und $\hat{\Theta}_i = \min(\pi - \Theta_i, \frac{\pi}{2})$, wobei Θ_i der von $\bar{b}_{i-1}, \bar{b}_i, \bar{b}_{i+1}$ gebildete Winkel ist.

Wir sollten noch darauf hinweisen, daß alle diese Parametrisierungen Heuristiken sind und daß zu verschiedenen Kontrollpunkt–Mengen mal die eine, mal die andere Heuristik gute Ergebnisse zeigt. In den meisten Fällen reicht die einfache uniforme Parametrisierung aus (die meisten Abbildungen in diesem Kapitel wurden mit uniformer Parametrisierung gezeichnet). In kritischen Fällen ist die Längenparametrisierung oder die Zentripedal–Parametrisierung ein guter Kompromiß zwischen Aufwand und Resultat.

7.6 Bézier–Oberflächen

Man kann sich eine gekrümmte Oberfläche dadurch entstanden denken, daß man eine Kurve durch den Raum bewegt, deren Aussehen sich während der Bewegung ändern kann. Wir nehmen in diesem Abschnitt an, daß die sich bewegende Kurve eine Bézier–Kurve vom Grad m ist, d.h. sie wird durch $m+1$ Kontrollpunkte $\bar{b}_0, \cdots, \bar{b}_m$ gesteuert. Wenn die Kurve sich durch den Raum bewegt, müssen die Kontrollpunkte sich ebenfalls durch den Raum bewegen. Eine Bézier–Oberfläche entsteht, wenn die Kontrollpunkte sich ebenfalls auf Bézier–Kurven bewegen, wobei wir annehmen, daß alle Kontrollpunkte sich auf Bézier–Kurven gleichen Grades n bewegen. Mathematisch läßt sich die entstehende Oberfläche als Tensor–Produkt beschreiben. Die sich bewegende Bézier–Kurve sei

$$\bar{b}^m(u) = \sum_{i=0}^{m} \bar{b}_i B_i^m(u) \qquad \text{für } 0 \leq u \leq 1$$

Jeder Bézier–Punkt $\bar{b}_i$ durchläuft eine Bézier–Kurve vom Grad n, d.h. es ist

$$\bar{b}_i = \bar{b}_i(v) = \sum_{j=0}^{n} \bar{b}_{ij} B_j^n(v) \qquad \text{für } 0 \leq v \leq 1$$

wobei $\bar{b}_{i0}, \cdots, \bar{b}_{in}$ die Kontrollpunkte für diese Bézier–Kurve sind. Einsetzen liefert als Gleichung für einen Punkt auf der Bézier–Oberfläche

$$\bar{b}^{m,n}(u,v) = \sum_{i=0}^{m} \sum_{j=0}^{n} \bar{b}_{ij} B_i^m(u) B_j^n(v) \qquad \text{für } 0 \leq u, v \leq 1 \qquad (7.35)$$

Die $(n+1)(m+1)$ Kontrollpunkte $\bar{b}_{ij}$ spannen ein Netz auf, in dem für $0 < i < m$, $0 < j < n$ $\bar{b}_{ij}$ mit seinen Nachbarpunkten $\bar{b}_{i-1,j}, \bar{b}_{i+1,j}, \bar{b}_{i,j-1}, \bar{b}_{i,j+1}$ verbunden ist. Die Randpunkte $\bar{b}_{0j}$ bzw. $\bar{b}_{mj}$ sind mit $\bar{b}_{0,j-1}$ und $\bar{b}_{0,j+1}$ bzw. $\bar{b}_{m,j-1}$ und $\bar{b}_{m,j+1}$ verbunden, die Randpunkte $\bar{b}_{i0}$ bzw. $\bar{b}_{in}$ sind mit $\bar{b}_{i-1,0}$ und $\bar{b}_{i+1,0}$ bzw. $\bar{b}_{i-1,n}$ und $\bar{b}_{i+1,n}$ verbunden, vgl. Abbildung 7.15. Kontrollpunkt $\bar{b}_{ij}$ ist der zweidimensionale Parameterpunkt (u_i, v_j) zugeordnet mit $u_i = i/m$ und $v_j = j/n$. Wenn man den Parameterwert $v = v_{const}$ konstant hält, erhält man einen Schnitt (auch *Parameterlinie* genannt) durch die Bézier–Oberfläche, der wieder eine Bézier–Kurve ist. Die Kontrollpunkte dieser Bézier–Kurve sind

$$\bar{b}_i(v_{const}) = \sum_{j=0}^{n} \bar{b}_{ij} B_j^n(v_{const}) \qquad \text{für } 0 \leq i \leq m$$

Da diese Punkte auf Bézier–Kurven liegen, lassen sie sich natürlich auch mit Hilfe des Casteljau–Algorithmus berechnen. Ausgehend von diesen Kontrollpunkten kann man die Punkte auf der Schnittkurve ebenfalls mit Hilfe des des Casteljau–Algorithmus berechnen, diesmal auf den Parameterwert u angewendet. Analoges gilt für konstantes $u = u_{const}$.

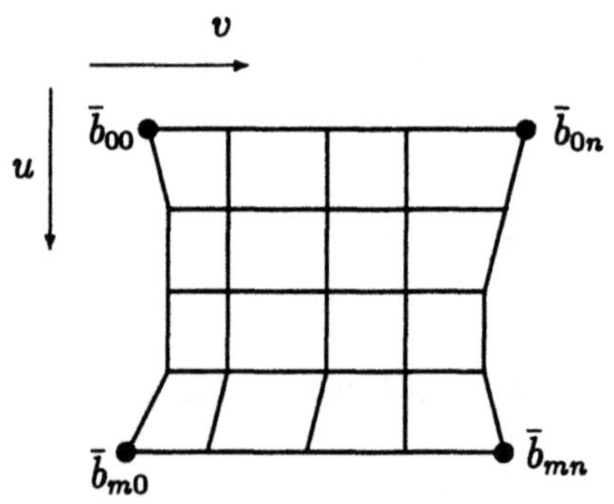

Abbildung 7.15: Die Kontrollpunkte $\bar{b}_{ij}$ spannen ein Netz auf, das hier vereinfacht zweidimensional wiedergegeben ist.

Die meisten Eigenschaften der Bézier–Kurven lassen sich einfach auf die Bézier–Oberflächen übertragen. Da der (zweistufige) Casteljau–Algorithmus zur Berechnung von Punkten auf der Bézier–Oberfläche verwendet werden kann, haben Bézier–Oberflächen die Eigenschaft, vollständig in der konvexen Hülle der Kontrollpunkte zu liegen. Ebenso wie Bézier–Kurven sind Bézier–Oberflächen auch affin invariant. Durch Einsetzen von $(u, v) = (u_0, v_0), (u_m, v_0), (u_0, v_n), (u_m, v_n)$ sieht man, daß die Bézier–Oberfläche die Randpunkte $\bar{b}_{00}, \bar{b}_{0n}, \bar{b}_{m0}, \bar{b}_{mn}$ interpoliert. Zur Berechnung der Tangentenebenen an die Bézier–Oberfläche muß man die partiellen Ableitungen der Bézier–Oberfläche bestimmen. Für diese erhält man aus den Ableitungen für Bézier–Kurven

$$\begin{aligned}\frac{\partial}{\partial u}\bar{b}^{m,n}(u,v) &= m\sum_{i=0}^{m-1}\sum_{j=0}^{n}(\bar{b}_{i+1,j}-\bar{b}_{ij})B_i^{m-1}(u)B_j^n(v)\\ \frac{\partial}{\partial v}\bar{b}^{m,n}(u,v) &= n\sum_{i=0}^{m}\sum_{j=0}^{n-1}(\bar{b}_{i,j+1}-\bar{b}_{ij})B_i^{m}(u)B_j^{n-1}(v)\end{aligned}$$

Dies sind die Tangentenvektoren der v– bzw. u–Parameterlinien, die die Tangentenebene in einem bestimmten Punkt der Bézier–Oberfläche aufspannen, vgl. Abbildung 7.16. Den Normalenvektor für einen Punkt (u, v) der Bézier–Oberfläche erhält man als

$$\vec{n}(u,v) = \frac{\partial}{\partial u}\bar{b}^{m,n}(u,v) \times \frac{\partial}{\partial v}\bar{b}^{m,n}(u,v)$$

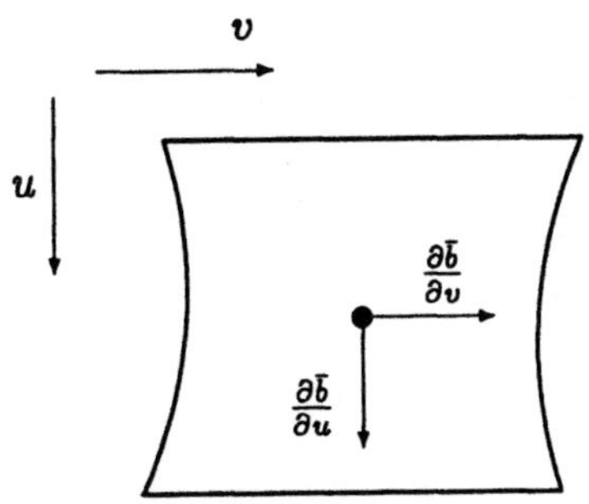

Abbildung 7.16: Die Tangentenvektoren $\partial\bar{b}/\partial u$ und $\partial\bar{b}/\partial v$ sind Tangentenvektoren an die u– bzw. v–Parameterlinien, die in Richtung wachsender u– bzw. v–Werte zeigen.

Durch Einsetzen von $(u,v) = (u_0,v_0),(u_m,v_0),(u_0,v_n),(u_m,v_n)$ sieht man, daß die Tangentenebenen für die Randpunkte vollständig durch die Nachbarpunkte bestimmt sind. Es gilt:

$$\begin{aligned}
\vec{n}(u_0,v_0) &= (\bar{b}_{10}-\bar{b}_{00}) \times (\bar{b}_{01}-\bar{b}_{00}) \\
\vec{n}(u_m,v_0) &= (\bar{b}_{m0}-\bar{b}_{m-1,0}) \times (\bar{b}_{m1}-\bar{b}_{m0}) \\
\vec{n}(u_0,v_n) &= (\bar{b}_{0n}-\bar{b}_{0,n-1}) \times (\bar{b}_{1n}-\bar{b}_{0n}) \\
\vec{n}(u_m,v_n) &= (\bar{b}_{mn}-\bar{b}_{m-1,n}) \times (\bar{b}_{mn}-\bar{b}_{m,n-1})
\end{aligned}$$

Das Tensorprodukt (7.35) läßt sich auch in Matrixform darstellen als

$$\bar{b}^{m,n}(u,v) = [B_0^m(u)\cdots B_m^m(u)] \begin{bmatrix} \bar{b}_{00} & \cdots & \bar{b}_{0n} \\ \vdots & & \vdots \\ \bar{b}_{m0} & \cdots & \bar{b}_{mn} \end{bmatrix} \begin{bmatrix} B_0^n(u) \\ \vdots \\ B_n^n(u) \end{bmatrix}$$

Diese Darstellung ist vor allem für die in den folgenden Abschnitten berechneten B-Spline-Oberflächen von praktischem Nutzen.

Bézier-Oberflächen haben die gleichen Nachteile wie die Bézier-Kurven: zur Berechnung eines Punktes der Oberfläche werden alle Kontrollpunkte berücksichtigt. Dies macht die Berechung aufwendig und führt dazu, daß lokale Eigenschaften der Kontrollpunkte u.U. wenig berücksichtigt werden. Aus diesem

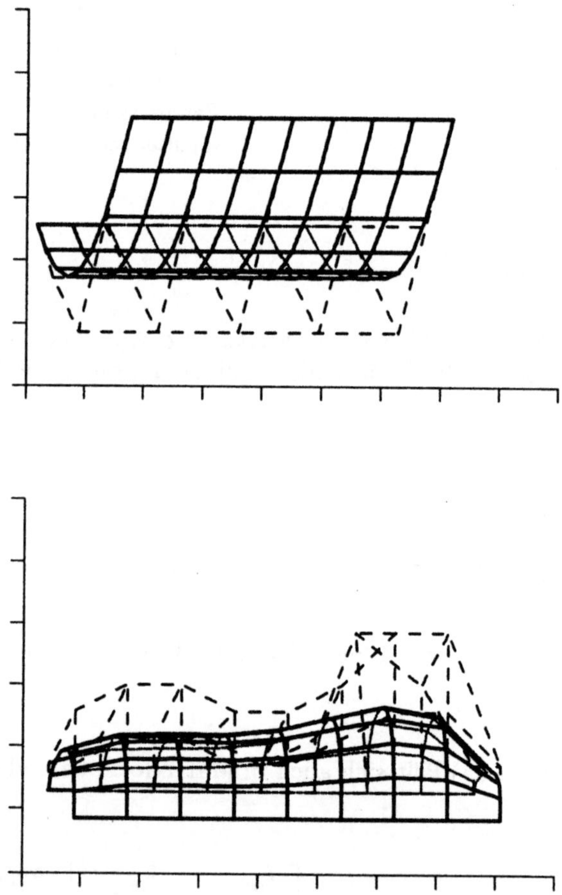

Abbildung 7.17: Diese Abbildung zeigt zwei Beispiele für das Aussehen von Bézier–Oberflächen. Das Kontrollpunkt–Netz ist gestrichelt eingezeichnet. Die Oberflächen werden durch einige u– bzw. v–Parameterlinien dargestellt, die durch Geradenstücke angenähert werden. Die verdeckten Teile der Oberflächen sind gepunktet dargestellt. Man sieht, daß die Oberfläche die Eck–Kontrollpunkte interpoliert und vollständig in dem von den Kontrollpunkten definierten Polygon liegt. Die Berücksichtigung aller Kontrollpunkte zur Berechnung eines Oberflächenpunktes bewirkt, daß die Oberflächen u.U. relativ weit von den Kontrollpunkten entfernt verlaufen und daß die Oberflächen sehr glatt wirken.

Grund sind Bézier-Oberflächen in der Praxis nur für kleinere Kontrollpunkt-Mengen gut einsetzbar. Auf der anderen Seite sind Bézier-Oberflächen gerade wegen der Berücksichtigung aller Kontrollpunkte ziemlich glatt und ausgeglichen (siehe auch Abbildung 7.17), eine Eigenschaft, die die im nächsten Abschnitt beschriebenen B-Spline-Oberflächen nicht unbedingt haben. Dies macht sie in manchen Anwendungsgebieten gut einsetzber (z.B. in der Fahrzeugindustrie, wo sie ja auch entwickelt wurden). Den Nachteil der aufwendigen Berechnung für größere Kontrollpunkt-Mengen kann man durch Verwendung von zusammengesetzten Bézier-Oberflächen beheben, bei denen die Gesamt-Oberfläche aus mehreren Einzel-Bézier-Oberflächen zusammengesetzt wird, die nach bestimmten Anschlußbedingungen aneinander angeschlossen werden. Wir gehen hier nicht weiter auf die Behandlung ein und verweisen den Leser auf [HL89] oder [QD87].

7.7 B-Spline-Oberflächen

B-Spline-Oberflächen kann man sich analog den Bézier-Oberflächen entstanden denken. Mathematisch werden sie ebenfalls durch ein Tensorprodukt beschrieben, nur daß anstatt der Bernstein-Polynome die B-Spline-Funktionen verwendet werden. Man erhält als Verallgemeinerung von (7.25)

$$\bar{s}_{kl}(u,v) = \sum_{i=0}^{m} \sum_{j=0}^{n} \bar{b}_{ij} N_i^k(u + \frac{k}{2x}) N_j^l(v + \frac{l}{2y}) \tag{7.36}$$

für $u_0 \leq u \leq u_m$ und $v_0 \leq v \leq v_n$, wobei die B-Spline-Funktionen der Ordnung k und l verwendet werden. Es ist $x = m + k$, $y = n + l$. Jedem Kontrollpunkt $\bar{b}_{ij}$ ist zweidimensionaler Parameterpunkt (u_i, v_j) zugeordnet, wobei wir wieder eine uniforme Zerlegung annehmen, d.h. es ist $u_i = i/x$ und $v_j = j/y$. Auch hier übertragen sich die Eigenschaften der B-Spline-Kurven auf die B-Spline-Oberflächen. Ebenso wie die Bézier-Oberflächen liegen die B-Spline-Oberflächen vollständig in der konvexen Hülle ihrer Kontrollpunkte. Von den B-Spline-Kurven überträgt sich die wichtige Eigenschaft der lokalen Kontrolle auf die B-Spline-Oberflächen: zur Berechnung eines Punktes der Oberfläche werden maximal $k \cdot l$ Kontrollpunkte berücksichtigt. Deswegen ist die Berechnung der B-Spline-Oberflächen weniger aufwendig als die Berechnung der Bézier-Oberflächen. Für die partiellen Ableitungen der B-Spline-Oberflächen ergibt sich analog zu (7.27):

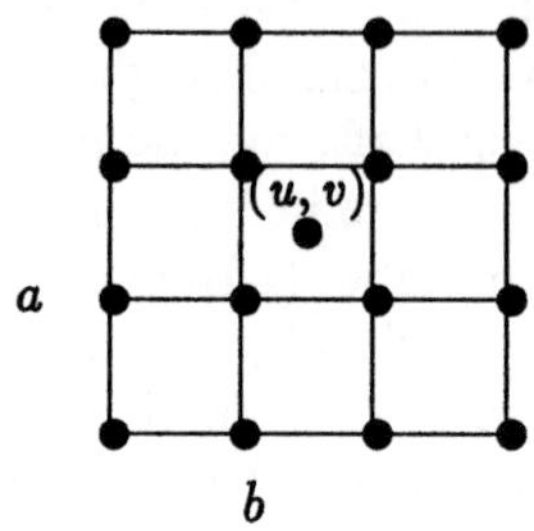

Abbildung 7.18: Veranschaulichung der berücksichtigten Kontrollpunkte zur Berechnung eines Oberflächenpunktes $\bar{s}(u,v)$. Die Kontrollpunkte sind durch ihre zugehörigen Parameterpunkte repräsentiert. (u,v) liege im Gebiet $D_{ab} = I_a \times I_b = [u_a : u_{a+1}] \times [v_a : v_{a+1}]$. Es werden die 16 Kontrollpunkte $\bar{b}_{ij}$ berücksichtigt, für die $a-1 \leq i \leq a+2$ und $b-1 \leq j \leq b+2$ gilt.

$$\begin{aligned}
\frac{\partial}{\partial u}\bar{s}_{kl}(u,v) &= (k-1)\sum_{i=1}^{m}\sum_{j=0}^{n}\frac{\bar{b}_{ij}-\bar{b}_{i-1,j}}{u_{i+k-1}-u_i}N_i^{k-1}(u+\frac{k}{2x})N_j^{l}(v+\frac{l}{2y}) \\
\frac{\partial}{\partial v}\bar{s}_{kl}(u,v) &= (l-1)\sum_{i=0}^{m}\sum_{j=1}^{n}\frac{\bar{b}_{ij}-\bar{b}_{i,j-1}}{v_{j+l-1}-v_i}N_i^{k}(u+\frac{k}{2x})N_j^{l-1}(v+\frac{l}{2y})
\end{aligned}$$

Zur Vereinfachung der Darstellung werden wir unsere Aufmerksamkeit im folgenden auf den in der Praxis relevanten bikubischen Fall beschränken, d.h. wir wählen $k = l = 4$. In diesem Fall vereinfacht sich (7.36) zu

$$\bar{s}(u,v) = \sum_{i=0}^{m}\sum_{j=0}^{n}\bar{b}_{ij}N_i^4(u+\frac{2}{x})N_j^4(v+\frac{2}{y}) \tag{7.37}$$

für $u_0 \leq u \leq u_m$ und $v_0 \leq v \leq v_n$ mit $x = m+4$ und $y = n+4$ oder als Matrix–Darstellung:

$$\bar{s}(u,v) = \left[N_0^4(u+\frac{2}{x}) \quad \cdots \quad N_m^4(u+\frac{2}{x})\right]\begin{bmatrix}\bar{b}_{00} & \cdots & \bar{b}_{0n} \\ \vdots & & \vdots \\ \bar{b}_{m0} & \cdots & \bar{b}_{mn}\end{bmatrix}\begin{bmatrix}N_0^4(v+\frac{2}{y}) \\ \vdots \\ N_n^4(v+\frac{2}{y})\end{bmatrix}$$

Zur Berechnung eines Punktes $\bar{s}(u,v)$ der Oberfläche werden maximal $k \cdot l = 16$ Kontrollpunkte berücksichtigt, nämlich genau die, deren zugehörige Parameterpunkte zu (u,v) am nächsten liegen, vgl. Abbildung 7.18. Wenn (u,v) mit einem zu einem Kontrollpunkt gehörenden Parameterpunkt (u_a, v_b) zusammenfällt (und k und l gerade sind), werden dagegen nur $(k-1)(l-1) = 9$

Kontrollpunkte zur Berechnung herangezogen, nämlich genau die $\bar{b}_{ij}$, für die $a-1 \leq i \leq a+1$ und $b-1 \leq j \leq b+1$ gilt Beide Behauptungen ergeben sich direkt aus Abschnitt 7.2.3. Analog zu der dort dargestellten Berechnung ergibt sich hier für den Grad der Berücksichtigung:

$$\begin{aligned}
\bar{s}(u_a, v_b) &= \begin{bmatrix} \frac{1}{6} & \frac{2}{3} & \frac{1}{6} \end{bmatrix} \begin{bmatrix} \bar{b}_{a-1,b-1} & \bar{b}_{a-1,b} & \bar{b}_{a-1,b+1} \\ \bar{b}_{a,b-1} & \bar{b}_{a,b} & \bar{b}_{a,b+1} \\ \bar{b}_{a+1,b-1} & \bar{b}_{a+1,b} & \bar{b}_{a+1,b+1} \end{bmatrix} \begin{bmatrix} \frac{1}{6} \\ \frac{2}{3} \\ \frac{1}{6} \end{bmatrix} \\
&= \frac{1}{36} (\bar{b}_{a-1,b-1} + \bar{b}_{a-1,b+1} + \bar{b}_{a+1,b-1} + \bar{b}_{a+1,b+1}) + \\
&\quad \frac{1}{9} (\bar{b}_{a-1,b} + \bar{b}_{a,b-1} + \bar{b}_{a,b+1} + \bar{b}_{a+1,b}) + \\
&\quad \frac{4}{9} \bar{b}_{a,b} \qquad (7.38)
\end{aligned}$$

Das bedeutet, daß $\bar{b}_{a,b}$ mit 4/9 gewichtet wird, die unmittelbar benachbarten Netzpunkte mit 1/9, dic vier restlichen Netzpunkte mit 1/36. Beispiele für B-Spline-Oberflächen sind in Abbildung 7.19 wiedergegeben. Man sieht, daß die B-Spline-Oberflächen ebenso wie die B-Spline-Kurven nicht die angenehme Eigenschaft haben, die Rand-Kontrollpunkte zu interpolieren. Statt dessen erscheinen die entstehenden Oberflächen in der Nähe des Randes verbogen, für kleinere Kontrollpunkt-Mengen (wie in Abbildung 7.19) sind die B-Spline-Oberflächen nicht gut einsetzbar. Diesen Nachteil kann man wie bei den B-Spline-Kurven durch das Einfügen zusätzlicher Rand-Kontrollpunkte beheben. Eine Möglichkeit besteht darin, die Rand-Kontrollpunkte einfach zu vervielfältigen. Wie wir im Abschnitt über die B-Spline-Kurven gesehen haben, reicht es im kubischen Fall meistens aus, die Rand-Kontrollpunkte zu verdoppeln, d.h. man fügt $2(n+1+m+1)+4$ zusätzliche Randpunkte ein, die das Kontrollpunkt-Netz vollständig umgeben. Das Netz der Kontrollpunkte sieht damit wie folgt aus:

$$\begin{array}{c|cccc|c}
\bar{b}_{-1,-1} & \bar{b}_{-1,0} & \cdots & & \bar{b}_{-1,n} & \bar{b}_{-1,n+1} \\
\hline
\bar{b}_{0,-1} & \bar{b}_{00} & \cdots & & \bar{b}_{0n} & \bar{b}_{0,n+1} \\
\vdots & \vdots & \vdots & & \vdots & \vdots \\
\bar{b}_{m,-1} & \bar{b}_{m0} & \cdots & & \bar{b}_{mn} & \bar{b}_{m,n+1} \\
\hline
\bar{b}_{m+1,-1} & \bar{b}_{m+1,0} & \cdots & & \bar{b}_{m+1,n} & \bar{b}_{m+1,n+1}
\end{array}$$

wobei

$$\begin{aligned} \bar{b}_{i,-1} &= \bar{b}_{i0} \\ \bar{b}_{i,n+1} &= \bar{b}_{in} \end{aligned} \quad 0 \leq i \leq m \qquad \begin{aligned} \bar{b}_{-1,j} &= \bar{b}_{0j} \\ \bar{b}_{m+1,j} &= \bar{b}_{mj} \end{aligned} \quad 0 \leq j \leq n$$

gesetzt wird. Die B–Spline–Oberfläche wird dann durch

$$\bar{s}(u,v) = \sum_{i=-1}^{m+1} \sum_{j=-1}^{n+1} \bar{b}_{ij} N_i^4(u + \frac{2}{x}) N_j^4(v + \frac{2}{y}) \qquad u_0 \leq u \leq u_m, v_0 \leq v \leq v_n$$

berechnet, wobei wir analog zu Abschnitt 7.2.3 eine um zwei Intervallpunkte erweiterte Parameterzerlegung in jeder Dimension verwenden, d.h. es ist $u_i = \frac{i+1}{x}$, $v_j = \frac{j+1}{y}$ mit $x = m + 6$ und $y = n + 6$. Es fehlt noch die Festlegung der neuen Eckpunkte des Kontrollpunkt–Netzes $\bar{b}_{-1,-1}$, $\bar{b}_{-1,n+1}$, $\bar{b}_{m+1,-1}$, $\bar{b}_{m+1,n+1}$. Diese können so festgelegt werden, daß die B–Spline–Oberfläche die Eckpunkte des ursprünglichen Kontrollpunkt–Netzes $\bar{b}_{00}, \bar{b}_{0n}, \bar{b}_{m0}, \bar{b}_{mn}$ interpoliert. Dazu muß gelten

$$\bar{s}(u_0,v_0) = \bar{b}_{00} \quad \bar{s}(u_m,v_0) = \bar{b}_{m0} \quad \bar{s}(u_0,v_n) = \bar{b}_{0n} \quad \bar{s}(u_m,v_n) = \bar{b}_{mn}$$

Wegen (7.38) gilt z.B.

$$\begin{aligned} \bar{s}(u_0,v_0) &= \frac{1}{36}\,(\bar{b}_{-1,-1} + \bar{b}_{-1,1} + \bar{b}_{1,-1} + \bar{b}_{11}) + \\ &\quad \frac{1}{9}\,(\bar{b}_{-1,0} + \bar{b}_{0,-1} + \bar{b}_{01} + \bar{b}_{10}) + \frac{4}{9}\,\bar{b}_{00} \\ &= \frac{1}{36}\,(\bar{b}_{-1,-1} + \bar{b}_{01} + \bar{b}_{10} + \bar{b}_{11}) + \\ &\quad \frac{1}{9}\,(\bar{b}_{00} + \bar{b}_{00} + \bar{b}_{01} + \bar{b}_{10}) + \frac{4}{9}\,\bar{b}_{00} \end{aligned}$$

Wenn $\bar{s}(u_0,v_0) = \bar{b}_{00}$ sein soll, muß gelten

$$\bar{b}_{-1,-1} = 12\,\bar{b}_{00} - 5\,\bar{b}_{01} - 5\,\bar{b}_{10} - \bar{b}_{11}$$

und analog

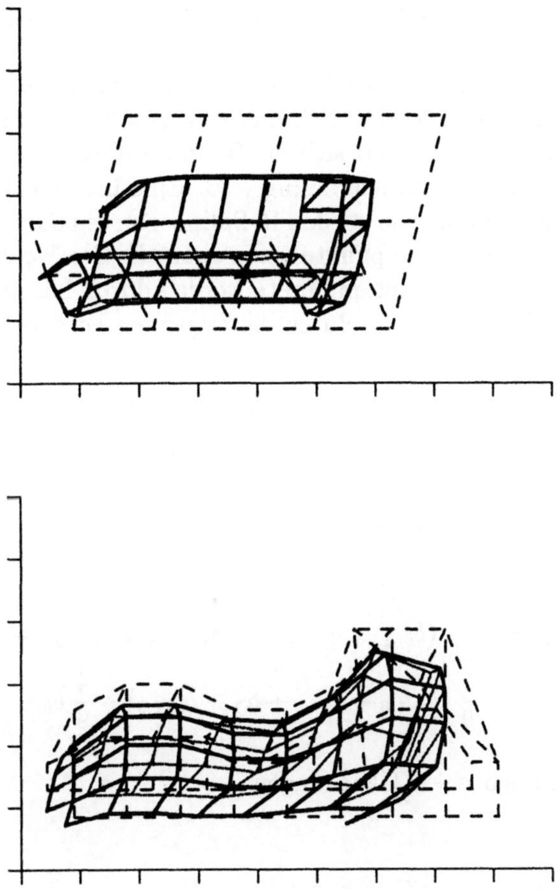

Abbildung 7.19: Diese Abbildung zeigt die B–Spline–Oberflächen für die Kontrollpunktmenge, die für die Bézier–Oberflächen in der vorangehenden Abbildung verwendet wurden. Man sieht, daß keiner der Kontrollpunkte interpoliert wird. Die dargestellten B–Spline–Oberflächen zeigen in der Nähe des Randes des Kontrollpunktnetzes ein sehr unschönes Aussehen. Dies fällt in diesen Beispielen besonders gut auf, weil das Kontrollpunktnetz sehr klein ist. Nur in Innern haben die entstehenden Oberflächen das gewünschte Aussehen.

$$\begin{aligned}
\bar{b}_{-1,n+1} &= 12\,\bar{b}_{0n} - 5\,\bar{b}_{0,n-1} - 5\,\bar{b}_{1n} - \bar{b}_{1,n-1} \\
\bar{b}_{m+1,-1} &= 12\,\bar{b}_{m0} - 5\,\bar{b}_{m-1,0} - 5\,\bar{b}_{m1} - \bar{b}_{m-1,1} \\
\bar{b}_{m+1,n+1} &= 12\,\bar{b}_{mn} - 5\,\bar{b}_{m-1,n} - 5\,\bar{b}_{m,n-1} - \bar{b}_{m-1,n-1}
\end{aligned}$$

Die Verdoppelung der Rand–Kontrollpunkte in der gerade beschriebenen Weise führt nur dazu, daß die Eck–Kontrollpunkte interpoliert werden. Den anderen Rand–Kontrollpunkten nähert sich die B–Spline–Oberfläche zwar stark an, interpoliert sie aber nicht, vgl. Abbildung 7.20. Eine Interpolation aller Rand–Kontrollpunkte erreicht man wie bei den B–Spline–Kurven duch Einführung von $2(n+1+m+1)+4$ Phantompunkten, die ebenfalls das Kontrollpunkt–Netz vollständig umgeben. Die Phantompunkte werden durch Lösung eines linearen Gleichungssystems bestimmt, das durch die folgenden Forderungen entsteht:

$$\begin{aligned}
\bar{s}(u_i, v_0) &= \bar{b}_{i0} & & & \bar{s}(u_0, v_j) &= \bar{b}_{0j} \\
& & 0 \le i \le m & & & & 0 < j < n \\
\bar{s}(u_i, v_n) &= \bar{b}_{in} & & & \bar{s}(u_m, v_j) &= \bar{b}_{mj}
\end{aligned} \qquad (7.39)$$

wobei z.B. die Forderung $\bar{s}(u_i, v_0) = \bar{b}_{i0}$ bedeutet, daß

$$\begin{aligned}
\bar{b}_{i0} &= \frac{1}{36}\left(\bar{b}_{i-1,-1} + \bar{b}_{i-1,1} + \bar{b}_{i+1,-1} + \bar{b}_{i+1,1}\right) + \\
&\quad \frac{1}{9}\left(\bar{b}_{i-1,0} + \bar{b}_{i,-1} + \bar{b}_{i1} + \bar{b}_{i+1,0}\right) + \frac{4}{9}\,\bar{b}_{i0}
\end{aligned}$$

gelten muß, was zu den $n+1$ Gleichungen

$$\begin{aligned}
\frac{1}{36}\bar{b}_{i-1,-1} + \frac{1}{9}\bar{b}_{i,-1} + \frac{1}{36}\bar{b}_{i+1,-1} &= \\
\frac{5}{9}\bar{b}_{i0} - \frac{1}{36}\bar{b}_{i-1,1} - \frac{1}{36}\bar{b}_{i+1,1} - \frac{1}{9}\bar{b}_{i-1,0} - \frac{1}{9}\bar{b}_{i,1} - \frac{1}{9}\bar{b}_{i+1,0}
\end{aligned}$$

führt. Die anderen Forderungen liefern ähnliche Gleichungen. Man beachte, daß wir in den rechten Gleichungen die Grenzen $j = 0$ und $j = n$ ausgelassen haben, weil die gleichen Forderungen schon von den linken Gleichungen für $i = 0$ bzw. $i = m$ abgedeckt werden. (7.39) liefert $2(n+m)$ Gleichungen für $2(n+1+m+1)+4$ Phantompunkte, es fehlen also noch 8 Gleichungen. Diese erhält man z.B. durch die Forderung, daß die Steigung der B–Spline–Oberfläche in

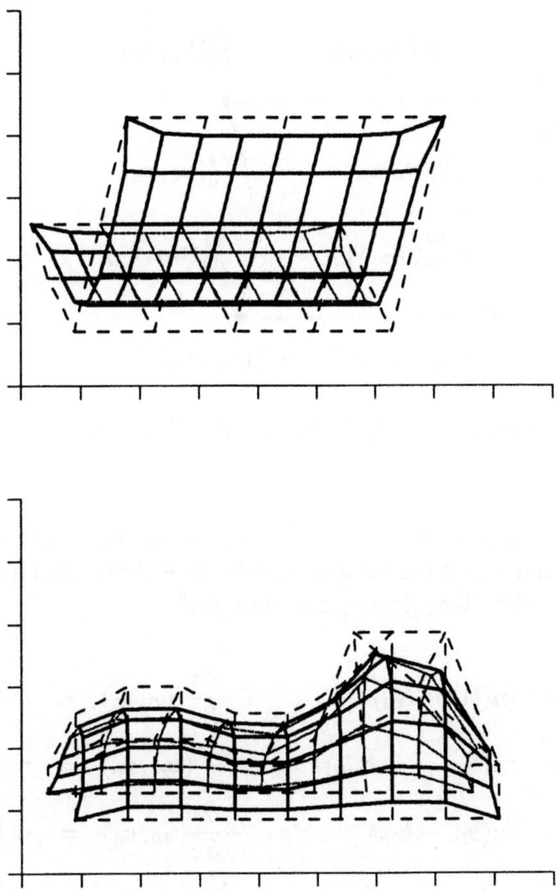

Abbildung 7.20: Diese Abbildung zeigt die für die gleiche Kontrollpunktmenge wie in den letzten Abbildungen entstehenden B–Spline–Oberflächen, wenn man die Rand–Kontrollpunkte nach dem im Text beschriebenen Verfahren verdoppelt. Die Oberflächen haben jetzt auch in der Nähe der Rand–Kontrollpunkte in etwa das gewünschte Aussehen. Wie im Text beschrieben, werden die Eck–Kontrollpunkte interpoliert. Beim Vergleich mit den Bézier–Oberflächen sieht man, daß die B–Spline–Oberflächen näher an dem Kontrollpunkt–Netz liegen, aber ein etwas unregelmäßigeres Aussehen haben. Dies liegt an der im Text beschriebenen Eigenschaft der lokalen Kontrolle.

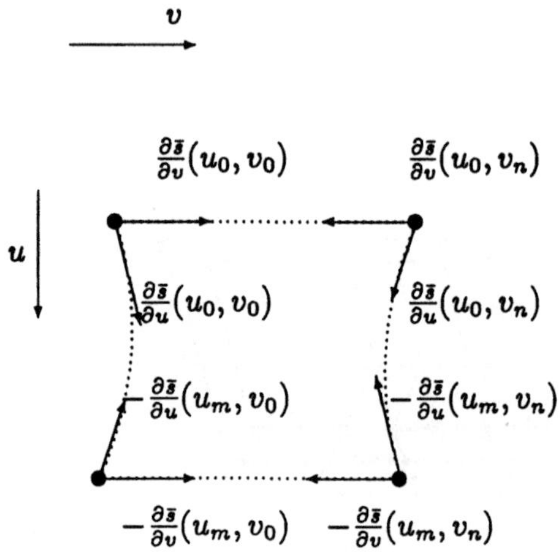

Abbildung 7.21: **Veranschaulichung der festgelegten Richtungsvektoren zur Berechnung der Phantompunkte.**

den Eck–Kontrollpunkten bestimmte Eigenschaften hat. Wir legen fest, daß die Richtungsvektoren der u–Ableitungen und der v–Ableitungen für die Eckpunkte in dem Kontrollpunkt–Netz liegen, d.h. daß gilt[6]:

$$\begin{aligned}
\frac{\partial s}{\partial u}(u_0, v_0) &= m(\bar{b}_{10} - \bar{b}_{00}) & \frac{\partial s}{\partial v}(u_0, v_0) &= n(\bar{b}_{01} - \bar{b}_{00}) \\
-\frac{\partial s}{\partial u}(u_m, v_0) &= m(\bar{b}_{m-1,0} - \bar{b}_{m0}) & \frac{\partial s}{\partial v}(u_m, v_0) &= n(\bar{b}_{m1} - \bar{b}_{m0}) \\
\frac{\partial s}{\partial u}(u_0, v_n) &= m(\bar{b}_{1n} - \bar{b}_{0n}) & -\frac{\partial s}{\partial v}(u_0, v_n) &= n(\bar{b}_{0,n-1} - \bar{b}_{0n}) \\
-\frac{\partial s}{\partial u}(u_m, v_n) &= m(\bar{b}_{m-1,n} - \bar{b}_{m,n}) & -\frac{\partial s}{\partial v}(u_m, v_n) &= n(\bar{b}_{m,n-1} - \bar{b}_{mn})
\end{aligned}$$

Siehe auch Abbildung 7.21. Wegen

$$\frac{\partial s}{\partial u}(u, v) = \sum_{i=-1}^{m+1} \sum_{j=-1}^{n+1} \bar{b}_{ij} \frac{dN_i^4}{du}(u + \frac{2}{x}) N_j^4(v + \frac{2}{y})$$

[6]Den Faktor m bzw. n verwenden wir, weil die partiellen Ableitungen diesen Faktor enthalten.

ergibt sich für den Richtungsvektor an einem zu einem Kontrollpunkt gehörenden Parameterpunkt

$$\frac{\partial \bar{s}}{\partial u}(u_a, v_b) = \begin{bmatrix} \frac{dN^4_{a-1}}{du}(2) & \frac{dN^4_a}{du}(2) & \frac{dN^4_{a+1}}{du}(2) \end{bmatrix} \begin{bmatrix} \bar{b}_{a-1,b-1} & \bar{b}_{a-1,b} & \bar{b}_{a-1,b+1} \\ \bar{b}_{a,b-1} & \bar{b}_{a,b} & \bar{b}_{a,b+1} \\ \bar{b}_{a+1,b-1} & \bar{b}_{a+1,b} & \bar{b}_{a+1,b+1} \end{bmatrix} \begin{bmatrix} N^4_{b-1}(2) \\ N^4_b(2) \\ N^4_{b+1}(2) \end{bmatrix} \quad (7.40)$$

was wegen (7.34) und (7.24) zu

$$\begin{aligned} \frac{\partial \bar{s}}{\partial u}(u_a, v_b) &= m \begin{bmatrix} -\frac{1}{2} & 0 & \frac{1}{2} \end{bmatrix} \begin{bmatrix} \bar{b}_{a-1,b-1} & \bar{b}_{a-1,b} & \bar{b}_{a-1,b+1} \\ \bar{b}_{a,b-1} & \bar{b}_{a,b} & \bar{b}_{a,b+1} \\ \bar{b}_{a+1,b-1} & \bar{b}_{a+1,b} & \bar{b}_{a+1,b+1} \end{bmatrix} \begin{bmatrix} \frac{1}{6} \\ \frac{2}{3} \\ \frac{1}{6} \end{bmatrix} \\ &= m\Big(-\frac{1}{12}\bar{b}_{a-1,b-1} - \frac{1}{3}\bar{b}_{a-1,b} - \frac{1}{12}\bar{b}_{a-1,b+1} \\ &\qquad + \frac{1}{12}\bar{b}_{a+1,b-1} + \frac{1}{3}\bar{b}_{a+1,b} + \frac{1}{12}\bar{b}_{a+1,b+1}\Big) \end{aligned}$$

wird. Analog erhält man

$$\begin{aligned} \frac{\partial \bar{s}}{\partial v}(u_a, v_b) &= n \begin{bmatrix} \frac{1}{6} & \frac{2}{3} & \frac{1}{6} \end{bmatrix} \begin{bmatrix} \bar{b}_{a-1,b-1} & \bar{b}_{a-1,b} & \bar{b}_{a-1,b+1} \\ \bar{b}_{a,b-1} & \bar{b}_{a,b} & \bar{b}_{a,b+1} \\ \bar{b}_{a+1,b-1} & \bar{b}_{a+1,b} & \bar{b}_{a+1,b+1} \end{bmatrix} \begin{bmatrix} -\frac{1}{2} \\ 0 \\ \frac{1}{2} \end{bmatrix} \\ &= n\Big(-\frac{1}{12}\bar{b}_{a-1,b-1} + \frac{1}{12}\bar{b}_{a-1,b+1} - \frac{1}{3}\bar{b}_{a,b-1} \\ &\qquad + \frac{1}{3}\bar{b}_{a,b+1} - \frac{1}{12}\bar{b}_{a+1,b-1} + \frac{1}{12}\bar{b}_{a+1,b+1}\Big) \end{aligned}$$

Die Forderung $\frac{\partial s}{\partial u}(u_0, v_0) = m(\bar{b}_{10} - \bar{b}_{00})$ wird damit zur Gleichung

$$\frac{1}{12}\bar{b}_{-1,-1} + \frac{1}{3}\bar{b}_{-1,0} + \frac{1}{12}\bar{b}_{-1,1} - \frac{1}{12}\bar{b}_{1,-1} = \bar{b}_{00} - \frac{2}{3}\bar{b}_{1,0} + \frac{1}{12}\bar{b}_{1,1}$$

Für die anderen Forderungen ergeben sich ähnliche Gleichungen. Abbildung 7.22 zeigt die mit diesem Verfahren entstehenden Oberflächen. Man sieht, daß jetzt alle Rand–Kontrollpunkte interpoliert werden. Wenn man die Oberflächen aus Abbildung 7.22 mit den Bézier–Oberflächen aus Abbildung 7.17 vergleicht, so sieht man, daß die Bézier–Oberflächen wesentlich glatter als die B–Spline–Oberflächen erscheinen, daß die B–Spline–Oberflächen aber eher in der Nähe des Kontrollpunkt–Netzes verlaufen. Je nach Einsatzgebiet ist das eine oder das andere erwünscht.

Ebenso wie es geschlossene B–Spline–Kurven gibt, gibt es auch geschlossene B–Spline–Oberflächen, deren Entstehen man sich so vorstellen kann, daß eine geschlossene B–Spline–Kurven durch den Raum bewegt wird. Ebenso wie für die geschlossenen B–Spline–Kurven muß man für die geschlossenen B–Spline–Oberflächen die entsprechenden Rand–Kontrollpunkte periodisch fortsetzen, um das gewünschte Aussehen zu erhalten. Man verwendet also das folgende Kontrollpunkt–Netz für kubische B–Spline–Oberflächen, die bzgl. Parameter v geschlossen sind:

$$
\begin{array}{cccccccc}
\bar b_{-1,0} & \bar b_{-1,0} & \bar b_{-1,0} & \bar b_{-1,0} & \cdots & \bar b_{-1,n} & \bar b_{-1,n} & \bar b_{-1,n} & \bar b_{-1,n} \\
\bar b_{00} & \bar b_{00} & \bar b_{00} & \bar b_{00} & \cdots & \bar b_{0n} & \bar b_{0n} & \bar b_{0n} & \bar b_{0n} \\
\vdots & \vdots & \vdots & \vdots & \vdots & \vdots & \vdots & \vdots & \vdots \\
\bar b_{m0} & \bar b_{m0} & \bar b_{m0} & \bar b_{m0} & \cdots & \bar b_{mn} & \bar b_{mn} & \bar b_{mn} & \bar b_{mn} \\
\bar b_{m+1,0} & \bar b_{m+1,0} & \bar b_{m+1,0} & \bar b_{m+1,0} & \cdots & \bar b_{m+1,n} & \bar b_{m+1,n} & \bar b_{m+1,n} & \bar b_{m+1,n}
\end{array}
$$

Dabei können die Kontrollpunkte $\bar b_{-1,j}$ und $\bar b_{m+1,j}$ mit $0 \leq j \leq n$ wieder als Phantompunkte wie beschrieben bestimmt werden.

7.8 Interpolation mit B–Spline–Oberflächen

Ebenso wie B–Spline–Kurven zur Interpolation von Kontrollpunkten $\bar b_0, \cdots, \bar b_n$ verwendet werden können, können ganz analog B–Spline–Oberflächen zur Interpolation von Kontrollpunkten $\bar b_{ij}$, $0 \leq i \leq m$, $0 \leq j \leq n$, verwendet werden. Dazu müssen wir neue Kontrollpunkte $\bar x_{ij}$, $0 \leq i \leq m$, $0 \leq j \leq n$, berechnen, die so zu wählen sind, daß die Punkte $\bar b_{ij}$ interpoliert werden. Es muß also gelten:

$$
\bar b_{kl} = \bar s(u_k, v_l) = \sum_{i=0}^{m} \sum_{j=0}^{n} \bar x_{ij} N_i^4(u_k + \frac{2}{x}) N_i^4(v_l + \frac{2}{y}) \qquad (7.41)
$$

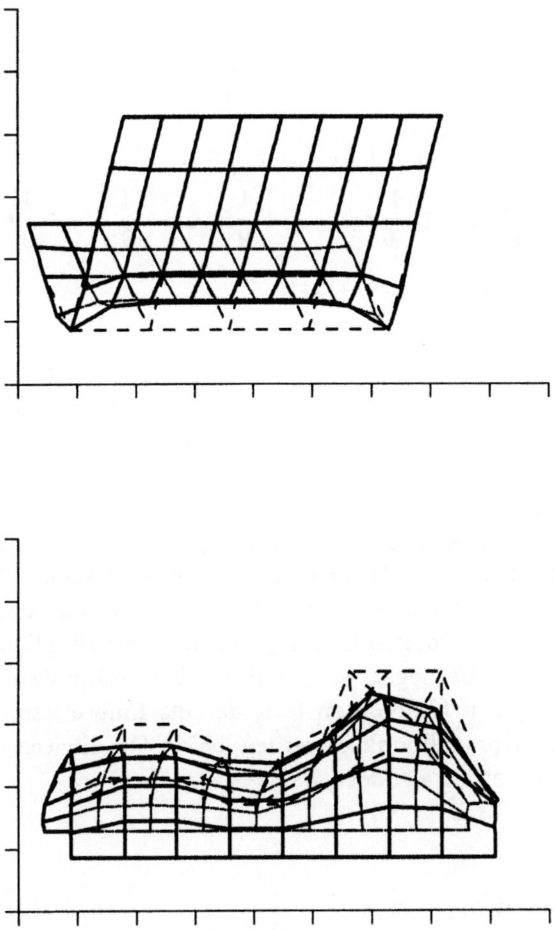

Abbildung 7.22: Diese Abbildung zeigt die mit dem Phantompunkt-Verfahren erzeugten B-Spline-Oberflächen für unsere Kontrollpunktmenge. Man sieht, daß jetzt alle Rand-Kontrollpunkte interpoliert werden und daß die Kontrollpunkt-Polygone an den Eck-Kontrollpunkten tangential zu der entstehenden Oberfläche liegen. Die in der unteren Oberfläche enthaltenen Spitzen rühren daher, dann die Parameterlinien durch Geradensegmente angenähert wurden. Bei einer exakten Darstellung würden diese Spitzen nicht auftreten.

für $0 \leq k \leq m$ und $0 \leq l \leq n$. Dies ist ein System von $(m+1)(n+1)$ Gleichungen mit ebensoviel Unbekannten, das mit einem gängigen Verfahren (Gaußsche Elimination oder Gauß–Seidel–Iteration) gelöst werden kann. Analog (7.38) wird (7.41) zu:

$$\begin{aligned}
\bar{b}_{kl} &= \frac{1}{36}\left(\bar{x}_{k-1,l-1} + \bar{x}_{k-1,l+1} + \bar{x}_{k+1,l-1} + \bar{x}_{k+1,l+1}\right) + \\
&\quad \frac{1}{9}\left(\bar{x}_{k-1,l} + \bar{x}_{k,l-1} + \bar{b}_{k,l+1} + \bar{x}_{k+1,l}\right) + \frac{4}{9}\,\bar{x}_{k,l} \\
&= \frac{1}{36}\bar{x}_{k-1,l-1} + \frac{1}{9}\bar{x}_{k-1,l} + \frac{1}{36}\bar{x}_{k-1,l+1} + \frac{1}{9}\bar{x}_{k,l-1} + \frac{4}{9}\,\bar{x}_{k,l} + \frac{1}{9}\bar{b}_{k,l+1} + \\
&\quad \frac{1}{36}\bar{x}_{k+1,l-1} + \frac{1}{9}\bar{x}_{k+1,l} + \frac{1}{36}\bar{x}_{k+1,l+1}
\end{aligned}$$

Auch hier ist es ebenso wie bei der Interpolation mit B–Spline–Kurven notwendig, die Steigung der Oberfläche in der Nähe der End–Interpolationspunkte zu kontrollieren, um der entstehenden Oberfläche am Rand das gewünschte Aussehen zu geben. Dies erreicht man durch Einfügen von zusätzlichen Rand–Kontrollpunkten $x_{-1,j}$, $x_{m+1,j}$, $x_{i,-1}$ und $x_{i,n+1}$ für $0 \leq i \leq m$ und $0 \leq j \leq n$. Insgesamt sind also $(m+3)(n+3) - 4$ Kontrollpunkte zu bestimmen, für die wir bis jetzt $(m+1)(n+1)$ Gleichungen festgelegt haben. Die restlichen $2(m+1) + 2(n+1)$ Gleichungen erhalten wir dadurch, daß wir den Gradienten der entstehenden Oberfläche für jeden der ursprünglichen Rand–Kontrollpunkte festlegen. Dabei legen wir für Rand–Kontrollpunkte, die nicht Eck–Kontrollpunkte sind, den Gradienten fest, der ins Innere der Oberfläche zeigt. Nur für die Eck–Kontrollpunkte werden beide Gradienten festgelegt, vgl. Abbildung 7.23. Wir setzen also fest, daß

$$\begin{aligned}
\frac{\partial s}{\partial v}(u_i, v_0) &= n(\bar{x}_{i,1} - \bar{x}_{i,0}) \\
-\frac{\partial s}{\partial v}(u_i, v_n) &= n(\bar{x}_{i,n-1} - \bar{x}_{i,n})
\end{aligned} \qquad 0 \leq i \leq m$$

$$\begin{aligned}
\frac{\partial s}{\partial u}(u_0, v_j) &= m(\bar{x}_{1,j} - \bar{x}_{0,j}) \\
-\frac{\partial s}{\partial u}(u_m, v_j) &= m(\bar{x}_{m-1,j} - \bar{x}_{m,j})
\end{aligned} \qquad 0 \leq j \leq n$$

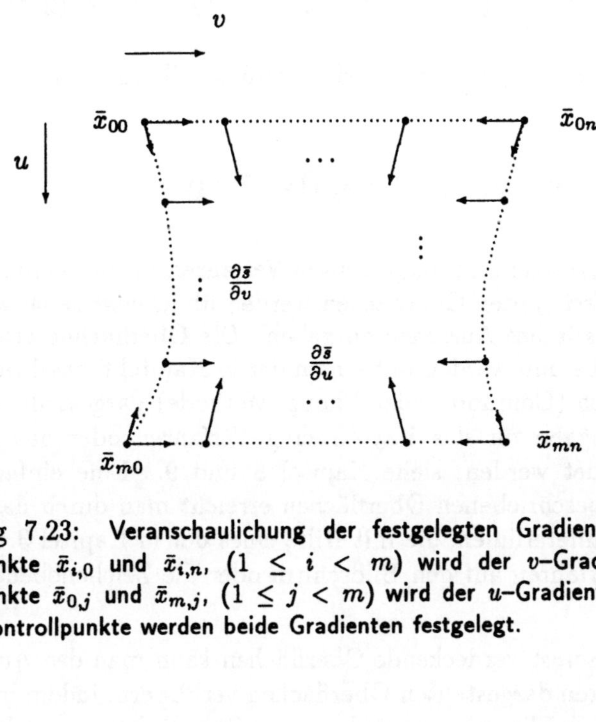

Abbildung 7.23: **Veranschaulichung der festgelegten Gradienten: für die Rand-Kontrollpunkte $\bar{x}_{i,0}$ und $\bar{x}_{i,n}$, $(1 \leq i < m)$ wird der v-Gradient, für die Rand-Kontrollpunkte $\bar{x}_{0,j}$ und $\bar{x}_{m,j}$, $(1 \leq j < m)$ wird der u-Gradient festgelegt. Nur für die Eck-Kontrollpunkte werden beide Gradienten festgelegt.**

Analog zu (7.40) erhalten wir z.B. für die erste Forderung die $n+1$ Gleichungen

$$n\begin{bmatrix}\frac{1}{6} & \frac{2}{3} & \frac{1}{6}\end{bmatrix}\begin{bmatrix}\bar{x}_{i-1,-1} & \bar{x}_{i-1,0} & \bar{x}_{i-1,1}\\ \bar{x}_{i,-1} & \bar{x}_{i,0} & \bar{x}_{i,1}\\ \bar{x}_{i+1,-1} & \bar{x}_{i+1,0} & \bar{x}_{i+1,1}\end{bmatrix}\begin{bmatrix}-\frac{1}{2}\\ 0\\ \frac{1}{2}\end{bmatrix} = n(\bar{x}_{i,1}-\bar{x}_{i,0})$$

oder

$$-\frac{1}{12}\bar{x}_{i-1,-1}+\frac{1}{12}\bar{x}_{i-1,1}-\frac{1}{3}\bar{x}_{i,-1}+\bar{x}_{i,0}-\frac{2}{3}\bar{x}_{i,1}-\frac{1}{12}\bar{x}_{i+1,-1}+\frac{1}{12}\bar{x}_{i+1,1} = 0$$

Für die anderen Forderungen ergeben sich ähnliche Gleichungen.

7.9 Zeichnen von Oberflächen

Die in den letzten Abschnitten dargestellten Verfahren zur mathematischen Beschreibung von gekrümmten Oberflächen werden üblicherweise verwendet, um Objekten ein realistisches Aussehen zu geben. Die Oberflächen erhalten üblicherweise eine Farbe und werden mit einem der in Kapitel 6 beschriebenen Beleuchtungsverfahren (Gouraud- oder Phong-Methode) dargestellt, sie können aber auch als Eingabe für das Ray-Tracing-Verfahren oder das Radiosity-Verfahren verwendet werden, siehe Kapitel 8 und 9. Eine einfache Veranschaulichung der beschriebenen Oberflächen erreicht man durch das Zeichnen äquidistanter Parameterlinien, die mit Hilfe eines der in Kapitel 3 beschriebenen Projektionsverfahren auf den Bildschirm oder die Zeichenebene projiziert werden.

Für sich teilweise selbst verdeckende Oberflächen kann man das Aussehen der mit diesem Verfahren dargestellten Oberflächen verbessern, indem man zusätzlich ein Verfahren zur Eliminierung verborgener Oberflächen anwendet, vgl. Kapitel 4. Um den nicht unerheblichen Aufwand eines allgemeinen Verfahrens zu verringern, kann man hier auch ein recht einfaches Verfahren anwenden, das *y-Puffer-Verfahren*, im Englischen als *floating-horizon*-Verfahren bezeichnet, vgl. auch [BG89]. Dieses Verfahren eliminiert zwar nicht unter allen Bedingungen die verborgenen Teile der dargestellten Oberflächen korrekt, liefert aber in den meisten Fällen hinreichend gute Ergebnisse. Alle in diesem Kapitel dargestellten Oberflächen wurden mit diesem Verfahren erzeugt.

Das y–Puffer–Verfahren macht generell die Annahme, daß von zwei Punkten der darzustellenden Oberfläche derjenige näher zum Betrachter liegt, der einen geringeren z–Wert hat. Man nimmt also an, daß der Betrachter in Richtung z–Achse schaut, wenn er die Projektionsebene betrachtet. Diese Annahme stimmt überein mit der in Kapitel 3 beschriebenen Situation, bei der unter Verwendung eines linkshändigen Koordinatensystems die Projektionsebene parallel zur (xy)–Ebene liegt und die z–Achse an Stelle $d > 0$ schneidet, während das Projektionszentrum im Ursprung liegt.

Das Verfahren stellt die Parameterlinien segmentweise dar, wobei die Segmente einer u–Parameterlinie durch die Schnittpunkte mit den v–Parameterlinien definiert sind und umgekehrt. Das Verfahren versucht, die Segmente der Parameterlinien in der Reihenfolge zunehmender z–Koordinaten zu zeichnen, wobei aber nur die sichtbaren Teile der Segmente dargestellt werden. Welche Teile sichtbar sind, bestimmt das Verfahren mit Hilfe zweier Puffer `max_y` und `min_y`, die zu jeder x–Pixel–Position angeben, welches der maximale bzw. minimale y–Wert ist, der für diese x–Position von der Oberfläche bereits gezeichnet wurde. Von einem Parameterlinien–Segment wird immer nur der Teil dargestellt, der nicht in dem von den beiden Puffern angegebenen Bereich liegt. Dazu wird für jedes Pixel (x, y) des zu zeichnenden Parameterlinien–Segmentes y mit den Puffereinträgen für x verglichen. Das Pixel (x, y) wird nur dann gesetzt, wenn $y <$ `min_y`$[x]$ oder $y >$ `max_y`$[x]$. Für jedes gesetzte Pixel werden die beiden Puffer entsprechend aktualisiert. Dieses Verfahren erzeugt immer dann richtige Ergebnisse, wenn die Parameterlinien–Segmente wirklich in der Reihenfolge steigender z–Koordinatenwerte dargestellt werden, d.h. wenn die Parameterlinien–Segmente, die näher zum Beobachter liegen, zuerst gezeichnet werden. In Abbildung 7.24 ist wiedergegeben, in welcher Reihenfolge dazu die Parameterlinien–Segmente gezeichnet werden. Abbildung 7.25 zeigt eine Programmskizze des Algorithmus.

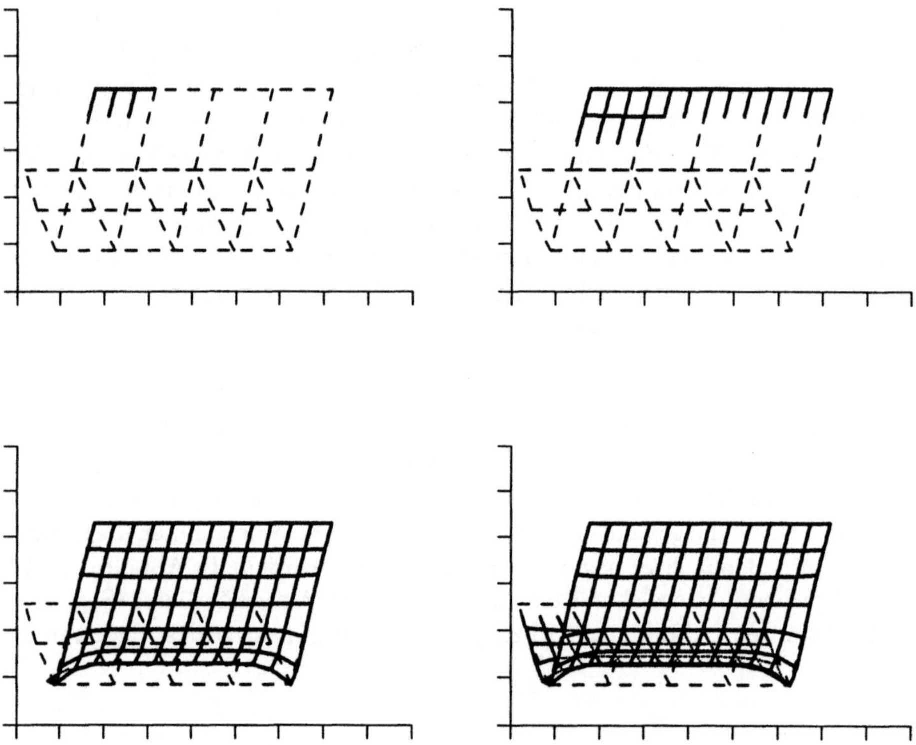

Abbildung 7.24: Diese Abbildung veranschaulicht den beschriebenen Algorithmus zum Zeichnen von Oberflächen dadurch, daß vier Momentaufnahmen des Zeichenprozesses dargestellt werden. Oben links ist der Zustand nach dem Zeichnen von drei u– und v–Parameterlinien-Stücken gezeigt. Oben rechts ist die erste v–Parameterlinie vollständig gezeichnet. Unten links sind die ersten Parameterlinien-Stücke gezeichnet, die z.T. verdecht sind. Unten rechts ist der Zeichenprozeß fast fertig.

```
float max_y[MAX_WIDTH],min_y[MAX_WIDTH];

void draw_bspl_surface(m,n,nu,nv,control_points)
int m,n;
int nu,nv
point control_points[MAXPOINTS][MAXPOINTS];
{
  int i,j;
  float u,v;
  point points1[MAXPOINTS], points2[MAXPOINTS],*p1,*p2,*help;

  du = ((float) m)/(m+4)/nu;
  dv = ((float) n)/(n+4)/nv;
  su = ((float) 2) / (m+4); /* shift */
  sv = ((float) 2) / (n+4); /* shift */
  for (j=0,u=0,v=0; j<=nv; j++,v+=dv) {
      b_spl_s(&(points1[j]),m,n,u+su,v+sv,control_points);
  }
  p1 = points1; p2 = points2;
  for (i=1,u=du; i<=nu; i++,u+=du) {
      for (j=0,v=0; j<=nv; j++,v+=dv) {
          b_spl_s((p2+j),m,n,u+su,v+sv,control_points);
          if (j < nv) output_piece(*(p1+j),*(p1+j+1));
          output_piece(*(p1+j),*(p2+j));
      }
      help = p1; p1 = p2; p2 = help;
  }
  output(p1);
}
```

Abbildung 7.25: Programmskizze zum y–Puffer–Algorithmus für kubische B–Spline–Oberflächen ($k = 4$). `m` und `n` geben die Ausdehnung der Kontrollpunkt–Matrix an, `control_points` enthält die Kontrollpunkte. `nu` und `nv` spezifizieren die Anzahl der zu zeichnenden Parameterlinien in u und v. `b_spl_s(p,m,n,u,v,control_points)` berechnet den zum Parameterwert `(u,v)` gehörenden Punkt der B–Spline–Oberfläche und legt den Wert in `p` ab. `output_piece(*p1,*p2)` zeichnet das zwischen `p1` und `p2` liegende Stück einer Parameterlinie und verwendet `max_y` und `min_y` zur Bestimmung der Sichtbarkeit wie im Text beschrieben. `output(p1)` zeichnet die gesamte in `p1` abgelegte Parameterlinie.

Kapitel 8

Ray–Tracing–Verfahren

Das Ray–Tracing–Verfahren und das im nächsten Kapitel beschriebene Radiosity–Verfahren sind *globale Beleuchtungsverfahren*, d.h. die Berechnung der Beleuchtung eines Objektes erfolgt global, indem andere Objekte der darzustellenden Szene berücksichtigt werden. Es wird also nicht nur die *direkte* Beleuchtung durch eine Lichtquelle dargestellt, sondern auch die *indirekte* Beleuchtung, die dadurch entsteht, daß das Licht von anderen Objekten reflektiert oder transmittiert wird. Bei den in Kapitel 5 beschriebenen *lokalen* Verfahren wurde die indirekte Beleuchtung durch einen Umgebungsterm nur sehr grob berücksichtigt. Bei den globalen Verfahren wird dagegen die indirekte Beleuchtung dadurch wesentlich besser wiedergegeben, daß außer den Lichtquellen alle Objekte der Szene mit in die Berechnung einbezogen werden, die von dem zu berechnenden Objekt aus sichtbar sind. Da dies für komplexe Szenen viele Objekte sein können, sind die globalen Verfahren entsprechend rechenzeitintensiv. Dafür erhält man aber auch unter Umständen sehr realistisch aussehende Darstellungen, auf denen auch reflektierende und durchscheinende Objekte gut wiedergegeben sind, und die auch Phämone wie *Halbschatten* und mehrfache Reflexionen korrekt darstellen.

Bei den globalen Beleuchtungsverfahren kann man prinzipiell zwischen Verfahren unterscheiden, die von der Position des Beobachters abhängig sind, und solchen, die davon unabhängig sind (vgl. [FvDFH90]). Die von der Position des Beobachters abhängigen Verfahren diskretisieren die Projektionsebene und bestimmen dadurch Bildelemente, für die eine Berechnung der Beleuchtung durchgeführt wird. Bei einer Verschiebung der Projektionsebene muß die Diskretisierung und damit die Berechnung der Beleuchtung erneut durchgeführt werden. Das in diesem Kapitel beschriebene Ray–Tracing–Verfahren ist ein Beispiel für ein solches Verfahren. Die von der Position des Beobachters unabhängigen

Verfahren diskretisieren dagegen die darzustellende Szene und bestimmen für diese Diskretisierung so viel Information, daß für jede Lage der Projektionsebene eine relativ einfache Darstellung der Szene möglich ist. Das im nächsten Kapitel beschriebene Radiosity–Verfahren ist ein Beispiel für ein solches Verfahren.

Prinzipiell kann man feststellen, daß das Ray–Tracing–Verfahren sehr gut zur Darstellung von spiegelnd reflektierenden und transparenten Objekten geeignet ist, daß es aber bei der Darstellung von diffus reflektierenden Objekten einige Schwächen zeigt. Das Radiosity–Verfahren ist dagegen gut für die Darstellung von diffus reflektierenden Objekten geeignet, ist dagegen aber (zumindest in der ursprünglichen Form) schlecht für die Darstellung von spiegelnder Reflexion verwendbar. Wir werden im Laufe dieses und des nächsten Kapitels näher auf die Vor– und Nachteile der beiden Verfahren eingehen und werden auch eine Kombination der beiden Verfahren beschreiben, die deren Vorteile vereinigt. Anwendungen der globalen Verfahren sind alle Bereiche, in denen mit Hilfe eines Rechners realistische Bilder eines im Rechner gespeicherten Modells erzeugt werden sollen. Dies umfaßt u.a. Anwendungen in der Luftfahrt (Flugsimulatoren), Architektur (Modellierung der Innenbeleuchtung eines Gebäudes), der Medizin (Tomographie) und der Unterhaltungsindustrie (Kinofilme). Gute Beschreibungen des Ray–Tracing–Verfahrens, die zum Teil weitere, hier nicht dargestellte Einzelheiten des Ray–Tracing–Verfahrens untersuchen, findet man z.B. in [FvDFH90], [BG89], [Gla89] und [Wat89].

Wir werden nach einer einführenden Beschreibung des Ray–Tracing–Grundalgorithmus in Abschnitt 8.1 in den Abschnitten 8.2 und 8.3 zuerst die Berechnung des reflektierten und gebrochenen Strahles und der lokalen Intensitätswerte beschreiben. In den Abschnitten 8.4 bis 8.7 werden wir dann die für das Ray–Tracing–Verfahren unerläßlichen Optimierungsverfahren (umgebende Volumen, adaptive Tiefenkontrolle, Unterteilung des Raumes und der Strahlrichtungen) behandeln.

8.1 Ray–Tracing–Grundalgorithmus

Wie bereits erwähnt, diskretisiert das Ray–Tracing–Verfahren die Projektionsebene oder genauer, den auf dem Bildschirm darzustellenden Teil der Projektionsebene. Wir werden im folgenden der Einfachheit halber den Begriff *Bildschirm* verwenden. Die durch die Diskretisierung entstehenden Elemente werden als *Pixel* (für *picture element*) bezeichnet. Wir nehmen im Moment an, daß die darzustellende Szene nur eine Lichtquelle enthält. Physikalisch kann man sich die Situation so vorstellen, daß die Lichtquelle *Photonen* aussendet, von denen beim Auftreffen auf die Objekte der Szene je nach Eigenschaften der Oberflächen ein Teil reflektiert, transmittiert oder absorbiert wird. Die Farbe und Helligkeit eines Pixels wird durch die Energie und die Anzahl der pro Zeit auf der Pixelfläche auftreffenden Photonen bestimmt, vgl. Abschnitt 5.1. Diese Photonen können direkt von der Lichtquelle kommen oder können von Objekten der Szene (evtl. mehrfach) reflektiert oder transmittiert worden sein. Beim Ray-Tracing-Verfahren versucht man die Farbe und Helligkeit eines Pixels dadurch zu bestimmen, daß man die Bahn der Photonen von dem Pixel zu der Lichtquelle zurückverfolgt (daher kommt auch die manchmal verwendete deutsche Bezeichnung *Strahlrückverfolgung*) und dabei die Oberflächen- und Materialeigenschaften der getroffenen Objekte berücksichtigt. Es wird also versucht, die Photonenbahnen in der umgekehrten Richtung zu rekonstruieren, in der sie von den Photonen durchlaufen werden.

Dazu verwendet das Ray-Tracing-Verfahren für jedes Pixel des Bildschirms einen *Strahl*, der auch als *Projektor* bezeichnet wird. Für perspektivische Projektionen verläuft dieser Strahl durch das Projektionszentrum und das Pixel. Für parallele Projektionen hat der Strahl die Richtung der Projektion und verläuft durch das Pixel. Das Ray-Tracing-Verfahren berechnet zu jedem dieser Strahlen den Schnittpunkt mit dem am nächsten zum Betrachter liegenden Objekt. Wenn der Schnittpunkt direkt von der Lichtquelle beleuchtet wird, errechnet man aus den Eigenschaften des Objektes und der Lichtquelle und deren Lage *lokale* Intensitätswerte[1], siehe Abschnitt 8.3. Ob ein Objekt direkt von der Lichtquelle beleuchtet wird, kann man dadurch feststellen, daß man einen Strahl von dem gefundenen Schnittpunkt zu der Lichtquelle schickt. Wenn dieser Strahl ein anderes (undurchsichtiges) Objekt trifft, wird das Objekt nicht direkt von der Lichtquelle beleuchtet, es liegt im Schatten und das Licht kann nicht direkt von der Lichtquelle auf das Objekt fallen. Deshalb errechnet man auch keine lokalen Werte, der lokale Beitrag ist 0 (schwarz). Wenn das dazwischenliegende Objekt durchscheinend ist, muß der Strahl wie unten beschrieben weiterverfolgt werden, wobei je nach Transparenz des Objektes eine Abschwächung berücksichtigt wird. Der Strahl bis zum ersten gefundenen Schnittpunkt wird als *Primärstrahl* oder *Pixelstrahl* bezeichnet. Den zur Lichtquelle ausgesandten Strahl bezeichnet man auch als *Schattenfühler*.

[1]Für die Implementierung legt man z.B. das RGB-Modell zugrunde (vgl. Abschnitt 2.6) und berechnet für jede der drei Grundfarben rot, grün und blau einen Intensitätswert zwischen 0 und 1. Bei einem mit dem RGB-Modell arbeitenden Farbbildschirm besteht jedes Pixel eigentlich aus drei Pixeln, einem roten, einem grünen und einem blauen, die getrennt angesteuert werden können. Diese Farbpixel werden je nach dem für sie errechneten Intensitätswert gesetzt. Wir verwenden im folgenden meistens den Begriff Intensitätswert und meinen damit die drei Intensitätswerte für die drei Grundfarben.

Wenn die darzustellende Szene mehrere Lichtquellen enthält, muß man zu jeder Lichtquelle einen Schattenfühler aussenden.

Im einfachsten Fall ist das erste geschnittene Objekt nicht durchscheinend und hat eine nicht spiegelnd reflektierende Oberfläche. In diesem Fall kann der Ray-Tracing-Prozeß abgebrochen werden. Die Intensitätswerte des zum Strahl gehörenden Pixels ergeben sich aus den errechneten lokalen Intensitätswerten. Wenn das erste geschnittene Objekt teilweise reflektierend oder durchscheinend ist, können Photonen dadurch zu dem betrachteten Pixel gelangen, daß sie von dem Objekt reflektiert oder transmittiert werden. Deshalb müssen bei der Bestimmung der Intensitätswerte des Pixels auch die Beiträge von reflektierten und transmittierten Strahlen berücksichtigt werden. Dazu startet das Verfahren von dem gefundenen Schnittpunkt aus zwei sogenannte *Sekundärstrahlen*, einen für die Reflexion, einen für die Transmission. Die Richtung dieser Strahlen ergibt sich aus den Reflexions- und Transmissionsgesetzen, vgl. Abschnitt 8.2. Diese Sekundärstrahlen werden rückwärts weiterverfolgt, und es wird wieder der Schnittpunkt mit dem am nächsten liegenden Objekt bestimmt, ebenso die zu diesem Schnittpunkt gehörenden Intensitätswerte. Je nach Eigenschaften der Objekte müssen dazu weitere Strahlen ausgesandt werden, vgl. Abbildung 8.1. Die Intensitätswerte dieses Objektes werden zu den für den ersten Schnittpunkt errechneten lokalen Werten gewichtet hinzuaddiert, wobei die Gewichtung umso größer ist, je reflektierender bzw. transparenter das erste geschnittene Objekt ist. Diese Summe ist dann der an das betrachtete Pixel weitergegebene Intensitätswert. Für den zweiten Schnittpunkt werden die Intensitätswerte analog bestimmt, die gewichtete Summe wird an den ersten Schnittpunkt weitergegeben. Für jeden Schnittpunkt werden also drei Komponenten für die Intensitätswerte bestimmt: eine lokale Komponente, eine Reflexionskomponente und eine Transmissionskomponente.

Der Prozeß der Aufteilung der Strahlen läßt sich durch einen Baum beschreiben, den sogenannten *Strahlbaum*, siehe auch Abbildung 8.1. Die Wurzel des Baumes ist das betrachtete Pixel, alle anderen Knoten sind Schnittpunkte des von diesem Pixel ausgesandten Strahles mit Objekten der Szene. Die Anzahl der Kinder eines Knotens entspricht der Anzahl der Strahlen, die von dem zugehörigen Schnittpunkt ausgesandt werden. Nach der bisherigen Beschreibung werden immer dann neue Strahlen ausgesandt, wenn das gefundene Objekt teilweise reflektierend oder durchscheinend ist. Wenn alle Objekte der Szene diese Eigenschaft haben, wird dieses Verfahren nur dann terminieren, wenn irgendwann alle Strahlen die Szene verlassen. Da dies recht unwahrscheinlich ist, sollte der Prozeß der Aufteilung in zusätzliche Strahlen irgendwann unterbrochen werden. Eine einfache Methode besteht darin, eine maximale Tiefe für den Strahlbaum festzulegen. Es werden von einem gefundenen Schnittpunkt nur dann

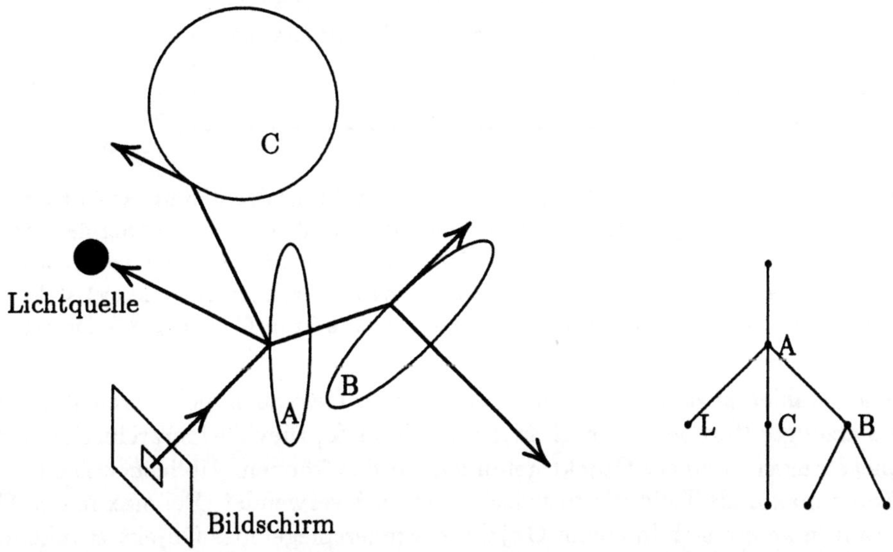

Abbildung 8.1: Veranschaulichung des Ray–Tracing–Verfahrens für eine einfache Szene mit drei Objekten: der für das betrachtete Pixel verwendete Primärstrahl trifft Objekt A, das teilweise reflektierend und teilweise transparent ist. Dementsprechend werden außer dem Schattenfühler ein Reflexions- und ein Transmissionsstrahl ausgesandt. Der Reflexionsstrahl trifft Objekt C, von dem wir annehmen, daß es nicht transparent ist. Der Transmissionsstrahl trifft Objekt B, das ebenfalls transparent ist. Die von B und C ausgesandten Schattenfühler sind nicht eingezeichnet. Der zu der Szene gehörende Strahlbaum ist rechts wiedergegeben. L steht dabei für Lichtquelle.

```
void ray_trace()
{
  RAY ray;
  float intensity;
  for (each pixel P) do
      ray = compute_ray(P);
      intensity = trace(ray,0);
      color_pixel(P,intensity);
  }
}
```

Abbildung 8.2: **Programmskizze des Ray–Tracing–Grundalgorithmus: `RAY` ist eine Datenstruktur zur Ablage eines Strahles, die den Startpunkt und die Richtung des Strahles enthält. `compute_ray(`P`)` ist eine Funktion, die zu einem Pixel P und der verwendeten Projektion den zugehörigen Strahl berechnet. `color_pixel(`P`,intensity)` stellt Pixel P mit Intensität `intensity` dar. Die Prozedur `trace` ist in Abbildung 8.3 dargestellt.**

neue Strahlen ausgesandt, wenn die maximale Tiefe noch nicht erreicht ist. Für das erzeugte Bild bestimmt diese maximale Tiefe, wieviele hierarchische Widerspiegelungen in einem Objekt gefunden werden können. Üblicherweise werden für die maximale Tiefe Werte zwischen 3 und 8 verwendet. Bei maximaler Tiefe 2 kann man ein sich in einem Objekt A wiederspiegelndes Objekt B erkennen. Bei maximaler Tiefe 3 kann man auf dem Spiegelbild von B in A ein in B gespiegeltes Objekt C erkennen, immer vorausgesetzt, daß es diese Objekte gibt. Eine andere Methode zur Terminierungskontrolle des Ray–Tracing–Verfahren ist in Abschnitt 8.5 beschrieben.

Das Ray–Tracing–Verfahren läßt sich am einfachsten durch eine rekursive Prozedur beschreiben. Eine Programmskizze des gerade beschriebenen Grundalgorithmus ist in Abbildung 8.2 wiedergegeben, vgl. auch [JGMH88]. Diese Implementierung hat den Nachteil, unnötige rekursive Aufrufe zu erzeugen: die Prozeduraufrufe auf der untersten Rekursionsstufe werden direkt nach dem Aufruf wieder verlassen, weil `depth > max_depth` ist. Das bedeutet neben dem unnötigen Aufwand für den Prozeduraufruf auch, daß die Berechnung von Reflexionsstrahl und Transmissionsstrahl in der darüberliegenden Prozedur–Inkarnation unnötig ist. Zur Abhilfe kann man die Abbruchbedingung verschieben und erhält die in Abbildung 8.4 wiedergegebene verbesserte Version.

Eine sehr angenehme Eigenschaft des Ray–Tracing–Verfahrens besteht darin, daß die Eliminierung verborgener Oberflächen entfallen kann, weil das Verfahren

```
float trace (r, depth)
RAY r; int depth;
{
  POINT s;
  RAY refl,trns;
  float I_loc,I_ref,I_trn;

  if (depth > max_depth) return BLACK;
  if ((s = intersect(r)) == NULL) return BACKGROUND;
  if (is_illuminated(s))
     I_loc = compute_loc(s);
  else I_loc = BLACK;
  refl = compute_reflection_ray(r,s);
  I_ref = trace(refl,depth+1);
  trns = compute_transmission_ray(r,s);
  I_trn = trace(trns,depth+1);
  return combine(I_loc,I_ref,I_trn);
}
```

Abbildung 8.3: Programmskizze der rekursiven Prozedur `trace`. Die spezifizierte maximale Tiefe des Strahlbaumes ist `max_depth+1`. `max_depth` ist eine globale Variable. `intersect(r)` bestimmt den Schnittpunkt des Strahles `r` mit den Objekten der Szene, der dem Startpunkt am nächsten liegt. `is_illuminated(s)` bestimmt, ob `s` direkt von der Lichtquelle beleuchtet wird. `compute_reflection_ray (r,s)` berechnet den zu Strahl `r` und Schnittpunkt `s` gehörenden Reflexionsstrahl, `compute_transmission_ray (r,s)` berechnet den Transmissionsstrahl. `compute_loc(s)` berechnet für Schnittpunkt `s` die lokale Intensität. Die zu dem Reflexionsstrahl und dem Transmissionsstrahl gehörenden Intensitäten werden durch rekursive Aufrufe von `trace` berechnet. `combine(I_loc,I_ref,I_trn)` kombiniert die drei berechneten Intensitäten entsprechend den Eigenschaften des Objektes, zu dem der gefundene Schnittpunkt `s` gehört.

```
float trace (r, depth)
RAY r; int depth;
{
  POINT s;
  RAY refl,trns;
  float I_loc,I_ref,I_trn;

  if ((s = intersect(r)) == NULL) return BACKGROUND;
  if (is_illuminated(s))
     I_loc = compute_loc(s);
  else I_loc = BLACK;
  if (depth == max_depth)
     return combine(I_loc,BLACK,BLACK);
  else {
     refl = compute_reflection_ray(r,s);
     I_ref = trace(refl,depth+1);
     trns = compute_transmission_ray(r,s);
     I_trn = trace(trns,depth+1);
     return combine(I_loc,I_ref,I_trn);
  }
}
```

Abbildung 8.4: Verbesserte Version der rekursiven Prozedur trace, die für die Blätter des Strahlbaumes keine rekursiven Aufrufe mehr erzeugt.

sowieso zu jedem Pixel das sichtbare Objekt bestimmt.

Ein Blick auf Abbildung 8.2 und 8.4 zeigt, daß das Ray-Tracing-Verfahren sich durch die angegebene rekursive Prozedur sehr einfach beschreiben läßt und daß es auch nicht besonders schwierig ist, das Verfahren zu implementieren. In der beschriebenen Form ist das Ray-Tracing-Verfahren aber extrem rechenzeitaufwendig: um den Schnittpunkt eines Strahles mit dem am nächsten liegenden Objekt zu finden, muß man den Strahl mit *allen* Objekten der Szene schneiden und unter den gefundenen Schnittpunkten denjenigen auswählen, der am nächsten zum Aufpunkt des Strahles liegt. Dies muß für jeden ausgesandten Strahl durchgeführt werden, sei es Pixelstrahl, Sekundärstrahl oder Schattenfühler. Die Anzahl der Schnittpunktberechnungen wächst also mit dem Produkt aus der Anzahl der Suchstrahlen und der Anzahl der Objekte. Ein einfaches Beispiel soll den erheblichen Aufwand belegen: Gegeben sei ein Bildschirm der Auflösung 1000×1000 und eine Szene mit 1000 teilweise transparenten und teilweise reflektierenden Objekten. Für jedes Pixel wird ein Primärstrahl ausgesandt, es werden also insgesamt 10^6 Primärstrahlen verwendet. Wenn wir 4 als maximale Tiefe des Strahlbaumes annehmen, so werden für jeden Primärstrahl $3^3 = 27$ weitere Strahlen ausgesandt: für jeden Schnittpunkt ein Schattenfühler, ein Reflexionsstrahl und ein Transmissionsstrahl. Für jeden dieser Strahlen muß der Schnittpunkt mit allen 1000 Objekten bestimmt werden. Das führt zu einer Gesamtanzahl von $2.7 \cdot 10^{10}$ Schnittpunktberechnungen. Bei Verwendung von mehreren Lichtquellen erhöht sich diese Zahl noch einmal, weil wir für jede Lichtquelle einen Schattenfühler verwenden müssen. Für fünf Lichtquellen kommt man z.B. auf eine Gesamtanzahl von $3.43 \cdot 10^{11}$ Schnittpunktberechnungen. Je nach Aussehen der Objekte sind die Schnittpunktberechnungen entsprechend aufwendig. Wenn wir annehmen, daß der verwendete Rechner in der Lage ist, eine Million Schnittpunktberechnungen in der Sekunde auszuführen braucht die Berechnung eines einzigen Bildes der beschriebenen Komplexität 95 Stunden! Dies ist ein für die Praxis nicht annehmbarer Wert. Deshalb wurden Optimierungsverfahren entwickelt, die diese Laufzeit reduzieren helfen. Unser Beispiel läßt vermuten, daß eine Implementierung des Ray-Tracing-Verfahrens die meiste Zeit mit der Berechnung von Schnittpunkten verbringt. Dies stimmt auch in der Praxis: für komplexe Szenen braucht braucht ein typischer Ray-Tracer über 95% seiner Rechenzeit zur Berechnung von Schnittpunkten, vgl. [Whi80]. Deshalb ist der Hauptangriffspunkt der Optimierungsverfahren die Optimierung der Schnittpunktberechnung. Dazu gibt es prinzipiell zwei Möglichkeiten: man reduziert die Kosten der einzelnen Schnittpunktberechnung oder/und die Gesamtanzahl der Schnittpunktberechnungen. Beide Ansätze werden wir in den Abschnitten 8.4 bis 8.7 untersuchen. Zunächst werden wir jedoch im nächsten Abschnitt be-

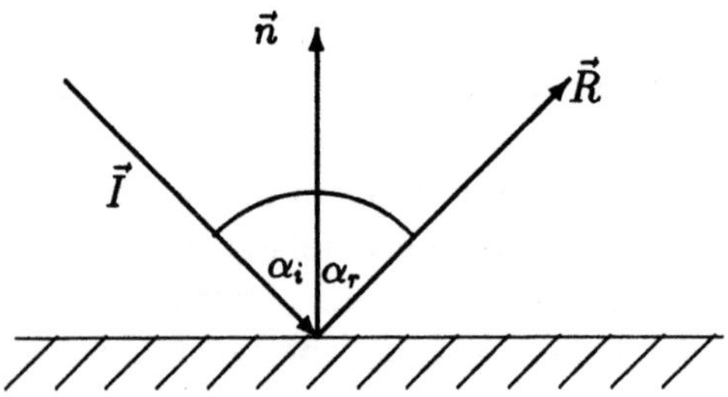

Abbildung 8.5: **Veranschaulichung der perfekt spiegelnden Reflexion:**

schreiben, wie die reflektierten und transmittierten Strahlen berechnet werden.

8.2 Reflexion und Transmission

Beim Auftreffen eines Strahles auf die Oberfläche eines teilweise reflektierenden, teilweise transparenten Objektes werden beim Ray–Tracing–Verfahren zwei neue Strahlen erzeugt: ein reflektierter Strahl und ein gebrochener Strahl. In diesem Abschnitt beschreiben wir, wie diese Strahlen aus dem einfallenden Strahl berechnet werden. Dabei nehmen wir im Moment an, daß perfekte spiegelnde Reflexion und Transmission vorliegt. Mit den aus dieser Annahme resultierenden Nachteilen und wie man sie beheben kann, werden wir uns später beschäftigen.

8.2.1 Berechnung des reflektierten Strahls

Sei $\vec{I}$ der Richtungsvektor des einfallenden Strahles und sei $\vec{n}$ der Normalenvektor der betrachteten Oberfläche. Wir nehmen an, daß $\vec{I}$ und $\vec{n}$ normiert sind. Wir wollen den Richtungsvektor des reflektierten Strahles $\vec{R}$ berechnen. α_i sei der Winkel zwischen $-\vec{I}$ und $\vec{n}$, α_r sei der Winkel zwischen $\vec{R}$ und $\vec{n}$, vgl. Abbildung 8.5. Zur Berechnung von $\vec{R}$ benutzen wir zwei physikalische Gesetze, vgl. Abschnitt 5.1: Das erste Gesetz besagt, daß $\vec{I}$, $\vec{n}$ und $\vec{R}$ in einer Ebene liegen, d.h. $\vec{R}$ ist als Linearkombination von $\vec{I}$ und $\vec{n}$ darstellbar: $\vec{R} = \alpha\vec{I} + \beta\vec{n}$. Das zweite Gesetz besagt, daß der Einfallswinkel gleich dem Ausfallswinkel ist,

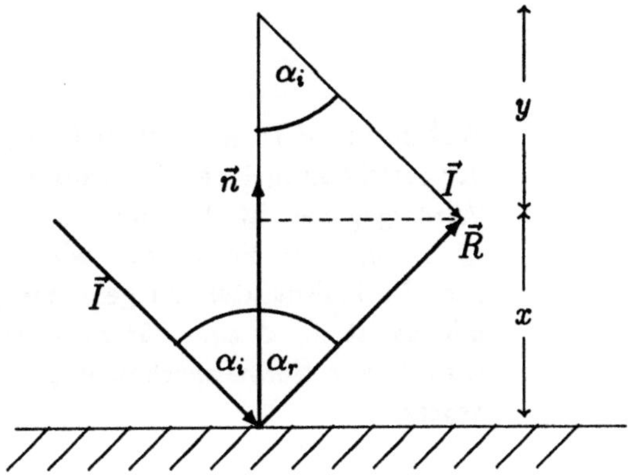

Abbildung 8.6: **Veranschaulichung der beschriebenen geometrischen Lösung. Da $\vec{I}$ und $\vec{n}$ normalisiert sind, gilt: $\cos\alpha_r = x$ und $\cos\alpha_i = y$. Wegen $\alpha_i = \alpha_r$ gilt deshalb auch $x = y$.**

d.h. daß der Winkel zwischen $\vec{R}$ und $\vec{n}$ gleich dem Winkel zwischen $-\vec{I}$ und $\vec{n}$ ist: $\alpha_i = \alpha_r$.

Zur Berechnung von $\vec{R}$ wählen wir hier eine geometrische Lösung: Sei x die Länge der Projektion von $\vec{R}$ auf $\vec{n}$, y die Länge der Projektion von $\vec{I}$ auf $\vec{n}$, vgl. Abbildung 8.6. Es gilt wegen $x = y$ und $y = \cos\alpha_i = -\vec{I}\cdot\vec{n}$:

$$\begin{aligned} \vec{R} &= x\vec{n} + y\vec{n} + \vec{I} \\ &= 2y\vec{n} + \vec{I} \\ &= 2\cos(\alpha_i)\vec{n} + \vec{I} \\ &= \vec{I} - 2(\vec{I}\cdot\vec{n})\,\vec{n} \qquad (8.1) \end{aligned}$$

Da $\vec{I}$ und $\vec{n}$ normiert sind, ist der mit (8.1) errechnete Reflexionsvektor $\vec{R}$ auch normiert.

8.2.2 Berechnung des gebrochenen Strahles

Sei wieder $\vec{I}$ der Richtungsvektor des einfallenden Strahles und $\vec{n}$ der Normalenvektor der betrachteten Oberfläche. Beide seien normiert. Wir wollen den Richtungsvektor des transmittierten Strahles $\vec{T}$ berechnen. Wir nehmen an, daß der Strahl von einem Medium mit dem Brechungsindex η_1 in ein Medium

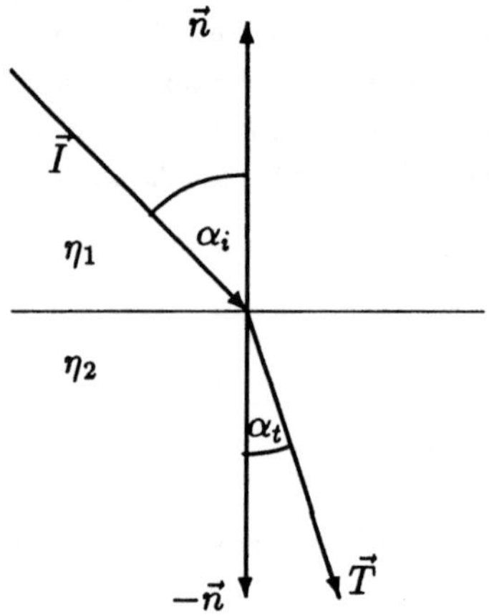

Abbildung 8.7: **Veranschaulichung der perfekt spiegelnden Transmission. Wiedergegeben ist die Situation für $\eta_2 > \eta_1$. In diesem Fall wird $\vec{T}$ zum Normalenvektor hin gebrochen, d.h. es ist $\alpha_t < \alpha_i$. Für $\eta_2 < \eta_1$ wird $\vec{T}$ vom Normalenvektor weg gebrochen.**

mit dem Brechungsindex η_2 eintritt. α_i sei der Winkel zwischen $-\vec{I}$ und $\vec{n}$, α_t sei der Winkel zwischen $\vec{T}$ und $-\vec{n}$, vgl. Abbildung 8.7. Zur Berechnung von $\vec{T}$ benutzen wir zwei physikalische Gesetze, vgl. Abschnitt 5.1: Das erste Gesetz besagt, daß $\vec{I}$, $\vec{n}$ und $\vec{T}$ in einer Ebene liegen, d.h. $\vec{T}$ ist als Linearkombination von $\vec{I}$ und $\vec{n}$ darstellbar:

$$\vec{T} = \alpha\vec{I} + \beta\vec{n}$$

Das zweite Gesetz ist das *Snell'sche Gesetz*, das eine Beziehung zwischen α_i und α_t herstellt:

$$\frac{\sin\alpha_i}{\sin\alpha_t} = \frac{\eta_2}{\eta_1} = \eta_{12}$$

Zur Berechnung von $\vec{T}$, von dem wir annehmen, daß es normiert ist, wählen wir hier wieder eine geometrische Lösung: Sei $\vec{n}\,'$ ein Vektor, der die gleiche Richtung wie $\vec{n}$ hat und dessen Länge sich aus der Projektion von $\vec{T}$ auf $\vec{n}$ ergibt. Sei $\vec{I}'$ ein Vektor, der die gleiche Richtung wie $\vec{I}$ hat und dessen Länge so gewählt ist, daß die Projektion von $\vec{I}'$ auf $\vec{n}$ die gleiche Länge hat wie die Projektion von $\vec{T}$ auf $\vec{n}$, vgl. Abbildung 8.8. Dann ist $\vec{x} = \vec{I}' - (-\vec{n}')$ ein Vektor, der senkrecht zu $\vec{n}$ steht. Es gilt:

$$\vec{T} \;=\; -\vec{n}' + k\vec{x}$$

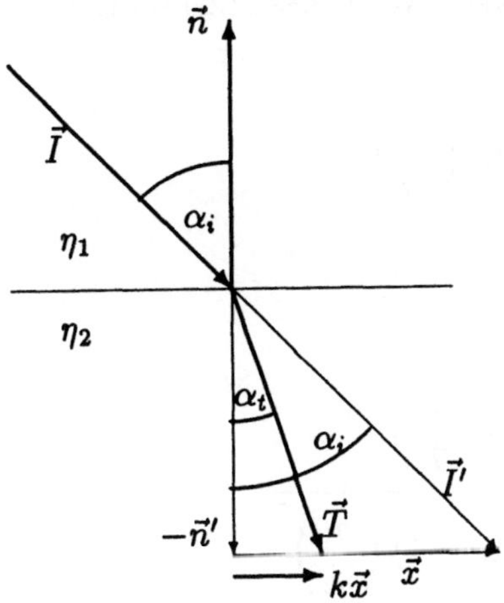

Abbildung 8.8: **Veranschaulichung der Berechnung von $\vec{T}$: $\vec{x}$ verbindet die Spitze von $-\vec{n}'$ mit der Spitze von $\vec{I}'$, $k\vec{x}$ verbindet die Spitze von $-\vec{n}'$ mit der Spitze von $\vec{T}$. $k\vec{x}$ ist wegen der Übersichtlichkeit etwas versetzt eingezeichnet.**

$$
\begin{aligned}
&= -\vec{n}' + k(\vec{n}' + \vec{I}') \\
&= k\vec{I}' + (k-1)\,\vec{n}' \qquad (8.2)
\end{aligned}
$$

Wir werden jetzt $\vec{n}'$, $\vec{I}'$ und k bestimmen. Die Projektion von $\vec{I}'$ auf $\vec{n}$ hat die Länge $|\vec{I}'|\cos\alpha_i$. Die Projektion von $\vec{T}$ auf $\vec{n}$ hat die Länge $|\vec{T}|\cos\alpha_t = \cos\alpha_t$. Nach Definition von $\vec{I}'$ gilt somit $|\vec{n}'| = |\vec{I}'|\cos\alpha_i = \cos\alpha_t$. Damit ist

$$|\vec{I}'| = \frac{\cos\alpha_t}{\cos\alpha_i}$$

und

$$\vec{I}' = \frac{\cos\alpha_t}{\cos\alpha_i}\,\vec{I} \qquad \text{und} \qquad \vec{n}' = \cos\alpha_t\,\vec{n}$$

Weiter gilt $|\vec{x}| = |\vec{n}' + \vec{I}'| = |\vec{I}'|\sin\alpha_i$ und $k|\vec{n}' + \vec{I}'| = \sin\alpha_t|\vec{T}| = \sin\alpha_t$. Daraus folgt

$$k = \frac{\sin\alpha_t}{|\vec{n}' + \vec{I}'|} = \frac{\sin\alpha_t\cos\alpha_i}{\cos\alpha_t\sin\alpha_i} = \frac{\tan\alpha_t}{\tan\alpha_i}$$

Einsetzen von $\vec{n}'$, $\vec{I}'$ und k in (8.2) liefert:

$$\vec{T} = \frac{\tan\alpha_t}{\tan\alpha_i}\frac{\cos\alpha_t}{\cos\alpha_i}\,\vec{I} + \left(\frac{\tan\alpha_t}{\tan\alpha_i} - 1\right)\cos\alpha_t\,\vec{n}$$

$$= \frac{\sin\alpha_t}{\sin\alpha_i}\vec{I} + \left(\frac{\sin\alpha_t\cos\alpha_i}{\sin\alpha_i} - \cos\alpha_t\right)\vec{n}$$
$$= \frac{\eta_1}{\eta_2}\vec{I} + \left(\frac{\eta_1}{\eta_2}\cos\alpha_i - \cos\alpha_t\right)\vec{n}$$

Einen Ausdruck für $\cos\alpha_t$ erhält man wie folgt: Wegen des Snell'schen Gesetzes gilt:

$$\sin^2\alpha_t = \sin^2(\alpha_i)\left(\frac{\eta_1}{\eta_2}\right)^2$$

Daraus folgt für $\cos\alpha_t$:

$$\begin{aligned}\cos\alpha_t &= \sqrt{1-\sin^2\alpha_t}\\ &= \sqrt{1-\sin^2\alpha_i\left(\frac{\eta_1}{\eta_2}\right)^2}\\ &= \sqrt{1+(\cos^2\alpha_i - 1)\left(\frac{\eta_1}{\eta_2}\right)^2}\end{aligned}$$

Mit $\cos\alpha_i = -\vec{I}\cdot\vec{n}$ erhält man damit für $\vec{T}$:

$$\vec{T} = \frac{\eta_1}{\eta_2}\vec{I} + \left[-\frac{\eta_1}{\eta_2}\vec{I}\cdot\vec{n} - \sqrt{1+((\vec{I}\cdot\vec{n})^2-1)\left(\frac{\eta_1}{\eta_2}\right)^2}\,\right]\vec{n}$$

8.3 Berechnung der (lokalen) Intensitätswerte

Wie in Abschnitt 8.1 beschrieben, berechnet man beim Ray–Tracing–Verfahren für den gefundenen Schnittpunkt des Suchstrahles mit einem Objekt *lokale* Intensitätswerte, die die direkten Beleuchtung des Schnittpunktes durch eine Lichtquelle beschreiben. Die durch indirekte Beleuchtung entstehenden *globalen* Intensitätswerte werden – wie beschrieben – durch rekursive Anwendung des Verfahrens auf den reflektierten und den transmittierten Strahl errechnet. Wir werden in diesem Abschnitt beschreiben, wie man die lokalen Intensitätswerte berechnet und wie man sie mit den von den rekursiven Aufrufen zurückgelieferten globalen Werten zu einem Gesamtwert verknüpft.

Zur Berechnung der lokalen Intensitätswerte wird oft das in Abschnitt 5.3 beschriebene Phong–Reflexionsmodell verwendet, vgl. [Whi80], [FvDFH90] und

[Wat89]. Die Anwendung von aufwendigeren Modellen (Torrance– oder Hall–Modell) ist z.B. in [Gla89], [CT81] und [HG83] beschrieben. Das Phong–Reflexionsmodell berücksichtigt die direkte Beleuchtung durch zwei Terme: ein Term beschreibt die diffuse Reflexion der betrachteten Oberfläche, der andere deren spiegelnde Reflexion. Der dritte verwendete Term ist der sogenannte Umgebungsterm, der die indirekte Beleuchtung beschreibt. Beim Ray–Tracing–Verfahren wird die indirekte Beleuchtung, die durch *spiegelnde* Reflexion oder Transmission des von anderen Objekten kommenden Lichtes entsteht, durch rekursive Aufrufe berechnet. Die durch *diffuse* Reflexion oder Transmission entstehende indirekte Beleuchtung wird dagegen durch diese Aufrufe nicht erfaßt und muß deshalb durch den beim Phong–Reflexionsmodell verwendeten Umgebungsterm beschrieben werden. Der Grund dafür, daß nicht auch diese diffuse Interaktion zwischen Objekten durch rekursive Aufrufe bestimmt wird, liegt darin, daß das diffus reflekierte oder transmittierte Licht in alle Richtungen gleichmäßig abgestahlt wird, siehe Abschnitt 5.3. Für einen gefundenen Schnittpunkt eines Suchstrahles mit einem Objekt kann also das von anderen Objekten diffus reflektierte oder transmittierte Licht aus allen möglichen Richtungen kommen. Es ist aber wegen dem sowieso schon enormen Kostenaufwand des Verfahrens nicht möglich, ein Strahlenbündel auszusenden, das alle Richtungen ausreichend dicht erfaßt.

Beim ursprünglichen Phong–Reflexionsmodell, wie wir es in Abschnitt 5.3 beschrieben haben, werden keine transparenten Objekte berücksichtigt, weil das Modell ursprünglich nicht für die Darstellung von transparenten Objekten gedacht war. Für die Anwendung im Ray–Tracing–Verfahren müssen wir das Modell daher um einen Term erweitern, der für transparente Objekte die direkte Beleuchtung beschreibt, die dadurch entsteht, daß das direkt von der Lichtquelle kommende Licht das Objekt durchdringt. Wir werden uns jetzt kurz damit beschäftigen, wie dieser Term aussehen sollte.

Die meisten in der Realität auftretenden transparenten Objekte sind nicht vollständig transparent. Sie verwischen das hindurchtretende Licht und schwächen es ab. Das Verwischen rührt daher, daß die Oberfläche nicht vollkommen eben ist. Im Modell bedeutet das, daß das transmittierte Licht nicht nur in die nach den Transmissionsgesetzen theoretisch errechnete Richtung $\vec{T}$ geworfen wird, sondern auch in *benachbarte* Richtungen, dies aber umso weniger, je weiter diese Richtung von $\vec{T}$ entfernt ist, siehe Abbildung 8.9. Bei der spiegelnden Reflexion hatten wir eine ähnliche Situation vorliegen: auch dort wurde Licht nicht nur in die theoretisch errechnete Reflexionsrichtung $\vec{R}$, sondern auch in benachbarte Richtungen $\vec{V}$ abgestrahlt. Dort haben wir das Problem durch Einführung eines Terms $\cos^m \phi_s$ gelöst, wobei ϕ_s der Winkel zwischen $\vec{R}$ und $\vec{V}$ war. m ist eine materialabhängige Konstante. Wir gehen hier ähnlich vor:

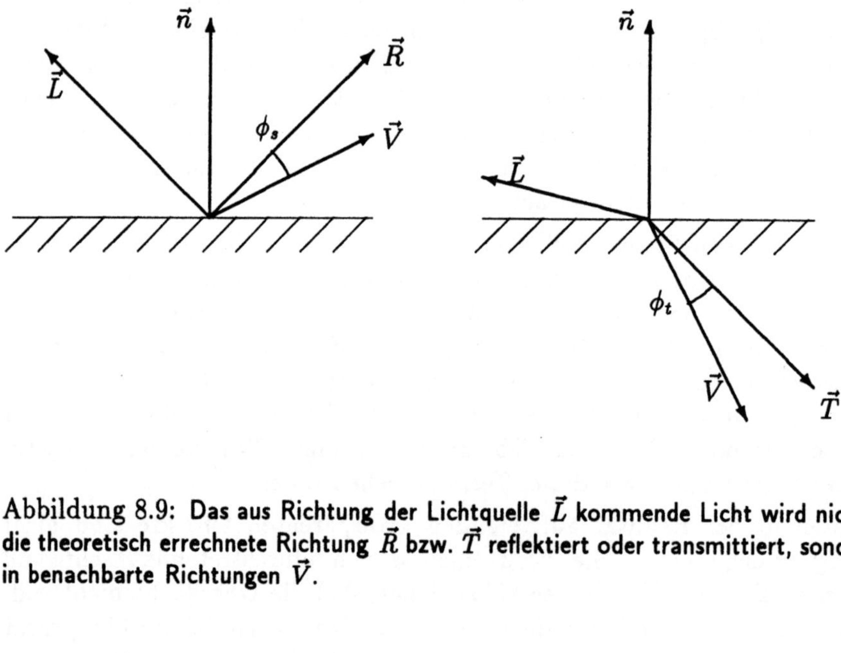

Abbildung 8.9: Das aus Richtung der Lichtquelle $\vec{L}$ kommende Licht wird nicht nur in die theoretisch errechnete Richtung $\vec{R}$ bzw. $\vec{T}$ reflektiert oder transmittiert, sondern auch in benachbarte Richtungen $\vec{V}$.

wir verwenden einen Term $cos^p \phi_t$, wobei ϕ_t der Winkel zwischen $\vec{T}$ und $\vec{V}$ ist. p ist wieder eine materialabhängige Konstante. Die lokale Intensität, die von der Beleuchtung der Lichtquelle $\vec{L}$ herrührt und die in Richtung $\vec{V}$ abgestrahlt wird, berechnet sich damit zu

$$\begin{aligned} I_{local} &= I_a \cdot k_a + f_a \left(I_{einf} k_d (\vec{n} \cdot \vec{L}) + k_s cos^m \phi_s + k_t cos^p \phi_t \right) \\ &= I_a \cdot k_a + f_a \left(I_{einf} k_d (\vec{n} \cdot \vec{L}) + k_s (\vec{R} \cdot \vec{V})^m + k_t (\vec{T} \cdot \vec{V})^p \right) \end{aligned}$$

Dabei ist k_d der diffuse, k_s der spiegelnde Reflexionskoeffizient, k_a ist der Umgebungs–Reflexionskoeffizient, vgl. Abschnitt 5.3. k_t ist der materialabhängige (spiegelnde) Transmissionskoeffizient, der angibt, wie lichtdurchlässig ein Objekt ist. Alle diese Koeffizienten haben Werte zwischen 0 und 1. Wenn die Lichtquelle auf der gleichen Seite eines Objektes wie der Beobachter liegt, liefert nur die spiegelnde Komponente einen Beitrag zu I_{local}. Wenn Lichtquelle und Beobachter auf unterschiedlichen Seiten eines transparenten Objektes liegen, liefert nur die transparente Komponente einen Beitrag.

Zur Berechnung der Gesamtintensität, die von einem Punkt abgestrahlt wird, werden zu der lokalen Komponente I_{local} zwei globale Komponenten I_r und I_t addiert, deren Wert durch die rekursiven Aufrufen für reflektierten und transmittierten Strahl berechnet werden. Diese globalen Komponenten werden mit dem spiegelnden Reflexions– bzw. Transmissionskoeffizienten des zugehörigen Objektes gewichtet, d.h. sie werden umso mehr berücksichtigt, je reflektierender bzw. transparenter das Objekt ist. Damit erhält man für die Gesamtintensität:

$$I_{ges} = I_{local} + k_s I_r + k_t I_t \qquad (8.3)$$

Tabelle 8.1 faßt noch einmal zusammen, welcher Term welches physikalische Phänomen beschreibt. Anhand dieser Tabelle erkennt man auch die beiden wesentlichen im Ray–Tracing–Verfahren enthaltenen Vereinfachungen: Die erste Vereinfachung besteht darin, daß das von anderen Objekten abgestrahlte Licht, das auf den betrachteten Punkt der Oberfläche fällt und das in Richtung des Betrachters *diffus* reflektiert wird, nur über den konstanten Umgebungsterm $k_a I_a$ berücksichtigt wird. Die zweite Vereinfachung besteht darin, daß die durch die rekursiven Aufrufe rückverfolgten Strahlen für Reflexion und Transmission einzelne, unendlich dünne Strahlen sind, man nimmt also perfekte spiegelnde Reflexion und Transmission an. Es wird nicht berücksichtigt, daß aus benachbarten Richtungen ebenfalls Licht von anderen Objekten eintreffen kann, das in Richtung des Betrachters geworfen wird, weil die betrachtete Oberfläche nicht

$I_a \cdot k_a$	Dieser Term beschreibt die diffuse Reflexion zwischen Objekten.
$I_{einf}\, f_a\, k_d\, (\vec{n} \cdot \vec{L})$	Dieser Term beschreibt die diffuse Reflexion, die von der direkten Beleuchtung durch die Lichtquelle herrührt.
$I_{einf}\, f_a\, k_s\, (\vec{R} \cdot \vec{V})^m$	Wenn Lichtquelle und Betrachter auf der gleichen Seite des Objektes liegen, beschreibt dieser Term, wieviel Licht, das direkt von der Lichtquelle kommt, in Richtung des Betrachters reflektiert wird.
$I_{einf}\, f_a\, k_t\, (\vec{T} \cdot \vec{V})^p$	Wenn Lichtquelle und Betrachter auf unterschiedlichen Seiten der Oberfläche liegen, beschreibt dieser Term, wieviel Licht, das direkt von der Lichtquelle kommt, in Richtung des Betrachters transmittiert wird.
$k_s I_r$	Dieser Term beschreibt das von anderen Objekten (spiegelnd oder diffus) abgestrahlte Licht, das so auf den betrachteten Punkt fällt, daß in Richtung des Betrachters durch spiegelnde Reflexion eine gewisse Lichtmenge geworfen wird.
$k_t I_t$	Dieser Term beschreibt das von anderen Objekten (spiegelnd oder diffus) abgestrahlte Licht, das so auf den betrachteten Punkt fällt, daß in Richtung des Betrachters durch spiegelnde Transmission eine gewisse Lichtmenge geworfen wird.

Tabelle 8.1: **Zusammenfassung der für einen gefundenen Schnittpunkt errechneten Intensitätswerte. Die oberhalb des Doppelstrichs stehenden Terme werden lokal berechnet. Die unterhalb des Doppelstrichs stehenden Terme werden durch rekursive Aufrufe global berechnet.**

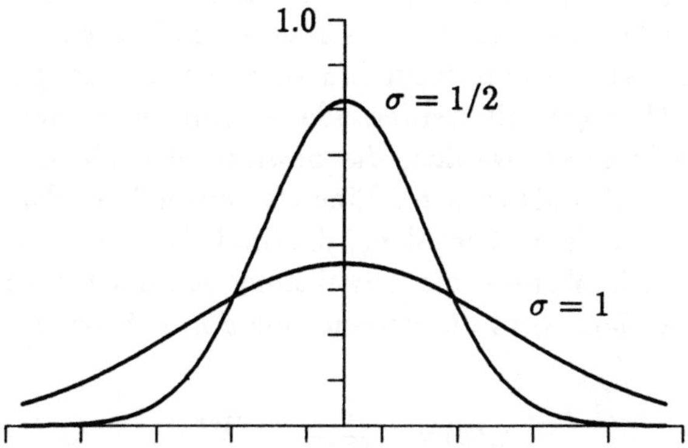

Abbildung 8.10: **Die Gauß'sche Glockenkurve hat ihr Maximum und Symmetriezentrum an Stelle $d = 0$. σ gibt den Abstand vom Symmetriezentrum zu den Wendepunkten der Kurve an und kann wahrscheinlichkeitstheoretisch als Standardabweichung gedeutet werden. In der Abbildung sind die Kurven für $\sigma = 1$ und $\sigma = 1/2$ wiedergegeben.**

perfekt spiegelnd oder transmittierend ist. Dieses Phänomen wurde nur für die Berechnung der lokalen Intensität, d.h. bei der Berechung der direkten Beleuchtung berücksichtigt. Der Grund für diese Vereinfachung liegt wie bereits erwähnt im Rechenaufwand, der erforderlich wäre, wenn man dies bei der globalen Berechnung berücksichtigen wollte: man müßte rekursiv rückverfolgte Strahlen für die Reflexion und Transmission nicht nur in die theoretisch errechnete Richtung aussenden, sondern auch in viele benachbarte Richtungen, was zu einer Vervielfachung des Rechenaufwands führen würde. Die praktische Folge dieser Vereinfachung ist, daß das Bild eines Objektes O_1 in einem Objekt O_2 immer so aussieht, als ob O_2 perfekt spiegelnd wäre. Dies gibt den dargestellten Szenen meist ein "superrealistisches" Aussehen, weil die in der Realität auftretenden Verzerrungen der reflektierten Spiegelbilder fehlen. Aus dem gleichen Grund sind die dargestellten Schatten zu scharf und es treten Aliasing–Effekte auf, die von der Diskretisierung des Bildschirms herrühren: Für benachbarte Pixel P_1 und P_2 kann der Suchstrahl für P_1 ein Objekt knapp treffen, der Suchstrahl für P_2 kann das Objekt knapp verfehlen. Wenn die für die Pixel errechneten Intensitätswerte nicht mit einem Anti–Aliasing–Verfahren (vgl. Abschnitt 2.7) nachbereitet werden, treten sehr leicht die für Aliasing–Effekte typischen gezackten Linien auf.

Eine Abhilfe liefert das sogenannte *verteilte oder probabilistische Ray–Tracing*, wie es in [CPC84] oder etwas ausführlicher in [Gla89] beschrieben wird. Bei diesem Verfahren werden für Reflexion und Transmission weiterhin einzelne Strahlen ausgesandt. Diese haben aber nicht genau die mathematisch berechnete Richtung, sondern weichen von dieser um einen kleinen, zufällig gewählten Betrag ab. Diese Abweichung kann innerhalb eines vorgegebenen Bereiches entweder rein zufällig gewählt werden oder es kann eine Wahrscheinlichkeitsverteilung zugrunde gelegt werden, die bewirkt, daß kleinere Abweichungen häufiger gewählt werden als größere. Eine oft verwendete Wahrscheinlichkeitsverteilung ist die *Gauß'sche Verteilung*, die die bekannte Glockenkurve liefert, siehe Abbildung 8.10. Wenn d die Abweichung von der mathematisch errechneten Richtung ist, dann wird die Abweichung d mit Wahrscheinlichkeit

$$w(d) = \frac{1}{\sqrt{2\pi}\sigma} e^{-d^2/2\sigma^2}$$

gewählt. Dabei ist σ eine Konstante, die die Breite der Kurve angibt. Wie spiegelnd eine Oberfläche dargestellt werden soll, kann über den Parameter σ gesteuert werden: je spiegelnder die Oberfläche dargestellt werden soll, desto öfter soll die mathematisch errechnete Richtung gewählt werden, desto spitzer soll also die Glockenkurve sein, desto kleiner muß also der Parameter σ gewählt werden.

Durch Anwendung des Verfahrens auf die ausgesandten Suchstrahlen für Reflexion und Transmission erreicht man eine verwischte Darstellung der reflektierten Spiegelbilder von Objekten und von hinter transparenten Objekten sichtbaren Objekten. Der Grad der Verwischung kann über den Parameter σ der Verteilungsfunktion gesteuert werden. Die Anwendung der Technik auf die Schattenfühler kann zur Darstellung von Schattenübergängen genutzt werden. Außerdem werden die auftretenden Aliasing-Effekte abgeschwächt.

8.4 Umgebende Volumen

In diesem Abschnitt wollen wir uns damit beschäftigen, wie man die Kosten der einzelnen Schnittpunktberechnung reduzieren kann. Dies bringt vor allem für komplexe Objekte mit aufwendiger Schnittpunktberechnung eine große Einsparung von Rechenzeit. Wenn das Objekt z.B. ein Polyeder ist, muß man zur Berechnung der Schnittpunkte zwischen dem Strahl und dem Objekt alle Seiten des Polyeders auf Schnittpunkte testen. Wenn die Seitenflächen des Polyeders anstatt durch ebene Flächen durch gekrümmte Oberflächen definiert sind (vgl. Kapitel 7), ist auch die einzelne Schnittpunktberechnung aufwendig.

Die Verfahren zur Reduzierung der Kosten der einzelnen Schnittpunktberechnung stützen sich auf die Beobachtung, daß in einer Szene mit vielen Objekten üblicherweise nur wenige Objekte von dem gerade untersuchten Strahl getroffen werden. Die meisten Objekte nehmen nur einen kleinen Raumbereich ein und die Wahrscheinlichkeit, daß der Strahl gerade diesen Raumbereich trifft, ist relativ gering. Dementsprechend ist es sinnvoll, die Schnittpunktberechnung in zwei Schritte aufzuteilen: Im ersten Schritt, der idealerweise sehr schnell durchgeführt werden kann, bestimmt man, ob das Objekt überhaupt von dem Strahl geschnitten werden kann. Nur wenn dieser Test positiv ausfällt, wird im zweiten Schritt der genaue Schnittpunkt bestimmt.

Es stellt sich die Frage, wie man durch einen einfachen Test feststellen kann, ob ein Objekt von einem Strahl geschnitten wird (ohne den Schnittpunkt wirklich zu berechnen). Das übliche Verfahren besteht darin, jedes Objekt mit einem sehr einfachen Volumen - dem *umgebenden Volumen*, englisch *bounded volume* - zu umgeben, das das Objekt vollständig enthält, vgl. [Whi80], [Gla89]. Ein Objekt kann nur dann von einem Strahl geschnitten werden, wenn auch das umgebende Volumen von dem Strahl geschnitten wird. Ob das Objekt überhaupt von dem Strahl geschnitten werden kann, bestimmt man also durch eine Schnittpunktberechnung zwischen Strahl und umgebendem Volumen. Diese Schnittpunktberechnung ist sehr schnell durchzuführen, weil das umgebende Volumen sehr einfach ist. Nur wenn der Strahl das umgebende Volumen schneidet, wird der Schnittpunkt mit dem eigentlichen Objekt bestimmt. Man beachte, daß es auch in diesem Fall einen solchen Schnittpunkt nicht geben muß, weil das umgebende Volumen das Objekt normalerweise nicht eng umschließt.

Der Erfolg dieses Verfahrens beruht darauf, daß für die meisten Objekte die Schnittpunktberechnung nach dem ersten Schritt abgebrochen werden kann, weil der Test normalerweise nur für sehr wenige Objekte positiv ausfällt. Man beachte, daß man in dem Fall, daß der Test positiv ausfällt, sogar mehr Rechenzeit investiert als vorher, weil man eine zusätzliche Schnittpunktberechnung mit dem umgebenden Volumen durchgeführt hat. Dieser Mehraufwand wird aber von der durch die vielen negativen Testausgänge erreichte Einsparung bei weitem überwogen. In der Praxis ist die erreichte Laufzeiteinsparung erheblich.

Die am häufigsten verwendeten umgebenden Volumen sind *Kugel* und *Quader* (auch *Box* genannt). Der Grund liegt darin, daß der Schnittpunkt zwischen einem Strahl und einer Kugel oder einem Quader sehr einfach zu berechnen ist. Wir werden im folgenden die Schnittpunktberechnungen mit diesen Objekten näher untersuchen und abschließend einen Vergleich ziehen.

8.4.1 Kugeln als umgebendes Volumen

Zur Berechnung des Schnittpunktes zwischen Strahl und Kugel gibt es mehrere Möglichkeiten. Wir werden hier eine algebraische und eine geometrische Lösung vorstellen, siehe auch [Gla89]. Wir untersuchen beide Möglichkeiten, um zu zeigen, daß die naheliegende (algebraische) Lösung nicht unbedingt die effizienteste ist.

8.4.1.1 Algebraische Lösung

Die Parameterdarstellung eines Strahles lautet

$$\bar{r}(t) = \bar{r}_0 + t \cdot \vec{r}_d \qquad \text{mit } t > 0$$

Dabei ist $\bar{r}_0 = (x_0, y_0, z_0)$ der Aufpunkt des Strahles und $\vec{r}_d = (x_d, y_d, z_d)$ ein normalisierter Richtungsvektor. Für Primärstrahlen ist bei perspektivischer Projektion $\bar{r}_0$ das Projektionszentrum, bei paralleler Projektion das betrachtete Pixel. Für Sekundärstrahlen ist der Aufpunkt der gefundene Schnittpunkt. Da $\vec{r}_d$ normalisiert ist, gibt t den Abstand vom Aufpunkt an.

Die Gleichung einer Kugeloberfläche mit Radius R und Mittelpunkt $\bar{P}_c = (x_c, y_c, z_c)$ ist definiert durch:

$$(x - x_c)^2 + (y - y_c)^2 + (z - z_c)^2 = R^2$$

Dies ist eine *implizite* Darstellung, weil sie in dieser Form nicht geeignet ist, Punkte auf der Kugeloberfläche zu berechnen. Man kann sie nur benutzen, um festzustellen, ob ein Punkt auf der Kugeloberfläche liegt.

Die Berechnung des Schnittpunkts zwischen Strahl und Kugel erhält man durch Einsetzen der Strahlgleichung in die Kugelgleichung:

$$\begin{aligned} R^2 &= (x_0 + t\,x_d - x_c)^2 + (y_0 + t\,y_d - y_c)^2 + (z_0 + t\,z_d - z_c)^2 \\ &= t^2\,(x_d^2 + y_d^2 + z_d^2) - 2t\,(x_d(x_c - x_0) + y_d(y_c - y_0) + z_d(z_c - z_0)) + \\ &\quad (x_c - x_0)^2 + (y_c - y_0)^2 + (z_c - z_0)^2 \end{aligned}$$

Dabei ist $x_d^2 + y_d^2 + z_d^2 = 1$, weil $\vec{r}_d$ normalisiert ist. Mit

$$\begin{aligned} a &= -2(x_d(x_c - x_0) + y_d(y_c - y_0) + z_d(z_c - z_0)) \\ b &= (x_c - x_0)^2 + (y_c - y_0)^2 + (z_c - z_0)^2 - R^2 \end{aligned}$$

erhält man die quadratische Gleichung

$$t^2 + at + b = 0$$

die die beiden Lösungen

$$t_{1,2} = -\frac{a}{2} \pm \sqrt{\frac{a^2}{4} - b} \tag{8.4}$$

hat. Durch Einsetzen dieser Werte in die Strahlgleichung erhält man die Koordinaten der beiden Schnittpunkte $\bar{S}_1$ und $\bar{S}_2$ zwischen Strahl und Kugel:

$$\bar{S}_{1,2} = t_{1,2}\vec{r}_d + \bar{r}_0$$

Diese beiden Schnittpunkte existieren nur, wenn die Diskriminante der Wurzel in (8.4) > 0 ist, d.h. wenn $a^2 > 4b$. Wenn die Diskriminante $= 0$ ist, berührt der Strahl die Kugel und die beiden Schnittpunkte fallen zusammen. Wenn die Diskriminante < 0 ist, schneidet der Strahl die Kugel nicht. Wenn man die Kugel als umgebendes Volumen verwendet, kommt es nur darauf an, festzustellen, ob es einen Schnittpunkt gibt oder nicht. In diesem Fall braucht man nur die Diskriminante zu untersuchen, d.h. man muß bestimmen, ob $a^2 < 4b$ ist. Wenn man den Wert R^2 vorberechnet, gemeinsame Unterausdrücke in den Formeln für a und b nur einmal berechnet und konstante Faktoren zusammenfaßt, braucht man für diesen Test acht Multiplikationen, acht Additionen/Subtraktionen und einen Vergleich.

Wenn die Kugel das eigentliche Objekt ist, braucht man den Schnittpunkt, der am nächsten zum Aufpunkt liegt. Dieser wird durch den kleineren positiven der beiden errechneten Parameterwerte t_1 und t_2 bestimmt. Außerdem braucht man zur Berechnung der lokalen Farbwerte und zur eventuellen Berechnung von Reflexions- und Transmissionsstrahlen den Normalenvektor an der Stelle des gefundenen Schnittpunkts, vgl. Abschnitte 8.3 und 8.2. Der (normalisierte) Normalenvektor $\vec{n}_i$ im Punkt $\bar{S}_i$ (i = 1,2) ist:

$$\vec{n}_i = \frac{1}{R}(\bar{S}_i - \bar{P}_c)$$

Siehe auch Abbildung 8.11.

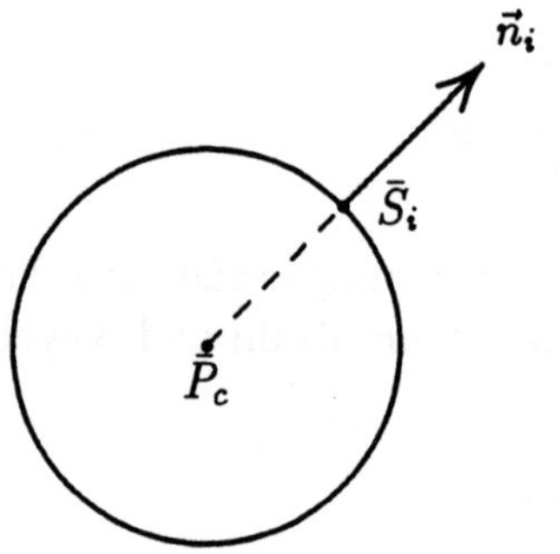

Abbildung 8.11: Der Normalenvektor für einen Punkt auf der Kugeloberfläche.

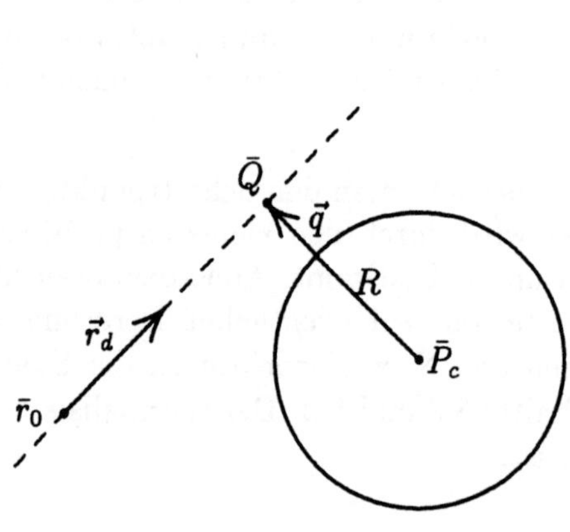

Abbildung 8.12: Veranschaulichung der geometrischen Lösung: der Strahl schneidet die Kugel nur dann, wenn die Länge von $\vec{q}$ kleiner oder gleich R ist.

8.4.1.2 Geometrische Lösung

Die geometrische Lösung stützt sich auf die Beobachtung, daß der Strahl die Kugel nicht schneiden kann, wenn der senkrechte Abstand des Kugelmittelpunkts $\bar{P}_c$ vom Strahl $\bar{r}(t)$ größer ist als R ist, vgl. Abbildung 8.12.

Sei $\bar{Q}$ der Punkt des Strahles, der von $\bar{P}_c$ den kleinsten Abstand hat und sei $\vec{q}$ der Vektor, der $\bar{P}_c$ mit $\bar{Q}$ verbindet. Es gilt also mit Verwendung der Ortsvektoren:

$$\vec{Q} = \vec{r}_0 + \alpha \cdot \vec{r}_d = \vec{P}_c + \vec{q}$$

Um α zu bestimmen, bildet man auf beiden Seiten das Skalarprodukt mit $\vec{r}_d$:

$$\vec{r}_0 \cdot \vec{r}_d + \alpha \vec{r}_d \cdot \vec{r}_d = \vec{P}_c \cdot \vec{r}_d + \vec{q} \cdot \vec{r}_d$$

Da $\vec{r}_d$ normalisiert ist, gilt $\vec{r}_d \cdot \vec{r}_d = 1$. Da $\vec{q}$ senkrecht zu $\vec{r}_d$ steht, gilt $\vec{q} \cdot \vec{r}_d = 0$. Damit gilt:

$$\alpha = (\vec{P}_c - \vec{r}_0) \cdot \vec{r}_d$$

Zur Berechnung von α braucht man also drei Multiplikationen und fünf Additionen/Subtraktionen. Wenn $\alpha < 0$, zeigt der Strahl von der Kugel weg, d.h. es gibt keinen Schnittpunkt. Wenn $\alpha \geq 0$, müssen wir die Länge von $\vec{q}$ mit R vergleichen. Um die Wurzelbildung zu vermeiden, vergleichen wir $|\vec{q}|^2$ mit R^2 :

$$\begin{aligned}
|\vec{q}\,|^2 &= (\vec{r}_0 + \alpha \cdot \vec{r}_d - \vec{P}_c)^2 \\
&= (\vec{r}_0 - \vec{P}_c)^2 + 2\alpha \underbrace{\vec{r}_d \cdot (\vec{r}_0 - \vec{P}_c)}_{-\alpha} + \alpha^2 \underbrace{\vec{r}_d^{\,2}}_{1} \\
&= (\vec{r}_0 - \vec{P}_c)^2 - \alpha^2
\end{aligned}$$

Wenn $q^2 > R^2$, schneidet der Strahl die Kugel nicht. Zur Berechnung von q^2 braucht man vier Multiplikationen und eine Subtraktion ($\vec{P}_c - \vec{r}_0$ wurde bereits bei der Berechnung von α berechnet). Zusammen mit der Berechnung von α braucht man also insgesamt sieben Multiplikationen und sechs Additionen. Wenn $q^2 < R^2$, schneidet der Strahl die Kugel. Sei x der Abstand von $\bar{Q}$ zu den Schnittpunkten $\bar{S}_1$ bzw. $\bar{S}_2$, vgl. Abbildung 8.13. Es ist also $x^2 = R^2 - q^2$. Für die beiden Schnittpunkte gilt:

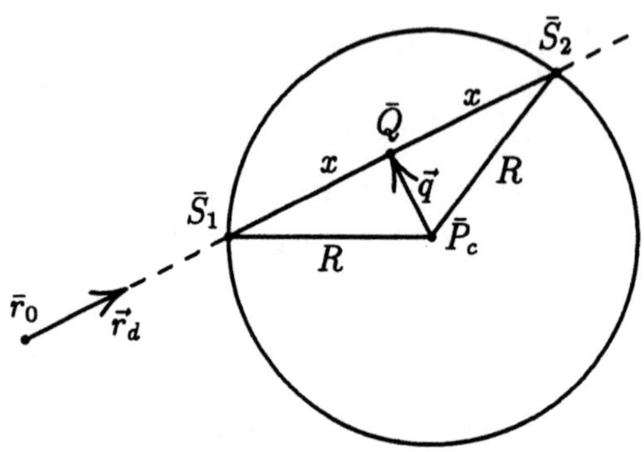

Abbildung 8.13: **Veranschaulichung der Situation, in der der Strahl die Kugel schneidet: $\bar{Q}$ liegt jetzt innerhalb der Kugel und hat von den beiden Schnittpunkten $\bar{S}_1$ und $\bar{S}_2$ gleichen Abstand x.**

$$\begin{aligned}\bar{S}_1 &= \bar{Q} - x \cdot \vec{r_d} = \bar{r_0} + (\alpha - x) \cdot \vec{r_d} \\ \bar{S}_2 &= \bar{Q} + x \cdot \vec{r_d} = \bar{r_0} + (\alpha + x) \cdot \vec{r_d}\end{aligned}$$

Dies läßt sich wie folgt umformen:

$$\begin{aligned}\bar{S}_{1,2} &= \bar{r_0} + (\alpha \mp x) \cdot \vec{r_d} \\ &= \bar{r_0} + (\vec{P_c} - \vec{r_0}) \cdot \vec{r_d} \cdot \vec{r_d} \mp \sqrt{R^2 + \alpha^2 - (\vec{r_0} - \vec{P_c})^2} \cdot \vec{r_d} \\ &= \bar{r_0} + [x_d(x_c - x_0) + y_d(y_c - y_0) + z_d(z_c - z_0)] \cdot \vec{r_d} \\ &\quad \mp \sqrt{\alpha^2 - [(x_0 - x_c)^2 + (y_0 - y_c)^2 + (z_0 - z_c)^2] + R^2} \cdot \vec{r_d} \\ &= \bar{r_0} - \frac{a}{2}\vec{r_d} \mp \sqrt{\frac{a^2}{4} - b} \cdot \vec{r_d}\end{aligned}$$

Man erhält also den gleichen Ausdruck wie bei der algebraischen Methode, die beiden Lösungen sind identisch, wenn es darum geht, die Schnittpunkte mit der Kugel zu bestimmen. Für die Anwendung als umgebendes Volumen, wo nur bestimmt werden soll, *ob* der Strahl die Kugel schneidet, ist aber die geometrische Lösung besser geeignet, weil sie im Mittel weniger Operationen benötigt: Falls $\alpha < 0$ ist, kann der Strahl die Kugel nicht schneiden und man kommt mit drei Multiplikationen und fünf Additionen aus. Falls $\alpha \geq 0$ ist, muß man zusätzlich

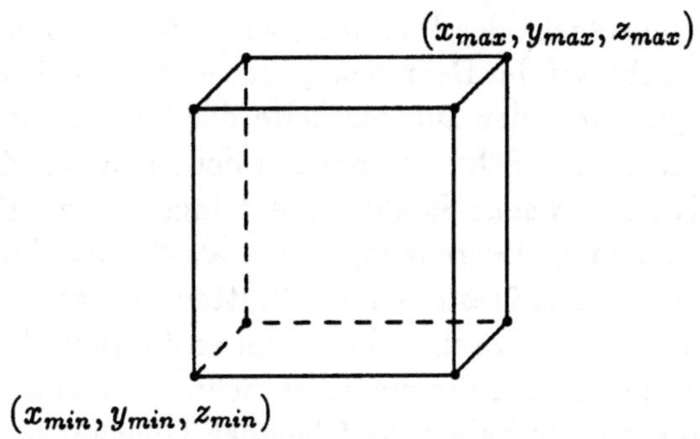

Abbildung 8.14: **Eine Box kann mit Hilfe zweier Punkte $(x_{min}, y_{min}, z_{min})$ und $(x_{max}, y_{max}, z_{max})$ definiert werden, die die Ausdehnung der Box angeben.**

q^2 berechnen und braucht insgesamt sieben Multiplikationen und sechs Additionen. In beiden Fällen ist die geometrische der algebraischen Lösung, die immer acht Multiplikationen und acht Additionen braucht, überlegen.

8.4.2 Boxen als umgebende Volumen

Anstatt mit einer Kugel können wir ein Objekt auch mit einem Quader, auch *Box* genannt, umgeben. Eine umgebende Box kann durch sechs Werte

$$x_{min}, x_{max}, y_{min}, y_{max}, z_{min}, z_{max}$$

definiert werden, die die minimale und maximale Ausdehnung der Box in x-, y- und z-Richtung angeben, vgl. Abbildung 8.14. Ob ein Strahl $\bar{r}(t) = \bar{r}_0 + t \cdot \vec{r}_d$ die Box schneidet, testet man am effizientesten mit dem Algorithmus von Cohen und Sutherland, den wir für das Clippen bzgl. des Einheitsvolumens angewendet haben, vgl. Abschnitte 2.4.1 und 3.7.

Dieser Algorithmus ist eigentlich für das Clippen von Geradensegmenten mit einem Fenster bzw. einem Würfel gedacht, wobei die Geradensegmente durch ihre beiden Endpunkte spezifiziert sind. Um den Algorithmus im vorliegenden Fall anzuwenden, müssen wir den Strahl als ein Geradensegment mit zwei Endpunkten darstellen. Als Endpunkte wählen wir den Aufpunkt und einen außerhalb der Szene liegenden Punkt auf dem Strahl. Der Algorithmus bestimmt zuerst, ob beide Endpunkte ganz oberhalb, ganz unterhalb, ganz rechts, ganz links, ganz vor oder ganz hinter der Box liegen. Wenn dies der Fall ist, schneidet der Strahl die Box nicht. Wenn dies nicht erfüllt ist, wird der Strahl unterteilt in einen Teil, der außerhalb der Box liegt und einen Teil, der innerhalb der Box liegen kann. Dazu wählt man eine Begrenzungsebene der Box aus und berechnet den Schnittpunkt des Strahlsegmentes mit dieser Ebene. Wenn der Schnittpunkt auf der Begrenzungsfläche der Box liegt, schneidet der Strahl die Box. Wenn der Schnittpunkt nicht auf der Begrenzungsfläche der Box liegt, wird der Endpunkt des Strahlsegmentes, der auf der Seite der Schnittebene liegt, auf der die Box nicht liegt, durch den Schnittpunkt mit der Ebene ersetzt und der Algorithmus wird rekursiv auf das neue Strahlsegment angewendet. Bei jedem rekursiven Aufruf wird eine andere Begrenzungsebene als Schnittebene ausgewählt. Das Verfahren bricht nach spätestens fünf Schitten ab, weil der Strahl mindestens zwei Seitenflächen der Box schneidet, wenn er die Box überhaupt schneidet. Wir wollen jetzt die Kosten der einzelnen Schnittberechnung untersuchen. Die sechs Begrenzungsebenen haben die folgenden Gleichungen:

$$\begin{array}{ll} y = y_{min} & y = y_{max} \\ x = x_{min} & x = x_{max} \\ z = z_{min} & z = z_{max} \end{array}$$

Als Beispiel der Berechnung des Schnittpunktes zwischen dem Strahl und einer Begrenzungsebene betrachten wir die Ebene $y = y_{min}$. Aus

$$y_0 + t \cdot y_d = y_{min}$$

ergibt sich t als

$$t = \frac{y_{min} - y_0}{y_d}$$

Den gesuchten Schnittpunkt $\bar{S} = (S_x, S_y, S_z)$ erhält man durch Einsetzen in die Strahlgleichung:

$$\bar{S} = \bar{r_0} + t \cdot \vec{r_d}$$

$\bar{S}$ liegt auf der Begrenzungsfläche der Box, wenn gilt:

$$S_x \geq x_{min} \wedge S_x \leq x_{max} \wedge S_z \geq z_{min} \wedge S_z \leq z_{max}$$

Der Aufwand für die Berechnung des Schnittpunkts zwischen Strahl und Begrenzungsebene beträgt damit eine Division, zwei Multiplikationen (für die Berechnung von S_x und S_z) und drei Additionen/Subtraktionen. Ob der Schnittpunkt auf der Begrenzungsfläche liegt, läßt sich mit maximal vier Vergleichen feststellen. Der vor der Schnittpunktberechnung durchgeführte Test, ob das Strahlsegment ganz auf einer Seite der Box liegt, kostet maximal sechs Vergleiche. Die genaue Gesamtanzahl der benötigten Operationen hängt von der Anzahl der rekursiven Aufrufe des Algorithmus ab.

8.4.3 Vergleich von Kugeln und Boxen als umgebende Volumen

Beim Algorithmus von Cohen & Sutherland ist der zu Beginn jedes rekursiven Aufrufs durchgeführte Test, ob das Strahlsegment ganz auf einer Seite der Box liegt, für den ersten rekursiven Aufruf selten erfüllt. Dies liegt daran, daß das ursprüngliche Strahlsegment normalerweise recht lang ist, weil ein Endpunkt außerhalb der Szene gewählt wurde, d.h. in den meisten Fällen wird das Verfahren mindestens einmal durchlaufen. Dazu werden, vgl. oben, eine Division, zwei Multiplikationen, drei Additionen und zehn Vergleiche benötigt. In den seltensten Fällen wird aber die maximale Anzahl von fünf Durchläufen erforderlich sein.

Der Vergleich von Kugeln und Boxen als umgebende Volumen ist natürlich auch davon abhängig, wie lange die Ausführung der einzelnen Grundoperationen (Division, Multiplikation, Addition, Vergleich) auf dem zur Verfügung stehenden Rechner braucht, vgl. Anhang. Prinzipiell kann man aber feststellen, daß bei der Verwendung von Kugeln üblicherweise schneller bestimmt werden kann, ob es einen Schnittpunkt mit einem Strahl gibt. Wegen der großen Anzahl von Vergleichen beim Algorithmus von Cohen & Sutherland gilt dies insbesondere für die derzeit sehr verbreiteten RISC–Rechner, für die eine Floating–Point–Multiplikation oft genausoschnell ausgeführt werden kann wie ein Vergleich, siehe z.B. [Sun88]. Außerdem braucht die Ausführung einer Division auf den meisten Rechnern ein Vielfaches der Zeit einer Multiplikation oder Addition.

Das heißt aber nicht unbedingt, daß man immer Kugeln als umgebende Volumen verwenden sollte. Eine wichtige Rolle spielt auch die "Paßgenauigkeit" des umgebenden Volumens: Je enger das umgebende Volumen das eigentliche Objekt umgibt, desto sicherer ist die Aussage des Tests mit dem umgebenden Volumen: Wenn das umgebende Volumen das eigentliche Objekt sehr lose umgibt, wird in einigen Fällen der Strahl das umgebende Volumen schneiden, obwohl es keinen Schnittpunkt mit dem eigentlichen Objekt gibt. In diesen Fällen wird die aufwendige Schnittpunktberechnung mit dem eigentlichen Objekt unnötig ausgeführt. Unter diesem Aspekt ist z.B. eine Kugel als umgebendes Volumen für einen langen, dünnen Stab schlecht geeignet. Eine besser passende, lange, schmale Box, die zwar eine aufwendigere Schnittpunktberechnung zwischen Strahl und Volumen erfordert, dafür aber weniger Schnittpunktberechnungen mit dem eigentlichen Objekt nach sich zieht, wäre in diesem Fall wahrscheinlich besser geeignet. Für bestimmte Objekte kann es sogar sinnvoll sein, andere Volumen wie z.B. Ellipsoide, Zylinder oder Kegel als umgebende Volumen zu verwenden, wenn diese gut passen, siehe z.B. [Gla89].

In [WHG84] wird als Kompromiß zwischen Paßgenauigkeit und Kosten der Schnittpunktberechnung eine heuristische Lösung vorgeschlagen, siehe auch [Gla89]: Man definiert die Paßgenauigkeit als

$$\text{Paßgenauigkeit} = \frac{\text{Volumeninhalt des Originalobjektes}}{\text{Volumen des umgebenden Volumen}}$$

Man sucht für jedes Objekt o der Szene ein geeignetes umgebendes Volumen v_o. Dazu definiert man:

n	:	Anzahl der Strahlen, für die man testet, ob sie v_o schneiden
$B(v_o)$	:	Kosten des Schnittpunkttests zwischen dem Strahl und v_o
$m(v_o)$	:	Anzahl der Strahlen, die v_o treffen
$I(o)$	:	Kosten der Schnittpunktberechnung mit dem eigentlichen Objekt o

Dann sind

$$K(o, v_o) = n \cdot B(v_o) + m(v_o) \cdot I(o)$$

die beim Ray–Tracing–Verfahren anfallenden Gesamtkosten für die Schnittpunktberechnung mit Objekt o. n ist unabhängig von der Wahl von v_o und ergibt sich aus Parametern wie der Auflösung des Bildschirms, der spezifizierten maximalen Tiefe des Strahlbaumes und den Gegebenheiten der Szene. $I(o)$ ergibt sich aus der Definition von o. $B(v_o)$ läßt sich für ein umgebendes Volumen v_o mit Hilfe ähnlicher Überlegungen wie den in den letzten beiden Abschnitten durchgeführten abschätzen. $m(v_o)$ kann z.B. anhand des Volumens von v_o abgeschätzt werden. Ein sehr einfaches v_o resultiert in einem kleinen Wert von $B(v_o)$. Ein gut passendes v_o resultiert in einem kleinen Wert von $m(v_o)$. Ziel ist es, durch geeignete Wahl von v_o die Gesamtkosten $K(o, v_o)$ zu minimieren. Dazu kann man Verfahren der linearen Optimierung anwenden.

8.4.4 Hierarchische umgebende Volumen

Das bisher beschriebene Verfahren der umgebenden Volumen umschließt einzelne Objekte. Wenn der Schnittpunkt des Strahles mit dem Objekt berechnet werden soll, wird zuerst bestimmt, ob ein Schnittpunkt mit dem umgebenden Volumen existiert. Wenn dies nicht der Fall ist, braucht der Schnittpunkt mit dem eigentlichen Objekt nicht berechnet zu werden. Diese Methode reduziert also nicht die Anzahl der Schnittpunktberechnungen, sondern die Kosten für den einzelnen Schnittpunkttest. Vom theoretischen Standpunkt aus gesehen sind die Gesamtkosten für die Schnittpunktberechnung zwischen einem Strahl und den Objekten der Szene weiter linear in der Anzahl der Objekte. Die Laufzeit wird nur um einen konstanten Faktor reduziert. Bei der Methode der *hierarchischen umgebenden Volumen*, die wir jetzt vorstellen wollen, vgl. auch [RW80] und [Gla89], reduziert sich dagegen auch die Anzahl der Schnittpunktberechnungen, und zwar bei geeigneter Hierarchiestruktur auf den Logarithmus der Anzahl der Objekte.

Bei der Methode der hierarchischen umgebenden Volumen schließt man weiterhin die einzelnen Objekte mit einem umgebenden Volumen ein. Darüber hinaus umschließt man aber auch Gruppen von Objekten mit einem größeren umgebenden Volumen, einzelne Gruppen umschließt man mit noch größeren umgebenden Volumen. Dieser Vorgang wird wiederholt, bis alle Objekte von einem einzigen großen Volumen eingeschlossen sind. Man kann die hierarchische Beziehung zwischen den einzelnen umgebenden Volumen durch einen *Hierarchiebaum* veranschaulichen, vgl. Abbildung 8.15. Bei der Suche nach den Objekten, die von einem Strahl geschnitten werden, wird der Hierarchiebaum von der Wurzel startend durchlaufen. Zuerst wird getestet, ob der Strahl das von der Wurzel repräsentierte Volumen schneidet. Wenn dies nicht der Fall ist, kann der Strahl keines der Objekte und keines der darunterliegenden umgebenden Volumen schneiden. Wenn das Wurzelvolumen geschnitten wird, wird der Schnittpunkttest für die Kinder der Wurzel wiederholt. Dieser Prozeß läuft evtl. weiter bis zu den Blattknoten. Der Vorteil des Verfahrens liegt darin, daß mit einem einzigen Schnittpunkttest evtl. für sehr viele Objekte ausgeschlossen werden kann, daß sie von dem Strahl geschnitten werden.

Das beschriebene Verfahren legt es nahe, den Schnittpunkttest eines Strahles mit den Objekten der Szene durch eine rekursive Prozedur zu realisieren, vgl. Abbildung 8.16.

Für das Erstellen der Hierarchie der umgebenden Volumen gibt es zwei verschiedene Anzätze: In [RW80] wird vorgeschlagen, daß die Gruppenaufteilung interaktiv durch den Benutzer vorgenommen wird. In [GS87] wird ein Verfahren zur automatischen Erstellung der Hierarchie beschrieben. Dazu werden die Objekte der Szene nacheinander in den (wachsenden) Hierarchiebaum eingefügt. Zum Einfügen eines Objektes mit seinem umgebenden Volumen startet man an der Wurzel des Hierarchiebaumes und entscheidet auf jeder Stufe, welches darunterliegende Kind–Volumen am wenigsten wächst, wenn das Objekt in den entsprechenden Unterbaum einsortiert wird. Zu diesem Kind wird das Objekt dann weitergereicht.

Damit die Methode der hierarchischen umgebenden Volumen in der Praxis einen merklichen Vorteil gegenüber der herkömmlichen Methode der umgebenden Volumen bringt, müssen die Objekte der Szene gut zu Gruppen zusammenfaßbar sein. Es ist nicht sinnvoll, weit auseinander liegende Objekte zu einer Gruppe zusammenzufassen und mit einem gemeinsamen umgebenden Volumen zu um-

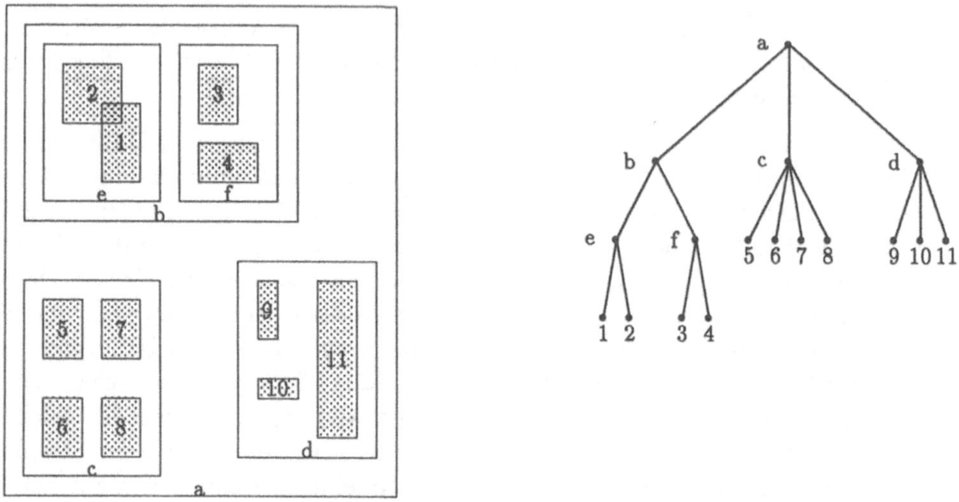

Abbildung 8.15: **Beispiel für die Anwendung der hierarchischen Volumen: die Objekte sind durch ihre umgebenden Volumen als schattierte Boxen dargestellt, alle anderen umgebenden Volumen sind ebenfalls als Boxen dargestellt. Der Hierarchiebaum zu der dargestellten Hierarchie ist daneben abgebildet.**

geben, weil das umgebende Volumen dadurch so groß würde, daß viele Strahlen zwar das umgebende Volumen, aber keines der darin enthaltenen Objekte treffen würden. Deshalb sollten nur solche Objekte zu einer Gruppe zusammengefaßt werden, die nahe beieinander liegen.

8.5 Adaptive Tiefenkontrolle

Bisher haben wir dadurch für die Terminierung des Ray-Tracing-Verfahrens gesorgt, daß wir eine maximale Tiefe des Strahlbaumes festgelegt haben. Wenn diese maximale Tiefe erreicht ist, wird kein rekursiver Aufruf des Ray-Tracing-Verfahrens mehr gestartet. Für Szenen mit Objekten, die wenig reflektierend oder transparent sind, reicht eine geringe maximale Tiefe des Strahlbaumes aus, um eine realistische Darstellung zu erhalten. Für Szenen mit Objekten, die stark reflektierend oder transparent sind, muß die maximale Tiefe entsprechend größer gewählt werden. Üblicherweise enthält eine Szene sowohl wenig als auch stark reflektierende oder transparente Objekte, wobei die Anzahl der stark reflektierenden oder transparenten Objekte oft recht gering ist. Um diese wenigen Objekte realistisch darzustellen, muß aber die Tiefe des Strahlbaumes

```
void hbv_intersect (ray, node)
RAY ray, NODE node;
{
  int i;
  if (is_leaf(node)){
     if (bv_intersect(ray, node.bv))
        intersect(ray, node.object);
     }
  else
     if (bv_intersect (ray, node.bv))
        for (i=0; i<number_of_children(node); i++) do
            hbv_intersect (ray, child(i,node))
}
```

Abbildung 8.16: Skizze einer rekursiven Prozedur, die den Hierarchiebaum hinabsteigt. Die Datenstruktur `NODE` enthält außer den Baumverweisen zwei Einträge: `NODE.objekt` enthält die Spezifikation eines Objektes der Szene und ist nur für Blätter des Hierarchiebaumes besetzt, `NODE.bv` enthält die Spezifikation eines umgebenden Volumens und ist für alle Knoten besetzt. Die Prozedur `bv_intersect(ray,bv)` testet, ob der Strahl `ray` das umgebende Volumen `bv` trifft. Die Prozedur `intersect(ray,object)` berechnet den Schnittpunkt des Strahles `ray` mit dem Objekt `object`.

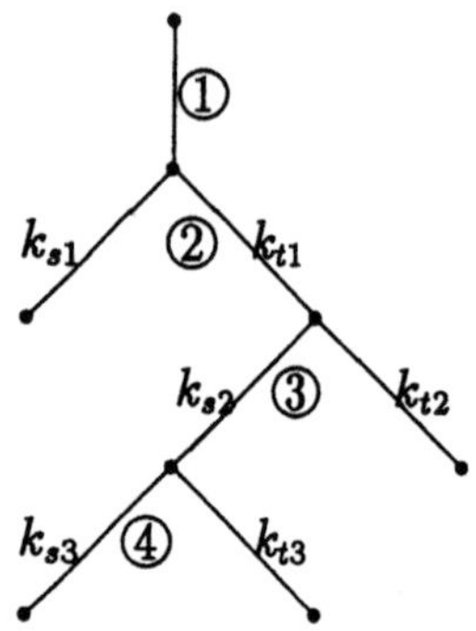

Abbildung 8.17: **Veranschaulichung der Abschwächung der für die Strahlen errechneten Intensitäten: die für einen Strahl bestimmte Intensität wird um das Produkt der Koeffizienten auf dem Weg zu Wurzel abgeschwächt. So wird z.B. die für den Strahl 4 errechnete Intensität um $k_{s3} \cdot k_{s2} \cdot k_{t1}$ abgeschwächt.**

entsprechend groß gewählt werden, was die Zeit für die Darstellung der Szene erheblich vergrößert. Für jedes Objekt, egal ob es wenig oder stark reflektierend oder transparent ist, werden so lange Strahlen abgespalten, bis die maximale Tiefe erreicht ist. Für die wenig reflektierenden oder transparenten Objekte wird ein großer Teil der Strahlen unnötig abgespalten, weil sie ab einer bestimmten Tiefe keinen wahrnehmbaren Beitrag zur Intensität des betrachteten Pixels mehr leisten.

Quantitativ läßt sich die Situation wie folgt beschreiben: Aus der Formel (8.3) für die Berechnung der Gesamtintensität, die von einem Punkt einer Oberfläche (entweder zum nächsten Punkt oder zum untersuchten Pixel) weitergegeben wird, ersieht man, daß die von den rekursiven Aufrufen für den reflektierten oder den transmittierten Strahl zurückgelieferten Intensitätswerte um den spiegelnden Reflexionskoeffizienten k_s bzw. den Transmissionskoeffizienten k_t der zugehörigen Oberfläche abgeschwächt werden, bevor sie zu der lokalen Intensität addiert werden:

$$I_{ges} = I_{lokal} + k_s \cdot I_r + k_t \cdot I_t$$

Je weniger reflektierend bzw. transparent diese Oberfläche ist, umso größer ist die Abschwächung. Wie sehr der von einem rekursiven Aufruf berechnete Intensitätswert bei der Berechnung der Intensität des betrachteten Pixels berücksichtigt wird, ergibt sich als Produkt der Reflexions- bzw. Transmissionskoeffizienten der dazwischenliegenden Oberflächen. Dies kann an dem zugehörigen Strahlbaum veranschaulicht werden, indem man jeder Kante (d.h. jedem Strahl) den Koeffizienten zuordnet, mit dem die Intensität des Kindknotens bei der Berechnung der Intensität des Vaterknotens multipliziert wird, vgl. Abbildung 8.17.

Die Technik der *adaptiven Tiefenkontrolle*, siehe [HG83] oder [Wat89], stützt sich auf die Beobachtung, daß die für einen Strahl errechnete Intensität keinen wahrnehmbaren Beitrag zur Intensität des Pixels mehr leistet, wenn die Gesamt-Abschwächung des Strahls einen bestimmten Schwellenwert unterschreitet. In diesem Fall braucht also die Intensität des Strahls gar nicht erst berechnet zu werden, folglich brauchen auch keine weiteren Strahlen ausgesandt zu werden. Es wird zwar weiterhin eine maximale Tiefe des Strahlenbaumes festgelegt, die ausgesandten Strahlen werden aber nur so lange zurückverfolgt, wie sie einen wahrnehmbaren Beitrag zur Intensität des betrachteten Pixels leisten können. Abbildung 8.18 zeigt eine Programmskizze. Mit der Technik der adaptiven Tiefenkontrolle kann die Anzahl der ausgesandten Strahlen erheblich reduziert werden. Für Szenen, in denen wenige, stark reflektierende oder transparente Objekte und viele, kaum reflektierende oder transparente Objekte liegen, ist eine Reduzierung der ausgesandten Strahlen um einen Faktor 10 keine Seltenheit. Da die Technik auch sehr einfach zu implementieren ist, sollte sie in keiner Implementierung des Ray-Tracing-Verfahrens fehlen.

8.6 Unterteilung des Raumes

Bei der Methode der hierarchischen umgebenden Volumen werden zuerst einzelne Objekte, dann immer größere Gruppen von Objekten mit einfachen Volumen umgeben, die resultierende Hierarchie der umgebenden Volumen wird in einem Hierarchiebaum angeordnet, der bottom-up aufgebaut wird, d.h. von den Blättern beginnend und zu der Wurzel fortschreitend. Bei der Suche nach dem Schnittpunkt eines Suchstrahls mit dem am nächsten zum Aufpunkt liegenden Objekt wird der Hierarchiebaum top-down durchlaufen, d.h. bei der Wurzel beginnend und zu den Blättern fortschreitend. Für einen inneren Knoten wird für alle darunterliegenden Objekte der gesuchte Schnittpunkt dadurch bestimmt, daß der Schnittpunkt rekursiv für alle Kinder berechnet wird. Unter den für die Kinder bestimmten Schnittpunkten wird derjenige ausgesucht, der am nächsten zum Aufpunkt des Strahls liegt. Die Methode der hierarchischen umgebenden Volumen ist also ein divide-and-conquer-Ansatz, wobei die Aufteilung sich an den Objekten und ihren umgebenden Volumen orientiert. Die in diesem Abschnitt vorgestellte Methode der Unterteilung des Raumes, vgl. [Gla84] und [Gla89], ist ebenfalls ein divide-and-conquer-Ansatz. Die Idee besteht darin, den Raum, der die darzustellende Szene enthält, rekursiv in Regionen aufzuteilen. Der die Aufteilung darstellende Baum wird also top-down aufgebaut. Die Aufteilung erfolgt unabhängig von der Lage der Objekte. Jeder Region werden die Objekte zugeordnet, die ganz oder teilweise darin enthalten sind. Wie wir gleich sehen werden, wird der die Aufteilung darstellende Baum bei der Suche nach dem Schnittpunkt eines Suchstrahls mit dem am nächsten

```
float trace (r, depth, cum_weight)
RAY r; int depth; float cum_weight;
{
 POINT s;
 RAY refl,trns;
 float I_loc,I_ref,I_trn,k_s,k_t;

 if (cum_weight < min_weight) return BLACK;
 else if (depth > max_depth) return BLACK;
 else if ((s = intersect(r)) == NULL) return BACKGROUND;
 if (is_illuminated(s))
    I_loc = compute_loc(s);
 else I_loc = BLACK;
 k_s = get_refl_koeff(s);
 k_t = get_trans_koeff(s);
 refl = compute_reflection_ray (r,s);
 I_ref = trace(refl,depth+1,cum_weight * k_s);
 trns = compute_transmission_ray (r,s);
 I_trn = trace(trns,depth+1,cum_weight * k_t);
 return combine(I_loc,I_ref,I_trn);
}
```

Abbildung 8.18: Programmskizze zur Methode der adaptiven Tiefenkontrolle: Der Parameter `cum_weight` gibt an, mit welchem Gewicht die von dem momentanen Aufruf der Prozedur `trace` zurückgelieferte Intensität bei der Berechnung des Wurzelaufrufs, d.h. bei der Berechnung der Pixelintensität berücksichtigt wird. Wenn `cum_weight` einen bestimmten Minimalwert `min_weight` unterschreitet, wird der rekursive Aufruf abgebrochen. Bei einem neuen rekursiven Aufruf wird der neue Wert des Parameters `cum_weight` durch Multiplikation mit dem spiegelnden Reflexionskoeffizienten bzw. mit dem Transmissionskoeffizienten berechnet. Diese werden durch die Funktionen `get_refl_koeff(s)` bzw. `get_trans_koeff(s)` zurückgeliefert. Da diese Koeffizienten immer Werte kleiner als 1 haben, wird der Wert von `cum_weight` bei jedem rekursiven Aufruf kleiner. Die anderen verwendeten Funktionen sind bereits in den vorangehenden Programmskizzen erklärt. Man beachte, daß auch hier die einfache Optimierung durchgeführt werden kann, die wir auf den Grundalgorithmus angewendet haben: Man kann die Abbruchbedingung an die Aufrufstelle verschieben und spart dadurch den untersten rekursiven Aufruf mitsamt der Berechnung von reflektiertem und transmittiertem Strahl.

zum Aufpunkt liegenden Objekt bottom–up durchlaufen. Verglichen mit der Methode der hierarchischen umgebenden Volumen haben sich also sowohl die Aufbaurichtung des Baumes als auch die Suchrichtung nach einem Schnittpunkt umgedreht. Wir werden jetzt das Verfahren etwas ausführlicher beschreiben.

Ein grundlegender Begriff bei der Methode der Raumunterteilung ist der Begriff des *Voxels* (für *volume element*). Ein Voxel ist ein quaderförmiges Raumelement, das bei der rekursiven Unterteilung des Raumes entsteht und das nicht weiter unterteilt wird. Aus dem Prozeß der rekursiven Unterteilung des Raumes ergibt sich, daß die Voxel sich nicht überlappen und daß die Vereinigung aller Voxel den Raumbereich aufspannen, den die gegebene Szene einnimmt. Die verschiedenen Varianten der Methode der Raumunterteilung unterscheiden sich vor allem darin, wie die Voxel definiert werden. Man kann zwei Hauptgruppen der Raumunterteilungs–Algorithmen unterscheiden: Algorithmen, die mit Voxel gleicher Größe arbeiten, und Algorithmen, die mit Voxel unterschiedlicher Größe arbeiten. Wir gehen weiter unten auf die wesentlichen Unterschiede ein. Wenn die Voxel einmal definiert sind, spielen sie in allen Varianten des Verfahrens die gleiche Rolle: sie dienen dazu, die Anzahl der Objekte, die von einem Suchstrahl geschnitten werden können, einzuschränken, um so die Anzahl der Objekte zu reduzieren, mit denen ein Schnittpunkt berechnet werden muß.

Bei der Suche nach dem Objekt, dessen Schnittpunkt mit dem Suchstrahl am nächsten zum Aufpunkt liegt, startet das Verfahren der Raumunterteilung mit dem Voxel, das den Aufpunkt des Strahls enthält. Wenn dieses Voxel ein oder mehrere Objekte enthält, wird untersucht, ob der Strahl eines dieser Objekte schneidet. Wenn dies der Fall ist, hat man den gesuchten Schnittpunkt gefunden. Wenn dies nicht der Fall ist, muß das Voxel untersucht werden, das der Strahl als nächstes durchläuft. Das Verfahren bricht ab, wenn ein Schnittpunkt gefunden ist oder wenn der Strahl die Szene verläßt. Der Vorteil des Verfahrens liegt darin, daß nur die Voxel untersucht werden, durch die der Strahl verläuft. Alle Objekte in Voxeln, die nicht von dem Strahl geschnitten werden, brauchen nicht untersucht zu werden. Außerdem werden die Voxel in der Reihenfolge untersucht, in der sie vom Strahl durchlaufen werden. Sobald der Schnittpunkt mit einem Objekt gefunden ist, brauchen nur noch die Objekte in dem vorliegenden Voxel untersucht zu werden. Alle anderen Objekte, auch solche, die in Voxel liegen, die später noch von dem Strahl geschnitten werden, spielen keine Rolle mehr[2]. Man kann die Situation auch wie folgt darstellen: Durch das Bilden der Voxel und das Zuordnen von Objekten zu den Voxel hat man eine Vorsortierung der Objekte durchgeführt. Beim Überprüfen, welche Objekte ein Strahl schneidet, greift man auf diese Vorsortierung zurück und spart sich dabei

[2]Siehe Abschnitt 8.6.3 für eine Einschränkung dieser Aussage.

das Sortieren der geschnittenen Objekte nach dem Abstand vom Aufpunkt des Strahls.

Es bleibt die Frage zu klären, wie man die Voxel in der Reihenfolge, in der sie vom Strahl getroffen werden, findet. Die Beantwortung dieser Frage ist abhängig von der Definition der Voxel und der Datenstruktur, in der sie abgelegt sind. Wir werden in den folgenden beiden Abschnitten diese Frage für Voxel gleicher Größe und Voxel unterschiedlicher Größe beantworten und dabei auch auf Datenstrukuren für die Ablage der Voxel eingehen.

8.6.1 Nicht–uniforme Raumunterteilung

Bei der Methode der nicht–uniformen Raumunterteilung können die Voxel unterschiedliche Größe haben. Dadurch kann man die Größe der Voxel den Gegebenheiten der Szene anpassen, d.h. man kann in Gebieten, in denen viele Objekte liegen, kleinere Voxel verwenden als in Gebieten, in denen wenige Objekte liegen. Eine häufig verwendete Datenstruktur zur Ablage der Voxel bei der nicht–uniformen Raumunterteilung ist der *Octree*, vgl. [Gla84] und [Gla89]. Einen Octree haben wir bereits bei der Auswahl der Farbwerte für die Farbtabelle benutzt, siehe Abschnitt 2.6.2.4. Hier repräsentieren die Knoten des Octree quaderförmige Raumbereiche. Der Octree wird aufgebaut, indem man, startend mit einem Raumbereich, der die darzustellende Szene vollständig enthält, den durch einen Knoten dargestellten Raumbereich durch Halbierung seiner Kanten in acht gleichgroße Unterbereiche unterteilt und das Verfahren rekursiv auf die so entstehenden Unterbereiche anwendet. Jedem Raumbereich werden die in ihm ganz oder teilweise enthaltenen Objekte zugeordnet. Wenn ein entstehender Raumbereich weniger als eine vorgegebene Anzahl von Objekten ganz oder teilweise enthält, wird er nicht weiter unterteilt. Ein zweidimensionales Beispiel ist in Abbildung 8.19 wiedergegeben. Nähere Einzelheiten zur Implementierung des Octree–Aufbaus findet man in [Gla84]. Ein Octree wird für eine Szene genau einmal aufgebaut. Danach werden alle Schnittpunkte von Strahlen mit Objekten mit Hilfe desselben Octrees bestimmt. Es können sogar unterschiedliche Perspektiven einer Szene ohne Änderung des Octrees dargestellt werden.

Um den Schnittpunkt eines Strahls mit dem Objekt zu finden, das am nächsten zum Aufpunkt liegt, muß man zuerst wissen, in welchem Voxel der Aufpunkt liegt. Dieses Voxel findet man durch einen Top–down–Lauf über den Octree, wobei auf jeder Stufe drei Vergleiche durchgeführt werden, um festzustellen, in welchem Kind–Raumelement der Aufpunkt liegt. Der Aufpunkt liegt in dem Voxel, in dem diese Suche endet. Die Laufzeit für diese Suche ist proportional zu der Tiefe des Octrees. Diese ist i.a. sehr gering: zum Beispiel hat ein

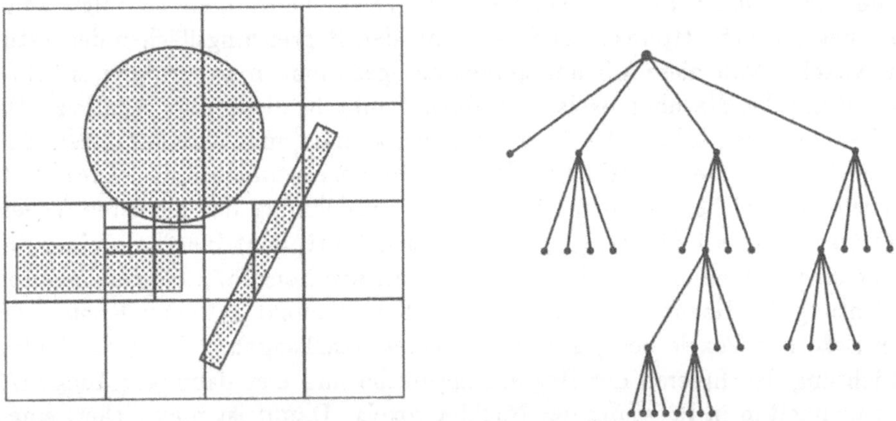

Abbildung 8.19: Veranschaulichung der Anwendung der Methode der nicht-uniformen Raumunterteilung im zweidimensionalen Fall. Die rekursive Unterteilung der Raumbereiche stoppt, wenn jedes erzeugte Raumelement höchstens ein Objekt enthält. Im zweidimensionalen Fall ist die zugehörige Datenstruktur ein Quadtree, kein Octree. Der zur dargestellten Szene gehörende Quadtree ist rechts abgebildet. Die vier Kinder eines Knotens repräsentieren die Unterteilung des zu dem Knoten gehörenden Raumbereiches in vier Unterbereiche. Das linkeste Kind repräsentiert den Bereich links oben, das zweite Kind den rechts danebenliegenden Bereich, das dritte Kind den linken unteren Bereich, das rechteste Kind den Bereich rechts unten.

vollständiger Octree für 1024^3 Voxel die Tiefe $\log_8(1024^3) = 10$.

Wenn das Voxel, in dem der Aufpunkt liegt, Objekte enthält, testet man diese Objekte auf Schnittpunkte mit dem Strahl. Wenn der Strahl eines der Objekte schneidet, hat man den gesuchten Schnittpunkt gefunden. Wenn das Voxel keine Objekte enthält oder wenn keines der enthaltenen Objekte vom Strahl geschnitten wird, muß man das nächste Voxel suchen, das der Strahl durchläuft. Das prinzipielle Verfahren dazu besteht darin, einen Punkt zu finden, der garantiert in dem Nachbarvoxel liegt. Das zugehörige Nachbarvoxel findet man dann wieder durch einen Top–down–Lauf über den Octree, diesmal mit dem gefundenen Punkt. Den gesuchten Punkt findet man wie folgt: Man berechnet den Schnittpunkt des Strahls mit den Begrenzungsflächen des aktuellen Voxels. Von diesem Schnittpunkt aus geht man man ein kleines Stück in Richtung des Nachbarvoxels, um einen Punkt in diesem zu erhalten. Da die Voxel unterschiedliche Ausdehnung haben können, muß man aufpassen, daß man nicht über die Ausdehnung des Nachbarvoxels hinausläuft. Dies stellt man wie folgt sicher: Man merkt sich die Ausdehnung des kleinsten Voxels im Octree, diese sei `min_length`. Wenn der Schnittpunkt innerhalb einer der Begrenzungsflächen des Voxels liegt, geht man `min_length/2` Längeneinheiten in Richtung des Nachbarvoxels. Wenn der Schnittpunkt auf einer Kante oder einer Ecke des Voxels liegt, geht man zuerst `min_length/2` Längeneinheiten in Richtung des Inneren der Begrenzungsfläche und erst dann `min_length/2` Längeneinheiten in Richtung des Nachbarvoxels. Damit ist man sicher, einen Punkt im Inneren des Nachbarvoxels gefunden zu haben. Das zugehörige Voxel, in dem dieser Punkt liegt, erhält man wieder durch einen Top–down–Lauf über den Octree. Eine Programmskizze der beschriebenen Suche ist in Abbildung 8.20 wiedergegeben. Eine Verbesserung der Suche nach dem zugehörigen Voxel erreicht man durch folgendes Vorgehen: Man läuft vom Octree–Eintrag des Vorgängervoxels bottom–up so weit nach oben, bis man ein Raumelement erreicht hat, in dem der gefundene Punkt liegt. Dann läuft man wieder nach unten und sucht den Voxeleintrag. In den meisten Fällen liegen die Octree–Einträge der beiden Voxel nahe beieinander und man braucht nur ein kleines Stück nach oben zu laufen.

Mit der beschriebenen Raumaufteilungs–Methode können sehr große Einsparungen in der Laufzeit des Ray–Tracing–Verfahrens erreicht werden. In [Gla84] werden Einsparungen gegenüber dem Grundalgorithmus um Faktor 4 bis 30 berichtet, wobei die Einsparung mit der Dichte und der Komplexität der darzustellenden Szene zunimmt. Man beachte, daß die Methode der (nicht hierarchischen) umgebenden Volumen zusätzlich angewendet werden kann, um für komplizierte Objekte die Schnittpunktberechnung möglichst zu vermeiden.

Eine allgemeinere Datenstruktur als ein Octree, die ebenfalls zur Ablage der

```
POINT octree_intersect (r,t)
RAY r; OCTREE t;
{
  POINT s,s_nearest,p;
  VOXEL v;
  OBJECT o;

  s_nearest = NULL;
  p = r.origin;
  do {
     v = find_voxel(p,t);
     for (each object o in v) {
         if ((s = intersect_object(r,o)) != NULL) {
            if (is_nearer(s,s_nearest,r.origin)
               s_nearest = s;
         }
     }
     if (s_nearest == NULL)
        p = neighbor_point(v,r);
  } while ((s_nearest == NULL) && !outside(t,p))
  return s_nearest;
}
```

Abbildung 8.20: Programmskizze der Suche nach dem am nächsten zum Aufpunkt `r.origin` des Strahls `r` gelegenen Schnittpunktes `s_nearest`. `find_voxel(p,t)` sucht das Voxel im Octree `t`, das den Punkt `p` enthält. `intersect_object(r,o)` berechnet den Schnittpunkt des Strahls `r` mit dem Objekt `o`. `is_nearer(s,s_nearest,r.origin)` testet, ob `s` näher zum Aufpunkt `r.origin` des Strahls liegt als `s_nearest`. `neighbor_point(v,r)` berechnet einen Punkt `p` auf dem Strahl `r`, der in dem Voxel liegt, das `r` als nächstes durchläuft. `outside(t,p)` testet, ob der Punkt `p` außerhalb der vom Octree `t` erfaßten Szene liegt. Die do–Schleife stoppt, wenn ein Schnittpunkt gefunden ist oder wenn der Strahl die Szene verlassen hat.

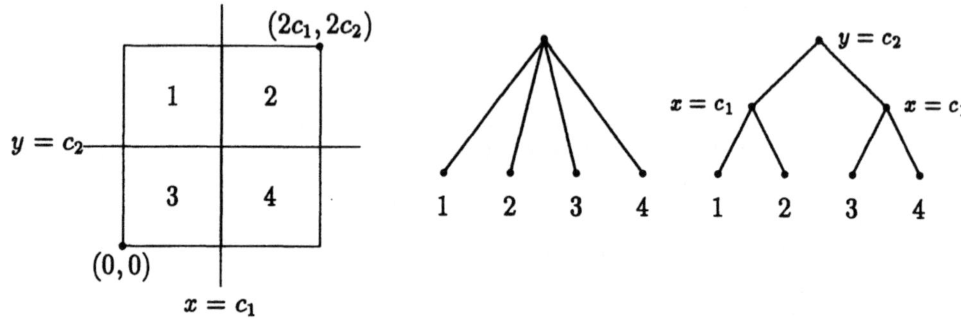

Abbildung 8.21: Darstellung einer Raumbereichsunterteilung durch Quadtree und BSP–Baum im zweidimensionalen Fall. Im zweidimensionalen Fall sind die Aufteilungsebenen Geraden. In dem dargestellten Beispiel werden die beiden Geraden $x = c_1$ und $y = c_2$ verwendet, wobei c_1 und c_2 Konstanten sind. Zur Verdeutlichung sind zu den inneren Knoten des BSP–Baums die zugehörigen Aufteilungsebenen angegeben. Die Verallgemeinerung auf den dreidimensionalen Fall bereitet keine Probleme.

Voxel eingesetzt werden kann, ist der BSP–Baum (BSP steht für *binary space partitioning*), vgl. [Gla89] und [Wat89]. Ein BSP–Baum ist ein binärer Baum, dessen innere Knoten wie beim Octree quaderförmige Raumbereiche repräsentieren. Zusätzlich wird aber für jeden Knoten eine Aufteilungsebene spezifiziert, aus der die Raumbereiche für die Kinder berechnet werden. Die Aufteilungsebene eines Knoten muß dessen Raumbereich nicht in gleiche Teile zerlegen, die Raumbereiche für die Kinder können also unterschiedlich groß sein.

Jeder Octree läßt sich als BSP–Baum darstellen, vgl. Abbildung 8.21. Man kann den BSP–Baum beim Verfahren der nicht–uniformen Raumunterteilung also einfach als eine alternative Datenstruktur für den Octree einsetzen. Der BSP–Baum bietet aber darüber hinaus die Möglichkeit, andere Aufteilungen für die Raumelemente zu benutzen als die oben beschriebene Aufteilung in gleichgroße Unterbereiche. Die Lage der Aufteilungsebenen kann so der Lage der Objekte angepaßt werden. Man kann also auch bei Szenen mit ungleichmäßiger Verteilung der Objekte die Aufteilungsebenen so plazieren, daß der entstehende BSP–Baum eine gute Balancierung aufweist. Dies hat den Vorteil, daß die Suche nach dem zu einem Punkt gehörenden Voxel im Mittel weniger Zeit braucht. Die Abbildungen 8.22 und 8.23 veranschaulichen die sich bietenden Möglichkeiten wieder an einem Beispiel im zweidimensionalen Raum.

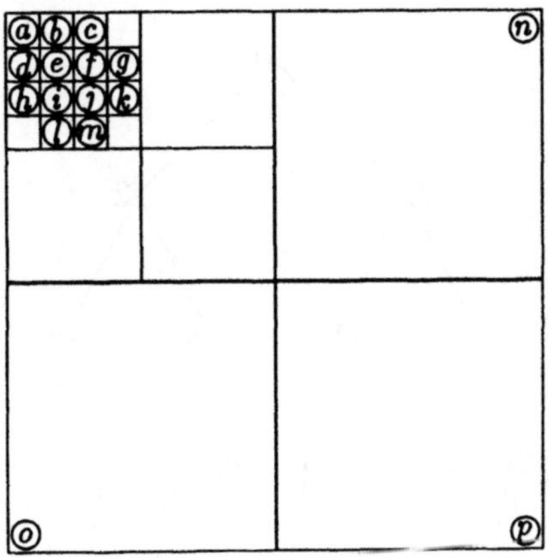

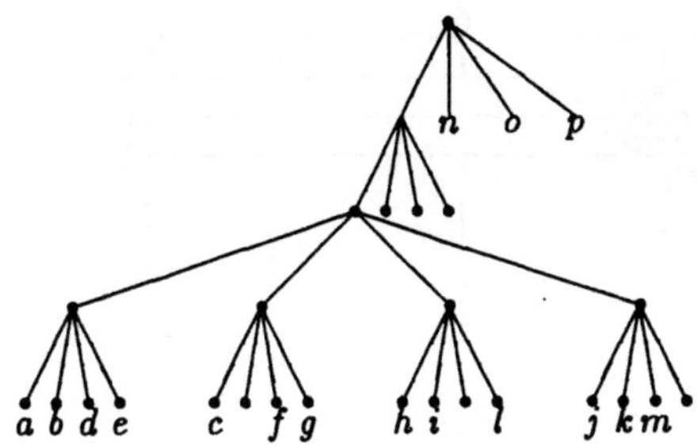

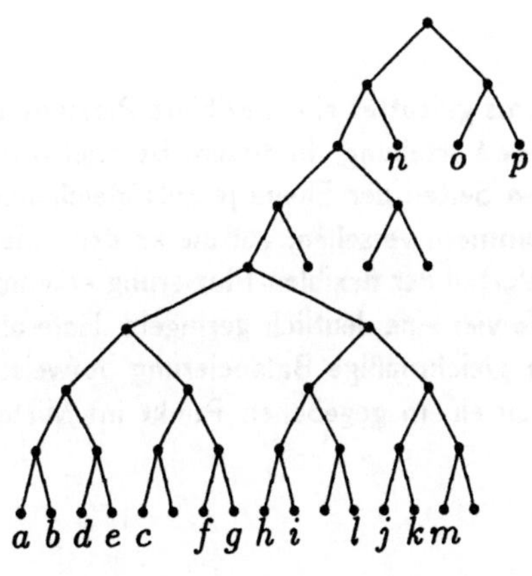

Abbildung 8.22: **Anwendung der Methode der nicht–uniformen Raumaufteilung im zweidimensionalen Fall. Die darzustellende Szene enthält die Objekte a bis p, die wie dargestellt verteilt seien. Die ursprüngliche Unterteilungsmethode in gleichgroße Teile führt zu der eingezeichneten Aufteilung, bei der die entstehenden Voxel sehr unterschiedliche Größe haben. Der zugehörige Quadtree (rechts oben) zeigt deswegen auch eine ungleichmäßige Struktur. Dies wird insbesondere an der Darstellung als BSP–Baum klar, der Tiefe 8 hat.**

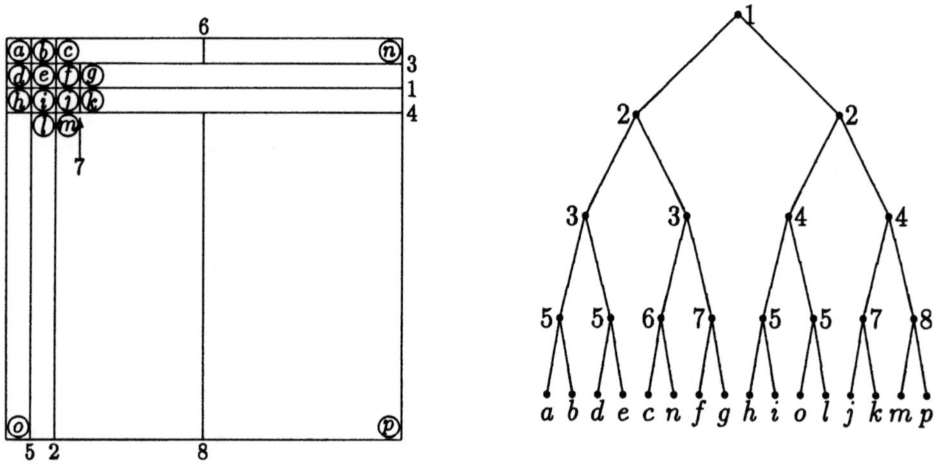

Abbildung 8.23: Die Verwendung eines BSP-Baums gestattet eine flexiblere Plazierung der Aufteilungsebenen und damit eine gleichmäßigere Verteilung. In diesem Beispiel wurden die Aufteilungsebenen so gelegt, daß auf beiden Seiten der Ebene jeweils gleichviele Objekte liegen. Die Aufteilungsebenen sind mit Nummern versehen, auf die an den inneren Knoten des BSP-Baums verwiesen wird. Den Vorteil der flexiblen Plazierung erkennt man an dem zugehörigen BSP-Baum, der mit Tiefe vier eine deutlich geringere Tiefe als der BSP-Baum aus Abbildung 8.22 und eine sehr gleichmäßige Balancierung aufweist. Dies führt dazu, daß die Bestimmung des Voxels zu einem gegebenen Punkt im Mittel schneller durchgeführt werden kann.

8.6.2 Uniforme Raumaufteilung

Bei der Methode der uniformen Raumaufteilung, vgl. [FTI86], [Gla89], haben alle Voxel die gleiche Größe. Die Voxel entstehen durch eine regelmäßige Unterteilung des Raumelementes, das die Szene enthält, und werden in einem dreidimensionalen Gitter abgelegt. Ebenso wie bei der nicht-uniformen Raumaufteilung hält man zu jedem Voxel eine Liste der Objekte, die ganz oder teilweise in diesem liegen. Bei der Suche nach dem am nächsten zum Aufpunkt liegenden Schnittpunkt eines Strahls mit den Objekten der Szene werden die Voxel wieder in der Reihenfolge durchsucht, in der sie von dem Strahl durchlaufen werden, beginnend mit dem Voxel, das den Aufpunkt enthält. Abbildung 8.24 zeigt eine Programmskizze dieser Schnittpunktberechnung.

Die inkrementelle Berechnung des nächsten vom Strahl durchlaufenen Voxels kann mit einer Variante des Bresenham-Algorithmus erfolgen, den wir für die Rasterung von Geradensegmenten verwendet haben, siehe Abschnitt 2.1.2. Im Gegensatz zum Bresenham-Algorithmus, bei dem die Pixel bestimmt werden, die der zu zeichnenden Gerade am nächsten liegen, müssen hier alle Voxel gefunden werden, die der Strahl schneidet (siehe Abbildung 8.25). Dies erreicht man durch eine leichte Veränderung dcs Bresenham-Algorithmus, die für den zweidimensionalen Fall in Abbildung 8.26 wiedergegeben ist. Für die Anwendung im dreidimensionalen Gitter muß diese Variante auf den dreidimensionalen Fall verallgemeinert werden. Dies ist zwar etwas umständlich, aber nicht weiter schwierig: Man legt die Parameterdarstellung $\vec{r}(t) = \vec{r}_0 + t \cdot \vec{r}_d$ zugrunde und verwendet als treibende Achse die Koordinatenrichtung mit der kleinsten absoluten Steigung in t, dies sei z.B. die x-Achse. für die beiden anderen Richtungen benutzt man Variablen `error_y` und `error_z`, die den Fehler bzgl. dieser Richtungen angeben.

Die uniforme Raumaufteilung hat im Vergleich mit der nicht-uniformen Raumaufteilung den Nachteil, daß die Unterteilung vollkommen unabhängig von der Lage der Objekte ist und daß die Voxelunterteilung nicht beliebig fein sein kann, weil sonst zu viel Speicherplatz verbraucht wird[3] und weil es bei einer feinen Unterteilung teuer wird, einen Strahl durch leere Raumbereiche zu verfolgen. In Raumbereichen, in denen viele Objekte dicht beieinander liegen, kann ein Voxel daher recht viele Objekte enthalten. Wenn ein Strahl ein solches Voxel durchläuft, müssen die Schnittpunkte mit allen diesen Objekten berechnet werden. Der Vorteil der uniformen Raumaufteilung liegt darin, daß die vom Strahl durchlaufenen Voxel bei Verwendung des modifizierten Bresenham-Algorithmus

[3]Schon bei einer Rasterung von 100 pro Koordinatenrichtung müssen eine Million Voxel abgespeichert werden, wobei zu jedem Voxel eine Liste der ganz oder teilweise enthaltenen Objekte gespeichert werden muß.

```
POINT grid_intersect(r,g)
RAY r; 3D_GRID g;
{
 VOXEL v; OBJECT o;
 POINT s,s_nearest;

 v = find_grid_voxel(r.origin,g);
 s_nearest = NULL;
 do {
    for (each object o in v) {
        if ((s = intersect_object(r,o)) != NULL) {
           if (is_nearer(s,s_nearest,r.origin)
              s_nearest = s;
        }
    }
    if (s_nearest == NULL) v = next_voxel(v,r,g);
 } while ((s_nearest == NULL) && (v != NULL))
 return s_nearest;
}
```

Abbildung 8.24: Programmskizze der Suche nach dem am nächsten zum Aufpunkt `r.origin` des Strahls `r` gelegenen Schnittpunktes `s_nearest` bei der Methode der uniformen Raumaufteilung. `3D_GRID` ist im wesentlichen ein dreidimensionales Feld, dessen Einträge vom Typ `VOXEL` sind. Ein Voxel kann demnach durch 3 Zahlen (i,j,k) spezifiziert werden, die die Koordinaten in dem dreidimensionales Feld angeben. `find_grid_voxel(r.origin,g)` berechnet das in `g` abgelegte Voxel, das den Aufpunkt `r.origin` enthält. `next_voxel(v,r,g)` liefert das nächste in `g` abgelegte Voxel, das vom Strahl `r` durchlaufen wird. Dazu kann eine Variante des Bresenham-Algorithmus verwendet werden, vgl. Abbildung 8.25. `next_voxel` liefert `NULL`, wenn der Strahl die Szene verlassen hat. Die anderen verwendeten Funktionen sind bereits in Abbildung 8.20 beschrieben.

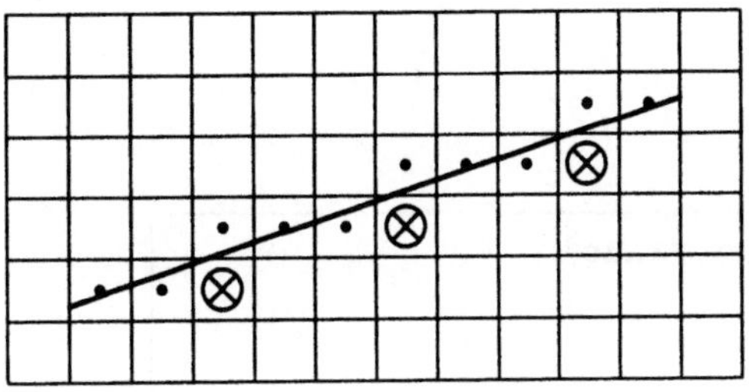

Abbildung 8.25: **Modifikation des Bresenham–Algorithmus für den Einsatz bei der Methode der uniformen Raumunterteilung. Die mit ⊗ gekennzeichneten Pixel müssen zusätzlich zu den vom ursprünglichen Bresenham–Algorithmus gesetzten Pixeln dargestellt werden, der die mit • gekennzeichneten Pixel setzt.**

wesentlich schneller berechnet werden können als bei der Verwendung eines Octrees (in [FTI86] wird Faktor 13 genannt). Damit die Methode der uniformen Raumaufteilung schneller ist als die Methode der nicht–uniformen Raumaufteilung, muß dieser Vorteil den zuerst genannten Nachteil überwiegen. Dies ist beispielsweise für Szenen der Fall, in denen die Objekte gleichmäßig verteilt sind oder für Szenen, in denen die Objekte so weit auseinander liegen, daß das Durchlaufen der von einem Strahl getroffenen Voxel zur dominanten Operation wird. Für dichbesetzte Szenen, in denen die Objekte sehr ungleichmäßig verteilt sind, ist dagegen die Methode der nicht–uniformen Raumaufteilung überlegen.

8.6.3 Mögliche Ineffizienzen und Fehler

Bei beiden beschriebenen Methoden der Raumaufteilung wird für jedes Voxel eine Liste der Objekte gehalten, die ganz oder teilweise innerhalb des Voxels liegen. Ein Objekt kann mehreren Voxeln zugeordnet sein. Deshalb ist es möglich, daß man den Schnittpunkt eines Strahls mit demselben Objekt mehrfach berechnet, vgl. [Gla89]. Das geschieht dann, wenn der Strahl das betreffende Objekt nicht schneidet, aber mehrere Voxel durchläuft, denen dieses Objekt zugeordnet ist. In Abbildung 8.28 liegt für das Objekt A eine solche Situation vor. Da die Berechnung des Schnittpunkts mit einem Objekt je nach Komplexität des Objektes zeitaufwendig sein kann, versucht man diese unnötigen Schnittpunktberechnungen zu vermeiden. Eine mögliche Abhilfe besteht darin, zu jedem Objekt ein Bit zù halten, das angibt, ob der Schnittpunkt zwischen dem Objekt und dem momentanen Strahl schon berechnet wurde. Wenn das Bit gesetzt wird, wird auch der gefundene Schnittpunkt abgespeichert. Ein Schnittpunkt mit einem Objekt wird nur dann berechnet, wenn dessen Bit noch nicht gesetzt ist. Bevor der nächste Strahl bearbeitet wird, müssen bei dieser Lösung die Bits aller Objekte zurückgesetzt werden. Eine andere Lösung besteht darin, jedem Strahl eine eindeutige Nummer zuzuordnen. Zu jedem Objekt wird statt einem

```
void bres_mod(x1,y1,xn,yn,value)
int x1,y1,xn,yn,value;
{
 int error,error1,x,y,dx,dy;

 dx = xn - x1;
 dy = yn - y1;
 error = -dx/2;
 y = y1;
 for (x=x1; x <= xn; x++) {
     set_pixel(x,y,value);
     error = error + dy;
     if (error >= 0) {
     •  error1 = error - dy/2
     •  if (error1 < 0) set_pixel(x+1,y,value);
        y++; error = error - dx;
     }
     else {
     •  error1 = error + dy/2;
     •  if (error1 >= 0) set_pixel(x+1,y+1,value);
     }
 }
}
```

Abbildung 8.26: Variante des Bresenham–Algorithmus, vgl. Abbildung 2.5, die alle Pixel setzt, die von einer zwischen (x1,y1) und (xn,yn) verlaufenden Linie getroffen werden. Die abgebildete Variante nimmt die x–Achse als treibende Achse und positive Steigung an. Die allgemeine Form kann wie in Abschnitt 2.1.2 beschrieben erhalten werden. Die mit • bezeichneten Zeilen sind zu der dort angegebenen Basisvariante hinzugekommen, vgl. Abbildung 2.5. Die Bedeutung der Variablen error und error1 ist in Abbildung 8.27 veranschaulicht.

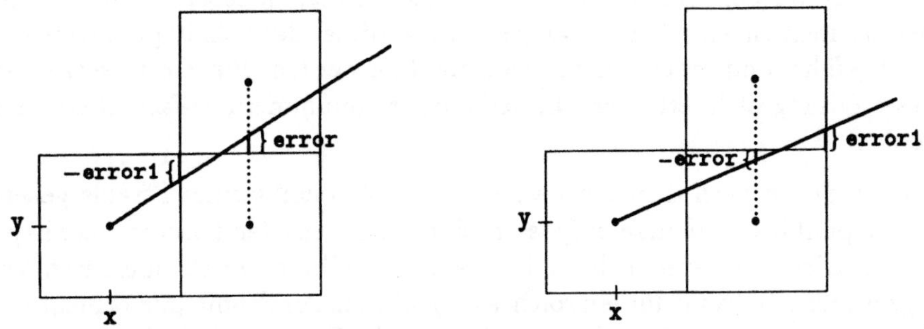

Abbildung 8.27: Bedeutung von `error1`. Wenn `error >= 0` ist, dient `error1` dazu festzustellen, ob das unterhalb des normalerweise gesetzten Pixels liegende Pixel vom Strahl getroffen wird. Wenn `error < 0` ist, dient `error1` dazu festzustellen, ob das oberhalb des normalerweise gesetzten Pixels liegende Pixel vom Strahl getroffen wird.

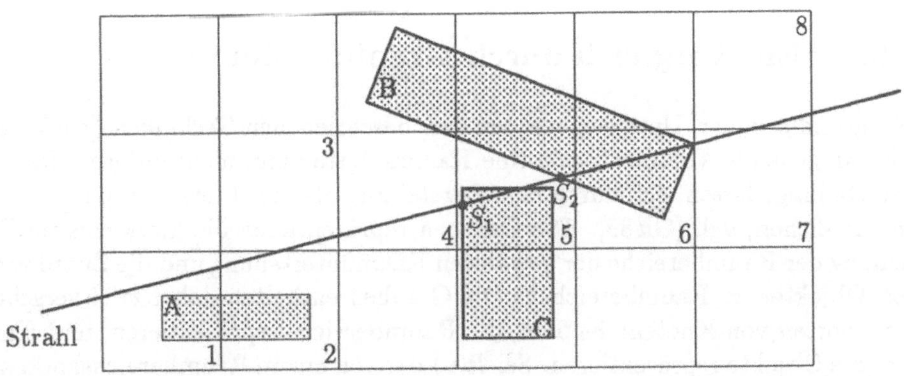

Abbildung 8.28: Eine kritische Szene für die Methoden der Raumaufteilung: Der eingezeichnete Strahl durchläuft nacheinander die Voxel 1 bis 8. Der Schnittpunkt des Strahls für Objekt A wird für Voxel 1 *und* 2 berechnet, weil A diesen beiden Voxel zugeordnet ist. Objekt B ist den Voxeln 4, 5 und 6 zugeordnet. Von diesen wird Voxel 4 als erstes von dem Strahl durchlaufen. Bei der Untersuchung von Voxel 4 wird der Schnittpunkt S_2 mit Objekt B gefunden. Da sonst kein Objekt in Voxel 4 liegt, könnte dieser Schnittpunkt fälschlicherweise als der dem Aufpunkt am nächsten liegende angenommen werden. Der Schnittpunkt S_1 mit Objekt C liegt aber näher zum Aufpunkt. Um den Fehler zu vermeiden, muß auch Voxel 5 noch untersucht werden. Dabei wird dann der richtige Schnittpunkt S_1 gefunden.

Bit die Nummer des Strahls abgespeichert, mit dem der letzte Schnittpunkt berechnet wurde. Wenn beim Start einer Schnittpunktberechnung die Nummer des momentanen Strahls angetroffen wird, ist der Schnittpunkttest bereits durchgeführt und braucht nicht wiederholt zu werden. Ein Zurücksetzen ist bei dieser Lösung nicht erforderlich, weil die Strahlnummern einfach überschrieben werden.

Bei der Suche nach dem am nächsten zum Aufpunkt eines Strahls gelegenen Schnittpunktes, muß man aufpassen, daß man nicht den falschen Schnittpunkt findet. Dies kann wieder deshalb passieren, weil ein Objekt mehreren Voxeln zugeordnet sein kann: für ein solches Objekt muß der Schnittpunkt nicht in dem Voxel liegen, das der Strahl zuerst durchläuft. In einem danach durchlaufenen Voxel kann sich aber ein Schnittpunkt mit einem anderen Objekt befinden, der näher zum Aufpunkt liegt. Eine entsprechende Situation ist in Abbildung 8.28 wiedergegeben. Um diesen Fehler zu vermeiden, darf das Durchsuchen der Voxel nicht eher aufhören, bis das Voxel, in dem der gefundene Schnittpunkt liegt, erreicht ist. Erst dann ist man sicher, daß der gefundene Schnittpunkt der am nächsten zum Aufpunkt des Strahls liegende ist.

8.6.4 Ein Vergleich durch Graphdarstellung

Die grundlegenden Unterschiede der drei beschriebenen Techniken (hierarchische umgebende Volumen, uniforme Raumunterteilung, nichtuniforme Raumunterteilung) lassen sich durch eine Darstellung als gerichteter Graph gut veranschaulichen, vgl. [Gla89]. Die Graphen repräsentieren die hierarchische Beziehung der Raumbereiche der gewählten Raumunterteilung und die Zuordnung von Objekten zu Raumbereichen. Die Graphen enthalten dabei zwei verschiedene Sorten von Knoten: Knoten, die Raumbereiche repräsentieren, und Knoten, die Objekte repräsentieren. Sei $R(v)$ der von einem Raumbereichsknoten v dargestellte Raumbereich, sei $O(w)$ das von einem Objektknoten w dargestellte Objekt. Von einem Raumbereichsknoten v geht eine Kante zu einem Raumbereichsknoten w, wenn $R(v)$ ganz in $R(w)$ enthalten ist und wenn es keinen Raumbereichsknoten u mit Raumbereich $R(u)$ gibt, der $R(v)$ ganz enthält und der selbst in $R(w)$ enthalten ist. Für die Methode der hierarchischen umgebenden Volumen stellen die Raumbereichsknoten mit den dazwischenliegenden Kanten also gerade den Hierarchiebaum dar. Für die Methode der nichtuniformen Raumunterteilung wird der Octree dargestellt. Für die Methode der uniformen Raumunterteilung gibt es keine hierarchische Beziehung zwischen den Raumbereichen, daher gibt es auch keine Kanten zwischen Raumbereichsknoten. Kanten zwischen Objektknoten gibt es nicht. Von einem Objektknoten

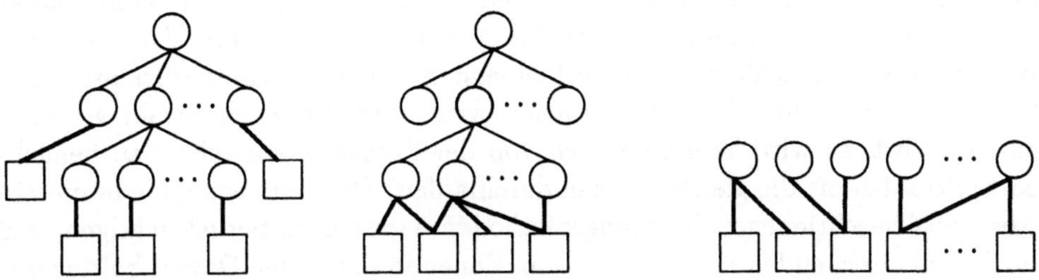

Abbildung 8.29: Veranschaulichung der beschriebenen Raumunterteilungs–Methoden durch Graphen: Raumbereichsknoten sind durch Kreise, Objektknoten durch Kästen wiedergegeben. Kanten zwischen Raumbereichsknoten sind dünn, Kanten zwischen Raumbereichsknoten und Objektknoten sind fett eingezeichnet. Ein Beispiel-Graph für die Methode der hierarchischen umgebenden Volumen ist links wiedergegeben, einer für die Methode der nicht–uniformen Raumaufteilung in der Mitte, einer für die Methode der uniformen Raumaufteilung rechts.

w geht eine Kante zu einem Raumbereichsknoten v, wenn v bzgl. der Kanten zwischen Raumbereichsknoten ein Blatt ist und $O(w)$ ganz oder teilweise in $R(v)$ enthalten ist. Für die Methode der hierarchischen umgebenden Volumen ist jedes Objekt genau einem Blatt–Raumbereich zugeordnet. Der Gesamtgraph, der die Raumbereichs– und die Objektknoten sowie alle Kanten umfaßt, ist also ein *Baum.* Bei der Methode der nicht–uniformen Raumunterteilung kann jedes Voxel mehrere Objekte enthalten, ein Objekt kann in mehreren Voxeln enthalten sein. Der resultierende Gesamtgraph ist also kein Baum mehr, sondern ein *gerichteter azyklischer Graph.* Bei der Methode der uniformen Raumunterteilung kann ebenfalls jedes Voxel mehrere Objekte enthalten, ein Objekt kann in mehreren Voxeln enthalten sein. Da es aber keine Kanten zwischen Raumbereichsknoten gibt, ist der Gesamtgraph ein *bipartiter Graph.* Abbildung 8.29 veranschaulicht die drei Fälle.

8.7 Unterteilung der Strahlrichtungen

Die Methoden der Raumunterteilung unterteilen den von der darzustellenden Szene eingenommenen Raum in Voxel (gleicher oder unterschiedlicher Größe). Für einen Strahl werden die Voxel, die der Strahl durchläuft in der Reihenfolge, in der sie durchlaufen werden, so lange durchsucht, bis ein Schnittpunkt mit einem Objekt gefunden ist. Dadurch werden die meisten Voxel von der Betrachtung ausgeschlossen, die verbleibenden werden in einer effizienten Reihenfolge durchsucht. Das Durchsuchen wird aber für jeden Strahl getrennt durchgeführt, es wird kein Gebrauch von der Tatsache gemacht, daß benachbarte Strahlen oft die gleichen Voxel durchlaufen. Dies versuchen die in diesem Abschnitt beschriebenen Richtungsmethoden dadurch zu berücksichtigen, daß sie die entsprechenden Richtungsinformationen in die Voxel-Datenstruktur mit aufnehmen, vgl. [Gla89] und [AK87].

Die Richtungsmethoden arbeiten alle mit einem sogenannten *Richtungswürfel*, der eine ähnliche Rolle wie der bei der Radiosity-Methode verwendete Halbwürfel spielt, vgl. Kapitel 9. Der Richtungswürfel ist ein Würfel der Kantenlänge 2, dessen Mittelpunkt so im Ursprung des Weltkoordinatensystems plaziert ist, daß die Kanten parallel zu den Koordinatenachsen liegen, vgl. Abbildung 8.30. Der Richtungswürfel dient dazu, die Strahlungsrichtungen zu diskretisieren. Dazu werden die Seitenflächen des Würfel in rechteckige (gleich- oder unterschiedlich große) Bereiche unterteilt. Für die Unterteilung der Seitenflächen können ähnliche Techniken angewendet werden wie bei den Methoden der Raumunterteilung, übertragen ins Zweidimensionale. Durch Verschieben des Aufpunktes eines Strahls in den Ursprung kann jedem Strahl ein eindeutiger rechteckiger Bereich auf einer der Seitenflächen zugeordnet werden, nämlich der, in dem der Schnittpunkt des Strahls mit dem Würfel liegt. Die geschnittene Seitenfläche bestimmt die *dominante Achse* des Strahls: die sechs Seitenflächen entsprechen sechs dominanten Achsen, die wir mit $+X$,$-X$, $+Y$,$-Y$,$+Z$,$-Z$ bezeichnen. Die Bestimmung des zu einem Strahl gehörenden Rechtecks ist von der für die Aufteilung der Seitenfläche verwendeten Methode abhängig. Bei uniformer Aufteilung kann das zugehörige Rechteck direkt berechnet werden, bei nicht-uniformer Aufteilung muß man eine Datenstruktur durchlaufen (z.B. einen Quadtree), die die Aufteilung der Seitenfläche beschreibt.

Jedes Rechteck auf einer der Seitenflächen definiert eine sogenannte *Richtungspyramide*, das ist eine unendliche Pyramide, deren Spitze im Ursprung liegt und deren Seitenflächen den Würfel in den Kanten des Rechtecks schneiden. Eine Richtungspyramide definiert das Volumen, das von Strahlen durchlaufen werden

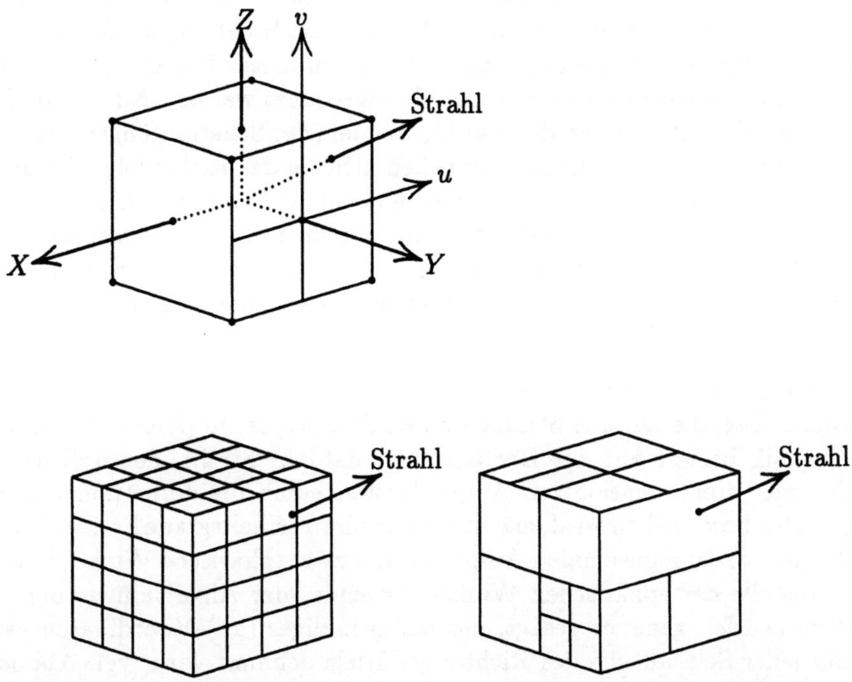

Abbildung 8.30: Der Richtungswürfel dient dazu, dreidimensionale Strahlrichtungen in zweidimensionale Koordinaten umzusetzen. Dazu wird auf jeder Seitenfläche ein (uv)-Koordinatensystem definiert, dessen Ursprung in der Mitte der Seitenfläche liegt. Die Seitenflächen werden in rechteckige Bereiche unterteilt. Dies kann entweder eine uniforme oder eine adaptive Unterteilung sein. Die unteren Abbildungen zeigen je ein Beispiel. Siehe auch [Gl89].

kann, deren Aufpunkt im Ursprung liegt und die dem gleichen Rechteck zugeordnet sind. Die Richtungspyramiden können für Strahlen mit gleichem Aufpunkt ähnlich eingesetzt werden wie die Voxel in den Methoden der Raumunterteilung: einer Richtungspyramide werden alle Objekte zugeordnet, die mit ihr überlappen. Bei der Suche nach dem Schnittpunkt eines Strahls mit einem Objekt brauchen nur die Objekte untersucht zu werden, die in der dem Strahl zugeordneten Richtungspyramide liegen. Dies läßt sich z.B. auf die Schattenberechnung bzgl. Punktlichtquellen anwenden, indem man einfach die Strahlrichtung umdreht: Man umgibt jede Punktlichtquelle mit einem Richtungswürfel mit diskretisierten Seitenflächen. Jedem Schattenfühler zu dieser Punktlichtquelle kann damit eine eindeutige Richtungspyramide zugeordnet werden. Nur die in dieser enthaltenen Objekte können den Punkt, von dem der Schattenfühler ausgesandt wurde, verdecken. Diese Objekte brauchen nicht in der Reihenfolge durchsucht zu werden, in der sie von dem Schattenfühler durchlaufen werden, weil es zur Bestimmung von Schatten ausreicht, wenn *irgendein* undurchsichtiges Objekt, das nicht notwendigerweise das erste zu sein braucht, von dem Schattenfühler getroffen wird. Diese Technik ist als *Lichtpuffer*-Technik bekannt, vgl. [HG86].

Eine allgemeine Richtungsmethode, die sogenannte Technik der *Strahl-Klassifizierung*, die auf alle Strahlen anwendbar ist, ist in [AK87] beschrieben. Die Technik basiert auf der Beobachtung, daß ein Strahl, der üblicherweise durch einen dreidimensionalen Aufpunkt und einen dreidimensionalen Richtungsvektor beschrieben wird, eigentlich nur fünf Freiheitsgrade hat: er läßt sich durch einen dreidimensionalen Aufpunkt und zwei sphärische Winkel beschreiben. Anstelle der sphärischen Winkel verwendet der Algorithmus aber einen Richtungswürfel, genauer gesagt, ein rechtwinkliges (uv)-Koordinatensystem, das auf jeder Seitenfläche des Richtungswürfels definiert wird, vgl. Abbildung 8.30. Ein Strahl kann damit mit einem Punkt $(x_0, y_0, z_0, u_0, v_0)$ im fünfdimensionalen Raum identifiziert werden, wobei $\bar{r}_0 = (x_0, y_0, z_0)$ der Aufpunkt des Strahls, (u_0, v_0) sein Schnittpunkt mit der entsprechenden Seitenfläche des Richtungswürfels bzgl. des (uv)-Koordinatensystems ist, wenn man den Aufpunkt in den Mittelpunkt des Richtungswürfels legt. Da der Richtungswürfel Kantenlänge zwei hat, gilt $-1 \leq u \leq 1$ und $-1 \leq v \leq 1$. Der Algorithmus unterteilt den fünfdimensionalen Raum in kleine fünfdimensionale Hyperwürfel, wobei jeder Hyperwürfel eine Menge von Strahlen mit ähnlichem Ursprung und ähnlichen Richtungen repräsentiert. Jedem Hyperwürfel wird eine Liste der Objekte zugeordnet, die von den von diesem Hyperwürfel repräsentierten Strahlen geschnitten werden können. Um den Schnittpunkt eines Strahls mit den Objekten einer Szene zu bestimmen, wird sein zugehöriger Hyperwürfel bestimmt und mit den diesem zugeordneten Objekten wird der Schnittpunkt berechnet.

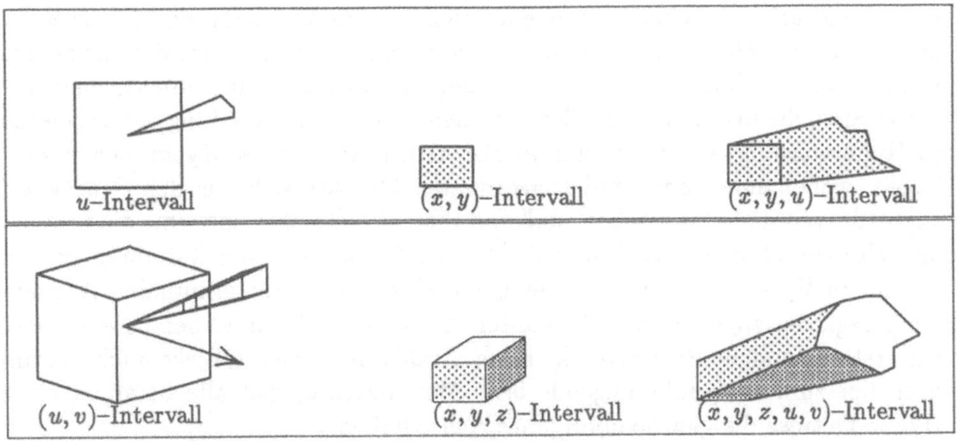

Abbildung 8.31: **Veranschaulichung der Polyeder–Volumen nach [AK87] für den zwei- und dreidimensionalen Fall. Das Polyeder–Volumen umfaßt alle Punkte, die auf Strahlen der zugehörigen Richtungspyramide liegen, deren Aufpunkt innerhalb des Voxel–Volumens liegt.**

Die Hyperwürfel werden in einem Hyper–Octree abgelegt, dem fünfdimensionalen Analogon eines Octree. Sei B eine dreidimensionale Box, die alle Objekte der darzustellenden Szene enthält. Als Wurzel des Hyper–Octree, die alle für die Szene relevanten Strahlen enthält, kann die Vereinigung von sechs Kopien des Teilraumes $B \times [-1 : 1] \times [-1, 1]$ verwendet werden, für jede Seitenfläche des Richtungswürfels eine Kopie. (Also wird man am besten die erste Stufe des Hyper–Octree entarten und sie für die Entscheidung benutzen, welche Seitenfläche des Richtungswürfels von dem vorliegenden Strahl geschnitten wird.) Nachdem man so das Wurzelvolumen festgelegt hat, kann der Aufbau des Hyper–Octrees rekursiv definiert werden. Dazu können ähnliche Techniken angewendet werden wie bei den Methoden der Raumunterteilung (übertragen auf den fünfdimensionalen Raum). In [AK87] wird eine Variante des BSP–Baumes zur Ablage verwendet, die zyklisch über die fünf Dimensionen läuft und für jede Dimension die Intervalle exakt halbiert. Nachdem der Hyper–Octree aufgebaut ist, erhält man den zu einem Strahl gehörenden Hyperwürfel durch eine Top–down–Suche über den Hyper–Octree.

Wir müssen noch bestimmen, welche Objekte einem Hyperwürfel zugeordnet werden. Ein fünfdimensionaler Hyperwürfel faßt Strahlen zusammen, deren Ursprung im zugehörigen dreidimensionalen Voxel liegen[4] und deren Richtungen sich aus dem zugehörigen rechteckigen Bereich auf einer Seitenfläche des

[4]Man erhält dieses Voxel durch Projektion auf den dreidimensionalen Raum.

Richtungswürfels ergeben. Dies entspricht einem von dem Voxel ausgehenden Polyeder–Volumen (im Original als *beam* bezeichnet) im dreidimensionalen Raum, vgl. Abbildung 8.31. Einem Hyperwürfel müssen alle Objekte zugeordnet werden, die in diesem Polyeder–Volumen liegen. Die Zuteilung von Objekten zu Hyperwürfeln kann parallel zum Top–down–Aufbau des Hyper–Octrees erfolgen, wobei die einem Kind zugeordneten Objekte sich aus den dem Vater zugeordneten dadurch ergeben, daß daß man alle Objekte entfernt, die nicht in das schmalere Polyeder–Volumen des Kindes fallen. Nach der Zuteilung werden die einem Hyperwürfel zugeordneten Objekte nach ihrer minimalen Ausdehnung bzgl. der zugehörigen dominanten Achse sortiert, um sicherzustellen, daß der erste gefundene Schnittpunkt eines Strahls mit einem Objekt auch der am nächsten zum Aufpunkt liegende ist. Man beachte, daß alle Strahlen eines Hyper–Octrees die gleiche dominante Achse haben.

Der Aufbau des Hyper–Octrees kann wieder als Vorsortierungsschritt angesehen werden. Um den Schnittpunkt eines Strahls mit einem Objekt der Szene zu finden, bestimmt man den den Strahl beschreibenden dimensionalen Punkt und durch einen Top–Down–Lauf über den Hyper–Octree den zugehörigen Hyperwürfel. Die diesem Hyperwürfel zugeordneten Objekte werden so lange in der vorsortierten Reihenfolge auf Schnittpunkt getestet, bis der erste Schnittpunkt gefunden ist. Dieses ist der am nächsten zum Aufpunkt des Strahls gelegene Schnittpunkt. Den Test auf Schnittpunkt kann man wieder mit der Technik der umgebenden Volumen beschleunigen.

In [AK87] sind noch einige Verfahren beschrieben, mit denen der enorme Speicherplatzbedarf für den Hyper–Octree reduziert werden kann. Dazu gehören die *lazy evaluation* des Hyper–Octree und die Einführung einer Schnittebene für jede dominante Achse, die senkrecht auf dieser steht. Alle hinter einer Schnittebene liegenden Objekte werden nicht mehr in die Datenstruktur eingetragen. Trotz Anwendung dieser Techniken, auf die wir hier nicht weiter eingehen können, bleibt der Platzbedarf des Verfahrens sehr hoch. Dafür erhält man nach [AK87] aber auch eine große Laufzeiteinsparung. Für die in [AK87] verwendeten Szenen ergab sich etwa eine Gesamtlaufzeit–Ersparnis um Faktor 10 gegenüber der Methode der nicht–uniformen Raumunterteilung. Damit ist das Verfahren wahrscheinlich eines der schnellsten bekannten Ray–Tracing–Verfahren.

8.8 Ray-Tracing-Verfahren und Objektmodellierung

Die Methode der Objektmodellierung (englisch ***constructive solid geometry***, oft auch als *csg* abgekürzt) bietet die Möglichkeit, komplizierte Objekte aus sehr einfachen, sogenannten ***primitiven*** Objekten zusammenzusetzen, und zwar durch Anwendung von *Mengenoperationen* wie Vereinigung ($\cup$), Schnitt ($\cap$) und Mengendifferenz ($\setminus$). Als primitive Objekte werden z.B. Kugeln, Quader und Zylinder verwendet. Man kann den Vorgang des Zusammensetzens von primitiven Objekten zu einem komplexeren Objekt wieder durch einen Baum, den sogenannten *CSG-Baum* beschreiben: die Wurzel dieses Baumes repräsentiert das definierte Objekt, die Blattknoten repräsentieren die verwendeten primitiven Objekte. Die inneren Knoten spezifizieren Mengenoperationen, die auf die Kinder angewendet werden. Ein einfaches Beispiel ist in Abbildung 8.32 wiedergegeben. Die primitiven Objekte sind üblicherweise in einem *lokalen Koordinatensystem* definiert. Beim Zusammensetzen zu einem komplexeren Objekt müssen die primitiven Objekte plaziert und skaliert werden. Dies geschieht durch Anwendung von linearen Transformationen (Translation, Rotation, Skalierung), vgl. Abschnitt 3.1. Die entsprechenden Plazierungs- und Skalierungsoperationen werden zusammen mit einer Beschreibung des zu plazierenden Objektes in den Blattknoten des CSG-Baums abgelegt. Unterschiedliche Objekte können durch die gleiche Baumstruktur dargestellt werden. Unterschiedlich sind dann nur die Plazierungs- und Skalierungsoperationen in den Blättern.

Mit der Methode der Objektmodellierung können komplexe Objekte recht einfach definiert werden. Dies macht ihren Einsatz auch für die Definition der Objekte beim Ray-Tracing-Verfahren interessant. Dazu muß allerdings die Berechnung der Schnittpunkte zwischen Strahl und Objekt der Tatsache angepaßt werden, daß die Objekte durch CSG-Bäume beschrieben sind[5], vgl. [Rot82], [BG89], und [Gla89]. Für die Schnittpunktberechnung zwischen einem Strahl und einem durch einen CSG-Baum beschriebenen Objekt wird der CSG-Baum von den Blättern her bottom-up durchlaufen. Für jeden Knoten wird eine *Liste von Strahlsegmenten* berechnet, die den Teil des Strahls darstellen, der innerhalb des von dem Knoten beschriebenen (Teil-)Objektes liegt. Ein Strahlsegment kann z.B. durch die Parameterwerte der beiden Endpunkte bzgl. der Strahlgleichung beschrieben werden. Zu jedem Strahlsegment wird ein Verweis auf das zugehörige primitive Objekt gehalten. Wenn als primitive Objekte konvexe Objekte verwendet werden, wird für jedes Blatt genau ein Segment errechnet, das

[5]Die Optimierungsverfahren können weiter unverändert verwendet werden, z.B. kann weiterhin die Technik der umgebenden Volumen angewendet werden.

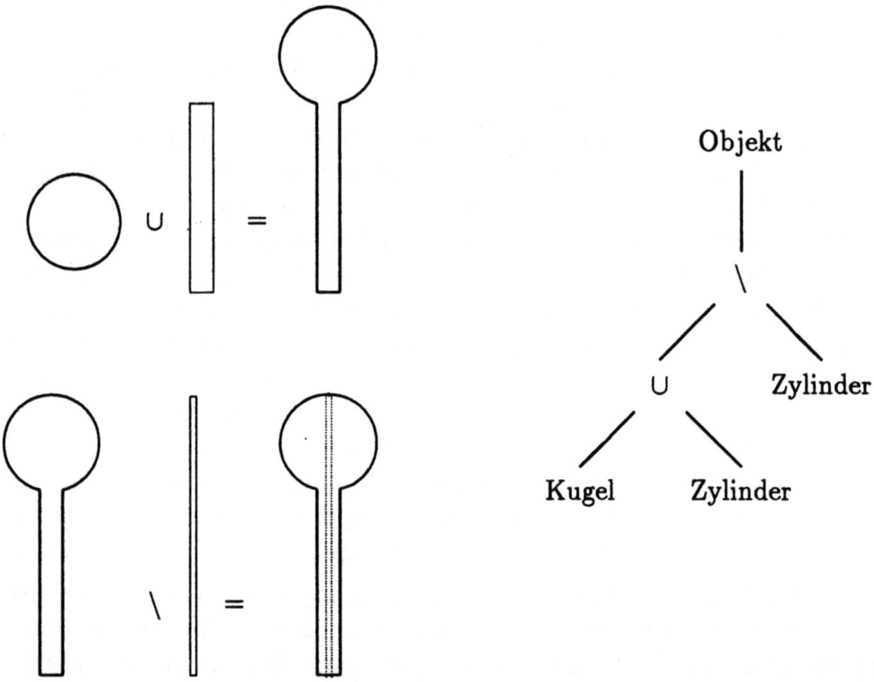

Abbildung 8.32: Einfaches Beispiel der Anwendung der Methode der Objektmodellierung: Durch Anwendung einer Vereinigungs– und einer Differenzoperation läßt sich ein recht komplexes Objekt definieren: ein auf einen Zylinder gesetzte Kugel, die mit einer Innenbohrung versehen sind (Berliner Fernsehturm mit Fahrstuhlschacht?). Man beachte, daß die Beschreibung des so entstehenden Objektes mit polygonalen Oberflächen sehr aufwendig wäre. In der Abbildung ist eine zweidimensionale Veranschaulichung wiedergegeben.

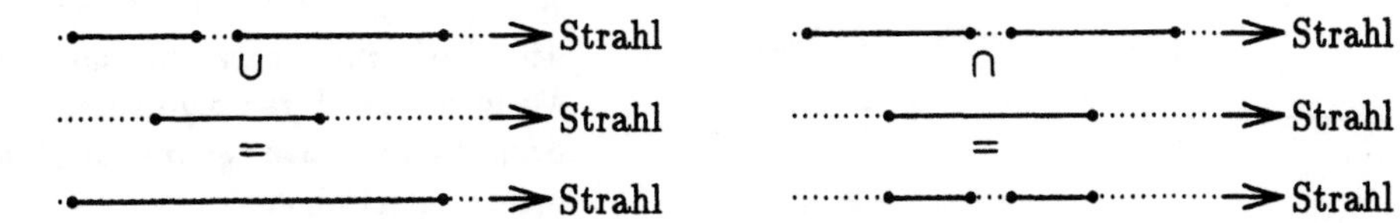

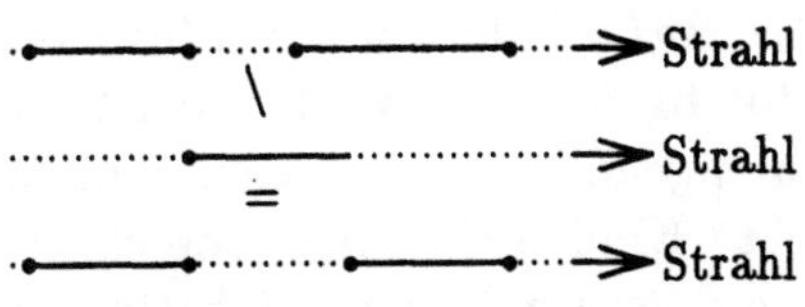

Abbildung 8.33: **Veranschaulichung der Berechnung der Strahlsegmente für innere Knoten in Abhängigkeit von der angewendeten Mengenoperation. Die Strahlsegmente sind durchgezogen eingezeichnet.**

definiert ist durch die beiden Schnittpunkte des Strahls mit dem Objekt. Die Strahlsegmente eines inneren Knotens werden aus den Strahlsegmenten der Kinder in Abhängigkeit von der spezifizierten Mengenoperation berechnet, vgl. auch Abbildung 8.33:

- Bei *Vereinigung* werden die Strahlsegmente der Kinder vereinigt.
- Bei *Schnitt* werden die Strahlsegmente der Kinder geschnitten.
- Bei *Mengendifferenz* bleiben von den Strahlsegmenten des einen Kindes nur die Teile übrig, die nicht mit den Strahlsegmenten des anderen Kindes überlappen.

Als Ergebnis liegt an dem das Gesamtobjekt beschreibenden Wurzelknoten des CSG–Baums eine Menge von Strahlsegmenten vor, die *alle* Schnittpunkte des Strahls mit dem beschriebenen Objekt angeben. Der gesuchte, am nächsten zum Aufpunkt liegende Schnittpunkt ergibt sich aus einer Sortierung der die Strahlsegmente beschreibenden Paramaterwerte. Die lokalen Intensitätswerte für diesen Schnittpunkt werden unter Berücksichtigung der Eigenschaften des zugehörigen primitiven Objektes errechnet. Der Grund dafür, daß hier alle Schnittpunkte des Strahls mit dem Objekt berechnet werden, liegt darin, daß man bei der bottom–up–Berechnung der Strahlsegmente nicht a priori sagen kann, welches Segment im Endeffekt dasjenige sein wird, das am nächsten zum Aufpunkt des Strahls liegt. Es kann z.B. passieren, daß ein Segment, das auf einer Stufe des CSG–Baum das am nächsten zum Aufpunkt liegende ist, durch Anwendung einer Schnitt– oder Differenzoperation verschwindet und ein anderes auf der nächsten Stufe zu dem am nächsten zum Aufpunkt liegenden Segment wird, vgl. auch Abbildung 8.34.

Zur Beschleunigung der Berechnung der Strahlsegmente können einige Eigenschaften der Mengenoperationen ausgenutzt werden: Wenn ein Kind eines

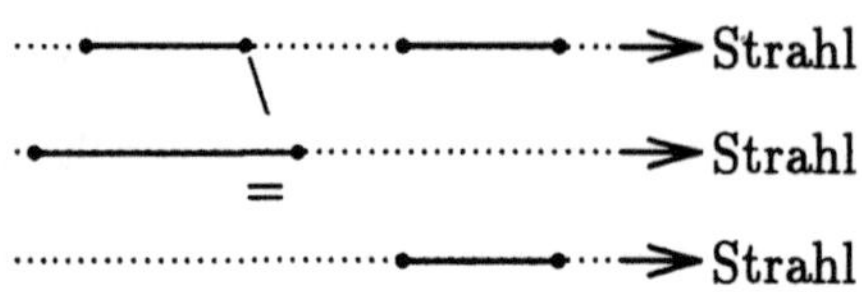

Abbildung 8.34: Die Anwendung der Differenz–Operation auf zwei Mengen von Strahlsegmenten kann dazu führen, daß ganze Strahlsegmente verschwinden.

Schnittknotens eine leere Liste von Segmenten zurückliefert, braucht für das andere Kind keine Segmentberechnung mehr durchgeführt zu werden, der Schnitt ist immer leer. Wenn das linke Kind einer Mengendifferenzoperation eine leere Segmentliste zurückliefert, braucht das rechte Kind nicht mehr berechnet zu werden. Weitere Optimierungsverfahren für die Verwendung von Objektmodellierung beim Ray–Tracing–Verfahren findet man z.B. in [BvWJ84] und [Ger86].

8.9 Zusammenfassung und Ausblick

Wir haben in diesem Abschnitt das Ray–Tracing–Verfahren beschrieben, mit dessen Hilfe sehr realistische Bilder von spiegelnden oder transparenten Objekten erzeugt werden können. Um den großen Rechenzeitaufwand des Verfahrens zu reduzieren, wurden Beschleunigungsverfahren entwickelt, von denen wir die vielversprechendsten beschrieben haben. Leider fehlen Untersuchungen, die einen genauen Vergleich dieser Verfahren durchführen und genau aussagen, für welche Szenen welches Verfahren am besten geeignet ist. Die im Text genannten Vergleichszahlen beziehen sich nur auf einige wenige Szenen, für die von den Autoren der Originalartikel Tests durchgeführt wurden. Wegen des Mangels an genauen Untersuchungen muß man sich deshalb im Moment auf recht vage Aussagen und viel Intuition stützen, um das für die vorliegende Szene am besten geeignete Beschleunigungsverfahren zu finden. Generell ist wahrscheinlich das Strahl–Klassifizierungs–Verfahren das im Moment schnellste bekannte Verfahren, das aber den Nachteil eines sehr großen Speicherplatzbedarfs hat. Darüber, wie groß dieser genau ist, gibt es leider keine Angaben.

Außer der Entwicklung neuer Beschleunigungsverfahren liegt ein zukünftiger Forschungsschwerpunkt im Bereich des Ray–Tracing–Verfahrens sicher auch in der Entwicklung schneller paralleler Versionen, die auf einem der heute doch schon recht oft eingesetzten Parallelrechner effizient laufen. Eine sehr einfache Methode der Parallelisierung besteht darin, jedem Prozessor eine komplette Beschreibung der darzustellenden Szene zur Verfügung zu stellen und jeden Prozessor unabhängig eine Anzahl von Primärstrahlen verfolgen zu lassen. Dies ist für Parallelrechner mit gemeinsamen Speicher kein Problem, für die am meisten eingesetzten Rechner mit verteiltem Speicher ist dieses Verfahren aber nur so lange gut einsetzbar, wie die einzelnen Prozessoren genügend Speicherplatz haben, um die Szene abzuspeichern. Was man tut, wenn dies nicht der Fall ist, ist dagegen noch ziemlich unerforscht. Man könnte in diesem Fall den einzelnen Prozessoren Raumbereiche zuteilen, für die sie sich um die Verfolgung der Strahlen kümmern. Dagegen spricht aber die große Kommunikationszeit zwischen den Prozessoren für diese Rechner. Für dünnbesetzte Szenen, in denen die Strahlen oft über große Raumbereiche verfolgt werden müssen, ist dieses Verfahren daher wahrscheinlich schlecht einsetzbar.

Recht wenig erforscht ist bisher auch der Einsatz des Ray–Tracing–Verfahrens zur Erzeugung von Filmspots im Animationsbereich. Dabei müssen viele Bilder einer sich zeitlich verändernden Szene erzeugt werden. Wenn jedes dieser Bilder separat mit dem Ray–Tracing–Verfahren berechnet wird, ist dafür ein sehr hoher Einsatz von Rechenzeit erforderlich. Eine sich bietende Optimierungsmöglichkeit beruht auf der Beobachtung, daß zeitlich benachbarte Bilder einer Animationssequenz oft sehr ähnlich sind, weil die Objekte der Szene sich stetig durch den Raum bewegen. Also wird ein Pixelstrahl für dicht aufeinanderfolgende Zeitpunkte mit großer Wahrscheinlichkeit das gleiche oder ein benachbartes Objekt treffen. Man könnte dies dadurch ausnutzen, daß man die Objekte in einer geeigneten Datenstruktur ablegt, die die zeitliche Kohärenz benachbarter Bilder berücksichtigt. Wie eine solche Datenstruktur aussehen könnte, ist bisher aber kaum erforscht.

Kapitel 9

Radiosity–Verfahren

Wie im letzten Kapitel beschrieben, ist das Ray–Tracing–Verfahren sehr gut zur Darstellung von spiegelnder Reflexion und Transmission geeignet. Es hat aber den Nachteil, daß es das von anderen Objekten *diffus* abgestrahlte Licht, das auf den betrachteten Punkt einer Oberfläche fällt und das in Richtung des Betrachters reflektiert wird, nur über einen groben Umgebungsterm $I_e \cdot k_a$ berücksichtigt. Dabei ist I_e eine Umgebungsintensität, die als konstant für die gesamte Szene angenommen wird, k_a ist der Umgebungs-Reflexionskoeffizient. Der Grund für diese grobe Berücksichtigung liegt in dem erforderlichen Rechenaufwand, der für eine genaue Berücksichtigung erforderlich wäre: Das in Richtung des Betrachters diffus reflektierte Licht kann aus allen Richtungen auf die Oberfläche treffen. Für eine exakte Berücksichtigung müßten sehr viele Strahlen in alle möglichen Richtungen ausgesandt werden, was den ohnehin enormen Rechenaufwand erheblich steigern würde.

Das in diesem Kapitel beschriebene *Radiosity–Verfahren* ist im Gegensatz zum Ray-Tracing–Verfahren in der Lage, das von anderen Objekten kommende und in Richtung des Betrachters diffus reflektierte Licht genau zu berücksichtigen. Dies wird durch eine Diskretisierung der darzustellenden Szene in kleine Flächenelemente und eine nachfolgende Berechnung eines diffus abgestrahlten Intensitätswertes für jedes dieser Flächenelemente erreicht. Für die Berechnung dieser Intensitätswerte werden alle anderen Flächenelemente der Szene berücksichtigt, das Verfahren ist also wie das Ray-Tracing–Verfahren ein globales Beleuchtungsverfahren. Der Rechenaufwand für die Berechnung der Intensitätswerte ist sehr hoch, höher als der Rechenaufwand für das gesamte Ray–Tracing–Verfahren. Daher müssen wieder Beschleunigungsverfahren angewendet werden, damit das Verfahren überhaupt praktikabel ist. Die errechneten Intensitätswerte sind unabhängig von der Lage der Projektionsebene.

Dies ermöglicht eine relativ schnelle Darstellung verschiedener Ansichten einer Szene, wenn die Intensitätswerte erst einmal berechnet sind. Beim Ray-Tracing-Verfahren muß für die Darstellung einer anderen Ansicht der gleichen Szene das gesamte Verfahren neu durchlaufen werden.

Mit dem Radiosity-Verfahren dargestellte Szenen wirken sehr realistisch, solange sie nur diffus reflektierende Objekte enthalten. Damit ist das Radiosity-Verfahren gut geeignet zur Darstellung von Innenraumszenen. Dagegen ist das Radiosity-Verfahren schlecht anwendbar für die Darstellung von spiegelnder Reflexion und Transmission. Wir werden in diesem Kapitel das Radiosity-Verfahren und mögliche Beschleunigungsverfahren beschreiben. Wir werden auch auf ein Mischverfahren eingehen, das eine Kombination aus Radiosity-Verfahren und Ray-Tracing-Verfahren ist. Ein solches Mischverfahren bietet sich an, weil es die Vorteile der beiden Verfahren vereinigen kann. Damit ist eine sehr realistische Darstellung von diffus *und* spiegelnd reflektierenden Objekten möglich.

9.1 Grundlegende Theorie und Basis-Algorithmus

Das Radiosity-Verfahren, vgl. [CG85], [ICG86], [Wat89], [FvDFH90], basiert auf dem *Energieerhaltungssatz*, der besagt, daß in einem abgeschlossenen System keine Energie verloren gehen kann. Mit Energie ist dabei die Energie des Lichtes gemeint, das von den Lichtquellen in Form von Photonen abgestrahlt wird. Anders als bei den bisher vorgestellten Verfahren werden die Lichtquellen als Objekte der Szene behandelt, die eine Ausdehnung haben, und die sich von den anderen Objekten nur dadurch unterscheiden, daß sie Licht aussenden. Die dem Verfahren zugrunde liegenden physikalischen Gesetze wurden entwickelt, um den Wärmeaustausch zwischen Objekten zu simulieren, vgl. [SH81]. Grundsätzlich besteht das Verfahren aus zwei Schritten, die nacheinander ausgeführt werden: Im ersten Schritt werden die in der Szene enthaltenen Oberflächen in kleine Flächenelemente unterteilt, die als ebene Polygone behandelt werden. Für jedes dieser Flächenelemente wird unter Berücksichtigung aller anderen Flächenelemente ein konstanter Strahlungswert berechnet. Die berechneten Strahlungswerte sind *unabhängig von der Position des Betrachters*. Nachdem die Strahlungswerte berechnet sind, wird in einem zweiten Schritt für die Position des Betrachters eine Ansicht der Szene berechnet. Bei Wechsel der Position des Betrachters braucht nur der zweite Schritt wiederholt zu werden, die im ersten Schritt errechneten Strahlungswerte ändern sich nicht. Bei der Berechnung der Intensitäten der Flächenelemente wird angenommen, daß die Oberflächen dem *Lambert'schen Cosinusgesetz* gehorchen, vgl. Abschnitt 5.3.1, d.h. daß perfekte diffuse Reflexion vorliegt. Wir werden jetzt zuerst die zugrundeliegenden physikalischen Gesetze beschreiben.

Die Strahlungsdiche oder kurz *Strahlung B* eines Flächenelementes ist definiert als die Energie, die von diesem pro Zeiteinheit und pro Flächeneinheit abgestrahlt wird, vgl. Abschnitt 5.2. Die Einheit, in der die Strahlung gemessen wird, ist daher W/m^2. Aus dem Energieerhaltungssatz folgt, daß die von einem Flächenelement i abgestrahlte Energie sich aus emittierter und aus reflektierter Energie zusammensetzt. Nur für Lichtquellen hat die emittierte Energie einen Wert ungleich Null. Die reflektierte Energie kann von allen anderen Flächenelementen der Szene stammen und ist umso größer, je reflektierender i ist. Es gilt also, vgl. [CG85], [CCWG88] und [FvDFH90]:

$$B_i = E_i + R_i \sum_j B_j F_{ji} \frac{A_j}{A_i} \tag{9.1}$$

Dabei sind B_i und B_j die von den Elementen i und j abgegebene Strahlungen, gemessen in Energie pro Zeit und Flächeninhalt. E_i ist die Strahlung, die Element i von sich aus emittiert. R_i ist der dimensionslose Reflexionskoeffizient von Flächenelement i. F_{ji} ist der dimensionslose *Formfaktor*, der angibt, welcher Anteil der Energie, die das gesamte Flächenelement j verläßt, das gesamte Flächenelement i auf direktem Weg erreicht. A_i und A_j sind die Flächeninhalte der Flächenelemente i und j. Die auf Flächenelement i einfallende Strahlung bestimmt man als Summe der Strahlungen, die alle anderen Flächenelemente als ganzes verlassen. Jede dieser Strahlungsmengen wird skaliert mit einem Faktor, der angibt, welcher Teil davon auf einem Einheitsflächenelement von i ankommt. $B_j\, F_{ji}\, A_j$ ist die Strahlungsleistung, vgl. Abschnitt 5.2, die das gesamte Flächenelemente j verläßt und das gesamte Flächenelement i erreicht. $B_j\, F_{ji}\, A_j/A_i$ ist die Strahlungsleistung, die das gesamte Flächenelemente j verläßt und ein Einheitsflächenelement von i erreicht. Es gilt die *reziproke Relation*, vgl. [SH81],

$$F_{ij} A_i = F_{ji} A_j \tag{9.2}$$

mit deren Hilfe (9.1) umgeformt werden kann zu

$$B_i = E_i + R_i \sum_j B_j\, F_{ij} \tag{9.3}$$

Dies läßt sich auch in Matrixschreibweise darstellen:

$$\begin{bmatrix} 1-R_1F_{11} & -R_1F_{12} & \cdots & -R_1F_{1n} \\ -R_2F_{21} & 1-R_2F_{22} & \cdots & -R_nF_{2n} \\ \vdots & \vdots & \ddots & \vdots \\ -R_nF_{n1} & -R_nF_{n2} & \cdots & 1-R_nF_{nn} \end{bmatrix} \cdot \begin{bmatrix} B_1 \\ B_2 \\ \vdots \\ B_n \end{bmatrix} = \begin{bmatrix} E_1 \\ E_2 \\ \vdots \\ E_n \end{bmatrix} \quad (9.4)$$

Der Reflexionskoeffizient R_i und die emittierte Energie E_i sind von der Wellenlänge des Lichtes abhängig. Deshalb muß man üblicherweise dieses Gleichungssystem für verschiedene Wellenlängen lösen, um ein aussagekräftiges Ergebnis zu erhalten. Die Formfaktoren F_{ij} sind dagegen nur von der Geometrie der Szene abhängig und hängen nicht von der Wellenlänge ab. Wir werden uns jetzt damit beschäftigen, wie man die Formfaktoren berechnet.

Aus der Definition der Formfaktoren können bestimmte Eigenschaften direkt abgeleitet werden. Da die Formfaktoren nur den *direkten* Lichttransport von Flächenelement i zu Flächenelement j beschreiben, gilt

$$F_{ii} = 0$$

Da nach dem Energieerhaltungssatz die von einem Flächenelement i abgestrahlte Energie irgendwo in der Szene auftreffen muß, gilt:

$$\sum_{j=1}^{n} F_{ij} = 1 \quad \text{für alle } i = 1, \ldots, n$$

Wenn $\sum_{j=1}^{n} F_{ij} > 1$ wäre, würde irgendwo Energie erzeugt werden. Wenn $\sum_{j=1}^{n} F_{ij} < 1$ wäre, würde irgendwo Energie verloren gehen. Beides ist in einem abgeschlossenen System nicht möglich. Wenn zwischen den Flächenelementen i und j ein drittes Flächenelement k liegt, so daß man von i aus j nicht sehen kann und umgekehrt, so gilt $F_{ij} = 0$, weil kein Licht von j *direkt* nach i gelangen kann. Für alle anderen Fälle müssen die Formfaktoren aus der Geometrie der Szene bestimmt werden. Dies ist der bei weitem rechenzeitaufwendigste Schritt bei der Radiosity-Methode. Wenn die Formfaktoren berechnet sind, ist die Lösung des obigen Gleichungssystems (9.4) mit Gauß'scher Elimination oder Gauß-Seidel-Verfahren schnell auszuführen.

Das Ziel ist es, eine Berechnungsgleichung für den Formfaktor $F_{ij} = F_{A_iA_j}$ zu finden, der den Energieaustausch von Flächenelement A_i zu Flächenelement A_j beschreibt. Dazu betrachtet man zuerst differentielle Teile dieser Flächenelemente: Sei dA_i ein differentielles Flächenelement auf A_i und sei dA_j ein

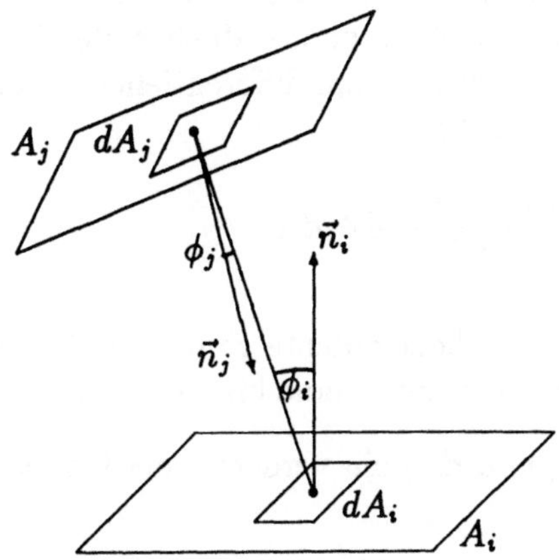

Abbildung 9.1: **Veranschaulichung des Energieaustausches zwischen den differentiellen Flächenelementen dA_i und dA_j.**

differentielles Flächenelement auf A_j (siehe Abbildung 9.1). r sei der Abstand zwischen dA_i und dA_j, ϕ_i sei der Winkel zwischen der Verbindungsgeraden von dA_i und dA_j und dem Normalenvektor von A_i. ϕ_j sei der Winkel zwischen der Verbindungsgeraden von dA_j und dA_i und dem Normalenvektor von A_j. Für den differentiellen Formfaktor $F_{dA_i dA_j}$, der den Energieaustausch von dA_i nach dA_j beschreibt, gilt[1]:

$$F_{dA_i dA_j} = \frac{\cos\phi_i \cos\phi_j \cdot dA_j}{2\pi r^2} \tag{9.5}$$

$\cos\phi_j$ tritt in dieser Formel auf, weil dA_j nach dem Lambert'schen Gesetz Strahlung aufnimmt. $\cos\phi_i$ tritt auf, weil dA_i nach dem Lambert'schen Gesetz Strahlung abgibt. Die von dA_i abgestrahlte Intensität wird gleichmäßig in alle Richtungen abgestrahlt. Da dA_j von dA_i r Längeneinheiten entfernt ist, kommt von der insgesamt von dA_i abgestrahlten Energie der Teil $dA_j/(2\pi r^2)$ beim Flächenelement dA_j an ($2\pi r^2$ ist die Oberfläche der Halbkugel mit Radius r und Mittelpunkt auf dA_i). Den auf dem gesamten Flächenelement A_j ankommenden Bruchteil der von dA_i abgegebenen Strahlung erhält man durch Integration über das Flächenelement A_j:

$$F_{dA_i A_j} = \int_{A_j} \frac{\cos\phi_i \cos\phi_j}{2\pi r^2} dA_j$$

[1] In [CG85] fehlt der Faktor 2 im Nenner. Der Autor glaubt, daß dies auf eine mißverständliche Darstellung in [SH81] zurückzuführen ist, in der der Faktor 2 in einer Konstante versteckt ist.

$F_{dA_iA_j}$ ist der Formfaktor vom differentiellen Element dA_i zum endlichen Element A_j. Der Formfaktor vom endlichen Bereich A_i zum endlichen Bereich A_j beschreibt die durchschnittliche Energie, die von einem differentiellen Element dA_i von A_i abgestrahlt wird und die A_j erreicht:

$$F_{A_iA_j} = \frac{1}{A_i} \int_{A_i} \int_{A_j} \frac{\cos \phi_i \cos \phi_j}{2\pi r^2} dA_j dA_i$$

Noch nicht berücksichtigt ist dabei, daß Flächenelemente ganz oder teilweise verdeckt sein können. Dies berücksichtigt man durch eine binäre Funktion

$$\mathrm{Hid}(dA_i, dA_j) = \begin{cases} 0, & \text{wenn zwischen } dA_i \text{ und } dA_j \text{ ein verdeckendes Objekt liegt} \\ 1, & \text{sonst} \end{cases}$$

Damit wird

$$F_{A_iA_j} = \frac{1}{A_i} \int_{A_i} \int_{A_j} \frac{\cos \phi_i \cos \phi_j}{2\pi r^2} \mathrm{Hid}(dA_i, dA_j) dA_j dA_i$$

Eine analytische Lösung für dieses Doppelintegral ist in den meisten Fällen schwer oder unmöglich. Es gibt zwar Tabellen für Formfaktoren zwischen speziellen Oberflächen mit einer bestimmten Orientierung (z.B. parallele ebene Flächen mit bestimmter Orientierung zueinander), damit werden aber nur die wenigsten Anwendungen abgedeckt. Deswegen versucht man, das Doppelintegral numerisch zu lösen. Eine Vereinfachung der Berechnung ergibt sich aus der folgenden Beobachtung: Wenn der Abstand r zwischen den beiden endlichen Flächenelementen A_i und A_j im Vergleich zu ihrer Ausdehnung groß ist und wenn die Flächenelemente nicht ganz oder teilweise voreinander verdeckt sind, dann ist das innere Integral beinahe konstant, weil ϕ_i für verschiedene differentielle Flächenelemente von A_j beinahe gleich ist. Der Effekt des äußeren Integrals ist dann einfach eine Multiplikation mit A_i. Es gilt also:

$$F_{A_iA_j} \approx F_{dA_iA_j} = \int_{A_j} \frac{\cos \phi_i \cos \phi_j}{2\pi r^2} dA_j$$

wobei dA_i in der Mitte von A_i postiert sei. Wenn A_i und A_j nahe beieinanderliegen oder teilweise verdeckt sind, unterteilt man A_i und A_j in kleinere Flächenelemente, so daß die Approximation gültig bleibt.

Zur Lösung des Integrals betrachten wir die vorliegende Situation: Ein endliches Flächenelement A_i strahlt Energie in alle Richtungen gleichmäßig ab. Wir wollen wissen, welcher Teil davon auf A_j ankommt. Durch die obige Approximation wird A_i auf seinen Mittelpunkt reduziert. Wenn wir die über dem

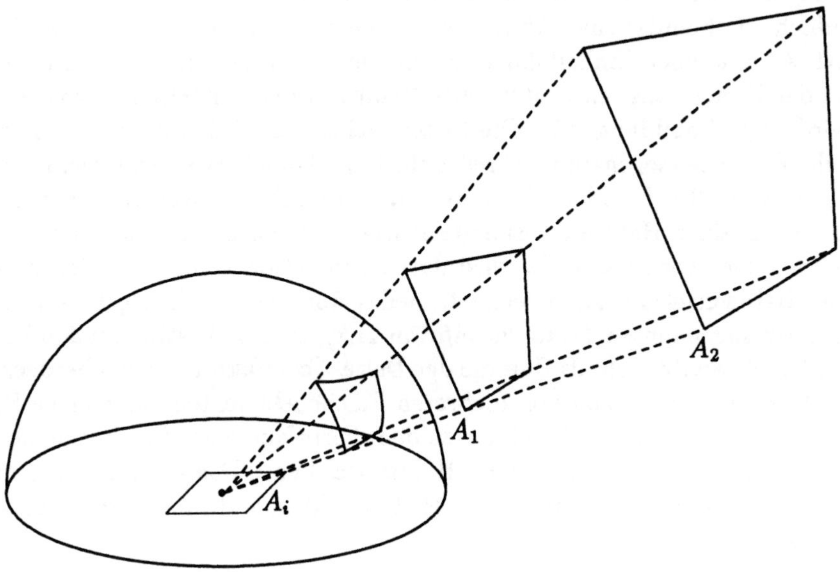

Abbildung 9.2: Wenn zwei Flächenelemente A_1 und A_2 die gleiche Projektion auf die A_i umgebende Einheitskugel haben, haben sie bzgl. A_i auch gleiche Formfaktoren.

Mittelpunkt von A_i errichtete Einheitskugel betrachten, so gilt folgendes: Die von A_j aufgenommene Energie ist proportional zu der Fläche der Projektion von A_j (mit Projektionszentrum im Mittelpunkt von A_i) auf diese Einheitskugel. Wenn A_{ij} die Fläche dieser Projektion ist, so gilt für den Formfaktor $F_{A_iA_j}$ also:

$$F_{A_iA_j} = \frac{A_{ij}}{2\pi} \tag{9.6}$$

Eine formale Herleitung dieser Beziehung findet man z.B. in [SH81]. Zwei Oberflächen, die die gleiche Projektion auf die Einheitskugel haben, erhalten den gleichen Teil der von A_i abgestrahlten Energie, haben also gleiche Formfaktoren, vgl. Abbildung 9.2. Die Berechnung der Formfaktoren nach (9.6) wird als *Halbkugel-Methode* bezeichnet, vgl. [SH81].

Die rechenzeitaufwendige Berechnung der Projektion der Flächenelemente auf die Einheitskugel läßt sich durch eine Diskretisierung der Oberfläche der Einheitskugel vermeiden: Man unterteilt die Oberfläche der Einheitskugel in Bereiche, die gleiche Raumwinkel abdecken und zählt zur Bestimmung des Formfaktors F_{ij} die von der Projektion von A_j auf die Einheitskugel um A_i überdeckten Bereiche (diese lassen sich mit einigen Schnittpunktberechnungen zwischen Gerade und Kugel bestimmen). Da aber auch diese Methode wegen der Bestimmung der diskreten Bereiche auf der Oberfläche der Einheitskugel recht unhandlich ist, benutzt man üblicherweise die sogenannte *Halbwürfelmethode*: Anstatt A_i mit einer Einheitskugel zu umgeben, umgibt man A_i mit einem Würfel der Kantenlänge 2, dessen Mittelpunkt in den Mittelpunkt von A_i gelegt wird, vgl. Abbildung 9.3. Die Seitenflächen des Würfels werden in quadratische Bereiche (sogenannte *Pixel*) unterteilt. Üblicherweise verwendet man Pixelnetze von 50×50 oder 100×100 pro Seitenfläche. Weil man annimmt, daß A_i nur in einen Halbraum Energie abstrahlt, benutzt man nur den oberen Halbwürfel. Der Formfaktor F_{ij} wird durch Projektion von A_j auf den diskretisierten Halbwürfel um A_i berechnet. Jedes überdeckte Pixel q liefert einen Beitrag, den sogenannten *Delta–Formfaktor* ΔF_q, zum zu bestimmenden Formfaktor F_{ij}. F_{ij} ergibt sich als Summe der Delta–Formfaktoren der überdeckten Pixel. Wenn die Projektion von mehreren Flächenelementen das gleiche Pixel p überdecken, so leistet das Pixel nur zu dem Formfaktor des Flächenelementes einen Beitrag, das am nächsten zum Halbwürfel liegt. Das ist das Flächenelement, das man sieht, wenn man vom Mittelpunkt von A_i aus durch p schaut. Es gilt also:

$$F_{ij} = \sum_{q=1}^{R} \Delta F_q \tag{9.7}$$

Dabei ist R die Anzahl der Pixel, die von der Projektion von A_j überdeckt werden, wobei es kein A_k gibt, dessen Projektion eines dieser Pixel überdeckt und das näher als A_j zum Halbwürfel liegt.

Man beachte, daß jedes Pixel auf einer der Seitenflächen des Würfels je nach Lage unterschiedlich große Raumwinkel abdeckt, die Pixel haben also je nach Lage einen unterschiedlichen Delta–Formfaktor. Wir werden uns jetzt mit der Bestimmung der Delta–Formfaktoren beschäftigen.

Wir verwenden ein rechtshändiges Koordinatensystem, dessen Ursprung im Mittelpunkt des Würfels liegt, d.h. im Mittelpunkt von A_i. Die z–Achse stehe senkrecht auf der Kopffläche des Halbwürfels. Wir betrachten ein Pixel q auf der Kopffläche des Halbwürfels, vgl. Abbildung 9.4. r sei der Abstand des Mittelpunktes von q zum Ursprung, $(x_q, y_q, 1)$ seien die Koordinaten des Mittelpunktes von q. Nach Pythagoras gilt:

$$r^2 = 1 + x_q^2 + y_q^2$$

Wenn ϕ_i und ϕ_j die in Abbildung 9.4 eingezeichneten Winkel sind, gilt außerdem:

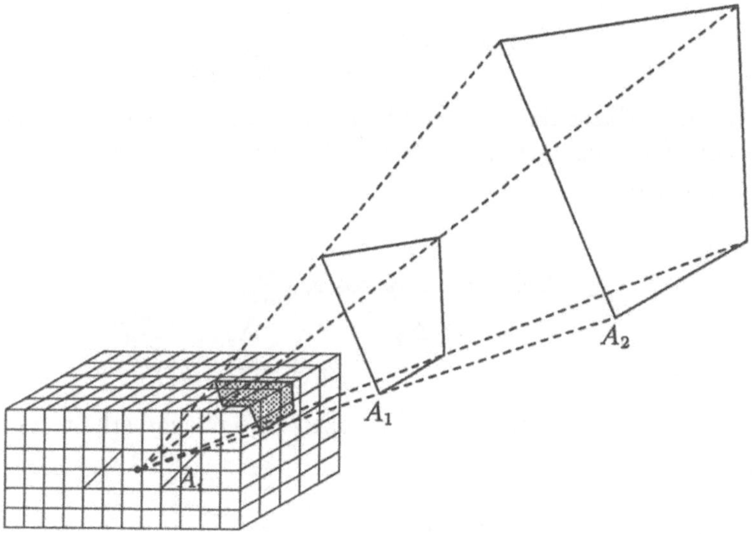

Abbildung 9.3: **Veranschaulichung der Halbwürfelmethode: der Formfaktor vom Flächenelement A_i zu A_1 wird durch Projektion von A_1 auf den A_i umgebenden Halbwürfel bestimmt.**

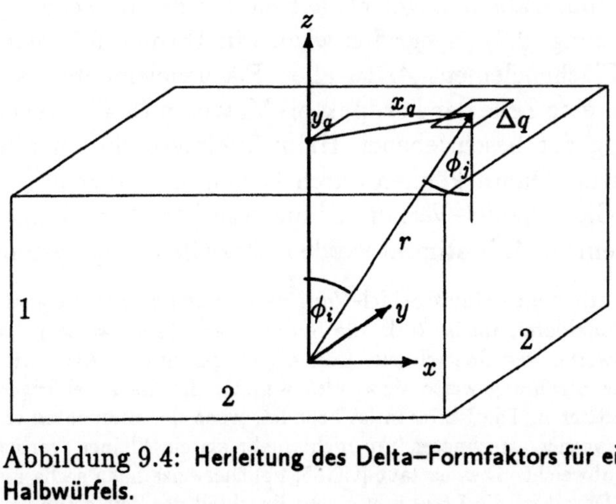

Abbildung 9.4: **Herleitung des Delta-Formfaktors für ein Pixel q auf der Kopffläche des Halbwürfels.**

$$\phi_i = \phi_j$$
$$\cos\phi_i = \frac{1}{r} = \frac{1}{\sqrt{1+x_q^2+y_q^2}}$$

Wenn Δq der Flächeninhalt von Pixel q ist, erhält man nach Gleichung 9.5 für die Formfaktoren zwischen differentiellen Flächenelementen für Pixel q den Delta–Formfaktor

$$\begin{aligned}\Delta F_q &= \cos\phi_i \cos\phi_j \frac{\Delta q}{2\pi r^2} \\ &= \frac{\Delta q}{2\pi r^4} = \frac{\Delta q}{2\pi(1+x_q^2+y_q^2)^2}\end{aligned}$$

Für ein Pixel p auf der rechten oder linken Seitenfläche erhält man mit einer analogen Herleitung:

$$\Delta F_p = \frac{\Delta p}{2\pi(1+y_p^2+z_p^2)^2}$$

Für ein Pixel p auf der vorderen oder hinteren Seitenfläche erhält man:

$$\Delta F_p = \frac{\Delta p}{2\pi(1+x_p^2+z_p^2)^2}$$

Die mit diesen Formeln errechneten Werte für die Delta–Formfaktoren der verschiedenen Pixel werden in einer Tabelle abgelegt, auf die bei der Berechnung der Formfaktoren nach Gleichung (9.7) zugegriffen wird. Mit Formel (9.7) werden die Formfaktoren von Flächenelement A_i zu allen Flächenelementen A_j, $j \neq i$, bestimmt. Damit kann eine Zeile der Formfaktor–Matrix in (9.4) berechnet werden. Die Anwendung der beschriebenen Halbwürfelmethode auf alle A_i liefert die komplette Matrix. Damit können durch Lösung des Gleichungssystems (9.4) z.B. mit dem Gauß–Seidel–Verfahren[2] die gesuchten Strahlungswerte B_i zu jedem Flächenelement A_i bestimmt werden. Das Gleichungssystem

[2]Nach [CG85] ist das iterativ arbeitende Gauß–Seidel–Verfahren besonders gut geeignet, weil die Formfaktor–Matrix diagonaldominant ist (d.h. die Summe der Absolutwerte jeder Zeile ist kleiner als der Diagonalwert), was eine schnelle Konvergenz garantiert. Als Startwert für die Iteration können die Strahlungswerte verwendet werden, die die zugehörigen Flächenelemente von sich aus emittieren. Die Iteration ist beendet, wenn der momentan errechnete Iterationswert von dem vorher errechneten um nicht mehr als ein kleiner, vorher festgelegter, prozentualer Faktor abweicht. Dies ist laut [CG85] üblicherweise nach sechs bis acht Iterationsschritten der Fall. Damit ist die Lösung in einem Bruchteil der Zeit gefunden, die man mit anderen Lösungsverfahren benötigt.

wird üblicherweise für drei verschiedene Farbwerte (rot, grün, blau) gelöst, um der Tatsache gerecht zu werden, daß die Reflexionskoeffizienten und die von den Flächenelementen selbst emittierte Strahlung wellenlängenabhängig sind.

Im ersten Schritt des Radiosity-Verfahrens wurden die Objekte der Szene in kleine Flächenelemente unterteilt, für die durch Lösung des Gleichungssystems (9.4) Strahlungswerte bestimmt worden sind. Im zweiten Schritt soll mit Hilfe dieser Strahlungswerte eine Sicht der Szene auf dem Bildschirm dargestellt werden. Dazu sollte zwischen den Flächenelementen, die *eine* Oberfläche eines Objektes bilden, ein Ausgleich berechnet werden, um sichtbare Übergänge zwischen den Intensitätswerten dieser Flächenelemente zu vermeiden und den Objekten eine gleichmäßige Farbdarstellung zu geben. Da das Verfahren prinzipiell in der Lage ist, ohne eine Neuberechnung der Formfaktor-Matrix verschiedene Ansichten darzustellen, sollte ein Ausgleichsverfahren verwendet werden, das im *Objektraum* arbeitet[3], damit ein bestimmter Punkt eines Objektes für verschiedene Ansichten der Szene den gleichen Intensitätswert erhält.

In [CG85] wird zur Berechnung der Intensitätswerte innerhalb eines Flächenelementes eine *bilineare Interpolation* vorgeschlagen, ähnlich der beim Gouraud-Verfahren verwendeten, vgl. Abschnitt 6.1. Dazu muß man die für die Flächenelemente errechneten Intensitätswerte auf deren Eckpunkte übertragen. Für Flächenelemente, die innerhalb eines Polygons liegen, das zur Beschreibung eines Objektes dient, bestimmt man die Intensitätswerte an den Eckpunkten durch Mittelung der Intensitätswerte der angrenzenden Flächenelemente. Die Werte für die Eckpunkte von Flächenelementen, die am Rande eines Polygons liegen, werden durch lineare Extrapolation bestimmt. Abbildung 9.5 zeigt ein Beispiel: Man nimmt an, daß die für die Flächenelemente errechneten Intensitätswerte die Werte für die Mittelpunkte der Flächenelemente sind. Damit sind die Werte $I(x_0)$, $I(x_1)$, $I(x_2)$, $I(x_3)$ bekannt. $I(x_4)$ erhält man durch Mittelung der Intensitätswerte der angrenzenden Flächenelemente, $I(x_5)$ ergibt sich als Mittelwert von $I(x_0)$ und $I(x_1)$:

$$\begin{aligned} I(x_4) &= \tfrac{1}{4}(I(x_0) + I(x_1) + I(x_2) + I(x_3)) \\ I(x_5) &= \tfrac{1}{2}(I(x_0) + I(x_1)) \end{aligned}$$

[3]Die Unterscheidung zwischen *Bildraum* und *Objektraum* wurde in Kapitel 4 für die Algorithmen zur Eliminierung verborgener Oberflächen eingeführt und ist auf die vorliegende Situation übertragbar: Eine Ausgleichsberechnung im Objektraum berechnet für jeden Punkt einer Oberfläche einen Intensitätswert, der unabhängig von der Position des Betrachters und der Lage der Projektionsebene ist. Eine Ausgleichsberechnung im Bildraum berechnet dagegen für jedes Pixel des Bildschirms einen Intensitätswert, so daß zwischen benachbarten Pixeln ein abrupter Farbübergang vermieden wird, wenn Punkte des gleichen Objektes wiedergegeben werden.

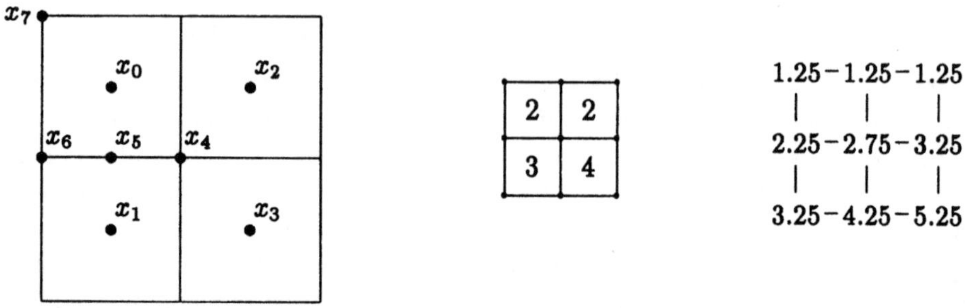

Abbildung 9.5: **Beispiel zur Berechnung der Intensitätswerte an den Eckpunkten der Flächenelemente.**

$I(x_6)$ ergibt sich als Extrapolation aus $I(x_4)$ und $I(x_5)$:

$$I(x_6) = I(x_4) + (I(x_5) - I(x_4))\,\tfrac{x_6 - x_4}{x_5 - x_4} = I(x_4) + 2(I(x_5) - I(x_4))$$

$I(x_7)$ ergibt sich als Extrapolation aus $I(x_4)$ und $I(x_0)$:

$$I(x_7) = I(x_4) + (I(x_0) - I(x_4))\,\tfrac{x_7 - x_4}{x_0 - x_4} = I(x_4) + 2(I(x_0) - I(x_4))$$

Nachdem so die Intensitätswerte für die Eckpunkte der Flächenelemente bestimmt sind, kann man für jeden Punkt innerhalb eines Flächenelementes einen Intensitätswert mit bilinearer Interpolation bestimmen: Man berechnet zuerst Intensitätswerte für die Seitenkanten des Flächenelementes mit linearer Interpolation. Dann legt man eine horizontale Gerade durch den im Innern eines Flächenelementes liegenden, gesuchten Punkt und berechnet aus den Strahlungswerten der Schnittpunkte der Gerade mit den Seitenkanten des Flächenelementes durch lineare Interpolation den Strahlungswert für den gegebenen Punkt.

Nachdem durch Lösung des Gleichungssystems (9.4) für jedes Flächenelement ein Intensitätswert bestimmt ist, kann man eine beliebige Sicht der Szene wie folgt auf dem Bildschirm darstellen: Abhängig von der Position des Betrachters bestimmt man für jedes Pixel das Flächenelement, das von dem Pixel dargestellt wird. Das kann z.B. durch ein vereinfachtes Ray–Tracing–Verfahren geschehen, indem man für jedes Pixel einen Strahl verwendet, der durch die Position des Betrachters und das Pixel verläuft. Der erste Schnittpunkt des Strahles mit einem Objekt der Szene bestimmt das für den Pixel sichtbare Flächenelement. Den für den Schnittpunkt darzustellenden Intensitätswert berechnet man mit der gerade beschriebenen bilinearen Interpolation.

Nach einer Änderung der Position des Betrachters braucht nur der letzte Schritt

Flächenelemente	Formfaktoren	Gleichungssystem	Bildschirmdarstellung
1740	180 min	10 min	16 min
2370	337 min	18 min	14 min

Tabelle 9.1: **Laufzeit der verschiedenen Schritte zur Darstellung einer Szene unter Verwendung des Radiosity–Verfahrens nach [CG85]. Die angegebenen Laufzeiten wurden auf einer VAX 11/780 gemessen.**

des Verfahrens, die Darstellung auf dem Bildschirm mit dem vereinfachten Ray–Tracing–Verfahren wiederholt zu werden. Wenn sich die Beleuchtung der Szene durch Ein– oder Ausschalten einer Lichtquelle ändert, muß das Gleichungssystem neu gelöst werden und die Darstellung auf dem Bildschirm muß wiederholt werden. Eine Neuberechnung der Formfaktoren ist auch in diesem Fall nicht notwendig. Dies ist eine enorme Ersparnis an Rechenzeit, weil die Berechnung der Formfaktoren der bei weitem aufwendigste Schritt des Verfahrens ist, siehe auch Tabelle 9.1. Eine Zusammenfassung der Methode ist als Flußdiagramm in Abbildung 9.6 wiedergegeben.

Wie bereits erwähnt, ist das Radiosity–Verfahren sehr rechenzeitintensiv. In [CG85] sind Beispiel–Berechnungen angegeben, die in Tabelle 9.1 wiedergegeben sind. Man sieht, daß die bei weitem meiste Zeit für die Berechnung der Formfaktoren benötigt wird. Die Lösung des Gleichungssystems und die Darstellung auf dem Bildschirm verbrauchen dagegen vergleichsweise geringe Rechenzeit. Für die sehr hohe Rechenzeit erhält man aber auch sehr realistische Darstellungen von Szenen, für die die diffuse Reflexion überwiegt.

9.2 Nachträgliche Verfeinerung der Unterteilung

Die Anzahl der zu berechnenden Formfaktoren, und damit auch die für deren Berechnung erforderliche Laufzeit, wächst quadratisch mit der Anzahl der Flächenelemente der Szene. Eine grobe Aufteilung der Objekte in Flächenelemente resultiert also in einer erheblichen Einsparung an Laufzeit. Auf der anderen Seite ist die Qualität des erzeugten Bildes umso besser, je feiner die Objekte in Flächenelemente unterteilt werden, weil mit einer feineren Unterteilung auch die Genauigkeit der errechneten Strahlungswerte zunimmt. Dabei ist eine feine Unterteilung vor allem in Regionen wichtig, die große Strahlungsunterschiede aufweisen, also z.B. an Schattengrenzen. In Regionen mit kleinen Strahlungsunterschieden ist eine feine Unterteilung dagegen nicht so entscheidend. Dies legt eine adaptive Unterteilung in Flächenelemente nahe: ein Objekt

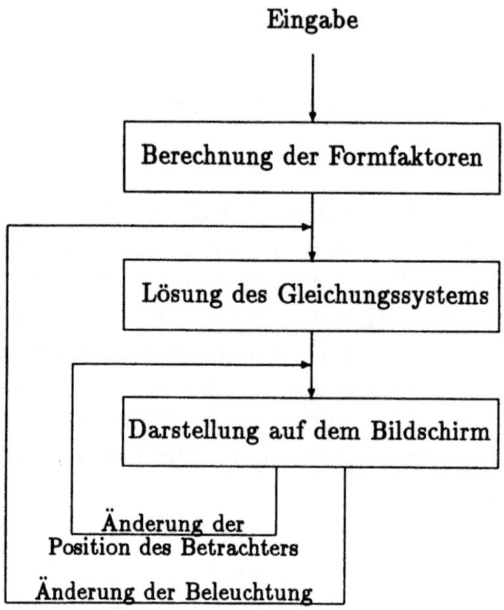

Eingabe	• Beschreibung der Polygone, aus denen die Objekte der Szene bestehen, mit Emissionswert und Reflexionskoeffizient • Parameter zur Steuerung der Aufteilung der Polygone in Flächenelemente
Berechnung der Formfaktoren	Halbwürfelmethode
Lösung des Gleichungssystems	Gauß–Seidel–Verfahren
Darstellung auf dem Bildschirm	Ray–Tracing bis zum ersten Schnittpunkt

Abbildung 9.6: Zusammenfassung des Radiosity–Verfahrens.

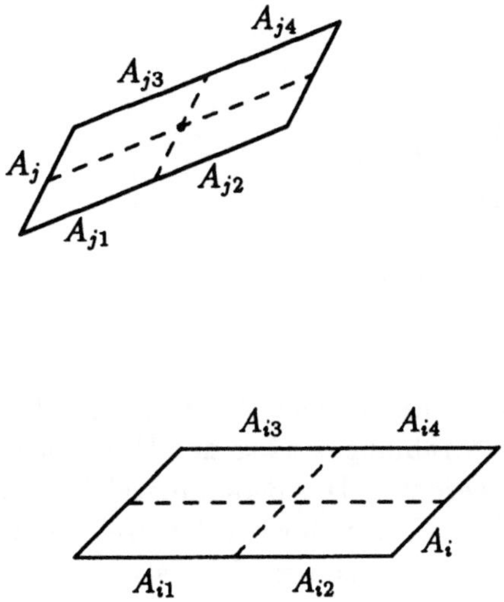

Abbildung 9.7: **Veranschaulichung der nachträglichen Verfeinerung: A_i und A_j seien Flächenelemente der groben Anfangsunterteilung. Wenn A_i in vier Teile A_{i1}, A_{i2}, A_{i3} und A_{i4} unterteilt wird, werden vier neue Formfaktoren $F_{A_{i1}A_j}$, $F_{A_{i2}A_j}$, $F_{A_{i3}A_j}$ und $F_{A_{i4}A_j}$ berechnet. Wenn A_j ebenfalls in 4 Teile A_{j1}, A_{j2}, A_{j3} und A_{j4} unterteilt wird, werden weitere vier neue Formfaktoren $F_{A_{j1}A_i}$, $F_{A_{j2}A_i}$, $F_{A_{j3}A_i}$ und $F_{A_{j4}A_i}$ berechnet. Es werden keine Formfaktoren zwischen Flächenelemente berechnet, die durch die Verfeinerung der Unterteilung neu entstanden sind, $F_{A_{j1}A_{i2}}$ wird also beispielsweise nicht berechnet.**

wird umso feiner in Flächenelemente aufgeteilt, je größere Strahlungsunterschiede es aufweist, vgl. [CGIB86] und [Wat89]. Das Problem dabei besteht darin, daß man vor Berechnung der Strahlungswerte der einzelnen Flächenelemente nicht weiß, in welchen Regionen große Strahlungsunterschiede auftreten werden. Man müßte das Verfahren zweimal anwenden: zuerst mit einer groben Unterteilung zur Feststellung der Strahlungsunterschiede, dann mit einer anhand der errechneten Strahlungsunterschiede geeignet verfeinerten Unterteilung, mit der auch die eigentliche Berechnung des Bildes vorgenommen wird. Dies hat den Nachteil, daß zur Berechnung der Strahlungsunterschiede bereits erhebliche Rechenzeit verbraucht wird.

Eine Abhilfe bietet die in [CGIB86] vorgeschlagene nachträgliche Verfeinerung der Unterteilung: Man startet mit einer groben Unterteilung und berechnet anhand dieser für jedes Flächenelement einen Strahlungswert. In Regionen mit großen Strahlungsunterschieden werden dann die Flächenelemente weiter unterteilt. Die Formfaktoren der dadurch neu entstehenden Flächenelemente werden mit der Halbwürfelmethode neu berechnet, wobei aber die grobe Anfangsunterteilung zugrunde gelegt wird, vgl. Abbildung 9.7. Die Formfaktoren von nicht weiter unterteilten Flächenelementen werden nicht neu berechnet. Wenn die grobe Anfangsunterteilung N Flächenelemente verwendet, die verfeinerte $M > N$, gab es vor der Verfeinerung $N \cdot N$ Formfaktoren, danach gibt es $M \cdot N$.

Da nur für die neu entstandenen Flächenelemente neue Formfaktoren berechnet werden, werden auch nur für diese neue Strahlungswerte berechnet: Wenn $A_1, \cdots, A_n$ die Flächenelemente der Anfangsunterteilung sind und A_{i_q} ein neu entstandenes Flächenelement, dann wird die von A_{i_q} abgegebene Strahlung durch

$$\begin{aligned} B_{iq} &= E_{iq} + R_{iq} \sum_{j=1}^{n} B_j F_{A_{iq}A_j} \\ &= E_i + R_i \sum_{j=1}^{n} B_j F_{A_{iq}A_j} \end{aligned}$$

berechnet. Damit kann die Strahlung von Unterelement A_{iq} nach der Berechnung der Formfaktoren $F_{A_{iq}A_j}$ aus den Strahlungswerten der Flächenelemente der Anfangsunterteilung berechnet werden. Die Strahlungsgleichung (9.4) braucht nicht neu gelöst zu werden. Die Unterteilung in Unterelemente wird so lange wiederholt, bis die gewünschte Genauigkeit erreicht ist.

9.3 Methode der schrittweisen Verfeinerung

Das Radiosity–Verfahren in der bis jetzt beschriebenen Form hat zwei für die praktische Verwendung große Nachteile: Der erste Nachteil besteht darin, daß das Ergebnis der Berechnung erst dargestellt werden kann, nachdem *alle* Formfaktoren bestimmt und nachdem das gesamte Gleichungssystem (9.4) gelöst ist. Vorher ist eine auch nur angenäherte Darstellung der gegebenen Szene nicht möglich. Dies macht das Konstruieren einer Szene durch einen Benutzer äußerst mühsam, weil er nach jeder vorgenommenen Änderung warten muß, bis der gesamte Berechnungsprozeß erneut durchlaufen wurde. Wünschenswert für eine interaktive Konstruktion wäre es, wenn der Benutzer bereits nach kurzer Zeit eine einfache Näherungsdarstellung der Szene auf dem Bildschirm erhalten würde, die mit fortschreitender Berechnungszeit schrittweise verbessert wird. In der Konstruktionsphase könnte der Benutzer den Darstellungsprozeß zu einem frühen Zeitpunkt abbrechen, um neue Änderungen an der Geometrie der Szene vorzunehmen. Wenn der Konstruktionsprozeß beendet ist, könnte der Benutzer die sich schrittweise verbessernde Darstellung verfolgen und den Verbesserungsprozeß abbrechen, wenn er mit der Bildqualität zufrieden ist.

Der zweite Nachteil besteht darin, daß die Anzahl der berechneten Formfaktoren quadratisch mit der Anzahl der verwendeten Flächenelemente wächst und daß *alle* Formfaktoren während des gesamten Berechnungsprozesses abgespeichert werden müssen. Damit hat das Verfahren neben einer quadratischen

Laufzeit auch einen quadratischen Speicherplatzbedarf[4]. Eine Abhilfe für beide Nachteile bietet die in [CCWG88] vorgestellte Methode der schrittweisen Verfeinerung, die mit linearem Speicherplatzbedarf auskommt und die bereits nach relativ kurzer Zeit eine Näherung der Darstellung auf den Bildschirm bringt, die dann schrittweise verbessert wird. Der lineare Speicherplatzbedarf wird durch eine *on–the–fly*-Berechnung der Formfaktoren erreicht, d.h. es werden nicht alle Formfaktoren auf einmal berechnet und abgespeichert, sondern nur die gerade gebrauchten. Die frühe Darstellung der Näherung wird durch eine Änderung in der Berechnung des Gauß–Seidel–Verfahrens zur Lösung des Gleichungssystems (9.4) ermöglicht. Wir werden jetzt die Einzelheiten des Verfahrens näher beschreiben.

In der bisher beschriebenen Version des Radiosity–Verfahrens wird das Gauß–Seidel–Verfahren zur Lösung des Gleichungssystems (9.4) verwendet. Dies ist ein iteratives Verfahren, bei dem die für die einzelnen Flächenelemente errechneten Strahlungswerte gegen die gesuchten Werte konvergieren. Die Auswertung der i–ten Zeile des Gleichungssystems liefert einen Schätzwert für den Strahlungswert des Flächenelementes i, der auf den momentanen Schätzwerten der anderen Flächenelemente beruht:

$$B_i = E_i + R_i \sum_{j=1}^{n} B_j F_{ij} \tag{9.8}$$

Man kann dies so auffassen, daß zur Bestimmung des Strahlungswertes B_i für i die von allen anderen Flächenelementen eintreffende Strahlung *gesammelt* wird. Ein einzelner Term $R_i B_j F_{ij}$ in (9.8) beschreibt den Beitrag, den Flächenelement j zum Strahlungswert von i leistet. Man kann diesen Prozeß auch umdrehen, indem man bestimmt, welchen Beitrag i zu den Strahlungswerten aller anderen Flächenelemente der Szene leistet. Dies wird bei der Methode der schrittweisen Verfeinerung getan. Der Beitrag von i zum Strahlungswert eines beliebigen Flächenelementes $j \neq i$ ist $R_j B_i F_{ji}$. Durch Anwendung der reziproken Relation (9.2) läßt sich dieser Term umformen zu $R_j B_i F_{ij} A_i / A_j$. Man beachte, daß in diesem Term die für Flächenelement i errechneten Formfaktoren verwendet werden, d.h. die Formfaktoren, die durch Anwendung der Halbwürfelmethode auf

[4] Die Formfaktoren werden in der Koeffizientenmatrix aus Gleichung (9.4) abgespeichert. Diese Matrix wird oft relativ dünn besetzt sein, weil viele Flächenelemente einander nicht sehen können. Nichtsdestotrotz übersteigt der Speicherplatzbedarf schnell ein akzeptables Maß: in [CCWG88] wird geschätzt, daß für eine Szene mit 50000 Flächenelementen ein Speicherplatzbedarf von einem Gigabyte erforderlich ist, wenn man annimmt, daß die Matrix zu 90% leer ist und daß das Abspeichern eines Formfaktors 4 Byte erfordert.

Flächenelement i erhalten werden. Man braucht also zur Berechnung der Strahlungswerte, die Flächenelement i zu allen anderen Flächenelementen leistet, nur einmal die Halbwürfelmethode anzuwenden und die mit den errechneten Formfaktoren erhaltenen Strahlungswerte zu den bisher aufsummierten Strahlungswerten der entsprechenden Flächenelemente zu addieren. Dies kann man als Verteilen (*shooting*) der Strahlung von Flächenelement i in die Umgebung ansehen. Nachdem ein Flächenelement seine Strahlung abgegeben hat, wird das Verfahren mit dem nächsten Flächenelement wiederholt. Ein Flächenelement kann wieder an die Reihe kommen, wenn es von anderen Flächenelementen Strahlung erhalten hat.

Jeder Iterationsschritt des Verfahrens besteht aus der Durchführung des beschriebenen Lösungsschritts für alle Flächenelemente. Jeder Lösungsschritt besteht aus der Anwendung der Halbwürfelmethode auf *ein* Flächenelement und dem Aufsummieren der Beiträge dieses Flächenelementes zu den Strahlungswerten der anderen Flächenelemente. Im Laufe der iterativen Lösung wird der Lösungsschritt für dasselbe Flächenelement i evtl. mehrmals wiederholt, so lange bis ein stabiler Zustand erreicht ist. Nach jedem auf i angewendeten Lösungsschritt wird der für i errechnete Strahlungswert genauer sein. Bei einer wiederholten Durchführung des Lösungsschritts für i werden die Strahlungswerte der empfangenden Flächenelemente bereits den Beitrag der vorangehenden Schätzung von B_i enthalten. Deshalb braucht man nur die Differenz ΔB_i zwischen der jetzigen und der vorangehenden Schätzung zu berücksichtigen. ΔB_i kann als Vorrat der noch nicht abgegebenen Strahlung angesehen werden. Eine Programmskizze des Verfahrens ist in Abbildung 9.8 wiedergegeben.

Die Berechnung der Formfaktoren braucht eigentlich nur im ersten Iterationsschritt zu erfolgen, wenn man die errechneten Formfaktoren abspeichert. Auf der anderen Seite kann man durch Vermeiden des Abspeicherns und durch eine Neuberechnung der Formfaktoren in jedem Iterationsschritt den Platzbedarf des Verfahrens linear in der Anzahl der beteiligten Flächenelemente halten, weil für jeden Lösungsschritt nur die Formfaktoren *eines* Flächenelementes gebraucht werden.

Bei Verwendung der beschriebenen Methode liegt nach jedem Lösungsschritt für jedes Flächenelement eine neue Schätzung für den Strahlungswert vor, man kann also auch nach jedem Lösungsschritt eine Darstellung der Szene auf dem Bildschirm vornehmen. Diese Darstellung wird sich im Laufe des Iterationsprozesses mit zunehmender Konvergenz des Verfahrens stetig verbessern. Wenn man immer zuerst diejenigen Flächenelemente der Szene bearbeitet, die das meiste Licht aussenden, erreicht man eine relativ schnelle Konvergenz des Verfahrens. Man erhält dann schon nach wenigen Lösungsschritten eine relativ

```
void progressive_refinement (n,A,R,E);
int n; float A[n], R[n], E[n];
{
 int i,j;
 float B[n], F[n,n], delta_B[n], delta_Rad;

 init(B,delta_B,E);
 do {
    for (i=0; i<n; i++) do {
        F = compute_ff(i);
        for (j=0; j<n; j++) do {
            delta_Rad = R[j]*delta_B[i]*F[i,j]*A[i] / A[j];
            delta_B[j] = delta_B[j] + delta_Rad;
            B[j] = B[j] + delta_Rad;
        }
        delta_B[i] = 0;
    }
 } while (!convergent(delta_B))
}
```

Abbildung 9.8: Programmskizze zum Verfahren der schrittweisen Verfeinerung: `n` ist die Anzahl der Flächenelemente der Szene. `A[i]` gibt den Flächeninhalt, `R[i]` den Reflexionskoeffizienten, `E[i]` den Eigen–Emissionswert von i an. In `F[i,*]` werden durch die Funktion `compute_ff(i)` die Formfaktoren von i zu allen anderen Flächenelementen der Szene berechnet. `B[i]` enthält den bisher errechneten Strahlungswert von Flächenelement i, `delta_B[i]` enthält den Differenzbetrag zwischen dem momentanen und dem vorherigen Strahlungswert. Für Lichtquellen werden diese Werte durch `init(B,delta_B,E)` mit den Eigen–Emissionswerten initialisiert, für alle anderen Flächenelement wird mit 0 initialisiert. In `delta_Rad` wird der Strahlungswert errechnet, den Flächenelement j von Flächenelement i empfängt. `convergent(delta_B)` ist eine boolesche Funktion, die in Abhängigkeit von einem vorgegebenen Schwellenwert bestimmt, ob der gewünschte Konvergenzpunkt bereits erreicht ist.

gute Darstellung der Szene auf dem Bildschirm. Aus diesem Grund wird immer das Flächenelement i zuerst bearbeitet, das den größten Wert $\Delta B_i A_i$ besitzt. Dieser Wert gibt den noch nicht ausgesandten Energiewert von Flächenelement i an. In den ersten Lösungsschritten sind dies üblicherweise die Lichtquellen, weil alle anderen Flächenelemente den Anfangs–Strahlungswert 0 haben.

Die dargestellten Zwischenbilder werden sich, ausgehend von einer dunklen Umgebung, nach und nach immer weiter aufhellen, weil immer mehr Licht in der Szene verteilt wird. Trotz der relativ schnellen Konvergenz wird während der ersten Schritte die Beleuchtung der Szene recht schlecht dargestellt, weil nur die direkte Beleuchtung der bereits bearbeiteten Lichtquellen berücksichtigt wird, die indirekte Beleuchtung wird dagegen erst später in die Darstellung einfließen. Um die Darstellung der ersten Bilder zu verbessern, wird in [CCWG88] vorgeschlagen, einen Umgebungsterm zu verwenden, der zu den bisher errechneten Strahlungswerten der Flächenelemente hinzuaddiert wird. Dieser Umgebungsterm wird nur für die Darstellung auf dem Bildschirm hinzugefügt und beeinflußt die Berechnung der Strahlungswerte der einzelnen Flächenelemente nicht. Üblicherweise verwendet man einen Umgebungsterm, der mit fortschreitender Iteration immer weiter abnimmt.

Der in [CCWG88] verwendete Umgebungsterm stützt sich auf eine Abschätzung der Formfaktoren, die den Formfaktor von Flächenelement i zu j als

$$F_{ij} = F_{*j} \approx \frac{A_j}{\sum_{k=1}^{n} A_k}$$

für ein beliebiges i berechnet. Der errechnete Wert ist unabhängig von i. Damit kann man einen mittleren diffusen Reflexionskoeffizienten R_{avg} als das mit den abgeschätzten Formfaktoren gewichtete Mittel der Reflexionskoeffizienten der einzelnen Flächenelemente errechnen:

$$R_{avg} = \frac{\sum_{j=1}^{n} R_j A_j}{\sum_{k=1}^{n} A_k}$$

Von einer in die Umgebung abgeschickten Energiemenge wird im Mittel der Bruchteil R_{avg} reflektiert werden, von dieser reflektierten Energiemenge wird in Mittel wieder der Bruchteil R_{avg} reflektiert, dies ist der Bruchteil R_{avg}^2 der ursprünglichen Energiemenge usw. Damit läßt sich ein Gesamt–Reflexionsfaktor R als geometrische Summe errechnen:

$$R = 1 + R_{avg} + R_{avg}^2 + R_{avg}^3 + \cdots = \frac{1}{1 - R_{avg}}$$

Den Umgebungsterm I_a berechnet man als Summe der noch nicht in die Umgebung abgegebenen Strahlungswerte, die gewichtet werden mit der Fläche der Flächenelemente, auf denen die Strahlung vorliegt. Um den Effekt mehrfacher Reflexionen zu berücksichtigen, wird diese gewichtete Summe mit dem Gesamt–Reflexionsfaktor multipliziert:

$$I_a = R \sum_{j=1}^{n} \Delta B_j F_{*j} = R \frac{\sum_{j=1}^{n} \Delta B_j A_j}{\sum_{k=1}^{n} A_k} \tag{9.9}$$

Wenn B_i der für ein Flächenelement i bisher errechnete Strahlungswert ist, wird für die Bildschirmdarstellung von i der Strahlungswert

$$B_i' = B_i + R_i I_a$$

verwendet. B_i' wird nur für die Bildschirmdarstellung verwendet, der Umgebungsterm wird nicht zu dem noch abzugebenden Strahlungswert ΔB_i addiert. Da mit Fortschreiten der Iteration die auf den einzelnen Flächenelementen liegende, noch nicht abgegebene Strahlung abnimmt, nimmt auch der Wert des Umgebungsterms mit Fortschreiten der Iteration ab, vgl. (9.9).

Die im letzten Abschnitt beschriebene adaptive Unterteilung der Flächenelemente kann auch hier angewendet werden: Wenn ein empfangendes Flächenelement einen zu großen Strahlungsunterschied aufweist, wird es in Unterelemente unterteilt. Nach der Unterteilung wird die aufgenommene Strahlung für jedes Unterelement gesondert berechnet. Es werden daher bei Anwendung der Halbwürfelmethode auf ein Flächenelement i die Formfaktoren zu den Unterelementen berechnet. Die Halbwürfelmethode wird aber nur auf die Flächenelemente der ursprünglichen Unterteilung, nicht auf die neu entstandenen Unterelemente angewendet. Für die Bildschirmdarstellung werden die Unterelemente mit der Gouraud–Methode, vgl. Abschnitt 6.1, schattiert, wobei die Strahlungswerte für die Eckpunkte der Unterelemente wie in Abschnitt 9.1 beschrieben durch Extrapolation berechnet werden. Abbildung 9.9 faßt das Gesamtverfahren noch einmal zusammen.

```
void progressive_refinement (n,m,A,A_u,R,E);
int n,m;
float A[n], A_u[n,m], R[n], E[n];
{
 int i,j,k;
 float B[n],F[n,n,m],delta_B[n],delta_Rad,
       u[n],B_u[n,m],B_screen[n,m],I_a;

 I_a = compute_ambient();
 for (j=0; j<n; j++) do {
     delta_B[j] = E[j];
     for (k=0; k<u[j]; k++) do B_u[j,k] = E[j];
 }
 do {
    i = select_patch();
    F = compute_ff(i);
    for (j=0; j<n; j++) do {
        for (k=0; k<u[j]; k++) do {
            delta_Rad = R[j]*delta_B[i]*F[i,j,k]*A[i]/A_u[j,k];
            delta_B[j] = delta_B[j] + delta_Rad*A_u[j,k]/A[j];
            B_u[j,k] = B_u[j,k] + delta_Rad;
            B_screen[j,k] = B_u[j,k] + R[j] * I_a;
        }
    }
    for (j=0; j<n; j++) do {
        for (k=0; k<u[j]; k++) do {
            compute_vertex_radiosities(j,k);
            if (gradient_too_high(j,k))
               subdivide(j,k);
               reshoot(i,j,k);
            }
        }
    }
    delta_B[i] = 0;
    I_a = compute_ambient();
    display(B_screen);
 } while (!convergent(delta_B))
}
```

Abbildung 9.9: Programmskizze zum Verfahren der schrittweisen Verfeinerung: `A[i]`, `R[i]`, `E[i]`, `B[i]`, `delta_B[i]`, `delta_Rad` und `convergent(delta_B)` haben die gleiche Bedeutung wie in Abbildung 9.8. Da jetzt auch Unterelemente betrachtet werden, kommen einige weitere Datenstrukturen hinzu: `B_u[j,k]` enthält den bisher errechneten Strahlungswert des Unterelementes k von Flächenelement j, im folgenden kurz als (j,k) bezeichnet. `A_u[j,k]` ist der Flächeninhalt von (j,k), in `B_screen[j,k]` wird der für die Bildschirmdarstellung verwendete Strahlungswert von (j,k) berechnet. `u[j]` ist die Anzahl der bisher für j erzeugten Unterelemente, die inneren Schleifen laufen also über alle Unterelemente eines Flächenelementes. In `I_a` wird der Umgebungsterm abgespeichert, der durch die Funktion `compute_ambient()` berechnet wird. `select_patch()` liefert das Flächenelement i mit der größten noch nicht ausgestrahlten Energie $\Delta B_i A_i$. `compute_ff(i)` berechnet die Formfaktoren von Flächenelement i zu allen Unterelementen, der Formfaktor von i zu Unterelement (j,k) wird in `F[i,j,k]` abgelegt. `compute_vertex_radiosities(j,k)` berechnet die Strahlungswerte für die Eckpunkte von (j,k) durch Extrapolation. `gradient_too_high(j,k)` bestimmt, ob der Strahlungsgradient von (j,k) zu groß ist. Wenn dies der Fall ist, wird (j,k) durch `subdivide(j,k)` weiter in Unterelemente unterteilt und für jedes dieser Unterelemente wird durch `reshoot(i,j,k)` ein geeigneter Strahlungswert berechnet. `display(B_screen)` dient zur Darstellung der Szene auf dem Bildschirm.

In [CCWG88] wird anhand einer Beispielszene[5] gezeigt, daß bei Bearbeitung der Flächenelemente in der beschriebenen Reihenfolge und bei Verwendung des Umgebungsterms sehr schnell ein recht gutes Näherungsbild der Szene auf dem Bildschirm dargestellt werden kann: bereits nach den ersten Lösungsschritten erreicht der Darstellungsfehler einen sehr geringen Wert. Bei Verwendung der Auflösung 150×150 für den Halbwürfel können die Formfaktoren eines Flächenelementes in weniger als 10 Sekunden berechnet werden[6], die Darstellung der Testszene auf dem Bildschirm dauert etwa 2 Sekunden. Damit ist das Verfahren durchaus in der Praxis einsetzbar, hat aber weiterhin den Nachteil, daß es nicht dynamisch auf Änderungen der Geometrie der vorliegenden Szene reagieren kann. Eine Änderungen der Geometrie erfordert eine komplette Neuberechnung. In [Che90] wird versucht, diesen Nachteil zu beheben, indem das Verfahren zu einem interaktiven System ausgebaut wird. Die vorgeschlagene Erweiterung stützt sich auf eine inkrementelle Berechnung der Strahlungswerte, die es erlaubt, die Oberflächenstruktur und die Geometrie der dargestellten Objekte während des Berechnungsprozesses zu ändern. Wenn eine Änderung vorgenommen wurde, werden nur die Strahlungswerte der durch die Änderung direkt betroffenen Flächenelemente sofort aktualisiert, alle anderen Flächenelemente erfahren die Änderung durch die durch die Fortsetzung des Berechnungsprozesses erreichte Propagierung der auf den manipulierten Flächenelementen angesammelten Strahlung. Dadurch wird vor allem für kleinere Änderungen der Szene eine große Rechenzeitersparnis erreicht. Ein Verfahren zur Beschleunigung der Konvergenz der Näherungsbilder ist in [RGG90] beschrieben. Das Verfahren beruht auf einer adaptiven Prozedur, die verschiedene Methoden zur Berechnung der Formfaktoren je nach prognostizierter Schnelligkeit einsetzt.

9.4 Ray–Tracing– und Radiosity–Verfahren

Das Radiosity–Verfahren in der bisher beschriebenen Form ist gut geeignet für die Darstellung von diffuser Reflexion. Spiegelnde Reflexion und Transmission läßt sich aber nicht gut wiedergeben. Dies liegt daran, daß das Radiosity–Verfahren für jedes Flächenelement *einen* Strahlungswert berechnet, der dann für die Bildschirmdarstellung verwendet wird. Dies ist für diffuse Reflexion ausreichend, weil diffus reflektierte Strahlung in alle Raumrichtungen gleichmäßig abgegeben wird. Für spiegelnde Reflexion spielt dagegen der Winkel, unter dem ein Beobachter ein Flächenelement betrachtet, eine große Rolle. Dieser

[5]Die Beispielszene enthält 500 Flächenelemente, die durch Anwendung der adaptiven Unterteilung in 7000 Unterelemente unterteilt werden.

[6]Dabei wurde eine Hewlett Packard 825SRX Workstation verwendet.

Winkel wird aber beim Radiosity-Verfahren gar nicht berücksichtigt, die errechneten Strahlungswerte sind unabhängig von der Position des Betrachters. Dies zeigt sich auch darin, daß bei einer Änderung der Position des Betrachters nur die Bildschirmdarstellung aktualisiert werden muß, die Bestimmung der Formfaktoren und das Lösen des Gleichungssystems brauchen nicht wiederholt zu werden. Auf der anderen Seite wird spiegelnde Reflexion durch das in letzten Kapitel beschriebene Ray-Tracing-Verfahren sehr gut wiedergegeben. Das Ray-Tracing-Verfahren hat aber den Nachteil, diffuse Reflexion nicht gut darzustellen.

Es liegt nahe, die beiden Verfahren miteinander zu kombinieren, um so ein Verfahren zu erhalten, mit dem sowohl diffuse als auch spiegelnde Reflexion und Transmission gut dargestellt werden können. Es reicht aber nicht aus, die Pixelintensitäten, die vom für die spiegelnde Reflexion zuständigen Ray-Tracing-Verfahren und vom für die diffuse Reflexion zuständigen Radiosity-Verfahren errechnet werden, einfach zu addieren, weil damit z.B. nicht berücksichtigt wird, daß das von einem Flächenelement i *spiegelnd* auf ein Flächenelement j reflektierte Licht dazu führt, daß j dieses Licht *diffus* zu benachbarten Flächenelementen reflektieren kann, die dann entsprechend heller erscheinen. Das Kombinationsverfahren muß vielmehr in der Lage sein, den Lichttransport von diffuser zu diffuser, diffuser zu spiegelnder, spiegelnder zu diffuser und spiegelnder zu spiegelnder Reflexion mit in die Berechnung einzubeziehen. In [WCG87] wird ein Verfahren beschrieben, das dazu in der Lage ist, vgl. auch [FvDFH90] und [Wat89]. Das Verfahren besteht aus zwei Durchläufen. Im ersten Durchlauf wird ein Radiosity-Verfahren durchgeführt, das alle vier erwähnten Mechanismen für den Lichttransport berücksichtigt. Im zweiten Durchlauf wird ein Ray-Tracing-Verfahren angewendet, das die im ersten Durchlauf errechneten Strahlungswerte verwendet und den Lichttransport von diffuser zu spiegelnder und von spiegelnder zu spiegelnder Reflexion berechnet. Die Intensität eines Pixels ergibt sich aus der Summe einer im ersten Durchlauf errechneten diffusen Komponente und einer im zweiten Durchlauf errechneten spiegelnden Komponente. Wir werden im folgenden die beiden Durchläufe etwas näher beschreiben.

Das Standard-Radiosity-Verfahren muß zur Verwendung im ersten Durchlauf in zweierlei Beziehung geändert werden: zum einen muß neben der diffusen Reflexion auch die diffuse Transmission in die Berechnung miteinbezogen werden, zum anderen muß spiegelnde Reflexion und Transmission insoweit berücksichtigt werden, wie sie die diffusen Komponenten der Flächenelemente beeinflußt. Diffuse Transmission wird dadurch nachgebildet, daß man zusätzlich zu den bisher errechneten (*Vorwärts-*)Formfaktoren noch sogenannte *Rückwärts-*Formfaktoren berechnet, indem man auch auf die Rückseite jedes Flächenelementes einen Halbwürfel legt. Die Rückwärts-Formfaktoren stellen den Effekt

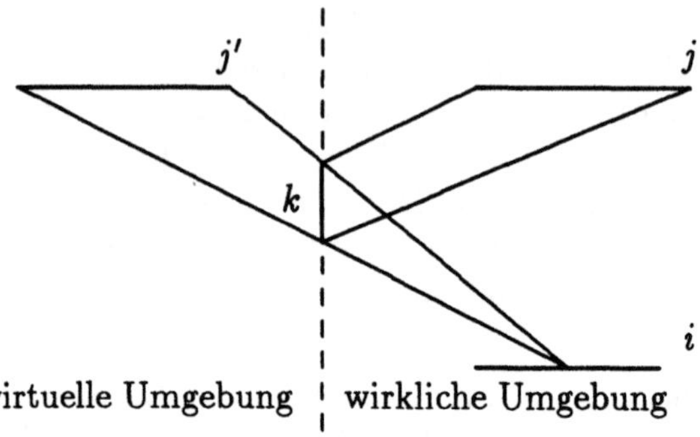

Abbildung 9.10: **Einführung einer virtuellen Umgebung zur Berücksichtigung des Lichttransports vom diffus reflektierenden Flächenelement j zum diffus reflektierenden Flächenelement i über das perfekt spiegelnd reflektierende Flächenelement k. Die Abbildung zeigt eine zweidimensionale Veranschaulichung. Das virtuelle Flächenelement j' wird bei der Berechnung der Formfaktoren zu i auf den Halbwürfel um i projiziert.**

dar, daß Licht von Flächenelementen, die auf der Rückseite eines durchscheinenden Flächenelementes liegen, auf dessen Vorderseite diffus abgegeben werden kann. Spiegelnde Reflexion und Transmission wird ebenfalls durch die Berechnung zusätzlicher Formfaktoren berücksichtigt: Für zwei diffus reflektierende Flächenelemente i und j, die voneinander Licht über ein spiegelndes Flächenelement k erhalten können, wird ein zusätzlicher Formfaktor berechnet, der den über k laufenden Lichttransport beschreibt. k wird als perfekt spiegelnd oder transmittierend angenommen. Die zusätzlichen Formfaktoren werden mit Hilfe einer *virtuellen Umgebung* berechnet, vgl. Abbildung 9.10, die durch k definiert ist und die bei der Berechnung der Formfaktoren für i ein zusätzliches Flächenelement j' enthält. Der von j indirekt über k zu i laufende Lichttransport wird durch den Formfaktor $F_{ij'}$ beschrieben, also als direkter Lichttransport zwischen j' und i. Durch Lösen des um die zusätzlichen Formfaktoren erweiterten Gleichungssystems werden für alle Flächenelemente diffuse Strahlungswerte berechnet, die auch spiegelnde Interaktionsphänomene berücksichtigen. Diese werden wie üblich auf die Eckpunkte der Flächenelemente übertragen.

Im zweiten Durchlauf berechnet ein modifiziertes Ray-Tracing-Verfahren mit Hilfe der im ersten Durchlauf errechneten Strahlungswerte eine von der Position des Betrachters abhängige Darstellung der Szene. Dabei wird bei der Bestimmung der lokalen Intensitätswerte eines Schnittpunktes zwischen Suchstrahl und einem Flächenelement i der Szene die Komponente für die diffuse Reflexion aus den im ersten Durchlauf für die Eckpunkte von i errechneten Strahlungswerten mit bilinearer Interpolation berechnet. Um zusätzlich den Lichttransport von diffuser zu spiegelnder Reflexion zu berücksichtigen, muß man beachten, daß das von i spiegelnd reflektierte Licht prinzipiell auf i aus allen Raumrichtungen eintreffen kann. Üblicherweise kommt ein nennenswerter Beitrag aber nur aus einem relativ kleinen Raumbereich, dessen Orientierung von dem an i reflektierten Suchstrahl bestimmt wird und der umso schmaler ist, je spiegelnder i ist. In [WCG87] wird die Betrachtung aus Effizienzgründen auf diesen Raumbereich beschränkt. Zur genauen Berechnung der Intensitätswerte des aus dem Raumbereich einfallenden Lichtes muß bestimmt werden, welche Flächenelemente vom betrachteten Punkt von i aus in dem Raumbereich sichtbar sind. Dazu wird in [WCG87] eine Pyramide verwendet, deren Spitze im betrachteten Schnittpunkt liegt und deren Mittellinie der reflektierte Suchstrahl ist, vgl. Abbildung 9.11. Die Grundfläche der Pyramide wird in ein Pixelnetz geringer Auflösung unterteilt (z.B. 10×10). Für jedes Pixel wird mit Hilfe eines z-Puffer-Algorithmus das sichtbare Flächenelement bestimmt. Die Intensität des durch das Pixel einfallenden Lichtes ist der Intensitätswert dieses Flächenelementes. Dieser Intensitätswert kann sowohl eine diffuse als auch eine spiegelnde Komponente enthalten. Die diffuse Komponente wird mit bilinearer Interpolation aus den im ersten Durchlauf berechneten Strahlungswerten für die Eckpunkte des sichtbaren Flächenelementes j bestimmt. Eine eventuell vorhandene spiegelnde Komponente wird durch rekursive Anwendung des gesamten zweiten Durchlaufs auf j bestimmt, wie dies beim Ray-Tracing-Verfahren üblich ist. Zur Reduzierung des Aufwands für die Rekursionsschritte kann neben den in Kapitel 8 beschriebenen Techniken eine Verminderung der Auflösung des Pixelgitters auf der Grundfläche der Pyramide bei fortschreitender Rekursionstiefe dienen. Die für die Pixel der Pyramide bestimmten Intensitätswerte werden mit einem von der Lage der Pixel abhängigen Gewichtswert multipliziert und aufsummiert. Die Summe wird zu dem errechneten lokalen Intensitätswert addiert, die Gesamtsumme bestimmt den auf dem Bildschirm darzustellenden Intensitätswert. Spiegelnde Transmission wird durch Verwendung einer Transmissions-Pyramide berechnet.

In [SAWG91] wird eine Modifikation des Zweischrittverfahrens vorgeschlagen, die die im ersten Durchlauf enthaltene Beschränkung aufhebt, daß das zwischen zwei diffus reflektierenden Flächenelementen vermittelnde Flächenelement als perfekt spiegelnd angenommen wird. Dazu wird im ersten Durchlauf zu jedem Flächenelement statt einem einzelnen Intensitätswert eine richtungsabhängige *Intensitätsverteilung* berechnet, die durch sphärische harmonische Funktionen dargestellt wird und mit der im Prinzip ein beliebiges Reflexionsverhalten beschrieben werden kann. In [SAWG91] wird die Intensitätsverteilung aber nur zur Beschreibung "diffuser Intensität" verwendet, weil dann die Intensitätsvertei-

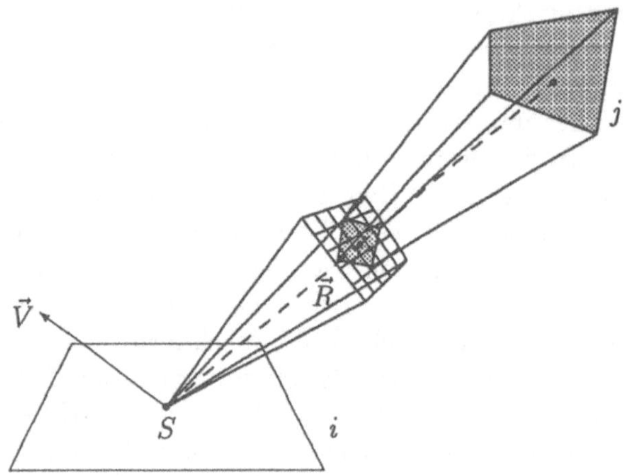

Abbildung 9.11: **Zur Bestimmung der von einem Punkt S auf einem Flächenelement i in Richtung $\vec{V}$ abgegebenen Lichtintensität wird eine Richtungspyramide mit Spitze in S und Mittellinie $\vec{R}$ verwendet.**

lungen relativ glatt sind und weniger Speicherplatz zur Ablage der Koeffizienten der sphärischen harmonischen Funktionen gebraucht wird. Zur Berechnung der Intensitätsverteilung wird das in 9.3 beschriebene Verfahren der schrittweisen Verfeinerung erweitert: Die von einem Flächenelement i an ein Flächenelement j abgegebene Strahlung wird aus einer auf i angesammelten Intensitätsverteilung berechnet. Der genaue Wert der abgegebenen Strahlung ist dabei von dem Winkel abhängig, unter dem j von i aus sichtbar ist. Die auf j ankommende Strahlung wird zur Intensitätsverteilung von j unter der eintreffenden Richtung addiert. Spiegelnd reflektiertes Licht wird nicht in die Intensitätsverteilung aufgenommen. Statt dessen wird es direkt zu anderen Flächenelementen weitertransportiert. Dies wird in [SAWG91] durch Einführung eines virtuellen Flächenelementes i' erreicht, das durch Spiegelung von i an der Ebene entsteht, die das spiegelnde Flächenelement k enthält, und das die gespiegelte Intensitätsverteilung von i erhält, vgl. Abbildung 9.12. Das von i zu k gelangte Licht wird dadurch zu anderen Flächenelementen der Szene weitertransportiert, daß i' als abgebendes Flächenelement behandelt wird. Dabei treten aber nur die Flächenelemente als Ziel auf, die i in k sehen können. Dieses Vorgehen hat im Vergleich zu der oben beschriebenen Methode der virtuellen Umgebung den Vorteil, daß nur ein Flächenelement und nicht die gesamte Szene gespiegelt werden muß. Deshalb können sogar mehrfache spiegelnde Reflexionen durch rekursives Erzeugen von virtuellen Flächenelementen nachgebildet werden. Eine Programmskizze des ersten Durchlaufs ist in Abbildung 9.13 wiedergegeben. Als zweiter Durchlauf wird wieder ein Ray-Tracing-Verfahren verwendet, bei dem die für einen Schnittpunkt S zwischen Suchstrahl und einem Flächenelement i der Szene zu bestimmende lokale Intensität aus der im ersten Durchlauf errechneten Intensitätsverteilung bestimmt wird. Der durch ideale spiegelnde Reflexion entstehende Beitrag zur Intensität von S wird wie üblich durch rekursive Aufrufe des Ray-Tracing-Verfahrens errechnet. Eine Richtungspyramide wird nicht verwendet, weil im ersten Durchlauf bereits die Auswirkung von mehrfacher spiegelnder Reflexion auf die diffusen Intensitäten berücksichtigt wurde.

Der Nachteil des Verfahrens liegt in dem enormen Speicherplatzbedarf. Trotz Beschränkung der Intensitätsverteilung auf die Beschreibung diffuser Intensität müssen für jede Intensitätsverteilung zwischen 150 und 250 Koeffizienten abgespeichert werden, pro Flächenelement braucht man also etwas weniger als 1 Kilobyte zur Abspeicherung der Intensitätsverteilung[7]. In [SAWG91] wird für eine Beispielszene mit etwa 30000 Flächenelementen eine Laufzeit von 5 Minuten[8] für die Verteilung der auf einem Flächenelement angesammelten Lichtmenge genannt. Auch dies ist im Vergleich zu den für das Originalverfahren der schrittweisen Verfeinerung erhaltenen Werten recht hoch. Gegenüber dem Verfahren aus [WCG87] hat diese Variante aber wegen der Verwendung der Methode der schrittweisen Verfeinerung den Vorteil, relativ schnell eine Näherungsdarstellung auf den Bildschirm zu bringen.

Weitere Kombinationsverfahren von Ray-Tracing- und Radiosity-Verfahren, auf die wir hier nicht näher eingehen können, sind in [SP89], [WEH89] und [CRMT91] beschrieben.

9.5 Zusammenfassung und Ausblick

Das in diesem Abschnitt beschriebene Radiosity-Verfahren ist sehr gut zur Darstellung diffuser Reflexion geeignet. Dazu ist jedoch ein enormer Einsatz an Rechenzeit und Speicherplatz erforderlich. Die in 9.3 beschriebene Methode der schrittweisen Verfeinerung beseitigt den Nachteil, daß erst am Ende des Berechnungsprozesses eine Darstellung auf dem Bildschirm erfolgen kann, was

[7]Das Originalverfahren braucht nur 4 Byte, weil es nur einen Intensitätswert abspeichert.

[8]gemessen auf einer Apollo DN10000 mit 64 MByte Haupspeicher

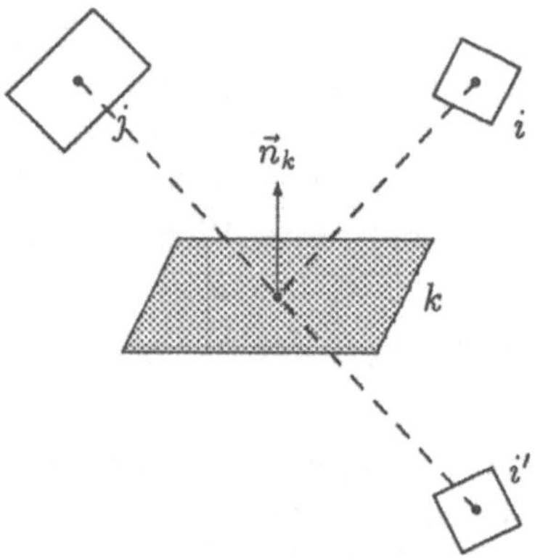

Abbildung 9.12: Die von einem Flächenelement i über ein spiegelndes Flächenelement k zu einem Flächenelement j transportierte Strahlung wird durch Einführung eines virtuellen Flächenelementes i' berücksichtigt, das seine Strahlung direkt an j weitergibt.

```
void first_pass(n);
int n;
{
 int i;
 do {
    i = select_patch();
    shoot(i,n);
 } while (!convergent());
}
```

Abbildung 9.13: Programmskizze zum ersten Durchlauf des modifizierten Zweischrittverfahrens nach [SAWG91]. `select_patch()`, `convergent()` und `n` haben die gleiche Bedeutung wie in Abbildung 9.9. Der eigentliche Vorgang der Energieabgabe ist in der Prozedur `shoot` zusammengefaßt, damit diese rekursiv aufgerufen werden kann. Diese ist in Abbildung 9.14 wiedergegeben.

```
void shoot (i,n);
int i,n;
{
 int j;
 float I,phi,I_distr[n];

 for (j=0; j<n; j++) do {
     if (is_visible(i,j)) {
        phi = angle(i,j);
        I = incident_flux(I_distr[i],phi);
        update(I_distr[j],I,phi);
        if (is_specular(j)) flag(j);
     }
 }
 for (j=0; j<n; j++) do {
     if (is_flagged(j)) {
        i' = build_virtual(i,j);
        shoot(i');
     }
 }
}
```

Abbildung 9.14: Skizze der in Abbildung 9.13 verwendeten Prozedur `shoot`. `is_visible(i,j)` stellt fest, ob Flächenelement j von i aus gesehen werden kann, `angle(i,j)` bestimmt den zugehörigen Winkel. In `I_distr[i]` ist die Intensitätsverteilung von i abgelegt. `incident_flux(I_distr[i],phi)` bestimmt die von der Intensitätsverteilung `I_distr[i]` in Richtung `phi` abgegebene Strahlung. `update(I_distr[j],I,phi)` addiert den Teil dieser Strahlung, der von j nicht spiegelnd weitergegeben wird, zu der Intensitätsverteilung von j. Wenn j einen spiegelnden Anteil hat, was durch `is_specular(j)` festgestellt wird, wird j mit `flag(j)` markiert. Für jedes markierte Flächenelement wird in der zweiten Schleife durch `build_virtual(i,j)` ein virtuelles Flächenelement i' erzeugt, das durch Spiegelung von i an der Ebene, die j enthält, entsteht. Die von j spiegelnd weitergegebene Strahlung wird durch den rekursiven Aufruf `shoot(i')` weiterverteilt.

für eine interaktive Modellierung von Szenen sehr hinderlich ist. Die in 9.4 beschriebenen Kombinationsverfahren von Ray-Tracing- und Radiosity-Methode ermöglichen die realistische Darstellung von Szenen, die sowohl diffuse als auch spiegelnde Reflexion enthalten. Mit diesen Kombinationsverfahren sind die bis heute realistischsten Bilder erzeugt worden.

Das wichtigste Ziel bei der Weiterentwicklung der Radiosity-Verfahren wird neben einer weiteren Verbesserung der Wirklichkeitstreue der erzeugten Bilder in der Beschleunigung der beschriebenen Verfahren liegen. Den größten Fortschritt verspricht dabei wie beim Ray-Tracing-Verfahren eine Parallelisierung. Ein einfaches Verfahren zur Parallelisierung der Methode der schrittweisen Verfeinerung ist in [RGG90] beschrieben: Von n Prozessoren dient einer als *Server*, einer als *Display*-Prozessor, die restlichen $n-2$ Prozessoren werden als *Clients* eingesetzt. Jeder Prozessor erhält eine komplette Beschreibung der darzustellenden Szene, aber nur der Server speichert die Strahlungswerte zu den Flächenelementen ab. Das Verfahren besteht aus Runden, die so lange ausgeführt werden, bis Konvergenz erreicht ist. Zu Beginn jeder Runde bestimmt der Server die $n-2$ Flächenelemente mit der größten noch nicht abgegebenen Strahlungsenergie und schickt jedem Client eines dieser Flächenelemente. Jeder Client berechnet die Formfaktoren von dem ihm zugewiesenen Flächenelement i zu allen anderen Flächenelementen der Szene und schickt diese an den Server. Der Server berechnet daraus neue Strahlungswerte für die Flächenelemente durch Verteilen der auf i angesammelten Strahlung. Die Bildschirmdarstellung wird dadurch aktualisiert, daß der Server ab und zu die errechneten Strahlungswerte an den Display-Prozessor schickt. Das Verfahren erweist sich laut [RGG90] für ein Netz mit einer kleinen Anzahl leistungsfähiger Workstations[9] recht gut einsetzbar, die Effizienz nimmt aber mit steigender Anzahl von Clients etwa linear ab. Bei zehn Clients liegt sie je nach Szene bei etwa 0.6.

[9] Hewlett-Packard 835 mit Turbo SRX Graphics Accelerator und 48 MByte Hauptspeicher

Kapitel 10

Schatten und Oberflächenstrukturen

Zur Erzeugung von realitätsnahen Darstellungen ist die Erzeugung von Schatten und Oberflächenstrukturen sehr wichtig. Die Darstellung von Schatten schafft einen Bezug zwischen den dargestellten Objekten und dem umgebenden Raum, der üblicherweise aus Boden und Seitenwänden besteht. Die Darstellung von Oberflächenstrukturen nimmt den Objekten ihr unnatürlich glattes Aussehen und macht sie damit den in der Realität auftretenden Objekten ähnlicher.

10.1 Erzeugung von Schatten

Bei den in den Kapiteln 8 und 9 beschriebenen globalen Verfahren (Ray-Tracing-Verfahren und Radiosity-Verfahren) werden die Schatten von alleine mitgeliefert: Beim Ray-Tracing-Verfahren wird durch Verwendung eines *Schattenfühlers* bestimmt, ob ein Punkt einer Objektoberfläche im Schatten liegt oder direkt von der Lichtquelle beleuchtet wird. Beim Radiosity-Verfahren werden Schatten bei der Berechnung der Formfaktoren dadurch berücksichtigt, daß Lichtquellen als Oberflächenelemente behandelt werden. Wenn ein Oberflächenelement i bzgl. eines Lichtquellen-Oberflächenelementes j im Schatten liegt, wird dies bei der Berechnung der Formfaktoren mit der Halbwürfelmethode festgestellt: Die Projektion von j auf den Halbwürfel von i wird von der Projektion eines anderen Oberflächenelementes k überdeckt, das zwischen i und j liegt. Bei Verwendung von lokalen Methoden wie Gouraud- oder Phong-Schattierung zur Darstellung der Objekte müssen dagegen die Schatten zusätzlich erzeugt werden.

Das Aussehen eines von einem Objekt geworfenen Schatten ist abhängig von der Größe, der Ausdehnung und der Position der Lichtquelle. Man unterscheidet den *Kernschattenbereich* und den *Halbschattenbereich*. Als Kernschatten bezeichnet man den Bereich, in den von der Lichtquelle aus kein direktes Licht fällt. Als Halbschatten bezeichnet man den Bereich, der nur von einem Teil der Lichtquelle direkt beleuchtet wird. Für punktförmige Lichtquellen kann kein Halbschatten auftreten. Der Halbschattenbereich umgibt den Kernschattenbereich und ist umso größer, je größer die Ausdehnung der Lichtquelle ist und je näher sie zum Objekt liegt. Wir werden im folgenden annehmen, daß punktförmige Lichtquellen verwendet werden und brauchen uns daher nicht um die Erzeugung von Halbschatten zu kümmern.

Die Position des Beobachters spielt für die Lage der Schatten keine Rolle. Eine Veränderung der Beobachterposition ändert die erzeugten Schatten nicht. Der Schattenwurf ändert sich nur dann, wenn die Lage des Objektes oder der Lichtquelle geändert wird. Wenn die Beobachterposition mit der Position der Lichtquelle zusammenfällt, kann der Beobachter keine Schatten wahrnehmen.

10.1.1 Bodenschatten für einzelne Objekte

Wir werden in diesem Abschnitt ein sehr einfaches Verfahren vorstellen, mit dem Bodenschatten für einzelne Objekte erzeugt werden können, vgl. [Bli89a], [Wat89]. Das Verfahren ist auch auf Szenen mit mehreren Objekten anwendbar, wenn diese so weit voneinander entfernt sind, daß sie keine Schatten aufeinander werfen.

Das Verfahren nimmt an, daß der Boden durch eine Ebene beschrieben wird. Die Idee besteht darin, eine Projektion des darzustellenden Objektes auf diese Ebene zu berechnen, vgl. Abbildung 10.1. Wenn man eine punktförmige, im Unendlichen liegende Lichtquelle verwendet, werden die Lichtstrahlen durch einen Vektor $\vec{L} = (x_l, y_l, z_l)$ beschrieben. Wenn $\bar{P} = (x_p, y_p, z_p)$ ein beliebiger Punkt des Objektes ist, dann ist

$$\bar{p} = \bar{P} - \alpha\vec{L} \tag{10.1}$$

die Gleichung des durch $\bar{P}$ verlaufenden Projektors mit Richtung $\vec{L}$. Wenn die Bodenebene mit der Ebene $z = 0$ zusammenfällt, erhält man den Schnittpunkt $\bar{S} = (x_s, y_s, 0)$ des Projektors mit der Ebene, indem man aus der z–Komponente von (10.1) den Parameterwert $\alpha = z_p/z_l$ berechnet und in die x– und y–Komponente einsetzt. Es ergibt sich:

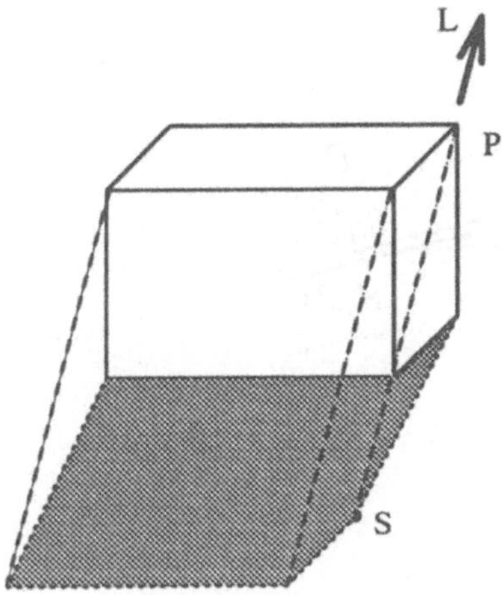

Abbildung 10.1: Ein Punkt P eines Objektes wird mit Hilfe eines aus Richtung $\vec{L}$ eintreffenden Projektors auf einen Punkt $\vec{S}$ der Bodenfläche abgebildet.

$$x_s = x_p - \frac{z_p}{z_l} x_l \qquad y_s = y_p - \frac{z_p}{z_l} y_l$$

Diese Berechnung läßt sich durch folgende Matrixoperation beschreiben:

$$\begin{pmatrix} x_s \\ y_s \\ z_s \\ 1 \end{pmatrix} = \begin{pmatrix} 1 & 0 & -x_l/z_l & 0 \\ 0 & 1 & -y_l/z_l & 0 \\ 0 & 0 & 0 & 0 \\ 0 & 0 & 0 & 1 \end{pmatrix} \cdot \begin{pmatrix} x_p \\ y_p \\ z_p \\ 1 \end{pmatrix}$$

Damit läßt sich der Schattenwurf eines einzelnen Objektes durch eine einfache Matrixoperation darstellen, die auf die Punkte des Objektes angewendet wird. Durch Anwendung dieser Operation auf die Eckpunkte des darzustellenden Objektes erhält man die Eckpunkte eines in der Bodenebene liegenden Polygons, das die Umrisse des geworfenen Schattens angibt.

10.1.2 Scangeraden–Algorithmus mit Schattenberechnung

Ein einfaches Verfahren zur Erzeugung von Schatten ist ein in zwei Schritten arbeitender Scangeraden-Algorithmus, vgl. [App68], [BK70], [Wat89], [FvDFH90]. Im ersten Schritt wird eine Datenstruktur aufgebaut, die zu jedem Polygon P alle Polygone angibt, die einen Schatten auf P werfen können.

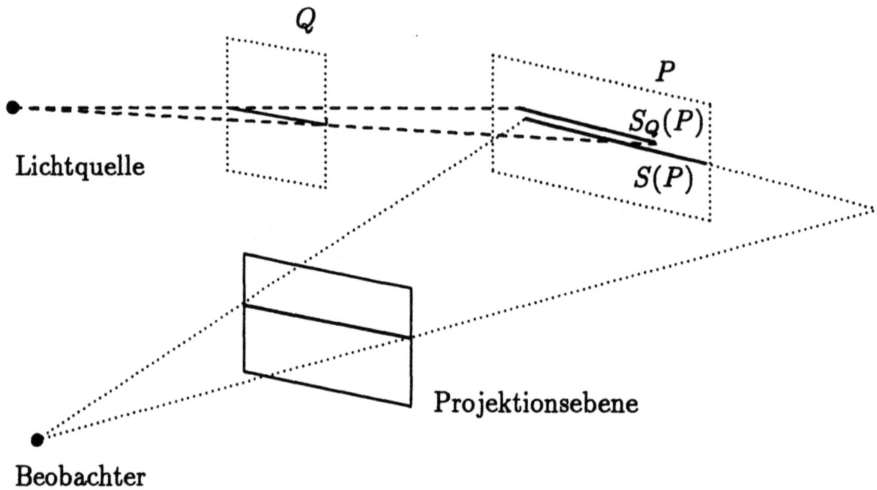

Abbildung 10.2: **Veranschaulichung des Scangeraden–Algorithmus mit Schattenberechnung. $S(P)$ und $S_Q(P)$ sind der Übersichtlichkeit wegen etwas versetzt gezeichnet.**

Zum Aufbau dieser Datenstruktur werden alle Polygone auf eine Kugel projiziert, deren Mittelpunkt in der Lichtquelle liegt. Polygone, deren Projektionen sich überlappen, können Schatten aufeinander werfen und werden in die Datenstruktur aufgenommen. Die maximale Größe der Datenstruktur ist $O(n^2)$. Der zweite Schritt besteht aus einem Scangeraden–Algorithmus zur Bestimmung der sichtbaren Oberflächen, vgl. Abschnitt 4.4, der bei der Bearbeitung einer Scangeraden die im ersten Schritt aufgebaute Datenstruktur durchläuft. Sei P das sichtbare Polygon und sei $S(P)$ das zur aktuellen Scangerade gehörende Geradensegment von P, das dadurch entsteht, daß P mit der Scanebene[1] geschnitten wird. Wenn die Liste der schattenwerfenden Polygone zu P leer ist, läuft der Scangeraden–Algorithmus wie gewohnt ab: $S(P)$ wird mit dem Farbwert von P dargestellt. Wenn es ein schattenwerfendes Polygon Q zu P gibt, wird Q mit der durch $S(P)$ und die Position der Lichtquelle verlaufenden Ebene geschnitten. Das resultierende Geradensegment $S(Q)$ wird dann auf die Ebene, die P enthält, projiziert, wobei die Position der Lichtquelle als Projektionszentrum verwendet wird, vgl. Abbildung 10.2. Das so erhaltene Geradensegment $S_Q(P)$ liegt auf der gleichen, in der Scanebene verlaufenden Gerade wie $S(P)$. Je nach Lage von $S(P)$ und $S_Q(P)$ sind drei Fälle zu unterscheiden:

[1]Die Scanebene enthält die in der Projektionsebene verlaufende Scangerade und das Projektionszentrum.

1. Wenn $S(P)$ und $S_Q(P)$ nicht überlappen, kann Q für die betrachtete Scangerade keinen Schatten auf P verursachen. $S(P)$ wird mit dem Farbwert von P dargestellt.

2. Wenn $S(P)$ von $S_Q(P)$ ganz überdeckt wird, liegt P für die betrachtete Scangerade ganz im Schatten, $S(P)$ wird als im Schatten liegend dargestellt.

3. Wenn $S(P)$ von $S_Q(P)$ teilweise überdeckt wird, wird der überdeckte Teil von $S(P)$ als im Schatten liegend dargestellt, der nicht überdeckte Teil von $S(P)$ wird mit dem Farbwert von P dargestellt.

Das beschriebene Verfahren wird für alle Polygone $Q_1, \ldots, Q_n$ wiederholt, die Schatten auf P werden können. Die Teile von $S(P)$, die von mindestens einem S_{Q_i} überdeckt werden, liegen in Schatten.

Weitere Algorithmen zur Erzeugung von Schatten, auf die wir hier nicht oder nur kurz eingehen können, sind in [FvDFH90] beschrieben. [AWG78] beschreibt einen Zwei–Schritt–Algorithmus, der die Schattenberechnung vor der Bestimmung der sichtbaren Oberflächen durchführt. Im ersten Schritt wird bestimmt, welche Oberflächenteile von der Lichtquelle aus sichtbar sind. Nicht sichtbare Teile liegen im Schatten. Im zweiten Schritt wird mit dem gleichen Algorithmus bestimmt, welche Oberflächenteile von der Betrachterposition aus sichtbar sind. Von der Betrachterposition aus sichtbare Oberflächenteile, die von der Lichtquelle aus nicht sichtbar sind, liegen im Schatten. Da der Schattenwurf von der Betrachterposition unabhängig ist, braucht bei Änderung der Betrachterposition nur der zweite Schritt wiederholt zu werden. [Cro77] stellt einen Algorithmus vor, der für jedes Objekt ein *Schattenvolumen* bestimmt, das ist der Bereich der Szene, den das Objekt von der Lichtquelle verdeckt. Die Seitenflächen des Schattenvolumens werden als als unsichtbare *Schattenpolygone* behandelt. Abhängig von der Betrachterposition unterscheidet man vordere und hintere Schattenpolygone. Bei der Bestimmung der sichtbaren Oberflächen werden die Schattenpolygone zur Bestimmung der im Schatten liegenden Objektteile verwendet: Ein Oberflächenteil, das von mehr vorderen als hinteren Schattenpolygonen verdeckt wird, liegt im Schatten. [Ber86] beschreibt eine Implementierung des Verfahrens. [CF89] und [Chi90] beschreiben eine für die Methode der Objektmodellierung einsetzbare Variante, vgl. auch Abschnitt 8.8.

10.2 Erzeugung von Oberflächenstrukturen

Die Anwendung der in Kapitel 5 beschriebenen Reflexionsmodelle erzeugt Darstellungen von Objekten, für die zwar die Beleuchtungsverhältnisse im Normalfall recht gut wiedergegeben sind, die aber im Gegensatz zu den in der Realität zu beobachtenden Objekten keinerlei Oberflächenstruktur aufweisen. Die dargestellten Objekte erscheinen vollkommen eben. Ziel der in diesem Abschnitt besprochenen Methoden ist es, die dargestellten Objekte dadurch realistischer erscheinen zu lassen, daß sie mit einer Oberflächenstruktur versehen werden. Der Begriff Oberflächenstruktur (englisch: *texture*) ist dabei sehr allgemein zu sehen. Er schließt Materialstrukturen wie Holz, Marmor oder Fels ebenso ein wie die wiederholte Abbildung eines fest vorgegebenen Musters auf die Oberfläche (Parkettierung). In [Hec86] wird das Erzeugen von Oberflächenstrukturen als Abbildung von einem Strukturraum in den Objektraum beschrieben. Der Strukturraum kann ein–, zwei– oder dreidimensional sein. Ein eindimensionaler Strukturraum wird beispielsweise zur Darstellung von Gesteinsschichten verwendet, zweidimensionale Strukturräume werden zur Modellierung von Wellen oder Pflanzen verwendet, mit dreidimensionalen Strukturräumen können Holz– oder Marmorstrukturen nachgebildet werden. Wir werden im folgenden auf die verschiedenen Verfahren eingehen. Nach der Abbildung der Struktur auf eine Oberfläche im dreidimensionalen Objektraum wird diese wie in Kapitel 3 beschrieben auf den Bildschirm abgebildet.

Man beachte, daß die Erzeugung von Oberflächenstrukturen auch für die globalen Verfahren wie Ray–Tracing– oder Radiosity–Verfahren anwendbar und sinnvoll ist.

10.2.1 Dreidimensionale Strukturierungstechniken

Wir werden in diesem Abschnitt eine dreidimensionale Strukturierungstechnik vorstellen, mit der Materialien wie Holz oder Marmor nachgebildet werden können, vgl. [Per85], [Pea85], [Wat89]. Das Verfahren beruht auf der Annahme, daß zu jedem Punkt (x, y, z) des Objektraumes ein *Strukturwert* $T(x, y, z)$ definiert ist. Damit kann man sich den Objektraum als festen Block mit einer inneren Struktur vorstellen, aus dem die Objekte herausgeschnitten werden. Je nach Lage der Oberflächenpunkte ergibt sich ein anderer Strukturwert.[2] Für

[2] Vorsicht ist bei Animationssequenzen geboten: Wenn Objekte sich durch den Raum bewegen, muß die Struktur des Objektraumes diese Bewegung mitmachen, damit die Oberfläche ihre Struktur behält.

eine eventuelle Implementierung verwendet man am besten eine geeignete Strukturfunktion, die zu jedem Punkt des Objektraumes den zugehörigen Strukturwert zurückliefert.

Eine Holzstruktur kann als Menge von konzentrischen Zylindern (Jahresringe) beschrieben werden, die zwischen dunklem und hellem Holz wechseln, vgl. [Pea85], [Wat89]. Die Mittellinie der Zylinder wird gegen eine evtl. vorhandene Symmetrieachse des darzustellenden Objektes gekippt. Um der Objektstruktur ein unregelmäßiges Aussehen zu geben, stört man die Oberflächen der Zylinder zusätzlich mit einer harmonischen Funktion. Für eine Implementierung wird in [Wat89] vorgeschlagen, eine Funktion `tilt` zu verwenden, die angewendet auf einen Punkt (x, y, z) des Objektraumes einen Punkt (u, v, w) des Strukturraumes liefert und die auch die gewünschte Kippung durchführt. Den Farbwert zu (x, y, z) erhält man durch Anwendung einer Funktion `wood` auf (u, v, w), die in Abbildung 10.3 skizziert ist. Wenn die Zylinder wie in Abbildung 10.4 wiedergegeben angeordnet sind, ist $r = \sqrt{u^2 + w^2}$ der Radius des Zylinders, auf dem der Punkt (u, v, w) liegt. Für den Winkel α aus Abbildung 10.4 gilt $\tan \alpha = u/w$ für $w \neq 0$ und deswegen auch $\alpha = \arctan u/w$. Für $w = 0$ und $u > 0$ ist $\alpha = 0$, für $w = 0$ und $u < 0$ ist $\alpha = \pi$. In [Wat89] wird vorgeschlagen, dem Radius eine sinusförmige Störfunktion $2 \sin(20\alpha)$ zu überlagern. Zusätzlich wird eine Verdrillung in v–Richtung angewendet, so daß sich der Zylinderradius zu

$$r = \sqrt{u^2 + w^2} + 2 \sin(20\alpha + v/150)$$

berechnet. Die verwendeten Konstanten sind experimentell bestimmt. Um die abwechselnd dunklen und hellen Jahresringe nachzubilden, wird eine Modulo-Operation auf den so errechneten Radius angewendet.

Zur Nachbildung einer Marmorstruktur verwendet man eine *Störungs– oder Rauschfunktion* `noise`, die zu einem Punkt des dreidimensionalen Raumes einen Rauschwert zurückliefert, vgl. [Per85], [Wat89]. Zur Berechnung des Rauschwertes verwendet man einen *Integerverband*, der aus allen Punkten des dreidimensionalen Raumes besteht, deren Koordinaten ganzzahlig sind. Für jeden Punkt des Integerverbandes wird ein Zufallswert berechnet, dessen Wert in einem dreidimensionalen Feld abgelegt wird. Für Raumpunkte, die nicht dem Integerverband angehören, errechnet man den zugehörigen Zufallswert durch Interpolation aus den angrenzenden Werten des Integerverbandes. Dabei interpoliert man zuerst in x–Richtung (entlang der Kanten des Verbandes), dann in y–Richtung (auf den Oberflächen der Volumenelemente des Verbandes), dann in z–Richtung, vgl. Abbildung 10.5. Als Interpolation kann unter anderem eine

```
struct RGB wood (u,v,w)
float u,v,w;
{
 float r, alpha;
 int grain;

 r = sqrt(u*u + w*w);
 if (w==0 && u>0) alpha = 0;
 else if (w==0 && u<0) alpha = 4*arctan(1);
 else alpha = arctan(u/w);
 r = r + 2*sin(20*alpha + v/150);
 grain = round(r) % 60;
 if (grain < 40)
    return build_RGB(r_light,g_light,b_light);
 else return build_RGB(r_dark,g_dark,b_dark);
}
```

Abbildung 10.3: Programmskizze zur Erzeugung einer Holzstruktur. RGB sei eine Datenstruktur, die einen Intensitätswert für jede der drei Grundfarben enthält. (r_light,g_light,b_light) seien die zur Erzeugung einer hellen Holzstruktur, (r_dark,g_dark,b_dark) seien die zur Erzeugung einer dunklen Holzstruktur notwendigen Intensitätswerte.

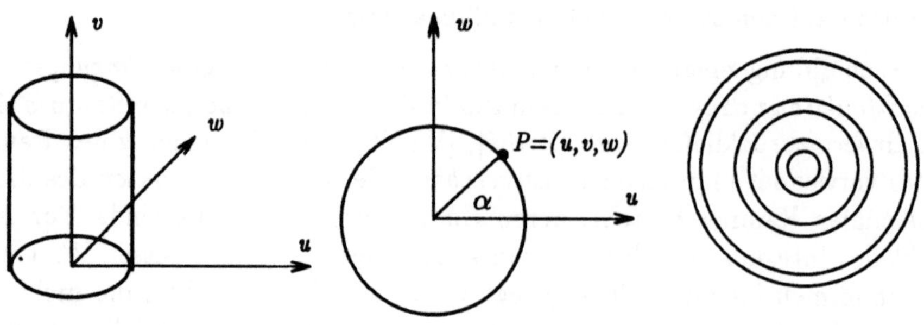

Abbildung 10.4: Nachbildung einer Holzstruktur. Rechts sind die Jahresringe wiedergegeben.

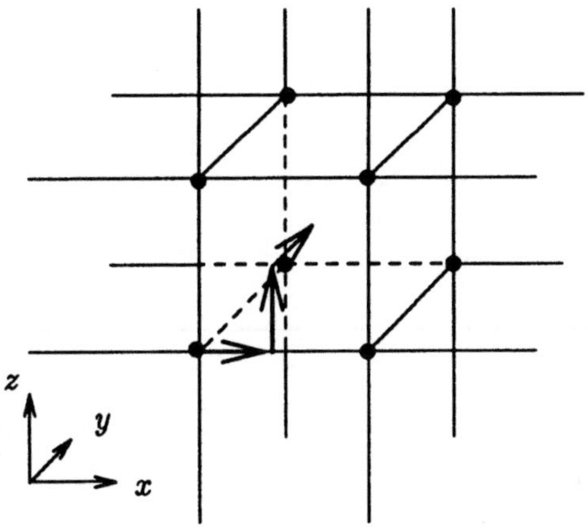

Abbildung 10.5: **Veranschaulichung des Interpolationsprozesses innerhalb des Integerverbandes.**

lineare oder kubische Interpolation verwendet werden. Der Grund für die Verwendung des Integerverbandes liegt darin, daß man zwar zufällige Störungen nachbilden will, diese sollen aber glatt sein, damit dicht benachbarte Raumpunkte ähnliche Störungswerte haben. Dies ist durch das beschriebene Vorgehen sichergestellt.

Eine Marmorstruktur läßt sich durch das Verwirbeln von sich zyklisch wiederholenden Bandstrukturen verschiedener Farbe modellieren, die beispielsweise durch Sinusfunktionen beschrieben werden können. Das Verwirbeln der Bandstrukturen wird durch Überlagerung der oben beschriebenen `noise`–Funktion erreicht. Zusätzlich kann die Farbdarstellung der einzelnen Bänder ebenfalls durch die `noise`–Funktion gestört werden, so daß keine einheitliche Farbgebung innerhalb der Bänder mehr existiert. Abbildung 10.6 zeigt eine mögliche Implementierung, vgl. [Wat89]. In [Wat89] sind auch Implementierungsdetails zur oben beschriebenen *noise*–Funktion beschrieben. Mit der Rauschfunktion lassen sich auch andere Naturphänomene wie Feuer, Wasser und Wolken nachbilden, vgl. [Per85].

10.2.2 Zweidimensionale Strukturierungstechniken

Die in diesem Abschnitt vorgestellte zweidimensionale Strukturierungstechnik verwendet einen zweidimensionalen Strukturraum, der auf die Oberflächen der darzustellenden Objekte abgebildet wird. Zur Verwendung beim Ray–Tracing–Verfahren muß die Abbildung umkehrbar sein, damit man zu einem Oberflächenpunkt, der sich aus der Schnittpunktberechnung zwischen Strahl und Objekt ergibt, den zugehörigen Punkt im Strukturraum findet. Wir werden im folgenden diese Abbildung für den Fall beschreiben, daß die Oberflächen

```
struct RGB marble (u,v,w)
float u,v,w;
{
 float width=0.02, d,dd,intensity;

 d = (sin(u)+1000)*250*width + 7*noise(u/100,v/200,w/200);
 dd = ((int) d) % 17;
 if (dd < 4)
    intensity = 0.7 + 0.2*noise(u/70,v/50,w/50);
 else if ((dd < 9) || (dd > 12)) {
    d = abs(d - trunc(d/17)*17 - 10.5)*0.1538462;
    intensity = 0.4 + 0.3*d + 0.2*noise(u/100,v/100,w/100);
 }
 else intensity = 0.2 + 0.2*noise(u/100,v/100,w/100);
 return (build_RGB(0.9*intensity,0.8*intensity,0.6*intensity);
}
```

Abbildung 10.6: Programmskizze zur Erzeugung einer Marmorstruktur nach [Wat89]. Zur Modellierung wird eine sich zyklisch wiederholende Bandstruktur benutzt, deren Breite durch `width` angegeben ist. Jedes Band besteht aus vier Unterbändern der Farben schwarz, grau, weiß und grau in dieser Reihenfolge. In d wird die Lage der des betrachteten Punktes `(u,v,w)` bzgl. der Unterbänder berechnet. dd definiert die relative Lage der Unterbänder: [0:3] ist schwarz, [4:8] und [12:16] sind grau, [9:11] ist weiß. Die Werte der Konstanten sind empirisch bestimmt. Die Bandstruktur wird umso mehr verwirbelt, je mehr die Rauschfunktion `noise` bei der Berechnung von d gewichtet wird.

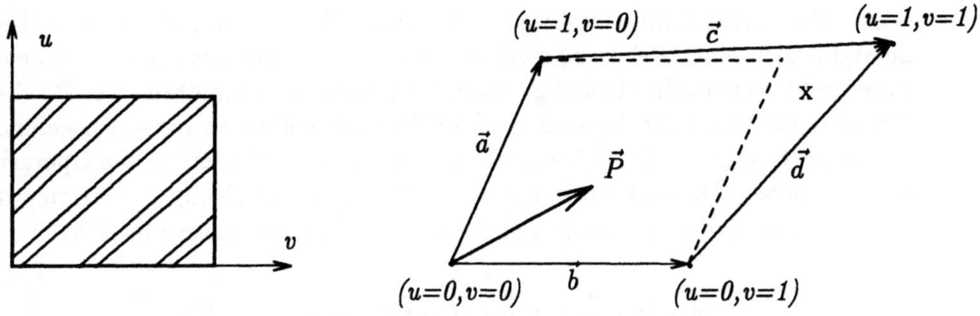

Abbildung 10.7: Definition des zweidimensionalen Strukturraumes und des viereckigen Polygons. Punkte in dem mit x gekennzeichneten Bereich können durch $u\vec{a} + v\vec{b}$ mit $0 \leq u, v \leq 1$ nicht erreicht werden.

der Objekte durch ebene, viereckige Polygone beschrieben werden, vgl. [BG89]. Wir nehmen an, daß die abzubildende Struktur im Bereich $[0 : 1, 0 : 1]$ des (u, v)-Strukturraumes definiert ist, vgl. Abbildung 10.7.

Gesucht ist der zum Punkt (u, v) des Strukturraumes gehörende Punkt des viereckigen Polygons. Wenn $\vec{a}$, $\vec{b}$, $\vec{c}$, und $\vec{d}$ wie in Abbildung 10.7 definiert sind, erreicht man durch $u\vec{a} + v\vec{b}$ mit $0 \leq u, v \leq 1$ nur den Bereich des von $\vec{a}$ und $\vec{b}$ aufgespannten Parallelogramms. Das gesamte Polygon kann dadurch abgedeckt werden, daß man statt $\vec{a}$ einen Vektor $\vec{e}$ verwendet, der die gewichtete Summe von $\vec{a}$ und $\vec{d}$ ist.

$$\vec{e} = (1 - v)\vec{a} + u\vec{d}$$

Den zum Punkt (u, v) des Strukturraumes gehörende Punkt $\vec{p}$ des viereckigen Polygons erhält man dann durch

$$\begin{aligned} \vec{p} &= u\vec{e} + v\vec{b} \\ &= u((1 - v)\vec{a} + u\vec{d}) + v\vec{b} \\ &= uv(\vec{d} - \vec{a}) + u\vec{a} + v\vec{b} \end{aligned} \tag{10.2}$$

Wie bereits erwähnt, braucht man beim Einsatz im Ray–Tracing–Verfahren zu einem Punkt des viereckigen Polygons den zugehörigen Strukturwert (u, v).

Diesen kann man aus der Vektorgleichung (10.2) bestimmen, indem man eine Komponente nach u bzw. v auflöst und in eine der anderen Komponenten einsetzt. Die dritte Komponente ist redundant. Wegen des auftretenden Term uv ergibt sich eine Gleichung zweiten Grades, zu deren Lösung eine üblicherweise recht rechenzeitaufwendige Wurzeloperation durchzuführen ist. Da diese Umkehroperation beim Einsatz im Ray–Tracing–Verfahren für jeden gefundenen Schnittpunkt durchzuführen ist, versucht man die Kosten für die Operation zu minimieren. Dazu eliminiert man den Term uv aus (10.2), indem man das Kreuzprodukt zwischen (10.2) und $\vec{d} - \vec{a} = \vec{c} - \vec{b}$ bildet. Es ergibt sich:

$$\vec{p} \times (\vec{c} - \vec{b}) = v(\vec{b} \times (\vec{c} - \vec{b})) + u(\vec{a} \times (\vec{c} - \vec{b}))$$

oder ausgerechnet:

$$\begin{aligned}
\begin{pmatrix} P_x \\ P_y \\ P_z \end{pmatrix} &= v \begin{pmatrix} b_y(c_z - b_z) - b_z(c_y - b_y) \\ b_z(c_x - b_x) - b_x(c_z - b_z) \\ b_x(c_y - b_y) - b_y(c_x - b_x) \end{pmatrix} + u \begin{pmatrix} a_y(c_z - b_z) - a_z(c_y - b_y) \\ a_z(c_x - b_x) - a_x(c_z - b_z) \\ a_x(c_y - b_y) - a_y(c_x - b_x) \end{pmatrix} \\
&= v \begin{pmatrix} A_x \\ A_y \\ A_z \end{pmatrix} + u \begin{pmatrix} B_x \\ B_y \\ B_z \end{pmatrix}
\end{aligned}$$

Dabei ist

$$\begin{pmatrix} P_x \\ P_y \\ P_z \end{pmatrix} = \begin{pmatrix} p_y(c_z - b_z) - p_z(c_y - b_y) \\ p_z(c_x - b_x) - p_x(c_z - b_z) \\ p_x(c_y - b_y) - p_y(c_x - b_x) \end{pmatrix}$$

von dem auf dem Polygon liegenden Schnittpunkt abhängig. (A_x, A_y, A_z) und (B_x, B_y, B_z) sind unabhängig von diesem Schnittpunkt und können vorberechnet werden. Aus der x–Komponente ergibt sich:

$$u = \frac{P_x - vA_x}{B_x}$$

Einsetzen in die y–Komponente liefert für v:

$$v = \frac{P_y B_x - P_x B_y}{A_y B_x - A_x B_y}$$

Man beachte, daß der Nenner dieser Gleichung unabhängig von $\vec{p}$ ist und vorberechnet werden kann. Für u ergibt sich daraus:

$$u = \frac{P_x(A_yB_x - A_xB_y) - P_yA_xB_x + P_xA_xB_y}{B_x(A_yB_x - A_xB_y)}$$

Auch hier kann der Nenner vorberechnet werden.

10.2.3 Unebenheiten der Oberflächen

Durch Anwendung der bisher beschriebenen Verfahren können die Oberflächen der Objekte zwar mit einem geeigneten Muster dargestellt werden, erscheinen aber ansonsten anders als die in der Realität beobachtbaren Oberflächen vollkommen eben. Ein Ansatz, dieses unrealistische Ebenmaß zu beseitigen, beruht auf der Beobachtung, daß Unebenheiten einer Oberfläche vor allem deshalb wahrgenommen werden, weil das einfallende Licht von den unebenen Stellen anders reflektiert wird als vom Rest der Oberfläche, vgl. [Bli78], [Wat89], [FvDFH90]. Der Unterschied zwischen realer und errechneter Posititon der Oberfläche spielt dagegen für die Darstellung keine Rolle. Aus diesem Grund braucht man für die Darstellung die Oberfläche auch nicht zu deformieren. Stattdessen reicht es aus, bei der Berechnung der Farbwerte den Normalenvektor entsprechend zu ändern. Dadurch wird das Licht so reflektiert, als ob die Oberfläche deformiert sei, ohne daß dies im Modell der Fall zu sein braucht.

Wenn $\vec{O}(u,v)$ eine parametrisierte Funktion ist, die die Oberfläche beschreibt, ist

$$\vec{N}(u,v) = \frac{\partial \vec{O}}{\partial u}(u,v) \times \frac{\partial \vec{O}}{\partial v}(u,v)$$

der Normalenvektor an einem gegebenen Punkt der Oberfläche, der durch den Parameterwert (u,v) beschrieben wird. Die Störung des so errechneten Normalenvektors erzielt man durch Verwendung einer Strukturfunktion $T(u,v)$, die beispielsweise eine Wellenform beschreiben kann, vgl. Abbildung 10.8. Durch

$$\vec{O}'(u,v) = \vec{O}(u,v) + T(u,v)\frac{\vec{N}(u,v)}{|\vec{N}(u,v)|}$$

verschiebt man jeden Punkt der Originaloberfläche um einen kleinen, von $T(u,v)$ festgelegten Betrag in Richtung des Normalenvektors. Den Normalenvektor der so veränderten Oberfläche errechnet man wieder durch Bilden des Kreuzproduktes:

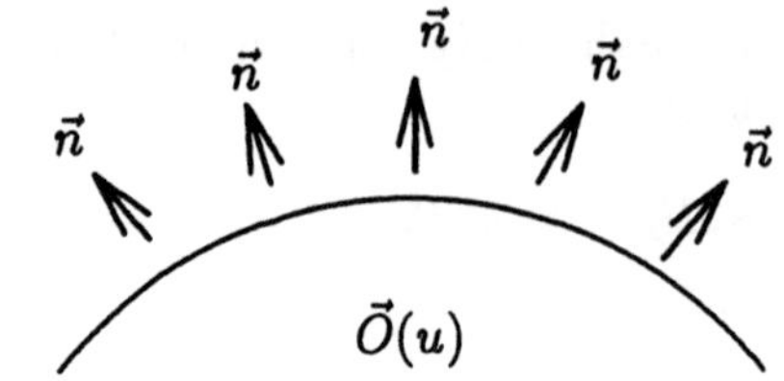

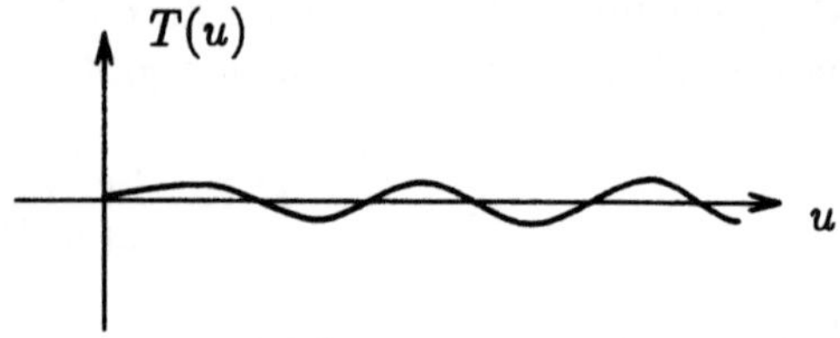

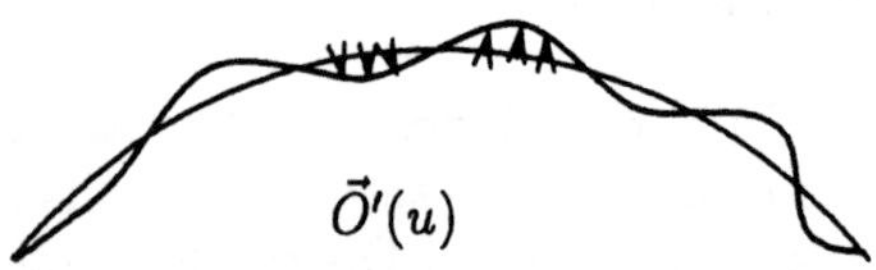

Abbildung 10.8: **Veranschaulichung des Verfahrens im zweidimensionalen: man erhält die neue Oberfläche $\vec{O}'(u)$, indem man der Originaloberfläche $\vec{O}(u)$ die wellenförmige Störfunktion $T(u)$ überlagert.**

$$\vec{N}'(u,v) = \frac{\partial \vec{O}'}{\partial u}(u,v) \times \frac{\partial \vec{O}'}{\partial v}(u,v)$$

wobei

$$\begin{aligned}
\frac{\partial \vec{O}'}{\partial u} &= \frac{\partial \vec{O}}{\partial u} + \frac{\partial T}{\partial u}\frac{\vec{N}}{|\vec{N}|} + T\frac{\partial}{\partial u}\left(\frac{\vec{N}}{|\vec{N}|}\right) \\
\frac{\partial \vec{O}'}{\partial v} &= \frac{\partial \vec{O}}{\partial v} + \frac{\partial T}{\partial v}\frac{\vec{N}}{|\vec{N}|} + T\frac{\partial}{\partial v}\left(\frac{\vec{N}}{|\vec{N}|}\right)
\end{aligned}$$

Da die durch T beschriebenen Verschiebungen üblicherweise recht klein sind, kann man in beiden Ausdrücken den letzten Summanden vernachlässigen. Man beachte, daß die Summanden, die $\partial T/\partial u$ bzw. $\partial T/\partial v$ beinhalten, nicht vernachlässigt werden können, weil die Änderung von T trotzdem groß sein kann. Für den Normalenvektor der veränderten Oberfläche ergibt sich damit:

$$\vec{N}'(u,v) = \frac{\partial \vec{O}}{\partial u} \times \frac{\partial \vec{O}}{\partial v} + \frac{\partial T}{\partial u}\frac{\vec{N}}{|\vec{N}|} \times \frac{\partial \vec{O}}{\partial v} + \frac{\partial \vec{O}}{\partial u} \times \frac{\partial T}{\partial v}\frac{\vec{N}}{|\vec{N}|} + \frac{\partial T}{\partial u}\frac{\vec{N}}{|\vec{N}|} \times \frac{\partial T}{\partial v}\frac{\vec{N}}{|\vec{N}|}$$

Für den letzten Term gilt:

$$\frac{\partial T}{\partial u}\frac{\vec{N}}{|\vec{N}|} \times \frac{\partial T}{\partial v}\frac{\vec{N}}{|\vec{N}|} = \frac{\partial T}{\partial u}\frac{\partial T}{\partial v}\frac{\vec{N} \times \vec{N}}{|\vec{N}|^2} = 0$$

und damit:

$$\vec{N}'(u,v) = \vec{N} + \vec{D} \tag{10.3}$$

mit

$$\vec{D} = \frac{\partial T}{\partial u}\frac{\vec{N} \times \partial\vec{O}/\partial v}{|\vec{N}|} + \frac{\partial T}{\partial v}\frac{\vec{N} \times \partial\vec{O}/\partial u}{|\vec{N}|}$$

Das genaue Aussehen der Unebenheiten auf der Oberfläche kann man mit der Störfunktion $T(u,v)$ bestimmen. Eine mögliche Funktion ist $T(u,v) = 1/10\sin(u)\sin(v)$.Der nach Gleichung (10.3) errechnete Normalenvektor wird zur Bestimmung des darzustellenden Farbwertes unter Verwendung eines der in Kapitel 5 beschriebenen Reflexionsmodelle herangezogen. Beim Ray–Tracing–Verfahren wird der gestörte Normalenvektor sowohl für die Berechnung der lokalen Farbwerte als auch zur Berechnung des reflektierten und des transmittierten Strahles verwendet.

Anhang: Zeitvergleich verschiedener Rechner

Wir haben an vielen Stellen dieser Buches Algorithmen dadurch miteinander verglichen, daß wir die Anzahl der pro Schritt durchzuführenden Integer- oder Floating-Point-Operationen gegenübergestellt haben. Dies allein reicht in vielen Fällen nicht für einen genauen Vergleich aus, weil man nicht weiß, wieviele Maschinenzyklen welche Operation auf dem zur Verfügung stehenden Rechner braucht. So ist es beispielsweise nicht sinnvoll, eine Floating-Point-Operationen durch eine Integer-Operation zu ersetzen, wenn diese nicht schneller ausgeführt werden kann. Für Prozessoren ohne Floating-Point-Coprozessor werden Integer-Operationen zwar immer schneller auszuführen sein als die vergleichbaren Floating-Point-Operationen, weil diese durch Unterprogramme emuliert werden müssen. Für Prozessoren mit Floating-Point-Coprozessor brauchen aber Floating-Point-Operationen oft nicht viel mehr Maschinenzyklen als die entsprechenden Integer-Operationen, so daß eine Ersetzung kaum oder gar nicht lohnt. Für manche RISC-Rechner kann sogar der Fall auftreten, daß eine Integer-Multiplikation um ein Vielfaches mehr Zeit braucht als eine Floating-Point-Multiplikation, vgl. Tabellen 10.3 und 10.6. In diesem Fall führt eine Ersetzung sogar zu einem langsameren Programm.

Wegen der großen Unterschiede der Ausführungszeit der verschiedenen Operationen wollen wir in diesem Anhang dem Leser und Programmierer eine kurze Übersicht geben, was welche Operation auf welchem Rechner bzw. Prozessor kostet. Dazu haben wir die Zeiten der verschiedenen Operationen auf einigen der gängigen Rechner gemessen. Damit ist ein genauer Vergleich der im Text beschriebenen Algorithmen zumindest für diese Rechner möglich. Leider können wir die Tests nur für einige wenige Rechner angeben. Für nicht getestete Rechner können die Zeitmessungen teilweise übertragen werden, wenn sie den gleichen Prozessor wie einer der getesteten Rechner haben. Dies ist leider aber nicht immer möglich, weil auch das verwendete Betriebssystem und der Compiler eine Rolle spielen. Der Einfluß der Systemsoftware ist besonders groß

1 Mio	add	mul	div	round	int_to_float	sqrt	sin	cos	tan
int	3.2	18.3	26.7		2.9				
float	5.1	5.1	157.9	32.4		45.3	76.2	79.3	75.0
double	6.2	7.1	8.3	32.4		43.2	72.3	77.5	71.7

Tabelle 10.1: **Zeitmessung in Sekunden für einen 80386–PC mit einem 80387–Coprozessor unter DOS 5.0 mit 8 MByte Hauptspeicher. Beide Prozessoren sind von Intel und sind mit 33 MHz getaktet. Das Testprogramm wurde mit dem MSC–6.0–Compiler von Microsoft übersetzt.**

für Befehle, die durch Software emuliert werden müssen, wie dies für Floating–Point–Division oder Integer–Division oft der Fall ist, vgl. Tabellen 10.3 und 10.5. Für diese Befehle kann die Ausführungszeit für verschiedene Rechner sehr unterschiedlich sein, selbst wenn sie mit dem gleichen Prozessor arbeiten.

Die im folgenden angegebenen Tabellen enthalten die Zeiten in Sekunden, die für die Ausführung einer Million der angegebenen Operationen auf den getesteten Rechnern gebraucht werden.

10.3 Prozessoren mit CISC–Architektur

Prozessoren mit CISC–Architektur (*complex instruction set computer*) haben üblicherweise recht komplexe Befehlssätze mit vielen Adressierungsarten und Spezialbefehlen, vgl. [dB90], [HP90] und [WM92]. Das Ausführen eines Befehls braucht je nach seiner Komplexität unterschiedlich viele Maschinenzyklen. Viele der komplexen Befehle sind durch Mikroprogramme realisiert. Prozessoren mit CISC–Architektur sind seit dem Aufkommen der RISC–Architekturen auf dem Rückzug. Die wichtigsten Vertreter mit CISC–Architektur sind die Intel–Prozessoren 80286, 80386 und 80486, vgl. [Int86], die in allen PC's verwendet werden, und die Motorola–Prozessoren 68020, 68030 und 68040, vgl. [Mot90], die z.B. für die Macintosh–Reihe von Apple verwendet werden. Wir geben hier die Zeiten für einen 80386–PC mit Coprozessor (80387) und für einen 80486–PC wieder, vgl. Tabellen 10.1 und 10.2.

10.4 Prozessoren mit RISC–Architektur

Prozessoren mit RISC–Architektur haben üblicherweise recht einfache Befehlssätze mit wenigen Adressierungsarten. Oft arbeiten die Befehle nur auf Re-

1 Mio	add	mul	div	round	int_to_float	sqrt	sin	cos	tan
int	0.2	2.2	2.6		2.2				
float	2.6	2.6	22.0	3.7		8.1	11.2	12.0	135.7
double	2.6	2.6	3.6	3.8		5.2	8.4	9.2	10.2

Tabelle 10.2: **Zeitmessung in Sekunden für einen 80486–PC unter DOS 5.0 mit 8 MByte Hauptspeicher. Der Prozessor ist von Intel und ist mit 66 MHz getaktet. Das Testprogramm wurde mit dem MSC–6.0–Compiler von Microsoft übersetzt.**

gistern und der Hauptspeicherzugriff ist nur über einfache Lade– und Speicher–Befehle möglich. Die Ausführung eines Befehls braucht unabhängig von der durchgeführten Operation meistens einen Maschinenzyklus. Während in CISC–Architekturen ein großer Teil der Chipfläche für die mikroprogrammierte Kontrollogik zur Steuerung der komplexen Maschinenbefehle verbraucht wird, kommen die RISC–Architekturen in Ermangelung der komplexen Maschinenbefehle mit wesentlich einfacheren Kontrollogiken aus. Die dadurch eingesparte Chipfläche wird üblicherweise zur Erhöhung der Registerzahl, zur Implementierung von Instruktions– und Datencaches und für Lade– oder Speicher–Pipelines benutzt. Dies resultiert in einer vergleichsweise schnellen Ausführung der Maschinenbefehle, während bei CISC–Architekturen der Aufwand für die komplexen Befehle zu Lasten der häufiger ausgeführten einfachen Befehle geht. Damit gelten die RISC–Architekturen für viele Anwendungen den CISC–Architekturen als überlegen.

Die wichtigsten Vertreter der RISC–Architektur sind die SPARC– und SuperSPARC–Prozessoren, vgl. [Int92] und [Tex91], die MIPS–Prozessoren R3000, R4000 und R6000, die Intel-Prozessoren i860, i960 und Pentium, vgl. [Int90] und [WWW93], der Am29000 von AMD und der 88000 von Motorola. Wir geben hier die Zeiten an für eine SPARCstation2 und eine SPARCstation10 von Sun, einem SPARCRechner von Solbourne, eine Iris Indigo und eine Iris Grimson von Silicon Graphics mit einem R3000 bzw. R4000–Prozessor, vgl. Tabellen 10.3, 10.4, 10.5, 10.6 und 10.7.

Für die Rechner mit SPARC–Prozessoren fällt auf, daß eine Integer–Multiplikation immer mehr Zeit braucht als eine Floating–Point–Multiplikation. Dies liegt daran, daß die SPARC–Prozessoren zwar einen in Hardware implementierten Maschinenbefehl für die Floating–Point–Multiplikation zur Verfügung stellen, nicht aber für die Integer–Multiplikation. Die Unterschiede in den Ausführungszeiten sind abhängig vom verwendeten Rechner und dessen Betriebssystem sehr groß, siehe Tabellen 10.3 und 10.5. Die SPARC–Prozessoren besitzen weder für

1 Mio	add	mul	div	round	int_to_float	sqrt	sin	cos	tan
int	0.23	17.55	42.02		0.26				
float	0.63	0.63	1.36	1.72		8.23	3.20	4.55	7.28
double	0.42	0.42	1.13	1.30		1.25	2.73	4.04	2.13

Tabelle 10.3: Zeitmessung in Sekunden für eine SPARCstation2 von Sun unter SunOS 4.1.2 mit 32 MByte Hauptspeicher. Der Rechner hat einen mit 40 MHz getakteten SPARC–Prozessor.

1 Mio	add	mul	div	round	int_to_float	sqrt	sin	cos	tan
int	0.08	1.31	3.05		0.12				
float	0.33	0.33	0.48	1.00		3.26	1.75	2.25	3.73
double	0.13	0.13	0.33	1.30		0.60	1.56	2.10	1.02

Tabelle 10.4: Zeitmessung in Sekunden für eine SPARCstation10 (Modell 30) von Sun unter SunOS 4.1.3 mit 32 MByte Hauptspeicher. Der Rechner hat einen mit 40 MHz getakteten SuperSPARC–Prozessor.

1 Mio	add	mul	div	round	int_to_float	sqrt	sin	cos	tan
int	0.23	1.75	4.15		0.35				
float	0.63	0.68	72.95	1.66		8.66	3.45	4.87	7.93
double	0.40	0.40	1.26	1.30		1.25	3.00	4.45	1.87

Tabelle 10.5: Zeitmessung in Sekunden für eine Solbourne 5E/504 unter OS/MP41A1 (entspricht SunOS 4.1.1) mit 128 MByte Hauptspeicher. Der Rechner hat vier mit 40 MHz getakteten SPARC–Prozessoren.

1 Mio	add	mul	div	round	int_to_float	sqrt	sin	cos	tan
int	0.16	0.50	1.04		0.08				
float	0.16	0.16	48.32	0.83		4.42	2.62	3.72	2.81
double	0.21	0.23	0.66	0.86		4.11	2.65	3.73	2.77

Tabelle 10.6: Zeitmessung in Sekunden für eine Iris Indigo von Silicon Graphics unter Irix 4.05F mit 48 MByte Hauptspeicher. Der Rechner hat einen mit 33 MHz getakteten R3000–Prozessor von MIPS.

1 Mio	add	mul	div	round	int_to_float	sqrt	sin	cos	tan
`int`	0.13	0.21	1.10		0.08				
`float`	0.07	0.07	18.00	0.49		2.63	1.61	2.09	1.39
`double`	0.07	0.07	0.39	0.49		2.23	2.23	2.00	1.26

Tabelle 10.7: **Zeitmessung in Sekunden für eine Iris Grimson von Silicon Graphics unter Irix 4.05F mit 80 MByte Hauptspeicher. Der Rechner hat einen mit 50 MHz getakteten R4000–Prozessor von MIPS.**

die Integer–Division noch für die Floating–Point–Division einen in Hardware implementierten Maschinenbefehl. Die Ausführungszeiten für diese Rechner schwankt von Rechner zu Rechner ebenfalls erheblich, vgl. Tabellen 10.3 und 10.5. Die Schwankungen für die ebenfalls in Software realisierten trigonometrischen Funktionen und für die Wurzelfunktion sind dagegen nicht so ausgeprägt. Die SuperSPARC–Prozessoren besitzen Maschinenbefehle für Integer–Multiplikation und –Division, die in Hardware implementiert sind, indem Teile der Floating–Point–Einheit mitbenutzt werden. Die Existenz dieser Befehle schlägt sich aber nicht in den Ausführungszeiten nieder, weil der verwendete Compiler diese Befehle nicht nutzt.

Für die getesteten Rechner lassen sich die folgenden Aussagen treffen:

- Außer für die Iris Grimson lohnt es sich immer, eine Floating–Point–Addition durch eine Integer–Addition zu ersetzen.
- Für Rechner mit Floating–Point–Coprozessor lohnt sich die Ersetzung einer Floating–Point–Multiplikation durch eine Integer–Multiplikation nie.
- Eine Division ist für die meisten Rechner eine teure Operation, die möglichst vermieden werden sollte. Wenn der Divisor eine Konstante ist und die Division mehrmals ausgeführt wird, kann die billigere Multiplikation mit dem Kehrwert verwendet werden. Für viele Rechner ist die Anwendung der Division auf `double`–Werte wesentlich billiger als die Division von `float`–Werten.
- Auf allen getesteten Rechnern sind die Zeiten für `long`–Integerwerte identisch mit den Zeiten für normale Integerwerte, weil der Compiler beide als 32–Bit–Werte darstellt. Die Zeiten sind deshalb nicht aufgeführt.
- Die Berechnungszeiten für `double`–Floating–Point–Werte sind meistens nicht höher als für einfache Floating–Point–Werte. Für Rechner, die in-

tern mit 64-Bit-Floating-Point-Werten rechnen, sind die Berechnungszeiten für `double`-Werte sogar oft niedriger, weil für einfache Floating-Point-Werte zusätzliche Umformungen durchgeführt werden müssen. Dies gilt insbesondere für die Division und die Wurzeloperation. Aus diesem Grund ist es sinnvoll, in einer Implementierung Floating-Point-Werte als `double` zu deklarieren, wenn der erhöhte Speicherplatzbedarf (64 statt 32 Bit pro Wert) in Kauf genommen werden kann.

- Viele der heutigen Prozessoren verwenden Datencaches. Die Effekte dieser Caches auf die Laufzeit der Operationen und Programme lassen sich schlecht vorhersagen.

- Durch die Spezifikation von Registervariablen lassen sich oft beträchtliche Laufzeitgewinne erzielen, weil Lade- und Speicher-Operationen entfallen können.

- Die Optimierungen der inkrementellen Algorithmen wie z.B. des Bresenham-Algorithmus aus Abschnitt 2.1.2 lohnen sich für die meisten Rechner, weil nach der Optimierung nur Integer-Additionen verwendet werden. Dies sind auf den meisten Rechnern die billigsten Operationen.

Literaturverzeichnis

[AK87] J. Arvo und D. Kirk. Fast Ray Tracing by Ray Classification. In *Proc. of SIGGRAPH '87, Computer Graphics 21(4)*, S. 55–64, 1987.

[App68] A. Appel. Some Techniques for Machine Rendering of Solids. In *Proc. of the Spring Joint Computer Conference*, S. 37–45, 1968.

[AWG78] P. Atherton, K. Weiler, und D. Greenberg. Polygon Shadow Generation. In *Proceedings of SIGGRAPH '78, Computer Graphics 12(3)*, S. 275–281, 1978.

[AWW85] A. Abram, L. Westover, und T. Whitted. Efficient Alias-free Rendering Using Bit-masks and Lookup Tables. *Computer Graphics*, 19(3):53–59, 1985.

[Bay73] B.E. Bayer. An Optimum Method for Two-Level Rendition of Continuous-Tone Pictures. In *Conference Record of the International Conference on Communications*, S. 26.11–26.15, 1973.

[Ber86] P. Bergeron. A General Version of Crows Shadow Volumes. *IEEE Computer Graphics and Applications*, 6(9):17–28, 1986.

[Béz67] P. Bézier. Définition Numérique des Courbes et Surfaces i, ii. *Automatisme*, 11,12:625–632 and 17–21, 1966, 1967.

[BFS86] L. Bergmann, H. Fuchs, und S. Spach. Image Rendering by Adaptive Refinement. *Computer Graphics*, 20(4):29–38, 1986.

[BG89] Peter Burger und Duncan Gillies. *Interactive Computer Graphics.* Addison-Wesley, Wokingham, England, 1989.

[BK70] W.J. Bouknight und K.C. Kelly. An Algorithm for Producing Half-Tone Computer Graphics Presentations with Shadows and Movable

Light Sources. In *Proc. of the Spring Joint Computer Conf.*, S. 1–10, 1970.

[Bli77] F.E. Blinn. Models of Light Reflection for Computer Synthesized Pictures. In *Proceedings of SIGGRAPH '77, Computer Graphics 11(2)*, S. 192–198, 1977.

[Bli78] J.F. Blinn. Simulation of Wrinkled Surfaces. In *Proceedings of SIGGRAPH '78, Computer Graphics 12(3)*, S. 286–292, 1978.

[Bli89a] F.E. Blinn. Me and My (Fake) Shadow. *IEEE Computer Graphics and Applications*, 8(1):82–86, 1989.

[Bli89b] F.E. Blinn. Return of the Jaggy. *IEEE Computer Graphics and Applications*, 9(2):82–89, 1989.

[Bli89c] F.E. Blinn. What we Need around here is More Aliasing. *IEEE Computer Graphics and Applications*, 9(1):75–79, 1989.

[Bou70] W.J. Bouknight. A Procedure for Generation of Three–Dimensional Half–Toned Computer Graphics Presentation. *Communications of the ACM*, 13(9):527–536, 1970.

[Bre65] J. Bresenham. Algorithm for Computer Control of a Digital Plotter. *IBM Systems Journal*, 4(1):25–30, 1965.

[BS80] I. Bronstein und K. Semendjajew. *Taschenbuch der Mathematik*. Verlag Harri Deutsch, Frankfurt/Main, 1980.

[BvWJ84] W.F. Bronsvoort, J.J. van Wijk, und F.W. Jansen. Two Methods for Improving the Efficiency of Ray Casting in Solid Modeling. *Computer Aided Design*, 16:51–55, 1984.

[BW86] G. Bishop und D.M. Weimer. Fast Phong Shading. In *Proceedings of SIGGRAPH '86, Computer Graphics 20(4)*, S. 103–106, 1986.

[Car84] L. Carpenter. The A–buffer, an Anti–aliased Hidden Surface Method. *Computer Graphics*, 18(3):103–108, 1984.

[Cat74] E. Catmull. *A Subdivision Algorithm for Computer Display of Curved Surfaces*. PhD Thesis, University of Utah, Salt Lake City, 1974.

[Cat78] E. Catmull. A Hidden Surface Algorithm with Anti–Aliasing. *Computer Graphics*, 12(3):6–10, 1978.

[CCWG88] Michael Cohen, Shenchang Chen, John Wallace, und Donald Greenberg. A Progressive Refinement Approach to Fast Rradiosity Image Generation. In *Proceedings of SIGGRAPH '88, Computer Graphics 22(4)*, S. 75–84, 1988.

[CE88] B.M. Chazelle und H. Edelsbrunner. An Optimal Algorithm for Intersecting Line Segments. In 29th *IEEE Symposium on Foundations of Computer Science*, 1988.

[CF89] N. Chin und S. Feiner. Near Real–Time Shadow Generation Using BSP Trees. In *Proceedings of SIGGRAPH '89, Computer Graphics 23(4)*, S. 99–106, 1989.

[CG85] Michael Cohen und Donald Greenberg. The Hemi–Cube, a Radiosity Solution for Complex Environments. In *Proceedings of SIGGRAPH '85, Computer Graphics 19(3)*, S. 31–40, 1985.

[CGIB86] Michael Cohen, Donald Greenberg, David Immel, und P.J. Brock. An Efficient Radiosity Approach for Realistic Image Synthesis. *IEEE Computer Graphics and Applications*, 6(3):26–35, 1986.

[Che90] S. Chen. Incremental Radiosity: An Extension of Progressive Radiosity to an Interactive Image Synthesis System. In *Proc. of SIGGRAPH '90, Computer Graphics 24(4)*, S. 135–144, 1990.

[Chi90] N. Chin. Near Real–Time Object–Precision Shadow Generation Using BSP Trees. Master's Thesis, Columbia University, New York, USA, 1990.

[Coo86] Robert L. Cook. Stochastic Sampling in Computer Graphics. *ACM Transactions on Graphics*, 5(1):51–72, 1986.

[CP78] Ingrid Carlbom und Joseph Paciorek. Planar Geometric Projections and Viewing Transformations. *ACM Computing Surveys*, 10(4):465–502, 1978.

[CPC84] Robert L. Cook, Thomas Porter, und Loren Carpenter. Distributed Ray Tracing. In *Proceedings of SIGGRAPH '84, Computer Graphics 18(3)*, S. 137–145, 1984.

[CRMT91] Shenchang Chen, Holly Rushmeier, Gavin Miller, und Douglass Turner. A Progressive Multi–Pass Method for Global Illumination. In *Proceedings of SIGGRAPH '91, Computer Graphics 25(4)*, S. 165–174, 1991.

[Cro77] F.C. Crow. Shadow Algorithms for Computer Graphics. In *Proc. of SIGGRAPH '77, Computer Graphics 11(2)*, S. 242–247, 1977.

[Cro81] F.C. Crow. A Comparision of Anti–Aliasing–Techniques. *IEEE Computer Graphics and Applications*, 1(1):40–48, 1981.

[CT81] R.L. Cook und K.E. Torrance. A Reflectance Model for Computer Graphics. In *Proceedings of SIGGRAPH '81, Computer Graphics 15(3)*, S. 307–316, 1981.

[CT82] R.L. Cook und K.E. Torrance. A Reflectance Model for Computer Graphics. *ACM Transactions on Graphics*, 1(1):7–24, 1982.

[dB72] C. de Boor. On Calculating with B–Splines. *Journal of Approximation Theory*, 6:50–62, 1972.

[dB90] M. de Blasi. *Computer Architecture.* Addison Wesley, Reading, MA, USA, 1990.

[dC63] P. de Casteljau. Courbes et Surfaces à Poles. Technischer Bericht, A. Citroen, Paris, 1963.

[DI82] 7942 Din-ISO. *Information Processing – Graphical Kernel System (GKS).* Beuth Verlag, Berlin, 1982.

[Eps76] M. Epstein. On the Influence of Parametrization in Parametric Interpolation. *SIAM Journal of Num. Analysis*, 13:261–268, 1976.

[ES88] José Encarnaçao und Wolfgang Straßer. *Computer Graphics.* Oldenbourg Verlag, München, 1988.

[FAG83] H. Fuchs, G.D. Abram, und E.D. Grant. Near Real–Time Shaded Display of Rigid Objects. In *Proceedings of SIGGRAPH '83, Computer Graphics 17(3)*, S. 65–72, 1983.

[Far90] Gerald Farin. *Curves and Surfaces for Computer Aided Geometric Design.* Academic Press, San Diego, USA, 1990.

[For72] A.R. Forrest. Interactive Interpolation and Approximation by Bézier Polynomials. *Computer Journal*, 15:71–79, 1972.

[For93] Arno Formella. Ausarbeitung zum Seminar "Computeranimation". private Kommunikation, 1993.

[FS75] R. Floyd und L. Steinberg. An Adaptive Algorithms for Spatial Gray Scale. *Society for Information Display 1975 Symposium Digest of Technical Papers*, 36, 1975.

[FTI86] Akira Fujimoto, Takayuki Tanaka, und Kansei Iwata. ARTS: Accelerated Ray-Tracing System. *IEEE Computer Graphics and Applications*, 6(4):16–26, 1986.

[FvDFH90] J. Foley, A. van Dam, S. Feiner, und J. Hughes. *Computer Graphics.* Addison-Wesley, Reading, USA, 1990.

[Gas92] T. Gaskins. PHIGS *Programming Manual.* O'Reilly & Associates, Sebastopol, CA, 1992.

[Ger86] M. Gervautz. Three Improvements of the Ray Tracing Algorithm for CSG Trees. *Computer Graphics*, 20(4):333–339, 1986.

[GKV77] C. Gerthsen, H.O. Kneser, und H. Vogel. *Physik.* Springer Verlag, Berlin, 1977.

[Gla84] Andrew Glassner. Space Subdivision for Fast Ray Tracing. *IEEE Computer Graphics and Applications*, 4(10):15–22, 1984.

[Gla89] Andrew S. Glassner. *An Introduction to Ray Tracing.* Academic Press, San Diego, USA, 1989.

[Gla90] A. Glassner. *Graphic Gems.* Academic Press, San Diego, 1990.

[Gol86] Ronald Goldman. Illicit Expressions in Vector Algebra. *ACM Transactions on Graphics*, 5(3):223–243, 1986.

[Gou71] H. Gouraud. Continuous Shading of Curved Surfaces. *IEEE Transactions on Graphics*, 20(6):623–629, 1971.

[GR74] W.J. Gordon und R.F. Riesenfeld. Bernstein–Bézier Methods for Computer Aided Design of Free–form Curves and Surfaces. *Journal of the ACM*, 21:293–310, 1974.

[GS81] S. Gupta und R. Sproull. Filtering Edges for Gray–Scale Displays. In *Proc. of SIGGRAPH '81, Computer Graphics 15(3)*, S. 1–5, 1981.

[GS87] J. Goldsmith und J. Salmon. Automatic Generation of Object Hierarchies for Ray Tracing. *IEEE Computer Graphics and Applications*, 7(5):14–20, 1987.

[GW92] R. Gonzales und P. Woods. *Digital Image Processing.* Addison Wesley, Reading, MA, 1992.

[Hal89] Roy Hall. *Illumination and Color in Computer Generated Imagery.* Springer Verlag, New York, 1989.

[Hec82] P. Heckbert. Color Image Quantization for Frame Buffer Display. In *Proc. of SIGGRAPH '82, Computer Graphics 16(3)*, S. 297–307, 1982.

[Hec86] Paul Heckbert. Survey of Texture Mapping. *IEEE Computer Graphics and Applications*, 6(11):56–67, 1986.

[HG83] R. Hall und D. Greenberg. A Testbed for Realistic Image Synthesis. *IEEE Computer Graphics and Applications*, 3(10):10–20, 1983.

[HG86] E. Haines und D. Greenberg. The Light Buffer: a Shadow Testing Accelerator. *IEEE Computer Graphics and Appl.*, 6(9):6–16, 1986.

[HHHW91] T. Howard, W. Hewitt, R. Hubbold, und K. Wyrwas. *A Practical Introduction to* PHIGS *and* PHIGS+. Addison Wesley, Reading, MA, 1991.

[HL89] Josef Hoschek und Dieter Lasser. *Grundlagen der geometrischen Datenverarbeitung.* Teubner Verlag, Stuttgart, 1989.

[HMW88] K. Harrison, D. Mitchell, und A. Watt. The H–test, a Method of High Speed Interpolative Shading. In *New Trends in Computer Graphics*, S. 106–116. Springer Verlag, 1988.

[Hö76] Oskar Höfling. *Physik.* Dümmler Verlag, Bonn, 1976.

[HP90] J. Henessy und D. Patterson. *Computer Architecture: A Quantitative Approach.* Morgan Kaufmann Publishers, San Mateo, CA, USA, 1990.

[HTSG91] X.D. He, K.E. Torrance, F.X. Sillion, und D.P. Greenberg. A Comprehensive Physical Model for Light Reflection. In *Proceedings of SIGGRAPH '91, Computer Graphics 25(4)*, S. 175–186, 1991.

[ICG86] D. Immel, M. Cohen, und D. Greenberg. A Radiosity Method for Non–diffuse Environments. In *Proceedings of SIGGRAPH '86, Computer Graphics 20(4)*, S. 133–142, 1986.

[Int86] Intel Corporation. *80386 High Performance 32–Bit Chmos Microprocessor with Integrated Memory Management*, 1986.

[Int90] Intel Corporation. *i860 Microprocessor Family Programmer's Reference Manual*, 1990.

[Int92] SPARC International. *The SPARC Architecture Manual.* Prentice Hall, Englewood Cliffs, NJ, USA, 1992.

[JER86] G. Jordan-Engel und F. Reuter. *Numerische Mathematik für Ingenieure.* BI Wissenschaftsverlag, 1986.

[JGMH88] Kenneth Joy, Charles Grant, Nelson Max, und Lansing Hatfield. *Tutorial: Computer Graphics: Image Synthesis.* IEEE Computer Society Press, Washington, USA, 1988.

[JJN76] J.F. Jarvis, C.N. Judice, und W.H. Ninke. A Survey of Techniques for the Display of Continuous Tone Pictures on Bilevel Displays. *Computer Graphics and Image Processing*, 5:13–40, 1976.

[JR76] J.F. Jarvis und C.S. Roberts. A new Technique for Displaying Continuous Tone Images on a Bilevel Display. *IEEE Transactions and Communications*, S. 891–898, 1976.

[Kaj85] J.T. Kajiya. Anisotrophic Reflection Models. In *Proceedings of SIGGRAPH '85, Computer Graphics 19(3)*, S. 15–21, 1985.

[Knu87] Donald Knuth. Digital Halftones by Dot Diffusion. *ACM Transactions on Graphics*, 6(4):245–273, 1987.

[Lam83] Erich Lamprecht. *Lineare Algebra 2.* Birkhäuser Verlag, Stuttgart, 1983.

[Lee89] E. Lee. Choosing Nodes in Parametric Curve Interpolation. *Computer Aided Design*, 21(6), 1989.

[Meh84a] Kurt Mehlhorn. *Data Structures and Algorithms: Multi-dimensional Searching and Computational Geometry.* Springer–Verlag, 1984.

[Meh84b] Kurt Mehlhorn. *Data Structures and Algorithms: Sorting and Searching.* Springer–Verlag, 1984.

[Mes76] A. Messiah. *Quantenmechanik.* Walter de Gruyter, Berlin, 1976.

[Mot90] Motorola Corporation. *MC68040 Designer's Handbook*, 1990.

[NF89] G. Nielson und T. Foley. A Survey of Applications of an Affin Invariant Norm. *Mathematical Aspects in Computer Aided Geometric Design*, S. 445–468, 1989.

[NNS72] M.E. Newell, R.G. Newell, und T.L. Sancha. A Solution to the Hidden Surface Problem. In *Proceedings of the ACM National Conference*, S. 443–450, 1972.

[Pav90] T. Pavlidis. *Algorithmen zur Grafik und Bildverarbeitung.* Verlag Heinz Heise, Hannover, 1990.

[Pea85] Darwyn Peachey. Solid Texturing of Complex Surfaces. In *Proc. of SIGGRAPH '85, Computer Graphics 19(3)*, S. 279–286, 1985.

[Per85] Ken Perlin. An Image Synthesizer. In *Proceedings of SIGGRAPH '85, Computer Graphics 19(3)*, S. 287–296, 1985.

[Pho75] Bui-Tuong Phong. Illumination for Computer Generated Pictures. *Communications of the ACM*, 18(6):311–317, 1975.

[PN83] P. Pirsch und A.N. Netravali. Transmission of Gray Level Images by Multilevel Dither Techniques. *Computer and Graphics*, 7(1):31–44, 1983.

[PP86] M. Penna und R. Patterson. *Projective Geometry and its Applications to Computer Graphics.* Prentice Hall, 1986.

[QD87] D. Qiulin und B.J. Davis. *Surface Engineering Geometry for Computer-Aided Design and Manufacture.* Ellis Horwood Limited, 1987.

[RGG90] Rodney Recker, David George, und Donald Greenberg. Acceleration Techniques for Progressive Refinement Radiosity. In *Proc. of SIGGRAPH '90, Computer Graphics 24(4)*, S. 59–66, 1990.

[RL88] Hassan Reghbati und Anson Lee. *Tutorial: Computer Graphics Hardware, Image Generation and Display.* IEEE Computer Society Press, Washington, USA, 1988.

[Rot82] S.D. Roth. Ray Casting for Modeling Solids. *Computer Graphics and Image Processing*, 18(2):109–144, 1982.

[RW80] S. Rubin und T. Whitted. A Three–dimensional Representation for Fast Rendering of Complex Scenes. *Computer Graphics*, 14(3):110–116, 1980.

[SAWG91] F.X. Sillion, J. Arvo, S. Westin, und D.P. Greenberg. A Global Illumination Solution for General Reflectance Distributions. In *Proc. of SIGGRAPH '91, Computer Graphics 25(4)*, S. 187–196, 1991.

[SBGS69] R. Schumacker, B. Brand, M. Gilliland, und W. Sharp. Study for Applying Computer–Generated Images to Visual Simulation. Technischer Bericht, Air Force Human Res. Lab., Brooks, TX, 1969.

[SH81] Robert Siegel und John Howell. *Thermal Radiation Heat Transfer*. Hemisphere Publishing Corporation, Washington, USA, 1981.

[Smi82] W. Smirnow. *Lehrgang der höheren Mathematik*. VEB Deutscher Verlag der Wissenschaften, Berlin, 1982.

[SP89] François Sillion und Claude Puech. A General Two–Pass Method Integrating Specular and Diffuse Reflection. In *Proccedings of SIGGRAPH '89, Computer Graphics 23(4)*, S. 335–344, 1989.

[Spr82] R. Sproull. Using Program Transformations to Derive Line–Drawing Algorithms. *ACM Transactions on Graphics*, 1(4):259–273, 1982.

[SS89] W. Straßer und H.-P. Seidel. *Theory and Practice of Geometric Modeling*. Springer Verlag, Berlin, 1989.

[SSS74] Ivan Sutherland, Robert Sproull, und Robert Schumacker. A Characterization of Ten Hidden–Surface Algorithms. *ACM Computing Surveys*, 6(1):1–55, 1974.

[Sto83] Josef Stoer. *Einführung in die Numerische Mathematik*. Springer Verlag, Berlin, 1983.

[Sun88] Microsystems Sun. *The* SPARC *Architecture Manual*. Sun Microsystems, Mountain View, CA, 1988.

[Tex91] Texas Instruments. *TMS390Z50 Integrated SPARC Processor*, 1991.

[TS67] K.E. Torrance und E.M. Sparrow. Theory for Off–Specular Reflection from Roughened Surfaces. *Journal Opt. Soc. Am.* , 56(9):1105–1114, 1967.

[Uli87] R. Ulichney. *Digital Halftoning.* MIT Press, Cambridge MA, 1987.

[WA77] K. Weiler und P. Atherton. Hidden Surface Removal Using Polygon Area Sorting. In *Proceedings of SIGGRAPH '77, Computer Graphics 11(2)*, S. 214–222, 1977.

[War69] J. Warnock. A Hidden–Surface Algorithm for Computer Generated Half–Tone Pictures. Technischer Bericht, University of Utah, Salt Lake City, UT, 1969.

[War83] D.R. Warn. Lighting Controls for Synthetic Images. In *Proceedings of SIGGRAPH '83, Computer Graphics 17(3)*, S. 13–21, 1983.

[Wat70] G.S. Watkins. *A Real Time Visible Surface Algorithm.* PhD Thesis, University of Utah, Salt Lake City, 1970.

[Wat89] Alan Watt. *Fundamentals of Three–Dimensional Computer Graphics.* Addison–Wesley, 1989.

[WCG87] John Wallace, Michael Cohen, und Donald Greenberg. A Two–pass Solution to the Rendering Equation: A Synthesis of Ray Tracing and Radiosity Methods. In *Proceedings of SIGGRAPH '87, Computer Graphics 21(4)*, S. 311–320, 1987.

[WEH89] John Wallace, Kells Elmquist, und Eric Haines. A Ray Tracing Algorithm for Progressive Radiosity. In *Proceedings of SIGGRAPH '89, Computer Graphics 23(4)*, S. 315–324, 1989.

[WHG84] H. Weghorst, G. Hooper, und D. Greenberg. Improved Computational Methods for Ray Tracing. *ACM Transactions on Graphics*, 3(1):52–69, 1984.

[Whi80] Turner Whitted. An Improved Illumination Model for Shaded Display. *Communications of the ACM*, 23(6):343–349, 1980.

[WK90] L. Wolff und D. Kurlander. Ray Tracing with Polarization Parameters. *IEEE Computer Graphics and Appl.*, 10(6):91–102, 1990.

[WM92] R. Wilhelm und D. Maurer. *Übersetzerbau.* Springer Verlag, 1992.

[WWW93] J. Wiesböck, B. Wopperer, und G. Wurthmann. *Pentium–Processor.* Markt und Technik Verlag, 1993.

Index

GPSR Compliance

The European Union's (EU) General Product Safety Regulation (GPSR) is a set of rules that requires consumer products to be safe and our obligations to ensure this.

If you have any concerns about our products, you can contact us on ProductSafety@springernature.com

In case Publisher is established outside the EU, the EU authorized representative is:

Springer Nature Customer Service Center GmbH
Europaplatz 3
69115 Heidelberg, Germany

Batch number: 10584556

Printed by Printforce, the Netherlands